SET / NET / UPSC

वस्तुनिष्ठ भूगोल

Objective Geography

संपादक

प्रा. शैलजा सांगळे

प्रा. जॉन्सन बोर्जेस

डायमंड पब्लिकेशन्स, पुणे

वस्तुनिष्ठ भूगोल Objective Geography

प्रा. शैलजा सांगळे
काव्य प्लॉट नं. ३२३, सेक्टर २७, आशिष प्लाझासमोर
निगडी, प्राधिकरण, पुणे-४११ ०४४

प्रा. जॉन्सन बोर्जेस
२२/ए बालाजी हौसिंग सोसायटी
आंबेगाव बुद्रुक, पुणे-४११ ०४६

प्रथम आवृत्ती - १९ मार्च २००९
द्वितीय पुनर्मुद्रण - जानेवारी २०१३
ISBN 978-81-8483-134-4

© डायमंड पब्लिकेशन्स, पुणे-३०

अक्षरजुळणी : 'अक्षरवेल', सी १८ प्लॉट नं. ५७२ दत्तवाडी, पुणे-३०
मुखपृष्ठ : शाम भालेकर

प्रकाशक :
डायमंड पब्लिकेशन्स
२६४/३ शनिवार पेठ, ३०२ अनुग्रह अपार्टमेंट
ओंकारेश्वर मंदिराजवळ, पुणे-४११ ०३०
☎ ०२०-२४४५२३८७, २४४६६६४२
info@diamondbookspune.com

ऑनलाईन पुस्तक खरेदीसाठी भेट द्या
www.diamondbookspune.com

प्रमुख वितरक :
डायमंड बुक डेपो
६६१ नारायण पेठ, अप्पा बळवंत चौक
पुणे-४११ ०३० ☎ ०२०-२४४८०६७७

मनोगत

भूगोल हा एक सामाजिक शास्त्रातील शास्त्रविषय आहे. शास्त्र म्हणजे कार्यकारणभाव आलाच व तो समजला की विषय समजला. पण बऱ्याच विद्यार्थ्यांना तो कार्यकारणभाव समजलेला नसतो किंवा शालेय जीवनात शिक्षकांनी तो विषय नीट समजावून सांगितलेला नसतो. पण पुढे एम. पी. एस. सी., यू. पी. एस. सी., महाराष्ट्र प्रज्ञाशोध परीक्षा, राष्ट्रीय प्रज्ञाशोध परीक्षा इ. परीक्षांना बरेच विद्यार्थी भूगोल हा पर्यायी विषय म्हणून निवडतात. तसेच नेट व सेट परीक्षांनाही या विषयाची सखोल तयारी करावी लागते. सर्व प्रकारच्या स्पर्धापरीक्षांना बऱ्याच विद्यार्थ्यांना या विषयात जास्तीत जास्त गुण मिळून स्पर्धापरीक्षेत यश लाभो, यासाठी या पुस्तकाचा प्रपंच.

पुस्तकाच्या सुरुवातीच्या भागात दिलेली माहिती व मुद्दे यांचा अभ्यास वस्तुनिष्ठ प्रश्नांच्या उत्तरातील पर्याय निवडण्यास उपयुक्त ठरेल. या माहितीमुळे भूगोल विषयाची एक प्रकारे उजळणीच होईल. तसेच अनेक प्रश्नसंच व शेवटी त्यांची उत्तरेही दिली आहेत. विविध स्पर्धापरीक्षांना बसणाऱ्या विद्यार्थ्यांना या पुस्तकाचा जास्तीत जास्त उपयोग व्हावा या पद्धतीने मांडणी केली आहे.

डायमंड पब्लिकेशन्सचे श्री. दत्तात्रेय पाष्टे यांनी हे पुस्तक लिहावे, हा आग्रह धरला व त्यामुळे हे पुस्तक लिहिले गेले. या पुस्तकात भूगोलाच्या प्रत्येक शाखेचा परिपूर्ण विचार केला असला तरीसुद्धा काही त्रुटी राहण्याची शक्यता आहे. माझे मित्र, हितचिंतक, पुस्तकाचे अभ्यासक यांनी पुस्तकातील सुधारणांबाबत सूचना केल्यास त्याचा मी खुल्या मनाने स्वीकार करीन.

– प्रा. शैलजा सांगळे

परिचय

प्रा.सौ.शैलजा अरविंद सांगळे

प्रा.सौ.शैलजा अरविंद सांगळे यांनी पुणे विद्यापीठातून भूगोल या विषयात बी.ए.ची परिक्षा प्रथम वर्गात प्रथम क्रमांकाने उत्तीर्ण करून 'ग्रहभ्रमण यंत्र संशोधन पारितोषिक' प्राप्त केले. पुणे विद्यापीठातून एम.ए. (भूगोल) ची परीक्षा प्रथम वर्गात द्वितीय क्रमांकाने उत्तीर्ण केली. पुणे येथील सेंट मीरा महाविद्यालयात तसेच मुंबई येथील भवन्स, रहेजा, चिनॉय, नगीनदास खांडवाला इ. महाविद्यालयात अध्यापक पदावर १२ वर्षे नोकरी केली. त्यानंतर १४ वर्षे मुंबईत गोरेगाव येथील जशभाई मगनभाई पटेल महाविद्यालयात प्राचार्यपदाची जबाबदारी सांभाळली. सध्या त्या आकुर्डी येथील डॉ.डी.वाय.पाटील कला, वाणिज्य व विज्ञान महाविद्यालयात प्राचार्य पदावर कार्यरत आहेत.

मुंबई प्रज्ञा शोध परिक्षा व राष्ट्रीय प्रज्ञा शोध परीक्षेला बसणाऱ्या विद्यार्थ्यांना भूगोल या विषयात त्यांनी सतत १० वर्षे मार्गदर्शन केले. अकरावी व बारावीच्या विद्यार्थ्यांसाठी भूगोल व पर्यावरण शिक्षण ही पाठ्यपुस्तके लिहीली. मुंबई विद्यापीठातील प्रथमवर्ष वाणिज्य वर्गाच्या अभ्यासक्रमानुसार लिहीलेल्या 'पर्यावरणाचा अभ्यास' या त्यांच्या पुस्तकाचा विद्यार्थी गेली १५ वर्षे लाभ घेत आहेत. बी.एड.च्या विद्यार्थ्यांसाठी भूगोल, 'वेगळ्या वाटा' हे वेगळ्या क्षेत्रात करिअर करणाऱ्या महिलांच्या मुलाखतींवर आधारित पुस्तक, 'सागर महासागर' हे जगातील समुद्र व सागर यांच्यावर लिहीलेले पुस्तक इ. पुस्तके प्रकाशित झाली आहेत.

मुक्त पत्रकार म्हणून 'लोकसत्ता', 'महाराष्ट्र टाईम्स' या वर्तमानपत्रांतून तसेच 'लोकप्रभा', 'चित्रलेखा', 'श्री' या साप्ताहिकातून व 'आम्ही उद्योगिनी' या द्वैमासिकातून त्यांचे पर्यटन, पर्यावरण व महिलांच्या समस्या, मुलाखती इ. वर आधारित २५० च्या वर लेख प्रसिद्ध झाले आहेत.

मुंबई विद्यापीठाच्या सिनेट सदस्य, प्राचार्य संघटनेच्या खजिनदार, सचिव, केंद्रीय प्रवेश समिती, स्थानिक चौकशी समिती, परीक्षेसाठी भरारी पथके, विद्यापीठ वार्षिक अहवालाच्या संपादक मंडळाची सदस्य, नॅक चर्चा समिती इ.महत्त्वाच्या समित्यांवर त्यांनी अनेक वर्षे काम केले आहे.

शैक्षणिक क्षेत्रात केलेल्या कार्याबद्दल त्यांना मुंबई विद्यापीठ, विद्या मॅनेजमेंट आणि करिअर इन्स्टिटट्यूट तसेच लायन्स क्लबतर्फे 'उत्तम शिक्षक पुरस्कार' देऊन गौरवण्यात आले आहे.

शैक्षणिक कार्याव्यतिरिक्त आकाशवाणीवर भाषणे, चर्चा, दूरदर्शनवर मुलाखती, चर्चा इ. मध्ये त्यांचा सहभाग असतो. त्यांच्या संवेदनशील मनामुळे सामाजिक बांधिलकी म्हणून अंध महिला, रस्त्यावरील मुले, अनाथ मुले, अपंग व गरीब महिला यांच्यासाठी त्या काम करत असतात. त्यांच्या सामाजिक कार्याचा गौरव म्हणून 'समाज रत्न पुरस्कार', 'महाराष्ट्र गुणीजन रत्नगौरव पुरस्कार', 'राष्ट्रीय एकात्मता फेलोशिप' इ. पुरस्कार देऊन त्यांना सन्मानित करण्यात आले आहे.

परिचय

प्रा. जॉन्सन बोर्जेस

प्रा. जॉन्सन एम. बोर्जेस हे अभियांत्रिकी शाखेचे पदवीधर (B.E. Electrical) असून डायमंडच्या संपादक मंडळाचे एक सदस्य आहेत. श्री. जॉन्सन यांचा संबंध जरी अभियांत्रिकी या शाखेशी असला तरीही त्यांचा इतर विषयांवरील लेखनाचा आवाका व्यापक असाच आहे. डायमंड सामाजिक ज्ञानकोशाच्या प्रमुख संपादकांपैकी एक असलेले जॉन्सन यांनी आपल्या वैशिष्ट्यपूर्ण अशा लेखनशैलीने डायमंड संपादक मंडळामध्ये एक विशेष असे स्थान निर्माण केले आहे. त्यांनी संपादित केलेल्या ग्रंथसंपदेमध्ये अर्थशास्त्रकोश, भूगोल पर्यावरण कोश, क्रीडाज्ञानकोश, वस्तुनिष्ठ अर्थशास्त्र, वस्तुनिष्ठ क्रीडा, अर्थशास्त्रीय सिद्धान्त या ग्रंथाचा विशेष उल्लेख करावा लागेल.

डायमंड वाणिज्य कोश, डायमंड विश्वकोश, Diamond Perfect Essays, Diamond Current Essays, Diamond Academic Essays, Diamond College Essays, Diamond objective English ही त्यांची आगामी प्रकाशित होणारी पुस्तके आहेत.

अनुक्रम

भूगोलाची ओळख

प्राचीन वाङ्मय व प्रवास वर्णन यात भौगोलिक परिस्थितीची वर्णने आढळतात. या वर्णनांमधूनच भूगोल विषयाचा जन्म झालेला आहे. 'Geography' या शब्दातील 'Geo' म्हणजे पृथ्वी व 'Graphy' म्हणजे वर्णन. 'पृथ्वीचे वर्णन म्हणजे भूगोल' अशी भूगोलाची शब्दश: व्याख्या करता येते. भूगोलात प्राकृतिक व मानवी घटक व घटनांचे स्पष्टीकरण क्षेत्रीय दृष्टिकोनातून केलेले असते, म्हणूनच भूगोलाला 'वितरणाचे शास्त्र' असे म्हणतात. भूगोल म्हणजे पर्यावरण आणि मानव यांच्या परस्पर संबंधाचा अभ्यास करणारे शास्त्र होय. यामुळेच भौगोलिक परिस्थितीचा मानवी जीवनावर होणाऱ्या परिणामांचा अभ्यास करणारे शास्त्र म्हणजे भूगोल, अशीही भूगोलाची व्याख्या करता येते. सृष्टीतील भौतिक, निर्जीव घटक व तत्त्वे आणि सजीव घटकांची प्रक्रिया यांच्यातील परस्पर संबंधाचे शास्त्र म्हणजे भूगोल होय.

भूगोलाच्या उपशाखा या खालीलप्रमाणे–

- भूरूपशास्त्र
- हवामानशास्त्र
- सागरविज्ञान
- मानवी भूगोल
- आर्थिक भूगोल
- जैविक भूगोल
- पर्यटन भूगोल
- पर्यावरण भूगोल
- राजकीय भूगोल
- सांस्कृतिक भूगोल
- सामान्य भूगोल
- प्रात्यक्षिक भूगोल
- कृषी भूगोल
- प्राकृतिक भूगोल
- लोकसंख्या भूगोल
- प्रादेशिक भूगोल

प्राकृतिक भूगोल (Physical Geography)

भूगोलात मानव आणि त्याचे पर्यावरण यांच्या परस्परसंबंधाचा अभ्यास केला जातो. त्यामुळे भूगोलाचे प्रामुख्याने 'प्राकृतिक भूगोल' व 'मानवी भूगोल' असे दोन भाग पडतात.

पृथ्वीच्या उत्पत्तीसंबंधीचे सिद्धान्त

१. इमॅन्युअल कांट - तेजोमय परिकल्पना
२. लाप्लास - तेजोमेघ सिद्धान्त
३. लॉकीथर - उल्काउत्पत्ती सिद्धान्त
४. चेंबरलेन व मुल्टन - ग्रहकण परिकल्पना
५. जेम्स व जीन्स - भरतीची परिकल्पना
६. आर. ए. लिटलटन - जोडतारा सिद्धान्त
७. डॉ. ए. सी. बॅनर्जी - रूपविकारी ताऱ्याचा सिद्धान्त
८. आल्फव्हेन - विद्युत् चुंबकीय परिकल्पना
९. श्मीड - आंतरविश्व धूली सिद्धान्त

पृथ्वीच्या अंतर्गत भागातील थर

थराचे नाव	खोली	घनता	प्रमुख खनिजे
१. कवच			
अ) सिआल	२० कि.मी. पर्यंत	२.७	सिलिका व ॲल्युमिनिअम
ब) सायमा	२० कि.मी. ते ५० कि.मी. पर्यंत	३.० ते ३.४	सिलिका व मॅग्नेशियम
२. प्रावरण / मोहोथर	५० कि.मी. ते २८८० कि.मी.	३.५ ते ४.७५	ऑलिव्हाइन
३. गाभा			
अ) वरचा थर	२८८० ते ५१५० कि.मी.	४.०५ ते ५	लोह व निकेल
ब) आतला थर	५१५० कि.मी. ते ६३७१ कि.मी.	११ ते १२	लोह व निकेल

पृथ्वीचे वय अंदाजे १,००,००,००,००० वर्षे असावे. हा संपूर्ण कालखंड पाच कालखंडांत खालीलप्रमाणे विभागता येतो. (कालखंड चढत्या क्रमाने)

१. **प्री-कॅम्बीयन कालखंड** - अतिप्राचीन कालखंड, मुख्य खडक ग्रॅनाइट व नीस. या कालखंडात कॅटेन्शियन भूमिखंड, बाल्टिक भूमिखंड, सैबेरियन भूमिखंड, व गोंडवाना भूमिखंड या चार भूमिखंडांची निर्मिती झाली.

२. **पॅलॉझॉइक कालखंड** - पृथ्वीवर वनस्पतिजीवन व प्राणिजीवन सुरू झाले. मुख्य खडक, शेल, स्लेट व रेतीखडक.
याचे प्रमुख सहा कालखंड.

अ) क्रॅम्बीयन　　ब) ऑर्डोव्हिसियन　　क) सिलुरियन
ड) डेवोनियन　　इ) कार्बोनिफेरस Coalage　　फ) पर्मियन

३. **मेसोझॉइक कालखंड** - Age of reptiles याचे प्रमुख तीन कालखंड.

अ. ट्रिॲसिक काळ - खंडवहन
ब. ज्युरॅसिक काळ - जमिनीवरून सरपटणाऱ्या प्राण्यांची वाढ झाली.
क. क्रेटॅशस काळ - पक्षी व सस्तन प्राण्यांची निर्मिती झाली.

४. **निऑझॉइक कालखंड** - भयंकर भूहालचाली झाल्या, मोठ्या प्रमाणात ज्वालामुखींचे उद्रेक झाले.

५. **क्वाटर्नरी कालखंड** - पृथ्वीचा बराच भाग बर्फाने झाकला गेला - महाहिमयुग

आंतरराष्ट्रीय वाररेषा - १८०° रेखावृत्ताच्या अनुरोधाने वार व दिनांक यांच्यात आवश्यक तो बदल करण्यासाठी कल्पिलेली रेषा.

पृथ्वीचे परिभ्रमण - पृथ्वी सूर्याभोवती पश्चिम-पूर्व या दिशेने ठरावीक मार्गाने फिरते, सूर्याभोवती प्रदक्षिणा पूर्ण करण्यास पृथ्वीला ३६५.२५ दिवस लागतात.

अपसूर्य स्थिती (Aphelion) - सूर्याभोवतालच्या परिभ्रमणकाळात काही विशिष्ट वेळीं पृथ्वी सूर्यापासून अतिशय दूर असते, त्याला 'अपसूर्य स्थिती' म्हणतात.

उपसूर्य स्थिती (Perihelion) - सूर्याभोवतालच्या परिभ्रमण काळात, काही वेळेस पृथ्वी सूर्यापासून अगदी जवळ असते, त्याला 'उपसूर्य स्थिती' म्हणतात.

चंद्रग्रहण - ज्या पौर्णिमेला चंद्राची कक्षापातळी व पृथ्वीची कक्षापातळी यांतील कोनात्मक अंतर शून्य होते, तेव्हाच चंद्रग्रहण लागते.

सूर्यग्रहण - सूर्य व पृथ्वी यांच्यामध्ये चंद्र आला असता सूर्याचा काही भाग किंवा सर्व भाग पृथ्वीवर पडणाऱ्या चंद्राच्या सावलीमुळे पृथ्वीवरील काही भागातून काही काळ दिसेनासा होतो, त्याला सूर्यग्रहण म्हणतात.

खडकांचे प्रकार -

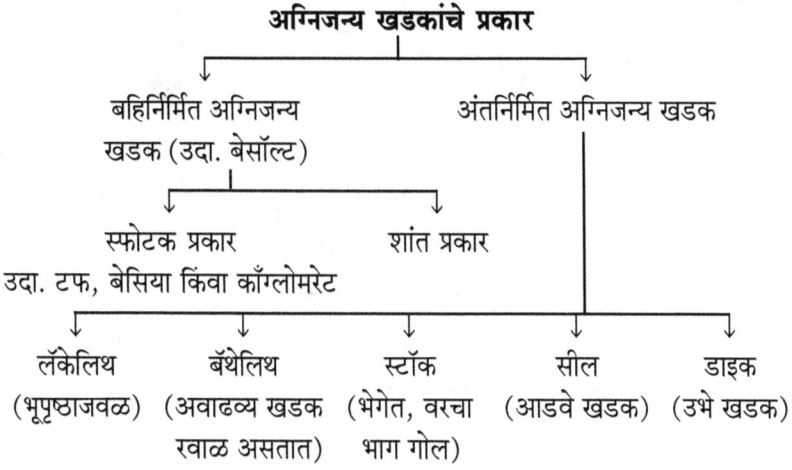

अग्निजन्य खडकांचे प्रकार

- बहिर्निर्मित अग्निजन्य खडक (उदा. बेसॉल्ट)
  - स्फोटक प्रकार उदा. टफ, बेसिया किंवा कॉंग्लोमरेट
  - शांत प्रकार
- अंतर्निर्मित अग्निजन्य खडक
  - लॅकेलिथ (भूपृष्ठाजवळ)
  - बॅथेलिथ (अवाढव्य खडक रवाळ असतात)
  - स्टॉक (भेगेत, वरचा भाग गोल)
  - सील (आडवे खडक)
  - डाइक (उभे खडक)

गाळाच्या किंवा स्तरित खडकांचे प्रकार

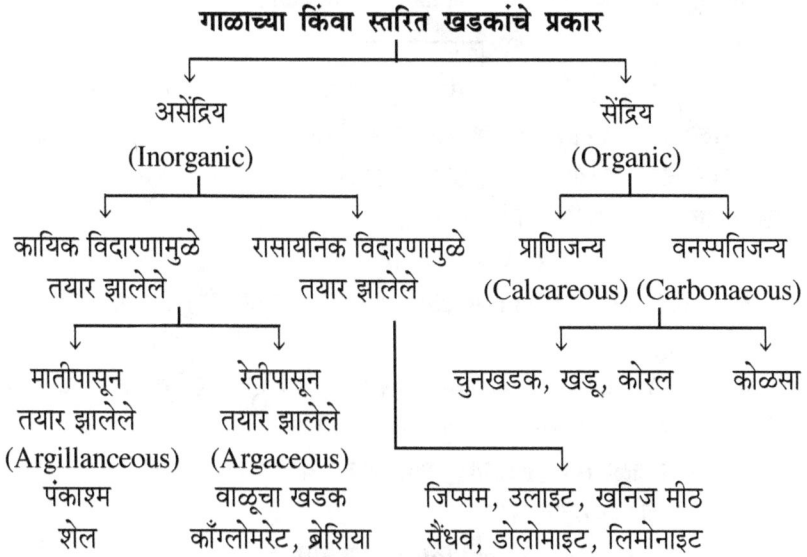

- असेंद्रिय (Inorganic)
  - कायिक विदारणामुळे तयार झालेले
    - मातीपासून तयार झालेले (Argillanceous) पंकाश्म शेल
    - रेतीपासून तयार झालेले (Argaceous) वाळूचा खडक कॉंग्लोमरेट, ब्रेशिया
  - रासायनिक विदारणामुळे तयार झालेले
    - जिप्सम, उलाइट, खनिज मीठ सैंधव, डोलोमाइट, लिमोनाइट
- सेंद्रिय (Organic)
  - प्राणिजन्य (Calcareous)
    - चुनखडक, खडू, कोरल
  - वनस्पतिजन्य (Carbonaeous)
    - कोळसा

रूपांतरित खडकांचे प्रकार

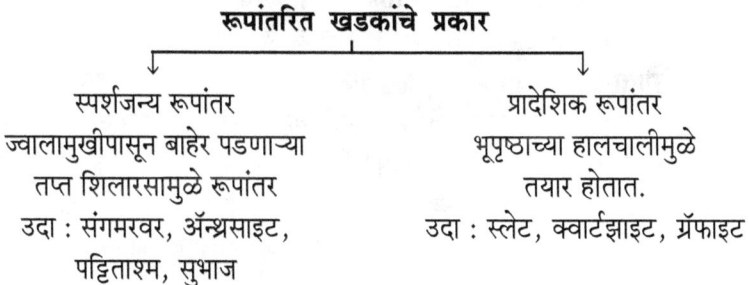

- स्पर्शजन्य रूपांतर ज्वालामुखीपासून बाहेर पडणाऱ्या तप्त शिलारसामुळे रूपांतर उदा : संगमरवर, अॅन्थ्रसाइट, पट्टिताश्म, सुभाज
- प्रादेशिक रूपांतर भूपृष्ठाच्या हालचालीमुळे तयार होतात. उदा : स्लेट, क्वार्टझाइट, ग्रॅफाइट

मूळ खडक	रूपांतरित खडक	मूळ खडक	रूपांतरित खडक
चुनखडी बेसॉल्ट रेतीचा खडक कोळसा	संगमरवर हॉर्नब्लेंड शिस्ट क्वार्टझाइट ग्रॅफाइट	ग्रॅनाइट दगडी कोळसा पंकाश्म व शेल	नीस ॲन्थ्रेसाइट स्लेट

भूपृष्ठाची हालचाल

- मंद हालचाल
  - ऊर्ध्वमुखी हालचाली (Vertical Movement)
  - क्षितिजसमांतर हालचाली (Horizontal Movements)
    - वलीकरण
    - प्रस्तरभंग
- शीघ्र हालचाल
  - भूकंप
  - ज्वालामुखी

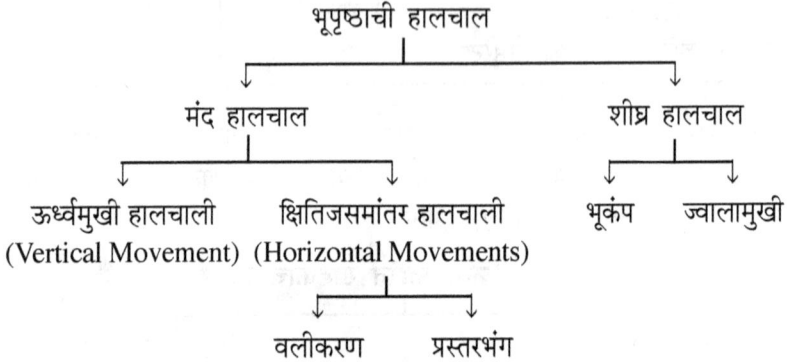

वलीकरण (Folding) - भूकवचावर समांतर दिशेने ताण व दाब निर्माण होतो, त्यामुळे भूकवचाला वळ्या पडतात, वळीच्या वर आलेल्या भागाला 'अपनती' व वळीच्या खाली गेलेल्या भागाला 'अभिनती' म्हणतात.

भूकवचाला पडणाऱ्या वळ्यांचे प्रकार –

अ. संमित वळ्या (Symmetrical fold) - दोन्ही बाजूंनी येणाऱ्या समान दाबामुळे.

ब. असंमित वळ्या (Asymmetrical fold) - एका बाजूने जास्त दाब व दुसऱ्या बाजूने कमी दाब आल्यास.

क. उपरी वळी (Over fold) - एका बाजूने येणारा दाब जास्त असून वळीची अपनती अवनतीवर डोकावते.

ड. शाई वळी (Recumbent fold) - ज्या उपरी वळीत अपनती ही अवनतीवर आडवी आलेली असते, तिला 'शाई वळी' म्हणतात.

इ. ग्रीवाखंड (Nappe) - काही वळ्यांच्या आसावर ताण पडून त्यांचा भाग दुभंगतो व त्यामुळे काही वेळेस दुभंगलेल्या भागाला अनुसरून जास्त दाबाकडील वळीची भुजा दुसऱ्या भुजेवर सरकते, त्याला 'ग्रीवाखंड' म्हणतात.

फ. पंखसदृश वळ्या - मध्यभागी अत्यधिक दाब निर्माण झाल्यास केंद्रस्थानाच्या वळ्या उचलल्या जातात व केंद्राच्या बाजूकडील वळ्या बाहेरच्या बाजूला

कलतात, अशा वळ्यांना 'पंखसदृश वळ्या' म्हणतात.

प्रस्तरभंग - भूकवचात ताण व दाब निर्माण होत असताना खडकांना तडे जातात व भूकवच दुभंगते, याला 'भूपटलभ्रंश' म्हणतात. खडकाच्या भेगेजवळील भूभागाची वर किंवा खाली हालचाल झाल्यास तिला 'Throw' म्हणतात.

गटपर्वत - भूकवचाला पडलेल्या समांतर भेगांमधील भूभाग उचलला जातो व गटपर्वत निर्माण होतात. उदा. युरोपातील व्हॉस्जेस, ब्लॅक फॉरेस्ट, हॅर्ज, सुएझ व बत्तकाबा यांच्यामधला सिनाई; पिवळा समुद्र व जपानचा समुद्र यांच्यातला कोरियातील पर्वत.

खचदरी - भूकवचाला पडलेल्या समांतर भेगांमधील भूभाग खचला जातो व खचदरी निर्माण होते. उदा : र्‍हाइन नदीची दरी, जॉर्डनची खचदरी, पूर्व आफ्रिकेची खचदरी, एडन दरी, ग्रेट ग्लेन दरी, रुडाल्फ, न्यासा, टांगानिका, एडवर्ड अल्बर्ट, सुएझ आकाबाचे आखात इ. आफ्रिकेतील सरोवरे खचदरीतच आढळतात.

भूपृष्ठाच्या शीर्घ हालचाली

भूकंप

१. भूकंपनाभी - ज्या ठिकाणी भूकंप निर्माण होतो.

२. भूकंप बाह्यकेंद्र - भूकंपनाभीच्या अगदी वर असलेल्या भूपृष्ठावरील केंद्र.

३. आयसोसिस्मल लाइन्स - भूकंपाची सारखी तीव्रता असलेली ठिकाणे जोडून नकाशावर तयार होणाऱ्या रेषा.

भूकंपलहरींचे प्रकार

अ. प्राथमिक लहरी - वेगाने जातात, अधिक घनतेच्या खडकातून जाताना या लहरींचा वेग वाढतो.

ब. दुय्यम लहरी - वेग कमी असतो, द्रव पदार्थाच्या माध्यमातून प्रवास करू शकत नाहीत, विध्वंसक असतात.

त्सुनामी - सागरतळावर भूकंप झाल्यावर सागराच्या पृष्ठभागावर प्रचंड लाटा निर्माण होतात व किनाऱ्याला पोहोचतात, त्याला 'त्सुनामी' म्हणतात.

जगातील भूकंपाचे पट्टे - १. पॅसिफिक महासागराभोवतालचा पट्टा. २. मध्य अटलांटिक व भूमध्यसागरीय भूकंपाचा पट्टा.

ज्वालामुखी -

फ्युमरोल्स - ज्वालामुखीचा उद्रेक बंद झाल्यावर त्यातून पाण्याची वाफ व वायूचे लोट बाहेर पडतात, त्याला 'फ्युमरोल्स' म्हणतात.

उदा : अलास्कातील 'व्हॅली ऑफ थाउजंड स्मोक,' बलुचिस्तान, न्यूझीलंडचे

व्हाइट बेट, कॅलिफोर्नियातील फ्युमरोल्स.

गेसर्स - उष्णोदकाचे फवारे - उदा. आयर्लंड, येलो स्टोन पार्क, संयुक्त संस्थाने.

पंक ज्वालामुखी - चिखल बाहेर पडतो. उदा. न्यूझीलंड, पाकिस्तान, सिसिली.

ज्वालामुखीचे पट्टे - (अ) पॅसिफिक पट्टा (ब) युरोपियन पट्टा (क) अटलांटिक पट्टा.

विदारणप्रक्रिया किंवा अपक्षयप्रक्रिया -

अ. कायिक विदारण - तापमान, पाणी गोठण्याची क्रिया इ.मुळे प्रामुख्याने एक्स्फोलिएशन (Exfoliation) होते.

ब. जैविक विदारण - वनस्पतीच्या मुळ्या व बीळ करून राहणाऱ्या प्राण्यांमुळे.

क. रासायनिक विदारण - रासायनिक प्रक्रियांमुळे - कार्बोनेशन, द्रवीकरण (Solution), भस्मीकरण (Oxidation), जलापघटन (Hydrolysis)

मृदेचे प्रकार -

अ. जांभा मृदा - उष्णकटिबंधातील अतिशय उष्ण व दमट हवामानाच्या प्रदेशात.

ब. तांबडी मृदा - उष्णकटिबंधीय गवताळ प्रदेशात.

क. पिंगट मृदा - दमट हवामानाच्या प्रदेशातील पानझडी वृक्षांच्या अरण्याच्या प्रदेशात.

ड. प्रेअरी मृद्रा - समशीतोष्ण कटिबंधातील गवताळ प्रदेशात.

इ. पॉडझॉल मुद्रा - समशीतोष्ण कटिबंधातील दमट हवामानाच्या प्रदेशात.

फ. टुंड्रा मृदा - ध्रुवीय प्रदेशात.

ग. चर्नोझम अथवा काळी मृदा - दख्खनचे पठार व दक्षिण रशियात.

ह. चेस्टनट मृदा - रशियाच्या स्टेप गवताळ प्रदेशात.

नदीच्या कार्यामुळे तयार झालेली भूस्वरूपे -

१. युवावस्था - 'व्ही' आकाराच्या दऱ्या, घळई, गुंफित गिरिपाद, रांजणखळगे (Pot holes) धबधबे.

२. प्रौढावस्था - नागमोडी वळणे, कुंडलकासार (Oxbow-lake), पूरमैदाने, पूरतट.

३. वृद्धावस्था - पंख्याच्या आकाराची गाळाची मैदाने, त्रिभुज प्रदेश.

त्रिभुज प्रदेशाचे प्रकार -

अ. विहंगपद त्रिभुज प्रदेश (Bird's foot) - अनेक मुखांनी समुद्रात मिळणाऱ्या नद्यांमुळे तयार झालेला त्रिभुज प्रदेश उदा. मिसिसिपी, गंगा व ब्रह्मपुत्राचे त्रिभुज

प्रदेश.

ब. अर्धगोलाकार त्रिभुज प्रदेश (Arcuate) - नद्या जेथे समुद्राला मिळतात तेथे समुद्रप्रवाह वाहत असतील, तेव्हा तयार होणारा त्रिभुज प्रदेश उदा. नाइल, पो, हो-हँग-हो, डॅन्युब, ऱ्होन इ. नद्यांचे त्रिभुज प्रदेश.

क. एकमुखी त्रिभुज प्रदेश (Uspate) - नदीच्या मुखाशी भरतीप्रवाह जोरदार असल्यास अरुंद त्रिभुज प्रदेश तयार होतो. उदा. टैबर, कोकणातील नद्यांचे त्रिभुज प्रदेश.

ड. खाडीचा त्रिभुज प्रदेश - नदीच्या मुखाशी अधोगामी हालचाली झाल्यास तयार होणारा. उदा. फ्रान्समधील सीन नदीचा त्रिभुज प्रदेश.

नदीच्या प्रवाहप्रणालीचे प्रकार (Types of drainage pattern) -

१. पादपानुरूप प्रवाहप्रणाली (Dendritic) - समान घनतेच्या रचनेच्या प्रदेशात तयार होणारी प्रवाहप्रणाली. याचे स्वरूप वृक्षासारखे असते.

२. जाळीसमान प्रवाहप्रणाली (Trellic) - भिन्न घनतेचे खडक असलेल्या प्रदेशात.

३. केंद्रोन्मुखी प्रवाहप्रणाली (Inland) - मध्यभागी खोल व सभोवतालचा भाग उंच अशी भूरचना असलेल्या प्रदेशात, नद्या सरोवराला किंवा खंडांतर्गत समुद्राला मिळतात.

४. आयताकार प्रवाहप्रणाली (Rectangular) - खडकात आयताकार जोड असल्यास तयार होणारी प्रवाहप्रणाली.

५. केंद्रत्यागी प्रवाहप्रणाली (Radial) - घुमटाकार पर्वत, ज्वालामुखी बेटे, किंवा बेटांचे मध्यवर्ती पर्वतीय भाग इ. ठिकाणी तयार होणारी प्रवाहप्रणाली.

भूमिगत पाण्याचे कार्य

आर्टेशियन विहिरी तयार होण्यास आवश्यक घटक.

१. खडकांच्या थराची रचना बशीसारखी खोलगट असावी.

२. जलाभेद्य खडकांच्या दोन थरांमध्ये जलाभेद्य खडकांचा थर असावा.

३. जलाभेद्य खडकांचा भाग एक किंवा दोन बाजूंनी भूपृष्ठावर उघडा पडावा.

४. त्या प्रदेशात भरपूर पाऊस असावा.

कार्स्ट प्रदेशातील भूमिगत पाण्याचे कार्य -

टेरा-रोसा-लाल मातीचे थर.

सिंक होल्स, डोलाइन्स (खड्डे), कार्स्ट सरोवरे, कार्स्ट सिडकी, उवाला (uvala), कोरडी दरी, अधोमुखी लवणस्तंभ, ऊर्ध्वमुखी लवणस्तंभ, कंदारास्तंभ (अधोमुखी व ऊर्ध्वमुखी लवणस्तंभ जोडून तयार झालेले खांब.)

हिमनदीचे कार्य -

खननकार्यामुळे तयार होणारी भूमिस्वरूपे - यू आकाराच्या दऱ्या, लोंबत्या दऱ्या, सर्क, शूककूट (Arete), गिरिशृंग (Horn), मेषशिला (Roche Moutonnee), रॉक बेसिन, फियॉर्ड

हिमनदीच्या संचयनामुळे तयार होणारे भूप्रदेश -

हिमोढ - पार्श्वहिमोढ, मध्यहिमोढ, भूहिमोढ, अंत्यहिमोढ

टिलप्लेन, ड्रमलीन, एस्कर्स, केम्स, आउट वॉश प्लेन.

वाऱ्याचे कार्य -

वाऱ्याच्या क्षरणकार्यामुळे तयार होणारी भूमिस्वरूपे -

अपवहन खळगे (Deflation hollows), भूछत्र खडक, त्र्यनीक, खडक द्वीपगिरी, (Inselberg), मेसा किंवा बुटेज्, यारदांग, झ्युजेन, हम्मादा, भूस्तंभ.

वाऱ्याच्या संचयनकार्यामुळे निर्माण होणारे भूप्रकार -

वाळूच्या टेकड्या - आडव्या वाळूच्या टेकड्या, पवनानुवर्ती वाळूच्या टेकड्या, लंबवर्तुळाकार वाळूच्या टेकड्या, अर्धचंद्राकार वाळूच्या टेकड्या (बारखण), ऊर्मी चिन्हे (Ripplemarks), लोएस मैदान, बजदा, बोलसन, शिलापद.

सागरी लाटांचे कार्य -

सागरी लाटांच्या क्षरणकार्यातील प्रक्रिया -

(अ) समपर्वण (Corrosive action) (ब) संनिर्षण (Attribution)

(क) द्रावणक्रिया (Solvent action) (ड) द्राविक क्रिया (Hydraulic action)

सागरी लाटांच्या क्षरणकार्यामुळे निर्माण होणारी भूमिस्वरूपे -

आखात, कोव्ह (लहान खाडी, किनाऱ्यावरील सुरक्षित जागा), समुद्रकडा, तरंगकृत मंच, सागरी गुहा, कमान, स्तंभ, अवशिष्ट स्तंभ, आघात छिद्र (Blow holes)

सागरी निक्षेपणामुळे तयार होणारी भूस्वरूपे -

बर्फ, तरंगनिर्मित मंच, (Wavecut platform), पुळणी, वाळूचे दांडे, टोम्बोलो, स्पिट (भूशिर)

पुळणीचे प्रकार -

अ. चंद्राकृती पुळण - जेव्हा वाळूचे संचयन उपसागराच्या माथ्याकडील अरुंद भागावर होते, तेव्हा 'चंद्राकृती पुळण' तयार होते.

ब. लघुपुळण - जेव्हा कोव्हमध्ये वाळूचे संचयन होते, तेव्हा 'लघुपुळण' तयार होते.

क. भूशिर पुळण - जेव्हा वाळूचे संचयन भूशिराच्या अग्रभागी किंवा आखाताच्या दोन्ही बाजूस भूशिराच्या माथ्याजवळ होते, तेव्हा त्याला 'भूशिर पुळण' म्हणतात.

समुद्रकिनाऱ्याचे प्रकार : जलमग्न समुद्रकिनाऱ्याचे प्रकार
(Submerged Upland Coast) - निमग्न उच्चभू किनारे

अ. रिया किनारा - समुद्राचे फाटे समुद्रकिनाऱ्यावरील जमिनीत आत शिरल्यासारखे दिसतात, त्यांना 'रिया' किनारा म्हणतात.

ब. फियॉर्ड किनारा - हिमनदीच्या मुखाजवळील जमिनीचा भाग भूहालचालीमुळे खचून तयार झालेले किनारे. उदा : नार्वे, अलास्का, ग्रीनलंड, ब्रिटिश कोलंबिया, इ. किनारे.

क. डाल्मेशियन किनारा - किनाऱ्याला समांतर पर्वतरांगा बुडून तयार झालेला किनारा. उदा : दक्षिण आयर्लंड व उत्तर आयर्लंडचा किनारा, कॅलिफोर्नियाचा किनारा.

निमग्न सखल किनारे (Submerged lowland Coast) -

हाफनेहरुंग किनारा - सखल प्रदेश समुद्रात बुडून तयार झाल्याने दांडे व लगून्स (समुद्र किनाऱ्यालगतचे खाऱ्या पाण्याचे तळे) यांनी युक्त किनारा. उदा. बाल्टिक समुद्राचा किनारा.

उन्मग्न उच्चभू किनारा (Emergent upland Coast) -

ऊर्ध्वगामी हालचालीमुळे किनाऱ्यावरील प्रदेश उंचावला जातो व हे किनारे तयार होतात. उदा : अरेबियाचा पश्चिम किनारा, भारताचा पश्चिम किनारा, स्कॉटलंडचा किनारा.

उन्मग्न सखल किनारा (Emergent Lowland Coast) -

भूखंडमंचाच्या उत्थापनामुळे ही किनारपट्टी तयार होते. अपतटावरील समुद्र यामुळे उथळ बनतो. लॅगून्स, सिंधुतडाग, दलदली, मृत्तिकासंचय इत्यादी भूरूपे या किनाऱ्यावर आढळतात. आग्नेय संयुक्त संस्थाने, पश्चिम फिनलंड, पूर्व स्वीडन, दक्षिण अर्जेंटिना या किनाऱ्यांचा भाग या प्रकारात मोडतो.

भूमिस्वरूपे - भूमी व सागर याबाबत शास्त्रज्ञांनी मांडलेले सिद्धान्त

शास्त्रज्ञाचे नाव	सिद्धान्ताचे नाव
अ. वेगनर	खंडवहन सिद्धान्त (Continetal Drift Theory)
ब. प्रा. आर्थर होम्स	अभिसरण प्रवाहसिद्धान्त
क. मॉर्गन	तबकडी भूविवर्तनिकी सिद्धान्त (Plate Tectonic Theory)
ड. लोथियन ग्रीन	चतु:शिरस्क सिद्धान्त (Tetrahedral Theory)

इ. जोली — तेज सक्रियाचा सिद्धान्त (Theory of Radioactivity)

क. नेऊटन — पृथ्वी संतुलन सिद्धान्त (Theory of Isostacy)

पर्वतांचे प्रकार -

१. भूपृष्ठाच्या हालचालींमुळे निर्माण होणाऱ्या पर्वतांचे प्रकार.

अ. गट पर्वत - समोरासमोर पडलेल्या दोन भेगांमधील भूपृष्ठाचा भाग वर उचलला गेल्याने निर्माण झालेले पर्वत. त्याला 'हॉर्स्ट' म्हणतात.
उदा : युरोपातील ब्लॅक फॉरेस्ट, व्हासजेस, हॅर्झ इ.

ब. वलीपर्वत - भूपृष्ठाला वळ्या पडल्यामुळे तयार झालेले पर्वत.
उदा : हिमालय, रॉकी, आल्प्स, ॲपेलशियन इ.
सर्वांत तरुण वलीपर्वतांना 'अल्पाईन' वलीपर्वत म्हणतात.
उदा : रॉकी, हिमालय, ॲन्डीज, आल्प्स व युरोपातील व आशियातील इतर पर्वत.

क. घुमटाकार - पृथ्वीचा एखादा भाग वर उचलला गेल्याने निर्माण झालेले.
उदा : संयुक्त संस्थानातील ब्लॅक हिल्स, व्हिटा पर्वत.

२. संचयनकार्यामुळे निर्माण झालेले पर्वत.
ज्वालामुखीच्या उद्रेकामुळे तयार होतात. त्यांचे प्रकार -

अ. बेसिक लाव्हा शंकू - बेसिक लाव्हारसाच्या संचयनामुळे तयार होतात.

ब. ॲसिड लाव्हा शंकू - ॲसिड लाव्हारसाच्या संचयनामुळे तयार होतात.

क. अंगारक शंकू - खडकांचे तुकडे व राख यांच्या संचयनामुळे तयार होतात.

पठारांचे प्रकार

अ. पर्वतपदीय पठारे - पर्वतांच्या पायथ्याशी निर्माण झालेली पठारे.
उदा : इटलीचे पठार, पॅटागोनिया पठार, कोलोरॅडोचे पठार.

ब. पर्वतांतर्गत पठारे - सर्व बाजूंनी ही पठारे उंच पर्वतरांगांनी वेढलेली असतात.
उदा : तिबेटचे पठार, मेक्सिकोचे पठार, बलुचिस्तानचे पठार, बोलिव्हियाचे पठार, सॉल्ट लेकचे पठार.

क. विदीर्ण पठारे - नदीच्या खननकार्यामुळे पठारावर दऱ्या तयार होतात.

ड. लाव्हा पठारे - ज्वालामुखीच्या उद्रेकामुळे तयार झालेली पठारे.
उदा : भारतातील दख्खनचे पठार, संयुक्त संस्थानातील कोलंबियाचे पठार.

इ. हिमनदीमुळे निर्माण झालेली पठारे - हिमनदीच्या संचयनकार्यामुळे तयार होतात.
उदा : भारतातील केरवा पठार, जर्मनीतील प्रशियाचे पठार.

फ. वाऱ्यामुळे निर्माण झालेली पठारे - वाऱ्याच्या संचयनकार्यामुळे निर्माण

होतात. उदा : चीनचे लोएस पठार, पाकिस्तानातील पोतवार पठार.

ग. प्राचीन भूमिखंडापासून निर्माण झालेली पठारे - उदा : कॅनडाचे पठार, सैबेरियाचे पठार, ब्राझीलचे पठार, आफ्रिकेचे पठार.

मैदानाचे प्रकार -

संचयनकार्यामुळे निर्माण होणारी मैदाने-

१. नदीच्या गाळामुळे निर्माण झालेली मैदाने
(अ) पूर मैदाने (ब) पर्वतपदीय मैदाने - भाबर मैदाने (क) त्रिभुज प्रदेश

२. वाऱ्याच्या संचयनकार्यामुळे निर्माण झालेली मैदाने - लोएस मैदाने

३. सरोवरात गाळ साठून तयार झालेली मैदाने

४. हिमनदीच्या संचयनकार्यामुळे निर्माण झालेली मैदाने - हिमोढ मैदाने, हिमनदीच्या काठावर असलेली मैदाने, उत्क्षालित मैदाने (Outwash plains)

क्षरणकार्यामुळे निर्माण होणारी मैदाने -

अ. कार्स्ट मैदाने - चुनखडकाच्या प्रदेशात तयार झालेली मैदाने.

ब. हिमघर्षित मैदाने - हिमनदीच्या क्षरणकार्यामुळे तयार झालेली मैदाने.

क. समतलप्राय मैदाने - नदीच्या क्षरणकार्यामुळे तयार झालेली मैदाने.

ड. कुएस्टा मैदाने - बशीच्या आकाराची खोलगट मैदाने.

वातावरण

वातावरणातील थर

थराचे नाव	भूपृष्ठापासूनची उंची	वैशिष्ट्ये
१. तपांबर	११ कि.मी.	सर्वांत खालचा थर, अभिसरण क्रिया जोरात. बाष्पकण, धूलिकण, जलकण या थरात असतात. वारे, ढग, वृष्टी, वादळे यांची निर्मिती.
२. तपस्तब्धी	११ ते १५ कि. मी. दरम्यान	हवेचे तापमान सर्वत्र सारखे. तपांबर व स्थितांबर यांच्यातील सीमा.
३. स्थितांबर	१६ कि.मी. ते ८० कि.मी. पर्यंत	हवा स्थिर असते, विरळ हवा व ढगांचा अभाव.
४. ओझानोस्फिअर	४० कि.मी. वर	ओझोनचे प्रमाण जास्त त्यामुळे सूर्यप्रकाशातील अतिनील किरणे शोषली जातात.

थराचे नाव	भूपृष्ठापासूनची उंची	वैशिष्ट्ये
५. आयनांबर/दलांबर	८१ ते ३२० कि.मी.	८० ते १२० कि.मी. पर्यंत ॲरोरा नावाचा प्रकाशचमत्कार दिसतो. १०० ते २०० कि.मी च्या दरम्यानच्या थराला 'ॲपॅलटन थर' म्हणतात.
६. बाह्यावरण	आयनांबरच्या वरचा थर	अतिशय विरळ हवा.

वातावरणातून सूर्यकिरणे येत असताना त्यांच्यातील उष्णता म्हणजे सौरशक्ती वातावरणात खालील प्रक्रियेने नष्ट होते. विकरण (Scattering), परावर्तन (Reflection), शोषण (Absorption) एकूण सौरशक्तीपैकी पस्तीस टक्के सौरशक्ती परत जाते, सौरशक्तीच्या या नष्ट होणाऱ्या ३५ टक्के भागाला 'भूपरावर्तकता' असे म्हणतात.

तापमानाची विपरीतता - जेव्हा उंचीनुसार तापमान कमी होण्याऐवजी वाढलेले असते, तेव्हा त्याला 'तापमानाची विपरीतता' म्हणतात.

तापमानाची विपरीतता होण्यास पुढील परिस्थिती कारणीभूत ठरते.

१. पर्वतीय प्रदेश २. दिनमानपेक्षा रात्रिमान मोठे ३. स्थिर हवा ४. स्वच्छ निरभ्र आकाश.

ग्रहीय वारे : व्यापारी वारे -

दोन्ही गोलार्धांत २५° ते ३५° अक्षांशांच्या दरम्यान असलेल्या जास्त दाबाच्या पट्ट्याकडून विषुववृत्तावरील कमी दाबाच्या पट्ट्याकडे वाहणाऱ्या वाऱ्यांना 'व्यापारी वारे' किंवा 'पूर्वीय वारे' म्हणतात.

उत्तर गोलार्धात त्यांना 'ईशान्य व्यापारी वारे' म्हणतात.

दक्षिण गोलार्धात त्यांना 'आग्नेय व्यापारी वारे' म्हणतात.

प्रतिव्यापारी वारे - दोन्ही - गोलार्धांत २५° ते ३०° अक्षांशांच्या दरम्यान पसरलेल्या जास्त दाबाच्या पट्ट्याकडून ६०° अक्षवृत्ताजवळ, असलेल्या हवेच्या कमी दाबाच्या पट्ट्याकडे जे वारे वाहतात, त्यांना 'प्रतिव्यापारी वारे' किंवा 'पश्चिमी वारे' म्हणतात.

उत्तर गोलार्धात त्यांना 'नैर्ऋत्य प्रतिव्यापारी वारे' म्हणतात.

दक्षिण गोलार्धात त्यांना 'वायव्य प्रतिव्यापारी वारे' म्हणतात.

दक्षिण गोलार्धात ४०° द. अक्षांशापलीकडे वाहणाऱ्या वेगवान वाऱ्यांना 'गरजणारे चाळीस' (Roaring forties) तर ५०° अक्षांशाच्या भागात त्यांना 'खवळलेले पन्नास' म्हणतात.

स्थानिक वारे -

खारे वारे - दिवसा समुद्राकडून भूभागाकडे वाहतात.

मतलई वारे - रात्री भूभागाकडून समुद्राकडे वाहतात.

डोंगर वारे - रात्रीच्या वेळी डोंगराच्या उतारावरून दरीकडे वाहतात.

दरी वारे - दिवसा दरीकडून डोंगरमाथ्याकडे वाहतात.

फॉन वारे - युरोपातील आल्प्स पर्वतभागातून वाहणारे वारे - उष्ण व कोरडे असतात.

चिनुक वारे - उत्तर अमेरिकेतील रॉकी पर्वतभागातून वाहणारे वारे - उष्ण व कोरडे असतात, बर्फ वितळते म्हणून त्यांना 'हिमभक्षक' म्हणतात.

इतर देशांतील उष्ण व कोरडे स्थानिक वारे

	देशाचे/प्रदेशाचे नाव	वाऱ्याचे नाव
१.	इराण	सेमुन
२.	कॅलिफोर्निया	ॲन्टा ॲनास
३.	अर्जेंटिना	झोंडा
४.	सहारा वाळवंट	खामसिन
५.	ऑस्ट्रेलिया	ब्रिकफिल्डर्स
६.	स्पेन	लेव्हेशी
७.	न्यूझीलंड	नॉर्वेस्टर
८.	आफ्रिकेचा केपकिनारा	बर्ग
९.	इटाली, ग्रीस, सिसिली	सिरोक्को
१०.	पॅलेस्टाइन सिरिया	सिभूम
११.	गिनीचे आखात	हरमॅटन
१२.	उत्तर आफ्रिकेचा किनारा	लिस्टी

थंड व कोरडे वारे - ऑस्ट्रेलियाकडून ॲड्रियाटिक समुद्राकडे येणाऱ्या वाऱ्यांना 'बोरा' म्हणतात.

इतर देशातील/प्रदेशातील थंड व कोरडे वारे

	देश/प्रदेश	वाऱ्याचे नाव
१.	रशिया व मध्य आशिया	बुरान
२.	टेरा-डेल-फ्युगो बेट	विलीवॉस
३.	ब्राझील व अर्जेंटिना	पॉपरास
४.	माल्टा	ग्रीगेल
५.	ॲड्रियाटिक समुद्राचा पश्चिम भाग	टॅमॉन्टेना

६. कॅनडा	लिब्झर्ड्स
७. दक्षिण फ्रान्सचा किनारा	मिस्ट्रल
८. न्यूझीलंड	बुस्टर

उष्णकटिबंधीय आवर्ते -

जपानच्या दक्षिण किनाऱ्यावर त्यांना 'टायफून' म्हणतात.

कॅरेबियन समुद्रातील वेस्ट इंडीज बेटाजवळील चक्रीवादळांना 'हरिकेन्स' म्हणतात.

जेटस्ट्रीम : दोन्ही गोलार्धात भूपृष्ठापासून अतिउंचीवर म्हणजे ६००० मीटर उंचीवर अतिवेगाने वाहणाऱ्या अरुंद अशा हवेच्या झोताला 'जेट स्ट्रीम' म्हणतात. उन्हाळ्यात त्याचा वेग ७२ ते ८० कि.मी. असतो तर हिवाळ्यात १५० ते १९० कि.मी. असतो.

आर्द्रता व वृष्टी -

अनुद्‌भूत उष्णता - सुप्त स्थितीतील उष्णतेला पाण्याच्या बाष्पाची 'अनुद्‌भूत उष्णता' म्हणतात.

घनीभवनाची अनुद्‌भूत उष्णता - बाष्पाचे घनीभवन किंवा सांद्रीभवन होताना बाष्पातून जी उष्णता बाहेर पडते त्याला 'घनीभवनाची अनुद्‌भूत उष्णता' म्हणतात.

संप्लवन - काही विशिष्ट परिस्थितीत बर्फाचे एकदम वाफेत रूपांतर होते किंवा वाफेचे बर्फात रूपांतर होते त्याला 'संप्लवन' (Sublimation) म्हणतात.

निरपेक्ष आर्द्रता - एका ठराविक तापमानास विशिष्ट परिमाणाच्या हवेत जेवढे बाष्प असते, त्याला 'निरपेक्ष आर्द्रता' म्हणतात.

सापेक्ष आर्द्रता - एखाद्या विशिष्ट तापमानाला असलेले हवेतील बाष्पाचे प्रमाण व त्याच तापमानाला त्या हवेची बाष्पधारणशक्ती यांच्या गुणोत्तराला 'सापेक्ष आर्द्रता' म्हणतात. हवेची सापेक्ष आर्द्रता झाल्यावर हवेतील बाष्पाचे सांद्रीभवन होते.

जलाकर्षण सूक्ष्मकण - हवेतील बाष्पाचे सांद्रीभवन वातावरणातील धूलिकणांभोवती होते. त्या धूलिकणांना 'जलाकर्षण सूक्ष्मकण' म्हणतात.

ढगांचे प्रकार -

१. **सिरस -** पांढऱ्या रंगाचे, सूक्ष्म हिमकणांपासून तयार, पिसासारखे दिसतात.
२. **क्युम्युलस -** हे घुमटाकार असून मोठ्या आकाराचे असतात. पायथ्याजवळ सपाट असतात.
३. **क्युमुलो निंबस -** या मेघांमुळे पाऊस पडतो, गारा पडतात, ढगांचा गडगडाट होतो, विजा चमकतात.

पावसाचे प्रकार -

१. **आरोह पर्जन्य** - हवेच्या अभिसरणप्रवाहामुळे ढग तयार होऊन पाऊस पडतो. विषुववृत्तीय प्रदेशात आरोह पर्जन्य पडतो.

२. **प्रतिरोध पर्जन्य** - बाष्पयुक्त वाऱ्यांच्या मार्गात डोंगर आल्यास त्या बाजूवरून हवा वर ढकलली जाऊन ढग तयार होऊन 'प्रतिरोध पर्जन्य' पडतो. पर्वताच्या वाऱ्याच्या विरुद्ध दिशेच्या उताराला 'पर्जन्यच्छायेचा प्रदेश' म्हणतात.

३. **आवर्त पर्जन्य** - आवर्तामुळे पडणारा पाऊस.

जलावरण (Hydrosphere)

सागरतळाची रचना -

क्षेत्रोन्नती आलेख (Hyposometric Curve) - सागरतळाची रचना ज्या आलेखाच्या साहाय्याने दाखवली जाते, त्याला 'क्षेत्रोन्नती आलेख' म्हणतात. सागरतळाची रचना खालीलप्रमाणे असते.

१. समुद्रबुड जमीन - जमिनीला लागून असलेला समुद्राचा भाग, याची सरासरी खोली १२८ मीटर असते.

२. खंडान्त उतार - समुद्रबुड जमिनीच्या पुढचा सागरतळाचा भाग, ३६०० मीटर खोलीपर्यंत असतो.

३. सागरी मैदान - ही विस्तृत मैदाने असतात.

४. सागरी गर्ता - सागरतळावरचे अतिशय खोल भाग.

जगातील सर्वांत खोल गर्ता पॅसिफिक महासागरात फिलिपाइन्स बेटाजवळ आहे, तिला **'मरीयाना गर्ता'** म्हणतात, तिची खोली ११ किलोमीटर आहे.

अटलांटिक महासागरातील सर्वांत खोल गर्ता ८६६१ मीटर खोल आहे, तिला **'पोर्टोरिको गर्ता'** म्हणतात.

हिंदी महासागरात जावा बेटाच्या दक्षिणेस असलेली **'सुंदा गर्ता'** ही या महासागरातील सर्वांत खोल गर्ता आहे.

सागराची क्षारता

समुद्राच्या १००० ग्रॅम पाण्यात जेवढे ग्रॅम क्षार विरघळलेले असतात, त्याला 'सागरजलाची क्षारता' म्हणतात. सागरजलाची क्षारता खालील घटकांवर अवलंबून असते.

१. सागराच्या पाण्याचा बाष्पीभवनाचा वेग (तो तापमानावर अवलंबून असतो.)

२. बर्फ वितळून समुद्राच्या पाण्यात पडणारी भर.

३. नद्यांमुळे होणारा शुद्ध पाण्याचा पुरवठा.

भूवेष्टित समुद्रातील पाण्याची क्षारता

समुद्राचे नाव	क्षारता	कारणे
१. तांबडा समुद्र	३६.५ ते ४१	बाष्पीभवनाचा वेग जास्त, शुद्ध पाण्याचा पुरवठा मर्यादित. (दक्षिण भागात कमी, उत्तर भागात जास्त)
२. भूमध्य समुद्र	३६.५	शुद्ध पाण्याचा पुरवठा मर्यादित.
३. मृत समुद्र (सर्वात जास्त क्षारता)	२४०	अधिक तापमान, वाळवंटांनी वेढलेला, पाऊस कमी, नद्या कमी व बाष्पीभवन जास्त.
४. काळा समुद्र	१८	तापमान कमी, बाष्पीभवन कमी, शुद्ध पाण्याचा पुरवठा जास्त.
५. बाल्टिक समुद्र (सर्वात कमी क्षारता)	०७	तापमान कमी, बाष्पीभवनाचा वेग कमी, शुद्ध पाण्याचा पुरवठा जास्त - बर्फ वितळून पाण्याची भर.

सागरी प्रवाह :

उत्तर अटलांटिक महासागरातील प्रवाह		दक्षिण अटलांटिक महासागरातील प्रवाह	
१. उत्तर विषुववृत्तीय प्रवाह	उष्ण	१. दक्षिण विषुववृत्तीय प्रवाह	उष्ण
२. गल्फ स्ट्रीम प्रवाह	उष्ण	२. ब्राझील प्रवाह	उष्ण
३. लॅब्रेडॉर प्रवाह	शीत	३. फॉकलंड प्रवाह	शीत
४. उत्तर अटलांटिक प्रवाह	उबदार	४. बेंग्वेला प्रवाह	शीत
५. कॅनरी प्रवाह	शीत	५. पश्चिमी वाऱ्याचा प्रवाह	शीत
उत्तर पॅसिफिक महासागरातील प्रवाह		दक्षित पॅसिफिक महासागरातील प्रवाह	
१. उत्तर विषुववृत्तीय प्रवाह	उष्ण	१. दक्षिण विषुववृत्तीय प्रवाह	उष्ण
२. क्युरोसिओ प्रवाह	उष्ण	२. पूर्व ऑस्ट्रेलियन प्रवाह	उष्ण
३. उत्तर कोलंबिया प्रवाह	उबदार	३. हम्बोल्ट प्रवाह	शीत
४. क्युराइल प्रवाह	शीत	४. पेरू प्रवाह	शीत
५. कॅलिफोर्निया प्रवाह	शीत		

उत्तर हिंदी महासागरातील प्रवाह -

१. उन्हाळ्यात - नैर्ऋत्य मोसमी वाऱ्यांचा प्रवाह.

२. हिवाळ्यात - ईशान्य मोसमी वाऱ्यांचा प्रवाह.

दक्षिण हिंदी महासागरातील प्रवाह -

१. विषुववृत्तीय प्रवाह - उष्ण.

२. मोझँबिक प्रवाह - उष्ण.

३. मादागास्कर प्रवाह - उष्ण.

४. अगुल्हास प्रवाह - उष्ण.

५. प. ऑस्ट्रेलिया प्रवाह - शीत.

भरती ओहोटी -

चंद्र, सूर्य व पृथ्वी जेव्हा एकाच रेषेत असतात त्या वेळी समुद्राच्या पृष्ठभागावर मोठी भरती व ओहोटी येते.

उधाणाची भरती - अमावस्येला सूर्य आणि चंद्र यांच्या आकर्षणाचा जोर पृथ्वीवर एकाच दिशेने पडल्याने, मोठी भरती येते, तिला 'उधाणाची भरती' म्हणतात.

भांगेची भरती - अष्टमीच्या दिवशी सूर्य आणि चंद्र पृथ्वीशी काटकोनात असतात, त्यामुळे चंद्राचे व सूर्याचेही आकर्षण असते; पण जोर कमी असतो, लहान भरती येते, तिला 'भांगेची भरती' म्हणतात.

सागरी निक्षेप -

सागराच्या तळावर निरनिराळ्या पदार्थांचे संचयन होते, त्याला 'सागरी निक्षेप' म्हणतात.

सागरातील गाळात प्राण्यांचे अवशिष्ट भाग असतात, अशा गाळाला 'सिंधुपंक' म्हणतात. प्राण्यांच्या प्रकारांवरून त्याचे चार प्रकार :

१. ग्लोबिजेरिना सिंधुपंक - ग्लोबिजेरिना नावाच्या प्राण्याच्या कवचापासून, हा गाळ पांढऱ्या रंगाचा असतो, कॅल्शियम कार्बोनेटचे प्रमाण जास्त.

२. डायटॉम सिंधुपंक - डायटॉम नावाच्या अतिसूक्ष्म सागरी वनस्पतीपासून, सिलिकाचे प्रमाण जास्त असते, पिवळसर रंगाचा.

३. टेरोपॉड सिंधुपंक - टेरोपॉड या सागरातील अतिसूक्ष्म प्राण्यांच्यामुळे, चुनखडीचे प्रमाण जास्त असते.

४. रेडिओ-लॅरियन सिंधुपंक - रेडिओ-लॅरियन प्राण्याच्या अवशिष्ट भागापासून तयार, सिलिकाचे प्रमाण जास्त, करड्या रंगाचा गाळ.

प्रवाळ खडक -

१. **अनुतर प्रवाळ खडक** - खंडाच्या किनाऱ्याजवळ; पण समुद्रात आढळतात.

२. **परातट प्रवाळ खडक** - खंडाच्या किनाऱ्यापासून दूर समुद्रात आढळतात. उदा : 'ग्रेट बॅरिअर रिफ'

३. **वलयाकार प्रवाळ खडक** - समुद्रात प्रवाळ कीटकांच्या अवशिष्ट भागापासून वलयाकार खडक तयार होतात. यांच्या मध्यभागी बशीसारखा खोलगट भाग असतो.

वलयाकार प्रवाळ बेटांच्या निर्मितीबाबत सिद्धान्त -

१. **डार्विन-डाना सिद्धान्त** - सागरतळाचा भाग खाली खचण्याच्या क्रियेमुळे निर्माण.

२. **मरेचा सिद्धान्त** - प्रवाळ कीटकांच्या वाढीस आवश्यक भौगोलिक परिस्थिती अनुकूल असल्यास.

३. **डॅलीचा सिद्धान्त** - 'हिमनियंत्रण सिद्धान्त' - हिमयुगात समुद्राचे पाणी गोठल्याने पाण्याची पातळी खाली गेली असावी, हिमयुगानंतर बर्फ वितळल्यावर पाण्याची पातळी उंचावली गेली व प्रवाळ कीटकांची निर्मिती होऊन प्रवाळ बेटे तयार झाली.

४. **डब्ल्यू. एम. डेव्हिस** - 'Coral reef problem' या पुस्तकात प्रवाळ बेटांच्या निर्मितीविषयी एकूण बारा कल्पना मांडल्या.

भारताचा भूगोल

भारताचे स्थान - उत्तर गोलार्धात, द्वीपकल्पीय स्थान (Peninsular location)

अक्षांशविस्तार - ८°,४' उत्तर ते ३७°६' उत्तर अक्षांश, कर्कवृत्त भारताच्या जवळजवळ मध्यातून जाते.

रेखांशविस्तार - ६८°७' पूर्व ते ९७°२५' पूर्व रेखांश.

आकारमान - भारताचा आकारमानात जगात सातवा क्रमांक.

क्षेत्रफळ - एकूण क्षेत्रफळ ३,२८०,४८३ चौरस कि.मी.

उत्तर-दक्षिण विस्तार - ३२०० कि.मी. **पूर्व पश्चिम विस्तार.** २९३५ कि.मी.

किनारपट्टीची लांबी - ६८४३ कि.मी. (सर्व बेटांची लांबी धरून).

भारताच्या सीमारेषा पाकिस्तान, बांगलादेश, अफगाणिस्तान, चीन, नेपाळ, ब्रह्मदेश या देशांच्या सीमारेषांना स्पर्श करतात.

भारताचे प्राकृतिक विभाग -

भारताचे तीन प्राकृतिक विभाग पडतात.

१. **उत्तरेकडील पर्वतमय प्रदेश** - अर्वाचीन खडकांपासून बनलेले आहेत.

२. **उत्तरेकडील मैदानी प्रदेश** - नद्यांच्या गाळामुळे तयार झालेला आहे.

३. **द्वीपकल्पीय भारत** - हा प्राचीन खडकांपासून बनलेला आहे.

उत्तरेकडील मैदानी प्रदेश - त्याचे दोन विभाग पडतात.

(अ) हिमालय पर्वतरांगा (ब) पूर्वेकडील टेकड्या.

अ. हिमालय पर्वतरांगा - २५०० कि.मी. लांब, १५० ते ४०० कि.मी. रुंदीत विस्तार, आणि ५००,००० चौ. कि.मी. क्षेत्रफळ व्यापले आहे.

उत्तर ते दक्षिण हिमालयाचे तीन भाग पडतात.

१. **हिमाद्री किंवा ग्रेटर हिमालय** - उत्तरेकडील हिमालयांच्या रांगा, सरासरी उंची ८००० मीटर. जगातील सर्वांत उंच शिखर एव्हरेस्ट पर्वत नेपाळमध्ये ८८४८ मीटर उंच आहे. भारतातील उंच शिखरे - के २, कांचनगंगा, धवलगिरी, नंगापर्वत, नंदादेवी.

२. **हिमाचल किंवा कमी उंचीचे हिमालय** - हिमाद्रीच्या दक्षिणेला हिमाचल-रांगा आहेत; सरासरी उंची १८३० ते ३६६० मीटर. भारतातील सिमला, नैनीताल, मसुरी, गुलमर्ग इ. थंड हवेची ठिकाणे येथे आहेत.

३. **शिवालिक किंवा बाह्य हिमालय (Greater Himalaya)** - हिमाचलाच्या दक्षिणेला शिवालिक टेकड्या आहेत. त्यांची सरासरी उंची १२०० मीटरपेक्षा कमी.

पूर्व ते पश्चिम हिमालय रांगांचे तीन भाग पडतात.

१. पश्चिम हिमालय - काश्मीर ते हिमाचल प्रदेश, लडाख, झास्कर व पीरपंजाल रांगा, गंगोत्री, जमनोत्री, उत्तरकाशी, बद्रीनाथ, हृषीकेश, हरिद्वार सर्व धार्मिक स्थळे येथे आहेत. खैबर, काराकोरम व बोलन खिंडी येथेच आहेत.

मध्य हिमालय - उत्तर प्रदेशाचा उत्तर भाग व नेपाळमध्ये आहेत.

पूर्व हिमालय - बंगाल, सिक्कीम, भूतान व अरुणाचल प्रदेशात आहेत.

पूर्वांचल - हिमालयाच्या रांगांची उंची कमी होऊन टेकड्या राहतात, त्याला 'पूर्वांचल' म्हणतात. पत्कोई, नागा, गारो, खांसी, जयंतिया, मिझो, लुशाई इ. टेकड्या येथे आहेत.

उत्तरेकडील मैदानी प्रदेश - एकूण क्षेत्रफळ ६,५२,००० चौ.कि.मी. हिमालयाच्या पायथ्याशी असलेल्या या प्रदेशात वाळू, गोटे, असल्याने छोटे पाण्याचे प्रवाह लुप्त होतात, त्या प्रदेशाला 'भाबर' म्हणतात. भाबरच्या दक्षिणेला पुन्हा हे प्रवाह जमिनीवर येतात व दलदलीचा प्रदेश निर्माण होतो. त्याला 'तराई' प्रदेश म्हणतात.

द्वीपकल्पीय भारत - त्याचे दोन भाग (१) पठारी प्रदेश (२) किनारपट्टीचा प्रदेश.

पठारी प्रदेश - यांच्या उत्तरेला राजमहल टेकड्या, वायव्येला अरवली पर्वत, पश्चिमेला पश्चिम घाट, पूर्वेला पूर्व घाट व दक्षिणेला नीलगिरी पर्वत आहेत.

उत्तरेकडील पठारी प्रदेश - त्याचे माळवा पठार, अरवली पर्वत, छोटा नागपूर पठार व विंध्य पर्वतरांगा असे चार भाग पडतात.

अ. माळवा पठार - विंध्य पर्वताच्या उत्तरेला अरवली पर्वत व शोण नदीच्या मध्ये पूर्वेकडील भागाला उत्तर प्रदेशात बुंदेलखंड व बिहारमध्ये बाघेलखंड म्हणतात.

ब. अरवली पर्वत - सरासरी उंची ३०० ते ९०० मीटर. त्यातील सर्वोच्च शिखर आहे – गुरू शिखर १७२२ मीटर उंचीवर अबू पर्वतात.

क. छोटा नागपूर पठार - भारतातील खनिज पदार्थांचा साठा असलेला विभाग.

ड. विंध्य पर्वतरांगा - मध्य प्रदेशात यांना 'कैमूर' रांगा म्हणतात.

दक्षिणेकडील पठारी प्रदेश - त्याचे दख्खनचे पठार आणि सातपुडा पर्वतरांगा असे दोन भाग पडतात.

अ. दख्खनचे पठार - त्याचे महाराष्ट्र पठार, कर्नाटकाचे पठार व तेलंगणा पठार असे तीन भाग पडतात.

ब. सातपुडा पर्वतरांगा - सातपुडा पर्वतरांगा विंध्य पर्वताच्या दक्षिणेला - त्याला समांतर आहेत. त्याची सरासरी उंची १००० मीटर आहे. आणि सर्वांत उंच शिखर आहे. धूपगड, त्याच्या महादेव, अजंटा, मैकल व गाविलगड या पर्वतरांगा आहेत.

पश्चिम घाट - पश्चिम घाट पश्चिम किनारपट्टीला समांतर आहेत. तापी नदी जेथे समुद्राला मिळते, तेथपासून कन्याकुमारीपर्यंत त्याचा विस्तार आहे. याचे तीन भाग पडतात.

१. सह्याद्री पर्वत - निलगिरी पर्वतापर्यंतच्या डोंगरांना 'सह्याद्री' म्हणतात. येथे कळसुबाई हे सर्वोत्तम शिखर आहे.

२. नीलगिरी पर्वत - सह्याद्रीच्या दक्षिणेकडे नीलगिरी पर्वत आहेत. डोडेबेट्टा हे येथील सर्वोत्तम शिखर (२६७० मीटर्स)

३. अनाईमलई पर्वत - नीलगिरीच्या दक्षिणेला 'अनाईमलई' पर्वतरांगा आहेत. 'अनाईमुडी' हे येथील सर्वोच्च शिखर तसेच पश्चिम घाटातील सर्वोच्च शिखर आहे. (२६९४ मीटर्स)

पूर्व घाट - छोटा नागपूर पठाराच्या दक्षिणेला आणि पूर्व किनारपट्टीला समांतर

आहेत. ते सलग नाहीत, त्यांची उंची कमी आहे. गोदावरी नदीच्या उत्तरेला, गोदावरी व महानदी यांमधील भागाला 'महेंद्रगिरी' म्हणतात. कृष्णा नदीच्या दक्षिणेच्या टेकड्यांना 'नालामाला' टेकड्या म्हणतात.

किनारपट्टीचा प्रदेश - पश्चिम किनारपट्टी व पूर्व किनारपट्टी.

अ. पश्चिम किनारपट्टी - उत्तरेला सुरतपासून दक्षिणेला कन्याकुमारीपर्यंत १५०० कि.मी. लांब व २५ कि.मी. रुंद किनारपट्टी. या किनारपट्टीचे सहा भाग पडतात –

अ. कच्छचे रण - येथे मृदेत मिठाचे प्रमाण जास्त आहे.

ब. काठीवार प्रदेश - कच्छच्या रणाच्या दक्षिणेला काठीवार प्रदेश आहे. या प्रदेशात गिरनार पर्वत आहेत.

क. गुजरातचे मैदान - काठीवार प्रदेशाच्या दक्षिणेला साबरमती, मही, तापी, नर्मदा या नद्यांनी आणलेल्या गाळामुळे बनलेले.

ड. कोकण किनारपट्टी - महाराष्ट्राचा किनारी भाग.

इ. कारवार किनारपट्टी - ही गोव्यापासून मंगळूरपर्यंत आहे.

फ. मलबार किनारपट्टी - मंगळूर ते कन्याकुमारी. येथे अनेक खाऱ्या पाण्याची सरोवरे आहेत. त्यांना 'कायल' म्हणतात. वेम्बानाद सर्वांत मोठे सरोवर.

पूर्व किनारपट्टी - पूर्व किनारपट्टी पश्चिम किनारपट्टीच्या तुलनेत रुंद व कृष्णा, महानदी, गोदावरी, कावेरी नद्यांच्या त्रिभुज प्रदेशांनी बनल्याने सुपीक आहे. पूर्वकिनारपट्टीचे तीन भाग पडतात.

अ. ओरिसा किनारपट्टी - सुवर्णरेखा व ऋषिकूल्य नद्यांच्या मधली किनारपट्टी याला उत्कल मैदानही म्हणतात. येथे महानदीचा त्रिभुज प्रदेश आहे. चिल्का हे खाऱ्या पाण्याचे मोठे सरोवर येथे आहे.

ब. आंध्र किनारपट्टी - ओरिसा किनारपट्टी ते पुलिकत सरोवर एवढा विस्तार आहे. कृष्णा व गोदावरी नद्यांचे त्रिभुज प्रदेश आहेत व त्यांच्यामध्ये 'कोलेरू' हे गोड्या पाण्याचे सरोवर आहे.

क. तमिळनाडू किंवा कोरोमंडल किनारपट्टी - पुलिकत सरोवरापासून कन्याकुमारीपर्यंत विस्तार आहे. कावेरी नदीचा त्रिभुज प्रदेश येथे आहे.

भारतातील नद्या

भारतातील नद्यांचा अभ्यास हिमालयातील नद्या व द्वीपकल्पावरील नद्या असा केला जातो.

हिमालयातील नद्या

नदीचे नाव	उगमस्थान	उपनद्या	समुद्राला मिळण्याचे ठिकाण
१. सिंधू	सेनग्गे खबाब झऱ्यातून (Sengge Khabab Spring) मानसरोवराच्या १०० कि.मी. उत्तरेस.	सतलज, झेलम, रावी, बिआस, चिनाब, या पाच नद्यांमुळे पंजाब सुपीक बनला, याला 'पाच नद्यांचा प्रदेश' म्हणतात.	अरबी समुद्राला पाकिस्तानात कराची येथे.
२. गंगा	गोमुख पश्चिम हिमालयात	अलकनंदा, मंदाकिनी, यमुना, गोमती, घागरा, गंडक, कोसी, शोण, दामोदर	बिहारमध्ये राजमहल टेकड्यांजवळ नदीचे पाणी दोन भागांत विभागले जाते. एका भागातील पाणी प. बंगालमध्ये वाहते, हुगळी नदीच्या रूपात व बंगालच्या उपसागरात मिळते.
३. ब्रह्म-पुत्रा	चेमयुंगदुंग हिमशिखर	सुबंसिरी, बराली, मानस, उत्तर धनसिरी, बुरी, दिहीयांग, दक्षिण धनसिरी,	दुसऱ्या भागातल्या पाण्याला ब्रह्मपुत्रा येऊन मिळते व गंगा, ब्रह्मपुत्रेच्या एकत्र पाण्याला मेघना म्हणतात. बांगलादेशात वाहणारी मेघना बंगालच्या उपसागराला मिळते.

भारतीय द्वीपकल्पावरील नद्या

भारतीय द्वीपकल्पावरील नद्या पश्चिम घाटात उगम पावतात, त्यामुळे काही नद्या पश्चिम उतारावर वाहत जाऊन अरबी समुद्राला मिळतात. तर बहुतांशी नद्या पूर्व उतारावर वाहत जाऊन बंगालच्या उपसागराला मिळतात.

अरबी समुद्राला मिळणाऱ्या नद्या -

नदीचे नाव	उगमस्थान	उपनद्या	समुद्राला मिळण्याचे ठिकाण
१. नर्मदा	मैकल पर्वतरांगात अमरकंटक पठारावर	दुधी, बारना, हिरना	खंबायतच्या आखातात अरबी समुद्राला मिळते.
२. तापी	महादेव टेकड्यांवर	पूर्णा, गिरणा, पुंजहरा	गुजरातमध्ये अरबी समुद्राला मिळते.
३. साबरमती	अरवली पर्वतात	वाकल	गुजरातमध्ये अरबी समुद्राला
४. माही	विंध्य पर्वतात	–	गुजरातमध्ये अरबी समुद्राला
५. लुनी	अरवली पर्वतात	सुक्री, जोजरी	गुजरातमध्ये अरबी समुद्राला

याव्यतिरिक्त - पेरियार, शरावती, काली, मांडवी, वशिष्ठी, गायत्री, उल्हास, तानसा, वैतरणा इ. नद्या अरबी समुद्राला मिळतात.

बंगालच्या उपसागराला मिळणाऱ्या नद्या

नदीचे नाव	उगमस्थान	उपनद्या	समुद्राला मिळण्याचे ठिकाण
१. महानदी	मध्य प्रदेशातील मैकल टेकड्यांवर	हासदेव, मांड, इब	बंगालच्या उपसागरात
२. गोदावरी	नाशिक जिल्ह्यात त्रिंबक येथे	प्रवरा, मांजरा, प्राणहिता, इंद्रायणी, दारणा	राजमहेंद्री जवळ बंगालच्या उपसागरात
३. कृष्णा	सह्याद्री पर्वतात महाबळेश्वर येथे	कोयना, पंचगंगा, घटप्रभा, मलप्रभा, तुंगभद्रा, भीमा	दिवी बेटाजवळ बंगालच्या उपसागराला
४. कावेरी	कूर्ग जिल्ह्यात कर्नाटकात	हेमावती, कामिनी, भवानी	तमिळनाडूमध्ये बंगालच्या उपसागराला

नैसर्गिक वनस्पती - जंगले

भारतातील नैसर्गिक वनस्पतींचे वितरण हे तापमान व पावसाचे प्रमाण यांवर अवलंबून असते. भारतातील जवळजवळ एकोणीस टक्के क्षेत्रफळ जंगलांनी व्यापलेले आहे व जंगलातून अनेक पदार्थ गोळा केले जातात.

जंगलाचे नाव	तापमान व पाऊस	वृक्षांची नावे	ज्या प्रदेशात आढळतात, त्या प्रदेशांची नावे
१. सदाहरित जंगले	२५° ते ३०° सेल्सिअस, २०० से. मी. पेक्षा जास्त पाऊस	रोझवुड, एबोनी, महोगनी, शिसम, गर्जन	पश्चिम घाटाच्या पश्चिम उतारावर, हिमालयाच्या पायथ्याशी, ईशान्य भारतातील टेकड्यांवर, अंदमान व निकोबार बेटांवर.
२. मान्सून किंवा पानझडी वृक्षांची जंगले.	१०० ते २०० से. मी. पाऊस २० ते २५° सेल्सिअस	साल, शिसव, चंदन, सेमूल, अर्जुन	पश्चिम घाटाच्या पूर्व उतारावर, छोटा नागपूर पठारावर, पूर्व घाट, मध्य प्रदेश.
३. कोरडी पानझडी वृक्षांची जंगले.	५० ते १०० से. मी. २५° ते ३०° सेल्सिअस	महुआ व कडुनिंब	पंजाब, हरियाना, उत्तर प्रदेश, राजस्थान, तराई प्रदेशातील रेताड जमीन.
४. काटेरी वनस्पती	३० ते ३५° सेल्सिअस ५० से. मी. पेक्षा कमी पाऊस	बाभळ, खैर, किकर, निवडुंग, खजूर	पंजाब, उत्तर प्रदेश व दख्खनच्या पठाराचा कोरडा भाग, राजस्थान.
५. समशीतोष्ण कटिबंधीय जंगले/ सूचीपर्णी वृक्षांची जंगले	१०० ते २०० से. मी. पाऊस १५° ते २०° सेल्सिअस	पाईन, फर, स्प्रूस, देवनार, मॅपल, लॉरेल, ओक, स्प्रूस, मंगोलिया	पश्चिम हिमालय, नीलगिरी पर्वत.
६. खारफुटीची जंगले	किनारपट्टीच्या खाऱ्या जमिनीत वाढतात.	सुंदरी	गंगा, महानदी, गोदावरी, कृष्णा व कावेरी नद्यांच्या त्रिभुज प्रदेशांत, अंदमान निकोबार बेटांच्या किनाऱ्यावर

भारताची लोकसंख्या

१. लोकसंख्येत भारताचा दुसरा क्रमांक. (एकूण क्षेत्रफळाच्या २.५ टक्के क्षेत्रफळ)

२. लोकसंख्या जगाच्या १६ टक्के (महिला ४८ टक्के, पुरुष ५२ टक्के)

३. सर्वांत जास्त लोकसंख्येचे राज्य - उत्तर प्रदेश

४. सर्वात जास्त लोकसंख्येची घनता - दिल्ली (९२९४), चंदीगड (७९०३), पाँडेचरी (२०२९) या केंद्रशासित प्रदेशात, तसेच पश्चिम बंगाल राज्यात - ९०४.

५. सर्वांत कमी लोकसंख्येची घनता (अरुणाचल प्रदेश - १३)

६. स्त्री-पुरुष गुणोत्तर प्रमाण; सर्वांत जास्त केरळ १०५८
सर्वांत कमी दिल्ली ८२१
भारतातील सरासरी ९३३

७. साक्षरताप्रमाण -
सर्वांत जास्त केरळ - सरासरी ९०.९२, पुरुष ९४.२०, स्त्रिया ८७.८६.
सर्वांत कमी बिहार - सरासरी ४७.५३, पुरुष ६०.३२, स्त्रिया ३३.५७.

खनिज संपत्ती

खनिजाचे नाव	प्रमुख उत्पादक राज्ये
१. लोखंड	ओरिसा, बिहार, मध्य प्रदेश
२. मँगेनीज	मध्य प्रदेश, ओरिसा, आंध्रप्रदेश, महाराष्ट्र, कर्नाटक
३. कोळसा	बिहार - झारिया, बोकारो, प. बंगाल - राणीगंज, मध्य प्रदेश - सिंगरेनी
४. बॉक्साइट	बिहार, महाराष्ट्र, तमिळनाडू, ओरिसा
५. तांबे	बिहार, उत्तरप्रदेश, राजस्थान, आंध्रप्रदेश
६. खनिज तेल	आसाम-दिगबोई, शिवसागर, गुजरात - कॅम्बे, मेहसाना, महाराष्ट्र - मुंबई हाय

महत्त्वाचे बहुउद्देशीय प्रकल्प

प्रकल्पाचे नाव	ज्या राज्यांना फायदा मिळतो त्यांची नावे	नदीचे नाव
१. भाक्रा नानगल	पंजाब, राजस्थान, हरियाणा	सतलज
२. दामोदर व्हॅली कार्पोरेशन	बंगाल आणि बिहार	दामोदर
३. हिराकूड	ओरिसा	महानदी
४. तुंगभद्रा	आंध्र प्रदेश आणि कर्नाटक	तुंगभद्रा
५. रिहंद	उत्तर प्रदेश व बिहार	सोन
६. पेरियार	केरळ व तमिळनाडू	पेरियार
७. मयूराक्षी	बिहार, प. बंगाल	गंगा
८. शरावती	केरळ, कर्नाटक व तमिळनाडू	कावेरी
९. नागार्जुन सागर	आंध्र प्रदेश	कृष्णा
१०. कृष्णराजसागर	कर्नाटक	कावेरी
११. पैकारा	कर्नाटक	पैकारा
१२. माचकुंड	आंध्र प्रदेश व ओरिसा	गोदावरी
१३. कोसी	बिहार व नेपाळ	कोसी

ऊर्जासंपत्ती

सौर-ऊर्जा - जगातील सर्वांत मोठी सोलर सिस्टिम - आंध्र प्रदेशातील तिरुमला येथील तिरुपती देवस्थानात व दुसरी माउंट अबू येथील ब्रह्माकुमारी आश्रमात.

पवन-ऊर्जा - तमिळनाडू - भारताच्या सत्तर टक्के उत्पादन - मुप्पनदल येथे पवन-ऊर्जा प्रकल्प, जगात तिसरा क्रमांक, आशिया खंडात प्रथम क्रमांक.

भूऔष्णिक-ऊर्जा - हिमालयाच्या लडाख भागातील पुगा नदीच्या खोऱ्यात, हिमाचल प्रदेशात मणिकरन येथे.

भारतातील शेती -

१. बाजरी व कडधान्ये - राजस्थान
२. ज्वारी आणि बाजरी - महाराष्ट्र
३. कापूस आणि ज्वारी - महाराष्ट्र
४. तांदूळ व मका - पंजाब व जम्मू काश्मीर
५. तांदूळ व राळ - मध्य प्रदेश
६. चहा - आसाम, प. बंगाल.

७. कॉफी - कर्नाटक, तमिळनाडू, केरळ

८. तंबाखू - आंध्र प्रदेश व गुजरात

९. गहू, ऊस - उत्तर प्रदेश व बिहार

१०. तांदूळ व बटाटा - तमिळनाडूच्या टेकड्यांवर

११. तांदूळ व ज्यूट (ताग) - प. बंगाल व बिहार

१२. भुईमूग व बाजरी - गुजरात

१३. राळ व कडधान्ये - लडाख

१४. रबर - तमिळनाडू, कर्नाटक

१५. नारळ - केरळ, तमिळनाडू, कर्नाटक

१६. मसाल्याचे पदार्थ - मलबार किनारा, केरळ

१७. फळे - किनारपट्टी, हिमाचल प्रदेश

कारखानदारीचा विकास

कारखान्याचे नाव	प्रमुख केंद्रे
१. कापडाचा कारखाना	- अहमदाबाद, मुंबई, सोलापूर, नागपूर, चेन्नई, कानपूर, कोलकाता.
२. ज्यूटचा (तागाचा) कारखाना	- टिटाघर, कोलकाता, बाली, कानकिनारा, नैहाती, हावरा.
३. लोकरीच्या कापडाचा कारखाना	- अमृतसर, लुधियाना, धारियावाल, कानपूर, आग्रा.
४. रेशमी कापडाचा कारखाना	- म्हैसूर, बंगळूरू, मुर्शिदाबाद, श्रीनगर, कोइमतूर.
५. साखर कारखाना	- भारत, सहारनपूर, कानपूर, गोरखपूर, अलाहाबाद, अहमदनगर जिल्हा, कोल्हापूर, कोपरगाव, सांगली, फलटण, साखरवाडी, महाराष्ट्र.
६. लोखंड व पोलाद कारखाना	- जमशेटपूर, बर्नपूर, कुल्ती, हिरापूर, दुर्गापूर, बोकारो, रूरकेला, सेलम, भिलाई, भद्रावती.
७. कागद कारखाना	- कोलकाता, टिटाघर, नैहाती, कानकिनारा, हावरा, ट्रिबेनी.
८. सिमेंट कारखाना	- दालमियानगर, सिंद्री, खत्री, जलपा, कोब्रा.
९. खताचा कारखाना	- सिंद्री.

वाहतूक व दळणवळण

आंतरराष्ट्रीय विमानतळ

१. सहार - मुंबई

२. डमडम - कोलकाता

३. पालम - दिल्ली

४. मीनांबकम - चेन्नई

आंतरराष्ट्रीय बंदरे

पश्चिम किनारपट्टीवरील आंतरराष्ट्रीय बंदरे

१. मुंबई - भारतातील महत्त्वाचे बंदर - महाराष्ट्राच्या किनाऱ्यावर

२. कांडला - कच्छच्या आखातात - गुजरातच्या किनाऱ्यावर

३. मार्मागोवा - मार्मागोवा खाडीच्या मुखाशी - गोव्याच्या किनाऱ्यावर

४. मंगळूर - कर्नाटकाच्या किनाऱ्यावर

पूर्व किनारपट्टीवरील बंदरे

१. कोलकाता - हुगळी नदीच्या मुखाशी - प. बंगालच्या किनाऱ्यावर.

२. कोचीन - व्हेम्बानाद तळ्याच्या तोंडाशी - केरळच्या किनाऱ्यावर.

३. चेन्नई - तमिळनाडूच्या किनाऱ्यावर - कृत्रिम बंदर.

४. विशाखापट्टणम् - आंध्र प्रदेशच्या किनाऱ्यावर.

५. पारादीप - कटकजवळ ओरिसाच्या किनाऱ्यावर.

६. तुतीकोरीन - तमिळनाडूच्या किनाऱ्यावर.

आर्थिक भूगोल

नैसर्गिक संपत्ती -

मासेमारी : उत्तर समशीतोष्ण कटिबंधीय प्रदेशातील देशांच्या किनाऱ्याजवळ ऐंशी टक्के मासेमारी चालते.

जगातील प्रमुख मासेमारी क्षेत्रे.

१. पॅसिफिकचा वायव्य किनारा.

२. अटलांटिकचा वायव्य किनारा.

३. अटलांटिकचा ईशान्य किनारा.

४. पॅसिफिकचा ईशान्य (सॉलमन माशासाठी प्रसिद्ध) किनारा.

मासेमारीचे प्रमुख किनारे

डॉगर बँक - उत्तर समुद्रात - जगातील प्रमुख केंद्र - ग्रेट ब्रिटन.
ग्रॅन्ड बँक - न्यू फाउंडलंड बेटाच्या दक्षिणेला.
जॉर्जेस बँक - संयुक्त संस्थानांच्या आग्नेय किनाऱ्यावर.
मासेमारीत जगात जपानचा पहिला क्रमांक लागतो.

जंगलाचे प्रकार

जंगलाचे नाव	अक्षांश विस्तार	व्यापलेले प्रदेश	झाडांची नावे व लाकडाचा प्रकार
१. सदाहरित किंवा विषुववृत्तीय जंगले.	० ते १०° दक्षिण व उत्तर गोलार्धात	ॲमेझॉनचे खोरे, कांगोचे खोरे, इंडोनेशिया, मलेशिया व श्रीलंका	रबर, एबोनी, महोगनी, रोझवुड, ब्राझीलवुड, पाम, कडक लाकूड
२. मान्सून किंवा पानझडी वृक्ष जंगले.	१०° ते ३०° उत्तर व दक्षिण गोलार्धात	भारत, ब्रह्मदेश, थायलंड, ऑस्ट्रेलियाचा उत्तर किनारा, मादागास्कर बेट.	साग, चंदन, बांबू, शिसव, आर्थिकदृष्ट्या उत्तम दर्जाचे लाकूड.
३. सूचीपर्णी किंवा तैगा जंगले.	५०° ते ७०° उत्तर गोलार्धात	कॅनडा, रशियात पश्चिम ते पूर्व किनाऱ्यापर्यंत पट्ट्यात.	पाइन, सुरुची, सिडार, फर, हेमलॉक, लार्च
४. समशीतोष्ण कटिबंधीय पानझडी जंगले.	३०° ते ४०° उत्तर व दक्षिण गोलार्धात	चीन, जपान, कोरिया, मांचुरिया, दक्षिण चिली, ऑस्ट्रेलिया.	ओक, मंगोलिया, ऑलिव्ह, बीच.

मृदेचे प्रकार

मृदेचे नाव	रंग व घटक, वैशिष्ट्ये	प्रदेश
१. टुंड्रा मृदा	रंग राखाडी, ह्युमस नाही,(ह्युमस=वनस्पती कुजून तयार झालेली काळी माती) सुपीकता नसते.	रशिया, कॅनडा व युरोपचा उत्तरेकडील भाग
२. राखाडी मृदा	रंग राखाडी, आम्लपोषक द्रव्ये वाहून नेतात, आम्लयुक्त नापीक मृदा.	रशिया, कॅनडा व युरोपातील तैगा अरण्याचा प्रदेश
३. तपकिरी	पाने झडल्याने व फळे गळून पडल्याने ह्युमसचे प्रमाण जास्त, सुपीक मृदा, तपकिरी रंग.	कॅनडा व रशियात तैगा प्रदेशाच्या दक्षिणेला
४. तांबडी मृदा	मृदेत लोह व ॲल्युमिनिअमचे ऑक्साइड असतात, त्यामुळे लाल रंग, चहाच्या पिकासाठी अत्यंत उपयुक्त.	आग्नेय संयुक्त संस्थाने, आग्नेय चीन, ब्राझील, भारत, ब्रह्मदेश व व्हिएतनाम
५. जांभा मृदा	अतिपावसामुळे सर्व पोषक द्रव्ये वाहून जातात. अतितापमानामुळे कडक बनते. शेतीस उपयोगी नाही; पण रस्ते बांधण्यासाठी उपयोगी.	कांगोचे खोरे, ॲमेझॉनचे खोरे, इंडोनेशियाची बेटे.
६. प्रेअरी मृदा	काळा रंग, ह्युमसचे प्रमाण जास्त असल्याने अत्यंत सुपीक मृदा.	संयुक्त संस्थानातील प्रेअरी प्रदेशात, अर्जेंटिना, मांचुरिया इ.
७. वाळवंटी मृदा	सेंद्रिय घटक व पाण्याचा अभाव, अ-सेंद्रिय घटक जास्त प्रमाणात, रंग वाळूसारखा	जगातील सर्व वाळवंटांत आढळते.
८. चेस्टनट मृदा	ह्युमसचे प्रमाण कमी. त्यामुळे सुपीकता कमी, शेतीस उपयोगी नाही.	मध्य आशिया, भूमध्य सामुद्रिक प्रदेश, पश्चिम संयुक्त संस्थाने, अर्जेंटिना, द. आफ्रिका, नैर्ऋत्य व आग्नेय ऑस्ट्रेलिया.
९. चेरनोझम मृदा	'काळी कापसाची मृदा' असे भारतात म्हणतात. ह्युमसचे प्रमाण जास्त असते, शेतीस उपयोगी मृदा.	मध्य आशिया, मांचुरियापासून सैबेरियापर्यंत, मध्य रशिया व युक्रेनमधून हंगेरी व रुमानियापर्यंत.

खनिज संपत्ती

खनिजे

लोखंड - संयुक्त संस्थाने, कॅनडा, युरोप, स्वीडन, ग्रेट ब्रिटन
तांबे - चिली, पेरू, संयुक्त संस्थाने, कॅनडा
बॉक्साइट - ऑस्ट्रेलिया, द. अमेरिका, रशिया, चीन
मँगेनीज - द. आफ्रिका, रशिया, ऑस्ट्रेलिया, ब्राझील, भारत

कोळसा

कोळशाचे प्रकार प्रतीनुसार चढत्या क्रमाने –
पीट, लिग्नाइट, बिटुमिनस, अँथ्रेसाइट
कोळशाच्या खाणी
चीन - (१) शान्सी व शेन्सी विभाग (२) रेड नदीचे खोरे (३) मांचुरिया विभाग

संयुक्त संस्थाने - (१) ॲपलेशियन पर्वतरांगा (२) रॉकी पर्वत (३) पूर्व मध्य विभाग (४) पश्चिममध्य विभाग

रशिया - (१) कुझनेटस्क विभाग (२) कारागांडा विभाग (३) मॉस्को - तुला विभाग

खनिज तेल - उत्पादन

१. रशिया २३% - (अ) व्होल्गा उरल विभाग (ब) कॅस्पिअन समुद्र विभाग
२. सौदी अरेबिया १५%
३. संयुक्त संस्थाने १५%
इतर देश इराक, इराण, कुवेत, व्हेनेझुएला, मेक्सिको

ऊर्जासाधने

जलविद्युत उत्पादन

(१) संयुक्त संस्थाने २०% (२) कॅनडा १३% (३) युरोपीय देश (४) नॉर्वे व स्वीडन

सौर-ऊर्जा - प्रमुख देश : इस्राईल, फ्रान्स, जपान, संयुक्त संस्थाने, ऑस्ट्रेलिया व भारत

पवन-ऊर्जा - डेन्मार्क, नेदरलँड - आघाडीवर. इतर : स्वीडन, जर्मनी, ग्रीस, नॉर्वे

भरती-ऊर्जा - फ्रान्स, रशिया, संयुक्त संस्थाने, जपान, ग्रेट ब्रिटन, चीन, कॅनडा

भू-औष्णिक-ऊर्जा - संयुक्त संस्थाने, जपान, फिलिपाइन्स, इटली, न्यूझीलंड, मेक्सिको, आइसलंड

कारखाने -

लोखंड व पोलाद कारखाना

देशाचे नाव	**कारखान्यांची केंद्रे**
संयुक्त संस्थाने	- बफेलो, पिट्सबर्ग, एरी, क्लीव्हलँड, डेट्रायट, मेरीलँड, स्पॅरोज् पॉइंट
रशिया	- क्रिव्हॉय रॉग, मॅग्निटोगॉर्स्क, मॉस्को, व्होल्गोग्राड
जपान	- ओसाका, कोबे, टोकियो, योकोहामा

रसायनाचे कारखाने -

देशाचे नाव	**कारखान्यांची केंद्रे**
१. संयुक्त संस्थाने	- मिशिगन, ओहायहो, न्यूयॉर्क, सॅनफ्रान्सिस्को, कॅलिफोर्निया
२. रशिया	- व्होल्गा, चेर्नोबल, बाल्कोन्हो, समगेंट
३. जपान	- कोबे, ओसाका, टोकियो, योकोहामा, नगोया

प्रात्यक्षिक भूगोल

प्रात्यक्षिक भूगोलाचा अभ्यास करताना नकाशा, त्याचे प्रकार, नकाशाचे प्रमाण, नकाशाचे लघुकरण व विशालीकरण, प्रक्षेपण, त्याचे प्रकार, त्याचे गुणधर्म, उपयोग, सर्वेक्षण, त्याचे प्रकार, सांख्यिकी आकृत्या, स्थल निर्देशांक नकाशे, उठाव दर्शवण्याच्या पद्धती, दर्शक नकाशाचे प्रकार, सांकेतिक खुणा व चिन्हे, हवेच्या मापनाची उपकरणे, हवामान नकाशा वाचन, सुदूर संवेदन इत्यादींचा अभ्यास करावा.

नकाशे -

नकाशांचे प्रकार

१. स्थावर मालकी दर्शक नकाशे (Plans) - मोठ्या प्रमाणात काढतात.
२. स्थलदर्शक नकाशे (Topographical maps) - मोठ्या प्रमाणावर काढतात.
३. भित्ती नकाशे (Wall maps) - लहान प्रमाणात काढतात.
४. ॲटलस नकाशे (Atlas maps) - छोट्या प्रमाणात काढतात.

नकाशाच्या प्रमाणाचे प्रकार -

अ. शब्द प्रमाण/Verbal Scale - उदा. १ सें. मी. ला २०० मीटर किंवा १ इंचास ४ मैल.

ब. संख्या प्रमाण/अंक प्रमाण - १:५०,०००, १:६३६०

क. रेषा प्रमाण/आलेख प्रमाण - रेषेच्या साहाय्याने दाखवले जाते.

शब्दप्रमाणाचे संख्याप्रमाणात रूपांतर -

उदा : १ सें. मी. ला ५० मीटर = संख्याप्रमाण १:५००० (५० × १०० सें.मी.)

४. सें. मी. ला १ कि.मी = संख्याप्रमाण १:२५,००० $\left(\frac{\text{१×१००,००० सें.मी.}}{\text{४ सें.मी.}}\right)$

नकाशाचे लघुकरण व विशालीकरण -

लहान नकाशाचे प्रमाण बदलून मोठा करणे म्हणजे 'विशालीकरण.'

मोठ्या नकाशाचे प्रमाण बदलून लहान करणे म्हणजे 'लघुकरण.'

नकाशाचे लघुकरण व विशालीकरण करण्याच्या पद्धती -

१. **आलेख पद्धती** - (अ) चौरस पद्धती (ब) समान त्रिकोण पद्धती.

२. **यांत्रिक पद्धत** - (अ) पॅंटोग्राफ (ब) आयडोग्राफ (क) कॅमेरा (ड) गुणोत्तर कंपास

प्रक्षेपण

प्रक्षेपणाचे प्रकार

ख-मध्य प्रक्षेपणे	**शंकू प्रक्षेपणे**	**दंडगोलीय प्रक्षेपणे**	**सांकेतिक/गणिती पद्धतींनी काढलेली प्रक्षेपणे**
अ. ख-मध्य केंद्रीय (Zenithal Gnomonic)	अ. एक प्रमाण अक्षवृत्त शंकू	अ. दंडगोल सम समांतर प्रक्षेपण (Cylindrical Equidistance)	अ. सिन्युसाइडल
ब. ख-मध्य व्यासांतर (Zenithal Polar Stereographic)	ब. द्विप्रमाण अक्षवृत्त शंकू	ब. दंडगोल समक्षेत्र (Cylindrical Equal Area)	ब. मॉलवीड
क. ख-मध्य लंबरूपी (Zenithal Orthographic)	क. बहुप्रमाण अक्षवृत्त / अर्धशंकू (Polyconic)	क. मर्केटरचे (Mercator's)	क. गोलाकार (Globular)
	ड. बॉनचे	ड. गाल्स (Gall's)	ड. त्रिखंडित समक्षेत्र (Interrupted Homolographic)
	इ. सुधारित अर्धशंकू		

प्रक्षेपणाचा उपयोग

प्रक्षेपणाचे नाव	उपयोग
१. समक्षेत्र प्रक्षेपणे	वितरणात्मक नकाशे - लोकसंख्येची घनता, पिकांचे वितरण, नैसर्गिक वनस्पतींचे वितरण, देशांचा किंवा खंडाचा नकाशा.
२. मॉलवीड आणि सिन्यूसायडल	जगाचा नकाशा, तांदूळ, रबर, ऊस, गहू, मका इ. चे वितरण, जागतिक लोकसंख्या वितरण, केप कैरो लोहमार्ग
३. द्विप्रमाण अक्षवृत्त शंकू प्रक्षेपण	लहान आकाराच्या प्रदेशाचा नकाशा काढण्यासाठी, त्यातील विविध घटकांचे वितरण दाखवण्यासाठी, उदा : युनायटेड किंगडम, फ्रान्स, बाल्कन बेटे इ. ट्रान्स सैबेरियन लोहमार्ग, कॅनेडियन पॅसिफिक लोहमार्ग, ट्रान्स कॉन्टिनेंटल लोहमार्ग, भारताचे नकाशे.
४. खमध्य ध्रुवीय प्रक्षेपण	टुंड्रा प्रदेश दाखवण्यासाठी, ध्रुवीय प्रदेश दाखवण्यासाठी.
५. खमध्य ध्रुवीय व्यासांतर प्रक्षेपण	आशिया खंड, युरोप खंड, एका गोलार्धाचा संपूर्ण नकाशा
६. एकप्रमाण अक्षवृत्त शंकू प्रक्षेपण	पूर्व-पश्चिम विस्तार जास्त आणि उत्तर दक्षिण विस्तार कमी असलेल्या देशांसाठी. उदा : चीन, कॅनडा, सैबेरिया, संयुक्त संस्थाने, लहान आकाराच्या देशांसाठी. उदा : डेन्मार्क, स्पेन, आयर्लंड, पोलंड
७. बॉनचे प्रक्षेपण	मोठ्या खंडाचा नकाशा काढण्यासाठी. उदा : ऑस्ट्रेलिया, युरोप, उत्तर अमेरिका, दक्षिण अमेरिका.
८. सुधारित अर्धशंकू प्रक्षेपण	जगाचा नकाशा तयार करण्यासाठी.
९. मर्केटर प्रक्षेपण	समुद्रप्रवाह, जलमार्ग, वायुमार्ग, दाखवण्यासाठी, समभार व समतापदर्शक नकाशे काढण्यासाठी, हवामानदर्शक तक्ते तयार करण्यासाठी, वारे व वाऱ्यांचे प्रकार दाखवण्यासाठी.
१०. गोलाकार प्रक्षेपण (Globular Projection)	संपूर्ण गोलार्धाचा किंवा पश्चिम गोलार्धाचा काही भाग व पूर्ण गोलार्धाचा काही भाग दाखविण्यासाठी.
११. त्रिखंडित समक्षेत्र प्रक्षेपण (Interrupted Homolo-graphic Projection)	समुद्रप्रवाह, समुद्रपाण्याची क्षारता, मासेमारी केंद्र दाखवण्यासाठी.

सर्वेक्षण - दोन प्रमुख प्रकार - साखळी व टेप सर्वेक्षण, समतलफलक सर्वेक्षण
साखळी व टेप सर्वेक्षण -

साखळीचे प्रकार

अ. मीटर साखळी - प्रत्येक २० सें. मी. च्या १०० कड्या.
ब. इंजिनियर साखळी - प्रत्येक १ फूट लांबीच्या १०० कड्या.
क. गुंटूरची साखळी - प्रत्येक ७.९२ इंच किंवा .६६ फूट लांबीच्या १०० कड्या.
ड. महसूल साखळी - प्रत्येक $२\frac{१}{१६}$ फूट लांबीच्या १६ कड्या.

टेपचे प्रकार -

(अ) कापडी टेप (ब) धातुतारायुक्त टेप (पितळेच्या किंवा तांब्याच्या तारा) (क) पोलादी टेप (ड) इन्वार टेप - पोलाद व निकेल या धातूंच्या मिश्रणाने बनलेला.

समतलफलक सर्वेक्षण (Plane Table Survey) -

सर्वेक्षणाच्या पद्धती -
(अ) विकिरण पद्धत (Radiation Method)
(ब) प्रतिच्छेदन पद्धती (Intersection method)
(क) वेढा पद्धत (Traverse Method)
(ड) पुनर्च्छेदन किंवा अंतर्छेदन पद्धत (Resection Method)

सांख्यिकी आकृत्या : प्रकार -

अ. एकमिती (One dimentional diagram) आकृत्या
रेषालेख - रेषेच्या साहाय्याने दाखवले जाते.
१. साधारेषालेख - वेगवेगळ्या काळांतील दोन भौगोलिक घटकांच्या माहितीचा संबंध.
२. बहुरेषालेख - एखाद्या भौगोलिक घटकातील उपघटक एकाच वेळी अनेक रेषांच्या साहाय्याने दाखवले जातात.
३. पट्टीरेषालेख (Band Graph) - वेगवेगळ्या घटकांसाठी एकाच प्रमाणावर स्वतंत्र रेषा काढतात व प्रत्येक घटकासाठी वेगवेगळी छटा दाखवली जाते.
४. तापमान-आर्द्रतादर्शक आलेख (Climograph) - तापमान व आर्द्रता या दोन घटकांचा संबंध दाखवला जातो.
५. तापमान - पर्जन्यदर्शक आलेख (Hythergraph) - तापमान व पर्जन्य या

दोन घटकांचे वितरण दाखवले जाते.

६. क्लायमेटोग्राफ - तापमान व पर्जन्य दाखवणारी वर्तुळाकार आकृती.

७. अर्गोग्राफ (Ergograph) ऋतू, हवामान व पिके यांचा संबंध दाखवला जातो.

८. रेषा व स्तंभालेख - एक भौगोलिक घटक रेषेच्या साहाय्याने तर दुसरा घटक स्तंभाच्या साहाय्याने दाखवला जातो.

९. स्तंभालेख - विविध भौगोलिक घटकांची माहिती व त्यांच्यातील बदल दाखवले जातात.

१०. संयुक्त-स्तंभालेख (Compound bargraph) - वेगवेगळ्या कालखंडांतील भौगोलिक उपघटकांची आकडेवारी दाखवण्यासाठी.

११. जोडस्तंभ (Multiple Bargraph) - दोन किंवा तीन घटकांची माहिती एकाच वेळी दाखवण्यासाठी.

१२. शंकू आकृती (Pyramid diagram) - वयोगटानुसार, लिंगानुसार, व्यवसायानुसार तसेच ग्रामीण व शहरी लोकसंख्येची आकडेवारी दाखवण्यासाठी.

ब) द्विमितीय आकृत्या (Two Dimentional Diagrams) प्रकार

१. विभाजित आयत (Divided Rectangular Diagram)

२. विभाजित वर्तुळ (Divided Circle / Wheel / Pie Diagram)

३. प्रमाणबद्ध वर्तुळे (Proportional Circle)

४. प्रमाणबद्ध चौरस (Proportional Square)

क) त्रिमितीय आकृत्या (Three Dimentional Diagrams) प्रकार

(१) प्रमाणबद्ध गोल (Proportionate Sphere)

(२) प्रमाणबद्ध घन (Proportional Cube)

(३) ठोकळे (Block Piles)

ड) इतर सांख्यिकी आकृत्या

तारासदृश आकृती (Star Diagram) - एखाद्या ठिकाणावरील वर्षभरातील वाऱ्याची दिशा दाखवण्यासाठी.

वारा व दृश्यता पुष्पाकृती (Wind and Visibility Rose) - विशिष्ट दिशांतील रेषांची लांबी ही चांगल्या दृश्यता दिवसांची व वाईट दृश्यता दिवसांची टक्केवारी विशिष्ट दिशेकडून येणाऱ्या वाऱ्याच्या एकूण दिवसाच्या प्रमाणात असते.

संयुक्त वातपुष्पाकृती - यात वाऱ्याच्या दिशेबरोबर वाऱ्याचा वेगही दर्शवला जातो.

अष्टभुजावातपुष्प - याला आठ बाजू असतात व प्रत्येक बाजू एक दिशा दर्शवते.

नकाशे

रेषानुगामी नकाशे (Flow Maps) - लोकसंख्येचे, वस्तूचे किंवा गाड्यांच्या स्थलांतरांच्या हालचालीची आकडेवारी यात दाखवतात.

सममूल्य नकाशे - सममूल्य रेषांनी तयार केले जातात.

सममूल्य रेषा

समोच्च रेषा (Contour Line) - समान उंचीची ठिकाणे जोडणाऱ्या.

समवायुभाररेषा (Insobar Line) - समान वायुभार असलेली ठिकाणे जोडणाऱ्या.

समतापरेषा (Isotherm Line) - समान तापमान असलेली ठिकाणे जोडणाऱ्या.

समक्षाररेषा (Isosaline Line) - समान क्षारता असलेली ठिकाणे जोडणाऱ्या.

समपर्जन्यरेषा (Isohyet Line) - समान पर्जन्य असलेली ठिकाणे जोडणाऱ्या.

समध्वनिरेषा (Isodecimal Line) - समान ध्वनी असलेली ठिकाणे जोडणाऱ्या.

समसमुद्रखोलीरेषा (Isobath Line) - समान समुद्रखोली असलेली ठिकाणे जोडणाऱ्या.

सममेघरेषा (Isoneph) - समान मेघ असलेली ठिकाणे जोडणाऱ्या.

समबर्फरेषा (Isonig) - समान बर्फ असलेली ठिकाणे जोडणाऱ्या.

समभूकंप तीव्रता दर्शक रेषा (Isoseismal Lines) - समान भूकंपतीव्रता असलेली ठिकाणे जोडणाऱ्या.

समसूर्यप्रकाश रेषा (Isobel) - समान सूर्यप्रकाश असलेली ठिकाणे जोडणाऱ्या.

समहिवाळा तापमान रेषा (Isocheim) - हिवाळ्यातील समान तापमान असलेली ठिकाणे जोडणाऱ्या.

समचुंबकीय विविधता रेषा (Isogonic Line) - समान चुंबकीय विविधता असलेली ठिकाणे जोडणाऱ्या रेषा.

समथंडरस्टॉर्म रेषा (Isobrant Line) - सम थंडरस्टॉर्म असलेली ठिकाणे जोडणाऱ्या रेषा. (मेघगर्जनेसहित वादळ)

छायापद्धती नकाशे (Choropleth Maps) - भौगोलिक घटकांची आकडेवारी निरनिराळ्या छटांनी दाखवली जाते. राजकीय विभागात वितरण दाखवतात.

टिंबपद्धती नकाशे - टिंबांच्या साहाय्याने लोकसंख्या, प्राणी, पिके, खनिजे इत्यादींचे वितरण दाखवले जाते.

भारतीय स्थलनिर्देशांक नकाशाचे प्रकार -

१. दशलक्षी नकाशे (Million sheet) - प्रमाण १ इंचास १६ मैल किंवा १:१०,००,००० समोच्चरेषांमधील अंतर ४०० मीटर असते.

२. पावइंची नकाशा (Quarter inch sheet) - प्रमाण १ इंचास ४ मैल / १:२,५०,००० समोच्चरेषांमधील अंतर १०० मीटर

३. अर्धाइंची नकाशा (Half inch sheet) - प्रमाण १ इंचास २ मैल / १:१,००,००० समोच्चरेषांमधील अंतर ४० मीटर.

४. एक इंची नकाशा (One inch sheet) - प्रमाण १ इंचास १ मैल / १:५०,००० समोच्चरेषांमधील अंतर २० मीटर.

५. नागरी व पर्यटन स्थळाचा नकाशा - प्रमाण $\frac{१}{२}$ इंचास १ मैल / १.२५,००० समोच्चरेषांमधील अंतर १० मीटर.

भारतीय स्थलनिर्देशांक नकाशातील सांकेतिक खुणा व चिन्हे

हवामानदर्शक नकाशे -

या नकाशात वायुभार वितरण, आकाशस्थिती, पर्जन्याचे वितरण, वाऱ्याची दिशा आणि वेग, समुद्रस्थिती व हवेची स्थिती दर्शवलेली असते.

◆◆◆

१. भूरूपशास्त्र (Geomorphology)

१. भूगोलातील 'भूरूपशास्त्र' या शब्दाचा सर्वप्रथम प्रयोग कोणी केला?
(अ) डेविस (ब) पॉवेल (क) न्यूटन (ड) हट्टन

२. आधुनिक भूरूपशास्त्राचा जनक कोणाला मानले जाते?
(अ) पॉवेल (ब) ब्रकनर (क) हट्टन (ड) गिल्बर्ट

३. 'सूर्यमालेमध्ये सूर्याव्यतिरिक्त नऊ ग्रह आहेत व सूर्य केंद्रस्थानी आहे.' हे विचार सर्वप्रथम कोणी मांडले?
(अ) कोपर्निकस (ब) गॅलिलिओ
(क) केप्लर (ड) न्यूटन

४. आकाशगंगेच्या केंद्रस्थानापासून सूर्याचे स्थान किती दूर आहे?
(अ) ३०,००० प्रकाशवर्षे (ब) ३६००० प्रकाशवर्षे
(क) ४२००० प्रकाशवर्षे (ड) ४९००० प्रकाशवर्षे

५. सूर्याचा व्यास आहे.
(अ) १२०,१५०० कि.मी. (ब) १३५,२००० कि.मी.
(क) १४२,७००० कि.मी. (ड) १५२३५०० कि.मी.

६. सूर्याच्या पृष्ठभागावरील तापमान आहे.
(अ) ३०००°C (ब) ४२००°C
(क) ५१००°C (ड) ६०००°C

७. पृथ्वीचे आयुष्यमान किती वर्षं मानले गेले आहे?
(अ) ४५×१०^{८} वर्षे (ब) ३९×१०^{८} वर्षे
(क) ३२×१०^{८} वर्षे (ड) ३०×१०^{८} वर्षे

८. भूशास्त्रीय कालखंडातील 'ज्यूरासिक कल्प' या कालखंडाचे नामकरण कोणी केले?
(अ) हट्टन (ब) हंबोल्ट (क) होम्स (ड) प्राट

९. दक्षिण भारताच्या पठारी भागाची उत्पत्ती कोणत्या कालखंडात झाली?
(अ) क्रिटेशियस कल्प (ब) कार्बोनिफेरस कल्प
(क) सिलूरियन कल्प (ड) केम्ब्रीयन कल्प

१०. हिमालय पर्वताची निर्मिती कोणत्या कालखंडात झाली?
(अ) अतिनूतन (ब) मध्यनूतन
(क) तृतीयक कल्प (ड) ट्रायसिंक कल्प

११. खालीलपैकी कोणती एक भूकंपलहर (Wave) नाही?
(अ) प्राथमिक लहरी (ब) दुय्यम लहरी
(क) भुपृष्ठीय लहरी (ड) सेम्मो लहरी

१२. पृथ्वीचे वय ठरविताना ज्या पद्धतीमध्ये वनस्पती व झाडांच्या खोडावरती असलेल्या रेषा व आकार यांचा अभ्यास केला जातो त्याला .... म्हणतात.
(अ) पोलेन पद्धत (ब) पुराजीव पद्धत
(क) किरणोत्सर्गी पद्धत (ड) खगोलीय पद्धत

१३. कोणत्या भूशास्त्रज्ञाने पृथ्वीच्या अंतरंगातील द्रव्याच्या घनतेनुसार पृथ्वीच्या अंतरंगाची तीन समकेंद्री स्तरांत विभागणी केली?
(अ) स्वेस (ब) जेफ्री (क) डार्विन (ड) हॅले

१४. पृथ्वीवरील महासागरांचे तळभाग हे मुख्यत्वेकरून कोणत्या थराचे बनलेले आहेत?
(अ) सियाल (ब) सीमा (क) प्रावरण (ड) शिलावरण

१५. पृथ्वीचा गाभा हा कोणत्या धातूच्या मिश्रणापासून तयार झाला आहे?
(अ) सिलिका व ॲल्युमिनिअम (ब) निकेल व फेरियम
(क) निकेल व कॅल्शियम (ड) निकेल व सिलिका

१६. कोणत्या खडकांमध्ये रासायनिक पदार्थांचे प्रमाण जास्त असते?
(अ) अग्निजन्य खडक (ब) स्तरित खडक
(क) रूपांतरित खडक (ड) भित्तिखडक

१७. दगडी कोळसा हा कोणत्या खडकाचा प्रकार आहे?
(अ) रूपांतरित खडक (ब) वनस्पतिजन्य स्तरित खडक.
(क) अग्निजन्य खडक (ड) यांपैकी कोणताही नाही.

१८. संगमरवर हे कोणत्या रूपांतरणाचे उदाहरण आहे?
(अ) औष्णिक रूपांतरण (ब) गतिक रूपांतरण
(क) पातालिय रूपांतरण (ड) प्रादेशिक रूपांतरण

१९. पृथ्वीवरील महासागर व खंड यांच्या निर्मितीची 'खंडवहन' ही संकल्पना मांडणाऱ्या शास्त्रज्ञांमध्ये खालीलपैकी कोण नाही?
(अ) स्नायडर (ब) टेलर (क) केल्व्हिन (ड) वेजीनर

२०. भारतात दख्खनच्या पठारात भूकंपाचे प्रमाण कमी आहे. कारण-
(अ) संतुलनाच्या दृष्टीने ते जास्त संतुलित आहे.
(ब) समुद्रसपाटीपासून ते जास्त उंचीवर आहे.

(क) ते ज्वालामुखीप्रवण क्षेत्रात येत नाही.

(ड) यांपैकी कोणतेही नाही.

२१. सह्याद्री पर्वत हा कोणत्या प्रकारच्या पर्वताचे उदाहरण आहे?

(अ) अवशिष्ट पर्वत   (ब) ज्वालामुखी पर्वत

(क) घडी पर्वत   (ड) गट पर्वत

२२. वेजीनर या शास्त्रज्ञाच्या मते पृथ्वीच्या 'पुराजीव महाकल्प' या कालखंडात पृथ्वीवरील सध्याची सर्व खंडे एकत्र होती. या एकत्र अशा भूभागाला वेजीनरने कोणते नाव दिले?

(अ) ज्यूरासिक   (ब) पँजिया

(क) पँथालासा   (ड) कॅलिडोनिया

२३. नॅशनल जीओग्रॅफिक सोसायटीच्या अनुसार पृथ्वीवरील मोठ्या भूपट्टांची (Plate) संख्या किती आहे?

(अ) ६   (ब) ७   (क) १६   (ड) १२

२४. हिमालय पर्वताची निर्मिती कोणत्या दोन भूपट्टांच्या अभिसरणाने झाली?

(अ) युरेशियन भूपट्ट व इंडियन भूपट्ट.

(ब) इंडियन भूपट्ट व आफ्रिकन भूपट्ट.

(क) युरेशियन भूपट्ट व आफ्रिकन भूपट्ट.

(ड) पॅसिफिक भूपट्ट व आफ्रिकन भूपट्ट.

२५. खालीलपैकी कोणता शास्त्रज्ञ भू-संतुलनाच्या (Isostasy) संकल्पनेशी संबंधित नाही?

(अ) ड्युट्टॉन   (ब) एअरी   (क) हायफोर्ड   (ड) वेजीनर

२६. 'पृथ्वीवरील पर्वतांचे घनत्व पठारी प्रदेशांपेक्षा कमी असते, पठारी प्रदेशांचे घनत्व मैदानी प्रदेशांपेक्षा कमी असते, मैदानी प्रदेशांचे घनत्व किनारी मैदानी प्रदेशांपेक्षा कमी असते व किनारी मैदानी प्रदेशांचे घनत्व समुद्रतळांपेक्षा कमी असते.' हे विचार कोणी मांडले?

(अ) प्राट   (ब) हायफोर्ड   (क) ऐअरी   (ड) वेजीनर.

२७. पृथ्वीच्या भूपृष्ठाचा ७५% भाग कोणत्या प्रकारच्या खडकांनी व्यापलेला आहे?

(अ) अग्निजन्य खडक   (ब) स्तरित खडक

(क) रूपांतरित खडक   (ड) यांपैकी कोणताही नाही.

२८. जगातील सर्वांत उंच ज्वालामुखी कोणता आहे?

(अ) फ्यूजीयामा (जपान)   (ब) कोटोपेक्सी (इक्वेडोर)

(क) मेयाना (फिलिपाइन्स)   (ड) रेनियर (अमेरिका)

२९. पृथ्वीच्या उत्पत्तीसंदर्भात खालील जोड्या जुळवा.

A - शास्त्रज्ञ		B - परिकल्पना/सिद्धान्त
प)	लाप्लास	१) सिफीड सिद्धान्त
फ)	चेंबरलेन व मॉल्टन	२) भरती परिकल्पना
भ)	जीन्स व जेफ्रीज	३) ग्रहकण परिकल्पना
न)	डॉ. बॅनर्जी	४) तेजोमेघ सिद्धान्त
		५) मेघ-तेजोमेघ सिद्धान्त.

	प	फ	भ	न
(अ)	४	३	२	१
(ब)	३	१	२	४
(क)	५	२	१	४
(ड)	१	५	२	३

३०. भारतातील कोणते शहर हे गंगेच्या नागमोडी वळणावर (Meanders) वसले आहे?

(अ) पाटणा (ब) अलाहाबाद

(क) वाराणसी (बनारस) (ड) कानपूर

३१. जगातील सर्वांत मोठा त्रिभुज प्रदेश असलेला 'सुंदरबन' हा कोणत्या प्रकारचा त्रिभुज प्रदेश आहे?

(अ) खाडी त्रिभुज प्रदेश (ब) अर्धगोलाकार त्रिभुज प्रदेश

(क) पक्षीपद त्रिभुज प्रदेश (ड) यांपैकी कोणताही नाही.

३२. खालीलपैकी कोणते भूरूप हे नदीच्या युवावस्थेत होत नाही?

(अ) घळई (ब) धबधबे

(क) नागमोडी वळणे (ड) 'व्ही' आकाराच्या दऱ्या

३३. दक्षिण भारतातील कृष्णा व गोदावरीची नदी-प्रणाली कोणत्या प्रकारची आहे?

(अ) जाळीसदृश (ब) वृक्षासम (क) आयताकार (ड) केंद्रत्यागी

३४. खालीलपैकी कोणती नदी ही यमुनेची उपनदी नाही?

(अ) केन (ब) गंडकी (क) कुशी (ड) अरूण

३५. .... ही जगातील सर्वांत मोठी हिमनदी आहे.

(अ) सियाचीन (ब) फेडरोंको (क) लॅम्बर्ट (ड) मॅलस्पिचा

३६. हिमनदी वाहत असताना तिच्या मार्गात लहान-लहान टेकड्या किंवा खडकांचे उंचवटे आल्यास निर्माण होते.

(अ) गिरिशृंग (ब) टांगत्या दऱ्या

(क) यू-आकाराच्या दऱ्या (ड) मेषशिला

३७. खालीलपैकी कोणती हिमनदी ही काराकोरम पर्वतश्रेणीतील आहे?

(अ) सियाचीन (ब) कांचनगंगा

(क) गंगोत्री (ड) केदारनाथ

३८. स्तरित किंवा जलजन्य खडकाची निर्मिती होत असताना त्या खडकात पाण्याचा संग्रह होतो, त्या पाण्याला म्हणतात.

(अ) पर्जन्य जल (ब) सहजात जल

(क) मॅग्मी जल (ड) स्तरित जल

३९. आर्टेशियन विहिरीच्या संदर्भात खालीलपैकी कोणते विधान चूक आहे?

(अ) खडकाची रचना बशीसारखी खोलगट असते.

(ब) जलभेद्य खडकाच्या दोन थरांमध्ये जलभेद्य खडकाचा थर असावा.

(क) जलभेद्य खडकाचा भाग एक किंवा दोन बाजूंनी भूपृष्ठावर उघडा असावा.

(ड) त्या प्रदेशात भरपूर पर्जन्य नसावे.

४०. खालीलपैकी कोणती जोडी चुकीची आहे?

	A	B
(अ)	हिमनदी	एस्कर्स
(ब)	चुनखडक	कार्स्ट प्रदेश
(क)	भूछत्र खडक	वाळवंट
(ड)	पूर मैदान	नदीची युवावस्था

४१. पृथ्वीच्या अंतरंगात 'महो विलगता' हा थर कोणत्या स्तरात आढळतो?

(अ) शिलावरण (ब) प्रावरण

(क) गाभा (ड) यांपैकी कोणताही नाही.

४२. पृथ्वीच्या अंतरंगातील प्रावरण व गाभा यांच्या सीमावर्ती भागास .... म्हणतात.

(अ) गटेनबर्ग विलगता (ब) महो विलगता.

(क) संक्रमण भाग (ड) इंगेलेहमान विलगता.

४३. पृथ्वीचा आकार आहे-

(अ) इलिपसायड (ब) जिऑयड

(क) स्पेरॉयड (ड) यांपैकी कोणताही नाही.

४४. २४ ऑगस्ट, २००६ पासून सूर्यमालेतील कोणत्या ग्रहाला वगळण्यात आले आहे?

(अ) प्लुटो (ब) मर्क्युरी

(क) व्हिनस (ड) यांपैकी कोणताही नाही.

४५. एल. सी. किंगच्या समांतर माघारी उतार सिद्धान्तानुसार उतारांचा बरोबर क्रम कोणता आहे?

(अ) पदभूमी, डबर उतार, उभट उतार, शीर्ष उतार.
(ब) शीर्ष उतार, पदभूमी, डबर उतार, उभट उतार.
(क) शीर्ष उतार, उभट उतार, डबर उतार, पदभूमी.
(ड) शीर्ष उतार, डबर उतार, उभट उतार, पदभूमी.

४६. अनेक उबाला मिळून बनतो-
(अ) पोल्जे (ब) विवर (क) गुहा (ड) कार्स्ट

४७. .... द्वारे ग्रँड कॅनियन निर्माण झाला.
(अ) मिसिसिपी नदीद्वारा (ब) कोलोराडो नदीद्वारा.
(क) मिसौरी नदीद्वारा (ड) नाइल नदीद्वारा.

४८. जगातील सर्वांत उंच पठार कोणते आहे?
(अ) पामीरचे पठार (ब) कोलोरॅडोचे पठार.
(क) पँटागोनियाचे पठार (ड) इटलीचे पठार.

४९. घडी (वली) पर्वतांबाबत खालीलपैकी कोणते विधान चूक आहे?
(अ) भूअगिनतीपासून घडी पर्वत तयार झाले आहेत.
(ब) भारतातील अरवली पर्वत हे घडी पर्वताचे उदाहरण आहे.
(क) या पर्वतातील शैलांत समुद्री जीवाष्म उदा. शंख, शिंपले आढळतात.
(ड) सर्व प्रकारचे वलन या पर्वतात आढळतात.

५०. भारतात कोणत्या नदीचे खोरे हे 'दुर्भूमी' (Badland Topography) म्हणून प्रसिद्ध आहे?
(अ) चंबळ (ब) गोदावरी (क) कृष्णा (ड) तुंगभद्रा

उत्तरे

१. ब	२. क	३. अ	४. ब	५. ब	६. ड	७. अ	८. ब
९. अ	१०. क	११. ड	१२. अ	१३. अ	१४. ब	१५. ब	१६. अ
१७. ब	१८. अ	१९. क	२०. अ	२१. अ	२२. ब	२३. ब	२४. अ
२५. ड	२६. अ	२७. ब	२८. ब	२९. अ	३०. क	३१. अ	३२. क
३३. ब	३४. ड	३५. क	३६. ड	३७. अ	३८. ब	३९. क	४०. ड
४१. अ	४२. अ	४३. ब	४४. अ	४५. क	४६. अ	४७. ब	४८. अ
४९. ब	५०. अ						

◆◆◆

२. जलावरण (Hydrosphere)

१. समुद्रबुड जमिनीची (Continental shelf) सरासरी खोली असते.
   (अ) १५० ते २०० मीटर   (ब) १०० ते १५० मीटर
   (क) ७५ ते १०० मीटर   (ड) ५० ते १०० मीटर

२. समुद्रबुड जमिनीचा उतार साधारणपणे .... असतो.
   (अ) २ अंश   (ब) ४ अंश   (क) २ ते ५ अंश   (ड) १० अंश

३. समुद्रबुड जमिनीची सरासरी रुंदी असते.
   (अ) ५० कि.मी.   (ब) १०० कि.मी.
   (क) १५० कि.मी.   (ड) ७० कि.मी.

४. भूखंड उताराची (Continental slope) सरासरी खोली असते.
   (अ) २०० मीटर   (ब) २४५० मीटर
   (क) ३६०० मीटर   (ड) ५००० मीटर

५. सर्व महासागरांच्या एकूण क्षेत्रापैकी किती टक्के क्षेत्र भूखंड उताराने व्यापले आहे?
   (अ) ५%   (ब) ६%   (क) ७.५०%   (ड) ८.५५%

६. सर्व महासागर तळाच्या एकूण क्षेत्रापैकी किती टक्के क्षेत्र समुद्रबुड जमिनीने व्यापले आहे?
   (अ) ८.६%   (ब) ७%   (क) ६.३%   (ड) ५.५%

७. सर्व महासागरांच्या एकूण क्षेत्रफळापैकी किती टक्के क्षेत्र सागरी मैदानांनी व्यापलेले आहे?
   (अ) ५४.५%   (ब) ७६.९%   (क) ६२.५५%   (ड) ४८%

८. कोणत्या महासागरात सागरी मैदानांपेक्षा समुद्रबुड आणि खंडात उताराचे क्षेत्र जास्त आहे?
   (अ) हिंदी महासागर   (ब) पॅसिफिक महासागर
   (क) आर्क्टिक महासागर   (ड) अटलांटिक महासागर

९. सागरी मैदानाची प्रवणता असते-
   (अ) १:१०० पेक्षा कमी   (ब) १:१०० पेक्षा अधिक
   (क) १:३००   (ड) १:६००

१०. सपाट शीर्ष असलेल्या समुद्री पर्वताला म्हणतात.
(अ) सी-माउण्ट (ब) मोनेडनॉक (क) गाईआँट (ड) इन्सेलबर्ग

११. कोणत्या महासागरात सर्वाधिक सागरी मैदानांचा विस्तार आहे?
(अ) अटलांटिक (ब) हिंदी (क) पॅसिफिक (ड) आर्क्टिक

१२. 'S' या आकाराची जलमग्न पर्वतरांग कोणत्या महासागरात आहे?
(अ) अटलांटिक (ब) पॅसिफिक (क) हिंदी (ड) आर्क्टिक

१३. 'डॉल्फिन-८ राइज' ही पर्वतरांग कोणत्या महासागरात आहे?
(अ) अटलांटिक (ब) पॅसिफिक (क) हिंदी (ड) आर्क्टिक

१४. कोणत्या महासागरात बेटांचे प्रमाण जास्त आहे?
(अ) अटलांटिक (ब) पॅसिफिक (क) हिंदी (ड) आर्क्टिक

१५. पॅसिफिक महासागरातील बरीच बेटे तयार झाली आहेत-
(अ) घडीच्या पर्वतश्रेणीपासून (ब) गट पर्वतश्रेणीपासून
(क) अवशिष्ट पर्वतश्रेणीपासून (ड) घुमटाकार पर्वतश्रेणीपासून

१६. हिंदी महासागरातील कोणत्या पर्वतश्रेणीच्या पाण्याच्या वर आलेल्या ठिकाणी अंदमान व निकोबार ही बेटे निर्माण झाली आहेत?
(अ) प्रिन्स एडवर्ड रिज (ब) आराकान योमा
(क) सेंट पॉल रिज (ड) चँगॉस रिज

१७. जगातील सर्वांत खोल गर्ता आहे.
(अ) क्युराइल (ब) फिलिपाइन (क) मरियाना (ड) पोर्टोरिको

१८. सर्वांत जास्त सागरी गर्ता (Ocean Trenche) कोणत्या महासागरात आहे?
(अ) अटलांटिक (ब) पॅसिफिक (क) हिंदी (ड) आर्क्टिक

१९. अटलांटिक महासागरातील खालीलपैकी कोणते बेट हे ज्वालामुखीच्या संचयनापासून तयार झाले आहे?
(अ) सेंट हेलेना (ब) फॉकलंड (क) त्रिनिदाद (ड) बर्म्यूडा

२०. मध्य पॅसिफिक महासागरातील सर्वांत मोठा द्वीपसमूह आहे-
(अ) हवाई बेटे (ब) अल्युशियन बेटे
(क) क्युराइल बेटे (ड) पोलेनेशिया द्वीपसमूह

२१. पॅसिफिक महासागरातील खालीलपैकी कोणत्या बेटाचा प्रवाळबेटात समावेश होतो?
(अ) चिलियन (ब) क्युराइल (क) फिजी (ड) कुक

२२. हिंदी महासागराच्या मध्यभागी इंग्रजी 'Y' अक्षराच्या उलट दक्षिणोत्तर जलमग्न पर्वतश्रेणी आढळते. तिला म्हणतात-

(अ) सेंट पॉल रिज (ब) कारपेन्टर रिज

(क) सेचिलिस रिज (ड) मादागास्कर रिज

२३. ऊझ (Oozes) आहे-

(अ) सागरतटीय निक्षेप (ब) उथळ सागरातील निक्षेप

(क) खंडांत उतारावरील निक्षेप (ड) अतिखोल सागरतळावरील निक्षेप

२४. जवळजवळ सर्व सागरतळांच्या समुद्रबुड जमिनीवर व भूवेष्टित समुद्रतळावर निळ्या रंगाचा चिखल आढळतो. यामध्ये कोणत्या खनिजाचा अंश असतो?

(अ) आयर्न सल्फाइड (ब) ग्लुकोनाइट

(क) कॅल्शियम कार्बोनेट (ड) सोडियम सल्फाइड

२५. सागरजलात विरघळलेल्या खालील क्षारांचा योग्य चढता क्रम कोणता?

(१) कॅल्शियम कार्बोनेट (२) मॅग्नेशियम क्लोराइड

(३) पोटॅशियम सल्फेट (४) सोडियम क्लोराइड

(अ) १,२,३,४ (ब) -४, २, ३, १

(क) २, ३, १, ४ (ड) १, ३, २, ४

२६. सागरजलाची सामान्य क्षारता असते.

(अ) २०% (ब) २५% (क) ३०% (ड) ३५%

२७. सागरजलामधील क्षारतेचे सर्वांत जास्त प्रमाण आहे-

(अ) कर्कवृत्त आणि मकरवृत्त यांच्या जवळपास

(ब) विषुववृत्तीय प्रदेशात

(क) ध्रुवीय प्रदेशात

(ड) दक्षिण ध्रुवीय प्रदेशात

२८. सुवेझच्या आखातात क्षारतेचे प्रमाण जास्त आहे. कारण-

(१) तांबड्या समुद्राभोवती बहुतेक वाळवंटी प्रदेश आहेत.

(२) बाष्पीभवनाचे प्रमाण जास्त आहे.

(३) शुद्ध पाण्याचा पुरवठा मोठ्या प्रमाणावर आहे.

वरीलपैकी बरोबर कारण आहे.

(अ) १ (ब) १ व २ (क) १, २, ३ (ड) २ व ३

२९. समुद्रप्रवाहातील हिमनगांबरोबर वाहत आलेले हिमोढ न्यूफाउंडलंडजवळच्या समुद्रात साचतात. म्हणून तेथील समुद्र उथळ झालेला आहे. संबंधित समुद्र-प्रवाह आहे.

(अ) गल्फ स्ट्रीम (ब) अलास्का प्रवाह

(क) क्युराइल (ड) लॅब्राडोर

३०. खालीलपैकी कोणता शीत समुद्रप्रवाह आहे?

(अ) बेंग्वेला (ब) गल्फस्ट्रीम (क) क्युरोशियो (ड) पेरू

३१. सागर-प्रवाह निर्माण होण्याचे प्रमुख कारण कोणते आहे?

(अ) पाण्याच्या घनतेतले अंतर. (ब) पर्जन्याच्या वितरणातील भिन्नता.

(क) प्रचलित वारे. (ड) बाष्पीकरणातील फरक.

३२. खालीलपैकी कोणती जोडी चुकीची आहे?

(अ) उत्तर अटलांटिक महासागर – लॅब्राडोर प्रवाह

(ब) दक्षिण अटलांटिक महासागर – गिनीचा प्रवाह

(क) दक्षिण पॅसिफिक महासागर – हंबोल्ट प्रवाह

(ड) उत्तर पॅसिफिक महासागर – पेरू प्रवाह

३३. 'एल निनो' आहे-

(अ) भारतीय मान्सूनला तीव्र करणारा प्रवाह.

(ब) अटलांटिक महासागरातील शीत प्रवाह.

(क) पेरूच्या पूर्व किनाऱ्यावरील उष्ण प्रवाह.

(ड) पेरूच्या पश्चिमी किनाऱ्यावरील उष्ण प्रवाह.

३४. ज्या बेटाद्वारे अगुलहास समुद्र-प्रवाहाचे दोन भाग होतात ते आहे.

(अ) जावा (ब) आइसलँड (क) क्युबा (ड) मादागास्कर

३५. खालीलपैकी कोणता समुद्र-प्रवाह दक्षिणेकडून उत्तरेकडे वाहतो?

(अ) फॉकलंड प्रवाह (ब) ब्राझील प्रवाह

(क) पूर्वी ग्रीनलँड प्रवाह (ड) कनारी प्रवाह

३६. खालीलपैकी कोणता समुद्र-प्रवाह 'एल निनो' घटनेशी संबंधित आहे?

(अ) हंम्बोल्ट (ब) बेंग्वेला (क) कनारी (ड) क्युरोशिओ

३७. खालीलपैकी कोणते कारण भरती-ओहोटींशी संबंधित आहे?

(अ) सूर्य (ब) चंद्र

(क) सूर्य व चंद्र (ड) पृथ्वीचे गुरुत्वाकर्षण

३८. भांगेची भरती तेव्हा येते जेव्हा –

(अ) चंद्र व सूर्य यांच्या दिशा पृथ्वीला काटकोन करून असतात.

(ब) चंद्र, पृथ्वी व सूर्य सरळ रेषेत असतात.

(क) चंद्र-सूर्य यांच्या दिशा पृथ्वीला लघुकोन करून असतात.

(ड) यांपैकी कोणतेही नाही.

३९. समुद्राच्या पृष्ठभागावर सर्वात मोठी भरती व सर्वात मोठी ओहोटी येते जेव्हा –

(अ) चंद्र व सूर्य यांच्या दिशा पृथ्वीला काटकोन करून असतात.

(ब) चंद्र, पृथ्वी व सूर्य सरळ रेषेत असतात.

(क) चंद्र पृथ्वीच्या अधिक जवळ येतो.

(ड) यांपैकी कोणतेही नाही.

४०. गुरुत्वाकर्षणाच्या नियमानुसार पृथ्वीवर चंद्राचे आकर्षण सूर्यापेक्षा जास्त आहे.

(अ) २॥ पट (ब) २ पट (क) ३ पट (ड) ३॥ पट

४१. दोन लागोपाठ येणाऱ्या भरतींमध्ये अंतर असते.

(अ) ६ तास २५ मिनिटे (ब) १२ तास २५ मिनिटे

(क) १२ तास ४५ मिनिटे (ड) १२ तास

४२. 'ग्रेट बॅरियर रिफ' नावाची प्रवाळ खडकांची मालिका आहे-

(अ) ऑस्ट्रेलियाच्या दक्षिण-पूर्व किनाऱ्याजवळ.

(ब) ऑस्ट्रेलियाच्या उत्तर-पश्चिम किनाऱ्याजवळ.

(क) ऑस्ट्रेलियाच्या उत्तर-पूर्व किनाऱ्याजवळ.

(ड) ऑस्ट्रेलियाच्या दक्षिण-पश्चिम किनाऱ्याजवळ.

४३. सन १८३७ मध्ये प्रवाळ बेटांच्या निर्मितीविषयी जमिनीच्या खचण्याचा सिद्धान्त कोणी मांडला?

(अ) न्यूटन (ब) मरे (क) डॅली (ड) डार्विन

४४. खालीलपैकी कोणत्या सागरातील क्षारता अधिक आहे?

(अ) कास्पियन (ब) काळा समुद्र

(क) बाल्टिक समुद्र (ड) भूमध्य समुद्र

४५. महासागरातील पाण्याची क्षारता घटते जेव्हा –

(अ) बाष्पीभवन जास्त होते. (ब) वाऱ्याचा वेग जास्त असतो.

(क) पाऊस जास्त होतो. (ड) आर्द्रता जास्त असते.

४६. सारगासो समुद्र कुठे आहे.

(अ) उत्तर अटलांटिक महासागरात. (ब) दक्षिण अटलांटिक महासागरात.

(क) पॅसिफिक महासागरात. (ड) हिंदी महासागरात.

४७. खोल समुद्रात ऊर्जेची निर्मिती कशाच्या निक्षेपणामुळे होते?

(अ) अजैविक पदार्थामुळे (ब) ज्वालामुखी पदार्थामुळे.

(क) स्थलीय पदार्थामुळे (ड) जैविक पदार्थामुळे.

४८. खालीलपैकी कोणते एक हिरव्या शेवाळाचे उदाहरण नाही?

(अ) उल्बा (ब) हॅलीमेडा (क) पेनिसिलस (ड) कोरालिना

४९. नेपच्यूनचा शेविंग ब्रश म्हणतात-

(अ) उल्बाला (ब) हॅलीमेडाला

(क) पेनिसिलसला (ड) कोरालिनाला

५०. आयोडिन आणि पोटॅशियम महत्त्वपूर्ण समुद्री संसाधन आहे.

(अ) हिरवे शेवाळ   (ब) लाल शेवाळ

(क) निळे-हिरवे शेवाळ   (ड) करडे शेवाळ

उत्तरे

१. अ	२. क	३. ड	४. क	५. ड	६. अ	७. ब	८. ड
९. अ	१०. ब	११. क	१२. अ	१३. अ	१४. ब	१५. अ	१६. ब
१७. क	१८. ब	१९. ड	२०. अ	२१. क	२२. अ	२३. ड	२४. अ
२५. ब	२६. ड	२७. अ	२८. ब	२९. ड	३०. अ	३१. क	३२. ड
३३. ड	३४. ड	३५. अ	३६. अ	३७. क	३८. अ	३९. ब	४०. अ
४१. ब	४२. क	४३. ड	४४. अ	४५. क	४६. अ	४७. ड	४८. ड
४९. क	५०. ड						

◆◆◆

३. हवामानशास्त्र (Climatology)

१. खालीलपैकी कोणता घटक वातावरणाचा उच्च परिवर्तनशील संघटक नाही?
(अ) ओझोन (ब) धूलिकण (क) ऑक्सिजन (ड) जलबाष्प.

२. खालीलपैकी कोणता हरितवायू (Green House Gas) नाही?
(अ) निऑन (ब) क्लोरोफ्लुरोकार्बन
(क) सल्फर-डाय-ऑक्साइड (ड) कार्बन-डाय-ऑक्साइड

३. .... हा वातावरणात सर्वांत जास्त प्रमाणात असलेला वायू आहे.
(अ) ऑर्गन (ब) नायट्रोजन
(क) ऑक्सिजन (ड) कार्बन डाय ऑक्साइड

४. वातावरणातील कोणत्या थरात सर्वाधिक मोसमी क्रिया घडतात?
(अ) स्थितांबर (ब) तपांबर (क) ओझोनांबर (ड) दलांबर

५. पृथ्वीच्या वातावरणात तपांबर व स्थितांबर यांमध्ये कोणता विभाजक पट्टा आहे?
(अ) तपस्तब्धी (ब) ओझोनांबर (क) दलांबर (ड) मध्यांबर

६. पृथ्वीच्या वातावरणातील कोणत्या थराला 'उष्णांबर' (Thermosphere) असेही म्हणतात?
(अ) ओझोनांबर (ब) तपस्तब्धी (क) मध्यांबर (ड) दलांबर

७. वातावरणाच्या कोणत्या थरास पृथ्वीची 'संरक्षक छत्री' असे म्हटले जाते?
(अ) ओझोनांबर (ब) मध्यांबर (क) तपांबर (ड) दलांबर

८. दलांबरातील (Inosphere) कोणता थर 'किनेली हेवी साइड थर' आहे?
(अ) 'डी' मंडल (ब) 'ई' मंडल (क) 'एफ' मंडळ (ड) 'डी-२' मंडल

९. वातावरणाचा कोणता थर 'चुंबकीय मंडळ' म्हणून ओळखला जातो?
(अ) बाह्यांबर (ब) ओझोनांबर (क) दलांबर (ड) तपांबर

१०. वातावरणातील कोणता वायू सूर्यकिरणातील अतिनील (UV) किरणांचे शोषण करतो?
(अ) झेनॉन (ब) निऑन (क) ऑरगॉन (ड) ओझोन

११. दिवसा निरभ्र आकाश निळे दिसते, हा परिणाम आहे-
(अ) धूलिकणांमुळे सूर्यप्रकाशाच्या विकिरणक्रियेचा.
(ब) ओझोनमुळे सूर्यप्रकाशाच्या विकिरणक्रियेचा.

(क) जलबाष्पामुळे सूर्यप्रकाशाच्या विकिरणक्रियेचा.

(ड) यांपैकी कोणतेही नाही.

१२. भूपृष्ठाजवळ हवेची घनता.

(अ) जास्त असते.   (ब) कमी असते.

(क) मध्यम असते.   (ड) हवेच्या दाबावर अवलंबून असते.

१३. समुद्रसपाटीवर वातावरणाचा दाब असतो-

(अ) १३२५.१०mb   (ब) १०१३.२५mb

(क) ३१०१.२५mb   (ड) २५१३.२५mb

१४. हवेचा १ मिलीबार (mb) दाब एक वर्ग सेंटिमीटरवर .... असतो.

(अ) १ ग्रॅम वजनाबरोबर.   (ब) १० ग्रॅम वजनाबरोबर.

(क) १०० ग्रॅम वजनाबरोबर.   (ड) १००० ग्रॅम वजनाबरोबर.

१५. 'वातावरणात उंच जावे, त्याप्रमाणे वातावरणाचा दाब कमी होतो,' हे कोणत्या शास्त्रज्ञाने सिद्ध केले?

(अ) ऑटो व्हॉन   (ब) बॉइल   (क) पास्कल   (ड) टोरिचेल्ली

१६. खालील जोड्या लावा.

	A (शास्त्रज्ञ)	B (शोध)
प)	टोरिचेल्ली	१) उंचीवर वातावरणाचा दाब कमी होतो.
फ)	पास्कल	२) हवेच्या आकुंचनाचे नियम.
भ)	ऑटो व्हॉन गेरिक	३) वातावरणाला दाब असतो.
न)	बॉइल	४) हवेला वजन असते.

	प	फ	भ	न
(अ)	३	१	४	२
(ब)	१	२	१	३
(क)	४	२	३	४
(ड)	३	२	१	४

१७. वातावरणातील तापमान दर १००० मीटर उंचीनंतर कोणत्या दराने कमी होत जाते?

(अ) ६°C   (ब) ४°C   (क) ८°C   (ड) ३°C

१८. हवेतील सापेक्ष आर्द्रता मोजण्याचे सूत्र आहे.

(अ) सापेक्ष आर्द्रता $= \dfrac{\text{हवेची कमाल बाष्पधारण शक्ती}}{\text{हवेतील प्रत्यक्ष जलबाष्पाचे वजन}} \times १००$

(ब) $\text{सापेक्ष आर्द्रता} = \dfrac{\text{हवेतील प्रत्यक्ष जलबाष्पाचे वजन}}{\text{हवेत कमाल बाष्पधारण शक्ती}} \times १००$

(क) $\text{सापेक्ष आर्द्रता} = \dfrac{\text{हवेतील प्रत्यक्ष जलबाष्पाचे वजन}}{\text{हवेचे एकूण वजन}} \times १००$

(ड) $\text{सापेक्ष आर्द्रता} = \dfrac{\text{हवेचे एकूण वजन}}{\text{हवेत कमाल बाष्पधारण शक्ती}} \times १००$

१९. भारताच्या पश्चिम किनाऱ्यावर अरबी समुद्रावरून येणारे बाष्पयुक्त वारे पश्चिम घाटाला अडवले गेल्यामुळे जो पाऊस पडतो, तो आहे.

(अ) प्रतिरोध पर्जन्य (ब) आरोह पर्जन्य

(क) आवर्त पर्जन्य (ड) आघाडी पर्जन्य

२०. विजांच्या कडकडाटांसह मुसळधार पाऊस पडणे हे .... चे उदाहरण आहे.

(अ) प्रतिरोध पर्जन्याचे (ब) आरोह पर्जन्याचे

(क) आवर्त पर्जन्याचे (ड) आघाडी पर्जन्याचे

२१. आरोह पर्जन्यामध्ये कोणत्या ढगांची निर्मिती होते?

(अ) क्युम्युलो निम्बस (ब) सिरोक्युम्युलस

(क) निम्बो स्ट्रेटस (ड) अल्टोक्युम्युलस

२२. कमी उंची ते जास्त उंची यांनुसार खालीलपैकी ढगांचा कोणता क्रम बरोबर आहे?

(अ) सिरोस्ट्रेटस, सिरोक्युम्युलस, निम्बोस्ट्रेटस, स्ट्रॅटस

(ब) स्ट्रॅटस, अल्टोस्ट्रेटस, सिरोस्ट्रेटस, सिरस

(क) निम्बोस्ट्रेटस, सिरस, सिरोस्ट्रेटस, सिरोक्युम्युलस

(ड) सिरस, स्ट्रॅटस, सिरोस्ट्रेटस, अल्टोस्ट्रेटस

२३. खालीलपैकी कोणत्या ढगांपासून गारा पडतात?

(अ) सिरस (ब) स्ट्रेटस (क) क्युम्युलस (ड) निम्बस

२४. खालीलपैकी कोणते एक विधान चूक आहे?

(अ) हवेचे तापमान वाढल्यास सापेक्ष आर्द्रता कमी होते.

(ब) सर्वांत जास्त विशिष्ट आर्द्रता ध्रुवीय प्रदेशात असते.

(क) जमिनीपेक्षा महासागरावर विशिष्ट आर्द्रता जास्त असते.

(ड) हिवाळ्यापेक्षा उन्हाळ्यात विशिष्ट आर्द्रतेचे प्रमाण जास्त असते.

२५. ठरावीक तापमानावर विशिष्ट वजनाच्या हवेत असलेल्या प्रत्यक्ष जलबाष्पाच्या प्रमाणाला म्हणतात.

(अ) निरपेक्ष आर्द्रता (ब) सापेक्ष आर्द्रता
(क) विशिष्ट आर्द्रता (ड) यांपैकी काही नाही.

२६. सोबतच्या आकृतीत दाखविलेले वारे आहेत.

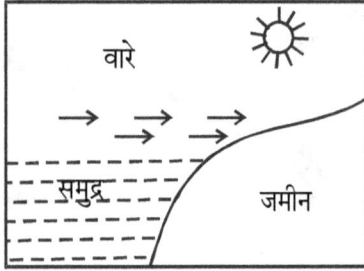

(अ) खारे वारे
(ब) मतलई वारे
(क) फॉन वारे
(क) चिनुक वारे

२७. तापमानाची विपरीतता (Inversion of Temperature) प्रामुख्याने घडून येते-
(अ) समुद्रकिनाऱ्यावरील प्रदेशात (ब) पठारी प्रदेशात
(क) डोंगरखोऱ्यात (ड) वाळवंटात

२८. उत्तर गोलार्धाच्या मानाने दक्षिण गोलार्धात समतापरेषांची संख्या-
(अ) कमी आहे. (ब) जास्त आहे.
(क) सारखीच आहे. (ड) अस्थिर आहे.

२९. कॅरिऑलिस प्रेरणा निर्माण होते-
(अ) पृथ्वीच्या परिभ्रमणामुळे. (ब) पृथ्वीच्या परिवलनामुळे
(क) चंद्र आणि पृथ्वी यांच्यातील आकर्षणामुळे
(ड) समुद्र-प्रवाहामुळे

३०. खालील जोड्या लावा.

गट - १ (स्थानिक वारे)   गट - २ (देश)
प) लेवेक   १) मोरोक्को
फ) लेस्टे   २) इजिप्त
भ) ब्रिकफिल्डर   ३) स्पेन
न) खमसिन   ४) ऑस्ट्रेलिया

पर्याय -	प	फ	भ	न
(अ)	१	३	२	४
(ब)	१	३	४	२
(क)	३	१	४	२
(ड)	३	१	२	४

३१. खालीलपैकी कोणते एक भूमध्यसागरी क्षेत्राशी जुळणारे आहे?

(अ) Cfa   (ब) Cfb   (क) Cs   (ड) Dwc

३२. निरपेक्ष आर्द्रतेला व्यक्त करतात-

(अ) ग्रॅम प्रति कि.ग्रॅ. मध्ये   (ब) ग्रॅम प्रतिघन मीटरमध्ये

(क) प्रतिशतमध्ये   (ड) यांपैकी कोणतेही नाही.

३३. समताप रेषा या साधारणपणे नकाशावर गेलेल्या असतात.

(अ) पूर्व-पश्चिम   (ब) उत्तर-दक्षिण

(क) ईशान्य-नैर्ऋत्य   (ड) आग्नेय-वायव्य

३४. समुद्रकिनाऱ्याजवळ समताप रेषा-

(अ) वाकलेल्या आढळतात.   (ब) सरळ असतात.

(क) नागमोडी असतात.   (ड) विषुववृत्ताकडे झुकलेल्या असतात.

३५. जर समभार रेषांमधील अंतर अधिक असेल तर अशा प्रदेशात वाऱ्याचा वेग ...

(अ) जास्त असतो.   (ब) शून्य असतो.

(क) मंद असतो.   (ड) सर्वाधिक असतो.

३६. विषुववृत्तीय कमी वायुभार पट्ट्यांना .... म्हणतात.

(अ) डोलड्रम   (ब) इक्वेड्रम

(क) सेंट्रल बेल्ट   (ड) हायबेल्ट

३७. दिलेली आकृती दर्शविते.

(अ) आवर्त

(ब) प्रत्यावर्त

(क) दुय्यम आवर्त

(ड) फळी

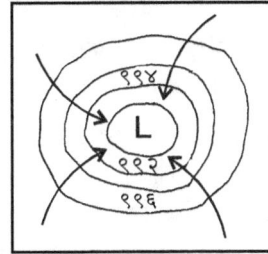

३८. भारतीय हवेच्या स्थितिदर्शक नकाशामध्ये खालीलपैकी कोणते चिन्ह गारांची वृष्टी दर्शविते?

(अ)    (ब)    (क)    (ड)

३९. भारतात एप्रिल-मे महिन्यांच्या सुमारास पश्चिम बंगाल, ओरिसा या राज्यांत अचानक वादळे निर्माण होतात. या वादळांना .... म्हणतात.

(अ) नॉर्वेस्टर   (ब) लू   (क) टोरनाडो   (ड) टायफून

४०. भारतात सर्वाधिक पर्जन्यवृष्टी कोठे होते?

(अ) शिलाँग   (ब) मॉसिनराम   (क) गुवाहाटी   (ड) महाबळेश्वर

४१. हवेचा दाब कोणत्या उपकरणाद्वारे मोजला जातो?

(अ) थर्मोमीटर (ब) हायग्रोमीटर

(क) बॅरोमीटर (ड) एनिमोमीटर

४२. विधान - A - सूर्याच्या पृष्ठभागावरून उत्सर्जित होणारी सौरशक्ती लघु-लहरींच्या स्वरूपात बाहेर पडते. याउलट, पृथ्वीपासून उत्सर्जित होणारी ही दीर्घ-लहरींच्या स्वरूपात बाहेर पडते.

कारण - R - पदार्थाचे तापमान जर अत्यधिक असेल तर त्यापासून उत्सर्जित होणाऱ्या ऊर्जेचे प्रमाण अत्यधिक असते. अशा प्रकारची उष्णता लघु-लहरींच्या स्वरूपात बाहेर पडते.

(अ) A व R बरोबर आहेत. R,A चे स्पष्टीकरण आहे.

(ब) A बरोबर आहे. R, A चे स्पष्टीकरण नाही.

(क) A चूक आहे. R बरोबर आहे.

(ड) A व R दोन्ही चूक आहेत.

४३. समुद्रकिनाऱ्यावरील प्रदेशात सरासरी वार्षिक तापमानकक्षा ....

(अ) कमी असते. (ब) जास्त असते.

(क) कधी कमी तर कधी जास्त असते.

(ड) यांपैकी कोणतेही नाही.

४४. पृथ्वीवर हवेच्या कमी-जास्त दाबाचे पट्टे निर्माण झाल्यामुळे जास्त दाबाच्या पट्ट्यांकडून कमी दाबाच्या पट्ट्यांकडे वारे वाहतात. या वाऱ्यांना म्हणतात-

(अ) मोसमी वारे (ब) स्थानिक वारे

(क) ग्रहीय वारे (ड) फॉन वारे

४५. ध्रुवीय सीमा सिद्धान्त (Polar Front Theory) कोणी मांडला?

(अ) बेर्कनेर (ब) नेपियर शॉ (क) एकजनर (ड) सॅटक्लिफ

४६. रॉकी पर्वतांच्या पूर्व उतरणीवरील वाऱ्यांस म्हणतात-

(अ) फॉन वारे (ब) चिनुक वारे

(क) बुस्टर (ड) ग्रीगेल

४७. चिनी समुद्रातील आवर्तांना म्हणतात-

(अ) टायफून (ब) हरिकेन्स (क) टोरनाडो (ड) बुस्टर

४८. समतापरेषांच्या साहाय्याने भूपृष्ठावरील तापमानाचे कोणते वितरण दाखविता येते?

(अ) क्षितिज समांतर (ब) उभे

(क) सरासरी (ड) समुद्रावरील.

४९.भारतात मोसमी वाऱ्यांमुळे पडणारा पाऊस कोणत्या प्रकारचा आहे?

(अ) प्रतिरोध (ब) आवर्त

(क) आरोह (ड) यांपैकी कोणताही नाही

५०.पडलेल्या पावसाचे जमिनीत निचरण झाले की तो प्रामुख्याने वाहून गेला, हे कशामुळे कळते?

(अ) सरासरी पर्जन्य (ब) पर्जन्याची चलता

(क) पर्जन्याची तीव्रता (ड) पर्जन्याचे दिवस

उत्तरे

१. क	२. अ	३. ब	४. ब	५. अ	६. ड	७. अ	८. ब
९. अ	१०. ड	११. अ	१२. अ	१३. ब	१४. ड	१५. क	१६. अ
१७. अ	१८. ब	१९. अ	२०. क	२१. अ	२२. ब	२३. ड	२४. ब
२५. अ	२६. ब	२७. क	२८. अ	२९. ब	३०. क	३१. क	३२. ब
३३. अ	३४. अ	३५. क	३६. अ	३७. अ	३८. ब	३९. अ	४०. ब
४१. क	४२. अ	४३. अ	४४. क	४५. अ	४६. ब	४७. अ	४८. अ
४९. अ	५०. क						

◆◆◆

४. जैविक भूगोल (Biogeography)

१. 'जीव पट्ट्याची' (Life Zones) संकल्पना सर्वप्रथम कोणी मांडली?
(अ) ए. डब्ल्यू. शिम्पर (ब) सी. एच्. मेरियन
(क) ओपरिन (ड)डार्विन

२. जगातील फार मोठे क्षेत्र व्यापणारी मृदा आहे-
(अ) लॅटराइट (ब) चेस्टनट (क) चर्नोझम (ड) पडझॉल

३. भारतातील सर्वांत जास्त क्षेत्र व्यापणारी मृदा आहे-
(अ) काळी मृदा (ब) गाळाची मृदा
(क) पर्वतीय मृदा (ड) तांबडी मृदा

४. खालीलपैकी कोणता मृदा-संधारणाचा उपाय नाही?
(अ) भटक्या शेतीवर नियंत्रण (ब) पेबल मच
(क) बांध घालणे (ड) यंत्रांचा कमी वापर

५. खालीलपैकी कोणते समीकरण वनस्पतीतील प्रकाशसंश्लेषणाची क्रिया दर्शविते?

(अ) $6CO_2 + 12H_2O \xrightarrow[\text{हरितद्रव्य}]{\text{प्रकाश}} C_6H_{12}O_6 + 6H_2O + 6O_2$

(ब) $6CO_2 + 10H_2O \xrightarrow[\text{हरितद्रव्य}]{\text{प्रकाश}} C_6H_{12}O_6 + 6O_2$

(क) $6CO_2 + 12H_2O \xrightarrow[\text{हरितद्रव्य}]{\text{प्रकाश}} 2C_6H_{12}O_6 + 4H_2O + 6O_2$

(ड) $6CO_2 + 12H_2O \xrightarrow[\text{हरितद्रव्य}]{\text{प्रकाश}} 3C_6H_{12}O_6 + 4H_2O + 6O_2$

६. खालीलपैकी कोणते फळ हे 'द्वि-बीजपत्री' (Dicotyledons) चे उदाहरण आहे?
(अ) आंबा (ब) नारळ (क) केळी (ड) कर्दळ

७. वनस्पतींचे हवामानावर आधारित वर्गीकरण कोणत्या शास्त्रज्ञाने केले?
(अ) एफ. ई. एलिमेंट्स (ब) रॉबिनसन
(क) ओपरिन (ड) रॉनीकर

८. सेल्वाज म्हणतात-

(अ) समशीतोष्ण कटिबंधीय जंगलांना

(ब) सूचिपर्णी जंगलांना

(क) विषुववृत्तीय सदाहरित जंगलांना

(ड) मोसमी जंगलांना

९. भारताच्या काश्मीर व अरुणाचल प्रदेशांमध्ये आढळतात-

(अ) अल्पाइन जंगले (ब) सदाहरित जंगले

(क) आर्द्र समशीतोष्ण जंगले (ड) शुष्क समशीतोष्ण जंगले

१०. सन १७३५ मध्ये प्राण्यांची प्रसिद्ध द्विपद नामपद्धती आणि वर्गीकरण पद्धती प्रथम प्रचारात आणली-

(अ) कार्ल लिनीअस (ब) जॉन रे

(क) अँड्र सुरे (ड) ई. एच. हॅकेल

११. कोणत्या प्रकारच्या जंगलांना 'संधिप्रकाशाचा प्रदेश' (The Region of Twilight) असे म्हणतात?

(अ) मोसमी जंगले (ब) सूचिपर्णी जंगले

(क) पानझडी जंगले (ड) विषुववृत्तीय सदाहरित जंगले

१२. आफ्रिकेतील गवताळ प्रदेशास म्हणतात-

(अ) प्रेअरी (ब) कॅम्पास (क) सॅव्हाना (ड) पंपास

१३. खालील जोड्या लावा (गवताळ प्रदेश)

गट - १	गट - २
(प) प्रेअरी	१) दक्षिण आफ्रिका
(फ) पंपास	२) दक्षिण कॅनडा
(भ) स्टेप्स	३) अर्जेंटिना
(न) व्हेड	४) मंगोलिया

पर्याय	प	फ	भ	न
(अ)	२	३	४	१
(ब)	१	२	४	१
(क)	१	२	३	४
(ड)	४	३	१	२

१४. परिसंस्था (Eco system) ही संज्ञा सर्वप्रथम कोणत्या शास्त्रज्ञाने पुरस्कृत केली?

(अ) कार्ल मोबिअस (ब) ए. जी. टॅन्सले

(क) डार्विन (ड) हॅकेल

१५. परिसंस्थेचा खालीलपैकी कोणता घटक हा अजैविक घटक नाही?

(अ) हायड्रोजन (ब) पर्जन्य (क) सूर्यप्रकाश (ड) सूक्ष्मजीव

१६. खालीलपैकी कोणता प्राणी हा तृतीय भक्षक आहे?

(अ) ससा (ब) कोल्हा

(क) चित्ता (ड) यांपैकी कोणताही नाही.

१७. कार्बन चक्र प्रभावी असते-

(अ) उष्ण कटिबंधात (ब) समशीतोष्ण कटिबंधात

(क) शीत कटिबंधात (ड) यांपैकी कोणतेही नाही

१८. ऊर्जेच्या मनोऱ्यात (pyramid) सर्वांत शीर्षस्थानावर असतात-

(अ) उत्पादक (ब) प्राथमिक भक्षक

(क) दुय्यम भक्षक (ड) तृतीय भक्षक

१९. खालीलपैकी कोणते घटक नायट्रोजनयुक्त संयुग नाही?

(अ) NO_2 (ब) NO_3 (क) NH_3 (ड) NH_4

२०. काही वनस्पतींच्या गाठीयुक्त मुळांचा संबंध कशाशी असतो?

(अ) नायट्रोजन स्थिरीकरणाशी (ब) हायड्रोजन स्थिरीकरणाशी

(क) कार्बन चक्राशी (ड) ऑक्सिजन चक्राशी

२१. खालीलपैकी कोणत्या परिसंस्थेच्या पिरॅमिडचा (मनोरा) आधार टोकदार असतो?

(अ) वन परिसंस्था (ब) गवताळ परिसंस्था

(क) सागरी परिसंस्था (ड) यांपैकी कोणताही नाही

२२. मृदेच्या PH मात्रेत वाढ झाली तर कोणती मृदा निर्माण होते?

(अ) आम्लयुक्त मृदा (ब) क्षारयुक्त मृदा

(क) चुनखडीयुक्त मृदा (ड) उदासीन मृदा

२३. जोड्या जुळवा

गट - १	गट - २
(प) पोषण स्तर - १	१ - मांसाहारी
(फ) पोषण स्तर - २	२ - स्वपोषित
(भ) पोषण स्तर - ३	३ - प्राथमिक उपभोक्ता
(न) पोषण स्तर - ४	४ - अपघटक

पर्याय	प	फ	भ	न
(अ)	४	२	३	१
(ब)	३	१	४	२
(क)	२	३	१	४
(ड)	३	२	४	१

२४. गवताळ तसेच दलदलींच्या प्रदेशांचे परिसंस्थातंत्र खालीलपैकी कोणत्या प्रकारचे आहे?

(अ) प्रौढ   (ब) अप्रौढ   (क) निष्क्रिय   (ड) मिश्रित

२५. जंगल परिसंस्था खालीलपैकी कोणत्या परिसंस्थातंत्राचे उदाहरण आहे?

(अ) प्रौढ   (ब) अप्रौढ   (क) निष्क्रिय   (ड) मिश्रित

२६. खालीलपैकी कोणती एक प्रादेशिक मृदा नाही?

(अ) पॉडझॉल   (ब) टेरारोसा

(क) पॉडझोलिक   (ड) लॅटोसोल

२७. जगातील गव्हाचे उत्पादन सर्वांत अधिक कोणत्या प्रकारच्या मृदेत होते?

(अ) पॉडझॉल मृदा   (ब) प्रेअरी मृदा

(क) लॅटेराइट मृदा   (ड) चेर्नोझेम मृदा

२८. पृथ्वीवरील सर्वांत मोठा विस्तार असलेला जीवोम (Biomes) कोणता आहे?

(अ) टुंड्रा   (ब) सॅव्हाना   (क) तैगा   (ड) वाळवंटी प्रदेश

२९. जगाची 'फुप्फुसे' म्हणून कोणता प्रदेश प्रसिद्ध आहे?

(अ) विषुववृत्तीय सदाहरित जंगले   (ब) मोसमी जंगले

(क) तैगा वने   (ड) उष्ण कटिबंधीय गवताळ प्रदेश

३०. .... ला 'रेगूर' मृदा म्हणतात.

(अ) तांबड्या मातीला   (ब) काळ्या मातीला

(क) गाळाच्या मातीला   (ड) लॅटराइट मातीला

३१. भारतात कोकणकिनारपट्टीवर कोणती मृदा आहे?

(अ) लॅटराइट मृदा   (ब) तांबडी मृदा

(क) गाळाची मृदा   (ड) पर्वतीय मृदा

३२. खालीलपैकी कोणता घटक हा जीवावरणांचा मूलभूत घटक नाही.

(अ) वनस्पती   (ब) प्राणी   (क) सूक्ष्मजीव   (ड) मृदा

३३. .... ही आम्लधर्मी मृदा असते.

(अ) तांबडी मृदा   (ब) रेगूर मृदा

(क) लॅटराइट मृदा   (ड) गाळाची मृदा

३४. सह्याद्रीच्या पूर्व उतारावरील पट्ट्यातील .... वने आहेत.

(अ) मान्सून वने   (ब) सदाहरित वने

(क) पानझडी वने   (ड) आर्द्रसमशीतोष्ण वने

३५. खालीलपैकी कोणता पिकांच्या फेरपालटीचा (Crop Rotation) क्रम नाही?

(अ) गहू, मका, ऊस   (ब) ऊस, गहू, कापूस

(क) ऊस, कापूस, ज्वारी   (ड) ज्वारी, कापूस, भुईमूग

३६. परिस्थितीकी मनोऱ्याची संकल्पना सर्वप्रथम कोणी मांडली?
(अ) चार्ल्स एल्टन (ब) ए. जी. टॅन्स्ले
(क) एफ्. आर. फोसबर्ग (ड) नेबल

३७. प्राणिभूगोलशास्त्रामध्ये भारताचा समावेश कोणत्या प्रदेशात होतो?
(अ) पॅलेआर्क्टिक प्रदेश (ब) निओट्रॉपिकल प्रदेश
(क) ओरिएन्टल प्रदेश (ड) निआर्क्टिक प्रदेश

३८. कोणत्याही एका प्रदेशातील वनस्पतींच्या शेकडेवारी वितरणाला 'जीवशास्त्रीय वर्णपट' (Biological Spectrum) असे नाव कोणी दिले?
(अ) रॉनीकर (ब) मेरिअम (क) कोमेन (ड) हर्बटसन

३९. कोणत्या परिसंस्थेच्या जैव आकाराचा मनोरा (Pyramid of Biomass) हा उलटा असतो-
(अ) गवताळ परिसंस्था (ब) सरोवरीय परिसंस्था
(क) जंगल परिसंस्था (ड) ओसाड परिसंस्था

४०. भारतामध्ये खालीलपैकी कोणते आरक्षित वन्यजीव मंडळ (Biosphere Reserve) नाही?
(अ) नोकेरेक (ब) निलगिरी (क) मानस (ड) सरिस्का

४१. कोणता दिवस हा 'विश्व परिसंस्था दिवस' म्हणून ओळखला जातो?
(अ) १ नोव्हेंबर (ब) ११ जुलै (क) ५ जून (ड) २२ एप्रिल

४२. हिरव्या झाडांचा कोणत्या पोषणस्तरामध्ये समावेश होतो?
(अ) प्रथम (ब) द्वितीय (क) तृतीय (ड) चतुर्थ

४३. पृथ्वीवरील सर्वात लांब विस्तार असलेला जीवोम (Biome) कोणता?
(अ) टुंड्रा (ब) गवताळ प्रदेश
(क) उष्णकटिबंधीय वर्षारण्य (ड) तैगा

४४. राष्ट्रीय जैवविविधता प्राधिकरणाचे (NBA) मुख्यालय कोठे आहे?
(अ) दिल्ली (ब) मुंबई (क) कोलकाता (ड) चेन्नई

४५. प्राण्यांच्या जागतिक वितरणाच्या संदर्भात ओरिएन्टल व ऑस्ट्रेलियन हे विभाग दुभागणारी रेषा कोणती आहे?
(अ) वेबर रेषा (ब) वॅलेस रेषा
(क) स्काल्टर रेषा (ड) डार्विन रेषा

४६. पृथ्वीवर येणारे पहिले सूक्ष्म प्राणी आहेत–
(अ) संघ पोरिफेरा (ब) संघ प्रोटोझोआ
(क) संघ सिलेंटराटा (ड) संघ ॲनिलिडा

४७. परिस्थितिक कार्यस्थळ (Ecological Niche) ही संज्ञा सर्वप्रथम कोणी प्रसृत केली?

    (अ) एल्टन   (ब) लिंडमन   (क) ग्रीमेल   (ड) ऑल्डहॅम

४८. भारताचे जीवभौगोलिक वर्गीकरणानुसार किती विभाग आहेत?

    (अ) १०   (ब) १३   (क) ११   (ड) ८

४९. खालीलपैकी कोणत्या परिसंस्थेतील कार्यघटक नाही?

    (अ) ऊर्जाचक्रे   (ब) अन्न साखळी

    (क) पोषक चक्रे   (ड) भूरचना

५०. कोणत्या झाडाला 'फ्लेम ऑफ फॉरेस्ट' म्हणून संबोधितात?

    (अ) पळस   (ब) बांबू   (क) वड   (ड) साग

उत्तरे

१. ब	२. क	३. अ	४. ड	५. अ	६. अ	७. ड	८. क
९. अ	१०. अ	११. ड	१२. क	१३. अ	१४. ब	१५. ड	१६. क
१७. अ	१८. ड	१९. ड	२०. अ	२१. अ	२२. ब	२३. क	२४. ब
२५. अ	२६. ब	२७. ब	२८. क	२९. अ	३०. ब	३१. अ	३२. ड
३३. क	३४. अ	३५. ड	३६. अ	३७. क	३८. अ	३९. ब	४०. ड
४१. अ	४२. ब	४३. ड	४४. ड	४५. अ	४६. ब	४७. क	४८. अ
४९. ड	५०. अ						

◆◆◆

५. मानवी भूगोल (Human Geography)

१. जेव्हा शहराची लोकसंख्या १० लाखांपेक्षा जास्त असते, तेव्हा त्या नागरी वस्त्यांना .... म्हणतात.

(अ) महानगर (metropolis) (ब) प्रमहानगर (megalopolis)
(क) संकलित नगर (conurbation) (ड) नगर (city)

२. जगातील सर्वांत मोठे प्रमहानगर (megalopolis) निर्माण झाले आहे-

(अ) ऑस्ट्रेलिया (ब) जपान (क) अमेरिका (ड) इंग्लंड

३. संकलित नगरे (conurbation) ही संज्ञा सर्वप्रथम वापरली.

(अ) होमर हॉइटने (ब) हॅरीसने (क) मॅनने (ड) गेडीजने

४. खालीलपैकी कोणते शहर हे कृष्णा-वारणा नद्यांच्या संगमावर वसलेले आहे?

(अ) कोल्हापूर (ब) सातारा (क) कऱ्हाड (ड) सांगली

५. नगराच्या आकृतिसंबंधातील समकेंद्र वर्तुळ सिद्धान्त कोणी मांडला?

(अ) ई.डब्ल्यू. बर्गीस (ब) ख्रिस्टलर
(क) हॅरिस (ड) उल्मन

६. समकेंद्र वर्तुळ सिद्धान्तानुसार नगराच्या आकृतिबंधात एकूण किती विभाग असतात?

(अ) ८ (ब) ७ (क) ६ (ड) ५

७. समकेंद्र वर्तुळ सिद्धान्तानुसार नगराच्या आकृतिबंधातील पाचवा विभाग हा ....असतो.

(अ) केंद्रीय व्यवहार विभाग (ब) संक्रमणप्रदेश
(क) निवासस्थाने (ड) उपनगर

८. बर्गीसचा समकेंद्र वर्तुळ सिद्धान्त कोणत्या शहराच्या अभ्यासावर आधारित आहे?

(अ) शिकागो (ब) बॉन (क) ॲडलेड (ड) पॅरिस

९. रशियातील पिटर्सबर्गमध्ये C.B.D ला काय म्हटले जाते?

(अ) गोल्डन टेम्पल (ब) लूप
(क) डाउन टाउन (ड) हॅट

१०. संत ज्ञानेश्वरमहाराजांनी 'ज्ञानेश्वरी' सांगितलेले पवित्र स्थान .... हे आहे.

(अ) जेजुरी (ब) देहू (क) पैठण (ड) नेवासे

११. 'विशाळगड' हा .... किल्ला आहे.
   (अ) पुणे जिल्ह्यात   (ब) सातारा जिल्ह्यात
   (क) कोल्हापूर जिल्ह्यात   (ड) रायगड जिल्ह्यात

१२. दक्षिण भारतातील 'निजामशाहीची राजधानी' म्हणून हे शहर मानले जाते-
   (अ) औरंगाबाद   (ब) अहमदनगर   (क) कोल्हापूर   (ड) पुणे

१३. महाराष्ट्रात संजय गांधी राष्ट्रीय उद्यान कोठे आहे?
   (अ) ठाणे जिल्ह्यात   (ब) नाशिक जिल्ह्यात
   (क) रायगड जिल्ह्यात   (ड) पुणे जिल्ह्यात

१४. सिंधुदुर्ग जिल्ह्यातील पश्चिम घाटाच्या घाटमाथ्यावर असलेले पर्यटनठिकाण आहे-
   (अ) चिखलदरा   (ब) खंडाळा   (क) पाचगणी   (ड) आंबोली

१५. 'केंद्रीय स्थान' या शब्दाचा सर्वप्रथम प्रयोग केला-
   (अ) बर्गीसने   (ब) जिफने   (क) जेफर्सनने   (ड) हायटने

१६. क्रीस्टलरच्या षट्कोनीय प्रतिमानामध्ये षट्कोनाच्या बाह्य कोनावरती स्थित असतात-
   (अ) महानगर   (ब) नगर   (क) वस्त्या   (ड) खेडे

१७. वॉल्टर ख्रिस्टलर यांच्या मध्यवर्ती स्थान सिद्धान्ताचा आधार कोणते क्षेत्र होते?
   (अ) दक्षिण जर्मनी   (ब) पश्चिम जर्मनी
   (क) पूर्व जर्मनी   (ड) उत्तर जर्मनी

१८. ख्रिस्टलर यांच्या मध्यवर्ती स्थान सिद्धान्तानुसार मानवी वस्तीच्या संगठणासाठी
   $k = 4$ दर्शवितो.
   (अ) परिवहन सिद्धान्त   (ब) बाजार सिद्धान्त
   (क) प्रशासकीय सिद्धान्त   (ड) आर्थिक सिद्धान्त

१९. ख्रिस्टलर यांच्या मध्यवर्ती स्थान सिद्धान्तानुसार मानवी वस्तीच्या संगठणासाठी
   $k = 7$ दर्शवितो.
   (अ) परिवहन सिद्धान्त   (ब) बाजार सिद्धान्त
   (क) प्रशासकीय सिद्धान्त   (ड) आर्थिक सिद्धान्त

२०. आकारमानानुसार भारतातले सर्वांत मोठे राज्य कोणते आहे?
   (अ) उत्तर प्रदेश   (ब) मध्य प्रदेश   (क) राजस्थान   (ड) महाराष्ट्र

२१. भारतातले सर्वांत कमी लोकसंख्या असलेले राज्य कोणते आहे?
   (अ) गोवा   (ब) मिझोराम   (क) नागालँड   (ड) सिक्कीम

२२. भारतात लोकसंख्येची घनता सर्वांत जास्त कुठे आहे?
   (अ) पश्चिम बंगालात   (ब) महाराष्ट्रात
   (क) दिल्लीत   (ड) गोव्यात

२३. भारतात सर्वाधिक लोकसंख्या असलेले शहर .... आहे.

(अ) मुबंई (ब) कोलकाता (क) दिल्ली (ड) चेन्नई

२४. भारतात अधिकृत अशा प्रादेशिक भाषा किती आहेत?

(अ) १८ (ब) २२ (क) १७ (ड) ३४

२५. भारतातील १० लाखांपेक्षा जास्त लोकसंख्या असलेल्या शहरांमध्ये महाराष्ट्रातील किती शहरे आहेत?

(अ) ३ (ब) ४ (क) २ (ड) ५

२६. भारतात प्रसिद्ध मीनाक्षी मंदिर कोठे आहे?

(अ) कोइमतूर (ब) चेन्नई (क) मदुराई (ड) त्रिची

२७. कोणता दिवस 'जागतिक पर्यटन दिवस' म्हणून साजरा केला जातो?

(अ) २७ सप्टेंबर (ब) २ डिसेंबर (क) ८ ऑक्टोबर (ड) ९ ऑगस्ट

२८. मॉरमॉन खेड्यांच्या निर्मितीमागे कोणती प्रेरणा कारणीभूत झाली?

(अ) ख्रिश्चन धर्मगुरूंची (ब) वसाहतवाद्यांची

(क) उद्योजकांची (ड) पर्यावरणवाद्यांची

२९. जी लोकसंख्या प्राप्त परिस्थितीत अगदी उच्चतम राहणीमान उपभोगू शकते, तिला म्हणतात-

(अ) न्यूनतम लोकसंख्या (ब) पर्याप्त लोकसंख्या

(क) अतिरिक्त लोकसंख्या (ड) यांपैकी कोणतेही नाही.

३०. 'लोकसंख्येची वाढ भूमिती श्रेणीनुसार होते तर अन्नधान्याचे व इतर साधनसंपत्तीचे उत्पादन अंकगणिती श्रेणीने वाढते' हे विवेचन आहे.

(अ) रिकार्डोच्या लोकसंख्यासिद्धान्ताचे.

(ब) कार्ल मार्क्सच्या लोकसंख्या सिद्धान्ताचे.

(क) लायबेन्स्टीनच्या लोकसंख्या सिद्धान्ताचे.

(ड) माल्थसच्या लोकसंख्या सिद्धान्ताचे.

३१. राष्ट्रीय नमुना पाहणी संघटने (NSSO) नुसार भारतात सर्वांत जास्त देशांतर्गत स्थलांतर कोणत्या राज्यातून होते?

(अ) बिहार (ब) मध्य प्रदेश (क) उत्तर प्रदेश (ड) राजस्थान

३२. जगात सर्वाधिक ग्रामीण वस्ती कोणत्या खंडात आहे?

(अ) दक्षिण अमेरिका (ब) आफ्रिका

(क) आशिया (ड) ऑस्ट्रेलिया

३३. लोकसंख्यासंक्रमणाच्या सिद्धान्तानुसार लोकसंख्यावाढीच्या किती अवस्था असतात?

(अ) १ (ब) २ (क) ३ (ड) ४

३४. भारत संक्रमणसिद्धान्ताच्या कोणत्या अवस्थेत आहे?
(अ) संक्रमणपूर्व समतोल (ब) संक्रमणावस्था
(क) प्रगत संक्रमणावस्था (ड) उत्तर संक्रमणावस्था

३५. लोकसंख्यासंक्रमण ही संज्ञा प्रथम कोणी व्यापक अर्थाने उपयोगात आणली?
(अ) लायबेनस्टाइन (ब) फ्रँक नॉटस्टाइन
(क) थॉमस माल्थस (ड) कार्ल मार्क्स

३६. भारताची आर्थिक राजधानी असलेले मुंबई शहर एकूण किती बेटांचे बनलेले आहे?
(अ) ७ (ब) ८ (क) ९ (ड) १०

३७. दिल्ली शहराचा 'मध्यवर्ती भाग' म्हणून ओळखला जातो.
(अ) चांदणी चौक (ब) कॅनाट प्लेस
(क) संसद भवन (ड) सदर बाजार

३८. भारतातील खालीलपैकी कोणत्या महानगराचा आकृतिबंध त्रिकोणी स्वरूपाचा आहे?
(अ) दिल्ली (ब) मुंबई (क) चेन्नई (ड) कोलकाता

३९. कॉरब्युझिअर या प्रसिद्ध फ्रेंच वास्तुशिल्पज्ञाने आकृतिबंध केलेले भारतातील शहर कोणते आहे?
(अ) बंगळुरू (ब) दिल्ली (क) अंबाला (ड) चंदीगड

४०. कोणत्याही शहराच्या विकासाची सर्वोच्च सीमा आहे -
(अ) मेट्रोपोलिस (ब) मेगालोपोलिस
(क) पोलिस (ड) नॅक्रोपोलिस

४१. भारतातील प्रमुख बंदरांची (major ports) संख्या आहे -
(अ) ८ (ब) १० (क) ११ (ड) १२

४२. भारतातील खालीलपैकी कोणते शहर चामड्याच्या उद्योगासाठी प्रसिद्ध आहे?
(क) कानपूर (ब) कोलकाता
(क) साहरनपूर (ड) भागलपूर

४३. आकारमानानुसार जगातील सर्वांत मोठा देश आहे-
(अ) रशिया (ब) ऑस्ट्रेलिया (क) अमेरिका (ड) भारत

४४. जगातील एकूण देशांची (sovereign, Non sovereign and separately administered) संख्या आहे.
(अ) १९४ (ब) २०२ (क) २३८ (क) २६३

४५. .... ही ऑस्ट्रेलियाची राजधानी आहे.
(अ) मेलबोर्न (ब) सिडनी (क) पर्थ (ड) कॅनबेरा

४६. .... हा जगातील सर्वांत मोठा धर्म आहे.

(अ) ख्रिश्चन (ब) हिंदू (क) मुस्लिम (ड) बौद्ध

४७. जगाच्या एकूण लोकसंख्येपैकी किती टक्के लोकसंख्या ही ग्रामीण लोकसंख्या आहे?

(अ) ६२% (ब) ७१.२५% (क) ४७.७% (ड) ३९.२०%

४८. 'डच गयाना' या देशाचे नवीन नाव काय आहे?

(अ) पापुआ न्यू गिनी (ड) गयाना

(क) सुरीनाम (ड) मालागासी

४९. पाकिस्तान आणि अफगाणिस्तान यांच्या सीमेला काय म्हणतात?

(अ) ड्युरांड लाइन (ब) मॅक्‌महोन लाइन

(क) रॅडक्लिफ लाइन (ड) हिण्डेनबर्ग लाइन

५०. अमेरिका आणि कॅनडा यांच्या सीमेला .... म्हणतात.

(अ) 49th parallel (ब) 38th parallel

(क) 24th parallel (ड) 117th parallel

५१. एकोणिसाव्या शतकात निसर्गवाद एक 'विशिष्ट वाद' म्हणून प्रथम मांडला-

(अ) बकलने (ब) टेलरने (क) रॅटझेलने (ड) रिटरने

५२. 'मानव हा उत्क्रांतीचा अंतिम आविष्कार आहे' हा विचार कोणी मांडला?

(अ) हंबोल्ट (ब) रॅटझेल (क) रिटर (ड) डार्विन

५३. 'मानवास लाभलेली बुद्धी, स्फूर्ती आणि कार्यक्षमता नैसर्गिक घटकांवरच अवलंबून असते' हे विचार आहेत-

(अ) एलन सॅपलचे (ब) हंबोल्टचे

(क) किरशॉफचे (ड) रॅटझेलचे

५४. निसर्गाचा योग्य प्रकारे अभ्यास करून आपल्या अग्रक्रमानुसार विकास घडविणे हे सर्वस्वी मानवी प्रयत्नांवर अवलंबून असते. ही मतप्रणाली आहे-

(अ) निसर्गवादाची (ब) संभववादाची

(क) संभाव्यतावादाची (ड) थांबा आणि पुढे जा निसर्गवादाची

५५. संभाव्यतावादाची संकल्पना मांडली-

(अ) टेलर यांनी (ब) स्पेट यांनी

(क) हार्टशॉन यांनी (ड) रॅटझेक यांनी

५६. 'समान शारीरिक व मानसिक वैशिष्ट्यांनी युक्त असा मानवगट म्हणजे वंश.' वंशाची ही व्याख्या केली-

(अ) ग्रिफिथ टेलर यांनी (ब) हॅडन यांनी

(क) मार्शल जोन्स यांनी (ड) फ्रान्झ बोआस यांनी

५७. मस्तिष्कांकाचे (Cephalic Index) चे सूत्र आहे-

(अ) डोक्याची ंदी C १०० / डोक्याची लांबी

(ब) डोक्याची लांबी C १०० / डोक्याची ंदी

(क) डोक्याची लांबी C डोक्याची ंदी / १००

(ड) डोक्याची लांबी डोक्याची ंदी / १००

५८. भारतीय लोक आहेत-

(अ) निग्रोइड वंशाचे (ब) मंगोलॉइड वंशाचे

(क) कॉकेसाइड वंशाचे (ड) वेद्डाइड वंशाचे

५९. जगातील सर्वाधिक बोलली जाणारी भाषा आहे.

(अ) चिनी (ब) इंग्रजी (क) बंगाली (ड) फ्रेंच

६०. भारतातील तमिळ, मलयाळम, कन्नड, तेलुगू या भाषा कोणत्या गटातील आहेत?

(अ) आर्यन (ब) ऑस्ट्रिक

(क) द्रविडियन (ड) सिनो तिबेटियन

उत्तरे

१. अ	२. क	३. ड	४. अ	५. अ	६. ड	७. ड	८. अ
९. अ	१०. ड	११. क	१२. ब	१३. अ	१४. ड	१५. क	१६. ब
१७. अ	१८. अ	१९. क	२०. क	२१. ड	२२. क	२३. अ	२४. ब
२५. ब	२६. क	२७. अ	२८. अ	२९. ब	३०. ड	३१. अ	३२. क
३३. ड	३४. क	३५. ब	३६. अ	३७. ब	३८. ड	३९. ड	४०. ड
४१. ड	४२. अ	४३. अ	४४. ड	४५. ड	४६. अ	४७. क	४८. क
४९. अ	५०. अ	५१. क	५२. ब	५३. अ	५४. ब	५५. ब	५६. ड
५७. अ	५८. क	५९. अ	६०. क				

◆◆◆

६. भारताचा भूगोल (Geography of India)

१. भारताचे क्षेत्रफळ आहे-
   (अ) २९,३३,३६८ वर्ग कि.मी.
   (ब) ३७,३२,२६३ वर्ग कि.मी.
   (क) ४५,५५,२८९ वर्ग कि.मी.
   (ड) ३२,८७,२६३ वर्ग कि.मी.

२. भारताचा उत्तर-दक्षिण विस्तार आहे-
   (अ) २९३३ कि.मी.
   (ब) ३२१४ कि.मी.
   (क) ३३२९ कि.मी.
   (ड) ३४१५ कि.मी.

३. भारताची भूमि-सीमा .... इतकी आहे.
   (अ) १३,५०० कि.मी.
   (ब) १४,३०० कि.मी.
   (क) १५,२०० कि.मी.
   (ड) १६,५०० कि.मी.

४. मॅक-महोन रेषा कोणत्या दोन देशांना अलग करते?
   (अ) भारत-म्यानमार
   (ब) भारत-पाकिस्तान
   (क) भारत-नेपाळ
   (ड) भारत-चीन

५. खालीलपैकी कोणत्या राज्याला सर्वांत लांब सागरी किनारा लाभला आहे?
   (अ) महाराष्ट्र   (ब) कर्नाटक   (क) केरळ   (ड) आंध्र प्रदेश

६. खालीलपैकी सर्वांत प्राचीन पर्वत कोणता आहे?
   (अ) विंध्याचल   (ब) नीलगिरी   (क) अरवली   (ड) सातपुडा

७. 'कुमाऊँ हिमालय' कोणत्या दोन नद्यांमध्ये स्थित आहे?
   (अ) सिंधू आणि सतलज
   (ब) काळी आणि तिस्ता
   (क) सतलज आणि काळी
   (ड) तिस्ता आणि झेलम

८. 'इण्डो-ब्रह्म' कशाचे नाव आहे?
   (अ) प्राचीन प्रांताचे
   (ब) प्राचीन नगराचे
   (क) प्राचीन नदीचे
   (ड) प्राचीन वंशाचे

९. खालीलपैकी कोणती पर्वतश्रेणी सर्वांत नवीन आहे?
   (अ) अन्नामलाई   (ब) अरवली   (क) शिवालिक   (ड) विंध्याचल

१०. भारतात कोणती पर्वतश्रेणी केवळ एकाच राज्यात विस्तारलेली आहे?
   (अ) अरवली   (ब) सातपुडा   (क) अजंठा   (ड) सह्याद्री

११. भारताचा देशांतरीय विस्तार (Longitudinal Extent) आहे.

(अ) ६७° ७' पू. पासून ९७° पूर्व

(ब) ६८° ७' पू. पासून ९७° २५' पूर्व

(क) ६८° ५' पू. पासून ९७° ५०' पूर्व

(ड) ६८° पू. पासून ९७° ३०' पूर्व

१२. भारतीय मानक वेळ (I.S.T.) ग्रीनविच मानक वेळे (G.M.T.) पेक्षा किती तास पुढे आहे?

(अ) २.५ तास (ब) ३ तास (क) ४.५ तास (ड) ५.५ तास

१३. खालीलपैकी कोणता द्वीपसमूह भारत आणि श्रीलंका यांच्यामध्ये स्थित आहे?

(अ) एलिफंटा (ब) निकोबार (क) रामेश्वरम (ड) साल्सेट

१४. श्रीलंका भारतापासून ज्या सामुद्रिक गलीपासून विभक्त होतो त्याला .... म्हणतात.

(अ) पाक स्ट्रेट (ब) गल्फ ऑफ मन्नार

(क) गल्फ ऑफ कोचीन (ड) अ व ब दोन्हीही

१५. खालीलपैकी कोणत्या राज्याला चीनची सीमा स्पर्श करत नाही?

(अ) जम्मू आणि काश्मीर (ब) बिहार

(क) हिमाचल प्रदेश (ड) सिक्कीम

१६. खालीलपैकी कोणता द्वीपसमूह अंदमान द्वीपसमूहाशी संबंधित नाही?

(अ) लहान निकोबार (ब) मिनिकॉय

(क) नॅनकोवरी (ड) बॅरेन

१७. .... हे नागा पर्वतीय प्रदेशातील सर्वांत उंच शिखर आहे.

(अ) कोहिमा (ब) सतमाला

(क) सारामती (ड) यांपैकी कोणतेही नाही.

१८. 'लेह'पर्यंत रस्त्याने जाण्याचा एकमात्र पर्याय आहे-

(अ) जोजीला (ब) नथूला (क) लिपूलेख (ड) निती दरी

१९. खालीलपैकी कोणती नदी पश्चिमेकडे वाहणारी नाही?

(अ) साबरमती (ब) तुंगभद्रा (क) लूनी (ड) माही

२०. अयोध्या कोणत्या नदीच्या किनारी वसले आहे?

(अ) गोमती (ब) शरयू (क) भागीरथी (ड) यमुना

२१. सातपुडा पर्वतश्रुंखलेचे सर्वांत उंच शिखर आहे-

(अ) पंचमढी (ब) मैकल (क) अमरकंटक (ड) धूपगढ

२२. तमिळनाडू आणि आंध्र प्रदेशाच्या पूर्व किनाऱ्याला म्हणतात.

(अ) ओंगोल (ब) पायन घाट (क) कृष्णापथ (ड) कोरोमंडल

२३. पश्चिमी घाटातील दरी आहे.
(अ) बोलन (ब) खैबर (क) भोर (ड) रोहतांग

२४. पूर्व घाट व पश्चिम घाट मिळतात-
(अ) पळणी पर्वतात (ब) नीलगिरी पर्वतात
(क) अनाईयुडी मध्ये (ड) शेवरॉय पर्वतात

२५. दक्षिणी पठारी प्रदेशातून निघून गंगेला मिळणारी मोठी नदी .... ही आहे.
(अ) दामोदर (ब) सोन (क) चंबळ (ड) बेतवा

२६. खालीलपैकी कोणती नदी पश्चिमी घाटाशी संबंधित नाही?
(अ) पेरियार (ब) शरावती (क) महानदी (ड) गोदावरी

२७. प्रायद्वीपीय भारतातील सर्वांत मोठी नदी आहे-
(अ) गोदावरी (ब) कृष्णा (क) नर्मदा (ड) महानदी

२८. बांगलादेशामध्ये गंगा आणि ब्रह्मपुत्रा यांच्या संयुक्त प्रवाहाला म्हणतात ....
(अ) पद्मा (ब) यमुना (क) मेघना (ड) भीम

२९. जोग प्रपात कोणत्या नदीवर आहे?
(अ) ताप्ती (ब) शरावती (क) कावेरी (ड) तुंगभद्रा

३०. भारतातील गोड्या पाण्याचे सर्वांत मोठे सरोवर आहे...
(अ) कोलेरू (ब) वुलर (क) भीमताल (ड) चिल्का

३१. खालीलपैकी कोणत्या भारतीय नदीला 'दक्षिणेची गंगा' म्हणून संबोधिले जाते?
(अ) नर्मदा (ब) गोदावरी (क) कृष्णा (ड) पेनगंगा

३२. कोसी नदी गंगा नदीला कोणत्या ठिकाणी मिळते?
(अ) बरौनी (ब) पटणा (क) मनिहारी घाट (क) सहरसा

३३. कोणत्या नदीला 'बिहारचे अश्रू' म्हणून संबोधितात?
(अ) दामोदर (ब) गंगा (क) कोसी (ड) सोन

३४. भारतात येणारे प्रथम लोक (वंशज) होते....
(अ) प्रोटो-ऑस्ट्रेलाइट (ब) नेग्रिटो
(क) मंगोल (ड) वेड्डोइड

३५. दादरा आणि नगर-हवेली या प्रदेशात कोणती भाषा बोलली जाते?
(अ) गुजराती (ब) मराठी (क) कोकणी (ड) इंग्रजी

३६. भारतातील कार्यशील जनसंख्येचे (working population) प्रमाण आहे ....
(अ) ५०% (ब) ५५% (क) ५७% (ड) ६३%

३७. भारतात कोळशाचे सर्वांत मोठे उत्पादक राज्य आहे-
(अ) प. बंगाल (ब) बिहार (क) झारखंड (ड) मध्य प्रदेश

३८. रिहन्द घाट प्रकल्प कोणत्या राज्यात आहे?
(अ) मध्य प्रदेश (ब) ओरिसा (क) उत्तर प्रदेश (ड) हिमाचल प्रदेश

३९. खालीलपैकी कोणती जोडी ही जुळ्या शहरांची नाही?
(अ) दिल्ली-फरिदाबाद (ब) हैदराबाद-सिकंदराबाद
(क) अहमदाबाद-गांधीनगर (ड) कोइंबतूर-सेलम

४०. कोकण रेल्वेचा लोहमार्ग आहे...
(अ) रोहा ते मंगळूरपर्यंत (ब) पनवेल ते मंगळूरपर्यंत
(क) पनवेल ते अर्नाकुलमपर्यंत (ड) पनवेल ते कारवारपर्यंत

४१. भारतीय रेल्वेच्या उत्तर-मध्य विभागाचे मुख्यालय आहे...
(अ) भोपाळ (ब) लखनौ (क) अलाहाबाद (ड) आग्रा

४२. मुंबई-दिल्ली हा प्रवास पश्चिम रेल्वेने केल्यास खालीलपैकी कोणते स्थानक येत नाही?
(अ) आग्रा (ब) मथुरा (क) रतलाम (ड) कोटा

४३. भारताच्या संरक्षणाच्या दृष्टीने कोणता लोहमार्ग महत्त्वाचा आहे?
(अ) दिल्ली-मुंबई (ब) हावरा-चेन्नई
(क) गोरखपूर-तिनसुकिया (ड) अमृतसर-हावरा

४४. भारतात एकूण किती राष्ट्रीय महामार्ग आहेत?
(अ) १५० (ब) १८९ (क) २१९ (ड) २४९

४५. भारतात रस्त्यावरील एकूण वाहतुकीपैकी किती टक्के वाहतूक राष्ट्रीय महामार्गावरून केली जाते?
(अ) ४०% (ब) ३७% (क) ५९% (ड) ६२%

४६. चेन्नई ते ठाणे या राष्ट्रीय महामार्गाचा क्रमांक आहे...
(अ) ६ (ब) १७ (क) ४ (ड) १३

४७. कर्नाटकातील कैगा अणुविद्युत केंद्र आहे....
(अ) कारवारजवळ (ब) हुबळीजवळ (क) मंगळूरजवळ (ड) म्हैसूरजवळ

४८. स्वतंत्र भारताची पहिली जनगणना करण्यात आली...
(अ) १९५७ साली (ब) १९५१ साली
(क) १९६३ साली (ड) १९७१ साली

४९. सन २००१ च्या जनगणनेनुसार भारताची लोकसंख्या आहे.
(अ) १०० कोटी ६० लक्ष (ब) १०२ कोटी ८७ लक्ष
(क) १०५ कोटी ४० लक्ष (ड) ११० कोटी २० लक्ष

५०. जगातील लोकसंख्येपैकी सुमारे किती टक्के लोकसंख्या भारतात आहे?
(अ) १७% (ब) २१% (क) ११% (ड) १४%

५१. सन १९९१ ते २००१ या दशकात भारतात लोकसंख्या वृद्धिदर होता...
   (अ) ३.२%   (ब) ३.८%   (क) २.४%   (ड) २.१%
५२. भारतात सर्वांत कमी लोकसंख्या असलेले राज्य आहे-
   (अ) गोवा   (ब) केरळ   (क) सिक्कीम   (ड) त्रिपुरा
५३. सन २००१ मध्ये भारतात लोकसंख्येची घनता होती...
   (अ) २११   (ब) २९५   (क) ३२४   (ड) ४२९
५४. भारतात सर्वांत कमी लोकसंख्येची घनता असणारे राज्य .... आहे.
   (अ) गोवा   (ब) सिक्कीम   (क) अरुणाचल प्रदेश (ड) ओरिसा
५५. भारतात ग्रामीण विभागात राहणाऱ्या लोकांची संख्या .... आहे.
   (अ) ६२%   (ब) ४२%   (क) ८२%   (ड) ७२%
५६. सन २००१ च्या जनगणनेनुसार भारतात लिंग गुणोत्तर आहे ...
   (अ) ८४४   (ब) ८९२   (क) ९३३   (ड) ९६२
५७. भारतात लोकसंख्येची जनगणना होते -
   (अ) दर पाच वर्षांनी   (ब) दर दहा वर्षांनी
   (क) दर पंधरा वर्षांनी   (ड) दर वीस वर्षांनी
५८. भारतात प्रमुख नद्यांची किती खोरी आहेत?
   (अ) २४   (ब) २१   (क) १८   (ड) ३२
५९. भारतातील दामोदर खोरे प्रकल्प वरदान ठरला आहे...
   (अ) बिहार व झारखंडसाठी   (ब) पश्चिम बंगाल व बिहारसाठी
   (क) पश्चिम बंगाल व झारखंडसाठी (ड) पश्चिम बंगाल व ओरिसासाठी
६०. भाक्रा-नानगल प्रकल्प आहे....
   (अ) पंजाबात   (ब) पंजाब व हरयाणात
   (क) हिमाचल प्रदेशात   (ड) पंजाब व हिमाचल प्रदेशात
६१. हिराकूड प्रकल्प आहे....
   (अ) महानदीवर   (ब) तुंगभद्रा नदीवर
   (क) कृष्णा नदीवर   (ड) कावेरी नदीवर
६२. भारतातील प्रमुख धान्य पीक आहे...
   (अ) गहू   (ब) तांदूळ   (क) कडधान्य   (ड) ज्वारी
६३. भारतात ऊस उत्पादनात महाराष्ट्राचा क्रमांक आहे...
   (अ) पहिला   (ब) दुसरा   (क) तिसरा   (ड) चौथा
६४. हजिरा-बीजापूर-जगदीशपूर गॅस पाइपलाइन कोणत्या राज्यातून जाते?
   (अ) गुजरात - राजस्थान - मध्य प्रदेश - उत्तर प्रदेश
   (ब) गुजरात - मध्यप्रदेश - उत्तर प्रदेश

(क) महाराष्ट्र - गुजरात - मध्य प्रदेश

(ड) राजस्थान - मध्य प्रदेश - उत्तर प्रदेश - बिहार

६५. भारतातील 'पहिला' साखर कारखाना सन १९०३ मध्ये सुरू झाला-

(अ) महाराष्ट्रात (ब) उत्तर प्रदेशात

(क) बिहारात (ड) हरयाणात

६६. खालीलपैकी कशाच्या उत्पादनात भारताचा जगात प्रथम क्रमांक आहे?

(अ) दूध, ताग व साखर (ब) दूध, गहू व तांदूळ

(क) ताग, साखर व गहू (ड) दूध, साखर व तांदूळ

६७. खालीलपैकी कोणते शहर हे सायकल उत्पादनासाठी प्रसिद्ध नाही?

(अ) दिल्ली (ब) चेन्नई (क) लुधियाना (ड) बंगळूरू

६८. भारतात पवनऊर्जा-निर्मितीचे मोठे जाळे आहे-

(अ) कोइमतूरजवळ (ब) कानपूरजवळ

(क) चेन्नईजवळ (ड) कटकजवळ

६९. भारतातील सर्वांत मोठे सौर ऊर्जा केंद्र कोठे आहे.

(अ) कोटाजवळ (ब) भूजजवळ (क) अहमदाबादजवळ (ड) नागपूरजवळ

७०. नरोरा अणुविद्युत् प्रकल्प कोणत्या राज्यात आहे?

(अ) मध्य प्रदेश (ब) राजस्थान (क) उत्तर प्रदेश (ड) पंजाब

७१. हुगळी नदीचे खोरे कोणत्या उद्योगासाठी प्रसिद्ध आहे?

(अ) इस्पात (ब) कापूस (क) रसायन (ड) ताग

७२. भारतात सर्वांत उंच पर्वतशिखर आहे.

(अ) एव्हरेस्ट (ब) कांचनगंगा

(क) धौलगिरी (ड) K-2 (गॉडविन ऑस्टिन)

७३. ग्रेट निकोबार बेटातील भारताच्या सर्वांत दक्षिणेकडील ठिकाणाला म्हणतात-

(अ) इंदिरा पॉइंट (ब) ब्लेअर पॉइंट

(क) मालदीव पॉइंट (ड) मैत्री पॉइंट

७४. अरवली पर्वतश्रुंखलेतील सर्वांत उंच शिखर .... आहे.

(अ) धूपगढ (ब) पंचमढी (क) कुद्रेमुख (ड) गुरुशिखर

७५. भारतात संगमरवर खडकाच्या खाणी आहेत-

(अ) अरवली पर्वतीय भागात (ब) विंध्य पर्वतीय भागात

(क) सातपुडा पर्वतीय भागात (ड) शिवालिक पर्वतीय भागात

७६. भारतात 'उदकमंडलम्' हे थंड हवेचे पर्यटनस्थळ आहे ....

(अ) सह्याद्री पर्वतश्रुंखलेत (ब) नीलगिरी पर्वतात

(क) सातपुडा पर्वतश्रुंखलेत (ड) अरवली पर्वतश्रुंखलेत

७७. नंदादेवी हे उंच शिखर .... ठिकाणी आहे.
(अ) पंजाब हिमालयात (ब) लघु हिमालयात
(क) कुमाऊँ हिमालयात (ड) नेपाळ हिमालयात

७८. उत्तर भारतीय मैदानी प्रदेशात पसरलेल्या नवीन गाळाच्या मैदानास .... म्हणतात.
(अ) भांगर (ब) खादर (क) दुआब (ड) तराई

७९. ओरिसाच्या किनारी भागास .... म्हणतात.
(अ) उत्कल (ब) कोरोमंडल (क) कलिंग (ड) कोनार्क

८०. 'पछम', 'खादीर', 'बेला' ही भारतीय बेटे आहेत-
(अ) महानदी व गंगा नदीच्या मुखाशी (ब) नर्मदा नदीच्या मुखाशी
(क) कच्छच्या रणात (ड) कर्नाटकाच्या किनाऱ्यावर

८१. लक्षद्वीपमध्ये मोठ्या बेटांची संख्या आहे.
(अ) २८ (ब) ३६ (क) ४२ (ड) ४९

८२. अंदमान व निकोबार द्वीपसमूह यांच्या दरम्यानच्या सागरी भागास .... म्हणतात.
(अ) '१०° चॅनेल' (ब) कॅनेनोर (क) हॅरिएट (ड) कॅचल स्ट्रेट

८३. भारतात महासागरांसंबधीच्या अध्ययन व संशोधनाची संस्था राष्ट्रीय महासागर विज्ञान-संस्था आहे .....
(अ) मुंबईत (ब) चेन्नईत (क) पणजीत (ड) अहमदाबादेत

८४. लक्षद्वीप समूह जलमग्न पठाराचा आहे. यास 'लक्षद्वीप छागोस पठार' असे म्हणतात. छागोस हा स्वतंत्र द्वीपसमूह असून त्यातील एक बेट आहे...
(अ) कॅचल (ब) किल्तान (क) मिनिकॉय (ड) दिएगोगार्शिया

८५. जम्मू-काश्मीर भागात गोड्या पाण्याचे सरोवर कोठे आहे?
(अ) पगाँग (ब) अबूसाई (क) भीमताल (ड) त्सामोमारी

८६. भारताच्या पश्चिम किनाऱ्यावर केरळात असलेले खाजण सरोवर आहे ...
(अ) बेंबनाड (ब) चिलका (क) पुलिकत (ब) कोलेरू

८७. नर्मदा नदी उगम पावते....
(अ) मुल्ताई (ब) त्र्यंबकेश्वर
(क) अमरकंटक पठारावर (ड) खंबातच्या आखातात

८८. भारतातील पश्चिम किनारी मैदानास केरळमध्ये म्हणतात.
(अ) कानडा (ब) कोकण (क) मलबार (ड) कायल

८९. भारतातील .... ला 'इलेक्ट्रॉनिकी उद्योगाची राजधानी' म्हणतात.
(अ) हैदराबादला (ब) बंगळुरूला (क) चेन्नईला (ड) दिल्लीला

९०. भारताच्या 'सुवर्ण चतुर्भुजा महामार्ग प्रकल्प' या महत्त्वाकांक्षी योजनेअंतर्गत पूर्व-पश्चिम महामार्ग आहे.

(अ) सिल्चर ते पोरबंदर　　　　(ब) गुवाहाटी ते भूज
(क) कोलकाता ते गांधीनगर　　　(ड) दिसपूर ते कांडला

९१. दुआबचा अर्थ आहे.
(अ) एका नदीच्या उपनद्या
(ब) दोन वेगवेगळ्या नद्यांचा मिलनबिंदू
(क) दोन नद्यांच्या दरम्यान असलेली भूमी
(ड) जेथे एका नदीचा डेल्टा सुरू होतो, तो प्रदेश

९२. मध्य मैदानी प्रदेशाच्या दलदलीच्या भागास म्हणतात ....
(अ) तराई　　　　　　　(ब) भाबर
(क) खादर　　　　　　　(ड) भांगर

९३. खालीलपैकी कोणता राष्ट्रीय महामार्ग नाही?
(अ) दिल्ली ते कोलकाता　　(ब) चेन्नई ते ठाणे
(क) दिल्ली ते मुंबई　　　(ड) पाटणा ते गुवाहाटी

९४. खालीलपैकी कोणता राष्ट्रीय महामार्ग हा १७ क्रमांकाचा आहे?
(अ) चेन्नई ते ठाणे　　　　(ब) पिंडवरा ते अलाहाबाद
(क) पनवेल ते इडापल्ली　　(ड) वाराणसी ते कन्याकुमारी

९५. खालील जोड्या लावा. (स्थलांतरित शेती)

गट A		गट B	
प) झूम		१) केरळ	
फ) कुमरी		२) ईशान्य भारत	
भ) बेवर		३) ओरिसा	
न) डुंगर		४) मध्य प्रदेश	

पर्याय :	प	फ	भ	न
(अ)	२	१	४	३
(ब)	१	२	४	३
(क)	३	४	१	२
(ड)	२	१	३	४

९६. जायकवाडी प्रकल्प आहे.
(अ) कृष्णा नदीवर　　　　(ब) गोदावरी नदीवर
(क) कोयना नदीवर　　　(ड) भीमा नदीवर

९७. खालीलपैकी कोणती नदी गोदावरीची उपनदी नाही?
(अ) वर्धा　　　　　　　(ब) पैनगंगा
(क) इंद्रावती　　　　　(ड) गिरणा

९८. खालीलपैकी कोणती नदी पश्चिमवाहिनी नाही?
(अ) नर्मदा (ब) तापी (क) मांडवी (ड) कृष्णा

९९. खालीलपैकी कोणती नदी गंगा नदी-प्रणालीशी संबंधित नाही?
(अ) घागरा (ब) गंडक (क) शिवनाथ (ड) कोसी

१००. केरळच्या किनारी भागात सरोवरे (खाजण) आहेत त्यांना .... म्हणतात.
(अ) मलबार (ब) कोकोनेट (क) पछम (ड) कायल

उत्तरे

१. ड	२. ब	३. क	४. ड	५. ड	६. क	७. क	८. क
९. क	१०. क	११. ब	१२. ड	१३. क	१४. ड	१५. ब	१६. ब
१७. क	१८. अ	१९. ब	२०. ब	२१. ड	२२. ड	२३. क	२४. ब
२५. ब	२६. क	२७. अ	२८. अ	२९. ब	३०. अ	३१. ब	३२. क
३३. क	३४. ब	३५. अ	३६. क	३७. क	३८. क	३९. ड	४०. अ
४१. क	४२. अ	४३. क	४४. क	४५. अ	४६. क	४७. अ	४८. ब
४९. ब	५०. अ	५१. ड	५२. क	५३. क	५४. क	५५. ड	५६. क
५७. ब	५८. अ	५९. क	६०. ड	६१. अ	६२. ब	६३. ब	६४. अ
६५. क	६६. अ	६७. ड	६८. अ	६९. ब	७०. क	७१. ड	७२. ड
७३. अ	७४. ड	७५. अ	७६. ब	७७. क	७८. ब	७९. अ	८०. क
८१. ब	८२. अ	८३. क	८४. ड	८५. ड	८६. अ	८७. क	८८. क
८९. ब	९०. अ	९१. क	९२. अ	९३. ड	९४. क	९५. अ	९६. ब
९७. ड	९८. ड	९९. क	१००. ड				

◆◆◆

प्रश्नसंच १

१. खालीलपैकी कोणता पर्याय बरोबर आहे?

पश्चिम हिमालयाशी तुलना करता पूर्व हिमालयात अधिक उंचीवर अल्पाइन वनस्पती आढळतात. कारण

(अ) पश्चिम हिमालयाशी तुलना करता पूर्व हिमालयाची उंची जास्त आहे.

(ब) पश्चिम हिमालयाशी तुलना करता पूर्व हिमालय विषुववृत्ताच्या किंवा समुद्रकिनाऱ्याच्या अधिक जवळ आहे.

(क) पश्चिम हिमालयाशी तुलना करता पूर्व हिमालयात अधिक पाऊस पडतो.

(ड) पश्चिम हिमालयाशी तुलना करता पूर्व हिमालयाची माती अधिक उर्वर आहे.

२. भारतीय द्वीपकल्पाच्या संदर्भात खालील बाबींवर विचार करा.

(अ) हे अर्कियन क्रिस्टल खडकांपासून निर्माण झालेले आहे.

(ब) इथले बरेचसे पर्वत अवशिष्ट प्रकारचे आहेत.

(क) त्याच्या अंतर्गत भागात कॅम्ब्रियन काळातले समुद्रातील अवशेष मिळतात.

(ड) क्रिटेशियनच्या अंतिम काळात बेसॉल्टची निर्मिती झाली आहे.

बरोबर विधाने आहेत.

(अ) १,२,३ आणि ४ (ब) १,२ आणि ४

(क) ३ आणि ४ (ड) १ आणि २

३. खालीलपैकी कोणत्या जोड्या बरोबर आहेत?

चिन्ह (Signs and Symbols) नाव

(१) त्रिभुज प्रदेश

(२) पठार

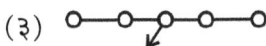

(३) झऱ्याचा उगम

(४) धबधबा

खालीलपैकी योग्य उत्तर निवडा.

(अ) १ आणि ३   (ब) २,३ आणि ४

(क) १ आणि ४   (ड) १,२,३ आणि ४

४. खालीलपैकी कोणत्या जोड्या बरोबर आहेत?

बहुउद्देशीय प्रकल्प	राज्य
(१) उके प्रकल्प	गुजरात
(२) कुकडी प्रकल्प	महाराष्ट्र
(३) सलाल प्रकल्प	जम्मू आणि काश्मीर

योग्य उत्तर आहे.

(अ) १,२ आणि ३   (ब) १ आणि २

(क) २ आणि ३   (ड) १ आणि ३

५. खालीलपैकी कोणता एक गरम पाण्याचा झरा लाव्हारसाच्या, तसेच हिमाच्छादित प्रदेशात आहे?

(अ) अलास्का   (ब) आइसलंड   (क) आयर्लंड   (ड) फिनलंड

६. खालीलपैकी कोणत्या एका देशातून मकरवृत्त जाते?

(अ) बोत्सवाना   (ब) स्वाजीलँड   (क) झिम्बाब्वे   (ड) झाम्बिया

७. लाकडापासून बनवलेली कालव्यावर तरंगणारी घरे येथे आहेत-

(अ) बँकॉक   (ब) न्हामपेन   (क) व्हिएतनाम   (ड) यांगून

८. खालीलपैकी कोणती जोडी बरोबर नाही?

धबधबा	प्रदेश
(अ) रिबन धबधबा	कॅलिफोर्निया
(ब) टुगेला धबधबा	नटाल, द. आफ्रिका
(क) पॉवरस्कोर्ट धबधबा	आयर्लंड
(ड) सुथरलँड धबधबा	नॉर्वे

९. केंद्रस्थल सिद्धान्तात के = ७ दर्शविते

(अ) बाजारनगर   (ब) बाजार-सह-प्रशासकीय नगर

(क) प्रशासकीय नगर   (ड) परिवहन नगर

१०. खालील बाबींवर विचार करा.

(१) भारतात सध्या बालमृत्युदर दरहजारी जवळजवळ ८० आहे.

(२) अकराव्या पंचवार्षिक योजनेत बालमृत्युदर दरहजारी २८ आणण्याचे उद्दिष्ट आहे.

(३) दहाव्या पंचवार्षिक योजनेत वर्ष २००१-२०११ या दरम्यान लोकसंख्येच्या वाढीचा दर दशकी १०% ने कमी करण्याचे उद्दिष्ट आहे.

वरीलपैकी कोणते उत्तर किंवा कोणती उत्तरे बरोबर आहेत?

(अ) १ आणि २ (ब) केवळ २

(क) १ आणि ३ (ड) १, २ आणि ३

११. स्तंभ १ व स्तंभ २ यांच्या योग्य जोड्या लावून खालीलपैकी कोणते उत्तर बरोबर आहे ते निवडा.

	शास्त्रज्ञ	कार्य
(प)	हॅरिस	(१) प्रधान कार्य
(फ)	आउव्हर	(२) सांख्यिकी आधार
(भ)	नेल्सन	(३) परिस्थितीचा विचार
(न)	मॅकेन्झी	(४) कार्याची विविधता तसेच विशेष अभ्यास

जोड्या	प	फ	भ	न
(अ)	२	१	३	४
(ब)	४	२	१	३
(क)	२	३	४	१
(ड)	४	१	२	३

१२. स्तंभ १ आणि स्तंभ २ मधील योग्य जोड्या लावून खालीलपैकी कोणते उत्तर बरोबर आहे ते निवडा.

	स्तंभ १	स्तंभ २
	नागरीकरणाची प्रक्रिया	नागरीकरणाची स्थिती
(प)	शहरी वस्तीची सुरुवात	(१) मेगालापोलिस (खूप मोठे शहर)
(फ)	शहराची रचना	(२) इथोपोलिस
(भ)	शहराचा पूर्ण विकास होणे	(३) शहर

जोड्या	प	फ	भ
(अ)	२	३	१
(ब)	१	३	२
(क)	३	२	१
(ड)	१	२	३

१३. भूमध्यसामुद्रिक प्रदेशातील शेतीच्या महत्त्वाचे वैशिष्ट्य आहे.

(अ) पावसावर आधारित शेती (ब) मिश्रशेती

(क) द्राक्षाचे उत्पादन (ड) कोरडवाहू जमिनीवरची शेती

१४. स्तंभ १ आणि स्तंभ २ मधील योग्य जोड्या लावून खालीलपैकी कोणते उत्तर बरोबर आहे ते लिहा.

वस्तीचा प्रकार (Settlement)	ठिकाण
(प) गोलाकार किंवा अर्धगोलाकार	सर्व नद्यांच्या संगमावर
(फ) ताऱ्यांच्या आकाराचे	क्रेटर झीलच्या जवळ अथवा गोखुर झीलच्या तीरावर
(भ) त्रिकोणाकार	वाळवंटात किंवा सेमी-वाळवंटी प्रदेशात
(न) विखुरलेल्या वस्त्या	रस्त्यांच्या अभिसारणपर

१५. उत्तर भारतीय मैदानी प्रदेशातील विविध भागांत पावसाच्या प्रमाणात अनियमितपणा असण्याचे प्रमुख कारण आहे.

(अ) भारताच्या उत्तर पश्चिमी भागातील हवेच्या दाबातील अनियमितपणा.

(ब) निम्म दाब द्रोणी व अक्ष स्थितीमध्ये विचलन

(क) आर्वताच्या आगमनातील अंतर

(ड) प्रत्येक वर्षी वाऱ्याबरोबर आणण्यात येणाऱ्या आर्द्रतेत अनियमितपणा

१६. खालीलपैकी कोणता अग्निजन्य खडकाचा प्रकार नाही?

(अ) लॅकोलिथ (ब) बॅथोलिथ (क) ग्रॅफाइट (ड) डाइक

१७. स्तंभ १ (शास्त्रज्ञ) व स्तंभ २ (सिद्धान्त) यांमधील योग्य शब्द निवडून जोड्या लावा आणि खाली दिलेल्या जोड्यांमधील योग्य जोडी निवडा.

स्तंभ १	**स्तंभ २**
शास्त्रज्ञ	**सिद्धान्त**
(प) वेजीनर	(१) चतु:शिरस्क सिद्धान्त
(फ) जॉली	(२) तेजसक्रियेचा सिद्धान्त
(भ) आर्थर होम्स	(३) खंडवहन सिद्धान्त
(न) लोथीयन ग्रीन	(४) अभिसरण प्रवाहसिद्धान्त

जोड्या

	प	फ	भ	न
(अ)	१	२	३	४
(ब)	३	२	१	४
(क)	२	३	४	१
(ड)	३	२	४	१

१८. खालील बाबींचा विचार करा.

(१) पूर्वेकडचा घाट आणि बंगालची खाडी यांच्यामधील भूभाग, पश्चिम घाट आणि अरबी समुद्र यांच्यामधील भूभागाच्या तुलनेत संकीर्ण आहे.

(२) सिंधू नदी मानससरोवराजवळ तिब्बत येथून निघून शेवटी कराचीजवळ अरबी समुद्राला मिळते.

खालीलपैकी कोणते उत्तर बरोबर आहे?

(अ) फक्त १ (ब) फक्त २

(क) १ आणि २ (ड) १ आणि २ दोन्ही नाही.

१९. खालीलपैकी कोणता प्रदेश भूमध्यसामुद्रिक हवामानाच्या वैशिष्ट्यात येत नाही?

(अ) दक्षिण आफ्रिका (ब) आग्नेय ऑस्ट्रेलिया

(क) संयुक्त संस्थानाचा नैर्ऋत्य भाग (ड) वायव्य युरोप

२०. खालील देशांवर विचार करा.

(१) ब्राझील (२) इंडोनेशिया (३) इराण (४) पाकिस्तान

वरील देशांतील लोकसंख्येनुसार उतरता क्रम कोणता आहे?

(अ) १-३-२-४ (ब) २-४-३-१

(क) २-१-४-३ (ड) ३-२-१-४

२१. युरोपातील खालीलपैकी कोणत्या शहरात सर्वांत जास्त वार्षिक सरासरी पाऊस पडतो?

(अ) वार्सा (ब) बुखारेस्ट (क) अथेन्स (ड) बेलग्रेड

२२. खालीलपैकी कोणत्या एका देशात विजेचे सर्वांत जास्त उत्पादन परमाणु-संयंत्राद्वारे होते ?

(अ) संयुक्त संस्थाने - अमेरिका (ब) युनायटेड किंगडम

(क) फ्रान्स (ड) जर्मनी

२३. संयुक्त अरब अमिरात (UAE) संदर्भात खालील बाबींवर विचार करा.

(१) संयुक्त अरब अमिरातचा वायव्य भाग ओमानने वेढलेला आहे.

(२) जगात संयुक्त अरब अमिरातच्या लोकसंख्येत परदेशी लोकांच्या लोकसंख्येची टक्केवारी सर्वांत अधिक आहे.

(३) संयुक्त अरब अमिरातमध्ये दुबईत सर्वांत जास्त लोकसंख्या आहे.

खालीलपैकी कोणते उत्तर बरोबर आहे?

(अ) १ आणि ३ (ब) २ आणि ३

(क) फक्त २ (ड) कोणतेच नाही.

२४. खालीलपैकी कोणती जोडी बरोबर नाही?

संयुक्त संस्थानाचा भौगोलिक भाग	संयुक्त संस्थानातील राज्य
(१) पश्चिम-उत्तर-मध्य भाग	आयोवा
(२) मध्य अटलांटिक	मेरीलॅन्ड
(३) दक्षिण अटलांटिक	न्यू जर्सी
(४) पश्चिम-दक्षिण-मध्य	टेक्सास

खालीलपैकी कोणते उत्तर बरोबर आहे ते निवडा.

   (अ) १ आणि ४   (ब) २ आणि ३   (क) फक्त २   (ड) फक्त ३

२५. जगातील कोणत्या देशात पवनऊर्जेचे सर्वांत जास्त उत्पादन होते?

   (अ) जर्मनी   (ब) ऑस्ट्रेलिया   (क) नॉर्वे   (ड) स्वित्झर्लंड

२६. खालील बाबींवर विचार करा.

   (१) २००१ च्या जनगणनेनुसार, भारतातील, १९८१-१९९१ या काळातील स्त्री-पुरुष लिंग गुणोत्तर प्रमाणापेक्षा, १९९१-२००१ या काळात कमी झाले आहे.

   (२) केवळ १९५१-६१ या काळात अपवाद वगळता, सन १९०१ पासून प्रति दहा वर्षांनी केलेल्या जनगणनेनुसार भारताची लोकसंख्या सतत वाढत आहे.

खालीलपैकी कोणते उत्तर बरोबर आहे?

   (अ) फक्त १   (ब) फक्त २

   (क) १ आणि २   (ड) कोणतेच नाही.

२७. २००१ च्या जनगणनेनुसार खालील कोणत्या जोड्या योग्य नाहीत.

राज्य/केंद्रशासित प्रदेश   लोकसंख्येची वैशिष्ट्ये

   (१) दमण आणि दीव   नागरी लोकसंख्येची सर्वांत कमी टक्केवारी

   (२) पाँडेचरी   स्त्री-पुरुष लिंग गुणोत्तर प्रमाण १००० पेक्षा जास्त.

   (३) हिमाचल प्रदेश   सर्वांत कमी स्त्री-पुरुष लिंग गुणोत्तर प्रमाण

   (४) अरुणाचल प्रदेश   सर्वांत कमी लोकसंख्येची घनता

खालीलपैकी बरोबर उत्तर निवडा.

   (अ) २ आणि ४   (ब) १ आणि ३

   (क) १ आणि ४   (ड) २ आणि ३

२८. खालील आफ्रिका खंडातील कोणत्या देशाचे खंडांतर्गत स्थान नाही?

   (अ) माली   (ब) झाम्बिया   (क) चाड   (ड) लिबिया

२९. खालील बाबींवर विचार करा.

   (१) जपानच्या लोकसंख्येची घनता जवळजवळ भारताएवढीच आहे.

   (२) भारताच्या तुलनेत चीनमध्ये न समजलेला जन्मदर खूप कमी आहे.

   (३) भारताचे क्षेत्रफळ ग्रेट ब्रिटनच्या क्षेत्रफळाच्या जवळजवळ पाच पट आहे.

खालीलपैकी कोणते उत्तर बरोबर आहे?

   (अ) १ आणि २   (ब) २ आणि ३

   (क) १ आणि ३   (ड) १, २ आणि ३

३०. खालील बाबींवर विचार करा.

(१) समोच्चतादर्शक रेषेवर बांध घातल्याने मृदेची धूप किंवा मृदेचा ऱ्हास होतो.

(२) मृदेची धूप, मृदेचा ऱ्हास, मृदेचा वरचा थर वाहून जाणे इ. मुळे मृदेची प्रत कमी होते.

खालीलपैकी कोणता पर्याय योग्य आहे?

(अ) केवळ १ (ब) केवळ २

(क) १ आणि २ (ड) कोणताच नाही.

३१. कोणत्या दिशेला चुंबकीय उत्तर ध्रुव आणि भौगोलिक उत्तर ध्रुव एकत्र येतात?

(अ) पूर्व (ब) पश्चिम (क) उत्तर (ड) दक्षिण

३२. स्तंभ १ व स्तंभ २ यांच्यातील शब्दांच्या जोड्या लावून खाली दिलेल्या योग्य जोडीची निवड करा.

स्तंभ १	**स्तंभ २**
संख्यात्मक प्रमाण	१ कि.मी. जमिनीवरील अंतरासाठी नकाशातील अंतर
(प) १:१००००००	(१) ४० मिलीमीटर
(फ) १:५०,०००	(२) ०४ मिलीमीटर
(भ) १:२५,०००	(३) २० मिलीमीटर
(न) १:२५००	(४) ०१ मिलीमीटर

	प	फ	भ	न
(अ)	४	३	१	२
(ब)	३	१	२	४
(क)	४	३	२	१
(ड)	३	१	४	२

३३. खालीलपैकी कोणता पर्याय योग्य आहे?

एखाद्या नदीच्या मार्गात समोच्चतादर्शक रेषा जेव्हा एक दुसऱ्याच्या अगदी जवळ येतात, तेव्हा त्या काय प्रदर्शित करतात?

(अ) धबधबा (ब) कडा

(क) तीव्र उतार (ड) मध्यम उतार

३४. भारतीय सर्वेक्षण विभागाच्या स्थळ निर्देशांक नकाशातील 48I/1 या निर्देशांकांच्या उत्तर-पूर्व-दक्षिण आणि पश्चिमेकडील निर्देशांकाचा योग्य अनुक्रम खालीलपैकी कोणता आहे?

(अ) 48I/1, 48E/1, 48I/6, 48I/3

(ब) 48I/6, 48I/1, 48E/14, 48I/3

(क) 48I/1, 48I/6, 48I/3, 48E/14

(ड) 48E/14, 48I/3, 48I/1, 48I/6

३५. स्तंभ १ व स्तंभ २ मधील योग्य शब्द निवडून, जोड्या लावून आणि खाली दिलेला उत्तराचा योग्य पर्याय निवडा.

स्तंभ १	स्तंभ २
(प) रेषास्तंभालेख	(१) ४० वर्षांचा वार्षिक पाऊस
(फ) तारासदृश आकृती	(२) एका ठिकाणचा १२ महिन्यांचा पाऊस
(भ) रेषालेख	(३) विविध दिशांनी येणाऱ्या वाऱ्याचा वेग
(न) स्तंभालेख	(४) एकाच ठिकाणाचा १२ महिन्यांचा पाऊस व तापमान

जोड्या	प	फ	भ	न
(अ)	१	२	४	३
(ब)	४	३	१	२
(क)	४	१	३	२
(ड)	१	४	२	३

३६. पृथ्वीच्या उत्पत्तीबाबत मांडल्या गेलेल्या कल्पना किंवा सिद्धान्तासंदर्भात खालील बाबींचा विचार करा.

(१) सूर्यमंडल सूर्य व तारा यांपासून बनले आहे.

(२) अंतर्वेधी तारा सूर्याच्या तुलनेत छोटा होता.

(३) सूर्य आपल्या कक्षांत फिरत होता.

(४) अंतर्वेधी ताऱ्याची शक्ती सूर्याच्या शक्तीपेक्षा अधिक होती.

वरील सर्व विधानांपैकी कोणती विधाने जेम्स जीन्सने मांडलेल्या सिद्धान्तात होती.

(अ) १, २ आणि ३ (ब) २, ३ आणि ४

(क) १, २ आणि ४ (ड) १, ३ आणि ४

३७. साधारणपणे रूपांतरण या प्रक्रियेने तयार झालेल्या रूपांतरित खडकात कोणती वैशिष्ट्ये असतात.

(१) हे खडक पूर्णतया स्फटिकी स्वरूपात आढळतात.

(२) हे खडक अंशत: स्फटिकी स्वरूपात आढळतात.

(३) यांच्या स्फटिकी प्रकारात रेषा दिसतात.

खालीलपैकी योग्य उत्तर निवडा.

(अ) १, २ आणि ३ (ब) १ आणि २

(क) २ आणि ३ (ड) १ आणि ३

३८. स्तंभ १ व स्तंभ २ मधील शब्द वाचून जोड्या लावा व खाली दिलेल्यापैकी योग्य उत्तर निवडा.

स्तंभ १	स्तंभ २
(प) रासायनिक प्रक्रियेशिवाय खडक फुटणे.	(१) विदारणाचे लक्षण
(फ) खडकांना भेगा पडणे	(२) रासायनिक विदारणात लाल, पिवळा, भुरा रंग.
(भ) ऑक्सिजिनीकरणाची प्रक्रिया	(३) यांत्रिक विदारण
(न) लोखंडावर ऑक्सीडिनीकरणाचा परिणाम	(४) रासायनिक विदारण

जोड्या	प	फ	भ	न
(अ)	१	३	४	५
(ब)	३	४	१	२
(क)	१	५	२	४
(ड)	३	४	२	१

३९. स्तंभ १ (संकल्पना) आणि स्तंभ २ (भूगोलतत्त्ववेत्ते) यांमधील योग्य शब्द निवडून जोड्या लावा व खाली दिलेल्या जोड्यांतील योग्य जोडी निवडा.

स्तंभ १	स्तंभ २
संकल्पना	भूगोलतत्त्ववेत्ते
(प) निश्चयवाद	(१) ओ. एच. के. स्पेट
(फ) संभववाद	(२) एफ. रॅटझेल
(भ) नवनिश्चयवाद	(३) जे. ब्रून्स
(न) प्रसंभाव्यवाद	(४) जी. टेलर

जोड्या	प	फ	भ	न
(अ)	२	३	४	१
(ब)	४	१	२	३
(क)	२	१	४	३
(ड)	४	३	२	१

४०. खालील विधानांवर विचार करा.

(१) चारही बाजूंनी समुद्राने वेढल्यामुळे न्यूझीलंडमध्ये हिवाळा सौम्य असतो. परंतु उत्तर न्यूझीलंडमध्ये मात्र हिवाळ्यात खूप थंडी असते.

(२) न्यूझीलंडमध्ये पर्वतांच्या रांगा असल्याने उत्तर-दक्षिण दिशेच्या तुलनेत पूर्व-पश्चिम दिशेला हवामान विषम असते.

खालीलपैकी कोणते उत्तर बरोबर आहे?

(अ) फक्त १ (ब) २

(क) १ आणि २ (ड) १ आणि २ दोन्हीही नाही.

४१. खालीलपैकी कोणते राजधानीचे शहर डॅन्युब नदीच्या तीरावर वसलेले नाही?

(अ) व्हिएन्ना (ब) बुडापेस्ट (क) बेलग्रेड (ड) पॅरिस

४२. खालीलपैकी कोणता पर्याय बरोबर आहे ?

हरिकेनच्या सर्वांत आतील भागाला हरिकेनचा डोळा म्हणतात तेथे.

(अ) तापमान अतिशय कमी व दाब साधारण असतो.

(ब) आकाश स्वच्छ आणि तापमान साधारण असते.

(क) तापमान अतिशय जास्त आणि दाब साधारण असतो.

(ड) आकाश पावसाच्या ढगांनी व्यापलेले असते व दाब साधारण असतो.

४३. खालीलपैकी कोणती विधाने योग्य आहेत?

(१) भारतीय रेल्वेचे जाळे ८०,००० चौरस किलोमीटरपर्यंत पसरलेले आहे.

(२) भारतीय रेल्वे नेटवर्कच्या ५० टक्के पेक्षा अधिक नेटवर्कचे विद्युतीकरण झाले आहे?

(अ) फक्त १ (ब) फक्त २

(क) १ आणि २ (ड) कोणतेच नाही.

४४. विषुववृत्तापासून ध्रुवाकडे जाताना नैसर्गिक वनस्पतिप्रकारांत होणारे बदल अनुक्रमाने कोणते आहेत?

(अ) उण कटिबंधीय विषुववृत्तीय अरण्ये - टुंड्रा वनस्पती - सवाना वनस्पती.

(ब) उष्ण कटिबंधीय विषुववृत्तीय अरण्ये - वाळवंटीय वनस्पती - टुंड्रा वनस्पती.

(क) वाळवंटीय वनस्पती - उष्णकटिबंधीय विषुववृत्तीय अरण्ये - टुंड्रा वनस्पती.

(ड) भूमध्यसागरीय वनस्पती - वाळवंटीय वनस्पती - टुंड्रा वनस्पती.

४५. खालीलपैकी कोणती जोडी योग्य नाही?

शेतीचा प्रकार	देश
(अ) द्राक्षाचे उत्पादन	(१) फ्रान्स
(ब) रेशीम किडे पालन	(२) पोलंड
(क) उद्यान शेती	(३) नेदरलँड
(ड) मत्स्यपालन	(४) जपान

४६. भारतात सरासरी वार्षिक जल उपलब्धता किती आहे?

(अ) ११५० बिलियन घन मीटर

(ब) १२५० बिलियन घन मीटर

(क) १६५० बिलियन घन मीटर

(ड) १८५० बिलियन घन मीटर

४७. कच्छच्या रणात कोणत्या स्वरूपाची माती तयार होते?

(अ) लवणमृदा (ब) लॅटेराइट मृदा

(क) वाळवंटी मृदा

४८. खालीलपैकी कोणते विधान योग्य आहे?

(अ) भारताच्या राष्ट्रीय महामार्गांपैकी राष्ट्रीय महामार्ग सातची लांबी सर्वात अधिक आहे.

(ब) नागपूर, हैदराबाद, कन्याकुमारी, विजयवाडा, चेन्नई राष्ट्रीय महामार्ग सातवर आहेत.

(क) ग्वाल्हेर राष्ट्रीय राजमार्ग दोन आणि तीन वर आहे.

४९. आधुनिक युगापूर्वीच्या खालीलपैकी कोणत्या विद्वानाने प्रादेशिक भूगोलाबाबत स्पष्टीकरण दिले?

(अ) क्युवेरिअरसने (ब) बुशिंगने

(क) बुऑचेने (ड) वारेनिअसने

५०. खालीलपैकी कोणती संकल्पना विडाल डी लॉ ब्लाशशी संबंधित आहे?

(अ) दृश्यभूमी जीव भूविस्तार (ब) गणिती भूगोल

(क) पार्थिव संपूर्णता (ड) दृश्यभूमी (लॅण्ड शाफ्ट)

५१. खालीलपैकी वराक नदीची उपनदी कोणती नाही?

(अ) जिरी (ब) रुकबी (क) पलेश्वरी (ड) पगलादिया

५२. एखाद्या चित्रात पर्वतावर किंवा टेकडीवर गोलाकार आकारात तुटक रेषा काय दर्शवितात?

(अ) स्थानाची उंची (ब) समोच्चतादर्शक रेषा

(क) हॅच्युअर्स (ड) फॉर्म लाइन

५३. स्तंभ १ मधील कोळसा खाण क्षेत्रे व स्तंभ २ मधील देश यांच्या जोड्या लावून योग्य पर्याय निवडा.

स्तंभ १ कोळसा खाणीचे क्षेत्र	**स्तंभ २** देश
(प) कारागांडा बेसिन	(१) युनायटेड किंगडम
(फ) पचोरा बेसिन	(२) रशिया
(भ) उत्तर सायलेशिया	(३) पोलंड
	(४) कझागिस्तान

जोड्या	प	फ	भ
(अ)	४	३	१
(ब)	४	२	३
(क)	१	२	३
(ड)	१	२	४

५४. स्तंभ १ मधील शेतीचा प्रकार आणि स्तंभ २ मधील शेतीसंबंधित क्षेत्र यांच्या जोड्या लावून योग्य पर्याय निवडा.

स्तंभ १ शेतीचे प्रकार	**स्तंभ २** शेतीसंबंधित क्षेत्र
(प) स्थलांतरित	(१) प्रेअरी
(फ) जैव	(२) गंगेचा त्रिभुज प्रदेश
(भ) व्यापारी	(३) आसाम
(न) रोपण	(४) नागांचा पहाडी प्रदेश

जोड्या	प	फ	भ	न
(अ)	४	१	२	३
(ब)	३	१	४	२
(क)	४	२	१	३
(ड)	३	४	५	२

५५. खालीलपैकी कोणत्या जमातीचे लोक आपले अन्नसंग्रह शिकारीने करतात ?

(अ) बुशमन, पिग्मी, एस्किमो
(ब) मसाई, किरगीझ, बोरो
(क) पिग्मी, एस्किमो, किरगीझ
(ड) बोरो, बुशमन, मसाई

५६. खालीलपैकी कोणती विधाने योग्य आहेत ?

(१) अंदमान-निकोबार बेटावरील लोक नेग्रिटो जमातीच्या लोकांशी संबंधित आहेत.
(२) मध्य भारतात राहणारे लोक मंगोलियन जातीच्या लोकांशी संबंधित आहेत.
(३) उत्तरपूर्व भारतात राहणारे लोक नेग्रोइड जमातीच्या लोकांशी संबंधित आहेत.
(४) भारतीय-आर्य लोक नॉर्डिक जमातीच्या लोकांशी संबंधित आहेत.

पर्याय (अ) १ आणि २ (ब) २ आणि ३
(क) १ आणि ४ (ड) ३ आणि ४

५७. २:१ मैल या शब्दाप्रमाणेच अंकप्रमाण खालीलपैकी कोणते होईल?

(अ) १:३१६८०　　(ब) १:६२३६०

(क) १:१२६७२०　　(ड) १:६३३६०

५८. खालीलपैकी कोणता क्रम समुद्रकिनाऱ्यापासून समुद्राकडे आतपर्यंत जाणारा समुद्रतळाचा क्रम दाखवतो?

(अ) सागरी मैदान-समुद्रबुड-खडान्त उतार-सागरी डोह

(ब) समुद्रबुड-खडान्त उतार-सागरी मैदान-सागरी डोह

(क) समुद्रबुड-खडान्त उतार-सागरी डोह-सागरी मैदान

(ड) खडान्त उतार-समुद्रबुड-सागरी मैदान-सागरी डोह

५९. शेजारी दिलेल्या चित्रात 'अ' या ठिकाणी कोणत्या प्रकारची वळी निर्माण झाली आहे ?

(अ) समान वळी

(ब) असमान वळी

(क) उपरी वळी

(ड) शायी वळी

६०. खालील विधानांवर विचार करा.

(१) अर्वाचीन भूगोल तत्त्ववेत्त्यांच्या लेखनात वातावरणाचा निश्चयवाद प्रामुख्याने व सतत होता.

(२) विडाल डी ला ब्लाशने पारंपरिक भौगोलिक निश्चयवाद 'सामाजिक डार्विनवादाशी' जोडला.

वरील विधानांमध्ये कोणते/कोणती विधाने बरोबर आहेत.

(अ) फक्त १　　(ब) फक्त २

(क) १ आणि २　　(ड) दोन्हीही नाही.

६१. खालीलपैकी कोणत्या भौगोलिक विचारसरणीचा अनुक्रम योग्य आहे ?

(अ) निश्चयवाद-नाममात्र परिवर्तनवाद-संभववाद-समूळ परिवर्तनवाद

(ब) निश्चयवाद-संभववाद-नाममात्र परिवर्तनवाद-समूळ परिवर्तनवाद

(क) संभववाद-निश्चयवाद-समूळ परिवर्तनवाद-नाममात्र परिवर्तनवाद

(ड) समूळ परिवर्तनवाद-संभववाद-निश्चयवाद-नाममात्र परिवर्तनवाद

६२. स्तंभ १ (पुस्तक) व स्तंभ २ (लेखक) यांच्या योग्य जोड्या लावून खालीलपैकी योग्य पर्याय निवडा.

स्तंभ १	**स्तंभ २**
पुस्तक	लेखक
(प) कॉसमॉस	(१) कार्ल रीटर
(फ) इर्ड कुंडे	(२) अॅलेक्झांडर वान हम्बोल्ट
(भ) एन्थ्रोपोजॉग्रफी	(३) विडाल डी लॉ ब्लॉश
(न) प्रिन्सिपल्स दी जॉग्रफी ह्युमेन	(४) फ्रेडरिक रेटझेल

जोड्या	प	फ	भ	न
(अ)	१	२	३	४
(ब)	२	१	४	३
(क)	१	३	४	२
(ड)	२	१	३	४

६३. भारतात खारफुटीची जंगले मोठ्या प्रमाणात खालीलपैकी कोठे आढळतात?

(अ) मलाबारचा किनारा (ब) सुंदरबन

(क) कच्छचे रण (ड) ओरिसाचा किनारा

६४. भारतातील खालीलपैकी कोणत्या राज्यात जंगलाने व्यापलेल्या जागेची टक्केवारी सर्वात जास्त आहे?

(अ) अंदमान व निकोबार बेटांचा समूह

(ब) अरुणाचल प्रदेश

(क) मिझोराम

(ड) जम्मू आणि काश्मीर

६५. भारतातील खालीलपैकी कोणत्या राज्यात तलावातून होणाऱ्या जलसिंचनाची टक्केवारी सर्वात जास्त आहे?

(अ) तमिळनाडू (ब) पश्चिम बंगाल

(क) केरळ (ड) कर्नाटक

६६. एकप्रवणक वळीशी खालील कोणते कारण संबंधित असते ?

(अ) दोन्ही बाजूंनी समान दाब

(ब) दोन्ही बाजूंनी असमान दाब

(क) दोन्ही बाजूंनी तीव्र दाब

(ड) एका बाजूच्या दाबापेक्षा दुसऱ्या बाजूचा दाब अधिक

६७. लाव्हारस खडकांच्या भेगेत भिंतीसारखा उभा खंड होतो, त्याला काय म्हणतात?

(अ) डाइक (ब) सिल

(क) लॅपोलिथ (ड) बॅथोलिथ

६८. बाजूच्या नकाशात नैसर्गिक वनस्पतींची चार ठिकाणे अनुक्रमे १, २, ३ आणि ४ आकडे लिहून दाखवली आहेत. यांपैकी कोणते उष्ण कटिबंधीय विषुववृत्तीय अरण्य आहे?

अटलांटिक सागर

(अ) १, २ आणि ३

(ब) १ आणि ३

(क) २, ३ आणि ४

(ड) २ आणि ४

६९.

बाजूला दिलेल्या नकाशातील छायांकित भागात खालीलपैकी कोणत्या प्रकारची मृदा आहे?

(अ) काळी मृदा

(ब) वाळवंटी मृदा

(क) राखाडी मृदा

(ड) लाल किंवा पिवळी मृदा

७०. खालीलपैकी कशाचे श्रेय हम्बोल्टला जाते?

(अ) वर्णनात्मक खगोलविज्ञान

(ब) जीव भूगोल

(क) भूआकृती विज्ञान

(ड) जलवायू विज्ञान

७१. झारखंडमध्ये जोमिसा खालीलपैकी कशासाठी प्रसिद्ध आहे?

(अ) कोळशाची खाण

(ब) मँगेनीजची खाण

(क) तांब्याची खाण

(ड) स्फोटक कारखाना

७२. एक प्रमाण अक्षवृत्त शंकू प्रक्षेपणात खालील कोणते गुणधर्म आढळतात ?

(१) अक्षवृत्तांमधील अंतर विषुववृत्ताकडून ध्रुवाकडे कमी होत जाते.

(२) युरोपचा नकाशा काढण्यासाठी याचा उपयोग होतो.

(३) रेखावृत्तांमधील अंतर प्रमाण अक्षवृत्तावर बरोबर असते.

(४) प्रमाण अक्षवृत्तापासून जसजसे दूर जावे, तसतसे प्रदेशांच्या आकारात व विस्तारात विकृती निर्माण होते.

(अ) १ आणि ४

(ब) २ आणि ३

(क) १, २ आणि ३

(ड) १, ३ आणि ४

७३. शेजारील नकाशाचा अभ्यास करून स्तंभ क्र. १ (ब्राझीलची मुख्य शहरे) व स्तंभ क्र. २ (तेथे दर्शवलेली चिन्हे) यांच्या जोड्या लावून योग्य त्या जोडीचा पर्याय निवडा.

स्तंभ १	स्तंभ २
ब्राझीलची प्रमुख शहरे	आकृतीत दर्शवलेली चिन्हे
(प) साओ पावलो	१) अ₁
(फ) रेसिफ	२) अ₂
(भ) ब्राझीलिया	३) अ₃
(न) रिओ डी जेनेरो	४) अ₄

जोड्या

	प	फ	भ	न
(अ)	२	४	३	१
(ब)	४	१	२	३
(क)	२	३	१	४
(ड)	४	१	३	२

७४. खालीलपैकी कोणते विधान पूर्व संयुक्त संस्थान अमेरिकेला लागू होत नाही ?

(अ) पूर्वकिनारपट्टीवर कारखानदारीचा विकास होण्याचे कारण युरोपची बाजारपेठ जवळ आहे आणि स्वस्त जलवाहतुकीचा लाभ मिळाला आहे.

(ब) सर्वांत जास्त कापड उद्योगाचा विस्तार क्लीव्हलँड येथे झाला आहे.

(क) जगातील सर्वांत मोठी फोटोग्राफी कंपनी पूर्वेला असून त्याचे प्रमुख कार्यालय रोचेस्टर आहे.

(ड) हेलिकॉप्टरची निर्मिती हार्टफोर्ट येथे होते.

७५. बाजूच्या चित्रात दाखवलेला प्रस्तरभंग खालीलपैकी कोणत्या प्रकारचा आहे?

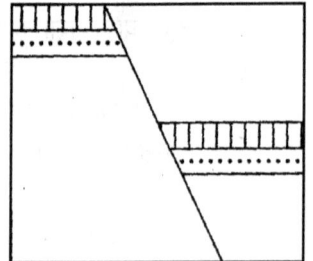

(अ) छेद प्रस्तरभंग

(ब) सामान्य प्रस्तरभंग

(क) प्रतिकूल प्रस्तरभंग

(ड) दरीडोंगर प्रस्तरभंग

७६. काही वलीकरणप्रक्रियेत वळ्यांच्या दोन्ही भुजा एकाच अंगाला इतक्या झुकलेल्या असतात, की त्या परस्परांना व भूकवचाला समांतर असतात, त्यांना खालीलपैकी कोणत्या वळ्या म्हणतात?

(अ) असमांग वळी (ब) परिवलित वळी

(क) उपरी वळी (ड) समनत वळी

७७. स्तंभ १ (मूळ खडक) व स्तंभ २ (रूपांतरित खडक) यांच्या योग्य जोड्या लावून खाली दिलेला योग्य पर्याय निवडा.

	स्तंभ १ मूळ खडक	**स्तंभ २** रूपांतरित खडक
(प)	ग्रॅनाइट	(१) हॉर्नब्लेड शिस्ट
(फ)	बेसॉल्ट	(२) स्लेट
(भ)	पंकाश्म (शेल)	(३) ग्रॅफाइट
(न)	कोळसा	(४) नीस

जोड्या	प	फ	भ	न
(अ)	४	१	२	३
(ब)	१	२	३	४
(क)	३	२	४	१
(ड)	४	२	१	३

७८. स्तंभ १ (सागरी-प्रवाहाचे नाव) स्तंभ २ (महासागराचे नाव) यांच्या यातील योग्य त्या जोड्या लावून खाली दिलेल्या जोड्यांतील योग्य पर्याय निवडा.

	स्तंभ १ सागरी-प्रवाहाचे नाव	**स्तंभ २** महासागराचे नाव
(प)	अगुल्हास प्रवाह	(१) उत्तर अटलांटिक महासागर
(फ)	एल निनो प्रवाह	(२) दक्षिण अटलांटिक महासागर
(भ)	क्युरोशिओ प्रवाह	(३) उत्तर प्रशांत महासागर
(न)	वेंगुर्ला प्रवाह	(४) दक्षिण प्रशांत महासागर
		(५) हिंदी महासागर

जोड्या	प	फ	भ	न
(अ)	२	३	१	५
(ब)	५	४	३	२
(क)	२	४	३	५
(ड)	५	३	१	२

७९. सागरजलातील विविध क्षारांची टक्केवारीनुसार उतरत्या क्रमाने योग्य क्रमवारी कोणती?

(अ) मॅग्नेशिअम क्लोराइड-सोडियम क्लोराइड-मॅग्नेशियम सल्फेट-कॅल्शियम सल्फेट

(ब) मॅग्नेशियम सल्फेट-मॅग्नेशियम क्लोराइड-कॅल्शियम सल्फेट-सोडियम क्लोराइड

(क) सोडियम क्लोराइड-मॅग्नेशियम क्लोराइड-मॅग्नेशियम सल्फेट-कॅल्शियम सल्फेट

(ड) सोडियम क्लोराइड-मॅग्नेशियम सल्फेट-मॅग्नेशियम क्लोराइड-कॅल्शियम सल्फेट

८०. खालील विधानावर विचार करून योग्य ते पर्याय निवडा.

प्रशांत महासागराच्या पट्ट्यात भूकंप जास्त प्रमाणात होतात कारण..

(१) तेथे वलीपर्वतांची रांग आहे.

(२) ते सक्रिय ज्वालामुखीचे क्षेत्र आहे.

(३) तेथे पाण्याचा दाब जास्त आहे.

(४) तेथे भूकवच मृदू आहे.

(अ) १, २ आणि ३ (ब) १, २ आणि ४

(क) २, ३ आणि ४ (ड) १, ३, आणि ४

८१. स्तंभ क्र. १. (पर्यावरणीय समस्या) आणि स्तंभ क्र. २. (त्याची कारणे) यातील योग्य शब्द निवडून जोड्या लावा व जोड्यांच्या दिलेल्या पर्यायांतून योग्य पर्याय निवडा.

स्तंभ १ पर्यावरण समस्या	**स्तंभ २** त्याची कारणे
(प) आम्ल पाऊस	(१) नायट्रोजन
(फ) वाहनांचा धूर	(२) कार्बन डायऑक्साइड
(भ) ओझोनचा क्षय	(३) नायट्रोजन ऑक्साइड
(न) पृथ्वीचे तापणे	(४) सल्फर डायऑक्साइड
	(५) क्लोरो-फ्ल्युरो कार्बन

जोड्या	प	फ	भ	न
(अ)	४	२	५	३
(ब)	५	३	१	२
(क)	४	३	५	२
(ड)	५	२	१	३

खालील प्रश्नांमध्ये दोन विधाने आहेत. पहिले 'अ' विधान हे सत्यस्थितिदर्शक आहे तर दुसरे 'क' विधान हे त्याचे कारण आहे. या दोन्ही विधानांचा अभ्यास करून खाली दिलेल्या उत्तरांतून योग्य ते उत्तर पुढील प्रश्नांच्या विधानासाठी निवडा.

(अ) अ आणि क दोन्ही बरोबर आहेत, आणि 'क' हे 'अ' चे स्पष्टीकरण आहे.

(ब) अ आणि क दोन्ही बरोबर आहेत, परंतु 'क' हे 'अ' चे स्पष्टीकरण नाही.

(क) 'अ' विधान बरोबर आहे, पण 'क' विधान चुकीचे आहे.

(ड) 'अ' विधान चूक आहे, पण 'क' विधान बरोबर आहे.

८२. (अ) उष्णकटिबंधीय प्रदेशात महासागराच्या पूर्व किनाऱ्यावर पश्चिम किनारपट्टीपेक्षा क्षारता जास्त असते.

(क) पश्चिम किनाऱ्यावर व्यापारी वारे पाणी दुसरीकडे वाहून नेतात तर पूर्व किनाऱ्यावर पाणी जमा राहते.

८३. (अ) अमेरिकेच्या पश्चिम किनाऱ्यावर शेतीत विविधता असल्याने व अत्यंत मेहनतीने शेती करू लागल्याने कॅलिफोर्निया हे अमेरिकेचे प्रथम क्रमांकाचे शेती उत्पादन करणारे राज्य आहे.

(क) कॅलिफोर्नियात जलसिंचनाचा खूप मोठ्या प्रमाणावर विकास झाला आहे.

८४. (अ) सॅनफ्रान्सिस्को खाडीच्या नैर्ऋत्य किनारपट्टीजवळील जमिनीच्या पट्ट्यास 'सिलिकॉन व्हॅली' असे म्हणतात.

(क) कॅलिफोर्नियाच्या इतिहासानुसार प्राचीन काळी सॅनफ्रान्सिस्को खाडीच्या नैर्ऋत्य किनाऱ्याजवळ गारगोटीच्या खाणी होत्या.

८५. (अ) सुदूर संवेदन आणि जी. आय. एस. तंत्रज्ञान दोन्ही स्थानिक महत्त्वाच्या घटनांच्या विश्लेषणाशी संबंधित असतात.

(क) सुदूर संवेदन व जी. आय. एस. तंत्रज्ञान दोन्हींमुळे सांख्यिकी माहिती मिळण्याचा मोठा फायदा होतो.

८६. (अ) पृथ्वीच्या गाभ्याचे बाह्य आवरण द्रवावस्थेत आहे तर अंतरंगातील भाग घन अवस्थेत आहे.

(क) प्राथमिक लहरी (p-लहरी) बाह्य आवरणात अदृश्य होतात तर एस लहरी अंतरंगात प्रवेश करतात.

८७. खालीलपैकी कोणत्या शास्त्रज्ञाने पृथ्वीच्या अभ्यासासंदर्भात उद्देशवादी सिद्धान्त मांडला?

(अ) अलेक्झेंडर फॉन हम्बोल्ट (ब) कार्ल रिटर
(क) इमॅन्युअल कांट (ड) बरनार्ड वारेनियस

८८. स्तंभ १ व स्तंभ २ मधील योग्य शब्द निवडून जोड्या लावा व खालील दिलेल्या जोड्यांमधील योग्य जोडी निवडा.

स्तंभ १	स्तंभ २
(प) प्रीकॅम्ब्रियन	(१) हिमालय पर्वत
(फ) कार्बोनीफेरस	(२) स्पंज
(भ) डार्वेनिअन	(३) मानव
(न) क्रिटेशियस	(४) कोळसा
	(५) मासे

जोड्या	प	फ	भ	न
(अ)	५	४	३	१
(ब)	२	१	५	४
(क)	५	१	३	४
(ड)	२	४	५	१

८९. ज्वालामुखीच्या संदर्भातील खालील विधानांवर विचार करा.

(१) ज्वालामुखीमध्ये भूपृष्ठाखालील वितळलेल्या खडकांपासून तयार झालेल्या लाव्हा फटीमधून भूपृष्ठाकडे येण्याचा प्रयत्न करतात.

(२) पृथ्वीवरील अनेक खडक ज्वालामुखीच्या उद्रेकातून तयार झालेत.

(३) ज्वालामुखीच्या उद्रेकातून बाहेर पडलेल्या लाव्हारसाचे थंड होताना स्फटिकीकरण होते.

खालीलपैकी योग्य उत्तर निवडा.

(अ) १, २ आणि ३ (ब) १ आणि २
(क) २ आणि ३ (ड) १ आणि ३

९०. खालीलपैकी कोणती जोडी योग्य नाही?

	स्तंभ १ शहराच्या रचनेबाबतचे सिद्धान्त	स्तंभ २ सिद्धान्त मांडणारे
(अ)	केंद्रीय सिद्धान्त	सिन्क्लेयर
(ब)	खण्ड सिद्धान्त	हायट
(क)	केंद्रस्थळ सिद्धान्त	क्रिस्टलर
(ड)	बहुकेंद्री सिद्धान्त	हॅरिस तसेच उलमान

९१. खालीलपैकी कोणती जोडी योग्य नाही?

	स्तंभ १ः संकल्पना	**स्तंभ २ : संकल्पना मांडणारे**
(अ)	कोटी-आकार संकल्पना	जी. के. जीफ
(ब)	गुरुत्वाकर्षणाचा फुटकर नियम	डब्ल्यू. जे. रेले
(क)	सन्नगरची संकल्पना	पॅट्रिक गेडिस
(ड)	विश्वनगरीची संकल्पना	ई. डब्ल्यू. बर्गीज

९२. स्तंभ १ (प्रक्षेपण) व स्तंभ २ (गुणधर्म) यांमधील योग्य शब्द निवडून जोड्या लावा व खालील जोड्यांमधील योग्य जोडी निवडा.

	स्तंभ १		**स्तंभ २**
(प)	बॉनचे प्रक्षेपण	(१)	सर्व अक्षवृत्तांची लांबी ४५° × ३ आणि दक्षिण अक्षवृत्ताएवढी असते.
(फ)	गॉलचे प्रक्षेपण	(२)	ध्रुव एका सरळ रेषेनी दाखवलेले असतात.
(भ)	दंडगोल समक्षेत्र प्रक्षेपण	(३)	सर्व अक्षवृत्ते एकमेकांपासून समान अंतरावर असतात.
(न)	मर्केटरचे प्रक्षेपण	(४)	या प्रक्षेपणात दिशा बरोबर दाखवता येते.

जोड्या	प	फ	भ	न
(अ)	३	२	४	१
(ब)	१	३	२	४
(क)	३	१	२	४
(ड)	१	३	४	२

९३. केरळच्या किनाऱ्यावर प्रामुख्याने खालीलपैकी कोणत्या ग्रामीण वस्त्यांचा प्रकार आढळतो?

(अ) गोलाकार (ब) त्रिकोणाकृती
(क) आयताकृती (ड) रेषानुगामी

९४. स्तंभ १ (हवामानाचा प्रकार) व स्तंभ २ (प्रदेश) यांमधील योग्य शब्द निवडून जोड्या लावा व खाली दिलेल्या जोड्यांमधील योग्य जोडी निवडा.

स्तंभ १		**स्तंभ २**
हवामानाचा प्रकार		प्रदेश
(प)	Amw	(१) भारतीय द्वीपकल्पावरील पठाराचा बराचसा भाग
(फ)	Aw	(२) अरवलीच्या पश्चिमेचा तसेच हरियानाचा काही भाग
(भ)	Bshw	(३) उत्तरेकडील मैदानी प्रदेश
(न)	Cwg	(४) गोव्याच्या दक्षिणेचा भारताचा पश्चिम किनारा

जोड्या	प	फ	भ	न
(अ)	४	३	२	१
(ब)	२	१	४	३
(क)	२	३	४	१
(ड)	४	१	२	३

९५. खालीलपैकी कोणती जोडी योग्य आहे?

(अ) हिकेटिअस	पीरियोडोस
(ब) एन्क्झेमेंडर	नोमोन
(क) एरेस्टोस्थनीज	पॅन्जिया
(ड) हिपार्कस	एस्ट्रोलॅब

९६. क्युरोशिओ एक उष्ण सागरीप्रवाह आहे जो :
(अ) फिलिपाइन्सकडून जपानकडे वाहतो.
(ब) इंडोनेशियाकडून फिलिपाइन्सकडे वाहतो.
(क) जपानकडून चीनकडे वाहतो.
(ड) श्रीलंकेकडून भारताकडे वाहतो.

९७. खाली दिलेल्या चार शहरांच्या स्थानाचा विचार करा.
(१) इंदोर (२) सोलापूर (३) लुधियाना (४) जयपूर
वर दिलेल्या शहरांच्या स्थानानुसार उत्तरेकडून दक्षिणेकडे योग्य क्रमवारी लावा. व खालीलपैकी योग्य उत्तर निवडा.
(अ) ४-१-३-२ (ब) ३-४-१-२ (क) २-३-१-४ (ड) ३-४-२-१

९८. स्तंभ १ (विखुरलेली ग्रामीण वस्ती प्रदेश) व स्तंभ २ (त्याचे कारण) यांमधील योग्य शब्द निवडून जोड्या लावा व खाली दिलेल्या जोड्यांमधील योग्य जोडी निवडा.

स्तंभ १	**स्तंभ २**
विखुरलेली ग्रामीण वस्ती प्रदेश	संबंधित कारण
(प) आल्प्स किंवा हिमालय	(१) दूर-दूर अंतरावर पोहोचावे लागते.
(फ) गंगेचा त्रिभुज प्रदेश	(२) कच्छच्या रणातील भौगोलिक परिस्थिती
(भ) संयुक्त संस्थानांतील शेते	(३) येथील जातीच्या लोकांची परंपरा
(न) वाळवंटी मृदेचा प्रदेश	(४) डोंगर व टेकड्यांमुळे सलग सपाट जमीन नाही.
	(५) येथे नदीला अनेक फाटे फुटतात व नदीप्रवाहांचे जाळे तयार होते.

जोड्या	प	फ	भ	न
(अ)	१	२	५	३
(ब)	४	१	५	२
(क)	१	३	४	५
(ड)	४	५	१	२

९९. अवशिष्ट पर्वत खालीलपैकी कोणत्या प्रक्रियेमुळे तयार होतात ?

(अ) स्फटिकीकरण (ब) क्षरण

(क) वलीकरण (ड) शिलारस संचयन

१००. स्तंभ १ (सागरीय निक्षेपणाचा प्रकार) आणि स्तंभ २ (जैव अवशेष) यांमधील योग्य शब्द निवडून जोड्या लावा व खाली दिलेल्या जोड्यांमधील योग्य जोडी निवडा.

स्तंभ १ सागरीय निक्षेपाचा प्रकार	**स्तंभ २** जैव अवशेष
(प) नेरिटिक निक्षेप	(१) प्लवंकाचे कवच
(फ) पेलेजिक निक्षेप	(२) सूक्ष्म वनस्पती कवच
(भ) टेरोपॉड निक्षेप	(३) प्राणी व वनस्पती अवशेष
(न) डायटॉम सिंधुपंक	(४) शेवाळ्याचा एक प्रकार

जोड्या	प	फ	भ	न
(अ)	१	४	३	२
(ब)	३	२	१	४
(क)	१	२	३	४
(ड)	३	४	१	२

उत्तरे

१. क	२. ब	३. ब	४. अ	५. ब	६. अ	७. अ	८. ड
९. क	१०. ब	११. ड	१२. अ	१३. अ	१४. ब	१५. ब	१६. क
१७. ड	१८. ब	१९. ड	२०. क	२१. ड	२२. क	२३. क	२४. ब
२५. अ	२६. ड	२७. ब	२८. ड	२९. अ	३०. ब	३१. ब	३२. क
३३. क	३४. क	३५. ब	३६. ड	३७. ड	३८. ड	३९. अ	४०. ब
४१. ड	४२. ड	४३. ड	४४. ब	४५. ब	४६. ड	४७. अ	४८. अ
४९. ड	५०. क	५१. ब	५२. क	५३. ब	५४. क	५५. अ	५६. क
५७. अ	५८. क	५९. ड	६०. अ	६१. ब	६२. ब	६३. ब	६४. क

६५. अ	६६. ड	६७. अ	६८. ब	६९. क	७०. क	७१. ड	७२. ड
७३. ब	७४. ड	७५. ब	७६. ब	७७. अ	७८. क	७९. क	८०. ब
८१. क	८२. ड	८३. अ	८४. क	८५. ड	८६. क	८७. क	८८. ड
८९. ड	९०. अ	९१. ड	९२. क	९३. ड	९४. ड	९५. क	९६. अ
९७. ब	९८. ड	९९. ब	१००. ड				

◆◆◆

प्रश्नसंच २

१. तापमान सामान्यपणे विषुववृत्ताकडून ध्रुवाकडे कमी होत जाते कारण-

(अ) वाऱ्याची गती विषुववृत्ताकडे जास्त असते.

(ब) थंड हवा भूपृष्ठाचे तापमान कमी करते.

(क) ध्रुवाचा थंड पृष्ठभाग विषुववृत्ताच्या गरम पृष्ठभागाच्या तुलनेत कमी उष्णता शोषतो.

(ड) ध्रुवीय प्रदेशात सूर्यकिरण कधीच लंबरूप नसल्याने सतत तिरकसपणामुळे सौरऊर्जा कमी प्रमाणात मिळते.

२. उष्णतेचे उत्सर्जन खालीलपैकी कोणत्या स्थितीत जास्त होते ?

(अ) पर्वतीय प्रदेशातील शिखरांवर रात्री उशिरापर्यंत.

(ब) वारा असलेल्या ढगाच्छादित रात्री.

(क) ढगाने व्यापलेल्या आर्द्रता असलेल्या शांत रात्री.

(ड) स्वच्छ आकाश असलेल्या हिवाळ्यातील रात्री.

३. आकाशात एका टोकापासून दुसऱ्या टोकापर्यंत पसरलेल्या पट्ट्याच्या स्वरूपात असलेल्या ढगांना म्हणतात.

(अ) स्ट्रेटस ढग (ब) क्युम्युलस ढग

(क) सिरस ढग (ड) निंबस ढग

४. खालीलपैकी कोणते स्थान ध्रुवीय वाऱ्याचे उगम क्षेत्र आहे?

(१) उत्तर युरोप (२) ऑस्ट्रेलिया

(२) उत्तर अटलांटिका (३) अंटार्क्टिका

खालीलपैकी योग्य उत्तर निवडा.

(अ) १ आणि २ (ब) २ आणि ३

(क) १ आणि ४ (ड) २ आणि ४

५. खालीलपैकी कोणते विधान हरिकेनच्या संदर्भात योग्य आहे?

(अ) विषुववृत्तावर तयार होतात.

(ब) टोर्नॅडोप्रमाणे फार मोठे नसतात.

(क) महासागराच्या उष्ण पाण्यावर तयार होतात.

(ड) जेव्हा जमिनीवर येतात, तेव्हा त्यांची तीव्रता वाढते.

६. खालीलपैकी कोणत्या प्रदेशात भूमध्यसामुद्रिक हवामान आढळते?
(अ) दक्षिण आफ्रिकेचा केप टाउन प्रदेश
(ब) उत्तर अमेरिकेचा प्रेअरी प्रदेश
(क) ईशान्य ऑस्ट्रेलिया
(ड) दक्षिण अल्जेरिया

७. खालील विधानांवर विचार करा.
(१) जेव्हा वलीपर्वत समुद्रकिनाऱ्याला समांतर किंवा जवळ असतात, तेव्हा समुद्रबुड जमिनीचा विस्तार कमी असतो.
(२) समुद्रबुड जमिनीची सरासरी खोली १००० मीटर असते.
(३) सागरी गर्ता सतत भूकंप होणाऱ्या व ज्वालामुखीच्या पट्ट्यात येतात.
(४) सागरी मैदानावर प्राणिजन्य व वनस्पतिजन्य सेंद्रिय गाळाचे संचयन मोठ्या प्रमाणात होते.

खालीलपैकी कोणते उत्तर बरोबर आहे ?
(अ) १, २, ३ आणि ४ (ब) १, २ आणि ४
(क) १, ३ आणि ४ (ड) २ आणि ३

८. किनाऱ्याला समांतर असलेल्या पर्वतरांगा बुडून खालील कोणत्या प्रकारची किनारपट्टी तयार होते ?
(अ) फिओर्ड किनारा (ब) रिया किनारा
(क) डाल्मेशियन किनारा (ड) हाफ नेहरुंग किनारा

९. प्रवाळबेटे यामुळे तयार होतात-
(अ) ज्वालामुखीमुळे
(ब) समुद्रातील अवशेषांमुळे
(क) समुद्राच्या पाण्यातील क्षारांचे संचयन झाल्यामुळे
(ड) समुद्रातील प्रवाळकीटकांच्या संचयनामुळे

१०. स्तंभ १ (समुद्रप्रवाह) व स्तंभ २ (महासागराचे नाव) यांच्या शब्दांच्या जोड्या लावून योग्य त्या जोडीचा पर्याय निवडा.

स्तंभ १ समुद्रप्रवाहाचे नाव	**स्तंभ २** महासागराचे नाव
(प) गल्फ स्ट्रीम	(१) दक्षिण अटलांटिक महासागर
(फ) क्युरोशिओ प्रवाह	(२) उत्तर पॅसिफिक महासागर
(भ) पेरू प्रवाह	(३) हिंदी महासागर
(न) पश्चिम ऑस्ट्रेलिया प्रवाह	(४) उत्तर अटलांटिक महासागर

जोड्या	प	फ	भ	न
(अ)	४	२	१	३
(ब)	१	३	४	२
(क)	४	३	१	२
(ड)	१	२	४	३

११. बाजूला दिलेल्या चित्रातील १, २, ३, ४ पैकी कोणते शीतप्रवाह आहेत?

(अ) १ आणि ३

(ब) २ आणि ४

(क) २ आणि ३

(ड) १ आणि २

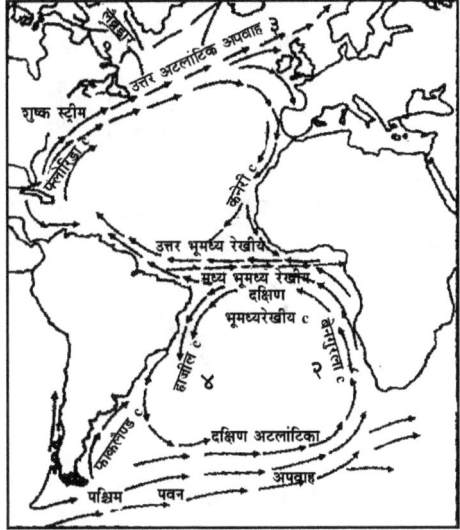

१२. जेव्हा उष्णकटिबंधीय प्रदेशातील विषुववृत्तीय अरण्ये तोडली जातात, तेव्हा तेथील मृदेवर काय परिणाम होतो?

(अ) मृदेची केवळ जाडी कमी होते.

(ब) मृदेवर फार परिणाम होत नाही कारण ती खोलवर सुपीक असते.

(क) अरण्ये तोडल्याने जमिनीच्या सुपीकतेचे नैसर्गिक चक्र कमी होते व धूप सुरू होते.

(ड) मृदा अन्नधान्याच्या उत्पादनास योग्य बनते.

१३. खारे व मतलई वारे तयार होण्यात खालीलपैकी कोणत्या घटकाचा सर्वांत जास्त प्रभाव असतो?

(अ) वाऱ्यांची दिशा

(ब) जमीन व पाणी यांच्या तापमानातील फरक

(क) सूर्यप्रकाशाची दिशा

(ड) पाण्याचे प्रमाण

१४. नकाशाच्या खालील तीन प्रकारांमध्ये नकाशाच्या प्रमाणानुसार उतरत्या क्रमाने नकाशांचा कोणता क्रम बरोबर आहे?

(अ) ॲटलास नकाशा-स्थलदर्शक नकाशा-भूसर्वेक्षण नकाशा

(ब) भूसर्वेक्षण नकाशा-ॲटलास नकाशा-स्थलदर्शक नकाशा

(क) भूसर्वेक्षण नकाशा-स्थलदर्शक नकाशा-ॲटलास नकाशा

(ड) स्थलदर्शक नकाशा-ॲटलास नकाशा-भूसर्वेक्षण नकाशा

१५. खालीलपैकी कोणते विधान नकाशाला लागू पडते ?

(अ) नकाशा हे एखाद्या स्थलाचे वर्णन आहे.

(ब) नकाशा ही एक मूर्त वस्तू आहे.

(क) पृथ्वीच्या पृष्ठभागाचे किंवा एखाद्या भागाचे सपाट पृष्ठभागावर काढलेले चित्र म्हणजे नकाशा.

(ड) नकाशा म्हणजे माणसाने मनातल्या भावनांचे काढलेले चित्र आहे.

१६. स्तंभ १ (प्रक्षेपणाचे नाव) स्तंभ २ (प्रक्षेपण-जाळी) यांच्या जोड्या लावून योग्य उत्तराची जोडी निवडा.

स्तंभ १	स्तंभ २
प्रक्षेपणाचे नाव	प्रक्षेपण-जाळी

(प) खमध्य विषुववृत्तीय प्रक्षेपण   (१)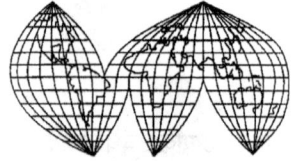

(फ) सिन्युसाइडल प्रक्षेपण   (२)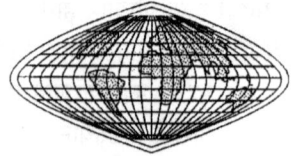

(भ) समक्षेत्र प्रक्षेपण   (३)

(न) होमोलोग्राफिक प्रक्षेपण   (४)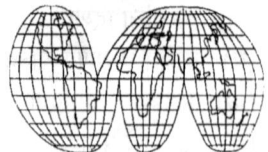

जोड्या	प	फ	भ	न
(अ)	३	१	४	२
(ब)	४	२	३	१
(क)	३	२	४	१
(ड)	४	१	३	२

१७. खालीलपैकी कोणते विधान चूक आहे?

(अ) कार्स्ट मैदानात शुष्क दऱ्या नेहमीच दिसून येतात.

(ब) बोलसन हा कार्स्ट क्षरण चक्राच्या युवावस्थेतील प्रमुख भूविशेष आहे.

(क) कार्स्टची भूमिस्वरूपे क्षरण व द्रावण क्रियेद्वारा निर्माण होतात.

(ड) कार्स्ट क्षरणचक्राची विचारप्रणाली प्रथम स्विजिक यांनी मांडली.

१८. स्तंभ १ (कॅनडातील स्थळ) स्तंभ २ (खनिजे) यांतील योग्य शब्दांच्या जोड्या लावून योग्य जोडीचा पर्याय निवडा.

स्तंभ १	स्तंभ २
कॅनडातील स्थळ	प्रमुख खनिज
(प) लॅब्रेडॉर	(१) जस्त
(फ) अथाबास्का	(२) खनिज तेल
(भ) सॅडबरी	(३) अशुद्ध लोखंड
(न) ब्रिटिश कोलंबिया	(४) तांबे
	(५) मँगेनीज

जोड्या	प	फ	भ	न
(अ)	४	१	३	५
(ब)	३	२	४	१
(क)	४	२	३	१
(ड)	३	१	४	५

१९. अमेरिकेच्या संयुक्त संस्थानांत स्नेक नदीची पठारनिर्मिती झाली आहे.

(अ) लाव्हारसाच्या संचयनामुळे

(ब) नदीतून वाहत आलेल्या गाळाच्या संचयनामुळे

(क) वाळूच्या संचयनामुळे

(ड) वरीलपैकी कोणत्याही कारणांमुळे नाही.

२०. युरोपमधील खालील देशांपैकी कोणत्या देशात शेतीचे सर्वाधिक उत्पादन होते?

(अ) फ्रान्स   (ब) स्वित्झर्लंड

(क) डेन्मार्क   (ड) जर्मनी

२१. स्तंभ १ (मुख्य वैशिष्ट्य) आणि स्तंभ २ (देशाचे नाव) यांमधील शब्दांच्या जोड्या लावून खालीलपैकी योग्य जोड्यांचा पर्याय निवडा.

	स्तंभ १	**स्तंभ २**
	मुख्य वैशिष्ट्य	देशांचे नाव
(प)	सर्वांत जास्त क्षेत्रफळ	(१) इराण
(फ)	सर्वांत जास्त लोकसंख्येची घनता	(२) इस्राईल
(भ)	सर्वांत अधिक लोकसंख्या	(३) लेबनान
(न)	सर्वांत जास्त शहरी लोकसंख्या	(४) सौदी अरेबिया

जोड्या	प	फ	भ	न
(अ)	४	३	१	२
(ब)	१	२	४	३
(क)	४	२	१	३
(ड)	१	३	४	२

२२. खालीलपैकी कोणत्या राज्याच्या लोकसंख्येत अनुसूचित जातीच्या लोकांची टक्केवारी जास्त आहे?

(अ) झारखंड (ब) मध्य प्रदेश (क) पंजाब (ड) उत्तर प्रदेश

२३. खालीलपैकी कोणत्या तत्त्ववेत्त्याने 'गतिशीलता संक्रमण' हा विचार मांडला आहे?

(अ) एल. ए. कोसिन्स्की (ब) ई. जी. रेवेन्सटीन

(क) ई. एस. ली (ड) डब्ल्यू जेलिन्सकी

२४. जगामध्ये खालीलपैकी कोणता व्यवसाय सर्वांत जास्त क्षेत्रफळावर चालतो?

(अ) व्यापारी शेती

(ब) पशुपालन

(क) व्यापारी अन्नधान्य शेती (Commercial Grain Farming)

(ड) उदरनिर्वाहापुरती शेती (Subsistance Agriculture)

२५. खालीलपैकी कोणत्या देशात अरण्यांचा नाश आम्ल पर्जन्यामुळे झाला आहे?

(अ) स्पेन (ब) नेदर्लँड (क) पोलंड (ड) इटली

२६. खालीलपैकी कोणते विधान खरे आहे?

(अ) स्थानांतरित शेती दाट लोकवस्तीच्या प्रदेशात चालते.

(ब) मिश्रशेतीमध्ये शेतीबरोबर पशुपालनही केले जाते.

(क) बागायती शेतीमध्ये अन्नधान्याचे उत्पादन होते.

(ड) सर्व जगात पशुपालनव्यवसाय व्यापारी तत्त्वावर केला जातो.

२७. स्तंभ १ (खनिज) आणि स्तंभ २ (प्रमुख उत्पादक देश) यांच्यामधील शब्दांच्या जोड्या लावून पर्यायांतून योग्य जोडीची निवड करा.

	स्तंभ १		स्तंभ २
	खनिज		प्रमुख उत्पादन करणारे देश
(प)	बॉक्साइट	(१)	भारत
(फ)	मँगेनीज	(२)	जपान
(भ)	अभ्रक	(३)	जमेका
(न)	टिन (कथील)	(४)	रशिया
		(५)	मलेशिया

जोड्या	प	फ	भ	न
(अ)	५	४	१	३
(ब)	३	१	२	५
(क)	५	१	२	३
(ड)	३	४	१	५

२८. खालीलपैकी कोणती जोडी बरोबर आहे?

	स्तंभ १		स्तंभ २
	संयुक्त संस्थानाचे राज्य		भौगोलिक विभाग
(अ)	आयोवा	(१)	पश्चिम उत्तर मध्य विभाग
(ब)	टेक्सास	(२)	पश्चिम दक्षिण मध्य विभाग
(क)	कॅलिफोर्निआ	(३)	प्रशान्त महासागर
(ड)	न्यू जर्सी	(४)	दक्षिण अटलांटिक

२९. जगातील सर्वांत मोठा अंतर्गत जलमार्ग कोणता आहे?
   (अ) मिसिसीपी नदी   (ब) ग्रेट लेक्स
   (क) सेंट लॉरेन्स   (ड) ऱ्हाइन नदी

३०. खालीलपैकी कोणत्या नैसर्गिक प्रदेशात द्राक्षाचे उत्पादन सर्वाधिक होते?
   (अ) उष्ण वाळवंटी प्रदेश
   (ब) मान्सून हवामानाचा प्रदेश
   (क) विषुववृत्तीय हवामानाचा प्रदेश
   (ड) भूमध्य सामुद्रिक हवामानाचा प्रदेश

३१. भूऔष्णिक ऊर्जेचा सर्वाधिक उपयोग खालीलपैकी कोणत्या देशात सर्वांत जास्त होतो?
   (अ) न्यूझीलंड   (ब) जपान   (क) आइसलंड   (ड) रशिया

३२. खालील ग्रामीण वस्तीच्या प्रकारांवर विचार करा.

(१) चौकोनी आकाराच्या वस्त्या (२) गोलाकार वस्त्या

(३) पंख्याच्या आकाराच्या वस्त्या

खालील दिलेल्या क्रमातून वरील ग्रामीण वस्ती असलेल्या भौगोलिक प्रदेशाचा योग्य क्रम निवडा.

(अ) त्रिभुज प्रदेशात - वाळवंटात - तलावाजवळ

(ब) वाळवंटात - त्रिभुज प्रदेशात - तलावाजवळ

(क) वाळवंटात - तलावाजवळ - त्रिभुज प्रदेशात

(ड) त्रिभुज प्रदेशात - तलावाजवळ - वाळवंटात

३३. खालील विधानांवर विचार करा.

(१) तैगा जंगले कॅनडा, युरोप व आशियाई देशापर्यंत पसरली आहेत.

(२) तैगा जंगले जगातील सर्वांत मोठी अरण्ये आहेत.

(३) तैगा जंगलांत बरेचसे शंक्वाकृती वृक्ष वाढतात.

खालीलपैकी योग्य उत्तर निवडा.

(अ) १ आणि २ (ब) २ आणि ३

(क) १ आणि ३ (ड) १, २ आणि ३

३४. खालीलपैकी कोणत्या देशात सरासरी दर हजार कि.मी. ला रस्त्यांची लांबी सर्वांत जास्त आहे?

(अ) भारत (ब) जपान

(क) संयुक्त संस्थाने - अमेरिका (ड) फ्रान्स

३५. स्तंभ १ (जातीची नावे), स्तंभ २ (देशांची नावे) यांमधील योग्य शब्द निवडून खाली दिलेल्या जोड्यांमधील योग्य जोडी निवडा.

स्तंभ १ जातींची नावे	स्तंभ २ देशांची नावे
(प) इन्युट	(१) उत्तर रशिया
(फ) बान्तू	(२) निकोबार बेट
(भ) शोम्पेन	(३) उत्तर कॅनडा
(न) चुकची	(४) मध्य आफ्रिका

जोड्या	प	फ	भ	न
(अ)	३	२	४	१
(ब)	१	४	२	३
(क)	१	४	२	१
(ड)	१	२	४	३

३६. खालीलपैकी कोणती वैशिष्ट्ये भूकंपातील प्राथमिक लहरींमध्ये दिसतात?
   (अ) या लहरी आडव्या दिशेने प्रवास करतात.
   (ब) या लहरी सर्व माध्यमांतून प्रवास करतात.
   (क) या लहरींचा वेग घन माध्यमात जास्त असतो; पण द्रव माध्यमात कमी असतो.
   (ड) वरील तिन्ही वैशिष्ट्ये आढळतात.

३७. खालीलपैकी पर्वताच्या निर्मितीस योग्य असा कालखंडानुसार क्रम कोणता?
   (अ) अल्पाइन - कॅलेडोनियन - हॅर्सीनिअन - कॅम्ब्रीयनपूर्व
   (ब) कॅम्ब्रीयनपूर्व - हॅर्सीनिअन - कॅलेडोनियन - अल्पाइन
   (क) कॅम्ब्रीयनपूर्व - कॅलेडोनियन - हॅर्सीनिअन - अल्पाइन
   (ड) कॅलेडोनियन - कॅम्ब्रीयनपूर्व - अल्पाइन - हॅर्सीनिअन

३८. खालीलपैकी कोणता वलीपर्वत हॅर्सीनिअन काळातील नाही?
   (अ) कॅनेडियन वलीपर्वत   (ब) हिमालय
   (क) आल्प्स   (ड) रॉकी

३९. स्तंभ १ (खडकांचे प्रकार) व स्तंभ २ (त्यांची उदाहरणे) यांतील योग्य शब्दांच्या जोड्या लावून योग्य ती जोडी निवडा.

स्तंभ १	स्तंभ २
खडकांचे प्रकार	त्यांची उदाहरणे
(प) खण्डाश्म	(१) ग्रॅनाइट
(फ) उपपातालीय	(२) पिंडाश्म (conglomerate)
(भ) रूपांतरित	(३) पट्टीताश्म (नीस)
(न) पातालीय	(४) भित्ती खडक (डाईक)

जोड्या	प	फ	भ	न
(अ)	२	४	३	१
(ब)	१	३	४	२
(क)	२	३	४	१
(ड)	१	४	३	२

४०. खालील विधानांवर विचार करा.
   (१) भूकंपीय प्राथमिक लहरी कोणत्याही स्थानावर सर्वप्रथम पोहोचतात.
   (२) भूकंपीय दुय्यम लहरी द्रवरूप माध्यमात प्रवास करतात.
   (३) भूकंपीय प्राथमिक व दुय्यम लहरींच्या साहाय्याने भूकंपाचे केंद्रस्थान समजते.
   (४) रिश्टर स्केलच्या साहाय्याने भूकंपाचा अभ्यास करता येतो.

खालीलपैकी कोणते उत्तर बरोबर आहे?

(अ) १, २ आणि ३ (ब) १, ३ आणि ४

(क) १ आणि ४ (ड) ३ आणि ४

४१. स्तंभ १ (कारक), स्तंभ २ (भूमिस्वरूपे) यांच्यातील योग्य शब्दांच्या जोड्या लावून खालील जोड्यांमधील योग्य जोडी निवडा.

	स्तंभ १	**स्तंभ २**
	कारक	कार्य
(प)	हिमनदी	१. भूबद्ध द्वीप (टोम्बोली)
(फ)	सागरी लाटा	२. ताराकृती टेकड्या
(भ)	वारा	३. गुंफित गिरिपाद (Interlocking Spurs)
(न)	नदी	४. शीर्ष-भेग (Bergshrund)

जोड्या	प	फ	भ	न
(अ)	३	१	२	४
(ब)	४	२	१	३
(क)	३	२	१	४
(ड)	४	१	२	३

४२. वाळवंटातील सपाट माथ्याच्या मेजाकृती टेकड्यांना काय म्हणतात?

(अ) बजदा (ब) मेसा (क) प्लाया (ड) शिलापद

४३. बाजूच्या आकृतीमधील १, २, ३, ४, ५ यांमधील कोणती ठिकाणे पूरतट दर्शवतात?
खालीलपैकी योग्य उत्तर निवडा.

(अ) १ आणि ३

(ब) ३ आणि ४

(क) १ आणि ५

(ड) २ आणि ३

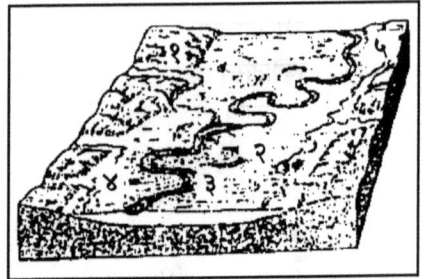

४४. वलीकरण झालेल्या प्रदेशातील जलोत्सरण (drainage) खालीलपैकी कोणत्या प्रकाराचे असते?

(अ) आयताकार जलोत्सरण (ब) अरीय जलोत्सरण

(क) वृक्षाकार जलोत्सरण (ड) जाळीसदृश जलोत्सरण

४५. पर्वतावर शिखराजवळच्या भागात हिमनदीच्या खननकार्यामुळे तयार झालेल्या अर्धवर्तुळाकृती खळग्यास काय म्हणतात?

(अ) हिमानी सरोवर   (ब) अंत्य खळगे (Trough ends)

(क) लोंबत्या दऱ्या   (ड) हिमगव्हर (सर्क)

४६. खाली दिलेल्या विधानांतील कोणते विधान योग्य आहे?

(अ) हिवाळ्यात जेटप्रवाह सर्वांत जास्त प्रमाणात तयार होतात.

(ब) जेटप्रवाहामुळे वादळे निर्माण होतात.

(क) जेटप्रवाहाचा जमिनीवरील हवामानावर फार मोठा परिणाम होतो.

(ड) वरील तिन्ही विधाने जेटप्रवाहाशी संबंधित नाहीत.

४७. खाली दिलेल्या पट्ट्यांचा दाबानुसार क्रम लावा.

(१) उपध्रुवीय पट्टा (Sub-polar belt)

(२) विषुववृत्तीय पट्टा

(३) ध्रुवीय पट्टा

(४) उपविषुववृत्तीय पट्टा (Sub-tropical belt)

(अ) २, ३, १, ४   (ब) १, ४, २, ३

(क) २, ४, १, ३   (ड) १, ३, २, ४

४८. खालीलपैकी कोणते विधान द. आफ्रिकेच्या 'केप' या भागाशी संबंधित आहे?

(अ) भूकंपामुळे तयार झालेली खचदरी

(ब) भूवेष्टित समुद्र

(क) आफ्रिकेच्या भूभागाचा समुद्रात घुसलेला निमुळता भाग

(ड) वरीलपैकी कोणतेच नाही.

४९. खालीलपैकी कोणते विधान योग्य आहे?

(अ) भारतातील पर्वत जवळ-जवळ ४० दशलक्ष वर्षांपूर्वीचे आहेत.

(ब) पूर्व किनारपट्टीजवळील पूर्व घाट १६०० कि.मी.पर्यंत लांब व सलग आहे.

(क) पश्चिम घाटात डोंगरांची रांग सलग नाही.

(ड) दख्खनचे पठार लाव्हारसापासून बनलेले आहे.

५०. खालीलपैकी कोणत्या देशात विजेचे उत्पादन सर्वांत जास्त आहे?

(अ) नॉर्वे   (ब) स्वीडन   (क) इटली   (ड) डेन्मार्क

५१. मृदेबद्दल दिलेल्या खालील विधानांवर चर्चा करा.

(१) वर्षातील जास्तीत जास्त दिवस असलेल्या उच्च तापमानामुळे जमिनीतील ह्युमसचे (वनस्पती कुजून तयार झालेली काळी माती) प्रमाण कमी होते.

(२) ह्युमसयुक्त मृदेत नायट्रोजनचे प्रमाण कमी असल्याने त्यात रासायनिक खतांचा वापर करावा लागतो.

(३) बेसॉल्टमध्ये असलेल्या टायटेनियममुळे दख्खनच्या पठारावरील मातीला काळा रंग येतो.

(४) लाल माती भारतात पठाराच्या परिघावर आढळते.

खालीलपैकी कोणते उत्तर योग्य आहे?

(अ) १ आणि ३

(ब) १, ३ आणि ४

(क) २ आणि ३

(ड) २ आणि ४

५२. शेजारी दिलेल्या भारताच्या नकाशात 'अ' या चिन्हाने दर्शवलेला विद्युत्-प्रकल्प खालीलपैकी कोणत्या नदीवर आहे व त्याचे नाव काय आहे?

(अ) कृष्णा नदीवर, कोयना

(ब) शरावती नदीवर, शरावती

(क) तुंगभद्रा नदीवर, तुंगभद्रा

(ड) कृष्णा नदीवर, नागार्जुन सागर

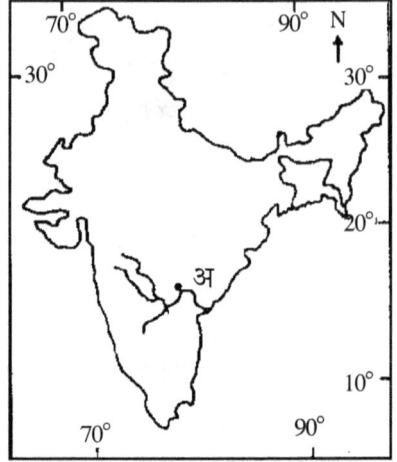

५३. हिमालय पर्वतावर खनिज संपत्ती असूनही खाणकामव्यवसाय विकसित केला गेला नाही. कारण

(अ) येथील खडक खूप कठीण आहेत.

(ब) येथील खडकांच्या रचनेत भूकंपामुळे बदल होत असतात.

(क) खाणकामव्यवसायासाठी आवश्यक मनुष्यबळ नाही.

(ड) वाहतुकीच्या साधनांचा अभाव असल्याने खनिजाची वाहतूक करणे अवघड आहे.

५४. खालीलपैकी कोणते महामंडळ झिंग्यांच्या पालनाचा व्यवसाय विकसित करत आहे?

(अ) मत्स्य-कृषी विकास महामंडळ

(ब) दुग्ध विकास महामंडळ

(क) भारत मत्स्य सर्वेक्षण मंडळ

(ड) खारे पाणी मत्स्य-पालन विकास महामंडळ

५५. भारतात उत्तरेकडील मैदानी प्रदेशात कालव्यामुळे जलसिंचन करण्यात येते. कारण

(अ) येथील माती सच्छिद्र आहे.

(ब) भूमिगत पाण्याची पातळी उच्च आहे.

(क) कालव्यांना बारामाही नद्यांमुळे पाणी असते.

(ड) येथील लोक कालवा जलसिंचन विकास करण्यास आर्थिकदृष्ट्या सधन आहेत.

५६. खालील देशांचा कागदाच्या लगद्याच्या उत्पादनातील उतरता क्रम निवडा.

(१) संयुक्त संस्थाने - अमेरिका (२) स्वीडन

(३) जपान (४) कॅनडा

(अ) १, ३, २, ४ (ब) २, ४, १, ३

(क) १, ४, २, ३ (ड) २, ३, १, ४

५७. फ्रान्सिसी कॅनेडिअन लोक खालीलपैकी कोणत्या प्रदेशात केंद्रित झाले आहेत?

(अ) क्युबेकमध्ये सेंट लॉरेन्स नदीच्या किनाऱ्यावर

(ब) संयुक्त राज्य व कॅनडाच्या सीमारेषेवर

(क) ग्रेट लेक्सच्या किनाऱ्यावर ओन्टॅरिओ राज्यात

(ड) प्रेअरी मैदानात

५८. अल्पेशियन पर्वत खालीलपैकी कोणत्या युगात निर्माण झाले आहेत?

(अ) क्रिटेशस (ब) मेसोजाईक

(क) पॅलियोजोइक (ड) टर्शरी

५९. बाजूला दिलेल्या संयुक्त संस्थानांच्या नकाशात छायांकित केलेल्या प्रदेशाचे हवामान कोणत्या प्रकारात मोडते?

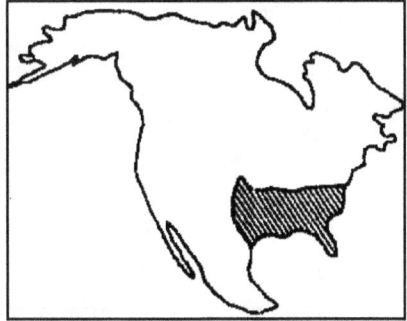

(अ) भूमध्य सामुद्रिक हवामान

(ब) उष्ण दमट हवामान

(क) स्टेप हवामान

(ड) सेंट लॉरेन्स हवामान

६०. जपानमधील जास्तीत जास्त कारखाने येथे स्थित आहेत-

(अ) होकैंडोच्या किनाऱ्यावर (ब) होन्शूच्या किनाऱ्यावर

(क) शिकोकूच्या किनाऱ्यावर (ड) क्युशूच्या किनाऱ्यावर

६१. खालीलपैकी कोणती विधाने सौदी अरेबियाशी संबंधित आहेत?

(१) शहरी लोकसंख्येचे जास्त प्रमाण

(२) शेतीचा मोठ्या प्रमाणावर विकास

(३) जनावरांना चरण्यासाठी भरपूर जमीन आहे.

(अ) १, २ आणि ३ (ब) १ आणि २

(क) २ आणि ३ (ड) १ आणि ३

६२. जगातील बरेचसे लोक मैदानी प्रदेशात राहतात, खालीलपैकी एक प्रदेश सोडून-

(अ) मध्य आणि पश्चिम आफ्रिका

(ब) दक्षिण आणि पूर्व युरोप

(क) दक्षिण व आग्नेय आशिया

(ड) मध्य अमेरिका आणि नैर्ऋत्य अमेरिका

६३. खालीलपैकी कोणत्या खंडात जन्मदर तथा मृत्युदर सर्वांत कमी आहे?

(अ) युरोप (ब) ऑस्ट्रेलिया

(क) उत्तर अमेरिका (ड) दक्षिण अमेरिका

६४. स्तंभ १ (लोकसंख्येच्या समस्येचे कारण) व स्तंभ २ (अनुकूल उदाहरण) यामधील शब्दांच्या जोड्या लावून खाली दिलेल्या योग्य जोडीची निवड करा.

	स्तंभ १ लोकसंख्येच्या समस्येचे कारण	**स्तंभ २** अनुकूल उदाहरण
(प)	जन्मदरावर नियंत्रण	१. ब्राझील
(फ)	भरमसाट वाढ	२. इंग्लंड
(भ)	नैसर्गिक संपत्तीचा जास्त उपयोग	३. दक्षिण आफ्रिका
(न)	असमान वितरण	४. आग्नेय आशिया
		५. उष्ण कटिबंधीय प्रदेश

जोड्या	प	फ	भ	न
(अ)	१	५	२	३
(ब)	३	४	५	१
(क)	१	४	५	३
(ड)	३	५	२	१

६५. खालीलपैकी कोणता एक अजेण्डा-२१ शी संबंधित आहे?

(अ) मॉण्ट्रियल करार (ब) रियो सम्मेलन

(क) क्वेटो करार (ड) प्लस-५ सम्मेलन

६६. खालीलपैकी कोणत्या पाण्यात हेरिंग मासे जास्त प्रमाणात सापडतात?

(अ) नेदरलँडजवळ उत्तर समुद्रात

(ब) अलास्का ते कॅलिफोर्निआ किनाऱ्यावर

(क) जपानच्या समुद्रात (ड) मेक्सिकोच्या खाडीत

६७. ५ सें.मी. = १ कि.मी. या शब्दप्रमाणाचे सांख्यिकी प्रमाण असेल.

(अ) १:४०,००० (ब) १:८०,०००

(क) १:२०,००० (ड) १:१,६०,०००

६८. खालील विधानांवर विचार करा.

(१) जर्मनी व अमेरिका पवनऊर्जेचे सर्वांत मोठे उत्पादक आहेत.

(२) अमेरिकेची भू-औष्णिक ऊर्जा उत्पन्न करण्याची क्षमता १,००,००० मेगावॉट आहे.

(३) अमेरिकेत भू-औष्णिक ऊर्जेच्या प्रयोगासाठी लागणाऱ्या रिॲक्टरची संख्या जगातील इतर देशांपेक्षा जास्त आहे.

खालीलपैकी कोणते उत्तर योग्य आहे?

(अ) १ आणि २ (ब) २ आणि ३

(क) १ आणि ३ (ड) १, २ आणि ३

६९. कांगोमधील शाबा प्रदेश खालीलपैकी कोणत्या खनिजांच्या साठ्यासाठी प्रसिद्ध आहे?

(अ) बॉक्साइट (ब) कच्चे लोखंड

(क) टंगस्टन (ड) तांबे

७०. स्तंभ १ (पुस्तकाचे नाव) व स्तंभ २ (लेखकांचे नाव) यांतील योग्य शब्दांच्या जोड्या लावून खाली दिलेल्या जोडीतील योग्य उत्तर निवडा.

	स्तंभ १ पुस्तकाचे नाव	**स्तंभ २** लेखकाचे नाव
(प)	ए प्रोलॉंग टू पॉप्युलेशन जॉग्रफी	१. जी. टी. त्रिवार्ता
(फ)	ए जॉग्रफी पॉप्युलेशन	२. जे. आय. क्लार्क
(भ)	द जॉग्रफी ऑफ लाइफ ॲण्ड डेथ	३. डब्ल्यू. जेलिन्सकी
(न)	पॉप्युलेशन जॉग्रफी	४. एल. डी. स्टॅम्प

जोड्या	प	फ	भ	न
(अ)	३	१	४	२
(ब)	४	२	३	१
(क)	३	२	४	१
(ड)	४	१	३	२

७१. गंगा आणि सिंधू नदीच्या दऱ्यांना लागून जाणाऱ्या शिवालिक रांगेला काय म्हणतात?

(अ) मुख्य सीमा (ब) मुख्य सीमा रांग

(क) महान सीमा (ड) कगार सीमा

७२. तिरुअनंतपुरम येथे मे महिन्यात मुंबईपेक्षा कमी तापमान असते, तर जानेवारी महिन्यात मुंबईपेक्षा जास्त तापमान असते. कारण

(अ) तिरुअनंतपुरमजवळ शीत प्रवाह वाहतो, तर मुंबईजवळ उष्ण पाण्याचा प्रवाह वाहतो.

(ब) तिरुअनंतपुरममध्ये ग्रीष्म ऋतूत जास्त पाऊस पडतो आणि ते विषुववृत्ताच्या जवळ आहे.

(क) तिरुअनंतपुरम वाऱ्याच्या दिशेला आहे, तर मुंबई वाऱ्याच्या विरुद्ध दिशेला आहे.

(ड) तिरुअनंतपुरममध्ये घनदाट झाडी आहे, तर मुंबईत झाडी कमी आहे.

७३. वाळवंटी वनस्पती खालीलपैकी कोणत्या प्रदेशात आढळतात?

(अ) छोटा नागपूरचे पठार (ब) डोंगराळ प्रदेश

(क) पूर्व घाटावर (ड) कच्छच्या प्रदेशात

७४. स्तंभ १ (ऊर्जेचा प्रकार) व स्तंभ २ (ऊर्जानिर्मितीचे स्थान) यांमधील योग्य शब्दांच्या जोड्या लावून खालील जोड्यांमधून योग्य जोडी निवडा.

	स्तंभ १ ऊर्जेचा प्रकार	**स्तंभ २** ऊर्जानिर्मितीचे स्थान
(प)	भू-औष्णिक ऊर्जा	१. संबाट
(फ)	पवन ऊर्जा	२. मनिकरण
(भ)	सागरी लाटांपासून ऊर्जा	३. भावनगर
(न)	भरती ऊर्जा	४. विजिन्झाम

जोड्या

	प	फ	भ	न
(अ)	३	४	१	२
(ब)	२	१	४	३
(क)	३	१	४	२
(ड)	२	४	१	३

७५. स्तंभ १ (जंगलाचे प्रकार) व स्तंभ २ (प्रदेश) यांमधील योग्य त्या शब्दांच्या जोड्या लावून खाली दिलेल्या जोड्यांमधील योग्य जोडी निवडा.

	स्तंभ १ (जंगलाचा प्रकार)	**स्तंभ २** (प्रदेश)
(प)	विषुववृत्तीय सदाहरित अरण्ये	(१) छोटा नागपूर पठार, शिवालिक
(फ)	मान्सून अरण्ये	(२) सह्याद्री, शिलाँग पठार
(भ)	समशीतोष्ण कटिबंधीय अरण्ये	(३) पश्चिम बंगाल, तराई
(न)	खारफुटीची अरण्ये	(४) पूर्व आणि पश्चिम हिमालय

जोड्या	प	फ	भ	न
(अ)	२	४	१	३
(ब)	३	१	४	२
(क)	२	१	४	३
(ड)	३	४	१	२

७६. स्तंभ १ (स्थलांतरित शेती) व स्तंभ २ (राज्याचे नाव) यांमधील योग्य शब्दांच्या जोड्या लावून खाली दिलेल्या जोड्यांमधून योग्य जोडी निवडा.

स्तंभ १ स्थलांतरित शेती	**स्तंभ २** राज्याचे नाव
(प) झूम	(१) केरळ
(फ) पोडू	(२) मध्य प्रदेश
(भ) बीरा	(३) आंध्र प्रदेश
(न) पोनम	(४) आसाम

जोड्या

	प	फ	भ	न
(अ)	४	३	२	१
(ब)	२	१	४	१
(क)	४	१	२	३
(ड)	२	३	४	१

७७. अरब भूगोलतज्ज्ञ ज्याने 'ॲम्युझमेंट फॉर हिम हू डिझायर्स टु ट्रॅव्हल अराउंड द वर्ल्ड' नावाचे पुस्तक लिहिले आहे व जो त्याच्या 'सिल्व्हर नकाशा'साठी प्रसिद्ध आहे त्याचे नाव.

(अ) अल इदरिसी (ब) अल बिरुनी
(क) अल मकदिसी (ड) अल इस्तखारी

७८. रिटर याने लिहिलेल्या 'इर्दकुंडे' यात खालीलपैकी कोणत्या विषयावर माहिती आहे?

(अ) पृथ्वीचे केवळ भूविज्ञान
(ब) पृथ्वीचा केवळ प्रादेशिक भूगोल
(क) प्राण्यांशी संबंधित प्रादेशिक भूगोल
(ड) निसर्ग आणि मानवजातीच्या इतिहासाशी संबंधित पृथ्वीचे विज्ञान

७९. एकोणिसाव्या शतकात ज्याने 'राज्याचा जैव सिद्धान्त' मांडला त्या अग्रणी जर्मन भूगोलतत्त्ववेत्त्याचे नाव.

(अ) अलेक्झांडर व्हॉन हम्बोल्ट (ब) कार्ल रिटर
(क) फ्रेडरिक रेट्झेल (ड) अल्फ्रेड हेटनर

८०. खालीलपैकी कोणत्या वादाविरुद्ध प्रतिक्रिया व्यक्त करण्यासाठी आचरणवाद मांडला गेला?
(अ) पर्यावरणीय निश्चयवादाविरुद्ध (ब) प्रमात्रिकरणाविरुद्ध
(क) संभाव्यतावादाविरुद्ध (ड) प्रादेशिकतेविरुद्ध

८१. खालीलपैकी कोणते तीन मानवीय भूगोलाशी संबंधित आहेत?
(१) आदर्शवादी (२) परिघटनात्मक
(३) प्रकृतिवादी (४) अस्तित्ववादी
खाली दिलेल्या जोड्यांमधून योग्य जोडी निवडा.
(अ) १, २ आणि ३ (ब) १, २ आणि ४
(क) १, ३ आणि ४ (ड) २, ३ आणि ४

८२. खालीलपैकी कोणत्या विद्वानाने 'पृथ्वी गोल आहे' ही संकल्पना सर्वप्रथम मांडली?
(अ) पायथागोरस (ब) प्लेटो
(क) इरेस्टोस्थनीज (ड) अरस्तू

८३. खालील विधानांवर विचार करा.
अरबी भूगोलतज्ज्ञांनी भूगोलाच्या विकासात योगदान दिले आहे.
(१) युनानी, फारसी व संस्कृतचा अभ्यास करून व अनुवादित करून.
(२) महत्त्वपूर्ण लिखाण सुरक्षित ठेवून.
(३) युरोप व आशिया खंडांच्या भौगोलिक ज्ञानाचा विस्तार करून
(४) गणिताच्या अभ्यासात भर टाकून.
खालीलपैकी कोणते उत्तर बरोबर आहे ?
(अ) १, ३ आणि ४ (ब) १, २ आणि ३
(क) २, ३ आणि ४ (ड) १, २ आणि ४

८४. खालीलपैकी कोणती जोडी योग्य आहे?

स्तंभ १	**स्तंभ २**
(अ) एलेन सॅम्पल	स्टॉप ॲण्ड गो डिटरमिनिझम
(ब) फ्रेडरिक रेट्झेल	स्पंदन परिकल्पना
(क) वाइडल डी ला ब्लाश	जेनरे डीवी
(ड) ग्रिफिथ टेलर	लेबेन्सराऊम

८५. खालीलपैकी कोणी असा विचार मांडला होता, की इतिहास, संस्कृती, जीवनपद्धती व व्यवसाय हवामानावर अवलंबून असते.

(अ) जी. टेलर (ब) एफ. सॅम्पल
(क) ई. सॅम्पल (ड) ई. हटिंग्टन

८६. खालीलपैकी कोणी प्रादेशिक भूगोलाची विचारधारा मांडली ?
(अ) वाइडल डी ला ब्लाश (ब) फिलिप पिंरामेल
(क) एलिसी रेवलस (ड) लुशिअन गॅलोआ

८७. मार्क्सवादी भूगोलाची सर्वांत सविस्तर अभिव्यक्ती खालीलपैकी कोणत्या लेखकाच्या लेखनात आढळते?
(अ) रिचर्ड पिट (ब) एन कौनी
(क) ई. डब्ल्यू. सोजा (ड) डेव्हिड हार्वे

८८. खालीलपैकी कोणत्या लेखकाला भूगोलात मानवीय उपागम स्थापित करण्याचे श्रेय दिले जाते?
(अ) रिचर्ड पिट (ब) विल्यम बुंजे
(क) ब्रायन जे एल बेरी (ड) यी-फ्यू तूआन

पुढील प्रश्नात जी वाक्ये आहेत, त्यांतील 'अ' विधान आहे व 'क' हे याचे कारण आहे. या दोन्ही वाक्यांचे विचारपूर्वक परीक्षण करून खाली दिलेल्या उत्तराच्या पर्यायांतून एक योग्य उत्तर निवडा.

पर्याय
(अ) 'अ' आणि 'क' दोन्ही बरोबर आहेत व 'क' हे 'अ' चे योग्य स्पष्टीकरण आहे.
(ब) 'अ' आणि 'क' दोन्ही बरोबर आहेत, परंतु 'क' हे 'अ' चे योग्य स्पष्टीकरण नाही.
(क) 'अ' योग्य आहे; पण 'क' चुकीचे विधान आहे.
(ड) 'अ' चुकीचे विधान आहे, परंतु 'क' बरोबर आहे.

८९. (अ) विषुववृत्ताकडून ध्रुवाकडे जाताना तापमान कमी होत जाते, परंतु विषुववृत्तावर सर्वांत जास्त तापमानाची नोंद होत नाही तर दोन्ही उष्ण कटिबंधात सर्वाधिक तापमानाची नोंद होते.
(क) सूर्यकिरणे ढगाच्या आवरणामुळे परावर्तित होतात, तसेच उष्णतेचा बराचसा भाग बाष्प तयार होण्यात खर्ची पडतो.

९०. (अ) गेल्या शतकात भारतीय उद्योगक्षेत्रात उपभोग्य वस्तूंच्या उत्पादनात आमूलाग्र बदल घडून आलेला दिसतो.
(क) या काळात उपभोग्य वस्तूंची मागणी कमी झाली होती.

९१. (अ) फ्रान्सिसी भूगोल तत्त्ववेत्त्याने मानवी भूगोलाचा पूर्ण विकास केला.
(क) फ्रान्सिसी भूगोलतत्त्ववेत्त्याचा विश्वास होता, की भौगोलिक परिस्थिती मानवी

महत्त्वाकांक्षेला एका मर्यादेपर्यंत सीमित करते. परंतु माणूसही भौगोलिक परिस्थितीपेक्षा अधिक शक्तिशाली आहे.

९२. (अ) राजस्थानातील राजसमन्द तलाव गेल्या तीनशे वर्षांच्या इतिहासात प्रथमच कोरडा पडलेला आहे.

(क) या क्षेत्रात १९९९-२००३ या काळात ६९ टक्के पाऊस कमी झाला तसेच या क्षेत्रात गेल्या चार वर्षांपासून दुष्काळ पडत आहे.

९३. (अ) समूळ परिवर्तनवाद मानवाच्या क्रांतीवर आधारित आहे.

(क) समूळ परिवर्तनवादाचे मूळ सामाजिक मान्यतेला महत्त्व देणे हे आहे.

९४. खालीलपैकी कोणत्या जंगलाचे वय सर्वांत कमी आहे?

(अ) विषुववृत्तीय जंगले (ब) तैगा जंगले

(क) बांबूची जंगले (ड) टुंड्रा वनस्पती

९५. स्तंभ १ (भूप्रकार) व स्तंभ २ (स्थान) यांमधील योग्य शब्द निवडून जोड्या लावा व खाली दिलेल्या जोड्यांमधील योग्य जोडी निवडा.

स्तंभ १ भूप्रकार	**स्तंभ २** स्थान
(प) खचदरीने तयार झालेले सरोवर	(१) हिमालय
(फ) लाव्हारसाच्या संचयनाने तयार झालेले पठार	(२) फ्रान्समधील ब्रिटनीचा भूप्रदेश
(भ) एक जागृत ज्वालामुखी	(३) भारतातील दख्खनचे पठार
(न) वॅथोलिथ	(४) टँगानिक
	(५) स्ट्राँम्बोली

जोड्या	प	फ	भ	न
(अ)	४	२	५	३
(ब)	५	३	१	२
(क)	४	३	५	२
(ड)	५	२	१	३

९६.नागरी आणि ग्रामीण वस्तीतील मुख्य फरक आहे -

(अ) लोकसंख्या (ब) लोकसंख्येची घनता (क) कार्य (ड) स्थिती

९७.पर्वतीय भागात मुख्यत: कोणत्या प्रकारची वस्ती आढळते?

(अ) शिड्याकृती (ब) विस्कळीत (क) बाणाकृती (ड) तारासदृश

९८. भारतात वेलचीचे (Cardamom) सर्वांत जास्त उत्पन्न होते -

(अ) आंध्र प्रदेश (ब) केरळ (क) कर्नाटक (ड) तमिळनाडू

९९. पॅन्जियाचे प्रथम विभाजन झाले -

    (अ) कार्बोनिफेरस काळात   (ब) कॅम्ब्रियन काळात

    (क) क्रिटेशियस काळात   (ड) सिल्युरियन काळात

१००. खालीलपैकी कोणाला 'युरोपोर्ट' म्हटले जाते?

    (अ) ॲम्स्टरडॅम (ब) हॅम्बर्ग (क) लंडन (ड) रोटरडॅम

उत्तरे

१. ड	२. ड	३. अ	४. क	५. क	६. अ	७. क	८. क
९. ड	१०. अ	११. ड	१२. क	१३. ब	१४. क	१५. क	१६. क
१७. ड	१८. ब	१९. अ	२०. अ	२१. अ	२२. क	२३. ड	२४. ड
२५. ड	२६. ब	२७. ड	२८. ड	२९. ड	३०. ड	३१. क	३२. क
३३. ड	३४. क	३५. क	३६. ड	३७. क	३८. अ	३९. अ	४०. ब
४१. ड	४२. ब	४३. अ	४४. ड	४५. ब	४६. ड	४७. क	४८. क
४९. ड	५०. अ	५१. ड	५२. ड	५३. ब	५४. ड	५५. क	५६. ब
५७. अ	५८. क	५९. ब	६०. ब	६१. ड	६२. ब	६३. अ	६४. ब
६५. क	६६. अ	६७. क	६८. क	६९. ड	७०. अ	७१. ड	७२. ब
७३. ड	७४. ब	७५. क	७६. अ	७७. अ	७८. ड	७९. क	८०. ब
८१. ब	८२. ब	८३. ब	८४. क	८५. ड	८६. अ	८७. ड	८८. ड
८९. अ	९०. क	९१. अ	९२. अ	९३. ड	९४. ड	९५. क	९६. क
९७. अ	९८. ब	९९. अ	१००. ड				

◆◆◆

प्रश्नसंच ३

१. पृथ्वीच्या निर्मिति-संदर्भात कांटच्या विचाराबाबत खालील विधानांवर विचार करून उत्तराचा योग्य पर्याय निवडा.

(१) कांटने आपल्या सिद्धान्तात न्यूटनच्या गुरुत्वाकर्षणाच्या नियमाचा आधार घेतला होता.

(२) कोन संवेग संरक्षण या नियमाचा आधार घेऊन कांटने आपला सिद्धान्त मांडला.

(३) यद्यपि लाप्लासनेसुद्धा पृथ्वीच्या निर्मितीबद्दल आपली कल्पना मांडली होती, परंतु अनेक लोकांनी कांटच्या कल्पनेला अधिक महत्त्व दिले.

(अ) १, २ आणि ३ (ब) १ आणि ३

(क) २ आणि ३ (ड) १ आणि २

२. भूवैज्ञानिक काळातील प्राचीन ते अर्वाचीन काळाचा योग्य तो क्रम निवडा.

(अ) पुरानूतन - अल्पनूतन - मध्यनूतन - आदिनूतन - अतिनूतन

(ब) पुरानूतन - अल्पनूतन - अतिनूतन - मध्यनूतन - आदिनूतन

(क) अल्पनूतन - पुरानूतन - मध्यनूतन - आदिनूतन - अतिनूतन

(ड) पुरानूतन - आदिनूतन - अल्पनूतन - मध्यनूतन - अतिनूतन

३. पॅलेजिक अवशेष समुद्रात किती खोलीपर्यंत सापडतात?

(अ) १००० फॅदम (ब) १०० फॅदम

(क) ६०० फॅदम (ड) २०० फॅदम

४. बाजूला दिलेल्या आकृतीत खालीलपैकी कोणता प्रस्तरभंगाचा प्रकार दिसतो.

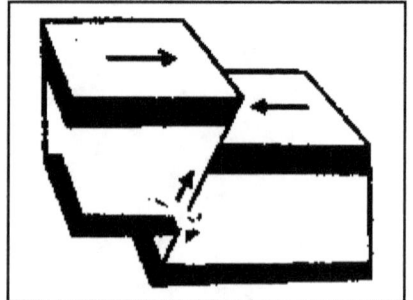

(अ) सामान्य प्रस्तरभंग

(ब) व्युत्क्रमी प्रस्तरभंग

(क) नीतलंब सर्पण प्रस्तरभंग

(ड) ट्रान्सकरंट प्रस्तरभंग

५. खालील दिलेल्या चित्रातील व भागातील 'क' बिंदू कोणते कार्य दर्शवतो?

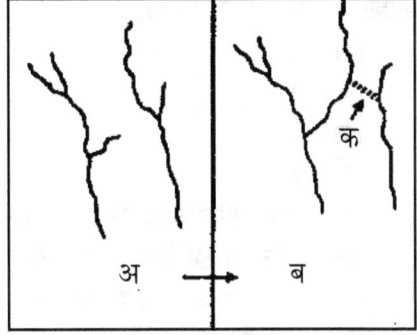

(अ) पूरमैदान
(ब) नैसर्गिक मैदान
(क) पूरतट
(ड) वाताखिंड

६. जांभा मृदा (लॅटेराइट मृदा) तयार होताना खालीलपैकी कोणत्या रासायनिक प्रक्रिया होतात?
(अ) कार्बोनीकरण (ब) ऑक्सिडेशन
(क) लॅटेरायझेशन (ड) पडझोलीनेशन

७. खालीलपैकी कोणता हरितवायू नाही?
(अ) कार्बन डायऑक्साइड (ब) मिथेन
(क) नायट्रस ऑक्साइड (ड) ऑर्गन

८. ज्वालामुखीच्या उद्रेकातून खालीलपैकी सर्वाधिक काय बाहेर पडते?
(अ) पाण्याची वाफ (ब) हेलियम
(क) सल्फर डायऑक्साइड (ड) कार्बन डायऑक्साइड

९. आकाशाचा रंग निळा असण्याचे प्रमुख कारण आहे-
(अ) हवेतील कणांद्वारे निळ्या प्रकाशाचे शोषण
(ब) हवेतील कणांद्वारे सूर्यप्रकाशाचे प्रकिर्णन
(क) हवेतील कणांद्वारे निळ्या प्रकाशाचे उत्सर्जन
(ड) बाष्पाची उपस्थिती

१०. स्तंभ १ (ढगाचा प्रकार) व स्तंभ २ (त्यांची वैशिष्ट्ये) यांमधील योग्य शब्द निवडून त्यांच्या जोड्या लावून खाली दिलेल्या योग्य पर्यायाची निवड करा.

स्तंभ १ ढगांचे प्रकार	**स्तंभ २** वैशिष्ट्ये
(प) सिरस	(१) काळे पावसाचे ढग
(फ) स्ट्रेटस	(२) पिसासारखे
(भ) निम्बस	(३) कापसाच्या प्रचंड ढिगासारखे
(न) क्युमुलस	(४) क्षितिजावर पसरलेले

जोड्या	प	फ	भ	न
(अ)	२	१	४	३
(ब)	३	४	१	२
(क)	२	४	१	३
(ड)	३	१	४	२

११. उत्तर गोलार्धातील उष्णकटिबंधीय आवर्त व समशीतोष्ण कटिबंधीय प्रदेशातील आवर्त यांच्यात खालील साम्य आहे-

(अ) समुद्राच्या उष्ण पाण्यावर तयार होतात.

(ब) भूपृष्ठापासून जास्त उंचीवर ते प्रभावी बनतात.

(क) साधारणतः पूर्वेकडून पश्चिमेकडे जातात.

(ड) सभोवतालच्या जास्त दाबाच्या प्रदेशाकडून वारे जोराने आकर्षिले जातात.

१२. स्तंभ १ (हवामानाचा प्रकार) व स्तंभ २ (जंगलाचे प्रकार) यांमधील योग्य शब्दांच्या जोड्या लावून खालीलपैकी योग्य पर्याय निवडा.

स्तंभ १	**स्तंभ २**
(प) समशीतोष्ण	(१) निवडुंग
(फ) उष्ण वाळवंटी	(२) ॲकेशिया
(भ) विषुववृत्तीय	(३) स्प्रूस
(न) भूमध्यसामुद्रिक	(४) महोगनी

जोड्या	प	फ	भ	न
(अ)	४	२	३	१
(ब)	३	१	४	२
(क)	४	१	३	२
(ड)	३	२	४	१

१३. समुद्राच्या तळापासून १००० मीटरपेक्षा जास्त उंची असलेल्या भूभागाला काय म्हणतात?

(अ) सागरी पर्वत (ब) सागरी बेट

(क) सागरी गर्ता (ड) सागरी मैदान

१४. खालील विधानांवर विचार करा व योग्य विधानाची निवड करा.

(१) दोन्ही गोलार्धातील प्रमुख महासागरांमध्ये हिंदी महासागर हा अटलांटिक व प्रशान्त महासागरापेक्षा जास्त उष्ण असतो.

(२) दक्षिण गोलार्धात प्रशांत महासागराचे सरासरी तापमान अटलांटिक महासागरापेक्षा जास्त असते.

(३) विषुववृत्ताजवळच्या प्रमुख महासागरांमध्ये अटलांटिक महासागर शीतल आहे.

खालीलपैकी योग्य उत्तर निवडा.

(अ) १ आणि २ (ब) २ आणि ३

(क) १ आणि ३ (ड) १, २ आणि ३

१५. खालील विधानांवर विचार करून योग्य विधान निवडा.

विषुववृत्तावरील महासागरांच्या पाण्याची क्षारता कमी असते. कारण-

(१) ॲमेझॉन व कांगोसारख्या मोठमोठ्या नद्या इथे समुद्राला मिळतात.

(२) बाष्पीभवनाचा वेग कमी आहे.

(३) ध्रुवाकडून येणारे थंड पाणी विषुववृत्तीय पाण्यात मिसळते.

(४) पावसाचे प्रमाण जास्त आहे.

१६. खाली दिलेल्या पाण्याच्या क्रमांमध्ये चढत्याक्रमाने क्षारतेचा विचार करता कोणते उत्तर बरोबर आहे?

(अ) कॅलिफोर्निआची खाडी - बाल्टिक समुद्र - लाल समुद्र - आर्क्टिक महासागर

(ब) बाल्टिक समुद्र - आर्क्टिक महासागर - कॅलिफोर्निआची खाडी - लाल समुद्र

(क) लाल समुद्र - कॅलिफोर्निआची खाडी - आर्क्टिक महासागर - बाल्टिक सागर

(ड) आर्क्टिक महासागर - कॅलिफोर्निआची खाडी - बाल्टिक समुद्र - लाल समुद्र

१७. सिंधुपंक (प्राणिज गाळ) खालीलपैकी कशाशी संबंधित आहे?

(अ) ज्वालामुखी निक्षेप (ब) टेरापॉड निक्षेप

(क) पॅलेजिक निक्षेप (ड) प्रवाळ भित्ती

१८. स्तंभ १ (सिंधुपंक) व स्तंभ २ (त्याचे स्थान) यांमधील योग्य शब्द निवडून जोड्या लावा व योग्य ती जोडी निवडा.

स्तंभ १ सिंधुपंक	**स्तंभ २** त्यांचे स्थान
(प) ग्लेबिजेरिना	(१) उष्ण कटिबंधातील सागरात खूप खोलवर
(फ) डायटॉम	(२) उष्ण कटिबंधातील सागरात कमी खोलीवर
(भ) रेडिओ - लॅरियन	(३) समशीतोष्ण कटिबंधातील सागरात
(न) टेरोपॅड	(४) कमी तापमान असलेल्या सागरात

जोड्या	प	फ	भ	न
(अ)	२	१	३	४
(ब)	३	४	१	२
(क)	२	४	३	१
(ड)	३	१	२	४

१९. खालीलपैकी कोणता उबदार समुद्र-प्रवाह आहे?

(अ) दक्षिण पॅसिफिक प्रवाह (ब) क्युरोशिओ प्रवाह

(क) लॅब्रेडॉर प्रवाह (ड) क्युराइल प्रवाह

२०. खालीलपैकी कोणती स्थिती निनो प्रवाहाशी संबंधित आहे?

(अ) दक्षिण अमेरिकेत अधिक पाऊस व ऑस्ट्रेलियात दुष्काळ

(ब) दक्षिण अमेरिकेत दुष्काळ आणि ऑस्ट्रेलियात अधिक पाऊस

(क) दक्षिण अमेरिका आणि ऑस्ट्रेलिया दोन्हीकडे अधिक पाऊस

(ड) दक्षिण अमेरिका आणि ऑस्ट्रेलिया दोन्हीकडे दुष्काळ

२१. भूमध्यसामुद्रिक हवामानाच्या प्रदेशात खालीलपैकी कोणत्या वनस्पती आढळतात?

(अ) महोगनी, रबर, रोझवूड

(ब) कॉर्क, ऑलिव्ह, रसदार वृक्ष

(क) ॲकेशिया, बाभूळ, निवडुंग

(ड) पाईन, फर, देवदार

२२. छोटी-छोटी पाने व काटे असलेली वनस्पती खालीलपैकी कोणत्या प्रदेशात आढळते?

(अ) उष्ण वाळवंटी (ब) समशीतोष्ण प्रदेश

(क) ध्रुवीय प्रदेश (ड) विषुववृत्तीय प्रदेश

२३. स्तंभ १ (प्रदेश) व स्तंभ २ (वनस्पतींचे प्रकार) यांमधील योग्य त्या शब्दांच्या जोड्या लावून खाली दिलेल्या जोड्यांमधील योग्य जोडी निवडा.

स्तंभ १ प्रदेश	**स्तंभ २** वनस्पतींचे प्रकार
(प) तैगा	(१) पानझडी वृक्ष
(फ) सॅवाना	(२) शेवाळे
(भ) मान्सून प्रदेश	(३) सूचिपर्णी वृक्ष
(न) टुंड्रा	(४) गवत

जोड्या	प	फ	भ	न
(अ)	३	२	१	४
(ब)	१	४	३	२
(क)	३	४	१	२
(ड)	१	२	३	४

२४. स्तंभ १ (जंगलाचे प्रकार) व स्तंभ २ (वृक्षाचा प्रकार) यांमधील योग्य शब्द निवडून जोड्या लावा व खाली दिलेल्या जोड्यांमधील योग्य जोडी निवडा.

स्तंभ १	**स्तंभ २**
जंगलाचे प्रकार	वृक्षाचा प्रकार
(प) तैगा अरण्ये	(१) फर
(फ) विषुववृत्तीय अरण्ये	(२) रबर
(भ) मान्सून अरण्ये	(३) साग
(न) वाळवंटी वनस्पती	(४) निवडुंग

जोड्या

	प	फ	भ	न
(अ)	३	४	१	२
(ब)	१	४	३	२
(क)	३	२	१	४
(ड)	१	२	३	४

२५. खाली दिलेल्या आर्क्टिक प्रदेशाच्या पाण्यातील अन्नसाखळीचा योग्य क्रम निवडा-

(अ) प्लवंक - मासा - ध्रुवीय अस्वल - सील

(ब) प्लवंक - मासा - सील - ध्रुवीय अस्वल

(क) मासा - प्लवंक - सील - ध्रुवीय अस्वल

(ड) मासा - ध्रुवीय अस्वल - सील - प्लवंक

२६. शेजारील नकाशातील छायांकित प्रदेशात कोणत्या प्रकारचे हवामान आढळते?

(अ) भूमध्य सामुद्रिक हवामान

(ब) विषुववृत्तीय हवामान

(क) उष्ण वाळवंटी हवामान

(ड) मान्सून हवामान

२७. खालील विधानांचा विचार करा.

(१) जगातील जवळजवळ तीस टक्के खनिजतेलाचे उत्पादन किनारी प्रदेशात होते.

(२) महासागराच्या किनाऱ्याजवळ १०० समुद्री मैलांवर आर्थिक क्षेत्राचा विकास झाला आहे.

(३) समुद्राच्या एकूण क्षेत्रफळाच्या फक्त १ टक्का क्षेत्रफळ संरक्षित क्षेत्र म्हणून घोषित केले आहे.

(४) सर्वांत मोठे समुद्रसंरक्षित क्षेत्र ग्रेट बॅरिअर रिफ आहे.

२८. समान स्थिती समान जीवनपद्धतीकडे घेऊन जाते असे खालीलपैकी कोणी म्हटले आहे?

(अ) एफ रॅटझेल   (ब) कार्ल रिटर

(क) अलेक्झांडर व्हॉन हम्बोल्ट   (ड) ई. सी. सॅम्पल

२९. रेड इंडियन किंवा अमेरिकन इंडियन खालीलपैकी कोणत्या जातीचे आहेत?

(अ) मंगोलियन   (ब) कॉकेशॉइड   (क) ऑस्ट्रेलाएड   (ड) नेग्रिटो

३०. खालीलपैकी कोणती जोडी बरोबर आहे?

स्तंभ १	स्तंभ २
आदिवासी	मूळ राज्य
(अ) थारू	उत्तरांचल
(ब) भोटिया	उत्तर प्रदेश
(क) मुण्डा	बिहार
(ड) कोल	राजस्थान

३१. जर्मन तसेच युरोप अलाई समूहाचे लोक पश्चिमेकडे गेले याचे एक कारण होते.

(अ) मध्य आशियातील गवत सुकून गेले होते.

(ब) चीनचे साम्राज्य वाढल्यामुळे या समूहाला तेथे राहणे अवघड झाले.

(क) जसजसा पूर्वेकडील देशांचा विस्तार होत गेला, तसतसे यांना पश्चिमेला जावे लागले.

(ड) गुलामांचा व्यापार चालू झाल्यावर यांना हाकलून दिले.

३२. खालीलपैकी कोणता देश विसाव्या शतकात प्रवासी लोकांमुळे बनला?

(अ) मालदीव   (ब) मॉरिशस   (क) इस्त्राएल   (ड) म्यानमार

३३. संपूर्ण जगात मानव विकास निर्देशांक (एच. डी. आय.) सांपत्तिक स्थिती दर्शवतो; पण याला अपवाद खालीलपैकी कोणता प्रदेश आहे?

(अ) आफ्रिकेतील सहारा   (ब) पूर्व आशिया

(क) लॅटिन अमेरिका-कॅरेबियन्स   (ड) मध्य युरोप व रशिया

३४. खालीलपैकी कोणती आदिवासी जमात उच्च अक्षांशाजवळ आढळते?

(अ) यूकागीट   (ब) निग्रोलोस   (क) एस्किमो   (ड) आयुका इंडियन

३५. खालीलपैकी कोणता देश सागरी मासे उत्पादनात अग्रेसर आहे?

(अ) चीन   (ब) रशिया   (क) चिली   (ड) जपान

३६. खालीलपैकी कोणत्या प्रदेशात उदरनिर्वाहासाठी शेतीचा विकास झाला?

(अ) पाम्पास प्रदेश   (ब) मरे डार्लिंग बेसिन

(क) कॅलिफोर्निआची दरी   (ड) मान्सून आशिया

३७. खालीलपैकी कोणत्या अवस्थेत लोकसंख्येच्या स्थलांतरामुळे लोकसंख्येच्या अतिवाढीस सुरुवात होते?

(अ) अवस्था १   (ब) अवस्था २   (क) अवस्था ३   (ड) अवस्था ४

३८. कॅलिफोर्निआचा नैर्ऋत्य भाग कशासाठी प्रसिद्ध आहे?

(अ) मर्यादित शेती   (ब) धान्योत्पादन
(क) मिश्र शेती   (ड) भूमध्यसागरीय शेती

३९. स्तंभ १ (खनिज) व स्तंभ २ (प्रमुख उत्पादन राज्य) यांमधील योग्य शब्दांच्या जोड्या लावून खाली दिलेल्या जोड्यांमधून योग्य जोडी निवडा.

	स्तंभ १	स्तंभ २
	खनिज	प्रमुख उत्पादक राज्य
(प)	कोळसा	(१) कर्नाटक, मध्यप्रदेश
(फ)	खनिज तेल	(२) बिहार, आंध्र प्रदेश
(भ)	मँगेनीज	(३) बिहार, पश्चिम बंगाल
(न)	अभ्रक	(४) महाराष्ट्र, कर्नाटक
		(५) आसाम, गुजरात

जोड्या	प	फ	भ	न
(अ)	३	५	१	२
(ब)	२	१	४	३
(क)	३	१	४	२
(ड)	२	५	१	३

४०. आफ्रिका खंडात सर्वांत जास्त जलविद्युत् उत्पादनक्षमता खालीलपैकी कोणत्या प्रदेशात आहे?

(अ) वायव्य आफ्रिका   (ब) आग्नेय आफ्रिका
(क) विषुववृत्तीय आफ्रिका   (ड) दक्षिण आफ्रिका

४१. वेबरने कारखान्याच्या स्थानिकीकरणाबाबत मांडलेल्या प्रसिद्ध सिद्धान्तात खालीलपैकी कोणत्या आकाराचा उपयोग केला आहे?

(अ) षट्कोन   (ब) वर्तुळ   (क) त्रिकोण   (ड) आयत

४२. लॉस एन्जेलीसकडून मॉस्कोला जाण्यासाठी जवळचा रस्ता .... आहे.

(अ) अटलांटिक महासागरावरून   (ब) प्रशान्त महासागरावरून
(क) उत्तर ध्रुवावरून   (ड) दक्षिण ध्रुवावरून

४३. खालील विधानांवर विचार करा.

(१) बदायून्सच्या घरांना 'खैमास' म्हणतात.
(२) किरगीजच्या घरांना 'काल' म्हणतात.

(३) जम्मू-काश्मीरमध्ये बकऱ्या ठेवतात, त्या जागेला 'कोठा' म्हणतात.

(४) इस्किमो लोकांच्या घरांना 'इग्लू' म्हणतात.

खालीलपैकी योग्य उत्तर निवडा.

(अ) १,२,३ (ब) २, ३ आणि ४

(क) १ आणि ३ (ड) १ आणि ४

४४. स्तंभ १ (वस्तीचा आकृतिबंध) व स्तंभ २ (स्थान) यांमधील योग्य शब्द निवडून जोड्या लावा व दिलेल्या जोड्यांमधून योग्य जोडी निवडा.

	स्तंभ १ वस्तीचा आकृतिबंध	**स्तंभ २** वस्तीचे स्थान
(प)	रेषानुगामी वस्ती	(१) दोन रस्ते एकत्र येतात त्याच्या दरम्यान
(फ)	गोलाकार वस्ती	(२) नदी किंवा रस्त्याच्या कडेला
(भ)	विखुरलेली वस्ती	(३) सरोवर किंवा मंदिराभोवती
(न)	त्रिकोणाकृती वस्ती	(४) पर्वतमय प्रदेशात

जोड्या	प	फ	भ	न
(अ)	२	३	४	१
(ब)	४	१	२	३
(क)	२	१	४	३
(ड)	४	३	२	१

४५. स्तंभ १ (खनिज) व स्तंभ २ (खाणीचे स्थान) यांमधील योग्य शब्द निवडून जोड्या लावा व खाली दिलेल्या जोड्यांमधून योग्य जोडी निवडा.

	स्तंभ १ खनिज	**स्तंभ २** खाणीचे स्थान
(प)	बॉक्साइट	(१) अलाबामा
(फ)	कोळसा	(२) बाकू
(भ)	कच्चे लोखंड	(३) कुझबास
(न)	खनिज तेल	(४) सुरीनाम

जोड्या	प	फ	भ	न
(अ)	१	३	४	२
(ब)	४	३	१	२
(क)	१	२	४	३
(ड)	४	२	१	३

४६. दक्षिण आफ्रिकेतील पर्वतरांगांमधील कोणत्या पर्वतात जगातील सर्वांत मोठी सोन्याची खाण आहे?

(अ) रागेवेल्डबर्ग (ब) ग्रुट स्वार्टबर्ग

(क) विटवॉटरसरेंड (ड) ड्रेकन्सबर्ग

४७. स्तंभ १ (हवामान) नि स्तंभ २ (प्रदेश) यांमधील योग्य शब्द निवडून जोड्या लावा व खाली दिलेल्या जोड्यांमधून योग्य जोडी निवडा.

स्तंभ १ हवामान	**स्तंभ २** प्रदेश
(प) वर्षभर भरपूर पाऊस	(१) भूमध्यसमुद्राच्या चारही बाजूंना
(फ) हिवाळी पाऊस, उन्हाळा कोरडा	(२) ॲमेझॉन किंवा कांगो बेसिन
(भ) कोरडे व उष्ण हवामान	(३) आग्नेय आशिया
(न) उन्हाळा, हिवाळा व पावसाळा तीन ऋतू असलेले हवामान	(४) तिबेट किंवा बोलिव्हिया

जोड्या	प	फ	भ	न
(अ)	१	२	३	४
(ब)	२	१	३	४
(क)	२	१	४	३
(ड)	४	३	२	१

४८. माशांच्या उत्पादनाच्या अनुकूलतेच्या दृष्टीने समुद्राच्या पाण्याची क्षारतेची टक्केवारी किती असावी?

(अ) २.० ते २.५ (ब) २.५ ते ३.०

(क) ३.४ ते ४.०

४९. पूर्वेकडून पश्चिमेकडे जाताना संयुक्त संस्थानातील ग्रेट सरोवरांचा क्रम असेल.

(अ) ह्युरॉन - मिशिगन - ओन्टॅरिओ - सुपिरिअर - एरी

(ब) सुपिरिअर - ओन्टॅरिओ - एरी - मिशिगन - ह्युरॉन

(क) ओन्टॅरिओ - एरी - ह्युरॉन - मिशिगन - सुपिरिअर

(ड) एरी - ह्युरॉन - मिशिगन - ओन्टॅरिओ - सुपिरिअर

५०. कॅनेडियन पॅसिफिक रेल्वे खालील दोन शहरांत चालते.

(अ) एडमोन्टोन व हॅलिफॅक्स

(ब) मॉन्ट्रियल आणि व्हॅन्कुव्हर

(क) ओटावा आणि प्रिंस रुपर्ट

(ड) हॅलिफॅक्स आणि व्हॅन्कुव्हर

५१. स्तंभ १ (शहर) व स्तंभ २ (कारखाने/व्यापारी उद्योग) यांमधील योग्य शब्द निवडून जोड्या बनवा व खाली दिलेल्या उत्तरांमधील योग्य उत्तर निवडा.

	स्तंभ १		स्तंभ २	
	शहर		कारखाने/व्यापारी उद्योग	
(प)	लुझियाना	(१)	ऑटोमोबाइल उद्योग	
(फ)	डेट्रॉयट	(२)	पिठाच्या गिरण्या	
(भ)	ह्युस्टन	(३)	रासायनिक उद्योग	
(न)	मिनिओपोलिस	(४)	तेलाचे कारखाने	

जोड्या	प	फ	भ	न
(अ)	३	२	४	१
(ब)	४	१	३	२
(क)	३	१	४	२
(ड)	४	२	३	१

५२. स्तंभ १ (लोकसंख्येची वैशिष्ट्ये) आणि स्तंभ २ (देश) यांमधील योग्य शब्द निवडून जोड्या लावा व खाली दिलेल्या जोड्यांमधील योग्य जोड्या लावा.

	स्तंभ १		स्तंभ २
	लोकसंख्येची लक्षणे		देश
(प)	सर्वांत जास्त लोकसंख्या	(१)	बेल्जियम
(फ)	सर्वांत जास्त लोकसंख्येची घनता	(२)	फ्रान्स
(भ)	सर्वांत जास्त क्षेत्रफळ	(३)	जर्मनी
(न)	सर्वांत जास्त शहरी लोकसंख्या	(४)	नेदरलँड

जोड्या	प	फ	भ	न
(अ)	२	१	४	३
(ब)	३	२	४	१
(क)	२	३	४	१
(ड)	३	१	२	५

५३. स्तंभ १ (शहर) नि स्तंभ २ (वैशिष्ट्ये) यांमधील योग्य शब्द निवडून जोड्या लावा व खाली दिलेल्या जोड्यांमधून योग्य जोड्या निवडा.

	स्तंभ १		स्तंभ २
	शहर		वैशिष्ट्ये
(प)	जिनिव्हा	(१)	इटलीचे म्युझियमचे शहर
(फ)	फ्लोरेन्स	(२)	गंधकाचे प्रमुख उत्पादन
(भ)	सिसिली	(३)	फळांचे उत्पादन
(न)	नेपल्स	(४)	इटलीचे प्रमुख बंदर

उत्तरे	प	फ	भ	न
(अ)	४	३	२	१
(ब)	२	१	४	३
(क)	४	१	२	३
(ड)	२	३	४	१

५४. स्तंभ १ (रशियातील स्थाने) आणि स्तंभ २ (औद्योगिक क्रिया) यांमधील योग्य शब्द निवडून जोड्या लावा व खाली दिलेल्या जोड्यांमधील योग्य जोडी निवडा.

स्तंभ १	**स्तंभ २**
स्थान	औद्योगिक क्रिया
(प) केंद्रीय औद्योगिक क्षेत्र	(१) शेतीवर आधारित
(फ) ग्रोज्नी	(२) सुती कापड
(भ) व्होल्गा	(३) यंत्रसामुग्री
(न) युराल	(४) धातूवर प्रक्रिया
	(५) खनिज तेलसंशोधन

जोड्या	प	फ	भ	न
(अ)	२	४	१	३
(ब)	१	३	५	४
(क)	२	३	१	४
(ड)	१	४	५	३

५५. बैकल हा एकमेव भूवेष्टित समुद्र आहे, ज्याची क्षारता कमी आहे व तो खालीलपैकी कोणत्या नदीशी जोडलेला आहे?

(अ) अमूर (ब) लीना (क) ओब (ड) येनेसी

५६. आग्नेय आशियातील खालील देशांचा लोकसंख्येनुसार उतरत्या क्रमाने कोणता क्रम बरोबर आहे ?

(अ) इंडोनेशिया - बांगलादेश - व्हिएतनाम - फिलिपाइन्स

(ब) इंडोनेशिया - व्हिएतनाम - बांगलादेश - फिलिपाइन्स

(क) बांगला देश - इंडोनेशिया - फिलिपाइन्स - व्हिएतनाम

(ड) व्हिएतनाम - इंडोनेशिया - फिलिपाइन्स - बांगलादेश

५७. भारतातील खाली दिलेल्या राज्यांमध्ये लोकसंख्यावाढीचा कमीत कमी दर १९९१-२००१ च्या काळात कोणत्या राज्यात होता?

(अ) मध्य प्रदेश (ब) सिक्कीम

(क) अरुणाचल प्रदेश (ड) केरळ

५८. खाली दिलेल्या किनाऱ्यांपैकी कोणता किनारा जुलै व ऑगस्ट महिन्यांत कोरडा असतो?

(अ) कोरोमंडळ (ब) कोकण (क) मलबार (ड) गुजरात

५९. खालीलपैकी कोणत्या प्रदेशात 'शीत वाळवंटा'सारखी स्थिती असते?

(अ) काराकोरम पर्वताच्या ईशान्येला

(ब) पीर पंजाल रांगांच्या पश्चिमेला

(क) शिवालिक पर्वतरांगांच्या दक्षिणेला

(ड) अरवली पर्वतरांगांच्या पश्चिमेला

६०. स्तंभ १ (नाव) व स्तंभ २ (स्थान) योग्य शब्द निवडून जोड्या लावा. खाली दिलेल्या जोड्यांमधील योग्य जोडी निवडा.

स्तंभ १ नाव	**स्तंभ २** स्थान
(प) भाबर	(१) कारकोरम पर्वतांची रांग
(फ) सियाचीन हिमनदी	(२) हिमाचल प्रदेश
(भ) बुंदेलखंड पठार	(३) शिवालिकच्या पायथ्याशी
(न) रोहतांग दरी	(४) गंगेच्या मैदानात

जोड्या	प	फ	भ	न
(अ)	२	४	१	३
(ब)	३	१	४	२
(क)	२	१	४	३
(ड)	३	४	१	२

६१. हिमालय पर्वताचा पश्चिम सिन्टेक्सिअल बेंड कशाच्या जवळ आहे?

(अ) झास्कर रांगा (ब) पीर पंजाल रांगा

(क) नंगा पर्वत (ड) शिवालिक पर्वत

६२. भारताचा पश्चिम किनारा खालीलपैकी कोणत्या प्रकारात मोडतो?

(अ) उन्मग्न उच्चभ्रू किनारा (Emerged upland coast)

(ब) निमग्न उच्चभ्रू किनारा (Submerged upland coast)

(क) रियाचा किनारा (Ria coast)

(ड) डाल्मेशियन किनारा (Dalmatian coast)

६३. मेघालय पठाराची निर्मिती कशापासून झाली?

(अ) लाव्हारसामुळे (ब) गोंडवाना खडकामुळे

(क) स्पर्शजन्य रूपांतरित खडकांमुळे (ड) प्रादेशिक रूपांतरित खडकामुळे

६४. भारतातील खालील कोणत्या तीन नद्या अमरकंटक येथे उगम पावतात?

(अ) चंबळ, बेतवा, लुनी
(ब) गोदावरी, कृष्णा, कावेरी
(क) सोन, महानदी, नर्मदा
(ड) नर्मदा, कृष्णा, बाणगंगा

६५. खालीलपैकी कोणती मृदा ग्रॅनाइट आणि नीस खडकापासून निर्माण होते?

(अ) लाल
(ब) काळी
(क) पिवळी
(ड) जांभा (लॅटेराइट)

६६. स्तंभ १ (वनस्पतीचा प्रकार) व स्तंभ २ (स्थान) यांमधील योग्य शब्द निवडून जोड्या लावा व खाली दिलेल्या जोड्यांमधील योग्य जोडी निवडा.

स्तंभ १	स्तंभ २
वनस्पतीचा प्रकार	स्थान
(प) खारफुटीची जंगले	(१) राजस्थान
(फ) विषुववृत्तीय सदाहरित जंगले	(२) पश्चिम घाट
(भ) वाळवंटी वनस्पती	(३) पश्चिम बंगाल
(न) गवताळ वनस्पती	(४) गुजरात

जोड्या	प	फ	भ	न
(अ)	३	२	१	४
(ब)	१	४	३	२
(क)	३	४	१	२
(ड)	१	२	३	४

६७. खालील क्षेत्रांचा विचार करा.

(१) संबाटकचे आखात (२) कच्छचे आखात (३) सुंदरबन वरील ठिकाणी तयार होणाऱ्या भरती-ऊर्जेच्या क्षमतेनुसार उतरता क्रम.

(अ) १-२-३ (ब) ३-२-१ (क) ३-१-२ (ड) १-३-२

६८. खालीलपैकी कोणते कोळशाचे सगळ्यांत मोठे खाणक्षेत्र आहे?

(अ) झारिया (ब) राणीगंज (क) बोकारो (ड) गिरडीह

६९. खालीलपैकी कोणत्या राज्यात सागरी मासेमारीचे उत्पादन अंतर्गत मासेमारीच्या उत्पादनापेक्षा कमी आहे?

(अ) तमिळनाडू
(ब) पश्चिम बंगाल
(क) आंध्र प्रदेश
(ड) केरळ

७०. भारतातील खालील पिकांमध्ये सर्वांत जास्त पाणी कोणत्या पिकाला लागते?

(अ) तांदूळ (ब) गहू (क) डाळ (ड) ऊस

७१. स्तंभ १ (औद्योगिक क्रिया) व स्तंभ २ (स्थान) यांमधील योग्य शब्दांच्या जोड्या लावून खालील जोड्यांमधील योग्य जोडी निवडा.

स्तंभ १ औद्योगिक प्रकिया	**स्तंभ २** स्थान
(प) चामड्याच्या वस्तू	(१) नरोरा
(फ) रबर	(२) कोजीकोड
(भ) वनस्पती	(३) टोक
(न) अणुऊर्जा	(४) कांकरोली

जोड्या	प	फ	भ	न
(अ)	३	२	४	१
(ब)	१	४	२	३
(क)	३	४	२	१
(ड)	१	२	४	३

७२. खालील जोड्यांपैकी कोणती जोडी योग्य आहे?

(अ) नाशिक-पुणे	राष्ट्रीय राजमार्ग ५०
(ब) दुर्गापूर-कोलकाता	जलद राजमार्ग
(क) हैद्राबाद	दक्षिण मध्य रेल्वेचे मुख्यालय
(ड) हल्दिया-अलाहाबाद	राष्ट्रीय जलमार्ग

७३. खालील केंद्रशासित प्रदेशावर विचार करा.

(१) अंदमान व निकोबार बेटे (२) दादरा व नगर हवेली

(३) दमण व दीव (४) लक्षद्वीप

१९९१-२००१ च्या शिरणगतीनुसार लोकसंख्यावाढीच्या टक्केवारीनुसार घटत्या क्रमाने वर्गवारी करता कोणता क्रम बरोबर आहे?

(अ) २-४-१-३ (ब) १-३-२-४

(क) २-३-१-४ (ड) १-४-२-३

७४. स्तंभ १ (नैसर्गिक आपत्ती) व स्तंभ २ (क्षेत्र) यामधील योग्य शब्द निवडून जोड्या लावा व खालीलपैकी योग्य जोडी निवडा.

स्तंभ १	**स्तंभ २**
(प) चक्रीवादळ	(१) मध्य-पूर्व भारत
(फ) दुष्काळ	(२) उत्तर प्रदेश व बिहारचे मैदान
(भ) भूकंप	(३) झारखंड व उत्तर ओरिसा
(न) पूर	(४) हिमालयाच्या पायथ्याचा प्रदेश

जोड्या	प	फ	भ	न
(अ)	३	२	४	१
(ब)	४	१	३	२
(क)	३	१	४	२
(ड)	४	२	३	१

७५. स्तंभ १ (शहर) व स्तंभ २ (समुद्रसपाटीपासून उंची मीटरमध्ये) यांमधील योग्य शब्द निवडून जोड्या लावा व खाली दिलेल्या जोड्यांमधील योग्य जोडी निवडा.

स्तंभ १	स्तंभ २
शहर	समुद्रसपाटीपासूनची उंची मीटरमध्ये
(प) चेन्नई	(१) ०६
(फ) कोलकाता	(२) ११
(भ) मुंबई	(३) २१६
(न) दिल्ली	(४) १६

जोड्या	प	फ	भ	न
(अ)	४	१	२	३
(ब)	२	१	४	३
(क)	४	३	२	१
(ड)	२	३	४	१

७६. खालीलपैकी भारतातील कोणकोणती बंदरे अरबी समुद्राच्या किनाऱ्यावर आहेत?

(१) नवे मंगलोर   (२) कांडला   (३) तूतीकोरीन   (४) मार्मागोवा

(अ) फक्त १   (ब) १ आणि ३

(क) १, २, ३, आणि ४   (ड) १, २ आणि ४

७७. खालीलपैकी कोणते 'मैत्री' या शब्दाशी संबंधित आहेत.

(अ) एच. वाय. व्ही.   (ब) सार्क

(क) भारत-रशिया   (ड) अंटार्क्टिका शोध केंद्र

७८. स्तंभ १ (सजीवांसाठी संरक्षित क्षेत्र) व स्तंभ २ (राज्य) यांमधील योग्य शब्द निवडून जोड्या लावा व खाली दिलेल्या जोड्यांमधील योग्य जोडी निवडा.

स्तंभ १	स्तंभ २
सजीवांसाठी संरक्षित क्षेत्र	राज्य
(प) मानस	(१) मेघालय
(फ) नोकरेक	(२) आसाम
(भ) मन्नारची खाडी	(३) उत्तरांचल
(न) नंदादेवी	(४) तमिळनाडू

जोड्या	प	फ	भ	न
(अ)	२	३	४	१
(ब)	४	१	२	३
(क)	२	१	४	३
(ड)	४	३	२	१

७९. स्तंभ १ (शहराचे नाव) व स्तंभ २ (नकाशात स्थानाच्या जागी दिलेले आकडे) यांचा अभ्यास करून खाली दिलेल्या जोड्यांपैकी योग्य जोडी निवडा.

स्तंभ १ **स्तंभ २**

शहराचे नाव

(प) कार्थेज

(फ) सार्डिस

(भ) सूसा

(न) साईरिन

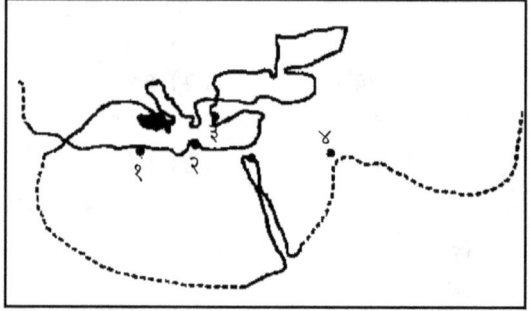

जोड्या	प	फ	भ	न
(अ)	२	४	३	१
(ब)	१	३	४	२
(क)	२	३	४	१
(ड)	१	४	३	२

८०. प्राचीन काळी ज्या ग्रीस तत्त्ववेत्त्यांचा भौगोलिक विचार मांडण्यात मोलाचा वाटा होता, त्या ग्रीक तत्त्ववेत्त्यांची काळानुसार क्रमवारी -

(अ) अरस्तू - इरेटोस्थनीज - ॲनेक्सीमिंडर - टॉलेमी

(ब) इरेटोस्थनीज - ॲनेक्सीमिंडर - टॉलेमी - अरस्तू

(क) ॲनेक्सीमिंडर - अरस्तू - इरेस्टोस्थनीज - टॉलेमी

(ड) टॉलेमी - ॲनेक्सीमिंडर - अरस्तू - इरेस्टोस्थनीज

८१. खालील अरब विद्वानांमध्ये भौगोलिक महत्त्व विशद करणाऱ्यांमध्ये कोणाचे नाव घेतले जाते?

(अ) इब्न-हॉकल (ब) अल-मसूदी

(क) अल-बरूनी (ड) इब्न-बतूता

८२. वारेनिअसचे प्रमुख योगदान भूगोलाच्या खालीलपैकी कोणत्या शाखेत होते?
(अ) राजकीय भूगोल (ब) भौतिक भूगोल
(क) सामान्य भूगोल (ड) प्रादेशिक भूगोल.

८३. स्तंभ १ (प्राचीन भूगोल तत्त्ववेत्ते) व स्तंभ २ (भूगोलाच्या अभ्यासाचा मुख्य भर) यांमधील योग्य शब्द निवडून जोड्या बनवा व खाली दिलेल्या जोड्यांमधील योग्य जोडी निवडा.

स्तंभ १ प्राचीन भूगोलतत्त्ववेत्ते	**स्तंभ २** भूगोलाच्या अभ्यासाचा मुख्य भर
(प) हेरोडोटस	(१) नकाशा बनवण्याची कला
(फ) टॉलमी	(२) इतिहासाकडे भौगोलिक दृष्टीने बघितले पाहिजे व भूगोलाकडे ऐतिहासिक दृष्टीने बघायला पाहिजे.
(भ) अल-बरूनी	(३) गणिती, भौतिक व क्षेत्रीय भूगोल
(न) हिप्पानकस	(४) अक्षांश व रेखांशाच्या जाळ्याचा देशाचे स्थान लक्षात ठेवण्यासाठी उपयोग.

जोड्या	प	फ	भ	न
(अ)	२	१	३	४
(ब)	१	४	२	३
(क)	२	१	४	३
(ड)	१	४	३	२

८४. पनामाच्या सामुद्रधुनीमध्ये कालवा खोदण्याचा विचार कोणी मांडला?
(अ) टॉलेमी (ब) स्ट्रॅबो
(क) रेट्झल (ड) हंम्बोल्ट

८५. निसर्ग आपल्याला अनेक संधी देत असतो व मानवाला त्याची निवड करण्याचे स्वातंत्र्य असते. भूगोलातील या विचाराला म्हणतात.
(अ) नियतिवाद (ब) नवनियतिवाद
(क) संभववाद (ड) संभाव्यतावाद

८६. खालील विधानांवर विचार करा.
(१) एकविसाव्या शतकाच्या उत्तरार्धात रेट्झलचे जर्मन भूगोलात महत्त्व होते.
(२) रेट्झेलने 'अँथ्रोपॉलाजी' शब्द निर्माण केला.
(३) रेट्झेल डार्विनच्या प्रजातीय विकास सिद्धान्ताने प्रभावित झाला होता.

खालीलपैकी योग्य उत्तर निवडा.

(अ) १, २, आणि ३   (ब) १ आणि ३

(क) २ आणि ३   (ड) १ आणि ३

८७. स्तंभ १ (प्रक्षेपणाचे नाव) व स्तंभ २ (आकृती) यांच्या जोड्या लावा व खाली दिलेल्या जोड्यांमधून योग्य जोडीची निवड करा.

स्तंभ १	स्तंभ २
प्रक्षेपणाचे नाव	

(प) सिन्युसाइडल प्रक्षेपण   (१)

(फ) मॉलवीडचे प्रक्षेपण   (२)

(भ) खमध्य समक्षेत्र प्रक्षेपण   (३)

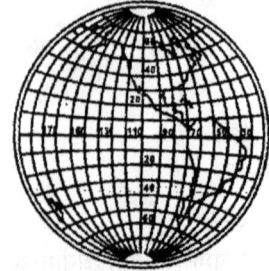

(न) बॉनचे प्रक्षेपण   (४)

जोड्या	प	फ	भ	न
(अ)	३	४	२	१
(ब)	२	१	३	४
(क)	३	१	२	४
(ड)	२	४	३	१

८८. स्तंभ १ (नकाशांचे प्रकार) व स्तंभ २ (प्रमाण) यांमधील योग्य शब्द निवडून जोड्या लावा व खाली दिलेल्या जोड्यांमधून योग्य जोडी निवडा.

	स्तंभ १		स्तंभ २	
	नकाशांचे प्रकार		प्रमाण	
(प)	स्थावर मालकी दर्शक नकाशा		(१)	१ सें. मी. : ५० कि.मी.
(फ)	स्थलदर्शक नकाशा		(२)	१ सें. मी. : ५२ कि. मी.
(भ)	भिंतीवरील नकाशा		(३)	१ सें. मी. : १०० कि.मी.
(न)	नकाशासंग्रहातील नकाशे		(४)	१ सें. मी. : २५ मीटर

जोड्या	प	फ	भ	न
(अ)	४	१	२	३
(ब)	३	२	१	४
(क)	४	२	१	३
(ड)	३	१	२	४

८९. खालीलपैकी कोणत्या पद्धतीमुळे अधिक उंचीचा भाग झटकन ओळखता येतो?

(१) समोच्चरेषा   (२) आयसोक्रोन

(३) हॅच्युर्स   (४) समभाररेषा

खालीलपैकी योग्य उत्तर निवडा.

(अ) १ आणि ४   (ब) १ आणि २

(क) १ आणि ३   (ड) २ आणि ४

९०. प्रत्येक १:१०,००००० प्रमाण असलेल्या स्थलदर्शक नकाशाचे १:२,५०,००० या प्रमाणाचे १६ भागांत नकाशे होतात. प्रत्येक १:२५,००,००० प्रमाणाच्या नकाशाचे १:५०,००० या प्रमाणाचे १६ भागांत नकाशे होतात तर १:५०,००० प्रमाणाच्या नकाशाचे १:२५,००० या प्रमाणात किती नकाशे होतील?

(अ) २   (ब) ४

(क) ८   (ड) १६

९१. मानवी भूगोलात खालीलपैकी कोणती मूळ संकल्पना आहे?

(अ) विकास आणि जीवनाची गुणवत्ता   (ब) स्थानिक अवस्था

(क) स्थानिक केंद्रीयता   (ड) भौगोलिक वितरण

९२. खालीलपैकी कोणते विधान बरोबर आहे?

(अ) IKONOS उपग्रह चित्रात विभेदन १ मीटर असते.

(ब) IRS उपग्रह चित्रात विभेदन ५.८ मीटर असते.

(क) INSAT उपग्रह चित्रात विभेदन १० मीटर असते.

(ड) SPOT उपग्रह चित्रात विभेदन १० मीटर असते.

पुढील प्रश्नांमध्ये दोन वाक्ये आहेत. त्यांपैकी 'अ' हे विधान आहे व 'क' हे त्याचे कारण आहे. या दोन्ही वाक्यांचा लक्षपूर्वक अभ्यास करून त्याची उत्तरे खाली दिलेल्या उत्तरांतून निवडा.

(अ) 'अ' आणि 'क' दोन्ही बरोबर आहेत आणि 'क' हे 'अ' चे योग्य स्पष्टीकरण आहे.

(ब) 'अ' आणि 'क' दोन्ही बरोबर आहेत, परंतु 'क' हे 'अ' चे योग्य स्पष्टीकरण नाही.

(क) 'अ' बरोबर आहे, परंतु 'क' चूक आहे.

(ड) 'अ' चूक आहे; पण 'क' बरोबर आहे.

९३. (अ) पंजाब, हरियाना, राजस्थान, तसेच गुजरात राज्यांमधील जंगलांची स्थिती अत्यंत दयनीय आहे.

(क) या राज्यात काही ठिकाणे अशी आहेत, की जेथे ताबडतोब वनीकरण करण्याची आवश्यकता आहे.

९४. (अ) क्षेत्रफळ, समुद्राने वेढलेले स्थान व हवामान या मुद्द्यांचा विचार करता ग्रेट ब्रिटन व न्यूझीलंड यांच्यात खूप साम्य आहे. तरीसुद्धा ग्रेट ब्रिटनचे लोक सधन आहेत व ते राजकीय व आर्थिक शक्तीचे एक मोठे केंद्र बनले आहे.

(क) ग्रेट ब्रिटनशी तुलना करता न्यूझीलंडला दक्षिण गोलार्धात विस्तृत प्रमाणावर पसरलेल्या महासागरामुळे निर्माण होणाऱ्या प्रतिकूल हवामानाला तोंड द्यावे लागते.

९५. (अ) भारतात कारखानदारीचा मुख्य विकास कोलकाता, मुंबई व चेन्नई बंदराजवळच्या प्रदेशात झाला आहे.

(क) या बंदरांच्या प्रदेशात कच्चा माल आणणे व पक्का माल बाजारपेठेत पाठवणे बाजारामुळे सोपे जाते.

९६. (अ) मान्सून आशियामध्ये प्रामुख्याने अन्नधान्याची शेती केली जाते.

(क) मान्सून आशियामध्ये शेती ही उदरनिर्वाहासाठी केली जाते.

९७. (अ) उत्तर अटलांटिक सागरी मार्ग जगातील सर्वांत महत्त्वाचा सागरी मार्ग आहे.

(क) उत्तर अटलांटिक सागरी मार्ग विकसित व विकसनशील देशांना एकमेकांच्या जवळ आणतो.

९८. (अ) अति कमी दाब तयार झालेल्या क्षेत्रात चक्रीवादळे निर्माण होतात.

(क) यात उंचीवर वाऱ्याचा बाह्यप्रवाह तर कमी उंचीवर वाऱ्याचा अंतर्गत प्रवाह असतो.

९९. (अ) भारतात तराई भागातील मृदेत नायट्रोजन व ह्युमसचे प्रमाण जास्त असते. परंतु फॉस्फेटचे प्रमाण कमी असते.

(क) ही मृदा गवत किंवा जंगलातील अवशेषांपासून बनते.

१००. (अ) भूकंपाचा अभ्यास प्राथमिक लहरी (P) व दुय्यम लहरी (S) यांना प्रवासास लागणाऱ्या वेळेवरून केला जातो.

(क) प्राथमिक लहरी जाऊन पोहचेपर्यंत L लहरी सुरू होत नाहीत.

१०१. (अ) पर्वतपदीय मैदाने खूप लांबवर पसरलेली असतात.

(क) नदीने आणलेला गाळ पर्वताच्या पायथ्याच्या प्रदेशात साचून पंख्याचा आकार तयार होतो, अशी अनेक पंखाकृती संचये मिळून पर्वतपदीय मैदाने बनतात, त्यांना 'भाबर' असेही म्हणतात.

उत्तरे

१.अ	२.ड	३.ब	४.क	५.ड	६.क	७.ड	८.अ
९.ब	१०.क	११.ड	१२.ड	१३.अ	१४.ब	१५.ड	१६.ब
१७.क	१८.ब	१९.ब	२०.अ	२१.ब	२२.अ	२३.क	२४.ड
२५.ब	२६.क	२७.ब	२८.अ	२९.अ	३०.ब	३१.ब	३२.क
३३.अ	३४.क	३५.अ	३६.ड	३७.ब	३८.ड	३९.अ	४०.क
४१.क	४२.क	४३.ब	४४.अ	४५.ब	४६.क	४७.क	४८.क
४९.क	५०.ड	५१.ब	५२.ब	५३.क	५४.ब	५५.ड	५६.अ
५७.ड	५८.अ	५९.ब	६०.ब	६१.अ	६२.अ	६३.ब	६४.क
६५.ड	६६.अ	६७.अ	६८.अ	६९.ब	७०.अ	७१.अ	७२.अ
७३.क	७४.क	७५.ब	७६.ड	७७.ड	७८.क	७९.ब	८०.ब
८१.ड	८२.ब	८३.अ	८४.ड	८५.क	८६.ड	८७.ड	८८.ब
८९.क	९०.अ	९१.अ	९२.क	९३.ब	९४.अ	९५.अ	९६.अ
९७.ब	९८.क	९९.ब	१००.ब	१०१.अ			

◆◆◆

प्रश्नसंच - ४

१. १९५० च्या दशकातील नवीन भूगोलाचा भर कशावर होता?
   (अ) अनुभवाच्या तपासणीवर
   (ब) भौगोलिक परिस्थितीचा सामाजिक परिस्थितीशी संबंध
   (क) स्थानीकरण सिद्धान्त आणि मॉडेलचा वापर
   (ड) मानवाच्या परिस्थितीवर

२. खालील विधानांवर विचार करा.
   (१) अपवादात्मक भूगोल नामोथेटिक सिद्धान्ताशी संबंधित आहे.
   (२) इंडियाग्रॅफिक भूगोल प्रामुख्याने अद्वितीय, तसेच विशिष्ट बाबींशी संबंधित आहे.
   (३) आमूल परिवर्तनवाद (रॅडिकलिज्म) मार्क्सवादाच्या विरोधात विकसित झाला आहे.
   (४) मानवतावाद मानवाच्या चेतनेला सक्रिय भूमिका देतो.
   खालीलपैकी कोणते उत्तर बरोबर आहे?
   (अ) १ आणि २   (ब) २ आणि ३
   (क) २ आणि ४   (ड) १ आणि ४

३. कांटच्या खालील विधानांवर विचार करा.
   (१) ज्ञानाचे तर्कशुद्ध किंवा भौतिक अशा दोन भागांत विभाजन करता येते.
   (२) तार्किक वर्गीकरणात व्यक्तिगत तत्त्वांचा विचार केला जातो.
   (३) भौतिक वर्गीकरणात त्या व्यक्तिगत तत्त्वांचा विचार केला जातो, की जे एका काळाशी व स्थानाशी संबंधित असतात.
   (४) इतिहास कथेवर आधारित आहे तर भूगोल वर्णनात्मक आहे.
   खालीलपैकी योग्य उत्तर निवडा.
   (अ) १, २ आणि ३   (ब) १, ३ आणि ४
   (क) २ आणि ४   (ड) १, २, ३ आणि ४

४. स्तंभ १ (कालखंड) व स्तंभ २ (कालखंडाचे वैशिष्ट्य) यांमधील योग्य शब्द निवडून जोड्या लावा व खाली दिलेल्या जोड्यांमधील योग्य जोडी निवडा.

	स्तंभ १	**स्तंभ २**
	कालखंड	कालखंडाचे वैशिष्ट्य
(प)	पॅलॉझॉइक	(१) भूखंड एकसंघ होते, त्याला 'गोंडवानालॅन्ड' म्हणतात.
(फ)	निओॅझॉइक	(२) पृथ्वीवर वनस्पती जीवनास प्रारंभ
(भ)	मेसोझॉइक	(३) पृथ्वीचा बराचसा भाग बर्फाच्या आवरणाखाली होता.
(न)	क्वाटर्नरी	(४) पृथ्वीवर भयंकर भू-हालचाली घडून आल्या

जोड्या	प	फ	भ	न
(अ)	२	१	३	४
(ब)	२	४	१	३
(क)	१	२	३	४
(ड)	४	३	२	१

५. खालील विधानांवर विचार करा.

(१) क्षेत्रीय विश्लेषण सकारात्मकवादाशी संबंधित आहे.

(२) आचरणवादी असमानतेच्या समस्यांवर केंद्रित आहे.

(३) मानवतावादी भूगोलात जीवनातील घटना व मूल्ये समजण्याचा प्रयत्न केला जातो.

खालीलपैकी योग्य उत्तर निवडा.

(अ) १ आणि २ (ब) १ आणि ३

(क) २ आणि ३ (ड) १, २ आणि ३

६. खालीलपैकी कोणत्या एका प्रक्षेपणात मापक ४५° अक्षांशावर बरोबर असतो?

(अ) समक्षेत्र दंडगोलाकार प्रक्षेपण (ब) गाल्सचे प्रक्षेपण

(क) मर्केटर प्रक्षेपण (ड) मॉलवीड प्रक्षेपण

७. स्तंभ १ (प्रक्षेपण) व स्तंभ २ (त्याची उपयुक्तता) यांमधील योग्य शब्द निवडून जोड्या लावा व खालील दिलेल्या जोड्यांमधील योग्य जोडी निवडा.

	स्तंभ १	**स्तंभ २**
	प्रक्षेपण	त्याची उपयुक्तता
(प)	बॉनचे	१. ट्रान्स सैबेरियन रेल्वे
(फ)	दंडगोल समक्षेत्र प्रक्षेपण	२. संयुक्त संस्थान - अमेरिका तसेच कॅनडा
(भ)	एक प्रमाण अक्षवृत्त शंकू	३. युरोप खंड
(न)	द्विप्रमाण अक्षवृत्त शंकू	४. जगातील रबर तसेच मसाल्याचे उत्पादन

जोड्या	प	फ	भ	न
(अ)	४	३	१	२
(ब)	४	३	२	१

(क)	३	४	१	२
(ड)	३	४	२	१

८. स्तंभ क्र. १ (नकाशाचा उपयोग) व स्तंभ क्र. २ (नकाशाचे नाव) यांमधील योग्य शब्दांच्या जोड्या लावून खाली दिलेल्या जोड्यांपैकी योग्य जोडी निवडा.

स्तंभ १ नकाशाचा उपयोग	**स्तंभ २** नकाशाचे नाव
(प) धर्म, वंश, शिक्षण, आरोग्याबाबत माहिती	(१) राजकीय नकाशे
(फ) देशांच्या वा राज्यांच्या सीमा दर्शविण्यासाठी	(२) वाहतूक नकाशे
(भ) वस्तूंची देशादेशांमधील देवाण-घेवाण दर्शवण्यासाठी	(३) सामाजिक व सांस्कृतिक नकाशे
(न) जलमार्ग दाखवण्यासाठी	(४) व्यापारी नकाशे

जोड्या	प	फ	भ	न
(अ)	३	१	४	२
(ब)	२	४	१	३
(क)	३	४	१	२
(ड)	२	१	४	३

९. भौगोलिक माहिती-प्रणालीसंबंधी खालील विधानांचा विचार करा.

(१) यात अनेक घटकांच्या संदर्भात सांख्यिकी माहिती गोळा केली जाते.

(२) माहितीचे एकत्रीकरण करणे, तिचा संचय करणे व पृथक्करण करणे हे महत्त्वाचे काम केले जाते.

(३) एकाच वेळी अनेक घटकांचे पृथक्करण करण्याची ताकद हे या तंत्राचे महत्त्वाचे अंग आहे.

(४) पारंपरिक पद्धतीपेक्षा यात नेमकेपणा व अचूकपणा अधिक आहे.

खालीलपैकी योग्य उत्तर निवडा.

(अ) १, २ आणि ४ (ब) २, ३ आणि ४

(क) ३, ४ आणि २ (ड) १, २, ३ आणि ४

१०. ऑस्ट्रेलियाच्या पूर्व किनाऱ्यावरील खालील शहरांचा उत्तरेकडून दक्षिणेकडे योग्य क्रम निवडा.

(अ) ब्रिसबेन - मेलबोर्न - केरन्स - सिडनी

(ब) केरन्स - ब्रिसबेन - सिडनी - मेलबोर्न

(क) मेलबोर्न - केरन्स - ब्रिसबेन - सिडनी

(ड) सिडनी - केरन्स - मेलबोर्न - ब्रिसबेन

११. शेजारील आकृती खालीलपैकी काय दर्शविते?

(अ) असामान्य प्रस्तरभंग

(ब) प्रतिकूल प्रस्तरभंग

(क) पायऱ्यापायऱ्याचा प्रस्तरभंग

(ड) पायऱ्याचा प्रस्तरभंग

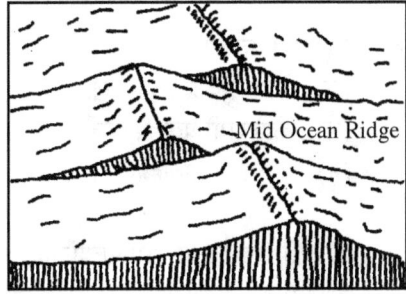
Mid Ocean Ridge

१२. खाली दिलेल्या नदीच्या खोऱ्यांवर विचार करा.

(प) चांग चियांग   (१)

(फ) डॅन्युब   (२)

(भ) नाइजर   (३)

(न) अमूर   (४)

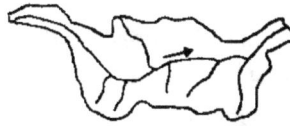

वर दिलेल्या आकृत्यांमधील नद्यांची खोरी ओळखा आणि योग्य जोड्या लावून खाली दिलेली योग्य जोडी ओळखा.

जोड्या	प	फ	भ	न
(अ)	४	१	२	३
(ब)	३	२	१	४
(क)	३	१	२	४
(ड)	४	२	१	३

१३. खाली दिलेल्या प्रवाहप्रणालींवर विचार करा.

(प) आयताकार प्रवाहप्रणाली
(फ) केंद्रोन्मुख प्रवाहप्रणाली
(भ) केंद्रत्यागी प्रवाहप्रणाली
(न) जाळीनुमा प्रवाहप्रणाली.

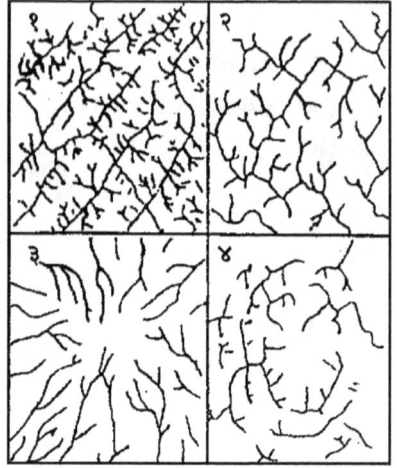

शेजारी दिलेल्या आकृत्यांचा अभ्यास करून त्याच्या वर दिलेल्या नावाबरोबर जोड्या लावून, खाली दिलेल्या जोड्यांमधून योग्य जोडी निवडा.

जोड्या	प	फ	भ	न
(अ)	१	२	४	२
(ब)	२	४	३	१
(क)	१	४	३	२
(ड)	२	३	४	१

१४. शेजारी दिलेल्या आकृतीमध्ये अ खालीलपैकी काय दर्शवतो?

(अ) शूककूट (Arete)
(ब) शीर्षभेग (Bergshrund)
(क) सर्क
(ड) मेषशिला (Roche Moutonnee)

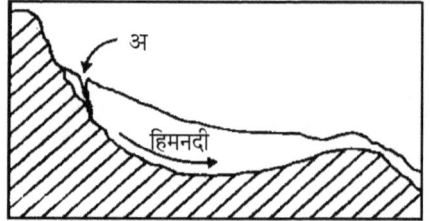

१५. दक्षिण आफ्रिकेतील खालील चार देशांच्या विषुववृत्तापासूनच्या अंतराचा विचार करता योग्य क्रम कोणता?
(अ) झाम्बिया - झिम्बाब्वे - लेसोथो - बोत्सवाना
(ब) झिम्बाब्वे - लेसोथो - बोत्सवाना - झाम्बिया
(क) झाम्बिया - झिम्बाब्वे - बोत्सवाना - लेसोथो
(ड) झिम्बाब्वे - बोत्सवाना - झाम्बिया - लेसोथो

१६. हिमालयपर्वतरांगांतील भूकंप खालीलपैकी कोणत्या कारणाने होतात?

(अ) हिमालयपर्वताचा भाग भूगर्भशास्त्रीयदृष्ट्या असंतुलित असल्याने हे भूकंप संतुलनमूलक स्वरूपाचे असतात.

(ब) हिमालय पर्वत युवापर्वत आहेत.

(क) हिमालय पर्वतातील खडक कमकुवत आहेत.

(ड) ज्वालामुखीतून बाहेर पडणाऱ्या पदार्थाच्या धक्क्यामुळे भूपृष्ठाला हादरे बसून भूकंप होतात.

१७. भारतात क्रेम्ब्रियनपूर्व काळातील खडक खालीलपैकी कोणत्या पर्वतात आढळतात?

(अ) अरवली (ब) पश्चिम घाट (क) सातपुडा (ड) शिवालिक

१८. खालील हवामानाच्या वैशिष्ट्यांचा विचार करा.

जुलै तापमान : २६° ते ३२°C

जानेवारी तापमान : १९° ते २८°C

जानेवारी सरासरी पाऊस : २० सें.मी

वरील प्रकारची हवामानाची वैशिष्ट्ये भारताच्या कोणत्या विभागात आढळतात?

(अ) वायव्य भारत (ब) ईशान्य भारत

(क) नैर्ऋत्य भारत (ड) आग्नेय भारत

१९. भाबर कुठे आढळतात?

(अ) छोटा नागपूर पठारावर (ब) हिमालय पर्वताच्या पायथ्याशी

(क) पश्चिम घाटात (ड) ओरिसाच्या किनारपट्टीवर

२०. स्तंभ १ (झाडाचे नाव) व स्तंभ २ (वनस्पतीचा प्रकार) यांमधील योग्य शब्द निवडून जोड्या लावा व खाली दिलेल्या जोड्यांमधील योग्य जोड्या निवडा.

स्तंभ १ झाडाचे नाव	**स्तंभ २** वनस्पतीचा प्रकार
(प) साग	(१) वाळवंटी वनस्पती
(फ) अकेशिया	(२) खारफुटीची जंगले
(भ) सुंदरी	(३) सूचिपर्णीवृक्ष जंगले
(न) हेमलॉक	(४) मान्सून जंगले

जोड्या	प	फ	भ	न
(अ)	३	२	१	४
(ब)	४	२	१	३
(क)	४	१	२	३
(ड)	३	१	२	४

२१. खालीलपैकी कोणते पदार्थ प्राण्यांपासून मिळतात?
   (अ) क्विनाइन व टर्पेंटाइन तेल   (ब) डिंक व रेझिन
   (क) लाख आणि मेण   (ड) औषध व मसाले

२२. खालीलपैकी कोणत्या प्रक्रियेमुळे खडक भंग पावतात?
   (अ) संनिघर्षण   (ब) वहन
   (क) अपक्षरण   (ड) अपघर्षण

२३. केरळ राज्यात खालीलपैकी कोणते जास्त प्रमाणात मिळतात?
   (अ) थोरियम   (ब) युरेनियम
   (क) अभ्रक   (ड) मोनाझाइट

२४. खालील विधानांवर विचार करा.
   (१) आंध्र प्रदेशात प्रामुख्याने तांदूळ व तंबाखूचे उत्पादन होते.
   (२) पश्चिम बंगालमध्ये प्रामुख्याने तांदूळ व चहाचे उत्पादन होते.
   (३) ओरिसात प्रामुख्याने तांदूळ व ज्वारीचे उत्पादन होते.
   (४) तमिळनाडूत प्रामुख्याने तांदूळ व कॉफीचे उत्पादन होते.
   खालीलपैकी कोणते उत्तर बरोबर आहे?
   (अ) १, २, आणि ३   (ब) १, २, आणि ४
   (क) १, ३, आणि ४   (ड) २, ३, आणि ४

२५. नेपाळ, सिक्कीम, व आसाम हिमालयात सूचिपर्णी वृक्ष काश्मीरमधील हिमालयाच्या,
   तुलनेत अधिक उंचीवर आढळतात कारण सिक्कीम व आसाम हिमालय:
   (१) कमी अक्षांशावर आहेत.
   (२) मध्ये कमी उंचीवर कमी हिमवर्षाव होतो.
   (३) मध्ये कमी उंचीवर अधिक तापमान असते.
   (४) यांची उंची कमी आहे.
   (५) मध्ये कमी उंचीवर जास्त पाऊस पडतो.
   खालीलपैकी कोणते उत्तर बरोबर आहे?
   (अ) १, २ आणि ३   (ब) २, ३ आणि ४
   (क) १, ४ आणि ५   (ड) १, २, ३ आणि ४

२६. भारतामध्ये खालीलपैकी कोणत्या राज्यात औष्णिक विद्युत् उत्पादन जास्त होते?
   (अ) बिहार   (ब) तमिळनाडू
   (क) महाराष्ट्र   (ड) छत्तीसगड

२७. स्तंभ १ (खनिज) स्तंभ २ (प्रदेश) यामधील योग्य शब्दांच्या जोड्या लावून खाली
   दिलेल्या जोड्यांमधील योग्य जोडी निवडा.

	स्तंभ १		**स्तंभ २**
	खनिज		प्रदेश
(प)	तांबे	(१)	बालाघाट आणि छिंदवाडा
(फ)	कच्चे लोखंड	(२)	वादाम पहाड
(भ)	जस्त	(३)	खेतडी
(न)	मँगेनीज	(४)	जावर

जोड्या	प	फ	भ	न
(अ)	३	२	४	१
(ब)	४	२	३	१
(क)	४	१	३	२
(ड)	३	१	४	२

२८. भारतातील आंध्रप्रदेश, गुजरात, महाराष्ट्र व तमिळनाडू या राज्यांतील शहरी लोकसंख्येच्या आधारे २००१ च्या जनगणनेनुसार उतरत्या क्रमाने मांडणी करा.

(अ) तमिळनाडू - गुजरात - महाराष्ट्र - आंध्रप्रदेश

(ब) तमिळनाडू - महाराष्ट - गुजरात - आंध्रप्रदेश

(क) आंध्रप्रदेश - गुजरात - महाराष्ट्र - तमिळनाडू

(ड) महाराष्ट्र - गुजरात - आंध्रप्रदेश - तमिळनाडू

२९. भारतातील २००१ च्या जनगणनेनुसार दहा लाख लोकसंख्या असलेली शहरे किती आहेत?

(अ) २५ (ब) ३० (क) ३५ (ड) ४०

३०. २००१ च्या जनगणनेनुसार खालीलपैकी कोणत्या राज्यामध्ये ० ते ६ या वयोगटात सर्वांत जास्त लिंगगुणोत्तर प्रमाण आढळते?

(अ) मिझोराम (ब) नागालँड (क) सिक्कीम (ड) त्रिपुरा

३१. अंदमान बेटावरील आदिवासी लोक खालीलपैकी कोणत्या गटात मोडतात?

(अ) निग्रो (ब) निग्रिटो

(क) पॅलिओ-ऑस्ट्रेलियड्स (ड) निग्रोलोस

३२. खालील जोड्यांपैकी कोणती जोडी योग्य नाही?

(अ) वन्यजीव सुरक्षा कायदा : १९७२

(ब) जलसंरक्षण कायदा : १९७७

(क) गंगा कार्य योजना : १९८१

(ड) पर्यावरण सुरक्षा कायदा : १९८६

३३. खालीलपैकी कोणी खगोलशास्त्राच्या अभ्यासाच्या विकासासाठी सर्वांत जास्त योगदान दिले आहे?

(अ) ग्रीक (ब) रोमन (क) भारतीय (ड) अरब

३४. खालील विधानांवर विचार करा.

(१) प्लास्का बेट क्राउन्का बेटाच्या दक्षिणेला आहे.

(२) सालमाली बेट कुशा बेटाच्या दक्षिणेला आहे.

(३) पुष्कारा बेट जम्बू बेटाच्या आग्नेयेला आहे.

(४) कुशा बेट जम्बू बेटाच्या पश्चिमेला आहे.

खालीलपैकी कोणते उत्तर बरोबर आहे?

(अ) १, २, आणि ३ (ब) १, २, आणि ४

(क) २, ३, आणि ४ (ड) १, ३, आणि ४

३५. हवामानाचा प्रभाव खूप असतो व त्याचे नियंत्रण करणे कठीण आहे. कोरड्या हवामानाच्या प्रदेशात शेतीला जलसिंचनाची जरूर पडतेच. आज जगातील आर्थिक समृद्धी पावसावर अवलंबून आहे', वरील विचार खालीलपैकी कोणी मांडले?

(अ) हेरोडोटस (ब) हटिंग्टन (क) रेट्झेल (ड) सॅम्पल

३६. खालील शहरांचा विचार करा.

(१) कॅन्टन (२) बीजिंग (३) सिंगापूर (४) तेहरान

वार्षिक सरासरी तापमानानुसार चढत्या क्रमाने क्रमवारी लावल्यास खालीलपैकी कोणते उत्तर बरोबर आहे?

(अ) १-३-२-४ (ब) २-४-१-३

(क) ३-१-४-२ (ड) ४-२-३-१

३७. नैर्ऋत्य आशियात तेलाच्या प्रमुख खाणी खालीलपैकी कोठे आहेत?

(अ) फारसच्या खाडीच्या किनाऱ्यावर (ब) दजळा-फरात बेसिनमध्ये

(क) रुब-अल-खाली वाळवंटात (ड) अतपट क्षेत्रात

३८. स्तंभ १ (अरब तत्त्ववेत्ता) व स्तंभ २ (पुस्तक) यांमधील योग्य शब्द निवडून जोड्या लावा व खालीलपैकी योग्य जोडी निवडा.

	स्तंभ १ अरब तत्त्ववेत्ता	**स्तंभ २** पुस्तक
(प)	इब्द हाकल	(१) कूनान-अल-मसूदी
(फ)	अल मसूदी	(२) मीराजल-धाइब
(भ)	अल-बरुदी	(३) रस्ते आणि राज्यांचे पुस्तक
(न)	अल-इदरिश	(४) विश्वभ्रमण करण्याची इच्छा ठेवणाऱ्यांसाठी मनोरंजन

जोड्या	प	फ	भ	न
(अ)	४	१	२	३
(ब)	४	२	१	३
(क)	३	१	२	४
(ड)	३	२	१	४

३९. खालील विधानांवर विचार करा.

(१) हेरोडोटसने 'पृथ्वी ही एक चपटी चकती आहे' असे घोषित केले होते.

(२) टोलेमीच्या विचारानुसार 'पृथ्वी ब्रह्मांडाच्या मध्यभागी आहे' असे होते.

(३) "T'-"O' नकाशा पूर्वेकडे तोंड करून होता.

(४) अरब तत्त्ववेत्त्यांनी आपला नकाशा दक्षिणेकडे तोंड करून ठेवला होता.

खालीलपैकी कोणते उत्तर बरोबर आहे?

(अ) १, २, आणि ३ (ब) २ आणि ४

(क) ३ आणि ४ (ड) १, २, ३, आणि ४

४०. वैरेनियसने खालीलपैकी कशामध्ये फरक केला होता?

(अ) भौतिक आणि मानवी भूगोलामध्ये

(ब) सामान्य आणि विशेष भूगोलामध्ये

(क) संख्यात्मक आणि गुणात्मक भूगोलामध्ये

(ड) ऐतिहासिक आणि समसामयिक भूगोलामध्ये

४१. राष्ट्रीय महामार्ग क्र. ५. खालीलपैकी कोणत्या शहरांना जोडतो?

(अ) दिल्ली व मुंबई

(ब) वाराणसी व बेंगळुरू

(क) कोलकाता व मुंबई

(ड) चेन्नई व कोलकाता

४२. खालीलपैकी कोणती तृतीय श्रेणींची भूरूपे आहेत?

(अ) मैदान (ब) भृगू

(क) पठार (ड) दरी

४३. एन्थ्रोपोजिऑग्राफीच्या व्यतिरिक्त रेट्झेलने खालीलपैकी कोणत्या विषयात महत्त्वपूर्ण योगदान दिले आहे?

(अ) सांस्कृतिक भूगोल

(ब) प्रादेशिक भूगोल

(क) भौतिक भूगोल

(ड) राजनैतिक भूगोल

४४. शेजारी दिलेल्या आकृतीत बाणाने दर्शवलेला वारा कोणत्या प्रकारचा आहे?

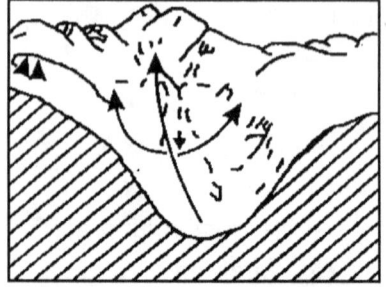

(अ) दरी वारा
(ब) पर्वत वारा
(क) खारे वारे
(ड) मतलई वारे

४५. खालील कोणती आकृती उत्तर गोलार्धातील उष्ण कटिबंधीय आवर्त दाखवते?

(अ)

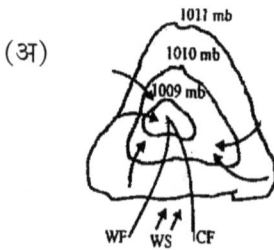

(ब)

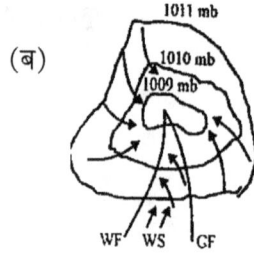

(क)

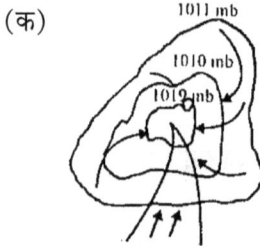

(ड)

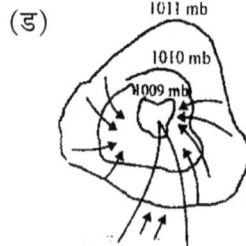

४६. शेजारी दिलेल्या आलेखात दरमहा सरासरी तापमान व दरमहा सरासरी पर्जन्य दिलेले आहे, ते खालीलपैकी कोणत्या शहराशी संबंधित आहे?

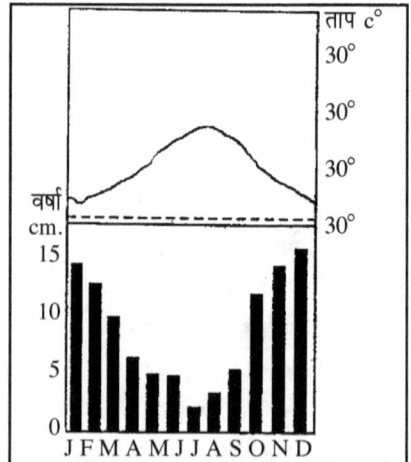

(अ) लंडन
(ब) न्यूयॉर्क
(क) रोम
(ड) व्हॅनकूव्हर

४७. शेजारी दिलेल्या आकृतीमधील सामुद्रधुनींवर विचार करा.

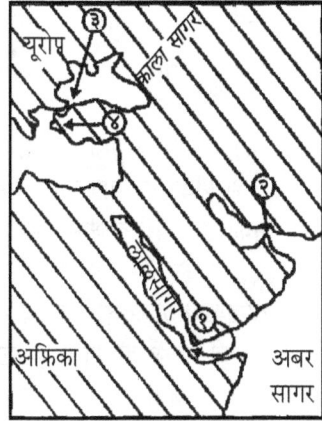

(प) बास्पोरस (फ) हार्मुज
(भ) दर्दनिलेस
(न) बॉब एल मैडेव

शेजारच्या नकाशांमध्ये १, २, ३, ४ असे क्रमांक त्या सामुद्रधुनीच्या स्थानी टाकलेले आहेत ते पाहून खाली दिलेल्या उत्तरांच्या जोड्यांमधील योग्य जोडी निवडा.

जोड्या	प	फ	भ	न
(अ)	४	२	१	३
(ब)	४	१	२	३
(क)	३	२	१	४
(ड)	३	१	२	४

४८. शेजारच्या आकृतीमध्ये दर्शविलेल्या भूगोलाच्या शाखांचा विचार खालीलपैकी कोणी मांडला?

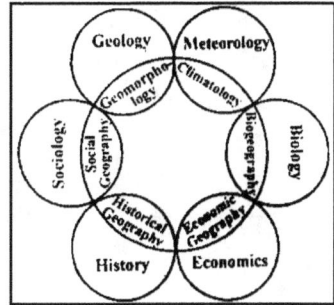

(अ) ई. ए. एकरमान
(ब) बी. ए. अनुचिन
(क) जे. एन. एल. बेकर
(ड) एन. एम. फेनरमॅन

४९. शेजारी दिलेल्या आफ्रिकेच्या नकाशातील छायांकित प्रदेश काय दर्शवितो?

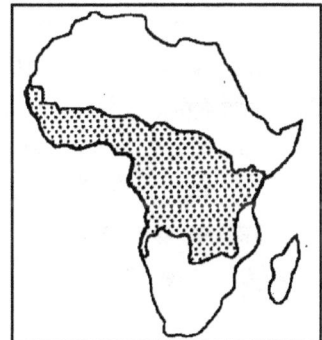

(अ) विषुववृत्तीय जंगले
(ब) पशुपालन क्षेत्र
(क) पिग्मी प्रदेश
(ड) त्से त्से माशांनी व्यापलेला प्रदेश

५०. अफगाणिस्तानातील खालील शहरांच्या स्थानावर विचार करा.

(प) घाज्नी (फ) कंधार

(भ) कुंदुज

(न) मजार-ए-शरीफ

शेजारी दिलेल्या अफगाणिस्तानच्या नकाशात वरील शहरांची स्थाने १, २, ३, ४, या आकड्यांनी दाखवली आहेतत. शहरांचे स्थान व नाव यांच्या जोड्या लावून खाली दिलेल्या जोड्यांमधील योग्य जोडी निवडा.

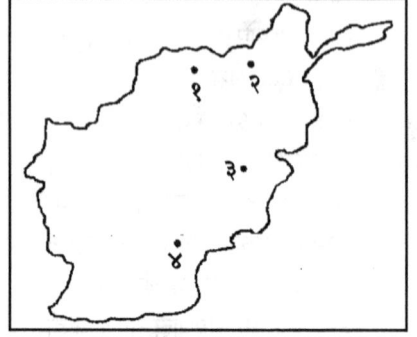

	प	फ	भ	न
(अ)	३	४	१	२
(ब)	४	३	१	२
(क)	४	३	२	१
(ड)	३	४	२	१

५१. शेजारच्या नकाशामधील छायांकित केलेला भाग खालीलपैकी कोणत्या शहराचा आहे.

(अ) जिब्राल्टर

(ब) हाँगकाँग

(क) मेलबोर्न

(ड) सिंगापूर

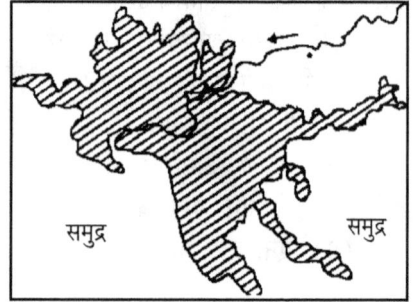

५२. शेजारच्या नकाशातील छायांकित प्रदेश खालीलपैकी काय दर्शवतो?

(अ) गव्हाचे उत्पादन करणारा प्रदेश

(ब) महान कृषी क्षेत्र

(क) पशुपालन क्षेत्र

(ड) जंगलक्षेत्र

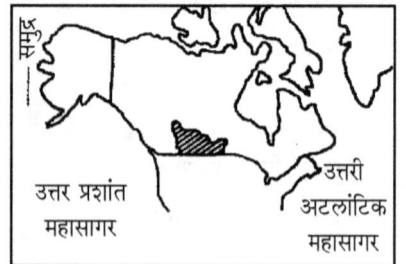

५३. जपानच्या खालील शहरांवर विचार करा.

(प) टोकिओ   (फ) ओसाका

(भ) हिरोशिमा   (न) नगोया

शेजारी दिलेल्या जपानच्या नकाशात वरील शहरे १, २, ३, आणि ४ या आकड्यांच्या साहाय्याने दर्शविली आहेत. शहराचे योग्य स्थान ओळखून जोड्या लावा व खाली दिलेल्या जोड्यांमधील योग्य जोडी निवडा.

जोड्या	प	फ	भ	न
(अ)	२	३	४	१
(ब)	१	३	४	२
(क)	२	४	३	१
(ड)	१	४	३	२

५४. शेजारच्या जपानच्या नकाशात दाखवलेली तुटकरेषा काय दर्शवते?

(अ) तेल वाहून नेणारी पाइप-लाइन

(ब) राष्ट्रीय महामार्ग

(क) रेल्वे-लाइन

(ड) जलमार्ग

५५. शेजारच्या ऑस्ट्रेलियाच्या नकाशातील छायांकित प्रदेश खालीलपैकी काय दर्शवतो?

(अ) गव्हाची शेती व पशुपालन क्षेत्र

(ब) मेंढीपालन क्षेत्र

(क) पशुपालन क्षेत्र

(ड) कापूस उत्पादन क्षेत्र

५६. खालील सागरांचा विचार करा.

(प) एराफुरा (फ) बंडा
(भ) कोरल (न) सोलोमनन

शेजारच्या नकाशात वर दिलेल्या सागराचे स्थान १, २, ३ आणि ४ या आकड्यांनी दर्शवलेले आहे. सागराचे स्थान व नाव यांच्या जोड्या लावून खाली दिलेल्या जोड्यांमधील योग्य जोडी निवडा.

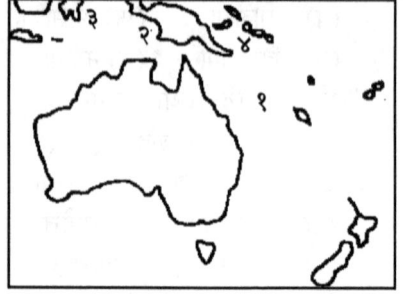

जोड्या	प	फ	भ	न
(अ)	१	४	२	३
(ब)	२	४	१	३
(क)	२	३	१	४
(ड)	१	३	२	४

५७. शेजारील भारताच्या नकाशात छायांकित केलेल्या प्रदेशातील जुलै महिन्याचे सरासरी तापमान खालीलपैकी कोणते आहे?

(अ) २०° C ते २२.५°C च्या दरम्यान
(ब) २५° C ते २७.५°C च्या दरम्यान
(क) २७.५° C ते २९°C च्या दरम्यान
(ड) २९° C ते ३१°C च्या दरम्यान

५८. युनानी आणि रोमन काळातल्या खालील नगरांवर विचार करा.

(प) कार्थेज
(फ) बायजेंटिअम
(भ) सारडिस
(न) लोअरी

शेजारील नकाशात वरील शहरांचे स्थान १, २, ३ आणि ४ या आकड्यांनी दर्शविलेले आहे. शहराचे नाव व

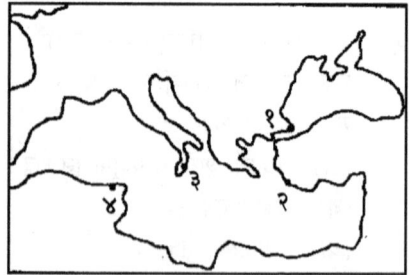

स्थानाचे आकडे यांच्या योग्य जोड्या लावून खाली दिलेल्या जोड्यांमधील योग्य जोडी निवडा.

जोड्या	प	फ	भ	न
(अ)	३	२	१	४
(ब)	४	२	१	३
(क)	३	१	२	४
(ड)	४	१	२	३

सूचना : पुढील प्रश्नांमध्ये वाक्ये दिलेली आहेत. त्यांतील एक वाक्य 'अ' हे विधान आहे व 'क' हे कारण आहे. दोन्हींचा पूर्ण अभ्यास करून खाली दिलेल्या उत्तरांमधील योग्य ते उत्तर निवडा.

(अ) 'अ' आणि 'क' दोन्ही बरोबर आहेत. व 'क' हे 'अ' चे कारण आहे.

(ब) 'अ' आणि 'क' दोन्ही बरोबर आहेत; पण 'क' हे 'अ' चे योग्य स्पष्टीकरण नाही.

(क) 'अ' बरोबर आहे; पण 'क' चूक आहे.

(ड) 'अ' चूक आहे, परंतु 'क' बरोबर आहे.

५९. (अ) विविध रिश्टर स्केलचे व तीव्रता असलेले भूकंप प्रशांत महासागराच्या पट्ट्यात आढळतात.

(क) भूपृष्ठाला वळ्या पडताना येथील कवचाचा भाग कमकुवत झाला असावा व म्हणून तेथे भूकंप होत असावेत.

६०. (अ) ध्रुवीय प्रदेशात हवेचा दाब जास्त असतो.

(क) ध्रुवीय प्रदेशात वर्षभर कमी प्रकाश मिळतो.

६१. (अ) पश्चिमी वारे उत्तर गोलार्धाच्या तुलनेत दक्षिण गोलार्धात अधिक प्रभावी ठरतात.

(ब) उत्तर गोलार्धात दक्षिण गोलार्धाच्या तुलनेत जमिनीने व्यापलेले क्षेत्र जास्त आहे.

६२. (अ) उत्तर गोलार्धाशी तुलना करता दक्षिण गोलार्धात तापमान खूप कमी असते.

(ब) दक्षिण गोलार्धात बर्फाच्छादित अंटार्क्टिका खंडाने व्यापलेले क्षेत्र जास्त असल्याने तापमान कमी असते.

६३. (अ) ग्रेट बॅरिअर रिफ ऑस्ट्रेलियाच्या जवळ आहे.

(क) प्रवाळ खारे व उष्ण पाणी असलेल्या सागरात अधिक वाढतात.

६४. (अ) अलनिनोचा पेरू येथील मासेमारीवर विपरीत परिणाम होतो.

(क) अलनिनोमुळे पावसाच्या प्रमाणावर फार मोठा परिणाम होतो. उष्ण कटिबंधीय

प्रदेशात कोरड्या प्रदेशात भरपूर पाऊस पडतो, तर साधारण पावसाच्या क्षेत्रात दुष्काळ पडतो.

६५. (अ) टुंड्रा प्रदेशात प्रदूषण कमीत कमी असते.

(क) टुंड्रा प्रदेशात तैगा अरण्ये वाढतात.

६६. (अ) जेव्हा एखाद्या देशातून लोक मोठ्या प्रमाणावर दुसऱ्या देशात जातात, तेव्हा त्या देशात कुशल कामगारांच्या दरात वाढ झाल्याने उद्योगातील नफ्याचे प्रमाण कमी होते.

(ब) साधारणपणे तरुण लोक दुसऱ्या देशात निघून गेल्याने ज्या देशातील लोक जातात, त्या देशात बालके व वृद्धांच्या तुलनेने तरुणांची संख्या कमी होते.

६७. (अ) उत्तर युरोपातील डेन्मार्क हा देश शेजारच्या देशांना दुग्धजन्य पदार्थ तसेच डुकराचे मांस पुरवतो.

(ब) डेन्मार्कमध्ये उत्तम प्रतीचे गवत वाढवले जाते. तसेच शेजारी देशांत भरपूर औद्योगिकीकरण झाल्याने मागणी भरपूर आहे.

६८. (अ) लोणी, चीज व फ्रोझन मांस हे न्यूझीलंडमधून प्रामुख्याने निर्यात होते.

(ब) न्यूझीलंडमधील थंड हवामान व जनावरांच्या चाऱ्याचे उत्पादन करण्यासाठी भरपूर जागा हे दोन घटक पशुपालनव्यवसायास पोषक आहेत.

६९. (अ) प्राचीनतम शहरी वस्तीचा विकास इ. स. आठ हजार वर्षांपूर्वी झालेला आहे.

(क) मानवी वस्तीचा विकास पशुपालनाबरोबर झाला.

७०. (अ) विकसित देशांमध्ये शेतीशी संबंधित आर्थिक स्वरूपात सक्रिय लोकसंख्या कमी होत आहे.

(क) दर माणशी शेतीयोग्य जमिनीचे प्रमाण कमी होत चालले आहे.

७१. (अ) खजुराची झाडे अत्यंत कमी पाऊस पडणाऱ्या उष्ण वाळवंटी प्रदेशात वाढतात.

(क) खजुराची झाडे वाळवंटी प्रदेशात जलसिंचनाचा वापर करून वाढवतात.

७२. (अ) चीनमध्ये शेतीचे दर हेक्टरी उत्पादन वाढल्यामुळे शेतीचा विकास झाला.

(ब) चीनमध्ये शेतीसकट सर्वच व्यवसायांत समाजवादी धोरण अवलंबिले जाते.

७३. (अ) श्रीलंकेमध्ये चहाचे सर्वांत जास्त उत्पादन देशाच्या मध्य भागात व पूर्व भागात होते.

(क) ऋतुमानानुसार होणाऱ्या भरपूर पावसामुळे चहाचे उत्पादन जास्त होते.

७४. (अ) हिवाळ्यात भारतातील उत्तरेकडच्या अर्ध्या भागात भारताबाहेरच्या त्याच अक्षांशावर असलेल्या ठिकाणापेक्षा ३° सें. ते ८° सें. ने तापमान जास्त असते.

(क) पूर्व पश्चिम पसरलेले हिमालय पर्वत हे त्याचे कारण आहे.

७५. (अ) उष्ण कटिबंधीय प्रदेशातील जांभा मृदा, लोखंड व ॲल्युमिनियमच्या कणांचे ऑक्सिडेशन होऊन तयार होते.

(क) अति पावसामुळे इतर सर्व खनिजे, अल्कली, पोषक द्रव्ये वाहून जातात व मृदेत फक्त लोहाचे व ॲल्युमिनियमचे कण राहतात.

७६. (अ) छत्तीसगड प्रदेशात वृक्षतोड मोठ्या प्रमाणावर होऊनसुद्धा आजही सर्वात जास्त सागाची झाडे आहेत.

(क) सागाची झाडे दीर्घायू असतात व अधिक कणखर असतात.

७७. (अ) भारतीय भूगोलतत्त्ववेत्त्यांनी भूगोलाच्या क्षेत्रात भरपूर बुद्धिप्रमाण्यवादी विचार मांडलेले असूनही भारतीय भूगोलाचे आंतरराष्ट्रीय स्तरावर महत्त्व नाही.

(क) भारतीय भूगोलतत्त्ववेत्ते, पाश्चिमात्य भूगोलतत्त्ववेत्त्यांचे विषय किंवा विचार, त्यावर स्वत: विचार न करता स्वीकारतात.

७८. (अ) विविध भौगोलिक घटकांची माहिती व त्यांच्यातील बदलांचा आलेख कागदावर स्तंभाच्या साहाय्याने दाखवता येतात.

(क) प्रत्येक स्तंभ समान जाडीचा असण्याची आवश्यकता नसते.

७९. (अ) साखर कारखाने भारतात उत्तर प्रदेशातील राज्यांमध्ये प्रामुख्याने आढळतात.

(क) उत्तर प्रदेशात तयार होणारा ऊस कमी प्रतीचा असतो.

८०. दोन छोटे-छोटे ग्रह दोन्ही बाजूंना व मध्यभागी मोठा ग्रह, असा विचार खालीलपैकी कोणत्या सिद्धान्ताशी संबंधित आहे?

(अ) बिग वेग सिद्धान्त (ब) भरतीची कल्पना

(क) द्वंद्व तारा सिद्धान्त (ड) सॅफिडचा सिद्धान्त

८१. (अ) प्लिस्टोसिन काळाच्या अंतापासून आजपर्यंत म्हणजे जवळजवळ दहा हजार वर्षांच्या काळाला खालीलपैकी कोणता काळ म्हणतात?

(अ) प्लायोसिन (ब) मायोसिन

(क) ओलिगोसिन (ड) होलोसिन

८२. स्तंभ १ (ग्रह) आणि स्तंभ २ (उपग्रह) यांमधील योग्य शब्द निवडून जोड्या लावा व खाली दिलेल्या जोड्यांमधील योग्य जोडी निवडा.

स्तंभ १	**स्तंभ २**
ग्रह	उपग्रह
(प) मंगळ	(१) युरोपा
(फ) गुरू	(२) टाइथिज
(भ) शनि	(३) डाइमोस
(म) युरेनस	(४) टिटानिया

जोड्या	प	फ	भ	म
(अ)	४	१	२	३
(ब)	३	२	१	४
(क)	४	२	१	३
(ड)	३	१	२	४

८३. स्तंभ १ व स्तंभ २ यांमधील योग्य शब्दांच्या जोड्या लावून खाली दिलेल्या योग्य जोड्यांमधील जोडी निवडा.

स्तंभ १	स्तंभ २
(प) लाव्हा चेंबर	(१) पृथ्वीवरील उगमकेंद्राच्या बरोबर वर असलेले केंद्र
(फ) भूकेंद्र	(२) पृथ्वीवर जेथून लाव्हा बाहेर येतो ते छिद्र
(भ) मुख	(३) पृथ्वीच्या खालील केंद्र जेथे भूकंपलहरींची निर्मिती होते.
(म) उगमकेंद्र	(४) पृथ्वीच्या गाभ्यातील लाव्हारस भूपृष्ठापर्यंत येण्याचा मार्ग

उत्तर	प	फ	भ	म
(अ)	३	१	२	४
(ब)	३	२	१	४
(क)	४	२	१	३
(ड)	४	१	२	३

८४. खालील विधानांवर विचार करा.

(१) रासायनिक विदारण चुनखडीच्या प्रदेशात प्रभावी ठरते.

(२) अतिशुष्क हवामानात विदारणाची प्रक्रिया कमी होते.

(३) अति उष्ण वा थंड हवामानाच्या प्रदेशात कायिक विदारण प्रभावी ठरते.

(४) विषुववृत्तीय हवामानाच्या प्रदेशात खडकांची झीज अतिशय कमी प्रमाणात होते.

(अ) १, २ आणि ३   (ब) १ आणि ४

(क) २, ३ आणि ४   (ड) १, २, ३ आणि ४

८५. एखाद्या समुद्रकिनाऱ्यावरील डोंगराचे उभ्या भिंतीप्रमाणे कडे असतील व यू आकाराच्या दऱ्या पाण्याखाली असतील तर त्या किनाऱ्यांना काय म्हणतात?

(अ) रिया   (ब) फिऑर्ड   (क) नेहरुंग   (ड) डाल्मेशियन

८६. तपांबरात ढग, वारे व पावसाचे कण इ. हवामानाशी संबंधित सर्वांची निर्मिती होते. कारण

(अ) तपांबरात तापमान स्थिर असते.

(ब) तपांबरात विद्युत्भारित कण असतात.

(क) सूर्याकडून निघणारी हानिकारक किरणे येथे शोषली जातात.

(ड) तपांबरात बाष्पकण, जलकण व धूलिकण असतात.

८७. एका विशिष्ट तापमानावर एका विशिष्ट आकारमानाच्या हवेतील बाष्पाचे वास्तविक प्रमाण व त्याच तापमानावर त्याच्या आकारमानाच्या हवेची बाष्पधारणशक्ती या दोहोंच्या गुणोत्तराला म्हणतात.

(अ) निरपेक्ष आर्द्रता   (ब) सापेक्ष आर्द्रता

(क) आर्द्रता   (ड) सांद्रीभवन

८८. खालीलपैकी कोणत्या प्रदेशात वर्षभर पश्चिमी वाऱ्यांमुळे पाऊस पडतो?

(अ) नैर्ऋत्य ऑस्ट्रेलिया   (ब) इराण व इराक

(क) दक्षिण आफ्रिका   (ड) दक्षिण चिली

८९. खालीलपैकी कोणती स्थिती समुद्राच्या पाण्यातील क्षारता वाढण्यास अनुकूल आहे.

(अ) अति बाष्पीभवन, अति तापमान व अति पाऊस

(ब) अति बाष्पीभवन, अति तापमान व कमी पाऊस

(क) कमी बाष्पीभवन, कमी तापमान व अति पाऊस

(ड) कमी बाष्पीभवन, कमी तापमान व कमी पाऊस

९०. समुद्रप्रवाहावर खालीलपैकी कोणत्या घटकाचा परिणाम होत नाही?

(अ) खंडाचा आकार   (ब) भरती, ओहोटी

(क) प्रचलित वारे   (ड) तापमानातील फरक

९१. खालील विधानांवर विचार करा.

सागरजलाचे तापमान खालील घटकांवर अवलंबून असते.

(१) सागराची खोली   (२) समुद्रप्रवाह

(३) प्रचलित वारे   (४) अक्षांश

खालीलपैकी कोणते उत्तर बरोबर आहे?

(अ) १, २ आणि ३   (ब) २, ३ आणि ४

(क) २, ३ आणि ४   (ड) १, २ आणि ४

९२. खालील विधानांचा विचार करा.

(१) सागरीय निक्षेप खूप मंद गतीने तयार होत असतात.

(२) सागरीय निक्षेप खंडान्त उतारावर व सागरी मैदानावर आढळतात.

(३) ग्लुकोनाइट या सागरी जीवापासून सागरी निक्षेप तयार होतात.

खालीलपैकी कोणते उत्तर बरोबर आहे?

(अ) १ आणि २ (ब) २ आणि ३

(क) १ आणि ३ (ड) १, २ आणि ३

९३. दक्षिण अटलांटिक महासागरात खालीलपैकी कोणत्या सागरी प्रवाहांचा क्रम आढळतो?

(अ) दक्षिण विषुववृत्तीय प्रवाह - ब्राझील प्रवाह - अंटार्क्टिक ड्रिफ्ट - बेंग्वेला प्रवाह

(ब) बेंग्वेला प्रवाह - ब्राझील प्रवाह - दक्षिण विषुववृत्तीय प्रवाह - अंटार्क्टिक ड्रिफ्ट

(क) अंटार्क्टिक ड्रिफ्ट - ब्राझील प्रवाह - बेंग्वेला प्रवाह - दक्षिण विषुववृत्तीय प्रवाह

(ड) दक्षिण विषुववृत्तीय प्रवाह - बेंग्वेला प्रवाह - ब्राझील प्रवाह - अंटार्क्टिक ड्रिफ्ट

९४. भूकंपामुळे महासागरात उठलेल्या लाटांना म्हणतात.

(अ) एस लहरी (ब) पी लहरी (क) एल लहरी (ड) त्सुनामी

९५. जगातील सर्वांत उंच वृक्ष खालील अरण्यात आढळतात.

(अ) पानझडी वृक्षाची अरण्ये (ब) तैगा किंवा सूचिपर्णी अरण्ये

(क) विषुववृत्तीय सदाहरित अरण्ये (ड) खारफुटीची अरण्ये

९६. स्तंभ १ (संकल्पना) व स्तंभ २ (भूगोलतत्त्ववेत्ता) यांमधील योग्य शब्द निवडून जोड्या लावा व खाली दिलेल्या जोड्यांमधून योग्य ती जोडी निवडा.

स्तंभ १	**स्तंभ**
(प) मानव परिस्थितिवाद	(१) ग्रिफिथ टेलर
(फ) नवनिश्चयवाद	(२) हार्लन बोरोज
(भ) सांस्कृतिक निश्चयवाद	(३) कार्ल रिटर
(न) पर्यावरण निश्चयवाद	(४) एडवर्ड उल्मेन

जोड्या	प	फ	भ	न
(अ)	१	२	४	३
(ब)	२	१	४	३
(क)	२	१	३	४
(ड)	१	२	३	४

९७. खालील विधानांवर विचार करा.

(१) जिऑग्राफिकल पिव्हर ऑफ हिस्ट्री (२) खननचक्र

(३) रॅव्हेन्स्टीनचे प्रवासाचे निगम (४) रॅटझेलची अँथ्रोपोजॉग्रफी

यांचा कालानुसार योग्य क्रम आहे.

(अ) २-३-१-४ (ब) ३-१-२-४

(क) ४-२-३-१ (ड) ३-४-२-१

९८. सेमायरी लोक खालीलपैकी कोणत्या जमातीशी संबंधित आहेत.

(अ) कॉकेशय जमात (ब) मँगोलाईड जमात

(क) निग्रो जमात (ड) ऑस्ट्रेलाईड जमात

९९. स्तंभ १ (जाती) व स्तंभ २ (देशाचे नाव) यातील योग्य शब्दांच्या जोड्या लावून खाली दिलेल्या जोड्यामधील योग्य जोडी निवडा.

स्तंभ १	**स्तंभ २**
जातीचे नाव	देशाचे नाव
(प) बाबिंगो	(१) कॅनडा
(फ) कूला	(२) अंगोला
(भ) ओरोमो	(३) इथिओपिया
(म) त्स्वा	(४) झैरे

जोड्या	प	फ	भ	म
(अ)	३	१	४	२
(ब)	३	२	४	१
(क)	४	२	३	१
(ड)	४	१	३	२

१००. खालील मानवी व्यवसायांचा विचार करा.

(१) मासेमारी (२) पशुपालन (३) दुग्धव्यवसाय

वरीलपैकी कोणते व्यवसाय किरगीझ लोक करतात?

(अ) १ आणि २ (ब) २ आणि ३

(क) १ आणि ३ (ड) १, २ आणि ३

१०१. खालील पर्वतरांगांचा विचार करा.

(१) झास्कर रांगा (२) धौलांधर रांगा

(३) लडाख रांगा (४) काराकोरम रांगा

वरील पर्वतरांगाचा उत्तर दिशेने योग्य क्रम लावा.

(अ) २-१-३-४ (ब) २-३-४-१

(क) ४-३-२-१ (ड) ४-२-१-३

१०२. स्तंभ १ (प्रदेश) व स्तंभ २ (व्यवसाय) यांमधील योग्य शब्दांच्या जोड्या लावून खाली दिलेल्या जोड्यांमधील योग्य जोडी निवडा.

स्तंभ १	स्तंभ २
(प) उष्ण व दमट हवामानाचा प्रदेश	(१) स्थलांतरित पशुपालन
(फ) उष्ण वाळवंटी प्रदेश	(२) स्थलांतरित शेती
(भ) मान्सून आशिया	(३) व्यापारी पशुपालन
(म) समशीतोष्ण गवताळ प्रदेश	(४) उदरनिर्वाहासाठी शेती

जोड्या	प	फ	भ	म
(अ)	१	२	३	४
(ब)	२	१	३	४
(क)	२	१	४	३
(ड)	१	२	४	३

१०३. स्तंभ १ (मृदेचा प्रकार) व स्तंभ २ (प्रदेश) यांमधील योग्य शब्दांच्या जोड्या लावून खाली दिलेल्या जोड्यांमधील योग्य जोडी निवडा.

स्तंभ १	स्तंभ २
(प) राखाडी पडझोल	(१) रशियाची काळी मृदा
(फ) जांभा (लॅटेराइट)	(२) सैबेरिया
(भ) चर्नोझम	(३) पश्चिम संयुक्त संस्थान
(न) चेस्टनट	(४) आफ्रिकेतील कांगोचे खोरे

जोड्या	प	फ	भ	न
(अ)	२	३	१	४
(ब)	१	३	२	४
(क)	१	४	२	३
(ड)	२	४	१	३

१०४. स्तंभ १ (प्रदेशाचे वैशिष्ट्य) व स्तंभ २ (प्रदेशाचे नाव) यांमधील योग्य शब्द निवडून जोड्या लावा व खाली दिलेल्या जोड्यांमधील योग्य जोडी निवडा.

स्तंभ १ प्रदेशाचे वैशिष्ट्य	स्तंभ २ प्रदेशाचे नाव
(प) ब्रेड बास्केट	१. सॅव्हाना
(फ) शिकारीचा प्रदेश	२. स्टेप प्रदेश
(भ) मिश्र शेती	३. प्रेअरी
(न) सर्वाधिक जैववैविधता	४. मान्सून प्रदेश

जोड्या	प	फ	भ	न
(अ)	३	२	१	४
(ब)	३	१	२	३

(क)	४	१	२	३
(ड)	४	२	१	३

१०५. खालील विधानांचा विचार करा.

उष्ण कटिबंधीय हवामानात वाढणाऱ्या पिकांना उत्तर अमेरिका व युरोपमध्ये भरपूर मागणी आहे. ती पिके दक्षिण अमेरिका व आफ्रिकेत मोठ्या प्रमाणावर घेतली जातात. कारण

(१) या पिकांसाठी योग्य अशी मृदा तेथे उपलब्ध आहे.

(२) या पिकांसाठी योग्य हवामान उपलब्ध आहे.

(३) व्यापारी दृष्टिकोनातून खनिजसंपत्तीचा विकास झाला नाही.

(४) शेतीवर आधारित उद्योग नसल्यामुळे

खालीलपैकी योग्य उत्तर निवडा.

(अ) १ आणि २ (ब) २ आणि ३

(क) १, ३ आणि ४ (ड) २, ३ आणि ४

१०६. स्तंभ १ (देश) आणि स्तंभ २ (प्रमुख उत्पादन) यांमधील योग्य शब्द निवडून जोड्या लावा व खाली दिलेल्या जोड्यांमधील योग्य जोडी निवडा.

स्तंभ १	**स्तंभ २**
(प) जर्मनी	१. रसायने
(फ) जपान	२. वर्तमानपत्राचा कागद
(भ) कॅनडा	३. मासे
(न) संयुक्त संस्थाने	४. कापूस

जोड्या	प	फ	भ	न
(अ)	१	३	२	४
(ब)	२	४	१	३
(क)	२	३	१	४
(ड)	१	४	२	३

१०७. हवाई बेटे जागृत ज्वालामुखीसाठी प्रसिद्ध आहेत. कारण-

(अ) ती भूपट्ट्याच्या सीमाक्षेत्रात येतात.

(ब) तेथील खडक कमकुवत आहेत.

(क) येथे दोन समुद्रांचे भाग व दोन खंडांचे भाग एकमेकांना येऊन मिळतात व ते भूगर्भशास्त्रीयदृष्ट्या कमकुवत असतात.

(ड) ते पर्वतरांगांमध्ये आहेत.

१०८. स्तंभ १ (संयुक्त संस्थानातील ठिकाण) व स्तंभ २ (त्याचे महत्त्व) यांमधील योग्य शब्दांच्या जोड्या लावून, खालील दिलेल्या जोड्यांमधील योग्य जोडी निवडा.

	स्तंभ १		स्तंभ २	
	(प) बूटे हिल्स		१. सर्वात मोठे रेल्वे जंक्शन	
	(फ) शिकागो		२. प्रमुख तांब्याच्या खाणींचे क्षेत्र	
	(भ) विस्काँसिन व मिनिसोटा		३. कोळशाच्या खाणींचे क्षेत्र	
	(म) पिट्सबर्ग		४. डेअरी उद्योग	

जोड्या	प	फ	भ	म
(अ)	२	१	३	४
(ब)	१	२	४	३
(क)	१	२	३	४
(ड)	२	१	४	३

१०९. स्तंभ १ (खनिज) व स्तंभ २ (संयुक्त संस्थानातील प्रमुख क्षेत्र) यांमधील योग्य शब्द निवडून जोड्या लावा व खाली दिलेल्या जोड्यांमधील योग्य जोडी निवडा.

स्तंभ १ खनिज	स्तंभ २ संयुक्त संस्थानांतील क्षेत्र
(प) कच्चे लोखंड	१. ॲरिझोना प्रदेश
(फ) कोळसा	२. सुपिरिअर सरोवराचा प्रदेश
(भ) खनिज तेल	३. गल्फ किनारी प्रदेश
(न) तांबे	४. पेन्सिल्व्हानिया
	५. मिशिगन सरोवराचा प्रदेश

जोड्या	प	फ	भ	न
(अ)	२	४	३	१
(ब)	१	३	५	२
(क)	१	४	३	२
(ड)	२	३	५	१

११०. अमेरिकेतील सुती वस्त्र कारखाने न्यू इंग्लंडमधून दक्षिण राज्यांमध्ये स्थलांतरित केले गेले, कारण

(अ) दक्षिण राज्यांत हवा अधिक दमट आहे.

(ब) न्यू इंग्लंडमध्ये विविध प्रकारचे उद्योग विकसित करायचे होते.

(क) दक्षिण राज्यांतील बाजारपेठ न्यू इंग्लंडपेक्षा मोठी होती.

(ड) दक्षिण राज्यांत जागा, पाणी व वीज, न्यू इंग्लंडपेक्षा स्वस्तात उपलब्ध होते.

१११. खालील देशांवर विचार करा.

    (१) बेल्जियम   (२) इटली

    (३) नेदरलँड   (४) युनायटेड किंग्डम

लोकसंख्येच्या घटत्या संख्येनुसार योग्य क्रम लावा.

    (अ) ३-१-२-४   (ब) २-४-१-३

    (क) ३-१-४-२   (ड) ४-२-३-१

११२. जपानमध्ये ३७° अक्षांशाच्या उत्तरेस व दक्षिणेस असमानता आहे. कारण

    (१) हवामानातील फरक   (२) घरांच्या रचनेतील फरक

    (३) शेतीतील फरक   (४) कारखानदारीतील फरक

    (अ) १, २ आणि ३   (ब) २, ३ आणि ४

    (क) १ आणि २   (ड) ३ आणि ४

उत्तरे

१. क	२. क	३. ड	४. अ	५. ब	६. ब	७. ड
८. अ	९. ड	१०. ब	११. ड	१२. ब	१३. ब	१४. ब
१५. क	१६. क	१७. अ	१८. ड	१९. ब	२०. क	२१. क
२२. क	२३. ड	२४. ब	२५. ड	२६. क	२७. अ	२८. ब
२९. क	३०. क	३१. ब	३२. क	३३. ड	३४. ब	३५. ड
३६. ब	३७. अ	३८. ड	३९. ड	४०. ब	४१. ड	४२. ब
४३. ड	४४. अ	४५. ब	४६. ड	४७. अ	४८. ड	४९. ड
५०. ड	५१. क	५२. अ	५३. ब	५४. क	५५. ब	५६. क
५७. ब	५८. ड	५९. क	६०. अ	६१. ड	६२. क	६३. ब
६४. ब	६५. ब	६६. अ	६७. अ	६८. अ	६९. ड	७०. ब
७१. क	७२. ब	७३. क	७४. अ	७५. अ	७६. अ	७७. अ
७८. ब	७९. क	८०. ब	८१. ड	८२. ड	८३. ड	८४. अ
८५. ब	८६. ड	८७. ब	८८. ड	८९. ब	९०. ब	९१. ब
९२. अ	९३. अ	९४. ड	९५. क	९६. ब	९७. ड	९८. अ
९९. ड	१००. ब	१०१. अ	१०२. क	१०३. ड	१०४. ब	१०५. अ
१०६. अ	१०७. क	१०८. ड	१०९. अ	११०. ड	१११. क	११२. क.

♦♦♦

प्रश्नसंच ५

१. इस्त्राएल आणि इतर नैर्ऋत्य आशियाई देशांत आर्थिक विषमता आहे, त्याचे कारण आहे :

(अ) इतर देशांत असलेले वाळवंट

(ब) इस्त्राएलची खनिज संपत्ती

(क) इस्त्राएलमध्ये विकसित झालेली जलसिंचन पद्धती

(ड) इस्त्राएलमध्ये झालेली क्रांती

२. स्तंभ १ (देश) व स्तंभ २ (परिस्थिती) यांमधील योग्य शब्दांच्या जोड्या लावून खाली दिलेल्या जोड्यांमधील योग्य जोडी निवडा.

स्तंभ १	**स्तंभ २**
(प) इराण	१. खनिज तेलाचा घरगुती उपयोग
(फ) इराक	२. नैसर्गिक वायूचा साठा
(भ) इस्त्राएल	३. प्राथमिक वस्तूंची निर्यात
(न) सौदी अरेबिया	४. पेट्रोलियम निर्यात

जोड्या	प	फ	भ	न
(अ)	२	१	३	४
(ब)	२	१	४	३
(क)	१	२	३	४
(ड)	१	२	४	३

३. खालीलपैकी कोणती जोडी योग्य नाही?

(अ) शेझवान बेसिन : पेट्रोलियम

(ब) हैनान प्रदेश : कच्चे लोखंड

(क) शान्सी प्रदेश : कोळसा

(ड) शेन्सी प्रदेश : टिन

४. शेजारच्या चीनच्या नकाशात १, २, ३ आणि ४ असे आकडे दाखवले आहेत. त्यांपैकी कोणत्या आकड्यांतून उष्ण कटिबंधातील शेती व शीत कटिबंधीय शेती अलग करणारी रेषा जाईल?

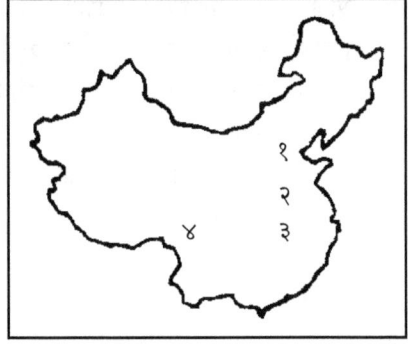

(अ) १   (ब) २
(क) ३   (ड) ४

५. ब्राझीलमध्ये उत्तरेकडून दक्षिणेकडे असा खालील नैसर्गिक प्रदेशांचा क्रम कोणता?
(अ) अमेझॉन बेसिन - मेटोग्रासो पठार - ब्राझीलचे पठार - कम्पोज
(ब) ॲमेझॉन बेसिन - ब्राझीलचे पठार - कम्पोज - मेटोग्रासो पठार
(क) ब्राझीलचे पठार - मेटोग्रासो पठार - अमेझॉन बेसिन - कम्पोज
(ड) मेटो ग्रासो पठार - कम्पोज - ब्राझीलचे पठार - ॲमेझॉन बेसिन

६. दक्षिण आफ्रिकेच्या खालील राजधानीशहरांवर विचार करा.
(प) हरारे   (फ) लिलोंग्वे
(भ) मसेरू   (न) विन्डहॉक
शेजारच्या दक्षिण आफ्रिकेच्या नकाशात या राजधान्यांचे स्थान १, २, ३, ४, ५ या आकड्यांनी दर्शवले आहे. आकडे व राजधान्या यांच्या जोड्या लावून खालील उत्तरांतील योग्य जोडी निवडा.

दक्षिण आफ्रिका

	प	फ	भ	न
(अ)	४	५	२	३
(ब)	५	४	२	३
(क)	४	५	३	१
(ड)	५	४	३	१

७. श्रीलंकेच्या खालील पिकांच्या प्रदेशांवर विचार करा.
(प) नारळाचा प्रदेश   (फ) मका, ज्वारी, बाजरी
(भ) रबर प्रदेश   (न) चहाचा प्रदेश

शेजारच्या श्रीलंकेच्या नकाशात वरील पिकांचे उत्पादन करणारे प्रदेश १, २, ३, ४, व ५ या आकड्यांनी दर्शविले आहेत. प्रदेशांचे स्थान व पिके यांच्या जोड्या लावून खाली दिलेल्या जोड्यांमधील योग्य जोडी निवडा.

जोड्या	प	फ	भ	न
(अ)	५	४	२	१
(ब)	४	५	३	२
(क)	५	४	३	२
(ड)	४	५	२	१

८. खालीलपैकी कोणते रशियामध्ये आहे?

(अ) डोनेट्झ   (ब) क्रिव्हायरॉग   (क) जिटोमीर   (ड) पेचोरा

९. स्तंभ १ (राज्य-डिसेंबर २०००) व स्तंभ २ (क्षेत्रफळाच्या नुसार क्रमवारी) यांमधील योग्य शब्द निवडून जोड्या लावा व खालील जोड्यांमधील योग्य जोडी निवडा.

	स्तंभ १	स्तंभ २
	राज्य-डिसेंबर २०००	क्षेत्रफळानुसार क्रमवारी
(प)	मध्य प्रदेश	१
(फ)	महाराष्ट्र	२
(भ)	आंध्रप्रदेश	३
(म)	राजस्थान	४

जोड्या	प	फ	भ	म
(अ)	२	३	४	१
(ब)	३	२	४	१
(क)	२	३	१	४
(ड)	३	२	१	४

१०. समुद्रसपाटीपासून उंचीनुसार खालील शहरांची चढत्या क्रमाने क्रमवारी लावली आहे, त्यातील कोणती क्रमवारी बरोबर आहे?

(अ) मार्मागोवा - मुंबई - कोलकाता - चेन्नई

(ब) मुंबई - कोलकाता - चेन्नई - मार्मागोवा

(क) चेन्नई - मार्मागोवा - मुंबई - कोलकाता
(ड) कोलकाता - मुंबई - चेन्नई - मार्मागोवा

११. काठियावाडची किनारपट्टी खालीलपैकी कशाचे उदाहरण आहे?
(अ) उन्मग्न उच्चभू किनारा (Emerged Upland Coast)
(ब) निमग्न सखल किनारा (Submerged Lowland Coast)
(क) रियाचा किनारा
(ड) डालमेशियन किनारा

१२. स्तंभ १ (मुख्य नदी) व स्तंभ २ (उपनदी) यांमधील योग्य शब्द निवडून जोड्या लावा व खाली दिलेल्या जोड्यांमधील योग्य जोडी निवडा.

	स्तंभ १ मुख्य नदी	**स्तंभ २** उपनदी
(प)	कृष्णा	(१) चंबळ
(फ)	ब्रह्मपुत्रा	(२) इंद्रावती
(भ)	गोदावरी	(३) तिस्ना
(न)	यमुना	(४) भीमा

जोड्या	प	फ	भ	न
(अ)	४	३	२	१
(ब)	३	४	१	२
(क)	४	३	१	२
(ड)	३	४	२	१

१३. दामोदर नदीच्या वरच्या भागात खालीलपैकी कोणती दरी आढळते?
(अ) खचदरी (ब) अभिनती दरी
(क) खनन दरी (ड) संचयन दरी

१४. शेजारच्या नकाशात भारतातील एका नदीच्या खोऱ्याचा विस्तार दाखवला आहे. ती नदी खालीलपैकी कोणती ते ओळखा.
(अ) कावेरी (ब) ब्राह्मणी
(क) गोदावरी (ड) महानदी

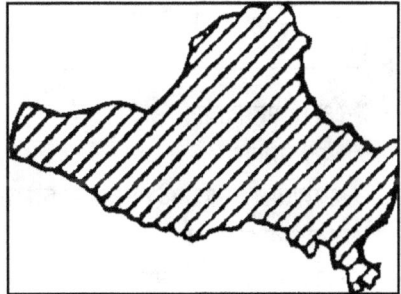

१५. शेजारचा तापमानाचा आलेख खालीलपैकी कोणत्या शहराचा आहे?

(अ) कोलकाता
(ब) चेरापुंजी
(क) कोचीन
(ड) भोपाळ

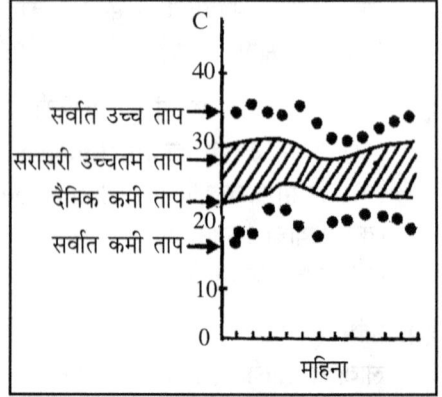

१६. खालील तक्त्यात एका शहराचे तापमान व पावसाचे दर महिन्याचे आकडे दिलेले आहेत. हे आकडे खालीलपैकी कोणत्या शहराचे आहेत?

महिना	तापमान ° सेल्सियसमध्ये	पाऊस मिलिमीटरमध्ये
जानेवारी	१६	२३
फेब्रुवारी	१९	१५
मार्च	२५	१५
एप्रिल	३१	०५
मे	३५	१५
जून	३४	१२७
जुलै	३०	३२०
ऑगस्ट	२९	२५४
सप्टेंबर	२९	२१३
ऑक्टोबर	२६	५८
नोव्हेंबर	२०	०८
डिसेंबर	१६	०८

(अ) अहमदाबाद   (ब) अलाहाबाद
(क) नागपूर   (ड) नवी दिल्ली

१७. भारतातील अनेक प्रदेशांत पावसाची अनिश्चितता आढळते. पावसाची अनिश्चितता सर्वाधिक कोठे आहे?

(अ) अति पावसाच्या प्रदेशात   (ब) जास्त पावसाच्या प्रदेशात
(क) मध्यम पावसाच्या प्रदेशात   (ड) अति कमी पावसाच्या प्रदेशात

१८. शेजारच्या नकाशातील छायांकित प्रदेश एका महत्त्वाच्या जंगलाने व्यापलेला आहे. त्या जंगलाचे नाव खालीलपैकी कोणते आहे?

(अ) विषुववृत्तीय सदाहरित जंगल

(ब) सूचिपर्णी वृक्षाचे जंगल

(क) खारफुटीची जंगले

(ड) कोरड्या प्रदेशातील वनस्पती

१९. बालाघाट - भंडारा - नागपूर या प्रदेशांत खालीलपैकी कोणते खनिज विपुल प्रमाणात सापडते?

(अ) लोखंड (ब) मँगेनीज (क) अभ्रक (ड) बॉक्साइट

२०. स्तंभ १ (खनिज) व स्तंभ २ (प्रदेश) यांमधील योग्य शब्द निवडून जोड्या लावा व खाली दिलेल्या जोड्यांमधील योग्य जोडी निवडा.

स्तंभ १ खनिज	**स्तंभ २** प्रदेश
(प) लिग्नाइट	(१) बिकानेर
(फ) ॲस्बेस्टॉस	(२) छोटा नागपूर
(भ) टायटेनियम	(३) दक्षिण मलबार किनारा
(न) क्रोमाइट	(४) रत्नागिरी

जोड्या	प	फ	भ	न
(अ)	१	२	३	४
(ब)	१	२	४	३
(क)	२	१	३	४
(ड)	२	१	४	३

२१. भारतात कोळशाच्या उपयोगासंदर्भात खालील कारखान्यांची उतरत्या क्रमाने मांडणी केल्यास कोणते उत्तर बरोबर आहे?

(अ) लोखंड व पोलाद-सिमेंट-वस्त्रोद्योग - औष्णिक ऊर्जा

(ब) औष्णिक ऊर्जा - वस्त्रोद्योग - लोखंड व पोलाद - सिमेंट

(क) लोखंड व पोलाद - औष्णिक ऊर्जा - सिमेंट - वस्त्रोद्योग

(ड) औष्णिक ऊर्जा - लोखंड पोलाद - सिमेंट - वस्त्रोद्योग

२२. भूऔष्णिक ऊर्जेचे मणिकरन येथील केंद्र खालीलपैकी कोणत्या राज्यात आहे?
(अ) अरुणाचल प्रदेश (ब) हिमाचल प्रदेश
(क) जम्मू आणि काश्मीर (ड) उत्तरांचल

२३. भारताच्या किनाऱ्याजवळील ८२ भूखंडमंच-जेथे माशाचे वास्तव्य असते, त्याचा विस्तार किती आहे?
(अ) २ लाख २ चौ. किलोमीटर
(ब) ३ लाख २ चौ. किलोमीटर
(क) ४ लाख २ चौ. किलोमीटर
(ड) ५ लाख २ चौ. किलोमीटर

२४. पूर्व हिमालयात उष्ण कटिबंधीय रुंद पानाची जंगले कुठे आढळतात?
(अ) ५०० ते १००० मीटर उंचीवर
(ब) ७५० ते १००० मीटर उंचीवर
(क) १००० ते २००० मीटर उंचीवर
(ड) २००० ते २५०० मीटर उंचीवर

२५. बदलत्या हवामानानुसार प्रवास हा खालीलपैकी कोणत्या प्रदेशातील लोकांच्या जीवनाचा महत्त्वाचा भाग आहे?
(अ) अंदमान व निकोबार बेटावरील (ब) मेघालय
(क) जम्मू आणि काश्मीरमधील (ड) हिमाचल प्रदेशातील

२६. स्तंभ १ (शेतीचे उत्पादन) व स्तंभ २ (उत्पादक राज्य) यांमधील शब्द निवडून जोड्या लावा व खाली दिलेल्या जोड्यांमधील योग्य जोडी निवडा.

स्तंभ १ शेतीचे उत्पादन	**स्तंभ २** उत्पादक राज्य
(प) केशर	(१) महाराष्ट्र
(फ) ज्वारी	(२) जम्मू आणि काश्मीर
(भ) एरंडीचे बी	(३) राजस्थान
(न) तीळ	(४) आंध्र प्रदेश

जोड्या	प	फ	भ	न
(अ)	२	१	४	३
(ब)	२	१	३	४
(क)	१	२	४	३
(ड)	१	२	३	४

२७. शेजारच्या नकाशात पिकांचा प्रदेश छायांकित करून विविध पिकांच्या प्रदेशाला १, २, ३, ४ असे आकडे दिलेले आहेत. आकडे व पिके यांच्या जोड्या लावून खाली दिलेल्या जोड्यामधील योग्य उत्तर निवडा.

(प) तूर
(फ) मका
(भ) बटाटा
(म) ऊस

जोड्या	प	फ	भ	म
(अ)	४	३	२	१
(ब)	२	४	१	३
(क)	४	२	१	३
(ड)	२	४	३	१

२८. स्तंभ १ (भौगोलिक वैशिष्ट्ये) व स्तंभ २ (प्रदेश) यांमधील योग्य शब्दांच्या जोड्या लावून खाली दिलेल्या जोड्यांमधून योग्य जोडी निवडा.

	स्तंभ १	स्तंभ २
	भौगोलिक वैशिष्ट्ये	प्रदेश
(प)	सर्वांत लांब जलमार्ग	(१) गोंडवाना क्षेत्र
(फ)	भाबर मृदा	(२) इंद्रावती प्रदेश
(भ)	भारतातील कोळशाचे अवशेष	(३) उंच मैदानी प्रदेश
(न)	दण्डकारण्य प्रदेश	(४) उत्तर प्रदेश
		(५) बिहार

जोड्या	प	फ	भ	न
(अ)	४	३	२	५
(ब)	३	४	१	२
(क)	३	४	२	५
(ड)	४	३	१	२

२९. दक्षिण भारतात साखरेचे कारखाने काढण्याकडे लोकांचा कल वाढलाय, त्याचे कारण

(१) पेरणीचा लांब हंगाम (२) उसाचे भरपूर उत्पादन

(३) दुसऱ्या नगदी पिकांचा अभाव (४) प्रभावी वाहतूक व्यवस्था

खालीलपैकी कोणते उत्तर बरोबर आहे?

(अ) १, २, आणि ३ (ब) १, ३, आणि ४

(क) १, २, आणि ४ (ड) २, ३, आणि ४

३०. दिल्ली ते मुंबई रेल्वेप्रवासादरम्यान चार रेल्वे स्थानकांचा खालीलपैकी योग्य क्रम कोणता?

(अ) झाशी, इटारसी, जळगाव , मनमाड

(ब) इटारसी, मनमाड, झाशी, जळगाव

(क) इटारसी, झाशी, मनमाड, जळगाव

(ड) झाशी, इटारसी, मनमाड, जळगाव

३१. भारतातील उच्च तंत्रज्ञानाचा वापर करून बांधलेले बंदर कोणते?

(अ) क्विलॉन (ब) नागपट्टिनम

(क) पारादीप (ड) न्हावा शेवा

३२. गंगा नदी जलवाहतुकीसाठी खालीलपैकी कोणत्या पट्ट्यात उपयुक्त आहे?

(अ) हरिद्वार आणि कानपूरच्यामध्ये

(ब) अलाहाबाद व बनारसच्यामध्ये

(क) पटणा आणि कोलकात्याच्यामध्ये

(ड) अलाहाबाद व हरियाणाच्यामध्ये

३३. स्तंभ १ (स्त्रियांची माहिती) व स्तंभ २ (टक्केवारी भारतापुरती मर्यादित) यांमधील योग्य शब्द निवडून जोड्या लावा व खालील जोड्यांमधील योग्य जोडी निवडा.

स्तंभ १ स्त्रियांची माहिती	**स्तंभ २** टक्केवारी
(प) जन्मसमयी जिवंत असण्याचे प्रमाण	(१) ८८
(फ) प्रौढ साक्षरता दर	(२) ८.९
(भ) गर्भवती महिलांमधील अल्परक्ताचे प्रमाण	(३) ४३.५
(न) संसदेत महिलांचे प्रमाण	(४) ६३.३

जोड्या	प	फ	भ	न
(अ)	३	४	१	२
(ब)	४	३	१	२
(क)	३	४	२	१
(ड)	४	३	२	१

३४. शेजारच्या नकाशातील छायांकित प्रदेश १, २, ३, आणि ४ या चिन्हांनी दाखवलेले आहेत, ते लोकसंख्या किंवा जलसिंचन यांची वैशिष्ट्ये दाखवतात. १, २, ३, आणि ४ व अ, ब, क, ड यांच्या योग्य जोड्या लावून खाली दिलेल्या जोड्यांमधील योग्य जोडी निवडा.

(प) जलसिंचन क्षेत्र

(फ) १९९१ साली ४५ ते ५० साक्षरता दर

(भ) २०० ते ४०० दर चौ. कि. मी. लोकसंख्येची घनता असलेले क्षेत्र

(न) १९८१-९१ मध्ये २५ ते ३० टक्के लोकसंख्यावाढीचा दर

जोड्या	प	फ	भ	न
(अ)	३	४	२	१
(ब)	४	३	२	१
(क)	४	३	१	२
(ड)	३	४	१	२

३५. स्तंभ १ (राष्ट्रीय उद्यान व अभयारण्य) आणि स्तंभ २ (राज्य) यांमधील योग्य शब्दांच्या जोड्या लावून खाली दिलेल्या जोड्यांमधील योग्य जोडी निवडा.

स्तंभ १	स्तंभ २
राष्ट्रीय उद्यान किंवा अभयारण्य	राज्य
(प) नन्दनकानन	(१) महाराष्ट्र
(फ) काझीरंगा	(२) मध्यप्रदेश
(भ) बांधवगड	(३) ओरिसा
(न) मेळघाट	(४) आसाम

जोड्या	प	फ	भ	न
(अ)	४	३	२	१
(ब)	४	३	१	२
(क)	३	४	१	२
(ड)	३	४	२	१

३६. कान्हा राष्ट्रीय उद्यानात खालीलपैकी कोणत्या प्रकारची वने आढळतात?
(अ) उष्ण कटिबंधीय सदाहरित वने (ब) बांबूची वने
(क) वाळवंटी वनस्पती (ड) उष्ण कटिबंधीय पानझडी वने

३७. खालीलपैकी कोणत्या विद्वान व्यक्तीने सर्वप्रथम जगातील तीन खंडे युरोप, आशिया व आफ्रिका वेगळी केली?
(अ) अॅनेक्झिमेंडर (ब) हिकेटिथस (क) हिरोडोटस (ड) हरोटोस्थनीज

३८. शेजारचा नकाशा कोणी तयार केला होता?
(अ) अरबांनी
(ब) ग्रीकांनी
(क) फिनिशियाच्या लोकांनी
(ड) रोमन लोकांनी

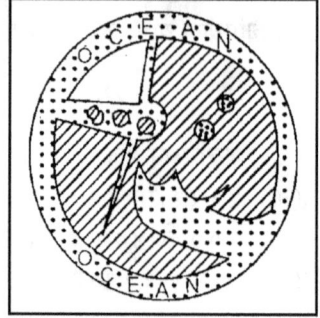

३९. स्तंभ १ (जुने नाव) व स्तंभ २ (नवे नाव) यांमधील योग्य शब्दांच्या जोड्या लावून खाली दिलेल्या जोड्यांमधील योग्य जोडी निवडा.

	स्तंभ १	**स्तंभ २**
	जुने नाव	नवे नाव
(प)	असिक्नी	(१) चिनाब
(फ)	परुष्णी	(२) झेलम
(भ)	शतुद्री	(३) रावी
(न)	वितस्ता	(४) सतलज

जोड्या	प	फ	भ	न
(अ)	१	३	२	४
(ब)	३	१	४	२
(क)	३	१	२	४
(ड)	१	३	४	२

४०. रॅटझेलचे कार्य खालीलपैकी कोणत्या संकल्पनेवर आधारित होते?
(अ) भूगोलाचा अभ्यास नैसर्गिक व सांस्कृतिक दोन्ही अंगांनी करावा लागतो.
(ब) भूगोल एक वैज्ञानिक विषय आहे.
(क) नैसर्गिक पर्यावरणाने मानवी व्यवसाय नियंत्रित केले आहेत.
(ड) भूगोल वर्णनात्मक शास्त्र आहे.

४१. हटिंग्टन खालीलपैकी कशासाठी प्रसिद्ध आहेत?

(अ) मानवाच्या व्यवसायांच्या वर्णनासाठी

(ब) भूस्वरूपाच्या विकासाच्या वर्णनासाठी

(क) मानवी जीवनावर हवामानाच्या परिणामाच्या वर्णनासाठी

(ड) सांस्कृतिक विकासाच्या ऐतिहासिक पार्श्वभूमीच्या वर्णनासाठी

४२. व्यवहारात्मक पर्यावरणाचा अर्थ आहे –

(अ) निसर्गातील वास्तवता (ब) तर्कशुद्ध विचारांच्या आधारे निर्णय

(क) पर्यावरणानुसार मानवी व्यवहार (क) मानवी वागणुकीतील वास्तवता

४३. स्तंभ १ (पुस्तकाचे नाव) व स्तंभ २ (लेखकाचे नाव) यांमधील योग्य शब्दांच्या जोड्या लावून खाली दिलेल्या जोड्यांमधील योग्य जोडी निवडा.

स्तंभ १	**स्तंभ २**
(प) द चेंजिंग नेचर ऑफ जिऑग्रफी	(१) डेव्हिस डब्ल्यू. के.
(फ) कन्सेप्च्युअल रेव्ह्युलेशन इन जिऑग्राफी	(२) हार्वे. एम. ई.
(भ) जिऑग्रफी ॲण्ड जॉग्रफर्स	(३) जॉन्स्टन आर. टे.
(म) थिंकिंग्ज इन जिऑग्रॉफिकल थॉट्स	(४) मिन्शल आर.

जोड्या	प	फ	भ	म
(अ)	१	४	३	२
(ब)	१	४	२	३
(क)	४	१	२	३
(ड)	४	१	३	२

४४. खालीलपैकी कोणती संकल्पना विडाल डी ब्लाशसी संबंधित आहे?

(अ) नियतिवाद (ब) संभववाद

(क) परिस्थितिवाद (ड) संभाव्यतावाद

४५. खालील विधानांवर विचार करा.

(१) भूगोलात समूळ परिवर्तनवाद 'स्थानिक विज्ञाना'प्रमाणे भूगोलाच्या प्रतिक्रियेच्या स्वरूपात मांडला गेला.

(२) समूळ परिवर्तनवादी सिद्धान्ताचा उगम नागरिकांचे अधिकार, गरिबी व असमानता यामध्ये आहे.

(३) भूगोलात समूळ परिवर्तनवादाच्या प्रवर्तकांचा एक सबळ मार्क्सवादी आधार आहे.

(४) काही समूळ परिवर्तनवादी भूगोलतत्त्ववेत्त्यांनी समूळ परिवर्तनवादाला 'राजनैतिक आर्थिक परिप्रेक्ष्य'च्या स्वरूपात मांडले आहे.

खालीलपैकी कोणते उत्तर बरोबर आहे?

(अ) १, २, आणि ३   (ब) १, २, आणि ४

(क) १, ३, आणि ४   (ड) १, २, ३, आणि ४

४६. शेजारच्या प आणि फ या दोन्ही आकृत्यांचा अभ्यास करा. व खाली दिलेल्या उत्तरांपैकी कोणते उत्तर बरोबर आहे ते निवडा.

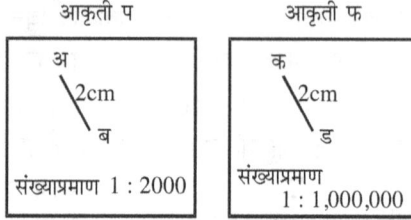

आकृती प   आकृती फ

अ   2cm   ब   क   2cm   ड

संख्याप्रमाण 1 : 2000   संख्याप्रमाण 1 : 1,000,000

(अ) चित्र प एक लहान प्रमाण असलेले चित्र असून अ आणि ब मधील अंतर ४० मीटर आहे.

(ब) चित्र फ एक मोठे प्रमाण असलेले चित्र असून क आणि ड मधील अंतर ४ कि.मी. आहे.

(क) चित्र प एक मोठे प्रमाण असलेले चित्र असून चित्र फ हे एक लघुप्रमाणाचे चित्र आहे. अ आणि ब मधील अंतर ४० मीटर तर क व ड मधील अंतर २० कि. मी आहे.

(ड) चित्र प हे एक मोठे प्रमाण असलेले चित्र आहे आणि चित्र फ लहान प्रमाण असलेले चित्र आहे. अ आणि ब मधील अंतर तसेच क आणि ड मधील अंतर समान आहे.

४७. खालीलपैकी कोणते विधान योग्य नाही?

(अ) रोटामीटरचा उपयोग नकाशावरील अंतर मोजण्यासाठी केला जातो.

(ब) पॅलीमीटरचा उपयोग नकाशावरील क्षेत्रफळ मोजण्यासाठी केला जातो.

(क) पॅन्ट्रोग्राफचा उपयोग नकाशा लहान, मोठा व परत काढण्यासाठी केला जातो.

(ड) आयडोग्राफचा उपयोग आयताचे मापन करण्यासाठी केला जातो.

४८. स्तंभ १ (उठाव) व स्तंभ २ (समोच्चरेषा) यांमधील योग्य शब्द निवडून जोड्या लावा व खाली दिलेल्या जोड्यांमधील योग्य जोडी निवडा.

	स्तंभ १		स्तंभ २
	उठाव		समोच्चरेषा
(प)		(१)	
(फ)		(२)	
(भ)		(३)	
(न)		(४)	

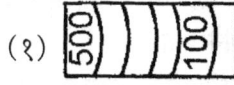

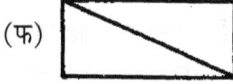

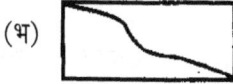

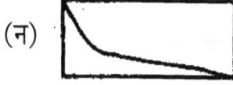

जोड्या	प	फ	भ	न
(अ)	१	२	३	४
(ब)	१	२	४	३
(क)	२	१	४	३
(ड)	२	१	३	४

४९. स्टेन-डी-गीयरचा आलेख काय दर्शवतो?

(अ) स्त्री-पुरुष लिंगगुणोत्तर दर्शवतो.

(ब) शहराची लोकसंख्या दर्शवतो.

(क) कारखान्यातील लोकांची संख्या दर्शवतो.

(ड) शहरी व ग्रामीण लोकसंख्या दर्शवतो.

खालील प्रश्नांमध्ये दोन वाक्ये आहे. त्यापैकी 'अ' हे विधान आहे. व 'क' हे कारण आहे. दोन्ही वाक्यांचा अभ्यास करून 'अ' आणि 'क' योग्य विधाने आहेत का आणि 'अ' चे 'क' कारण आहे का? ते ठरवून खाली दिलेल्या उत्तरांमधील एक योग्य उत्तर निवडा.

उत्तरे

(अ) 'अ' आणि 'क' दोन्ही बरोबर आहेत. व 'क' हे 'अ' चे योग्य स्पष्टीकरण आहे.

(ब) 'अ' आणि 'क' दोन्ही बरोबर आहेत, परंतु 'क' हे 'अ' चे योग्य स्पष्टीकरण नाही.

(क) 'अ' योग्य आहे 'क' चूक आहे.

(ड) 'अ' चूक आहे व 'क' योग्य आहे.

५०. विधान (अ) बेसॉल्ट हा सूक्ष्म कणांनी बनलेला अग्निजन्य खडक असून तो भूपृष्ठाच्या खाली तयार होतो.

विधान (क) भूपृष्ठाचा खालचा लाव्हारस थंड होऊन घट्ट होण्याची प्रक्रिया अति मंद-गतीने होते.

५१. विधान (अ) ज्वालामुखीमध्ये शिलारस उसळण्याचे कारण असे की तप्त शिलारसात निरनिराळे वायू मिसळलेले असतात, शिलारसाच्या प्रचंड तापमानामुळे ते वायू एकदम प्रसरण पावतात, व भूकवचाला पडलेल्या भेगेतून बाहेर येतात.

विधान (क) ज्वालामुखीच्या उद्रेकाचे मुख्य कारण भूपृष्ठाखालील खडकांचे विविध प्रकार होत.

५२. विधान (अ) पृथ्वीच्या अंतरंगातील रचनेचा अभ्यास भूकंपलहरींच्या साहाय्याने केला जातो.

विधान (क) 'एस' लहरी घन, द्रव व वायुरूप माध्यमांत प्रवास करतात तर 'पी' लहरी फक्त घन माध्यमात प्रवास करतात.

५३. विधान (अ) भूभागाचे वार्षिक सरासरी तापमान जलाशयापेक्षा जास्त असते.

विधान (क) जलाशयाच्या तुलनेत भूभाग लवकर तापतो व लवकर थंड होतो.

५४. विधान (अ) बागायती शेतीची संकल्पना हल्ली बदलली आहे.

विधान (क) शेतांच्या आकारात फरक झाल्याने लहान व मध्यम शेतकऱ्यांचाही बाजारात प्रवेश झाला आहे.

५५. विधान (अ) कॅनडाचा जवळजवळ ऐंशी टक्के औद्योगिक विभाग दक्षिण ओन्टॅरिओ आणि सेंट लॉरेन्सच्या खोऱ्यात केंद्रित झाला आहे.

विधान (क) दक्षिण ओन्टॅरिओ व सेंट लॉरेन्स खोऱ्यात कोळसा विपुल प्रमाणात सापडतो.

५६. विधान (अ) भारतात उष्णकटिबंधातील माशांच्या जाती भरपूर आहेत, परंतु देशाच्या आसपास मासेमारीचे क्षेत्र मर्यादित आहे.

विधान (क) एका विशिष्ट जातीच्या माशांचा अभाव असल्याने त्याचा व्यापारी तत्त्वावर विकास झालेला नाही.

५७. विधान (अ) अक्साई चीन लडाखचा सगळ्यांत निर्जन व दुष्काळी भाग आहे.

विधान (क) अक्साई चीनच्या संपूर्ण क्षेत्रात वाऱ्याचे खननकार्य दिसते.

५८. विधान (अ) मर्केटर प्रक्षेपण सागरीय प्रवास नकाशे तयार करण्यासाठी एकमेव उपयुक्त असे प्रक्षेपण आहे.

विधान (क) मर्केटर प्रक्षेपण देशाचे क्षेत्रफळ दाखवते.

५९. पृथ्वीच्या उत्पत्तीच्या समर्थनार्थ आपली कल्पना मांडताना खालीलपैकी कोणत्या विद्वानाने म्हटले होते, ''मला पदार्थ द्या, मी त्यापासून संसार बनवतो.''

(अ) जेम्स जीन्स   (ब) टी. सी. चेंबरलीन

(क) इमानुअल कांट   (ड) लाप्लास

६०. स्तंभ १ (भूवैज्ञानिक काळ) आणि स्तंभ २ (त्या काळाशी संबंधित घटना) यांमधील योग्य शब्द निवडून जोड्या लावा आणि खाली दिलेल्या जोड्यांमधील योग्य जोडी निवडा.

स्तंभ १	स्तंभ २
भूवैज्ञानिक काळ	काळाशी संबंधित घटना
(प) कार्बोनिफेरस	(१) हिमालय पर्वताची सुरुवात
(फ) कॅम्ब्रियन	(२) उत्तर गोलार्धातील सर्व भूमिखंडे बर्फापासून मुक्त झाली.
(भ) अत्यंत नूतन	(३) कोळसा, खनिज तेल व नैसर्गिक गॅस असलेल्या खडकांची निर्मिती झाली.
(न) क्रिटेशियस	(४) भरपूर प्रदेशांत हिमनद्या वाहू लागल्या.
	(५) विस्तृत प्रमाणावर स्तरित खडक निर्माण झाले.

जोड्या	प	फ	भ	न
(अ)	५	३	२	४
(ब)	३	५	४	१
(क)	५	३	४	१
(ड)	३	५	२	४

६१. पृथ्वीच्या पृष्ठभागावरील थरासंबंधातील (शिलावरण) खालील विधानांवर विचार करा.

(१) भूकंपाच्या दुय्यम लहरी येथे दर सेकंदाला ३.५. कि.मी किंवा त्यापेक्षा कमी वेगाने प्रवास करतात.

(२) या थराचे विशिष्टगुरुत्व सरासरी २.७ असते.

(३) हा थर सागराच्या भूपृष्ठाखाली जास्त जाडीचा तर जमिनीच्या भूपृष्ठाखाली कमी जाडीचा आहे.

(४) यात मॅग्नेशियमचे प्रमाण जास्त आहे.

(अ) १ आणि २   (ब) २ आणि ३

(क) ३ आणि ४   (ड) १, २, आणि ४

६२. खालीलपैकी कशावर हवामानाचा परिणाम होतो?

    (१) हिमनदी   (२) नदी   (३) वनस्पती

    (४) खडकांची रचना   (५) वारा

    खालीलपैकी योग्य उत्तर निवडा.

    (अ) १, २, ३, आणि ४   (ब) २, ३, ४, आणि ५

    (क) १, २, ३, आणि ५   (ड) १, २, ४, आणि ५

६३. स्तंभ १(कारण) आणि स्तंभ २ (परिणाम) यांमधील योग्य शब्द निवडून जोड्या लावा व खाली दिलेल्या जोड्यांमधील योग्य जोडी निवडा.

स्तंभ १	स्तंभ २
कारण	परिणाम
(प) हिमनदी	(१) त्र्यनीक
(फ) समुद्रलाटा	(२) लॅपीज
(भ) भूमिगत पाणी	(३) कंकतगिरी
(न) वारा	(४) कम्पाउंड हूक्स

जोड्या	प	फ	भ	न
(अ)	३	४	१	२
(ब)	४	३	१	२
(क)	३	४	२	१
(ड)	४	३	२	१

६४. स्तंभ १(वैशिष्ट्ये) व स्तंभ २ (भूस्वरूपे) यांमधील योग्य शब्द निवडून जोड्या लावा व खाली दिलेल्या जोड्यांमधील योग्य जोडी निवडा.

स्तंभ १	स्तंभ २
वैशिष्ट्ये	भूस्वरूप
(प) पर्वतातून वाहणाऱ्या अनेक नद्यांमुळे तयार झालेले मैदान	(१) उत्क्षालित मैदाने
(फ) खोल सागरी मैदान	(२) लोएस मैदान
(भ) वाऱ्यावर तयार झालेले मैदान	(३) पर्वतपदीय गाळाची मैदाने
(न) हिमनदीमुळे तयार झालेली मैदाने	(४) सागरीय मैदाने

जोड्या	प	फ	भ	न
(अ)	३	४	२	१
(ब)	४	३	२	१
(क)	३	४	१	२
(ड)	४	३	१	२

६५. तापमानाच्या विपरीतेस खालीलपैकी कोणता घटक अनुकूल नसतो?

(अ) वादळी वारे (ब) निरभ्र आकाश

(क) स्थिर हवा (ड) डोंगराळ प्रदेश

६६. स्तंभ १ (वातावरणाचे थर) व स्तंभ २ (त्याचे वैशिष्ट्य) यांमधील योग्य शब्द निवडून जोड्या लावा व खाली दिलेल्या जोड्यांमधील योग्य जोडी निवडा.

	स्तंभ १ वातावरणाचे थर	**स्तंभ २** त्याचे वैशिष्ट्ये
(प)	तपांबर	(१) नभोवाणी केंद्रापासून जे ध्वनितरंग प्रक्षेपित केले जातात ते या थरातून
(फ)	स्थितांबर	(२) या थरात वातावरण फारच विरळ होत जाते.
(भ)	आयनांबर	(३) वारे, ढग, वृष्टी, वादळे यांची निर्मिती फक्त याच थरात होते.
(म)	बाह्यावरण	(४) या भागात हवा स्थिर राहून सर्वत्र तापमान कायम असते.

जोड्या	प	फ	भ	म
(अ)	४	३	२	४
(ब)	३	४	१	२
(क)	३	१	२	४
(ड)	४	३	१	२

६७. खालीलपैकी कोणते ग्रहीय वारे नाहीत?

(अ) फॉन (ब) व्यापारी वारे

(क) ध्रुवीय वारे (ड) प्रतिव्यापारी वारे

६८. सिकियांगमधील तारिमच्या खोऱ्यात वसंत ऋतूमध्ये तीव्र, उष्ण व कोरडे वाहतात या वाऱ्याला तेथील लोक म्हणतात?

(अ) काराबुरान (ब) काटाबेटिक (क) चिनूक (ड) फॉन

६९. ॲड्रियट्रिक समुद्रालगतच्या प्रदेशावरून वाहणाऱ्या वाऱ्यांना म्हणतात.

(अ) ट्रॅमॉन्टेना (ब) मिस्ट्रल (क) बुरान (ड) बोरा

७०. खालील विधानांवर विचार करा.

(१) उच्च अक्षांशावर पश्चिम किनारपट्टीपेक्षा पूर्व किनारपट्टीवर अधिक आर्द्रता असते.

(२) डोंगराच्या वातसन्मुख बाजूवर भरपूर पाऊस पडतो व डोंगराच्या विरुद्ध बाजूवर कमी पाऊस पडतो.

(३) उष्ण प्रदेशात पूर्व किनाऱ्याच्या तुलनेत पश्चिम किनाऱ्यावर अधिक आर्द्रता असते.

(४) मध्यअक्षांशावर भरपूर पाऊस पडतो.

खालीलपैकी योग्य उत्तर निवडा.

(अ) १, २, आणि ३ (ब) फक्त २

(क) २ आणि ४ (ड) ३ आणि ४

७१. पावसाच्या संदर्भातील प्रक्रियांचा योग्य क्रम कोणता?

(अ) बाष्पीभवन - संपृक्त हवा - सांद्रीभवन - पाऊस

(ब) संपृक्त हवा - सांद्रीभवन - बाष्पीभवन - पाऊस

(क) बाष्पीभवन - संपृक्त हवा - सांद्रीभवन - पाऊस

(ड) सांद्रीभवन - बाष्पीभवन - संपृक्त हवा - पाऊस

७२. जेथे ग्रीष्म ऋतूत तापमान १०° ते १५° सेल्सिअस तर थंडीत तापमान ५° ते १०° सेल्सिअस असते, वर्षभर भरपूर पाऊस असतो व कोरडा ऋतू नसतो अशा प्रदेशात खालीलपैकी कोणत्या प्रकारचे हवामान असते?

(अ) Df (ब) Cw (क) Cs (ड) Cf

७३. आफ्रिका खंडाच्या वायव्य किनाऱ्याजवळून खालीलपैकी कोणता समुद्रप्रवाह वाहतो?

(अ) हंबोल्ट (ब) उत्तर अटलांटिक

(क) कॅनरी (ड) जीनी

७४. शेजारच्या नकाशातील 'अ' दर्शवतो?

(अ) क्युराइल गर्ता

(ब) टोंगा गर्ता

(क) मरियाना गर्ता

(ड) सुंदा गर्ता

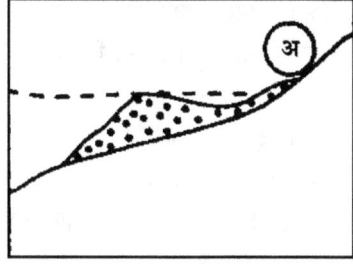

७५. शेजारच्या चित्रात 'अ' या चिन्हाने काय दाखवले आहे.

(अ) किनाऱ्यावरील प्रवाळभित्ती
(ब) प्रवाळ बेटे
(क) प्रवाळ बेटवलय
(ड) प्रवाळ रांगा

७६. खालीलपैकी कोणती विधाने बरोबर आहेत.
(अ) उष्ण कटिबंधीय प्रदेशातील मृदेला 'ऑक्सीसॉल्स' मृदा म्हणतात.
(ब) गवताळ प्रदेशातील मृदेला 'मॉलीसॉस' मृदा म्हणतात.
(क) दलदलीच्या प्रदेशातील मृदेला 'हिस्टोसॉल्स' मृदा म्हणतात.
(ड) नवीन मृदेला 'इन्सेप्टिसॉल्स' मृदा म्हणतात.

७७. खालीलपैकी कोणता जैविक घटक समशीतोष्ण कटिबंधीय गवताळ परिसंस्थेत आढळतो?
(अ) ओटर (ब) ओरिक्स (क) काराकारा (ड) वॉलरस

७८. खालीलपैकी कोणते विधान बरोबर आहे?
(अ) उंदीर द्वितीय भक्षक आहे. (ब) बॅक्टेरिया तृतीय भक्षक आहे.
(क) नाकतोडा प्रथम भक्षक आहे. (ड) हरिण तृतीय भक्षक आहे.

७९. खालीलपैकी कोणते विधान चूक आहे?
(अ) अन्नसाखळीत ऊर्जास्तराला पोषणपातळी म्हणतात.
(ब) खोल समुद्रात प्राथमिक उत्पादन शून्य असते.
(क) प्राथमिक उत्पादकांना स्वयंपोषी म्हणतात.
(ड) प्रथम भक्षकांना मांसभक्षक म्हणतात.

८०. बॉथनियाच्या आखातात पाण्याची क्षारता केवळ २००% आहे. कारण
(अ) याच्या चारही बाजूंना बर्फाच्छादित प्रदेश आहे.
(ब) येथे आकाश वर्षभर अभ्राच्छादित असते.
(क) सूर्यकिरण वर्षभर तिरपे पडत असल्याने बाष्पीभवनाचा वेग मंद आहे.
(ड) नद्यांमुळे होणारा शुद्ध पाण्याचा पुरवठा कमी आहे.

८१. खालील विधानांवर विचार करा.
(१) मानवी भूगोलाचा भौतिक भूगोलाशी संबंध नाही.
(२) मानवी भूगोलात मानव व पर्यावरण यांच्या परस्परसंबंधाचा अभ्यास असतो.
(३) मानवी भूगोल बदलत्या भूपृष्ठाच्या घडामोडीचा मानवी घटनांशी संबंध स्पष्ट करतो.

(४) मानवी भूगोलाचा नकाशाशी काडीमात्र संबंध नाही.

खालीलपैकी योग्य उत्तर निवडा.

(अ) १ आणि २   (ब) २ आणि ३

(क) ३ आणि ४   (ड) १, २, ३, आणि ४

८२. स्तंभ १ (जमाती) आणि स्तंभ २ (प्रदेश) यांमधील योग्य शब्द निवडून जोड्या लावा व खाली दिलेल्या जोड्यांमधील योग्य जोडी निवडा.

स्तंभ १	स्तंभ २
जमात	देश
(प) चुकची	(१) इंडोनेशिया
(फ) दयाक	(२) मेक्सिको
(भ) लंकादोन	(३) रशिया
(म) लॅसे	(४) जायर

जोड्या	प	फ	भ	म
(अ)	३	१	४	२
(ब)	१	३	२	४
(क)	३	१	२	४
(ड)	१	३	४	२

८३. शेजारच्या आकृतीतील ठिपक्यांनी दाखवलेला भाग काय दाखवतो?

(अ) लोकसंख्येच्या वाढीचा दर

(ब) लोकसंख्येतील बालकांच्या मृत्यूचा दर

(क) एकूण लोकसंख्येची वाढ

(ड) लोकसंख्येतील जन्मदर

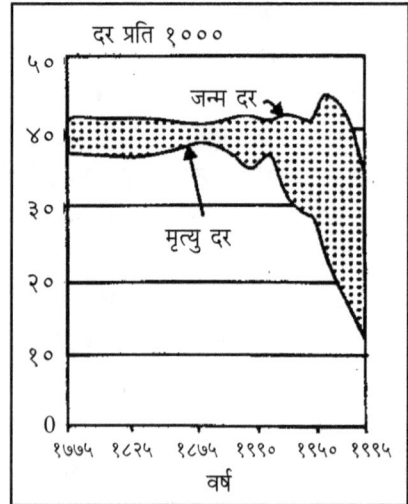

८४. प्रवासाचे गतिशीलतासंक्रमण मॉडेल कोणी मांडले होते?

(अ) क्लार्क डब्ल्यू. ए. बी.   (ब) ली. ई.

(क) रेवेन्स्टीन ई. जी.   (क) जेलिन्सिक डब्ल्यू.

८५. खालील विधानांवर विचार करा.

(१) युरोपीय देशांची लोकसंख्या स्थिर (Stagnhant) आहे.

(२) युरोपीय देशांत जन्मदर व मृत्युदर जवळजवळ सारखेच आहेत.

(३) युरापीय देशांत मृत्युदर १.५ ने जास्त आहे.

(४. युरोपीय लोकसंख्येतील १२ टक्क्यांपेक्षा जास्त लोक अतिवृद्धावस्थेत आहेत.

खालीलपैकी योग्य उत्तरे निवडा.

(अ) १, २, आणि ३ (ब) २, ३, आणि ४

(क) १, २, आणि ४ (ड) १, २, ३, आणि ४

८६. स्तंभ १ (भूप्रकार) व स्तंभ २ (भूप्रकारचे वर्णन) यांमधील योग्य त्या शब्दांच्या जोड्या लावून खाली दिलेल्या जोड्यांमधील योग्य जोडी निवडा.

स्तंभ १ भूप्रकार	**स्तंभ २** भूप्रकाराचे वर्णन
(प) डोलाइन्स	(१) खडकांचा सर्व पृष्ठभाग मातीने झाकलेला असतो.
(फ) कार्स्ट खिडकी	(२) चुनखडीच्या खडकांचे भाग विरघळून तयार होणारे खड्डे
(भ) कार्स्ट मैदान	(३) मंद उतार असलेल्या चुनखडीच्या प्रदेशातील मैदाने
(म) टेरा रोसा	(४) चुनखडीच्या प्रदेशात खचलेल्या भागापासून निर्माण झालेले लांबच लांब व रुंद खिंडार

जोड्या	प	फ	भ	म
(अ)	१	२	३	४
(ब)	२	४	१	३
(क)	४	२	३	१
(ड)	२	४	३	१

८७. स्तंभ १ (भूप्रकार) व स्तंभ २ (भूप्रकारचे वर्णन) यांमधील योग्य शब्द निवडून जोड्या लावा व खाली दिलेल्या जोड्यांतील योग्य जोडी निवडा.

स्तंभ १ भूप्रकार	**स्तंभ २** भूप्रकारचे वर्णन
(प) तरंगनिर्मित चबुतरा	(१) बेटांना खंडाच्या किनाऱ्याशी जोडणारा वाळूचा दांडा
(फ) हुक	(२) समुद्रकिनाऱ्याकडे झुकणारा वाळूचा दांडा
(भ) टोंबोलो	(३) जलमग्न समुद्रकिनाऱ्याला चबुतऱ्यासारखा आकार
(म) पुळण	(४) उथळ भागात समुद्रकिनाऱ्याला लागून समांतर-दिशेत गाळाचे संचयन

जोड्या	प	फ	भ	म
(अ)	१	२	३	४
(ब)	३	२	४	१
(क)	२	३	१	४
(ड)	३	२	१	४

८८. खाली दिलेल्या कोणत्या विधानावरून हे समजते की खाणकाम व्यवसाय फार खर्चिक आहे.

(अ) खाणकाम व्यवसायात मजूर सतत मजुरी वाढवून घेतात.

(ब) चांगल्या प्रतीच्या खनिजाचे उत्पादन प्रथम केले जाते.

(क) खाणकामास लागणारी यंत्रसामुग्री महाग होत आहे.

(ड) खाणकाम व्यवसायात रॉयल्टी सतत वाढत असते.

८९. कारखान्याच्या स्थानिकरणाचे मॉडेल मांडताना वेबरने खालीलपैकी कशाचा उपयोग केला?

(अ) आयसोगोन (ब) आयसोफीन (क) आयसोडापेन (ड) आयसोटँक

९०. चिलीहून ब्राझीलकडे किनाऱ्याने जाताना काय पार करावे लागते?

(अ) बासची सामुद्रधुनी (ब) कुकची सामुद्रधुनी

(क) मँगेलनची सामुद्रधुनी (ड) टोरेसची सामुद्रधुनी

९१.समजा एखाद्या देशातील सर्वांत जास्त लोकसंख्या असलेल्या महानगराची लोकसंख्या एक करोड आहे. तर आकारश्रेणीच्या (Rank Size Rule) नियमानुसार त्या देशातील चौथ्या क्रमांकाच्या शहराची लोकसंख्या असेल -

(अ) २०,००००० (ब) २५,०००००

(क) १०,००००० (ड) १५,०००००

९२. स्तंभ १ (लेखकाचे नाव) व स्तंभ २ (संकल्पना) यांमधील योग्य शब्द निवडून जोड्या लावा व खाली दिलेल्या जोड्यांमधून योग्य जोडी निवडा.

	स्तंभ १ लेखकाचे नाव	**स्तंभ २** संकल्पना
(प)	वान क्लिफ	(१) अनेक उपनगरांचा विस्तार असलेले शहर
(फ)	क्रिस्टलार	(२) शहरांचे कार्यात्मक वर्गीकरण
(भ)	गेडिस	(३) वस्तींची चढत्या क्रमानुसार क्रमवारी
(म)	हॅरिस	(४) कल्पनानगरी

जोड्या	प	फ	भ	म
(अ)	३	४	१	२
(ब)	३	४	२	१

(क)	४	३	२	१
(ड)	४	३	१	२

९३. शहरी लोकसंख्येच्या घनतेच्या वितरणाच्या न्यूलिंग मॉडेलमध्ये 'घनत्व क्रेटर'चा अर्थ काय?

    (अ) मध्यवर्ती उद्योगकेंद्र (Central Business District)

    (ब) उच्च वेतन निवासी क्षेत्र (High Income Residential Area)

    (क) उपनगर

    (ड) संक्रमणक्षेत्र

९४. कोल्बीने खालीलपैकी कशावर आपले विचार मांडले?

    (अ) शहरांचा विकास   (ब) जमिनीच्या उपयोगाचा विकास

    (क) निर्वाह योग्य विकास   (ड) ग्रामीण विकास

९५. खालील जोड्या लावा.

स्तंभ १	स्तंभ २
(प) भरपूर पाऊस व पशुपालनास अयोग्य	(१) विषववृत्तीय प्रदेश
(फ) वर्षभर पश्चिमी वारे आणि सौम्य हिवाळा	(२) भूमध्यसामुद्रिक प्रदेश
(भ) भरपूर गवताचा प्रदेश	(३) सॅवाना प्रदेश
(न) कोरडे उन्हाळे व हिवाळी पाऊस व फळांची शेती	(४) पश्चिम युरोपीय देश

जोड्या	प	फ	भ	न
(अ)	१	४	३	२
(ब)	४	१	३	२
(क)	१	४	२	३
(ड)	४	१	२	३

९६. खालीलपैकी कोणती जोडी चुकीची आहे.

    (अ) कॅनेडिअन प्रेअरी - वसंत ऋतूतील गव्हाची शेती

    (ब) अर्जेंटिनातील पम्पाज - मांसासाठी पशुपालन

    (क) ऑस्ट्रेलियातील डाउन्स - दुधासाठी पशुपालन

    (ड) दक्षिण आफ्रिकेतील वेल्ड्स - मक्याचे पीक

९७. कॅनडा आणि ऑस्ट्रेलियातील खालील बाबींवर विचार करा.

    (१) संयुक्त संस्थाने व ग्रेट ब्रिटनशी जवळचे संबंध.

    (२) पर्यावरणातील भिन्नता

(३) कच्चा माल आणि खाद्यपदार्थांची निर्यात

(४) काही ठिकाणी लोकसंख्येचे केंद्रीकरण

खालीलपैकी योग्य उत्तर निवडा.

(अ) २, ३ आणि ४   (ब) १, २ व ३

(क) १, ३ आणि ४   (ड) १, २ आणि ४

९८. खालील जोड्या लावा.

स्तंभ १	स्तंभ २
कारखाना	शहराचे नाव
(प) मोटारगाड्या	(१) बफेलो
(फ) सुती कापड	(२) डलस
(भ) लोखंड व पोलाद	(३) न्यूयॉर्क
(म) रसायने	(४) प्रॉव्हिडेन्स
	(५) व्हिलिंग

जोड्या	प	फ	भ	म
(अ)	४	२	५	१
(ब)	२	४	५	१
(क)	४	२	१	३
(ड)	२	४	१	३

९९. स्तंभ १ (देश) व स्तंभ २ (युरोपात सर्वांत जास्त) यांमधील योग्य शब्दांच्या जोड्या लावून, खाली दिलेल्या जोड्यांमधील योग्य जोडी निवडा.

स्तंभ १	स्तंभ २
देश	युरोपात सर्वांत जास्त
(प) बेल्जियम	(१) एकूण लोकसंख्या
(फ) जर्मनी	(२) लोकसंख्येची घनता
(भ) नेदरलँड	(३) शहरी लोकसंख्या
(म) स्वीडन	(४) शेती व्यवसायातील लोकसंख्या
	(५) ६५ वर्षांच्या वर वय असलेल्या लोकांचे प्रमाण

जोड्या	प	फ	भ	म
(अ)	३	१	५	४
(ब)	१	३	२	५
(क)	३	१	२	५
(ड)	१	३	५	४

१००. नेदरलँडच्या संदर्भात खालीलपैकी कोणते विधान योग्य नाही?

(अ) पश्चिम युरोपमधील लोकसंख्येची सर्वात जास्त घनता असलेला देश आहे.

(ब) युरोपीय देशांतील सर्वांत जास्त दुग्धोत्पादन करणारा देश आहे.

(क) प्राण्याच्या खाद्य आयातीवर त्याचा भर आहे.

(ड) हा जगातील सर्वांत जास्त लोणी निर्यात करणारा देश आहे.

१०१. सायबेरियाच्या नीपर प्रदेशातून ॲल्युमिनियमच्या उद्योगाचे स्थलांतरण करणे शक्य झाले कारण

(अ) बॉक्साइटच्या नवीन खाणी सापडल्या.

(ब) जलविद्युत् केंद्राचा विकास झाला.

(क) बाजारास अनुकूल परिस्थितीमुळे

(ड) प्रभावी वाहतूकव्यवस्था विकसित झाल्यामुळे

१०२. जपानच्या खालील औद्योगिक प्रदेशांवर विचार करा. शेजारच्या नकाशात १, २, ३, ४, ५, ६ या क्रमांकाने प्रदेश दाखवले आहेत. ते आकडे व त्या प्रदेशाचे नाव यांच्या जोड्या लावून पुढे दिलेल्या जोड्यांमधील योग्य जोडी निवडा.

(प) किंकी प्रदेश

(फ) किश्यू प्रदेश

(भ) क्वांटो प्रदेश

(न) नगोया प्रदेश

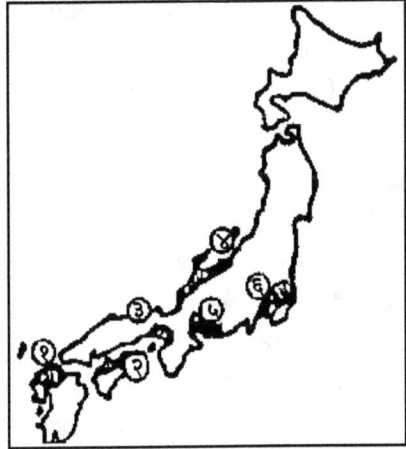

जोड्या	प	फ	भ	न
(अ)	३	१	५	६
(ब)	२	४	५	३
(क)	३	४	२	५
(ड)	२	१	३	६

१०३. जगातील समुद्रप्रवाह दाखवण्यासाठी खालीलपैकी कोणते प्रक्षेपण वापरतात?

(अ) खमध्य ध्रुवीय प्रक्षेपण

(ब) मॉलवीडचे प्रक्षेपण

(क) सिन्यूसॉइडल प्रक्षेपण

(ड) मर्केटरचे प्रक्षेपण

१०४. आग्नेय आशियामध्ये खालीलपैकी कोणत्या प्रदेशात दाट लोकसंख्या आहे?

(अ) स्थलांतरित शेतीच्या प्रदेशात

(ब) बेटांवर जेथे धान्याच्या शेतीचा विकास झाला आहे.

(क) डोंगरावर जेथे थंड व शुद्ध हवा आहे.

(ड) जेथे भरपूर खाणी आहेत.

१०५. मलेशिया द्वीपकल्पाच्या पश्चिम किनाऱ्यावर लोकसंख्येची घनता अधिक आहे. कारण-

(१) पश्चिम किनाऱ्यावर शेतीला अनुकूल पर्यावरण आहे.

(२) पूर्वेला जास्त डोंगराळ भाग आहे.

(३) पश्चिम किनाऱ्यावर बागायती शेतीचा विकास झाला आहे.

(४) पश्चिम किनाऱ्यावर शेतीबरोबरच मासेमारीचाही विकास झाला आहे.

खालीलपैकी कोणते उत्तर योग्य आहे?

(अ) १ आणि २　　　　　(ब) १, २, आणि ३

(क) १, ३ आणि ४　　　　(ड) १ आणि ३

उत्तरे

१.अ	२. अ	३. ड	४. ब	५. ब	६. क	७. क	८. ड
९. ब	१०. क	११. अ	१२. अ	१३. ब	१४. ड	१५. अ	१६. ब
१७. क	१८. ब	१९. ब	२०. अ	२१. ड	२२. ब	२३. ब	२४. क
२५. क	२६. अ	२७. क	२८. ड	२९. क	३०. अ	३१. ड	३२. ड
३३. ब	३४. ड	३५. ड	३६. ड	३७. ड	३८. अ	३९. ड	४०. क
४१. क	४२. ड	४३. ड	४४. ब	४५. क	४६. क	४७. ड	४८. क
४९. ड	५०. ब	५१. ड	५२. क	५३. ब	५४. ब	५५. क	५६. क
५७. क	५८. क	५९. क	६०. ब	६१. अ	६२. अ	६३. क	६४. अ
६५. अ	६६. ब	६७. अ	६८. अ	६९. ड	७०. ब	७१. क	७२. ड
७३. क	७४. क	७५. अ	७६. ड	७७. क	७८. अ	७९. ब	८०. क
८१. ब	८२. क	८३. क	८४. ड	८५. क	८६. ड	८७. ड	८८. ड
८९. क	९०. क	९१. ब	९२. ब	९३. अ	९४. अ	९५. अ	९६. क
९७. ड	९८. ब	९९. क	१००. ड	१०१. ब	१०२. क	१०३. ड	१०४. ब
१०५. क							

◆◆◆

प्रश्नसंच ६

१. शेजारच्या नकाशात प, फ, भ, न
या चिन्हांनी नद्या दाखवलेल्या
आहेत. खाली दिलेल्या नद्यांची
नावे व चिन्हे यांच्या जोड्या लावून
खाली दिलेल्या जोड्यांमधील योग्य
जोडी निवडा.

(१) ऱ्होन   (२) लॉइर
(३) सीन   (४) एल्ब

जोड्या	प	फ	भ	न
(अ)	३	४	२	१
(ब)	२	३	४	१
(क)	४	१	२	३
(ड)	४	१	३	२

२. स्तंभ १ (शहराचे नाव) व स्तंभ २ (कारखान्याचे नाव) यामधील योग्य शब्द
निवडून जोड्या लावा व खाली दिलेल्या जोड्यांमधील योग्य जोडी निवडा.

स्तंभ १	स्तंभ २
शहराचे नाव	कारखान्याचे नाव
(प) मॉस्को	(१) सुती वस्त्र उद्योग
(फ) मॅग्निटोगॉर्स्क	(२) इंजिनिअरिंग उद्योग
(भ) मॉस्को	(३) लोखंड पोलाद उद्योग
(न) गोर्की	(४) विमान बांधणी उद्योग

जोड्या	प	फ	भ	न
(अ)	४	३	२	१
(ब)	१	३	२	४

(क)	१	२	३	४
(ड)	३	२	१	४

३. जपानबद्दल खाली दिलेल्या विधानांचा विचार करा.

(१) जपानचे बेटाचे स्थान असल्यामुळे तसेच लांब अक्षांशविस्तार असल्याने जपानला समुद्रावरील वाऱ्यांचा लाभ मिळतो.

(२) जपानमध्ये कोरडा व उष्ण असा सीझन नाही.

(३) जपानच्या पश्चिम किनाऱ्यावर पूर्व किनाऱ्यापेक्षा जास्त गरम होते.

(४) होकैडोमध्ये शेती करण्यास मुबलक वाव आहे.

४. आग्नेय आशियातून निर्यात केल्या जाणाऱ्या खालील वस्तूंची उतरत्या क्रमाने क्रमवारी लावा.

(अ) ताड, तेल, साखर, रबर, खोबरे

(ब) रबर, ताड, तेल, साखर, खोबरे

(क) रबर, खोबरे, ताड, तेल, साखर

(ड) ताड, तेल, रबर, नारळ, साखर

५. स्तंभ १ (देश) व स्तंभ २ (पहिला क्रमांक कशात) यांमधील शब्द निवडून जोड्या लावा व खाली दिलेल्या जोड्यांमधील योग्य जोडी निवडा.

स्तंभ १ देश	**स्तंभ २** पहिला क्रमांक कशात
(प) इराण	(१) प्रौढ साक्षरता
(फ) इस्त्राईल	(२) लोकसंख्येची घनता
(भ) कुवेत	(३) शेतीत काम करणाऱ्यांची संख्या
(न) लेबनॉन	(४) एकूण लोकसंख्या
	(५) शहरी लोकसंख्या

जोड्या	प	फ	भ	न
(अ)	१	४	२	३
(ब)	४	१	२	५
(क)	३	४	५	२
(ड)	४	१	५	२

६. दक्षिण आफ्रिकेबद्दल खालील विधानांवर विचार करा.

(१) झिम्बाब्वे व बोत्सवानामध्ये प्रवेश करणारी व बाहेर पडणारी वस्तू दक्षिण आफ्रिकेतून जाते.

(२) झिम्बावेचे खंडांतर्गत स्थान त्याच्या विकासात बाधा आणते.

(३) दक्षिण आफ्रिकेचा प्लॅटिनम उत्पादनात संपूर्ण जगात पहिला क्रमांक लागतो.

(४) हिरे आणि कोळसा बोत्सवानाची प्रमुख खनिजे आहेत.

खालीलपैकी योग्य उत्तर निवडा.

(अ) १, २, ३, आणि ४ (ब) १ आणि २

(क) १, ३, आणि ४ (ड) ३ आणि ४

७. खालीलपैकी कोणते विधान चूक आहे?

(अ) पूर्व ऑस्ट्रेलिया प्रवाहास चिलीजवळ पेरू प्रवाह असे म्हटले जाते.

(ब) क्युरोसिओ प्रवाहामुळे जपानी बेटांचे हिवाळी तापमान व पाऊसमान वाढलेले आहे.

(क) हंबोल्ट या शीत प्रवाहामुळे दक्षिण अमेरिकेच्या मध्य पश्चिम किनाऱ्यावर पाऊसमान कमी झालेले आहे.

(ड) अटाकामा वाळवंटाच्या निर्मितीस हंबोल्ट हा शीत प्रवाह कारणीभूत आहे.

८. खालीलपैकी कोणत्या बेटांमधून १०° अक्षांश जलमार्ग जातो?

(अ) अंदमान आणि निकोबार

(ब) निकोबार आणि सुमात्रा

(क) मालदीव आणि लक्षद्वीप

(ड) सुमात्रा आणि जावा

९. खालीलपैकी कोणते भूमिस्वरूप नदीच्या अपक्षरण कार्यामुळे होत नाही?

(अ) घळई (ब) व्ही आकाराची दरी

(क) कुंभगर्ता (ड) पूरतट

१०. खाली दिलेल्या विधानांवर विचार करा.

(१) रोमन भूगोल तत्त्ववेत्त्यांनी ऐतिहासिक व गणिती भूगोलात भरपूर योगदान दिले.

(२) अज्ञात देशाची संकल्पना ऐरोटोस्थेनीजने मांडली होती.

(३) 'आउटलाइन ऑफ जिऑग्रफी' हे पुस्तक टॉलेमीने लिहिले आहे.

(४) पृथ्वीचा नकाशा बनवण्यासाठी टॉलेमीने खगोलशास्त्रातील सिद्धान्ताचा अभ्यास केला.

खालीलपैकी योग्य उत्तर निवडा.

(अ) १, २ आणि ३ (ब) १, ३ आणि ४

(क) २, ३ आणि ४ (ड) १, २ आणि ४

११. शेजारील आधुनिक नकाशात १, २, ३, ४ या चिन्हांनी दाखवलेल्याचा भारतीय भूगोल-तत्त्ववेत्त्याच्यानुसार क्रमवारी द्या.

(अ) क्रौंच, कुश, शाल्मली आणि प्लास्का बेट

(ब) प्लास्का, कुश, क्रौंच आणि शाल्मली बेट

(क) प्लास्का, कुश, शाल्मली आणि क्रौंच बेट

(ड) शाल्मली, प्लास्का, कुश आणि क्रौंच बेट

१२. स्तंभ १ (तत्त्ववेत्ते) व स्तंभ २ (त्यांचे विचार) यांमधील योग्य शब्दांच्या जोड्या लावून खाली दिलेल्या जोड्यांमधील योग्य जोडी निवडा.

स्तंभ १	**स्तंभ २**
(प) व्यवहारवाद	(१) आर. जे. पिट
(फ) मानववाद	(२) आय. बर्टन
(भ) मात्रात्मक क्रांतिवाद	(३) डब्ल्यू किर्क
(न) समूळवाद	(४) वाय. एफ. त्वान

जोड्या	प	फ	भ	न
(अ)	४	१	३	२
(ब)	३	२	४	१
(क)	४	३	१	२
(ड)	३	४	२	१

१३. 'दि जिऑग्रफी ऑफ पुरानाज' चे लेखक कोण होते?

(अ) आर. एन. दुबे (ब) एस. एम. अली

(क) टी. रिझवी (ड) एस. पी. चॅटर्जी

१४. खाली दिलेल्या विधानांवर विचार करा.

(१) अलमसूदीने पतंजलीच्या पुस्तकांचा अनुवाद अरबी भाषेत केला.

(२) इलाबतूताला चीनसाठी दिल्लीच्या राज्याचा राजदूत म्हणून नेमले होते.

(३) कालिफ अल मामूने बगदादमध्ये विज्ञान ॲकेडमी स्थापित केली.

(४) अरबांनी 'भू-केंद्रित संकल्पना' ग्रीक लोकांकडून घेतली.

खालीलपैकी कोणते उत्तर योग्य आहे?

(अ) १ आणि २ (ब) १ आणि ३

(क) २ आणि ४ (ड) १, २, ३ आणि ४

१५. "इतिहास व भूगोलात काळ आणि स्थळ यांबाबतचे विचार भिन्न आहेत. इतिहासात एकामागून एक घडणाऱ्या घटनांची नोंद असते म्हणून तो काळाशी संबंधित आहे. भूगोलात एखाद्या स्थानात घडणाऱ्या घटनांची नोंद असते." हे विधान खालीलपैकी कोणी केले आहे?

(अ) अलेक्झांडर व्हॉन ह्युम्बोल्ट (ब) कार्ल रिटर

(क) एमॅन्युअल कांट (ड) बर्नहॉड वॅरेन

१६. खालीलपैकी कोणी सामान्य भूगोल आणि विशेष भूगोलाबाबत माहिती दिली?

(अ) अलेक्झांडर व्हॉन ह्युम्बोल्ट (ब) एल्फ्रेड हेटनर

(क) एलिसी रेक्स (ड) बी. वारेनिअस

१७. अर्थव्यवस्था, समाज व राजनीती यांच्या सकारात्मक दृष्टिकोनावर खालीलपैकी कशात भर दिला आहे?

(अ) व्यवहारवाद (ब) मानववाद (क) प्रत्यक्षवाद (ड) समूळवाद

१८. खालील विधानांवर विचार करा.

भूगोलात मात्रात्मक क्रांतीचा उद्देश काय होता?

(१) भूगोलाला भू-विज्ञान बनवणे.

(२) भूगोलाला दिक्स्थानाची भूमिती बनवणे.

(३) सूक्ष्म प्रादेशिक नियमांचा विकास करणे.

(४) भूगोलाच्या सार्वत्रिक नियमांचा विकास करणे.

खालीलपैकी कोणते उत्तर बरोबर आहे?

(अ) १, २ आणि ३ (ब) १, ३ आणि ४

(क) २, ३ आणि ४ (ड) १, २ आणि ४

१९. स्तंभ १ (भूगोल तत्त्ववेत्ता) आणि स्तंभ २ (देश) यांमधील योग्य शब्दांच्या जोड्या लावून खाली दिलेल्या जोड्यांमधील योग्य जोडी निवडा.

स्तंभ १	**स्तंभ २**
भूगोल तत्त्ववेत्ता	देश
(प) हेटनर	(१) फ्रान्स
(फ) डिमांजियन	(२) ब्रिटन
(भ) मॅकीडर	(३) जर्मनी
(न) बर्ग	(४) रशिया

जोड्या	प	फ	भ	न
(अ)	३	२	१	४
(ब)	२	३	४	१
(क)	२	४	३	१
(ड)	३	१	२	४

२०. निसर्ग व मानव यांच्यामधील संबंधाचे स्पष्टीकरण देताना, ब्लाशने खालीलपैकी कोणत्या प्रादेशिक संकल्पनेच्या परंपरेचे उदाहरण दिले आहे?
(अ) कॉम्पेज
(ब) वास्तविक प्रदेश (Formal region)
(क) कार्यात्मक प्रदेश (Functional region)
(ड) पेज (Pays)

२१. 'ॲंथ्रपोजॉग्रफी' हा शब्द रेटझेलने खालीलपैकी कशासाठी वापरला?
(अ) मानवी भूगोलात व्यक्ती आणि जातीच्या संदर्भात
(ब) पृथ्वीच्या संदर्भात मानव व त्याच्या कार्याच्या भूगोलाबाबत
(क) समाज किंवा राज्याच्या जैव सिद्धान्तासाठी
(ड) मानव व निसर्ग यांच्यातील अनोन्य संबंधाचा अभ्यास करण्यासाठी

२२. भारतातील पूर्व घाट व पश्चिम घाट खालीलपैकी कोठे एकत्र मिळतात?
(अ) कार्डमम पर्वत (ब) अन्नमलाई पर्वत
(क) निलगिरी पर्वत (ड) पळणी पर्वत

२३. शेजारचा आलेख कोणत्या नदीचा आहे.
(अ) कावेरी
(ब) गोदावरी
(क) गंगा
(ड) सतलज

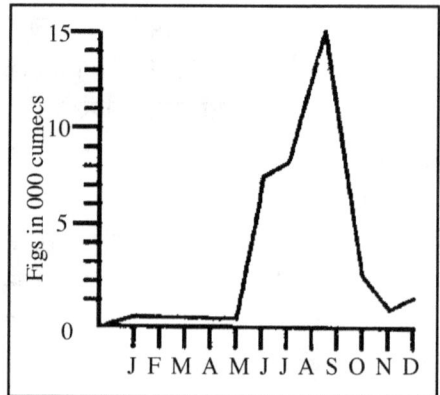

२४. खालीलपैकी कोणती वैशिष्ट्ये गंगा नदीशी संबंधित नाहीत?
(अ) या नदीला अनेक उपनद्या येऊन मिळतात.
(ब) या नदीच्या पात्रात वाळूचा संचय आहे.

(क) गंगा नदीला पूर येत नाही.
(ड) दरवर्षी बंगालच्या खाडीत भरपूर गाळ जमा करते.

२५. शेजारील दिलेल्या नकाशातील छायांकित प्रदेश काय दाखवतो?
(अ) उष्ण व दमट हवामानाचा प्रदेश
(ब) उष्ण व कमी पावसाचा प्रदेश
(क) साधारण कोरड्या (semi-arid) हवामानाचा प्रदेश
(ड) उष्ण व कोरड्या हवामानाचा प्रदेश

२६. भारताच्या वायव्य भागात हिवाळ्यात पाऊस कशामुळे पडतो?
(अ) वादळी वाऱ्यांमुळे
(ब) परतणाऱ्या मोसमी वाऱ्यांमुळे
(क) पश्चिमेकडील विक्षोभांमुळे
(ड) उष्ण कटिबंधीय आर्वतामुळे

२७. शेजारच्या आलेखात १, २, ३, ४ अशा चार शहरांचे मासिक सरासरी तापमान दिले आहे. त्यांची व शहरांच्या नावांची जोडी लावा व खाली दिलेल्या जोड्यांमधील योग्य जोडी निवडा.

(प) शिलाँग (फ) दिल्ली
(भ) जोधपूर (म) तिरुअनंतपुरम

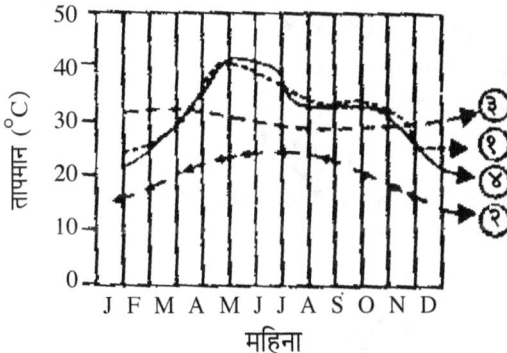

जोड्या	प	फ	भ	म
(अ)	२	४	३	१
(ब)	२	४	१	३
(क)	४	२	३	१
(ड)	४	२	१	३

२८. सर्वांत जास्त देशांच्या सीमांनी वेढलेला आफ्रिका खंडातील देश कोणता आहे?
(अ) चाड (ब) नायजर (क) झांबिया (ड) झाइरे

२९. सागरी मासेमारीचे सर्वांत जास्त उत्पादन कोणत्या किनारपट्टीवर होते?
(अ) केरळ व महाराष्ट्राची किनारपट्टी
(ब) महाराष्ट्र व कर्नाटकाची किनारपट्टी
(क) कर्नाटक व पं. बंगालची किनारपट्टी
(ड) प. बंगाल व महाराष्ट्राची किनारपट्टी

३०. पुढील तक्त्यात १९९० ते १९९४-९५ या काळातील वनांनी व्यापलेले क्षेत्र प्रति हेक्टर दाखवलेले आहे. त्यावर विचार करा.

वर्ष	संरक्षित वन	असंरक्षित वन
१९९०-९१	५६९.२६	९०२.७३
१९९१-९२	४०६.२६	८८५.००
१९९२-९३	५५२.९५	११२४.०२
१९९३-९४	५८१.५०	११४३.९५
१९९४-९५	५६२.००	१२०२.२०

मागील वर्षाच्या तुलनेने वनाने व्यापलेली जागा कोणत्या काळात वाढली?
(अ) १९९१-९२ आणि १९९२-९३
(ब) १९९३-९४ आणि १९९४-९५
(क) १९९१-९२ आणि १९९४-९५
(ड) १९९२-९३ आणि १९९३-९४

३१. इंदिरा गांधी कालव्याच्या क्षेत्रात खालीलपैकी कोणती समस्या नाही?
(अ) मातीच्या क्षारतेत वाढ
(ब) प्रगामी जलप्लावन
(क) कालव्यात गाळाची भर
(ड) पाण्याची पातळी खाली जाणे.

३२. शेजारच्या नकाशात कोणत्या ठिकाणी 'गोल्डन कॉरिडॉर' या नावाने ओळखल्या जाणाऱ्या औद्योगिक क्षेत्रात पेट्रोल व रसायनाचे कारखाने केंद्रित झाले आहेत.

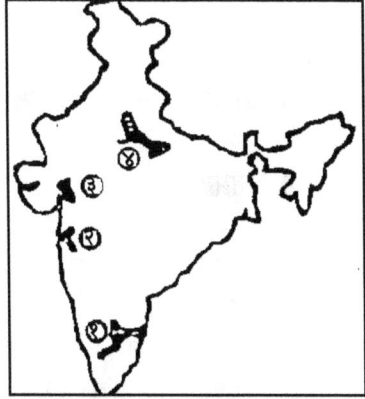

    (अ) १ क्रमांकाजवळ

    (ब) २ क्रमांकाजवळ

    (क) ३ क्रमांकाजवळ

    (ड) ४ क्रमांकाजवळ

३३. भारतात साखर कारखाने उत्तरेकडून दक्षिणेकडे स्थानांतर करत आहेत. कारण

    (अ) कामगार स्वस्तात मिळतात.

    (ब) बाजारपेठ उपलब्ध आहे.

    (क) स्वस्त व पुरेशी ऊर्जा उपलब्ध आहे.

    (ड) उसाचे भरपूर पीक आहे.

३४. कोयालीच्या बाबतीत खालीलपैकी कोणते विधान बरोबर आहे?

    (अ) उत्तर प्रदेशात ते एक जलविद्युत् केंद्र आहे.

    (ब) राजस्थानातील ऐतिहासिक सांस्कृतिक केंद्र आहे.

    (क) गुजरातमध्ये एक तेलाचा कारखाना आहे.

    (ड) मध्यप्रदेशात एक जलविद्युत् केंद्र आहे.

३५. स्तंभ १ (शहर) व स्तंभ २ (कारखान्याचे नाव) यांमधील योग्य जोड्या लावून खाली दिलेल्या जोड्यांमधील योग्य जोडी निवडा.

स्तंभ १	स्तंभ २
शहर	कारखान्याचे नाव
(प) सहारनपूर, दालमियानगर	(१) कृषी मशिन
(फ) हरिद्वार, भोपाळ	(२) सिमेंट
(भ) एर्नाकुलम, फरिदाबाद	(३) कागद
(न) द्वारका, चाईबासा	(४) इलेक्ट्रिकल वस्तू

जोड्या	प	फ	भ	न
(अ)	३	४	१	२
(ब)	३	४	२	१
(क)	४	३	१	२
(ड)	४	३	२	१

३६. श्रीलंका हा देश एकूण किती प्रांतात विभागला गेला आहे?

(अ) ६   (ब) ७   (क) ८   (ड) ९

३७. क्षेत्रफळाच्या दृष्टिकोनातून भारताचा जगात कितवा क्रमांक आहे?

(अ) चौथा   (ब) सातवा

(क) तिसरा   (ड) आठवा

३८. पालघाट खालील कोणाच्या दोन शहरांमध्ये दळणवळण ठेवण्यास उपयोगी पडतो?

(अ) मुदुराई ते तिरुअनंतपुरम   (ब) चेन्नई ते कोचीन

(क) पुणे ते मुंबई   (ड) बेंगळुरू ते मंगळूर

३९. गुजरातमधील खालील कोणते बंदर जहाजाची दुरुस्ती करण्यासाठी प्रसिद्ध आहे?

(अ) पोरबंदर   (ब) पाटन   (क) पीपावाव   (ड) मांडवी

४०. खाली दिलेल्या राज्यातील लोकसंख्येच्या घनतेनुसार उतरता क्रम खालीलपैकी कोणता?

(अ) पंजाब, ओरिसा, गुजरात, आसाम

(ब) आसाम, गुजरात, पंजाब, ओरिसा

(क) आसाम, ओरिसा, गुजरात, पंजाब

(ड) पंजाब, आसाम, गुजरात, ओरिसा

४१. स्तंभ १ (राज्य) व स्तंभ २ (लोकसंख्येबाबत वैशिष्ट्ये) यांमधील योग्य शब्दांच्या जोड्या लावून, खाली दिलेल्या जोड्यांमधील योग्य जोडी निवडा.

स्तंभ १	स्तंभ २
राज्य	लोकसंख्येची वैशिष्ट्ये
(प) जम्मू आणि काश्मीर	(१) सर्वांत जास्त लोकसंख्या
(फ) केरळ	(२) लोकसंख्येचा वाढता दर
(भ) महाराष्ट्र	(३) स्त्री-पुरुष लिंगोत्तर प्रमाण जास्त
(न) उत्तर प्रदेश	(४) शहरी लोकसंख्या जास्त
	(५) ग्रामीण लोकसंख्या जास्त

जोड्या	प	फ	भ	न
(अ)	३	२	४	१
(ब)	५	४	२	३
(क)	५	३	४	१
(ड)	४	३	१	२

४२. २००१ च्या जनगणनेनुसार खालील कोणत्या राज्यात कमी नागरीकरण होते?

(अ) हिमाचल प्रदेश   (ब) मणिपूर

(क) गोवा   (ड) हरियाणा

४३. शहर आणि त्या शहरांवर आलेली नैसर्गिक आपत्ती यांचा विचार करून खाली दिलेल्या जोड्यांमधून योग्य जोडी निवडा.

(१) लातूर पूर

(२) नाशरी भूमिपात

(३) कांडला चक्रीवादळ

खालीलपैकी कोणते उत्तर योग्य आहे?

(अ) १ आणि २ (ब) २ आणि ३

(क) १ आणि ३ (ड) १, २, आणि ३

४४. खालील विधानांवर विचार करा.

जगातील सर्वांत मोठे असे नदीतले बेट असलेली 'माजुली' या बेटाच्या पर्यावरणाचा ऱ्हास खालीलपैकी कशाने झाला?

(१) पुरामुळे (२) वृक्षतोड केल्यामुळे

(३) लोकसंख्या वाढल्यामुळे (४) वाहतुकीच्या विकासामुळे

पुढीलपैकी कोणते उत्तर बरोबर आहे ते निवडा.

(अ) १ आणि ४ (ब) १ आणि ३

(क) १, २, आणि ३ (ड) २, ३, आणि ४

४५. संकटग्रस्त रिडले कासवांचा सर्वांत मोठा समुदाय कोठे आहे?

(अ) गहिरमाथा (ब) सागरमाथा

(क) लक्षद्वीपमध्ये (ड) अंदमान निकोबारमध्ये

४६. भारतात 'रॅली फॉर व्हॅली' कार्यक्रम खालीलपैकी कोणत्या कारणासाठी आयोजित केला होता?

(अ) कमी पावसाच्या प्रदेशातील समस्येकडे लक्ष वेधण्यासाठी

(ब) जैवविविधतेच्या समस्येकडे लोकांचे लक्ष वेधण्यासाठी

(क) विस्थापित झालेल्या लोकांच्या पुर्नवसनाच्या समस्येकडे लक्ष वेधण्यासाठी

(ड) शेतीच्या जमिनीच्या ऱ्हासाच्या समस्येकडे लक्ष वेधण्यासाठी

४७. स्तंभ १ (अभयारण्य) आणि स्तंभ २ (राज्य) यांमधील योग्य शब्दांच्या जोड्या लावून खाली दिलेल्या जोड्यांमधील योग्य जोडी निवडा.

स्तंभ १	**स्तंभ २**
अभयारण्य	राज्य
(प) नामदाफा	(१) कर्नाटक
(फ) पेरियार	(२) अरुणाचल प्रदेश
(भ) बांदीपूर	(३) मणिपूर
(म) लाभजाओ	(४) केरळ

जोड्या	प	फ	भ	म
(अ)	२	४	१	३
(ब)	४	२	३	१
(क)	४	२	१	३
(ड)	२	४	३	१

४८. स्तंभ १ (प्रक्षेपण) आणि स्तंभ २ (प्रक्षेपणाचे गुणधर्म) यांमधील योग्य शब्दांची निवड करून जोड्या लावा व खाली दिलेल्या जोड्यांमधील योग्य जोडी निवडा.

स्तंभ १ प्रक्षेपण	स्तंभ २ गुणधर्म
(प) खमध्य ध्रुवीय केंद्रीय प्रक्षेपण	(१) सर्व अक्षवृत्ते वर्तुळकंसांनी दाखवली जातात.
(फ) अर्धशंकू प्रक्षेपण	(२) ध्रुवाकडे आकाशामधील अंतर वाढत जाते.
(भ) एक प्रमाण अक्षवृत्त शंकू प्रक्षेपण	(३) विषुववृत्ताकडे अक्षांशामधील अंतर वाढत जाते.
(न) मर्केटरचे प्रक्षेपण	(४) ध्रुव बिंदू दाखवता येत नाही.

जोड्या	प	फ	भ	न
(अ)	३	२	१	४
(ब)	३	१	४	२
(क)	१	२	३	४
(ड)	२	१	४	३

४९. स्तंभ १ (स्थल निर्देशक नकाशाचा निर्देशांक) आणि स्तंभ २ (नकाशाचे प्रमाण) यांमधील योग्य शब्दांच्या जोड्या लावा व खाली दिलेल्या जोड्यांमधील योग्य जोडी निवडा.

स्तंभ १ निर्देशांक	**स्तंभ २** प्रमाण
(प) ६४	(१) १ इंची नकाशा
(फ) ६४ M	(२) दशलक्षी नकाशा
(भ) ६४ M/NE	(३) पाव इंची नकाशा
(न) ६४M/१०	(४) अर्धा इंची नकाशा

जोड्या	प	फ	भ	न
(अ)	३	२	४	१
(ब)	२	३	१	४
(क)	३	२	१	४
(ड)	२	३	४	१

५०. १ इंच भारतीय स्थलनिर्देशांक नकाशाचे प्रमाण मेट्रिक मापनपद्धतीत रूपांतरित केल्यास किती होईल?

(अ) १:५०००
(ब) १:२५,०००
(क) १:५०,०००
(ड) १:२,५०,०००

५१. स्तंभ १ (आलेख) व स्तंभ २ (उपयोग) यांमधील योग्य शब्द निवडून जोड्या लावा व खाली दिलेल्या जोड्यांमधील योग्य जोडी निवडा.

स्तंभ १   स्तंभ २
आलेख   उपयोग

(प) क्षेत्रोन्नती आलेख   (१) लोकसंख्येची वयोमानानुसार रचना
(फ) तापमान पर्जन्यदर्शक आलेख   (२) स्थानिक यात्रा काल आलेख
(भ) समकाल रेषा   (३) जमिनीवरील उंचीवरील प्रदेशाचे क्षेत्रफळ
                                      व सागरतळावरील निरनिराळ्या
                                      खोलीवर असलेल्या प्रदेशाचे क्षेत्रफळ

(म) पिरॅमिड   (४) हवामानाचा आलेख

जोड्या	प	फ	भ	म
(अ)	१	२	३	४
(ब)	३	४	१	२
(क)	३	४	२	१
(ड)	४	३	१	२

५२. शेजारील चित्रात एकाच प्रमाणावर बनलेल्या खमध्य ध्रुवीय प्रक्षेपणाची तुलना दाखवली आहे. त्यातील अ आणि ब या खुणेने दाखवलेल्या प्रक्षेपणाचा कोणता क्रम बरोबर आहे?

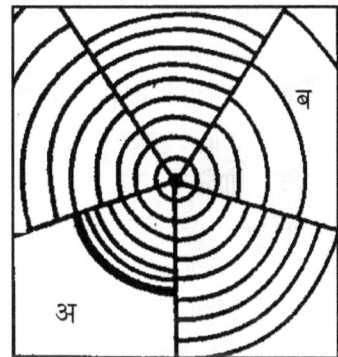

(अ) खमध्य ध्रुवीय गोमुखी प्रक्षेपण आणि खमध्य ध्रुवीय लंबरूपी प्रक्षेपण

(ब) खमध्य ध्रुवीय लंबरूपी प्रक्षेपण आणि खमध्य ध्रुवीय गोमुखी प्रक्षेपण

(क) खमध्य ध्रुवीय गोमुखी प्रक्षेपण आणि खमध्य तिर्यक प्रक्षेपण

(ड) खमध्य ध्रुवीय लंबरूपी प्रक्षेपण आणि खमध्य तिर्यक प्रक्षेपण

खालील प्रश्नांमध्ये दोन वाक्ये आहेत त्यांतील 'अ' हे विधान आहे व 'क' हे त्याचे कारण आहे. दोन्ही विधानांचा अभ्यास करून 'अ' आणि 'क' ही विधाने बरोबर आहेत का चूक आहेत, तसेच 'क' हे 'अ' चे कारण आहे का हे विचारपूर्वक ठरवा व खाली दिलेल्या उत्तरांमधून एक बरोबर उत्तर निवडा.

(अ) 'अ' आणि 'क' दोन्ही बरोबर आहेत व 'क' हे 'अ' चे स्पष्टीकरण आहे.

(ब) 'अ' आणि 'क' दोन्ही बरोबर आहेत, परंतु 'क' हे 'अ' चे योग्य स्पष्टीकरण नाही.

(क) 'अ' बरोबर आहे; पण 'क' चूक आहे.

(ड) 'अ' चूक आहे; पण 'क' बरोबर आहे.

५३. (अ) कायिक विदारणाचे एकमेव कारण खडकांच्या भेगांमध्ये साठलेले पाणी गोठून त्याचे हिमकण बनणे.

(क) सदैव होणाऱ्या आकुंचन व प्रसारण या क्रियांमुळेसुद्धा अति कठीण अशा खडकांचे विदारण होते.

५४. (अ) फियॉर्ड हा भूप्रकार हिमनदीच्या खननकार्यामुळे तयार होतो.

(क) हिमनद्यांची खोरी अधोगामी हालचालीमुळे समुद्रात बुडून फियॉर्ड तयार होतात.

५५. (अ) उष्ण वाळवंटी प्रदेशात व्यापारी वारे खंडाच्या पश्चिमेला आढळतात.

(क) उष्ण वाळवंटी प्रदेशात जेथे व्यापारी वारे वाहतात, तेथे आर्द्रतायुक्त वाऱ्यांना अडथळा निर्माण करून पावसास योग्य परिस्थिती निर्माण करणारे पर्वत पश्चिमेकडे नाहीत.

५६. (अ) Moist Adiabatic Lapse Rate हा Dry Adiabatic Lapse Rate पेक्षा कमी असतो.

(क) हवेच्या आकुंचन व प्रसरणामुळे हवेत बदल होतो, त्याला 'लोप दर' Lapse Rate म्हणतात.

५७. (अ) बाल्टिक समुद्र आंतरराष्ट्रीय व्यापारासाठी वर्षभर खुला असतो.

(क) बाल्टिक समुद्र उष्ण कटिबंधीय प्रदेशात आहे.

५८. (अ) आम्ल पर्जन्यात PH ९ ते १२ च्या मध्ये असतो.

(क) हवेच्या प्रदूषणामुळे आम्लपर्जन्य पडतो.

५९. (अ) निश्चयवादी लोकांच्या मते समान पर्यावरणात राहणाऱ्या व्यक्तींमध्ये समान सामाजिक, आर्थिक आणि ऐतिहासिक विकास होतो.

(क) प्रत्येक व्यक्तीच्या जीवनाचे अंग म्हणजे त्याच्या घराभोवतीच्या पर्यावरणाचा आरसाच असतो.

६०. (अ) उदरनिर्वाहासाठी विकसित झालेल्या शेतीमध्ये पशुपालनाचा व्यवसाय अगदी नगण्य स्वरूपाचा असतो.

(क) पशुपालन करताना वैज्ञानिक पद्धतीचा वापर न केल्याने ते नगण्य स्वरूपाचे असते.

६१. (अ) संयुक्त संस्थानात न्यू इंग्लंड प्रदेश सुती वस्त्रे उत्पादनासाठी महत्त्वाचा आहे.

(क) सुती वस्त्रासाठी मागणी व अनुकूल भौगोलिक परिस्थिती हे त्याचे प्रमुख कारण आहे.

६२. (अ) पश्चिम युरोपात किनारपट्टीपासून जसजसे आत जावे, तसतसे पावसाचे प्रमाण कमी होत जाते.

(क) पश्चिम युरोपातील अधिकांश पाऊस पश्चिमी वाऱ्यामुळे पडतो.

६३. (अ) ऑस्ट्रेलियातील बहुतांश लोक शहरी भागात राहतात.

(क) जवळजवळ ऑस्ट्रेलियाच्या ६५ टक्के भागात ५० सें. मी. पेक्षा कमी पाऊस पडत असल्याने शेती हा प्रमुख व्यवसाय विकसित झाला नाही.

६४. (अ) व्हँगहो नदी सतत आपला प्रवाह बदलत असते.

(क) जेथून व्हँगहो नदी वाहते, तो बराचसा भाग लोएसचा आहे.

६५. स्तंभ १ (तत्त्ववेत्त्याचे नाव) व स्तंभ २ (पृथ्वीच्या निर्मितीची संकल्पना) यांमधील योग्य शब्द निवडून जोड्या लावा व खाली दिलेल्या जोड्यांमधील योग्य जोडी निवडा.

	स्तंभ १ तत्त्ववेत्ता	**स्तंभ २** पृथ्वीच्या निर्मितीची कल्पना
(प)	जीन्स आणि जेफरीज	(१) तेजोमेघ कल्पना
(फ)	चेंबरलीन आणि मॉल्टन	(२) भरतीची कल्पना
(भ)	कांट आणि लाप्लास	(४) विद्युत् चुंबकीय कल्पना
(न)	होयले आणि लिटलटन	(५) ग्रहकण कल्पना

जोड्या	प	फ	भ	न
(अ)	४	१	३	२
(ब)	२	५	१	३
(क)	५	२	१	३
(ड)	२	४	५	१

६६. युगांची चढत्या क्रमाने क्रमवारी कोणती बरोबर आहे?

(अ) अतिनूतन, मध्यनूतन, आदिनूतन, अल्पनूतन

(ब) अतिनूतन, आदिनूतन, मध्यनूतन, अल्पनूतन

(क) आदिनूतन, अतिनूतन, मध्यनूतन, अल्पनूतन

(ड) आदिनूतन, अल्पनूतन, मध्यनूतन, अतिनूतन

६७. 'मोहो थर' (Moho-discontinuity) कोणत्या दोन थरांतील सीमा समजली जाते.

(अ) पृथ्वीचे मध्यावरण आणि पृथ्वीचे कवच

(ब) सियाल आणि सायमा

(क) मध्यावरण आणि गाभा

(ड) अंतर्गत गाभा आणि पृथ्वीचे कवच

६८. वलीकरण झालेल्या प्रदेशात अपनती वळ्या (Anticlinal fold) व अभिनती वळ्यांमध्ये (Sysclinal fold) लहान-लहान वळ्या पडलेल्या आढळतात, त्याला काय म्हणतात?

(अ) अपनती संभार व अभिनती संभार

(ब) ग्रीवाखंड

(क) पंखाकृती वळ्या

(ड) परिवर्तन वळ्या

६९. शेजारच्या आकृतीमध्ये ज्वालामुखीमुळे तयारी वैशिष्ट्ये किंवा भूप्रकार १, २, ३, ४ या आकड्यांनी दाखवले आहेत व त्यांची नावे खाली दिलेली आहेत. योग्य अक्षरे व नावे यांच्या जोड्या लावून खाली दिलेल्या जोड्यांमधील योग्य जोडी निवडा.

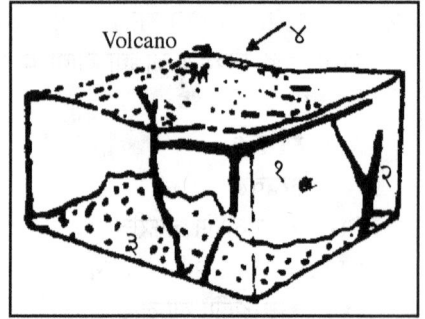

Volcano

(प) बॅथोलिथ   (फ) डाइक   (भ) मुख (Crater)   (न) सिल

जोड्या	प	फ	भ	न
(अ)	४	२	३	१
(ब)	१	२	३	४
(क)	१	३	२	४
(ड)	४	२	१	३

७०. भूकंपाबाबत खाली दिलेल्या विधानांवर विचार करा.

(१) ज्या ठिकाणी भूकंप निर्माण होतो त्याला भूकंपाचे बाह्यकेंद्र म्हणतात.

(२) भूकंपाचे उगमस्थान गाभा किंवा मध्यावरणात असते.

(३) बरेच भूकंपनिर्मितीचे प्रदेश भूपट्ट्याच्या सीमाक्षेत्रात असतात.
खालीलपैकी कोणते उत्तर बरोबर आहे?
(अ) १, २, आणि ३ (ब) १ आणि २
(क) १ आणि ३ (ड) २ आणि ३

७१. स्तंभ १ (प्रवाहप्रणाली) व स्तंभ २ (प्रवाहप्रणालीचे वैशिष्ट्ये) यांमधील योग्य शब्द निवडून जोड्या लावा व खाली दिलेल्या जोड्यांमधील योग्य जोडी निवडा.

	स्तंभ १ प्रवाहप्रणाली		**स्तंभ २** प्रवाहप्रणालीचे वैशिष्ट्य
(प)	पादपानुरूप (Dendritic)	(१)	एखाद्या वृक्षासारखे आणि वृक्षांच्या शाखांसारखी
(फ)	जाळीसदृश (Trellic)	(२)	नद्या व उपनद्या यांच्या दऱ्यांचा विकास होऊन जाळीप्रमाणे प्रवाहप्रणाली
(भ)	केंद्रत्यागी (Radial)	(३)	मध्येच जमिनीत लुप्त होणारी व पुन्हा त्या एखाद्या प्रदेशात भूपृष्ठावर येऊन वाहणारी.
(म)	विक्षेपात्मक (Intermittent)	(४)	घुमटाकार पर्वत, ज्वालामुखी बेटे इ. ठिकाणी उगम पावून सभोवती चोहो बाजूंकडे वाहणारी

जोड्या	प	फ	भ	म
(अ)	१	२	४	३
(ब)	१	२	३	४
(क)	२	१	४	३
(ड)	४	३	२	१

७२. वाळवंटी प्रदेशात वाळूचे कमी-अधिक प्रमाणात संचयन होऊन पृष्ठभागावर निरनिराळ्या आकारांच्या लाटा गेल्यासारखा भूप्रदेश तयार होतो, त्याला काय म्हणतात?
(अ) पवनानुवर्ती टेकड्या (ब) आडव्या टेकड्या
(क) लंबवर्तुळाकार टेकड्या (ड) ऊर्मिचिन्हे

७३. खालील विधानांवर विचार करा.
(१) ओझोनचा थर स्थितांबरात आढळतो.
(२) ओझोनचा थर पृथ्वीपासून ५५ ते ७५ कि.मी. उंचीवर असतो.
(३) ओझोन सूर्यकिरणांतील अतिनील किरणे शोषून घेतो.
(४) ओझोनच्या थराचे पृथ्वीवरील लोकांच्या जीवनात काहीच महत्त्व नाही.
खालीलपैकी योग्य उत्तर निवडा.
(अ) १ आणि ३ (ब) २ आणि ४ (क) २ आणि ३ (ड) १ आणि ४

७४. शेजारील नकाशात सर्वात जास्त तापमानकक्षा कोठे आढळते?

(अ) ३ च्या ठिकाणी

(ब) १ च्या ठिकाणी

(क) ४ च्या ठिकाणी

(ड) २ च्या ठिकाणी

७५. ढगांच्या गडगडाटासह पाऊस (झंझावात) कोणत्या ढगांच्यामुळे येतो?

(अ) सिरस

(ब) स्ट्रॅटस

(क) क्युम्युल्स

(ड) क्युम्युलो निंबस

७६. भारतातील प. बंगालच्या किनाऱ्यावर कोणत्या प्रकारचा पाऊस पडतो?

(अ) प्रतिरोधी पर्जन्य

(ब) आरोह पर्जन्य

(क) आवर्त पर्जन्य

(ड) प्रत्यावर्त पर्जन्य

७७. खालील स्तंभांमध्ये दक्षिण गोलार्धातील एका स्थानाचे तापमान व पर्जन्याचे आकडे दिलेले आहेत ते आकडे काय सुचवतात?

महिना	तापमान अंश सेल्सियसमध्ये	पर्जन्य (मि.मी)	महिना	तापमान अंश सेल्सियसमध्ये	पर्जन्य (मि.मी)
जानेवारी	२३	८	जुलै	१३	१६५
फेब्रुवारी	२३	१३	ऑगस्ट	१३	१४५
मार्च	२२	१८	सप्टेंबर	१४	८४
एप्रिल	१९	४०	ऑक्टोबर	१६	५४
मे	१६	१२५	नोव्हेंबर	१८	२०
जून	१४	१७५	डिसेंबर	२२	१५

(अ) उष्ण कोरडे हवामान

(ब) उष्णकटिबंधीय दमट हवामान

(क) उष्णकटिबंधीय अतिदमट हवामान

(ड) समुद्रकिनाऱ्याचे पश्चिमी वाऱ्याचे हवामान

७८. स्तंभ १ (सागरी गर्ता) व स्तंभ २ (प्रदेश) यांमधील योग्य शब्द निवडून जोड्या लावा व खाली दिलेल्या जोड्यांमधील योग्य जोडी निवडा.

	स्तंभ १		**स्तंभ २**	
	सागरी गर्ता		प्रदेश	
(प)	अॅल्युशियन गर्ता		(१) फिलिपाइन्सच्या पूर्वेला	
(फ)	पिर्तो रिको गर्ता		(२) फिजी बेटाजवळ	
(भ)	रियूकू गर्ता		(३) द. प. अलास्का	
(म)	टोंगा गर्ता		(४) वेस्ट इंडीज बेटाजवळ	

जोड्या	प	फ	भ	म
(अ)	४	३	१	२
(ब)	३	४	२	१
(क)	३	४	१	२
(ड)	४	३	२	१

७९. खालील विधानांवर विचार करा.
(१) स्थिर हवा आणि उच्च तापमान स्थिती
(२) अस्थिर हवा आणि चक्रीवादळाची स्थिती
(३) कमी बाष्पीभवन व भरपूर पाऊस
(४) जादा बाष्पीभवन व कमी पाऊस
महासागरातील पाण्याची उच्च क्षारता संबंधित आहे?
(अ) १ आणि ४ (ब) २ आणि ३
(क) १ आणि ३ (ड) २ आणि ४

८०. रेडिओ - लॅरियन सिंधुपंक (Radiolarian Oze) किती खोलीवर आढळतात?
(अ) ६०० ते १२०० फॅदम (ब) १५०० ते २००० फॅदम
(क) २००० ते ५००० फॅदम (ड) ५००० ते ६००० फॅदम

८१. खालील कारणांवर विचार करा.
१. पृथ्वीचे परिवलन २. वाऱ्याचा दाब आणि वारा
३. सागराच्या पाण्याची घनता ४. पृथ्वीचे परिभ्रमण (Revolution)
वरीलपैकी कोणते कारण महासागरातील प्रवाह तयार होण्यास कारणीभूत होतात?
(अ) १ आणि २ (ब) १, २, ३
(क) १ आणि ४ (ड) २, ३, आणि ४

८२. त्सुनामीलाटा खालीलपैकी कोणत्या कारणाने उत्पन्न होतात?
(अ) पृथ्वीच्या कवचाला हादरे बसल्याने
(ब) चक्रीवादळामुळे
(क) समुद्राच्या तळाशी भूकंप झाल्यामुळे
(ड) भरतीच्या लाटांमुळे

८३. स्तंभ १ (डोंगर वारे) व स्तंभ २ (देश) यांमधील योग्य शब्द निवडून जोड्या लावा आणि खाली दिलेल्या जोड्यांमधील योग्य जोडी निवडा.

	स्तंभ १		स्तंभ २	
	डोंगरवाऱ्याचे स्थानिक नाव		देश	
(प)	सेमून		(१) न्यूझीलंड	
(फ)	नॉर्वेस्टर		(२) दक्षिण आफ्रिका	
(भ)	बर्जेस		(३) संयुक्त संस्थाने	
(न)	सान्त ॲनास		(४) इराण	

जोड्या	प	फ	भ	न
(अ)	१	२	३	४
(ब)	२	१	४	३
(क)	४	१	३	२
(ड)	४	१	२	३

८४. स्तंभ १ (हिमोढ) आणि स्तंभ २ (प्रकार) यांमधील योग्य शब्द निवडून जोड्या लावा आणि खाली दिलेल्या जोड्यांमधून योग्य जोडी निवडा.

	स्तंभ १		स्तंभ २	
	हिमोढ		त्याचे प्रकार	
(प)	पार्श्ववर्ती हिमोढ		(१) हिमनदीच्या काठावर संचयन होऊन तयार झालेले ढीग	
(फ)	मध्य हिमोढ		(२) हिमनदीच्या दरीच्या तळभागावर साचलेले हिमोढ	
(भ)	भूहिमोढ		(३) हिमनदीचे बर्फ वितळल्यावर हिमनदीने वाहून आणलेल्या गाळाचे संचयन होऊन तयार	
(न)	अंत्यहिमोढ		(४) दोन हिमनद्यांचे पार्श्ववर्ती हिमोढ एकत्र होऊन तयार झालेले ढीग	

जोड्या	प	फ	भ	न
(अ)	१	२	३	४
(ब)	१	४	३	२
(क)	१	४	२	३
(ड)	१	३	४	२

८५. वाळवंटात अतिशय उष्ण आणि अति कोरड्या हवामानात जनावरांची जी निष्क्रिय अवस्था होते, त्याला काय म्हणतात?

(अ) आधार चयापचय (Basal Metabolism)

(ब) निद्रास्थिती (Dormancy)

(क) ग्रीष्मनिष्क्रियता (Asetivation)
(ड) शीतनिष्क्रियता (Hibernation)

८६. खालीलपैकी कोणता वनस्पतीच्या प्रकारचा क्रम पाण्याच्या कमतरतेशी जुळणारा आहे?
(अ) उष्णकटिबंधीय अरण्ये, उष्णकटिबंधीय सॅव्हाना, वाळवंटी वनस्पती
(ब) उष्णकटिबंधीय सॅव्हाना, समशीतोष्ण गवताळ प्रदेश, वाळवंटी वनस्पती
(क) भूमध्यसागरीय वनस्पती, समशीतोष्ण गवताळ प्रदेश, समशीतोष्ण पानझडी वनस्पती
(ड) वाळवंटी वनस्पती, उष्णकटिबंधीय सॅव्हाना, उष्णकटिबंधीय जंगले

८७. खाली दिलेल्या कालखंडाच्या क्रमवारीत चढत्या क्रमाने कोणती क्रमवारी बरोबर आहे?
(अ) प्री कॅम्ब्रियन, मेसोझॉइक, पॅलॉझॉइक, निऑझॉइक
(ब) प्री कॅम्ब्रियन, पॅलॉझॉइक, मेसोझॉइक, निऑझॉइक
(क) प्री कॅम्ब्रियन, निऑझॉइक, पॅलाझॉइक, मेसोझॉइक
(ड) मेसोझॉइक, निऑझॉइक, पॅलाझॉइक, प्री कॅम्ब्रियन

८८. मानवी भूगोलाबाबत खालीलपैकी कोणते विधान योग्य आहे?
(१) यात मानवसमाज व पर्यावरण यांबाबत विश्लेषण आहे.
(२) याचा संबंध नकाशाशी आहे.
(३) याचा वर्तमानकाळातील अनेक विचारांशी संबंध आहे.
खालीलपैकी कोणते उत्तर बरोबर आहे?
(अ) १ आणि २ (ब) १ आणि ३
(क) २ आणि ३ (ड) १, २, आणि ३

८९. खालील विधानांवर विचार करा.
लोकसंख्येच्या संक्रमणाचे मॉडेल आहे.
(१) ज्यात जन्मदर व मृत्युदर यांबाबत वर्णन आहे.
(२) जे विकसित देशांच्या विशेष संदर्भाबाबत आहे.
(३) जे लोकसंख्येच्या वाढीबाबत विश्वव्यापी मॉडेल म्हणून स्वीकारण्यात आले आहे.
(४) जे लोकसंख्यासंक्रमणाचे शिस्तबद्ध विश्लेषण करते.
खालीलपैकी योग्य उत्तर निवडा.
(अ) १, २, आणि ३ (ब) २, ३, आणि ४
(क) १, २, आणि ३ (ड) १, ३, आणि ४

९०. खाली दिलेले चित्र कोणत्या वस्तीचे
आहे?
(अ) फुलानी वस्ती
(ब) मसाई वस्ती
(क) किरगीझ वस्ती
(ड) बुशमेन वस्ती

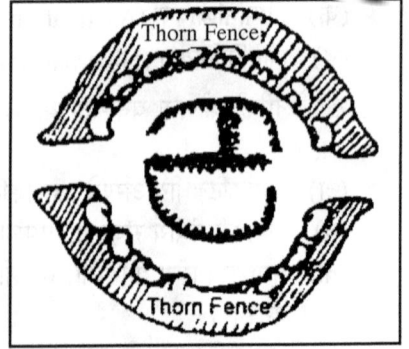

९१. स्तंभ १ (देश) व स्तंभ २ (देशाचे लोक) यांमधील योग्य शब्द निवडून योग्य व
खाली दिलेल्या जोड्यांमधील योग्य जोडी निवडा.

स्तंभ १	स्तंभ २
देश	देशातील लोक
(प) कॅनडा	(१) क्रो
(फ) चीन	(२) हिगूर
(भ) थायलंड	(३) इनू
(म) संयुक्त संस्थाने (USA)	(४) लिसू

जोड्या	प	फ	भ	म
(अ)	३	२	१	४
(ब)	३	२	४	१
(क)	१	३	२	४
(ड)	१	४	२	३

९२. खालील विधानांवर विचार करा.
(१) युरोपातील लोकसंख्या इतर खंडांतील लोकसंख्येपेक्षा जास्त आहे.
(२) युरोप खंडातील अनेक देशांत लोकसंख्येची वाढ मंदगतीने होत आहे.
(३) युरोपातील एकूण लोकसंख्येच्या २५ टक्के लोकसंख्या अति वृद्धांची आहे.
(४) युरोपातील एकूण लोकसंख्येच्या १० टक्के लोकसंख्या लहान मुलांची
आहे.
खालीलपैकी कोणते उत्तर योग्य आहे?
(अ) १ आणि २   (ब) १ आणि ३
(क) २, ३, आणि ४   (ड) १, २, ३ आणि ४

९३. जन्माच्या वेळी जिवंत असणाऱ्या बालकांच्या प्रमाणाच्या संदर्भात खाली दिलेल्या
देशांची उतरत्या क्रमाने क्रमवारी कोणती?

(अ) चीन, भारत, श्रीलंका, पाकिस्तान
(ब) चीन, श्रीलंका, पाकिस्तान, भारत
(क) श्रीलंका, भारत, चीन, पाकिस्तान
(ड) श्रीलंका, चीन, पाकिस्तान, भारत

९४. लोकसंख्या दुप्पट होण्यासाठी कमीत कमी काळ खालीलपैकी कोणत्या देशाला लागतो?
(अ) बांगला देश (ब) इराक (क) इराण (ड) पाकिस्तान

९५. स्थलांतराचे नियम (Laws of Migration) सर्वांत प्रथम खालीलपैकी कोणत्या तत्त्ववेत्त्याने बनवले?
(अ) कोसिस्की एल. ए (ब) ली. ई.
(क) रेव्हेन्स्टीन ई. जी. (ड) जैलेन्सकी डब्ल्यू

९६. मानवी व्यवसाय नैसर्गिक पर्यावरणाशी मिळतेजुळते असतात व कधी कधी त्यावर निर्धारित असतात? हे कोणत्या सिद्धान्ताशी संबंधित आहे.
(अ) निर्धारणवाद सिद्धान्त (Determinism)
(ब) नवनिर्धारणवाद सिद्धान्त (Neo-Determinism)
(क) संभाव्यतावाद सिद्धान्त (Possibilism)
(ड) मानवतावाद सिद्धान्त (Humanism)

९७. खालीलपैकी कोणती भौगालिक परिस्थिती टुंड्रा प्रदेशातील लोकांना शिकार व मासेमारी हे व्यवसाय निवडण्यास भाग पाडते?
(अ) विरळ लोकसंख्या (ब) बर्फाच्छादित जमीन
(क) विरळ वनस्पती (ड) कोरडे शीत वारे

९८. ऋतुप्रवास (Transhumane) खालीलपैकी कशाशी संबंधित आहे?
(अ) प्राण्यांचे स्थलांतर
(ब) नोकरीच्या शोधात मानवाचे स्थलांतर
(क) लोकांचे त्याच्या पाळीव प्राण्यांबरोबर डोंगरदऱ्यांत ऋतूनुसार स्थलांतर
(ड) पर्यटनासाठी प्रवास

९९. इस्टान्शिया कशाला म्हणतात?
(अ) अर्जेंटिनाच्या मोठ्या कुरणांना
(ब) ब्राझीलच्या शेतांना
(क) मलेशियातील बागायती शेतीला
(ड) संयुक्त संस्थानांतील व्यापारी धान्याच्या शेतीला

१००. बांबू आणि सागाची झाडे खालीलपैकी कोणत्या हवामानाच्या प्रदेशात वाढतात?

(अ) तैगा प्रदेश (ब) उष्णकटिबंधीय मान्सून प्रदेश

(क) भूमध्यसागरीय हवामान प्रदेश (ड) सॅव्हाना प्रदेश

१०१. नागालँडमध्ये डोंगर खूप जलद गतीने उजाड होत आहेत. कारण-

(अ) पावसाचे प्रमाण कमी झाले आहे.

(ब) स्थलांतरित शेतीचा विकास

(क) शहरीकरण (ड) वाढती लोकसंख्या

१०२. स्तंभ १ (पीक) व स्तंभ २ (उत्पादक देश) यांमधील योग्य शब्दांच्या जोड्या लावून खाली दिलेल्या जोड्यांमधील योग्य जोडी निवडा.

स्तंभ १	स्तंभ २
पीक	उत्पादक देश
(प) केळ	(१) कोलंबिया
(फ) कोको	(२) घाना
(भ) कॉफी	(३) जमेका
(म) चहा	(४) केनिया

जोड्या	प	फ	भ	म
(अ)	२	३	१	४
(ब)	३	२	१	४
(क)	३	२	४	१
(ड)	२	३	४	१

१०३. स्तंभ १ (खनिज) व स्तंभ २ (खाणक्षेत्र) यांमधील योग्य शब्दांच्या जोड्या लावून, खाली दिलेल्या जोड्यांमधील योग्य जोडी निवडा.

स्तंभ १	स्तंभ २
खनिज	खाणक्षेत्र
(प) कोळसा	(१) बिसबी
(फ) तांबे	(२) किरकुक
(भ) लोखंड	(३) डोनेट्ज
(म) खनिज तेल	(४) मेसाबी

जोड्या	प	फ	भ	म
(अ)	३	१	४	२
(ब)	३	४	१	२
(क)	४	१	२	३
(ड)	२	४	१	३

१०४. जगातील सर्वांत जास्त बोलल्या जाणाऱ्या भाषांचा योग्य उतरता क्रम आहे-
(अ) चिनी, इंग्रजी, हिंदी, स्पॅनिश
(ब) इंग्रजी, चिनी, हिंदी, बंगाली
(क) इंग्रजी, फ्रेंच, चिनी, हिंदी
(ड) चिनी, इंग्रजी, फ्रेंच, हिंदी

१०५. खालील विधानांवर विचार करा.
(१) कमी उत्पन्न असणाऱ्या आशियाई देशांत नागरीकरणाचे प्रमाण कमी आहे; पण येथे जगातील खूप मोठी शहरे आहेत.
(२) आग्नेय आशियातील बरीचशी शहरे प्रमुख शहरांच्या धर्तीवर विकसित झाली आहेत.
(३) १९५० नंतर जगातील शहरी लोकसंख्येची वाढ विकसित देशांमध्ये विकसनशील देशांपेक्षा अधिक आहे.
खालीलपैकी योग्य उत्तर निवडा.
(अ) १ आणि २   (ब) २ आणि ३
(क) १ आणि ३   (ड) १, २ आणि ३

१०६. खालील विधानांवर विचार करा.
(१) संयुक्त संस्थानांत लोखंड व पोलाद उद्योग मिशिगन सरोवराजवळ चांगल्या प्रतीच्या कोळशामुळे विकसित झाला आहे.
(२) संयुक्त संस्थानांतील पिट्सबर्ग यंगस्टाऊन पोलाद उत्पादनाचे महत्त्वाचे केंद्र आहे.
(३) फ्रान्समधील लोरेन पोलादाच्या उत्पादनासाठी प्रसिद्ध आहे.
(४) चीनमध्ये साठ टक्के कच्च्या लोखंडाचे उत्पादन दक्षिण मांचुरियन खाणीत होते.
खालीलपैकी कोणते उत्तर बरोबर आहे?
(अ) १,३, आणि ४   (ब) १, २, आणि ४
(क) २, ३ आणि ४   (ड) २ आणि ३

१०७. स्तंभ १ (शहर) स्तंभ २ (शहराचे स्थान) यांमधील योग्य शब्द निवडून जोड्या लावा व खाली दिलेल्या जोड्यांमधील योग्य जोडी निवडा.

स्तंभ १	स्तंभ २
(प) जम्मू	(१) समुद्रकिनारी
(फ) कांकीनाडा	(२) नदीच्या किनारी
(भ) फैजाबाद	(३) तळ्याच्या किनारी
(म) उदयपूर	(४) पर्वतावर

जोड्या	प	फ	भ	म
(अ)	२	१	४	३
(ब)	४	१	२	३
(क)	३	४	१	२
(ड)	३	२	४	१

१०८. संयुक्त संस्थानांच्या ईशान्य किनाऱ्यावरील अति विस्तार झालेल्या शहराला 'मेगोलोपोलिस' हा शब्द प्रथम कोणी वापरला?

(अ) सी. डी. हॅरिसन   (ब) जीन गॉटमॅनन

(क) ब्रायन बेरिन   (ड) डेव्हिड हार्वेन

१०९. शेजारी दिलेल्या जगाच्या नकाशातील छायांकित प्रदेशाच्या हवामानाची खालीलपैकी कोणती वैशिष्ट्ये आहेत?

(अ) उष्ण उन्हाळा

(ब) सौम्य उन्हाळा

(क) अति शीत हवा

(ड) अति पाऊस

११०. अन्टार्क्टिकावरील सर्वांत उंच शिखर आहे –

(अ) मेरी   (ब) सिलिंग   (क) मार्कहॅम   (ड) विन्सन

१११. स्तंभ १ (शहर) स्तंभ २ (ज्या नदीवर बसले आहे ती नदी) यांमधील योग्य शब्द निवडून जोड्या लावा व खाली दिलेल्या जोड्यांमधील योग्य जोडी निवडा.

स्तंभ १	स्तंभ २
शहर	नदी
(प) न्यूयॉर्क	(१) डॅन्युब
(फ) बॉन	(२) पो
(भ) क्युबेक	(३) सेंट लॉरेन्स
(न) व्हेनिस	(४) हडसन
	(५) ऱ्हाइन

जोड्या	प	फ	भ	न
(अ)	४	२	१	३
(ब)	४	५	३	२

(क) १ ३ ५ ४

(ड) ३ १ ४ ५

११२. खालीलपैकी कोणती खिंड ही भारत-चीन दरम्यान नाही?

(अ) चंग-ला (ब) काराकोरम (क) थुई आन (ड) माना

उत्तरे

१. ब	२. ब	३. क	४. क	५. अ	६. ड	७. अ
८. अ	९. ड	१०. ब	११. क	१२. ड	१३. ब	१४. ड
१५. क	१६. ड	१७. ड	१८. ड	१९. अ	२०. ड	२१. ब
२२. क	२३. अ	२४. क	२५. क	२६. क	२७. ब	२८. ड
२९. अ	३०. ड	३१. ड	३२. ब	३३. ड	३४. क	३५. अ
३६. ड	३७. ब	३८. ब	३९. अ	४०. ड	४१. क	४२. अ
४३. ब	४४. क	४५. ड	४६. क	४७. अ	४८. ब	४९. ड
५०. क	५१. क	५२. ड	५३. ड	५४. अ	५५. ब	५६. ब
५७. क	५८. ड	५९. ब	६०. ब	६१. अ	६२. ब	६३. ब
६४. अ	६५. ब	६६. ड	६७. अ	६८. ड	६९. ड	७०. ड
७१. अ	७२. ड	७३. अ	७४. अ	७५. ड	७६. ब	७७. ब
७८. ब	७९. अ	८०. क	८१. ब	८२. क	८३. ड	८४. ब
८५. ड	८६. ब	८७. ब	८८. ब	८९. ड	९०. ब	९१. क
९२. क	९३. क	९४. क	९५. क	९६. अ	९७. क	९८. क
९९. अ	१००. ब	१०१. ब	१०२. ब	१०३. ब	१०४. अ	१०५. क
१०६. ब	१०७. ब	१०८. ब	१०९. ब	११०. ड	१११. ब	११२. क

◆◆◆

प्रश्नसंच ७

१. १ से. मी. = ३० कि.मी. या प्रमाणानुसार बनवलेल्या नकाशाचे क्षेत्रफळ ९ पटीने वाढवल्यास त्याचे प्रमाण खालीलपैकी कोणते असेल?

(अ) १:१,०००,०००　　(ब) १:९,०००,०००

(क) १:१,०००,०००　　(ड) १:१०,०००,०००

२. चीनमध्ये कापसाचे उत्पादन मोठ्या प्रमाणावर कोठे होते?

(अ) ईशान्य चीन　　(ब) आग्नेय चीन

(क) वायव्य चीन　　(ड) दक्षिण-मध्य विभाग

३. खाली दिलेल्या जोड्यांमधील कोणती जोडी योग्य आहे?

(अ)	तैगा	रोझवुड
(ब)	उष्णकटिबंधीय सदाहरित	मॅपल
(क)	भूमध्यसागरीय	जॅतून
(ड)	सेल्वाज्	महोगनी

४. खाली उल्लेखिलेल्या प्रदेशांपैकी कोणत्या प्रदेशात भरती ऊर्जेचे उत्पादन होते?

(अ) खंबातचे आखात　　(ब) मानारचे आखात

(क) पाल्कची सामुद्रधुनी　　(ड) केरळचा किनारा

५. भारताच्या नकाशातील समान रेखांशावर असलेल्या दोन स्थानांमध्ये खालीलपैकी कोणत्या बाबतीत साम्य असेल?

(अ) भूप्रदूषण　　(ब) ढगांचे आवरण

(क) भूकंप　　(ड) चुंबकशक्ती

६. खाली दिलेल्या नकाशात मध्य आशियातील चार राजधानीची ठिकाणे अश्काबाद, विस्केक, दुशाम्बे आणि ताश्कंद हे १, २, ३, ४ या अंकांनी दाखवलेली आहेत. त्यांची नकाशातील अंकानुसार योग्य क्रमवारी कोणती?

(अ) ४, १, २ आणि ३   (ब) १, ४, २ आणि ३
(क) ४, १, ३ आणि २   (ड) १, ४, ३, आणि २

७. ग्रेट ब्रिटनच्या जवळच्या उत्तर समुद्रात सापडणारा सर्वांत महत्त्वाचा मासा कोणता?
(अ) कॉड   (ब) हॅलिबट   (क) हेरिंग   (ड) मॅकेरल

८. स्तंभ १ (स्थान) व स्तंभ २ (उद्योग/कारखाने) यामधील योग्य शब्द निवडून जोड्या लावा आणि खाली दिलेल्या जोड्यांमधून योग्य जोडी निवडा.

स्तंभ १	स्तंभ २
(प) आनंद	(१) सुती वस्त्र
(फ) तिरुनेलवल्ली	(२) पेनिसिलिन
(भ) पिंपरी	(३) रेल्वे इंजिन
(न) वाराणसी	(४) डेअरी

जोड्या	प	फ	भ	न
(अ)	३	१	२	४
(ब)	३	२	१	४
(क)	४	२	१	३
(ड)	४	१	२	३

९. खालीलपैकी कोणत्या प्रक्षेपणात रेखावृत्तांना छेदून काढलेली कोणतीही रेषा शुद्ध दिशा दर्शवणारी असते?
(अ) मर्केटरचे प्रक्षेपण   (ब) बॉनचे प्रक्षेपण
(क) दंडगोल समक्षेत्र प्रक्षेपण   (ड) एक प्रमाण अक्षवृत्त शंकू प्रक्षेपण

१०. खालीलपैकी कोणत्या जोड्या बरोबर आहेत?
(१) एकिबारतुज : कोळसा
(२) कुर्स्क : तांबे
(३) ट्युमेन : तेल व नैसर्गिक वायू
(४) जापोर्झी : ॲल्युमिनिअम

जोड्या
(अ) १, २, ३ आणि ४   (ब) १, ३ आणि ४
(क) २ आणि ४   (ड) १, २ आणि ३

११. 'ली हावरे' बँक हा मासेमारीसाठी प्रसिद्ध किनारा कोठे आहे?
(अ) उत्तर प्रशांत महासागर   (ब) दक्षिण प्रशांत महासागर
(क) उत्तर अंध महासागर   (ड) दक्षिण अंध महासागर

१२. खालीलपैकी कोणत्या राज्यात ख्रिश्चनांची संख्या सर्वांत जास्त आहे.
(अ) गोवा   (ब) केरळ   (क) मिझोराम   (ड) नागालँड

१३. खाली दिलेले कोणते प्रक्षेपण म्हणजे पृथ्वीगोलाचे खूप उंचीवरून घेतलेले छायाचित्र वाटते?

(अ) न्यूमॅनिक (ब) सिन्युसॉइडल

(क) मॉलनीड (ड) गोलाकार (Globular Projection)

१४. युरोपच्या शेजारी दिलेल्या नकाशात लिक्टेन्स्टीन, लक्झेंबर्ग, एन्डोरा आणि मोनॅको ही शहरे १, २, ३, ४ या क्रमांनी दाखवली आहेत. त्यांची योग्य क्रमवारी कोणती.

युरोप

क्रमवारी

(अ) ४, २, ३ आणि १ (ब) २, ४, ३ आणि १

(क) २, ४, १ आणि ३ (ड) ४, २, १ आणि ३

१५. जलविद्युत् उत्पादन खालीलपैकी कोणत्या देशात सर्वाधिक आहे?

(अ) जपान (ब) नॉर्वे (क) स्वीडन (ड) संयुक्त संस्थाने

१६. २००१ च्या जनगणने नुसार खाली दिलेल्या जोड्यांपैकी कोणत्या जोड्या बरोबर आहेत?

(१) सर्वाधिक लोकसंख्या : पश्चिम बंगाल

(२) सर्वाधिक लोकसंख्यावाढीचा दर : उत्तर प्रदेश

(३) सर्वांत जास्त महिला साक्षरता दर : राजस्थान

(४) सर्वांत जास्त साक्षरता दर : केरळ

जोड्या :

(अ) १, २, ३ आणि ४ (ब) १, ३ आणि ४

(क) २ आणि ४ (ड) १, २ आणि ३

१७. शेजारच्या अंटार्क्टिका खंडाच्या नकाशात दक्षिण गंगोत्रीचे योग्य स्थान १, २, ३ आणि ४ ने दाखवले आहे. त्यातील योग्य स्थान कोणते?

(अ) १ ने (ब) २ ने

(क) ३ ने (ड) ४ ने

ध्रुवीय प्लेटो
दक्षिण ध्रुव
अंटार्क्टिका

१८. स्तंभ १ (बांध / धबधबा) आणि स्तंभ २ (नदीचे नाव) यांमधील योग्य शब्द निवडून जोड्या लावा व खाली दिलेल्या जोड्यांमधील योग्य जोडी निवडा.

स्तंभ १	स्तंभ २
बांध / धबधबा	नदीचे नाव
(प) हूवर धरण	(१) मिसिसिपी
(फ) ग्रॅन्ड कूली धरण	(२) सेंट लॉरेन्स
(भ) नायगरा धबधबा	(३) कोलंबिया
(न) सेंट अँथोनी धबधबा	(४) कोलॅरॅडो

जोड्या	प	फ	भ	न
(अ)	३	४	१	२
(ब)	४	३	१	२
(क)	४	३	२	१
(ड)	३	४	२	१

१९. खालीलपैकी कोणती जोडी बरोबर आहे?

(अ) थारू : उत्तर प्रदेश   (ब) गद्दी : हिमाचल प्रदेश

(क) कोन्याक : केरळ   (ड) टोडा : तमिळनाडू

२०. शेजारच्या दिलेल्या नकाशात १, २, ३ आणि ४ या आकड्यांनी उद्योगकेंद्रांचे स्थान दाखवले आहेत. खालील उद्योग तेथे चालतात.

(प) लोखंड पोलाद उत्पादन

(फ) डेअरी उत्पादन

(भ) वस्त्र

(न) मद्य

नकाशात दिलेले अंक व त्याच्या स्थानानुसार उद्योग यांच्या योग्य जोड्या लावून खाली दिलेल्या जोड्यांमधील योग्य जोडी निवडा.

	प	फ	भ	न
(अ)	४	३	१	२
(ब)	४	३	२	१
(क)	३	४	२	१
(ड)	३	४	१	२

२१. १९११ ते १९२१ च्या काळात भारताच्या लोकसंख्येचा ऱ्हास खालीलपैकी कोणत्या कारणाने झाला?
(१) गंभीर नैसर्गिक आपत्ती (२) घटता जन्मदर
(३) आंतरराष्ट्रीय प्रवास (४) साथीचे रोग

२२. १९५० पासून आफ्रिकेत नागरीकरण सुरू झाले. कारण
(अ) लोकांचे किनारी प्रदेशातून खंडातर्गत भागात स्थानांतर
(ब) लोकांचे पर्वतमय प्रदेशातून मैदानी प्रदेशाकडे स्थानांतर
(क) लोकांचे सॅव्हाना प्रदेशात केंद्रीकरण
(ड) लोकसंख्येत जलदगतीने झालेली वाढ

२३. खालील राज्यांतील कोणत्या राज्यात छोट्या गावांमध्ये लोकसंख्येची घनता सर्वांत जास्त आहे?
(अ) जम्मू आणि काश्मीर (ब) सिक्कीम
(क) हिमाचल प्रदेश (ड) मणिपूर

खालील प्रश्नात दोन वाक्ये आहेत. त्यांतील 'अ' हे विधान आहे व 'क' हे त्याचे कारण आहे. दोन्ही वाक्यांचा विचारपूर्वक अभ्यास करून 'अ' आणि 'क' हे योग्य आहेत की चूक आहेत व 'क' हे 'अ' चे स्पष्टीकरण आहे का, ते ठरवा.

खालील प्रश्नांची उत्तरे खाली दिलेल्या पर्यायांतून निवडा.
(अ) 'अ' आणि 'क' दोन्ही बरोबर आहेत व 'क' हे 'अ' चे कारण आहे.
(ब) 'अ' आणि 'क' दोन्ही बरोबर आहेत; पण 'क' हे 'अ' चे कारण नाही.
(क) 'अ' बरोबर आहे; परंतु 'क' चूक आहे.
(ड) 'अ' चूक आहे; परंतु 'क' बरोबर आहे.

२४. (अ) सागराची क्षारता विषुववृत्ताकडून ध्रुवाकडे जावे तसतशी कमी होत जाते; परंतु उष्ण कटिबंधीय प्रदेशात सर्वांत जास्त क्षारता असते.
(क) उष्ण कटिबंधीय प्रदेशात जास्त तापमान, जास्त बाष्पीभवन आणि कमी पाऊस आहे.

२५. (अ) पर्वतपदीय मैदाने पर्वताच्या पायथ्याशी आणि आजूबाजूच्या नद्यांच्या खोऱ्यात पसरलेली असतात.
(क) जास्त पावसाच्या प्रदेशात डोंगरातून वाहणाऱ्या नद्यांमध्ये पाण्याचे प्रमाण जास्त असते व नद्यांचा वेगही जास्त असतो. त्यामुळे अशा प्रदेशात मोठ्या नद्यांच्या पर्वतपायथ्याजवळील भागात या प्रकाराच्या मैदानाची निर्मिती होत नाही.

२६. (अ) जांभा मृदा लाल रंगाची असते व त्यात ह्युमसचे प्रमाण व पोषणमूल्ये कमी असतात.

(क) उष्ण कटिबंधीय प्रदेशातील अतिपावसामुळे जमिनीतील पोषणमूल्ये वाहून जातात.

२७. (अ) विषुववृत्ताजवळ असलेल्या समुद्रामुळे विषुववृत्तावर वर्षभर पाऊस पडतो.

(क) विषुववृत्ताजवळ भरपूर तापमान असल्याने बाष्पीभवन होऊन हवेत आर्द्रता निर्माण होते व बाष्पीभवनाने वर गेलेली पाण्याची वाफ ढगात रूपांतरित होऊन पाऊस पडतो.

२८. (अ) विषुववृत्तीय प्रदेशात मंदगतीने विकास होतो.

(क) येथील अतिउष्ण व दमट हवामान विकासास मारक ठरते.

२९. (अ) वस्त्या बऱ्याचदा वाहतुकीच्या सोई उपलब्ध असलेल्या ठिकाणी निर्माण होतात.

(क) धार्मिक, सामाजिक, शैक्षणिक, थंड हवेची ठिकाणे, आरोग्यधामे म्हणूनही काही वस्त्यांचा विकास होतो.

३०. (अ) आफ्रिकेतील विषुववृत्तीय प्रदेशात अतिशय विरळ वस्ती आहे.

(क) येथील उष्ण व दमट हवामानामुळे कीटक व त्से त्से माश्यांची उत्पत्ती होत असल्याने लोक त्रस्त होतात.

३१. (अ) दक्षिण अमेरिकेचा आग्नेय विभाग पशुपालनासाठी प्रसिद्ध आहे.

(क) येथे सरासरी पाऊस मध्यम स्वरूपाचा पडतो. त्यामुळे गवत वाढते.

३२. (अ) एडियोग्राफिक व नोमोथेटिक यांचे विभाजन डेव्हिड हॉर्वेने प्रथम केले.

(क) एडियोग्राफिक व नोमेथेटिक सिद्धान्त, विशिष्ट आणि सामान्य नियमांशी संबंधित आहेत.

३३. (अ) उष्ण व थंड समुद्रप्रवाह जेथे एकत्र मिळतात तेथे मासेमारीचा व्यवसाय जोरात चालतो.

(क) उष्ण समुद्रप्रवाहातील गरम पाणी व थंड समुद्रप्रवाहातील थंड पाणी एकत्र झाल्याने पाण्याचे तापमान मर्यादित राहते व ते माशांच्या वाढीस अनुकूल असते.

३४. (अ) अंधयुगात भूगोलाच्या विकासात फार प्रगती झाली नाही.

(क) त्या काळात बौद्धिक विचारांपेक्षा धर्म - तंत्र - मंत्र यांवर विशेष भर होता.

३५. (अ) अहमदाबाद सुती कापड उद्योगाचे प्रमुख केंद्र आहे.

(क) या उद्योगासाठी आवश्यक असणारा कापूस अहमदाबादच्या आजूबाजूला असलेल्या काळ्या मातीत मोठ्या प्रमाणात पिकवला जातो.

३६. (अ) तलाव सिंचनपद्धतीचा वापर महाराष्ट्र आणि गुजरात राज्यांशिवाय भारतीय द्वीपकल्पावर इतरही राज्यांत मोठ्या प्रमाणात केला जातो.

(क) दक्षिण भारतातील पठारी प्रदेशात अनेक नद्यांना पावसाळ्यात भरपूर पाणी असते; परंतु पावसाळा संपल्यावर त्यांना पाणी नसते.

३७. स्तंभ १ (भूवैज्ञानिक महाकल्प) आणि स्तंभ २ (भूवैज्ञानिक कल्प) यांमधील योग्य शब्द निवडून जोड्या लावा व खाली दिलेल्या जोड्यांमधील योग्य जोडी निवडा.

स्तंभ १		स्तंभ २	
भूवैज्ञानिक महाकल्प		भूवैज्ञानिक कल्प	
(प) मध्यजीवी		(१) तृतीय कल्प	
(फ) प्राग्जीवी		(२) ट्रॉयसिक	
(भ) नूतनजीवन		(३) प्रीकॅम्ब्रियन	
(न) पुराजीवी		(४) पर्मियन	

जोड्या	प	फ	भ	न
(अ)	३	२	१	४
(ब)	२	३	१	४
(क)	२	३	४	१
(ड)	३	२	४	१

३८. खालील विधानांवर विचार करा.

१. मानवी भूगोलातील जो भाग असमानतेच्या प्रश्नावर भर देतो त्याला कल्याणकारी भूगोल म्हणतात.

२. मानवी भूगोलाच्या ज्या भागात मानवाच्या जागरूकतेच्या सक्रिय भूमिकेचा विचार करतात त्याला व्यवहारात्मक भूगोल म्हणतात.

३. क्रांतिकारी भूगोलाचा अभ्यास स्थानिक विश्लेषणाच्या प्रतिक्रियेच्या रूपात झाला आहे.

खालीलपैकी कोणते उत्तर बरोबर आहे?

(अ) फक्त १   (ब) १ आणि २ (क) १ आणि ३ (ड) २ आणि ३

३९. स्तंभ १ (नदी) व स्तंभ २ (त्यांचे त्रिभुज प्रदेशाचे आकार) यांमधील योग्य शब्द निवडून जोड्या लावा व खाली दिलेल्या जोड्यांमधील योग्य जोडी निवडा.

स्तंभ १	स्तंभ २
नदी	त्रिभुज प्रदेशाचा आकार
(प) नाइल	(१) एकमुखी
(फ) मिसिसिपी	(२) विहंगपाद
(भ) टायबर	(३) खाडीचा
(न) सीन	(४) अर्धगोलाकार

जोड्या	प	फ	भ	न
(अ)	४	२	१	३
(ब)	४	२	३	१
(क)	२	४	३	१
(ड)	२	४	१	३

४०. खाली दिलेल्या नकाशात मकाळू, अन्नपूर्णा, कांचनगंगा आणि धवलगिरी ही हिमालयातील शिखरे १, २, ३, ४, या आकड्यांच्या चिन्हाने दाखवली आहेत. त्यांच्या नकाशातील स्थानानुसार क्रम कोणता?

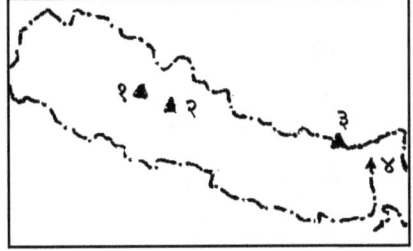

    (अ) २, ३, १ आणि ४   (ब) ३, २, ४, आणि १

    (क) ३, २, १, आणि ४   (ड) २, ३, ४, आणि १

४१. शेजारी दिलेली आकृती जलप्रवाहाचा कोणता प्रकार दाखवते?

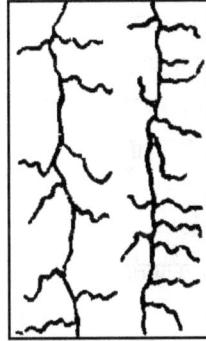

    (अ) वलयाकार

    (ब) आयताकार

    (क) पादपानुरूप

    (ड) जाळीसदृश

४२. खालीलपैकी कोणाला असाधारणवादाचा जनक मानतात?

    (अ) ब्लॉट   (ब) हॉगेट   (क) हार्वे   (ड) हार्टशोर्न

४३. खाली दिलेल्या जोड्यांमधील कोणत्या जोड्या योग्य आहेत?

    (१) तिएनशान   वळीपर्वत

    (२) व्हॉस्जेस   घुमटाकार पर्वत

    (३) फरघाना   भूपटलभ्रंश

    (४) मॉरा लीवा   ज्वालामुखी शंकू

    खाली दिलेल्या उत्तरांमधील योग्य उत्तर निवडा.

    (अ) १, २, ३, आणि ४   (ब) १, ३ आणि ४

    (क) २ आणि ४   (ड) २ आणि ३

४४. खालीलपैकी कशाची उंची समुद्रसपाटीपासून कमी आहे?

(अ) दिल्ली (ब) जोधपूर (क) कोटा (ड) नागपूर

४५. एकरूपतावाद खालीलपैकी कोणी मांडला?

(अ) सी. ई. डटन (ब) जी. के. गिल्बर्ट

(क) जे. हटन (ड) जे. प्लेफेअर

४६. खालील अरब भूगोल तत्त्ववेत्त्यांवर विचार करा.

(१) इब्न हॉकल (२) अल-इदरिसी

(३) अल-बरूनी (३) इब्नबतूता

या तत्त्ववेत्त्यांची कालानुसार क्रमवारी लावा.

(अ) १, २, ४, ३ (ब) ३, १, ४, २

(क) ३, १, २, ४ (ड) १, ३, २, ४

४७. शेजारी दिलेल्या नकाशातील छायांकित प्रदेश काय दाखवतो?

(अ) धारवाड प्रणाली

(ब) गोंडवाना प्रणाली

(क) टर्शियन प्रणाली

(ड) विंध्य प्रणाली

४८. खालीलपैकी कोणती सरोवरे भूपृष्ठाच्या हालचालींमुळे निर्माण झाली आहेत?

(अ) बैकल, टांगानिका आणि रुडॉल्फ

(ब) चिल्का, पुलिकत आणि दल

(क) लडोगा, ओनेगा आणि सुपिरिअर

(ड) चाड, बीवा तथा सांभर

४९. खालीलपैकी कोणती विधाने योग्य आहेत?

(१) खडकांच्या थरात हालचाल झाल्याने पृथ्वीच्या संतुलनात अडथळे निर्माण झाल्याने हानिकारक भूकंप होतात.

(२) भूपट्ट्याच्या सीमाक्षेत्रात भूकंपनिर्मितीची केंद्रे नसतात.

(३) भूपृष्ठापासून अतिशय खोल, पृथ्वीच्या अंतर्भागातील खडकात रासायनिक स्फोट होऊन भूकंप निर्माण होतात.

(४) ज्वालामुखीच्या उद्रेकापूर्वी किंवा उद्रेक होत असतानाही भूकंप होतात.

खालीलपैकी कोणती उत्तरे बरोबर आहेत.

(अ) १ आणि २ (ब) १ आणि ३

(क) १, ३, आणि ४ (ड) २, ३, आणि ४

५०. स्तंभ १ (सिद्धान्त) व स्तंभ २ (तत्त्ववेत्ते) यांमधील योग्य शब्दांच्या जोड्या लावून खाली दिलेल्या जोड्यांमधील योग्य जोडी निवडा.

स्तंभ १	**स्तंभ २**
(प) प्रयोगवाद	(१) आगस्टे काम्टे
(फ) मानववाद	(२) पियर्स
(भ) मात्रात्मक क्रांतिवाद	(३) बर्टन
(न) प्रत्यक्षवाद	(४) टुआन

जोड्या	प	फ	भ	न
(अ)	४	२	३	१
(ब)	४	२	१	३
(क)	२	४	१	३
(ड)	२	४	३	१

५१. खालीलपैकी कोणती जोडी योग्य आहे?

(अ) Cs भूमध्यसागरीय

(ब) Am उत्तर-पश्चिमी युरोप

(क) DW उष्णकटिबंधीय मॉन्सून

(ड) ET सैबेरिया

५२. भारताच्या नकाशात दख्खनच्या पठारावरच्या मंजीरा, गोदावरी, भीमा आणि वेनगंगा या नद्या १, २, ३, ४ या आकड्यांनी दाखवल्या आहेत. त्यांच्या स्थानानुसार त्यांची योग्य क्रमवारी कोणती?

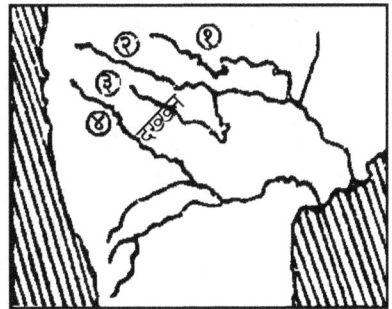

(अ) २, ३, ४ आणि १ (ब) २, ३, १ आणि ४

(क) ३, २, १, आणि ४ (ड) ३, २, ४ आणि १

५३. स्तंभ १ (सिद्धान्त) व स्तंभ २ (सिद्धान्तात मांडलेला विचार) यांमधील योग्य शब्दांच्या जोड्या लावून खाली दिलेल्या जोड्यांमधील योग्य जोडी निवडा.

	स्तंभ १		स्तंभ २
	सिद्धान्त		त्याबाबतचे विचार
(प)	भूअभिनतिक सिद्धान्त		(१) भरती - ओहोटी उत्पत्ती
(फ)	चतुष्फलक परिकल्पना		(२) प्रवाळ भित्ती व प्रवाळ बेटे उत्पत्ती
(भ)	स्थिरतरंग सिद्धान्त		(३) पर्वतांची निर्मिती
(न)	अवतळ सिद्धान्त		(४) बेटे व महासागरातील गर्तांची निर्मिती

जोड्या	प	फ	भ	न
(अ)	३	४	२	१
(ब)	४	३	२	१
(क)	३	४	१	२
(ड)	४	३	१	२

५४. स्तंभ १ (जुने नाव) व स्तंभ २ (नवे नाव) यांमधील योग्य शब्द निवडून जोड्या लावा व खाली दिलेल्या जोड्यांमधील योग्य जोडी निवडा.

	स्तंभ १	स्तंभ २
	(जुने नाव)	(नवीन नाव)
(प)	सरमाटिकस	(१) अलाई
(फ)	अरिथ्रैन	(२) आयर्लंड
(भ)	हाईबर्निया	(३) अरबी समुद्र
(न)	इमॉस	(४) बाल्टिक समुद्र

जोड्या	प	फ	भ	न
(अ)	१	३	२	४
(ब)	१	२	३	४
(क)	४	३	२	१
(ड)	४	२	३	१

५५. स्तंभ १ (हवामानाचा प्रकार) व स्तंभ २ (देश) यांमधील योग्य शब्द निवडून जोड्या लावा व खाली दिलेल्या जोड्यांमधील योग्य जोडी निवडा.

	स्तंभ १	स्तंभ २
	हवामानाचा प्रकार	देश
(प)	विषुववृत्तीय	(१) नाम्बिया
(फ)	मॉन्सून	(२) श्रीलंका
(भ)	भूमध्यसागरीय	(३) सायप्रस
(न)	उष्ण वाळवंटी	(४) जावा

जोड्या	प	फ	भ	न
(अ)	१	२	३	४
(ब)	४	३	२	१
(क)	४	२	३	१
(ड)	१	३	२	४

५६. खालीलपैकी कोणती नदी पूर्ववर्ती प्रवाहप्रणाली दाखवत नाही?

(अ) चिनाब   (ब) सतलज   (क) रावी   (ड) सुबन्सिरी

५७. विषुववृत्तांची लांबी मोजण्याची शेजारच्या चित्रात दाखवलेली पद्धत खालीलपैकी कोणी विकसित केली?

(अ) अनॅक्झीमॅंडर

(ब) इरॅटोस्थेनीज

(क) हिपार्कस

(ड) टॉलेमी

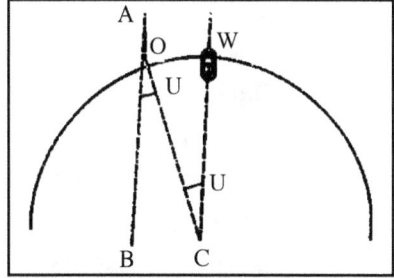

५८. खालीलपैकी कोणते शहर अलकनंदा आणि भागीरथी नद्यांच्या संगमावर वसलेले आहे?

(अ) विष्णुप्रयाग   (ब) देवप्रयाग   (क) रुद्रप्रयाग   (ड) कर्णप्रयाग

५९. स्तंभ १ (कारक) व स्तंभ २ (भूमिस्वरूप) यांमधील योग्य शब्द निवडून जोड्या लावा व खाली दिलेल्या जोड्यांमधील योग्य जोडी निवडा.

स्तंभ १	स्तंभ २
कारक	भूस्वरूप
(प) नदी	(१) संयुक्त विवरे
(फ) वारा	(२) मेघशीला
(भ) हिमनदी	(३) पूरतट
(न) भूमिगत पाणी	(४) झ्युजेन

जोड्या	प	फ	भ	न
(अ)	१	२	४	३
(ब)	३	४	२	१
(क)	३	२	४	१
(ड)	१	४	२	३

६०. नदीमुळे तयार झालेल्या भूमिस्वरूपांचा खाली दिलेला कोणता क्रम बरोबर आहे?

(अ) घळई, पूरमैदान, पर्वतपदीय मैदान, त्रिभुज प्रदेश

(ब) घळई, पर्वतपदीय मैदान, पूरमैदान, त्रिभुज प्रदेश

(क) घळई, पर्वतपदीय मैदान, त्रिभुज प्रदेश, पूरमैदान

(ड) पर्वतपदीय मैदान, घळई, पूरमैदान, त्रिभुज प्रदेश

६१. शंक्वाकार किंवा पंख्याच्या आकाराचे गाळाचे संचयन खालीलपैकी कोणत्या भूप्रकारात आढळते?

(अ) पूरमैदाने (ब) पर्वतपदीय मैदान

(क) त्रिभुज प्रदेश (ड) पिडमाँट प्रदेश

६२. खालीलपैकी कोणत्या राज्याला सर्वांत लांब किनारपट्टी आहे?

(अ) महाराष्ट्र (ब) तमिळनाडू

(क) आंध्र प्रदेश (ड) कर्नाटक

६३. रासायनिक विदारण सर्वांत जास्त परिणामकारक खालीलपैकी कोठे होते?

(अ) कोरडा वाळवंटी प्रदेश (ब) साधारण कोरड्या हवामानाचा प्रदेश

(क) उष्णकटिबंधीय प्रदेश (ड) भूमध्यसागरीय प्रदेश

६४. खालीलपैकी कोणती मलेशियाची आदिवासी जमात आहे?

(अ) ऐनू (ब) फुला (क) सकाई (ड) ओनो

६५. सामाजिक वनीकरणाचा प्रमुख उद्देश आहे.

(अ) झाडांची चांगली वाढ व्हावी म्हणून शास्त्रीय तंत्रज्ञानाचा वापर करणे.

(ब) जंगलाची वाढ करावी म्हणून ग्रामीण लोकांना प्रोत्साहित करणे.

(क) पडीक जमिनीवर वृक्षांची लागवड करणे.

(ड) जंगलातून मिळणाऱ्या पदार्थांचा जास्तीत जास्त चांगला उपयोग करणे.

६६. खालीलपैकी कोणती जोडी बरोबर आहे?

(१)	कोळसा	ग्रॅफाइट
(२)	क्वार्टझाइट	ॲन्थ्रासाइट
(३)	बेसॉल्ट	हॉर्नब्लेड शिस्ट
(४)	ग्रॅनाइट	नीस

खालीलपैकी योग्य उत्तर निवडा.

(अ) १, २, ३ आणि ४ (ब) १, ३, आणि ४

(क) २ आणि ४ (ड) १, २ आणि ३

६७. मानवी भूगोल मानवी परिस्थिती आहे, हा विचार कोणी मांडला?

(अ) बॅरोने (ब) हटिंग्टनने

(क) रॅटझेलने (ड) विडाल डि ला ब्लाशने

६८. खालीलपैकी कोणत्या कारणाने इंडोनेशियाच्या विषुववृत्तीय जंगलाचा नाश झाला?
   (अ) जंगलात मिळणाऱ्या कच्च्या मालावर आधारित कारखान्यांचा विकास
   (ब) शहरांचे जंगलात अतिक्रमण
   (क) जंगलात पेटलेले वणवे
   (ड) जंगलाची योग्य काळजी न घेतल्यामुळे

६९. शेजारी दिलेला रेषास्तंभालेख कोणत्या शहराचा आहे?
   (अ) बंगळुरू
   (ब) नागपूर
   (क) चेन्नई
   (ड) जोधपूर

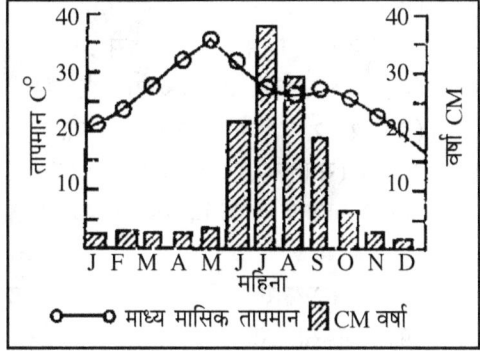

७०. समुद्रकिनाऱ्यावर चक्रीवादळ आल्यावर खालील स्थिती दिसते.
   (१) जोरदार वारे व मुसळधार पाऊस
   (२) आकाशात भरपूर ढग जमा होणे.
   (३) संपूर्ण शांत व निरभ्र आकाश
   वरील हवामान स्थितीचा योग्य क्रम कोणता?
   (अ) २, १, ३   (ब) १, २, ३,   (क) ३, २, १   (ड) २, ३, १

७१. स्तंभ १ (जमात) व स्तंभ २ (व्यवसाय) यांमधील योग्य शब्द निवडून जोड्या लावा व खाली दिलेल्या जोड्यांमधील योग्य जोडी निवडा.

स्तंभ १	स्तंभ २
जमात	व्यवसाय
(प) जारवा	(१) स्थलांतरित शेती
(फ) टोडा	(२) वेदिकायुक्त शेती
(भ) अंगामी	(३) पशुपालन
(न) सोरा	(४) अन्न गोळा करणे

जोड्या	प	फ	भ	न
(अ)	३	४	१	२
(ब)	४	३	१	२
(क)	४	३	२	१
(ड)	३	४	२	१

७२. खालीलपैकी कोणत्या देशात व्यापरी तत्त्वावर पशुपालन केले जात नाही?

(अ) दक्षिण आफ्रिकेत - वेल्डमध्ये (ब) मंगोलियात - स्टेपमध्ये

(क) कॅनडात - प्रेअरीमध्ये (ड) ऑस्ट्रेलियात - डाउन्समध्ये

७३. भारतातील मॉन्सून अरण्ये ज्या प्रदेशात वाढतात, तेथे वार्षिक सरासरी पाऊस किती असतो?

(अ) २०१ से. मी. ते २५० से.मी.

(ब) २५१ से. मी. ते ३०० से .मी.

(क) ७० से. मी. ते १०० से. मी.

(ड) १०१ से. मी. ते २०० से. मी.

७४. स्तंभ १ (समतुल्यरेषा) आणि स्तंभ २ (जे दर्शवतात) यांमधील योग्य शब्द निवडून जोड्या लावा व खाली दिलेल्या जोड्यांमधील योग्य जोडी निवडा.

स्तंभ १	**स्तंभ २**
सममूल्य रेषा	जे दर्शवतात
(प) आयसोहाइट	(१) समचुंबकीय विविधता
(फ) आयसोबाथ	(२) सममेघ ठिकाणे
(भ) आयसोगॉन	(३) समान पर्जन्य ठिकाणे
(न) आयसोनेफ	(४) समसमुद्रखोली ठिकाणे

जोड्या	प	फ	भ	न
(अ)	३	४	१	२
(ब)	४	३	१	२
(क)	४	३	२	१
(ड)	३	४	२	१

७५. शेजारी दिलेल्या नकाशातील छायांकित प्रदेश काय दर्शवतो?

(अ) समशीतोष्ण कटिबंधीय गवताळ प्रदेश

(ब) समशीतोष्ण कटिबंधीय जंगल

(क) उष्ण कटिबंधीय गवताळ प्रदेश (ड) मिश्रवृक्षांची जंगले

७६. भारतातील खालील कोणत्या प्रकारच्या वृक्षाने मोठ्या प्रमाणावर क्षेत्र व्यापले आहे.

(अ) रबर (ब) देवदार (क) सील (ड) साग

७७. भारतात २००१ साली केलेल्या जनगणनेनुसार खालीलपैकी कोणत्या राज्यात स्त्री-पुरुष लिंग गुणोत्तर प्रमाण इतर तीन राज्यांच्या तुलनेत कमी होते?

(अ) पंजाब आणि हरियाणा (ब) हरियाणा आणि मध्य-प्रदेश

(क) आंध्र प्रदेश आणि कर्नाटक (ड) पंजाब आणि राजस्थान

७८. खाली दिलेल्या नकाशात बुडापेस्ट, बुखारेस्ट, व्हिएन्ना आणि बेलग्रेड ही डॅन्यूब नदीवर किंवा त्याच्याजवळ असलेली चार शहरे आहेत.

खाली दिलेल्या नकाशात ती १, २, ३, ४ या आकड्यांनी दर्शवली आहेत. त्यांचा स्थानानुसार योग्य क्रम कोणता?

(अ) २, ४, १ आणि ३

(ब) २, ४, ३ आणि १

(क) ४, २, १ आणि ३

(ड) ४, २, ३ आणि १

७९. जगातील गव्हाचे उत्पादन करणारे प्रदेश दाखवण्यासाठी खालीलपैकी कोणते प्रक्षेपण उपयुक्त आहे.

(अ) मॉलवीडचे प्रक्षेपण (ब) सिन्युसॉइडल प्रक्षेपण

(क) दंडगोल समक्षेत्र प्रक्षेपण (ड) त्रिखंडित समक्षेत्र प्रक्षेपण

८०. खाली दिलेल्या ढगांच्या प्रकारांची त्यांची जमिनीपासूनच्या अंतरानुसार चढत्या क्रमाने योग्य क्रमवारी कोणती?

(अ) अल्टोक्युम्युलस, सिरोक्युम्युलस, स्टॅटोक्युम्युलस

(ब) सिरेक्युम्युलस, अल्टोक्युम्युलस, स्ट्रेटोक्युम्युलस

(क) स्टॅटोक्युम्युलस, सिरोक्युम्युलस, अल्टोक्युम्युलस

(ड) स्ट्रॅटोक्युम्युलस, अल्टोक्युम्युलस, सिरोक्युम्युलस

८१. केंद्रीय स्थान सिद्धांताच्या (Central Place Theory) संदर्भात खालील विधानांवर विचार करा.

(१) वस्तीचा आकार व वितरण यांबाबत यात विचार मांडले आहेत.

(२) यात दुकानाचा मालक व ग्राहक विचारपूर्वक वर्तन करतात असे गृहीत धरले जाते.

(३) अष्टकोनावर आधारित सिद्धान्त आहे.

(४) या वस्तीच्या तीन श्रेणी अपेक्षित आहेत.

खालीलपैकी कोणते उत्तर बरोबर आहे?

(अ) १, २ आणि ३ बरोबर आहे. (ब) २, ३ आणि ४ बरोबर आहे.

(क) १, २, ४ बरोबर आहे. (ड) १, ३ आणि ४ बरोबर आहे.

८२. खालीलपैकी कोणत्या जोड्या योग्य आहेत?

(१) प्राथमिक लिंग परीक्षा — गर्भधारणेच्या वेळेची लिंग परीक्षा

(२) द्वितीयक लिंग परीक्षा — जन्माच्या वेळेची लिंग परीक्षा

(३) तृतीयक लिंग परीक्षा — शिरगणतीच्या वेळची लिंग परीक्षा

(४) असंतुलित लिंग परीक्षा — कामगारांची लिंग परीक्षा

खालीलपैकी कोणते उत्तर बरोबर आहे?

(अ) १, २, ३ आणि ४ (ब) १, ३ आणि ४

(क) २ आणि ४ (ड) १, २ आणि ३

८३. खालील राज्यांवर विचार करा-

(१) गोवा (२) आंध्र प्रदेश

(३) ओरिसा (४) पश्चिम बंगाल

खारफुटीच्या वनस्पतीच्या एकूण क्षेत्रफळाचा विचार करता वरील राज्यांची चढत्या क्रमाने क्रमवारी लावा.

(अ) २, १, ३, ४ (ब) १, २, ३, ४

(क) २, १, ४, ३ (ड) १, २, ४, ३

८४. ऱ्होन नदीच्या दरीत वाहणाऱ्या थंड स्थानिक वाऱ्यांना काय म्हणतात?

(अ) चिनूक (ब) मिस्ट्रल (क) बोरा (ड) हिम झंझावात

८५. स्तंभ १ (जात) आणि स्तंभ २ (देश/प्रदेश) यांमधील योग्य शब्दांच्या जोड्या लावून खाली दिलेल्या जोड्यांमधील योग्य जोडी निवडा.

स्तंभ १ जात	**स्तंभ २** देश/प्रदेश
(प) होरन्टॉट	(१) सैबेरिया
(फ) इन्यूट	(२) लीबिया
(भ) बरबर	(३) कॅनडा
(न) याकूत	(४) दक्षिण आफ्रिका

जोड्या	प	फ	भ	न
(अ)	४	२	३	१
(ब)	४	३	२	१
(क)	१	२	३	४
(ड)	१	३	२	४

८६. खाली जगातील चार मोठ्या शहरांची लोकसंख्येनुसार उतरत्या क्रमाने क्रमवारी दिली आहे, त्यातील योग्य क्रमवारी कोणती?

(अ) टोकिओ - मेक्सिको सिटी - न्यूयॉर्क - मुंबई

(ब) मेक्सिको सिटी - टोकियो - मुंबई - न्यूयॉर्क

(क) मेक्सिको सिटी - टोकियो - न्यूयॉर्क - मुंबई

(ड) टोकियो - मेक्सिको सिटी - मुंबई - न्यूयॉर्क

८७. बाजरीच्या उत्पादनासंदर्भात राज्यांची उतरत्या क्रमाने क्रमवारी दिलेली आहे, त्यातील योग्य क्रमवारी कोणती?

(अ) राजस्थान, गुजरात, महाराष्ट्र, उत्तर प्रदेश

(ब) राजस्थान, गुजरात, उत्तर प्रदेश, महाराष्ट्र

(क) गुजरात, राजस्थान, महाराष्ट्र, उत्तर प्रदेश

(ड) गुजरात, राजस्थान, उत्तर प्रदेश, महाराष्ट्र

८८. फियॉर्डबाबत खालील विधानांवर कोणती विधाने योग्य आहेत?

(१) हिमनदीच्या मुखाजवळील जमिनीचा भाग भूहालचालींमुळे खचून या प्रकारचे फियॉर्ड समुद्रकिनारे निर्माण होतात.

(२) समुद्राचे फाटे समुद्रकिनाऱ्यावरील जमिनीत आत शिरल्यासारखे दिसतात, त्याला फियॉर्ड किनारे म्हणतात.

(३) फियॉर्ड्स म्हणजे समुद्रकिनाऱ्यावरील लांबच लांब पण अरुंद व दोन्ही बाजूंस उंच सरळ कडे असलेल्या हिमखाड्याच असतात.

(४) फियॉर्डच्या मुखाजवळ समुद्रात लहान लहान बेटे आढळतात.

खाली दिलेल्या उत्तरांपैकी कोणते उत्तर बरोबर आहे?

(अ) १, २, ३ आणि ४ (ब) १, ३ आणि ४

(क) २ आणि ४ (ड) १, २ आणि ४

८९. खालील नकाशात दक्षिण आफ्रिकेतील बोत्सवाना, मोझँम्बिक, झाम्बिया आणि झिम्बाब्वे हे देश १, २, ३, ४ या आकड्यांनी दाखवले आहेत. देशांची क्रमवारी आकड्याने दिलेली आहे, त्यातील योग्य क्रमवारी कोणती?

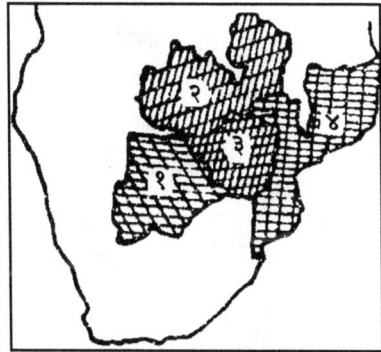

(अ) ४, १, २ आणि ३

(ब) ४, १, ३ आणि २

(क) १, ४, ३ आणि २ (ड) १, ४, २ आणि ३

९०. खाली दिलेल्या जोड्यांमधील कोणती जोडी योग्य आहे?

(अ) मसाई	पॅन्टागोनिया
(ब) किरगीझ	कझागस्तान
(क) मेलानेशियाई	मलेशिया
(ड) पिग्मी	टांझानिया

९१. स्तंभ १ (आंब्याच्या जाती) आणि स्तंभ २ (उत्पादन करणारे राज्य) यांमधील योग्य शब्द निवडून जोड्या लावा व खाली दिलेल्या जोड्यांमधील योग्य जोडी निवडा.

स्तंभ १ आंब्याची जात	**स्तंभ २** आंब्याचे उत्पादन करणारे राज्य
(प) नीलम	(१) उत्तर प्रदेश
(फ) हापूस	(२) आंध्र प्रदेश
(भ) हिमसागर	(३) महाराष्ट्र
(न) दसेरी	(४) पश्चिम बंगाल

जोड्या	प	फ	भ	न
(अ)	३	२	१	४
(ब)	२	३	४	१
(क)	३	२	४	१
(ड)	२	३	१	४

९२. एलनीनोच्या संदर्भात खाली दिलेल्या विधानांपैकी कोणते विधान योग्य नाही?

(अ) दक्षिण अमेरिकेच्या पश्चिम किनाऱ्याजवळ आणि विषुववृत्तीय प्रवाहाच्या विस्ताराने तयार होतो.

(ब) हा एक अनियमित उष्ण समुद्रप्रवाह आहे. तो पाण्याचे तापमान जवळजवळ १०° सेल्सिअसने वाढवतो.

(क) हा एक सामान्य शीत पेरू समुद्रप्रवाहाचे एक अल्पकालीन विकसित झालेले रूप आहे.

(ड) यामुळे प्लवंकामध्ये वाढ होते.

९३. देश आणि त्यांच्या राजधान्या यांपैकी खालील कोणत्या जोड्या योग्य आहेत?

(१) जॉर्डन	अम्मान
(२) लेबनान	बैरुत
(३) सीरिया	दमास्कस
(४) येमेन	बसरा

खालीलपैकी योग्य उत्तर कोणते?

(अ) १, २, ३ आणि ४ (ब) १, ३ आणि ४

(क) २ आणि ४ (ड) १, २ आणि ३

९४. अनेकपत्नीप्रथा (Polygamy) खालीलपैकी कोणत्या प्रदेशात प्रचलित आहे?

(अ) संयुक्त संस्थानाचा पश्चिम विभाग

(ब) आफ्रिकेचा पूर्व भाग

(क) चीनचा उत्तर भाग (ड) आग्नेय आशिया

९५. स्तंभ १ (पीक) आणि स्तंभ २ (उत्पादन करणारे राज्य) यांमधील योग्य शब्द निवडून जोड्या लावा व खाली दिलेल्या जोड्यांमधील योग्य जोडी निवडा.

स्तंभ १ पीक	**स्तंभ २** उत्पादन करणारे राज्य
(प) ऊस	(१) कर्नाटक
(फ) नारळ	(२) महाराष्ट्र
(भ) कॉफी	(३) आंध्रप्रदेश
(न) भुईमूग	(४) केरळ

जोड्या	प	फ	भ	न
(अ)	२	४	३	१
(ब)	४	२	३	१
(क)	२	४	१	३
(ड)	४	२	१	३

९६. स्तंभ १ (जमाती) आणि स्तंभ २ (देश) यांमधील योग्य शब्द निवडून त्यांच्या जोड्या लावा व खाली दिलेल्या जोड्यांमधील योग्य जोडी निवडा.

स्तंभ १ जमात	**स्तंभ २** देश
(प) कराजस	(१) ऑस्ट्रेलिया
(फ) किरुना	(२) ब्राझील
(भ) मसाबी	(३) स्वीडन
(न) पेलबारा	(४) संयुक्त संस्थाने

जोड्या	प	फ	भ	न
(अ)	२	४	३	१
(ब)	१	३	४	२
(क)	२	३	४	१
(ड)	१	४	३	२

९७. शेजारी दिलेल्या नकाशातील छायांकित भाग खालीलपैकी कोणत्या देशाचा आहे?

(अ) इंडोनेशिया
(ब) मलेशिया
(क) फिलिपाइन्स
(ड) वरील कोणताच नाही.

९८. खाली दिलेल्या प्रदेशांपैकी कोणता प्रदेश सांस्कृतिकदृष्ट्या भारताला जवळचा आहे; परंतु मानवजातीच्या दृष्टिकोनातून चीनशी संबंधित आहे?

(अ) मध्य आशिया   (ब) पोलिनेशिया
(क) पश्चिम आशिया   (ड) आग्नेय आशिया

९९. स्तंभ १ (खनिज) आणि स्तंभ २ (खाणक्षेत्र) यांमधील योग्य शब्द निवडून जोड्या लावा आणि खाली दिलेल्या जोड्यांमधील योग्य जोडी निवडा.

स्तंभ १	स्तंभ २
खनिज	खाणक्षेत्र
(प) लिग्नाइट	(१) कलोल
(फ) खनिज तेल	(२) नोआमुंडी
(भ) हेमेटाइट	(३) नीवेली
(न) शिसे आणि जस्त	(४) जावर

जोड्या	प	फ	भ	न
(अ)	१	३	४	२
(ब)	१	३	२	४
(क)	३	१	२	४
(ड)	३	१	४	२

१००. खाली दिलेल्या वृक्षांमधील व्यापारीदृष्ट्या महत्त्वाचे तसेच टिकाऊ लाकूड असलेले वृक्ष कोणते?

(अ) मॅपल, महोगनी, ओक   (ब) महोगनी, एबनी, मॅपल
(क) ओक, पॉपलर, मॅपल   (ड) एबोनी, ओक, पॉपलर

१०१. स्थलांतरित शेतीची स्थानिक नावे व ज्या देशात ती होते त्या देशांची नावे त्यांच्या जोड्या खाली दिल्या आहेत. त्यांतील कोणती जोडी योग्य आहे?

(१) श्रीलंका   चेना
(२) जायर   मसोली
(३) इंडोनेशिया   हुमा

(अ) १ आणि ३   (ब) १, २ आणि ३
(क) २ आणि ३   (ड) १ आणि २

१०२. खालील राज्यांवर विचार करा.

(१) कर्नाटक   (२) ओरिसा   (३) मध्य प्रदेश   (४) बिहार

वरील राज्यांतील कच्च्या लोखंडाच्या उत्पादनाच्या दृष्टीने चढत्या क्रमाने क्रमवारी लावल्यास योग्य क्रमवारी कोणती?

(अ) १, ३, २, ४   (ब) १, ३, ४, २
(क) ३, १, २, ४   (ड) ३, १, ४, २

१०३. खाली दिलेल्या नकाशात जगातील जलमार्ग १, २, ३, ४ या अंकांनी दर्शवलेले आहेत. त्या जलमार्गावरून चालणाऱ्या वाहतुकीच्या मोजमापानुसार घटत्या क्रमाने क्रमवारी लावल्यास खालीलपैकी कोणती क्रमवारी योग्य आहे?

(अ) १, ४, ३, २   (ब) ४, १, ३, २
(क) ४, १, २, ३   (ड) १, ४, २, ३

१०४. खालील शहरांपैकी कोणते शहर मिशिगन सरोवराच्या किनाऱ्यावर नाही?

(अ) शिकागो   (ब) गॅरी   (क) मिलवाकी   (ड) डेट्रॉइट

१०५. पिके आणि त्यांचे मूळ स्थान यांच्या खाली दिलेल्या जोड्यांमधील कोणती जोडी योग्य आहे?

(१) टोमॅटो   दक्षिण अमेरिका
(२) हरभरा   उत्तर आफ्रिका
(३) कॉफी   इथिओपिया
(४) गहू   युरोप

उत्तर   (अ) १, २, ३ आणि ४   (ब) १, ३ आणि ४
        (क) २ आणि ४   (ड) १, २ आणि ३

१०६. भूगोलात व्यवहारवादाच्या विकासाचे श्रेय दिले जाते.

(अ) लोवेनथोल यांना (ब) वोल्पर्ट यांना

(क) विल्यम किर्क यांना (ड) बाउडिंग यांना

१०७. खालीलपैकी कोणत्या प्रकारची शेती पश्चिम युरोपात केली जात नाही?

(अ) दूधदुभत्यासाठी शेती

(ब) मिश्र शेती

(क) बाजार बागशेती

(ड) केवळ उदरनिर्वाहासाठी शेती

१०८. खालीलपैकी कोणकोणत्या जोड्या योग्य आहेत?

(१) स्थलांतरित पशुपालन आफ्रिका व आशियातील कोरड्या हवामानाचा प्रदेश

(२) व्यापारी पशुपालन ॲमेझॉनचे खोरे

(३) मिश्र शेती संयुक्त संस्थानांचा पूर्व विभाग

उत्तरे (अ) १, २ आणि ३ (ब) १ आणि ३

(क) १ आणि २ (ड) २ आणि ३

१०९. १९९८ साली चीनमध्ये खाली दिलेल्या नद्यांच्या जोडीमधील कोणत्या जोडीमुळे सर्वांत जास्त नुकसान झाले?

(अ) यांगत्सीकियांग आणि पेहक्यांग

(ब) व्हँगहो आणि सिकियांग

(क) सिकियांग आणि यांगत्सीकियांग

(ड) यांगत्सीकियांग आणि व्हँगहो

११०. खालीलपैकी कोणी जगाची विविध कृषी विभागांत विभागणी केली आहे?

(अ) स्टॅम्प (ब) व्हिटिलसी

(क) बेकर (ड) वीवर

१११. खाली औष्णिक ऊर्जाकेंद्र व राज्य यांच्या जोड्या दिल्या आहेत. त्यांतील कोणकोणत्या जोड्या योग्य आहेत?

(१) सातपुडा महाराष्ट्र

(२) नीवेली तमिळनाडू

(३) कोटागुड्डम आंध्र प्रदेश

(४) कोटा राजस्थान

उत्तरे (अ) २, ३ आणि ४ (ब) १ आणि ४

(क) १, २ आणि ३ (क) १, २, ३ आणि ४

उत्तरे

१. अ	२. ड	३. क	४. अ	५. ड	६. क	७. क
८. ड	९. अ	१०. ब	११. क	१२. ड	१३. ड	१४. क
१५. ड	१६. ब	१७. ब	१८. क	१९. क	२०. क	२१. ब
२२. ब	२३. क	२४. अ	२५. ब	२६. अ	२७. अ	२८. अ
२९. ब	३०. अ	३१. अ	३२. क	३३. ब	३४. अ	३५. ब
३६. क	३७. ब	३८. क	३९. अ	४०. ब	४१. ड	४२. ड
४३. ब	४४. ब	४५. क	४६. ड	४७. अ	४८. अ	४९. क
५०. ड	५१. अ	५२. ड	५३. क	५४. अ	५५. क	५६. क
५७. ब	५८. ब	५९. ब	६०. ब	६१. ब	६२. ब	६३. ब
६४. क	६५. ब	६६. ब	६७. अ	६८. क	६९. अ	७०. अ
७१. क	७२. ब	७३. ड	७४. अ	७५. क	७६. क	७७. अ
७८. अ	७९. ब	८०. ड	८१. क	८२. ड	८३. ब	८४. ब
८५. ब	८६. अ	८७. अ	८८. ब	८९. ड	९०. ब	९१. ब
९२. ड	९३. ड	९४. अ	९५. क	९६. क	९७. ब	९८. ड
९९. क	१००. ड	१०१. ड	१०२. ड	१०३. क	१०४. क	१०५. ड
१०६. क	१०७. ड	१०८. ब	१०९. ड	११०. ब	१११. अ	

◆◆◆

प्रश्नसंच ८

१. भारतातील खालीलपैकी कोणते भूऔष्णिक ऊर्जेचे केंद्र आहे?
   (अ) माउंट अबू   (ब) तिरुमला
   (क) मुप्पनदळ   (ड) मणिकरन

२. स्तंभ १ (शहर) आणि स्तंभ २ (उद्योग/कारखाने) यांमधील योग्य शब्द निवडून
   जोड्या लावा व खाली दिलेल्या जोड्यांमधील योग्य जोडी निवडा.

स्तंभ १		स्तंभ २	
शहर		कारखाने	
(प) हरिद्वार		(१) औषध	
(फ) हृषीकेश		(२) खते	
(भ) कोरबा		(३) विद्युत् उपकरणे	
(न) भटिण्डा		(४) ॲल्युमिनियम	

जोड्या	प	फ	भ	न
(अ)	३	१	२	४
(ब)	४	३	१	२
(क)	३	१	४	२
(ड)	१	३	२	४

३. भारतातील नागरी लोकसंख्येपैकी किती लोक प्रथम श्रेणीच्या शहरात राहतात?
   (अ) एक तृतीयांश   (ब) दोन तृतीयांश
   (क) तीन चतुर्थांश   (ड) दोन पंचमांश

४. २००१ च्या जनगणनेनुसार भारतातील शहरांच्या त्यांच्या श्रेणीनुसार योग्य क्रम
   कोणता?
   (अ) III, IV, V, VI   (ब) IV, III, VI, V
   (क) IV, III, V, VI   (ड) III, V, IV, VI

५. स्तंभ १ (संकल्पना) व स्तंभ २ (तत्त्ववेत्त्याचे नाव) यांमधील योग्य शब्द निवडून
   जोड्या लावा व खाली दिलेल्या जोड्यांमधील योग्य जोडी निवडा.

	स्तंभ १		**स्तंभ २**	
(प)	सांस्कृतिक भट्टी		(१) मार्क जेफरसन	
(फ)	संकलित नगर		(२) पेट्रिक गिडिस	
(भ)	प्रमुख शहर		(३) कार्ल सॉयर	
(न)	संरचनात्मकता		(४) सी. लोवी स्ट्रॉंग	

जोड्या	प	फ	भ	न
(अ)	१	२	३	४
(ब)	१	३	४	२
(क)	३	२	१	४
(ड)	३	१	४	२

६. व्हॉन थ्युनेनने जागेच्या उपयोगितेबाबत (land use theory) जो सिद्धान्त मांडला त्यातील जागेच्या उपयोगाचा योग्य क्रम कोणता?

(अ) अन्नधान्याची शेती, जंगल, व्यापारी शेती, चरण्यासाठी कुरण

(ब) व्यापारी शेती, जंगल, अन्नधान्य शेती, चरण्यासाठी कुरण

(क) व्यापारी शेती, अन्नधान्य शेती, चरण्यासाठी कुरण, जंगल

(ड) चरण्यासाठी कुरण, व्यापारी शेती, अन्नधान्य शेती, जंगल

७. जे सर्वेक्षण विशेषत: भूसंपत्तीबाबत असते त्याला काय म्हणतात?

(अ) कॅदेस्थल प्रक्षेपण (ब) भूगणितीय प्रक्षेपण

(क) थिमॅटिक प्रक्षेपण (ड) त्रिभुजन प्रक्षेपण

८. स्तंभ १ (जुने नाव) स्तंभ २ (नवे नाव) यांमधील योग्य शब्दांच्या जोड्या लावून खाली दिलेल्या जोड्यांमधील योग्य जोडी निवडा.

	स्तंभ १	**स्तंभ २**
	जुने नाव	नवे नाव
(प)	ऐजरक	(१) एजोव
(फ)	इस्टर	(२) ब्ल्यू नाइल
(भ)	पाऊलस मियोटस	(३) डॅन्युब
(न)	राहा	(४) व्होल्गा

जोड्या	प	फ	भ	न
(अ)	२	४	१	३
(ब)	१	४	२	३
(क)	२	३	१	४
(ड)	१	३	४	२

९. खालील विधानांवर विचार करा.

अतिपावसाच्या उष्णकटिबंधीय प्रदेशात मातीची सुपीकता कमी असते. कारण.

(१) अतितापमान व अतिपाऊस

(२) विदारण व जमिनीची धूप

(३) जंगलात अतिप्रमाण सक्रिय जीवजीवाणू असतात.

खालीलपैकी कोणते उत्तर बरोबर आहे?

(अ) १, २ आणि ३ (ब) १ आणि २

(क) २ आणि ३ (ड) १ आणि ३

१०. वाळवंटी प्रदेशात बाष्पीभवनाने पाणी कमी होऊ नये म्हणून पानांची रचना कशा प्रकारची असते?

(१) रुंद पाने (२) छोटी छोटी व कमी पाने

(३) अरुंद पाने (४) पानाऐवजी काटे

खालीलपैकी योग्य उत्तर निवडा.

(अ) १, २ आणि ३ (ब) २ आणि ३

(क) १, २ आणि ४ (ड) १ आणि ४

११. उन्हाळी तापमान २०° सेल्सिअस, हिवाळी तापमान १५° सेल्सिअस असते, वार्षिक सरासरी पाऊस ५० से. मी. असतो व सूचिपर्णी वनस्पती वाढतात तो प्रदेश कोणता?

(अ) समशीतोष्ण-कटिबंधाच्या सीमारेषेवर

(ब) प्रेअरी प्रदेश

(क) सैबेरिया

(ड) मांचुरिया

१२. खालील विधानांवर विचार करा.

(१) ऑस्ट्रेलिया एक महाद्वीपीय देश आहे.

(२) हॅमिल्टनला कॅनडाचे बर्मिघंम म्हटले जाते.

(३) मॉरिशसला पूर्वेचा मोती म्हणून संबोधिले जाते.

(४) जावाला इंडोनेशियाचे हृदय म्हटले जाते.

वरीलपैकी बरोबर विधाने आहेत -

(अ) १, ३ आणि ४

(ब) १, २ आणि ४ बरोबर आहे

(क) २, ३ आणि ४

(ड) १ आणि २ बरोबर आहे.

१३. शेजारी दिलेल्या जगाच्या नकाशात दाखवलेला छायांकित प्रदेश कोणत्या प्रकारची शेती दाखवतो?

    (अ) तांदूळ   (ब) गहू
    (क) मका   (ड) कॉफी

१४. आर्थिक मूल्य तसेच जंगलात वावरण्यास सुलभ असलेले जंगल कोणते?

    (अ) समशीतोष्ण मान्सून   (ब) सूचिपर्णी
    (क) उष्णकटिबंधीय मॉन्सून   (ड) विषुववृत्तीय

१५. खालीलपैकी कोणत्या देशात जलविद्युत् उत्पादन करण्याची शक्यता सर्वांत जास्त आहे?

    (अ) कॅनडा   (ब) फ्रान्स   (क) जपान   (ड) नॉर्वे

१६. स्तंभ १ (शहर) व स्तंभ २ (उद्योग / कारखाने) यांमधील योग्य शब्द निवडून जोड्या लावा व खाली दिलेल्या जोड्यांमधील योग्य जोडी निवडा.

स्तंभ १	स्तंभ २
शहर	उद्योग/कारखाने
(प) ओसाका	(१) विमान
(फ) शेफिल्ड	(२) सुऱ्या, काटेचमचे
(भ) सिअॅटल	(३) पोलाद
(न) मॅग्निटोगॉर्स्क	(४) सुती वस्त्र

जोड्या	प	फ	भ	न
(अ)	२	३	१	४
(ब)	४	२	१	३
(क)	३	१	२	४
(ड)	४	१	२	३

१७. जगामध्ये लवंगेचे सर्वांत जास्त उत्पादन कोणत्या देशात होते?

    (अ) कोमोरो   (ब) मॉरिशस
    (क) सेशेल्स   (ड) जंजीबार

१८. खालीलपैकी कोणत्या वस्तू भारत नैर्ऋत्य आशियातून आयात करतो?

    (अ) लोकर आणि कलिंगड   (ब) खजूर आणि जैतून
    (क) रत्न आणि मोती   (ड) चहा आणि कॉफी

१९. खाली दिलेल्या संयुक्त संस्थानांच्या नकाशात सिॲटल, सन दिॲगो, फिनिक्स आणि डेनवर या चार शहरांचे स्थान १, २, ३, ४ या आकड्यांनी दाखवले आहे. त्यांची स्थानानुसार १, २, ३, ४ अशी क्रमवारी कोणती.

(अ) सिॲटल, सन दिॲगो, डेनवर, फिनिक्स

(ब) सिॲटल, सन दिॲगो, फिनिक्स, डेनवर

(क) सन दिॲगो, सिॲटल, फिनिक्स, डेनवर

(ड) सन दिॲगो, सिॲटल, डेनवर, फिनिक्स

२०. उरल पर्वताची निर्मिती खालीलपैकी कोणत्या काळात झाली आहे?

(अ) हर्शिनी काळ (ब) पर्मियन काळ

(क) टरशियरी काळ (ड) आर्कियन काळ

२१. चीनमधील लोखंड व पोलाद उत्पादन करणारा प्रमुख प्रदेश कोणता?

(अ) जेचवान (ब) उत्तर चीन

(क) यांगत्से दरी (ड) यूनान पठार

२२. खालील नकाशात १, २, ३, ४ या अंकांनी चार बेटे दाखवली आहेत ती ओळखून त्यांच्या नावाबरोबर जोडी लावा.

(प) कार निकोबार

(फ) लिटिल अंदमान

(भ) ग्रेट निकोबार

(न) लिटिल निकोबार

खाली दिलेल्या जोड्यांमधील योग्य जोडी निवडा.

	प	फ	भ	न
(अ)	३	४	१	२
(ब)	४	३	२	१
(क)	४	३	१	२
(ड)	३	३	२	१

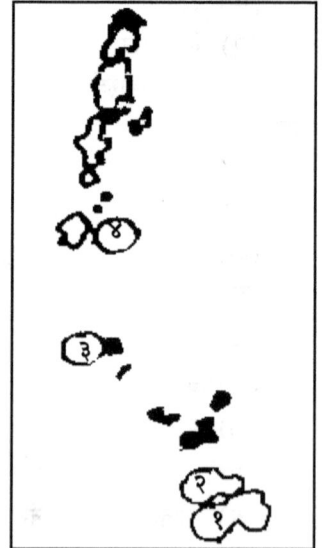

२३.

शेजारील नकाशात दाखवलेली तुटकरेषा काय दर्शवते?

(अ) वार्षिक सरासरी तापमानविभाजक

(ब) २००-४०० से. मी. ची समवर्षा रेषा

(क) अखिल भारतीय जलविभाजक

(ड) ३०० मीटरची सम्मोच्चरेषा

२४. शेजारच्या दिलेल्या भारताच्या नकाशात मृदेचे प्रकार १, २, ३, ४ या अंकांनी दाखवले आहेत. खाली त्या मृदांची नावे दिली आहेत. मृदेचे प्रकार व त्यांचे नकाशातील अंकाने दाखवलेले स्थान, त्यांच्या योग्य जोड्या लावा.

(प) लाल आणि पिवळी मृदा

(फ) धूसर आणि राखाडी मृदा

(भ) लालमिश्रित आणि काळी मृदा

(न) लाल मृदा

खालीलपैकी कोणती जोडी योग्य आहे.

	प	फ	भ	न
(अ)	१	२	३	४
(ब)	२	१	४	३
(क)	१	२	४	३
(ड)	२	१	३	४

२५. खालीलपैकी कोणती जोडी बरोबर नाही?

(अ) भित्तर कनिका   ऑलिव्ह रिडले कासवे

(ब) डाल्मा पहाडी   जंगली हत्ती

(क) काझीरंगा   एकशिंगी गेंडा

(ड) दाचीगाम   आशियाई सिंह

२६. स्तंभ १ (खनिज) आणि स्तंभ २ (खाणक्षेत्र) यांमधील योग्य शब्द निवडून जोड्या लावा व खाली दिलेल्या जोड्यांमधील योग्य जोडी निवडा.

	स्तंभ १	स्तंभ २
	खनिज	खाणक्षेत्र
(प)	गोंडवाना कोळसा	(१) नेवेली
(फ)	लिग्नाइट	(२) लोहरदगा
(भ)	खनिज तेल	(३) तालचर
(न)	बॉक्साइट	(४) कलोल

जोड्या	प	फ	भ	न
(अ)	१	३	४	२
(ब)	१	३	२	४
(क)	३	१	२	४
(ड)	३	१	४	२

२७. भारतातील एकूण ऊर्जाउत्पादनाचा विचार करता भारताच्या चार विभागांची उतरत्या क्रमानुसार कोणती क्रमवारी योग्य आहे?

(अ) दक्षिण, पश्चिम, पूर्व, उत्तर (ब) उत्तर, पश्चिम, दक्षिण, उत्तर

(क) पश्चिम, उत्तर, दक्षिण, पूर्व (ड) दक्षिण, पूर्व, पश्चिम, उत्तर

२८. स्तंभ १ (उद्योग/कारखाना) आणि स्तंभ २ (स्थान) यांमधील योग्य शब्द निवडून जोड्या लावा व खाली दिलेल्या जोड्यांमधील योग्य जोडी निवडा.

	स्तंभ १	स्तंभ २
	उद्योग/कारखाना	स्थान
(प)	पोलाद	(१) रांची
(फ)	वर्तमानपत्राचा कागद	(२) सेलम
(भ)	रासायनिक खते	(३) नेपानगर
(न)	जहाज निर्माण	(४) माझगाव

जोड्या	प	फ	भ	न
(अ)	३	२	४	१
(ब)	३	२	१	४
(क)	२	३	४	१
(ड)	२	३	१	४

२९. स्तंभ १ (राज्य) आणि स्तंभ २ (लोकसंख्या दशलक्ष) यांमधील योग्य शब्द निवडून जोड्या लावा आणि खाली दिलेल्या जोड्यांमधील योग्य जोडी निवडा.

	स्तंभ १		**स्तंभ २**
	राज्य		लोकसंख्या (दशलक्ष) (२००१ मध्ये)
(प)	आसाम	(१)	९६.८७
(फ)	गुजरात	(२)	५२.८५
(भ)	कर्नाटक	(३)	२६.६५
(न)	महाराष्ट्र	(४)	५०.६७

जोड्या	प	फ	भ	न
(अ)	३	४	१	२
(ब)	३	४	२	१
(क)	४	३	१	२
(ड)	४	३	२	१

३०. भूगोल वैज्ञानिक नियमांशी संबंधित आहे, असे विचार ज्या सिद्धान्तात मांडले आहेत, तो सिद्धान्त कोणता?

(अ) आयडिओग्राफिक सिद्धान्त (ब) नोमेथेटिक सिद्धान्त

(क) पॉझिटिविस्टिक सिद्धान्त (क) रेडिकल सिद्धान्त

३१. जपान जगातील औद्योगिक विकास झालेल्या देशांपैकी एक आहे. कारण जपानकडे-

(१) जलविद्युत्शक्ती विकसित झाली आहे.

(२) धातुखनिजांचा विपुल साठा आहे.

(३) उच्च तंत्रज्ञान आहे.

(४) बेटांचे स्थान आहे.

खालीलपैकी कोणते उत्तर बरोबर आहे?

(अ) १, २, ३ आणि ४ (ब) १, २, ३

(क) १ आणि ३ (ड) १ आणि ४

३२. स्तंभ १ (नकाशाचा प्रकार) आणि स्तंभ २ (उपयोग) यांमधील योग्य शब्द निवडून जोड्या लावा आणि खाली दिलेल्या जोड्यांमधील योग्य जोडी निवडा.

	स्तंभ १		**स्तंभ २**
(प)	सममूल्य नकाशे	(१)	वाहतुकीबाबत माहिती
(फ)	टिंब पद्धतीचे नकाशे	(२)	लोकसंख्यावितरण दाखवण्यासाठी
(भ)	रेषानुगामी नकाशे	(३)	वायु दिशा दाखवण्यासाठी
(न)	तारासदृश आकृती	(४)	भौगोलिक घटकांचे संख्यात्मक वितरण व घनता दाखवण्यासाठी

जोड्या	प	फ	भ	न
(अ)	४	२	३	१
(ब)	२	४	३	१
(क)	४	२	१	३
(ड)	२	४	१	३

३३. स्तंभ १ (जुने नाव) व स्तंभ २ (नवे नाव) यांमधील योग्य शब्द निवडून जोड्या लावा व खाली दिलेल्या जोड्यांमधील योग्य जोडी निवडा.

	स्तंभ १	**स्तंभ २**
	जुने नाव	नवे नाव
(प)	एल्बियन	(१) काळा समुद्र
(फ)	युक्सीन	(२) इंग्लंड
(भ)	पॅन इंटरनम	(३) श्रीलंका
(न)	तप्रोबन	(४) भूमध्य सागर

जोड्या	प	फ	भ	न
(अ)	१	४	३	२
(ब)	२	४	१	३
(क)	२	१	४	३
(ड)	१	२	३	४

३४. खालील विधानांवर विचार करा.

(१) तांदूळ प्रामुख्याने उष्णकटिबंधीय पट्ट्यात पिकवले जातात.

(२) संयुक्त संस्थाने हा देश तांदूळ निर्यात करणाऱ्या देशांपैकी आहे.

(३) थायलंड हा तांदूळ आयात करणारा महत्त्वाचा देश आहे.

(४) इटलीत पो नदीच्या खोऱ्यात तांदूळ पिकतो.

वरील कोणती विधाने बरोबर आहेत? योग्य उत्तर निवडा.

(अ) १, २, ३ आणि ४ बरोबर आहे.

(ब) १, २ आणि ४ बरोबर आहे.

(क) १ आणि ३ बरोबर आहे.

(ड) २ आणि ४ बरोबर आहे.

३५. विषुववृत्तीय जंगलासंदर्भात विधानांवर विचार करा.

(१) या जंगलात कठीण लाकूड देणारे वृक्ष आहेत.

(२) खूप सधन क्षेत्रात ही झाडे वाढत नाहीत.

(३) एका जातीचे वृक्ष एका पट्ट्यात सापडतात.

(४) या जंगलात लाकूडतोडीचा व्यवसाय उत्तमपणे विकसित झाला आहे.

३६. खाली दिलेल्या खाणक्षेत्रांपैकी कोणते खाणक्षेत्र इतर तीन खाणक्षेत्रांतील खनिजांपेक्षा वेगळ्या खनिजासाठी प्रसिद्ध आहे?

(अ) कुझनेटस्क (ब) फुशुन (क) कारागांडा (ड) किरकुक

३७. स्तंभ १ (नदी) व स्तंभ २ (देश) यांमधील योग्य शब्द निवडून जोड्या लावा व खाली दिलेल्या जोड्यांतील योग्य जोडी निवडा.

स्तंभ १ नदीचे नाव	**स्तंभ २** देशाचे नाव
(प) नायजर	(१) इजिप्त
(फ) कसाई	(२) दक्षिण आफ्रिका
(भ) ऑरेंज	(३) जायर
(न) नील	(४) माली

जोड्या	प	फ	भ	न
(अ)	४	३	१	२
(ब)	३	४	२	१
(क)	४	४	१	२
(ड)	४	३	२	१

३८. प्राचीन काळी इराणमध्ये भूमिगत पाण्याचा उपयोग करण्याच्या पद्धतीला काय म्हणत असत?

(अ) वादी (ब) करेज (क) पाण्याचा स्तर (ड) कनात

३९. खालीलपैकी कोणती दोन सरोवरे कालव्यांनी जोडली आहेत?

(अ) ओन्टॅरिओ आणि एरी सरोवरे

(ब) ह्युरॉन आणि सुपरिअर सरोवरे

(क) मिशिगन आणि ओन्टॅरिओ सरोवरे

(ड) सुपिरिअर आणि एरी सरोवरे

४०. अरल समुद्र कोठे आहे?

(अ) कझागस्तान व तुर्कीस्तानच्या मध्ये

(ब) उझबेकीस्तान व तुर्कीस्तानच्या मध्ये

(क) कझागस्तान व उझबेकीस्तानच्या मध्ये

(ड) उझबेकीस्तान व ताजिकीस्तानच्या मध्ये

४१. अमरकंटक पर्वत दोन दिशांना वाहणाऱ्या (पूर्व आणि पश्चिम) कोणत्या दोन नद्यांचे उगमस्थान आहे?

(अ) नर्मदा आणि तापी (ब) नर्मदा आणि महानदी

(क) तापी आणि वेतवा (ड) तापी आणि सोन

४२. शेजारी दिलेल्या भारताच्या नकाशात छायांकित केलेला प्रदेश कोपेनच्या हवामानानुसार नैसर्गिक प्रदेशाच्या वर्गीकरणानुसार कोणता प्रकार दर्शवतो?

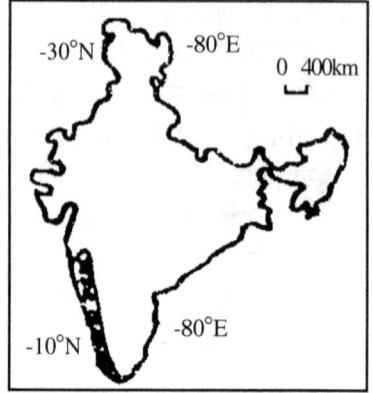

(अ) Amw
(ब) BShw
(क) BS
(ड) Cwg

४३. खालीलपैकी कोणती एक उत्पादभूमी आहे?

(अ) कच्छची खाडी
(ब) सुंदरबनचा त्रिभुज प्रदेश
(क) कोकण किनारा
(ड) चंबळचे खोरे

४४. स्तंभ १ (पीक) आणि स्तंभ २ (उत्पादन करणारे राज्य) यांमधील योग्य शब्द निवडून जोड्या लावा आणि खाली दिलेल्या जोड्यांमधील योग्य जोडी निवडा.

स्तंभ १		स्तंभ २	
पीक		उत्पादन करणारे राज्य	
(प) तंबाखू		(१) राजस्थान	
(फ) बाजरी		(२) उत्तर प्रदेश	
(भ) बटाटे		(३) गुजरात	
(न) भुईमूग		(४) आंध्र प्रदेश	

जोड्या	प	फ	भ	न
(अ)	३	१	२	४
(ब)	१	२	३	४
(क)	४	१	३	२
(ड)	४	१	२	३

४५. खालीलपैकी कोणती जोडी योग्य आहे?

(१) कोरबाची कोळशाची खाण - ओरिसा
(२) खेतडाची तांब्याची खाण - राजस्थान
(३) कोडरमाची अभ्रकाची खाण - मध्य प्रदेश
खाली दिलेले योग्य उत्तर निवडा.

(अ) १, २ आणि ३
(ब) २ आणि ३
(क) फक्त २
(ड) १ आणि ३

४६. स्तंभ १ (महिला साक्षरता दर) आणि स्तंभ २ (राज्य) यांमधील योग्य शब्द निवडून जोड्या लावा आणि खाली दिलेल्या जोड्यांमधील योग्य जोडी निवडा.

	स्तंभ १		स्तंभ २	
	महिला साक्षरता दर		राज्य/क्षेत्र	
(प)	७८.६० टक्के		(१) दिल्ली	
(फ)	७२.८९ टक्के		(२) अंदमान-निकोबार	
(भ)	६६.९९ टक्के		(३) मिझोराम	
(न)	६५.४६ टक्के		(४) लक्षद्वीप	

जोड्या	प	फ	भ	न
(अ)	४	३	१	२
(ब)	३	४	२	१
(क)	३	४	१	२
(ड)	४	३	२	१

४७. स्तंभ १ (व्यवसाय) व स्तंभ २ (जमातीचे लोक) यांमधील योग्य शब्द निवडून जोड्या लावा आणि खाली दिलेल्या जोड्यांमधील योग्य जोड्या निवडा.

	स्तंभ १		स्तंभ २	
	व्यवसाय		जमात	
(प)	स्थलांतरित		(१) पिग्मी	
(फ)	पशुपालन		(२) एस्किमो	
(भ)	अन्न गोळा करणे		(३) किरगीझ	
(न)	शिकारी		(४) रेंगमा	

जोड्या	प	फ	भ	न
(अ)	१	२	३	४
(ब)	१	३	२	४
(क)	४	१	३	२
(ड)	४	३	१	२

४८. क्रिया संज्ञान प्रक्रियेद्वारा प्रेरित होतात, असे जो भूगोलाचा सिद्धान्त सांगतो त्याला काय म्हणतात?

(अ) व्यवहारवाद   (ब) मानववाद

(क) प्रत्यक्षवाद   (ड) समूळ परिवर्तनवाद

४९. स्तंभ १ (खाणक्षेत्र) व स्तंभ २ (खनिज) यांमधील योग्य शब्द निवडून जोड्या लावा आणि खाली दिलेल्या जोड्यांमधील योग्य जोडी निवडा.

	स्तंभ १		स्तंभ २	
	खाणक्षेत्र		खनिज	
(प)	छत्तीसगड		(१) कोळसा	
(फ)	कोलार		(२) खनिज तेल	
(भ)	झारखंड		(३) लोखंड	
(न)	गोदावरी खोरे		(४) सोने	

जोड्या	प	फ	भ	न
(अ)	२	४	१	३
(ब)	३	४	१	२
(क)	३	४	२	१
(ड)	१	३	४	२

५०. कटंगा येथील तांबे व सोन्याच्या खाणी खालीलपैकी कोणत्या देशात आहेत?

(अ) दक्षिण आफ्रिका (ब) झिम्बाब्वे

(क) कांगो (ड) झाम्बिया

५१. स्तंभ १ (शहर) स्तंभ २ (वैशिष्ट्य) यांमधील योग्य शब्दांच्या जोड्या लावून खाली दिलेल्या जोड्यांमधील योग्य जोडी निवडा.

	स्तंभ १	स्तंभ २
	शहर	वैशिष्ट्ये
(प)	शिकागो	(१) मोटारगाड्यांचे उत्पादनाचे मोठे केंद्र
(फ)	सेंट लुईस	(२) विशाल रेल्वे जंक्शन
(भ)	ड्रेट्रॉयट	(३) नदीकिनारी वसलेले महत्त्वपूर्ण शहर
(न)	कान्सस	(४) प्रसिद्ध जनावरांचा बाजार

जोड्या	प	फ	भ	न
(अ)	३	२	४	१
(ब)	३	२	१	४
(क)	२	३	४	१
(ड)	२	३	१	४

५२. शेजारी दिलेली आकृती काय दर्शवते?

(अ) एक प्रवणक वळी

(ब) परिवलित वळी

(क) असंमित वळी

(ड) समनत वळी

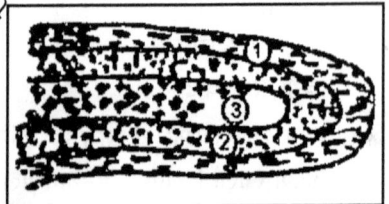

५३. शेजारील भारताच्या नकाशातील छायांकित प्रदेश काय दर्शवतो?

(अ) ८० ते १२० से. मी. उन्हाळ्यात पडणारा पाऊस

(ब) ८० ते ९० से.मी. उन्हाळ्यात आर्द्रता

(क) १०१६-१०१८ मिलिबार दाब - जानेवारी महिन्यात.

(ड) ५ ते १० से. मी. हिवाळ्यातील पाऊस

५४. स्तंभ १ पर्वतरांग व स्तंभ २ गिरिस्थानक यांमधील योग्य शब्दांच्या जोड्या लावून, खाली दिलेल्या जोड्यांमधील योग्य जोडी निवडा.

स्तंभ १	स्तंभ २
पर्वतरांग	गिरिस्थानक
(प) अरवली	(१) महेन्द्रगिरी
(फ) सातपुडा	(२) कुद्रेमुख
(भ) सह्याद्री	(३) गुरूशिखर
(न) पूर्व घाट	(४) धूपगड

जोड्या	प	फ	भ	न
(अ)	४	३	१	२
(ब)	२	४	३	१
(क)	३	१	२	४
(ड)	३	४	२	१

५५. खाली दिलेल्या समुद्रतळावरील भूमिस्वरूपांची समुद्रकिनाऱ्याकडून समुद्राकडे जाणारी योग्य क्रमवारी कोणती?

(अ) समुद्रबूड जमीन, खंडात उतार, सागरी गर्ता, सागरी मैदान

(ब) खंडात उतार, समुद्रबूड जमीन, सागरी मैदान, सागरी गर्ता

(क) समुद्रबूड जमीन, खंडात उतार, सागरी मैदान, सागरी गर्ता

(ड) समुद्रबूड जमीन, सागरी मैदान, खंडात उतार, सागरी गर्ता

५६. खाली दिलेल्या तारासदृश आकृतीच्या प्रकारांपैकी कोणती आकृती वाऱ्याच्या दिशेबरोबर वाऱ्याचा वेगही दाखवते?

(अ) वातपुष्प (ब) संयुक्त वातपुष्पाकृती

(क) अष्टभुजावात पुष्प (ड) वात ताराकृती

५७. तपांबरात उंचीनुसार तापमान कमी होत जाते, त्याचा दर १° सेल्सिअस किती मीटरला असतो?

(अ) १४६   (ब) १५६   (क) १६६   (ड) १७६

५८. खालीलपैकी कोणत्या जोड्या योग्य आहेत?

(१) वायव्य भारतात पावसाळ्यात पाऊस   पश्चिमेकडील आवर्त

(२) मलबार किनाऱ्यावर उन्हाळ्यातील पाऊस   परत जाणारे मॉन्सून वारे

(३) बंगालच्या खाडीत उन्हाळ्यातील पाऊस   नॉर्वेस्टर

(४) तमिळनाडूच्या किनाऱ्यावर हिवाळ्यात पाऊस   ईशान्य मॉन्सून वारे

खालीलपैकी कोणते उत्तर बरोबर आहे?

(अ) १, २, ३ आणि ४   (ब) १, ३ आणि ४

(क) ३ आणि ४   (ड) १ आणि २

खालील प्रश्नात दोन वाक्ये आहेत. त्यांतील 'अ' हे विधान आहे व 'क' हे त्याचे कारण आहे. त्या वाक्यांचा पूर्ण अभ्यास करून 'अ' आणि 'क' ही विधाने बरोबर आहेत का व 'क' हे 'अ' चे स्पष्टीकरण आहे का ते ठरवून खाली दिलेल्या उत्तराच्या चार पर्यायांतील एक योग्य उत्तर निवडा.

(अ) 'अ' आणि 'क' बरोबर आहे. 'क' हे 'अ' चे कारण आहे.

(ब) 'अ' आणि 'क' दोन्ही बरोबर आहेत; पण 'क' हे 'अ' चे कारण नाही.

(क) 'अ' बरोबर आहे व 'क' चूक आहे.

(ड) 'अ' चूक आहे व 'क' बरोबर आहे.

५९. (अ) ज्या समुद्रकिनाऱ्यावर नदी समुद्राला मिळते तेथे प्रवाळ आढळत नाही.

(क) ज्या समुद्राच्या पाण्यात जास्त गाळ असतो तेथे प्रवाळ वाढत नाहीत.

६०. (अ) उच्च अक्षांशावर असलेल्या समुद्राच्या पाण्याच्या पृष्ठभागाचे तापमान समुद्राच्या तळाजवळच्या पाण्याच्या तापमानापेक्षा कमी असते.

(क) सागराच्या पाण्यावर सूर्यकिरणे पडल्याने ते तापते; पण पाणी सतत हलत असते. त्यामुळे पाण्याच्या पृष्ठभागाची उष्णता तळापर्यंत वाहून नेली जाते.

६१. (अ) उष्णकटिबंधीय आवर्त जमिनीचा भाग अति तापल्याने निर्माण होतात.

(क) उष्णकटिबंधीय वाळवंटात मध्यभागी अति कमी दाब असतो.

६२. (अ) मानवी भूगोलात मानवी समाज आणि पर्यावरण यांच्या संबंधाचा अभ्यास केला जातो.

(क) मानवी भूगोलात नैसर्गिक पर्यावरणाचा अभ्यास केला जात नाही.

६३. (अ) मानवाचे वर्गीकरण मंगोलियन, निग्रो, कॉकेशसी आणि ऑस्ट्रेलियाई वंशांच्या मध्ये केले जाते.

(ब) अशा प्रकारच्या वर्गीकरणामुळे वंशवाद उत्पन्न होतो.

६४. (अ) जलवाहतुकीत अंतर वाढले की भाडे कमी होत जाते.
    (क) सतत लांब अंतराच्या एकाच प्रवासात मध्येच सामान चढवणे व उतरवण्याचा खर्च कमी होतो.
६५. (अ) हिमालय पर्वतांची निर्मिती भारतीय उपखंडाची युरोपीय भूखंडाशी टक्कर झाल्याने झाली.
    (क) भूपट्ट्यांच्या हालचालीमुळे पर्वतांची निर्मिती झाली.
६६. (अ) ४०° ते ६०° अक्षांशाच्या पट्ट्यात पश्चिमी वारे वाहतात.
    (क) उष्णकटिबंधीय प्रदेशातील उच्च दाब व शीतकटिबंधीय प्रदेशातील कमी दाब यामुळे पश्चिमी वारे निर्माण होतात.
६७. (अ) युनायटेड किंगडममधून ईशान्य संयुक्त संस्थानांत जाणारे प्रथमप्रवासी समूह 'पिलग्रिम फादर्स' होते.
    (क) त्या वेळच्या युनायटेड किंगडममध्ये रोमन कॅथॉलिक लोकांना त्यांच्या धर्माचे पालन करण्याची परवानगी नव्हती.
६८. (अ) संयुक्त संस्थानांत कापसाची लागवड करताना २०० दिवस हिमकण नसलेल्या विभागाचा अभ्यास केला जातो.
    (क) हिमकण कापसाच्या पिकासाठी धोकादायक असतात.
६९. (अ) सागरी मासेमारीत जगात जपानचा पहिला क्रमांक लागतो.
    (क) जपानच्या चारी बाजूंना असलेली समुद्रबुड जमीन अतिशय रुंद आहे.
७०. (अ) कझागस्तानात लोक ऋतूनुसार स्थलांतर करतात.
    (क) येथील पर्वतातील हिमरेषा ऋतूनुसार बदलत असते.
७१. (अ) ऱ्हाईन-ऱ्हूरच्या खोऱ्यात विपुल प्रमाणात कोळशाच्या खाणी असल्याने युरोपातील सर्वांत मोठा औद्योगिक प्रदेश विकसित झाला आहे.
    (क) ऱ्हाईन-ऱ्हूर खोऱ्यात रेल्वे इंजिन, मशिनरी, लोखंड, पोलाद इ. कारखाने केंद्रित झाले आहेत.
७२. (अ) भारतात सागरी मासेमारीचा मोठ्या प्रमाणात विकास झाला आहे.
    (क) भारताला खूपच लांब सागरी किनारपट्टी लाभली आहे.
७३. (अ) शिकागो-गॅरी जिल्हा संयुक्त संस्थानांतील अत्यंत महत्त्वाचा पोलाद उत्पादन करणारा प्रदेश आहे.
    (क) शिकागो हे शहर मिशिगन सरोवराच्या किनाऱ्यावर वसलेले असल्याने पोलाद उद्योगाची भरभराट झाली आहे.
७४. (अ) आग्नेय आशियातील बऱ्याचशा उष्णकटिबंधीय पट्ट्यात अंतर्गत भागात पाऊस कमी पडतो.
    (क) उत्तर-दक्षिण पर्वतरांगांमुळे अंतर्गत भाग पर्जन्यच्छायेच्या प्रदेशात येतो.

७५. (अ) लांब सागरी किनारा असूनही चीनमध्ये सागरी मासेमारीचा विकास मोठ्या प्रमाणावर झाला नाही.

(क) चीनमधील बरेचसे लोक किनारपट्टीपासून दूर राहतात.

७६. (अ) मसिनराम हे भारतातील सर्वांत जास्त आर्द्रता असलेले ठिकाण आहे.

(क) येथे वर्षभर पाऊस पडतो.

७७. (अ) हिमालयातील हिरवेगार प्रदेश ॠतूनुसार प्रवासास उपयुक्त असतात.

(क) उन्हाळ्यात येथे प्रामुख्याने गवत उगवते.

७८. (अ) इंदिरा गांधी कालवा पश्चिम राजस्थानात जलसिंचनास उपयोगी आहे.

(क) राजस्थानात रावी नदीपासून हा कालवा काढलेला आहे.

७९. (अ) महाराष्ट्रातील जलविद्युत् केंद्राचा विकास पश्चिम घाटाच्या पायथ्याशी पश्चिम घाटापासून वाहणाऱ्या नद्यांमुळे झाला आहे.

(क) यातील बऱ्याचशा नद्यांना पावसामुळे पाणी मिळते.

८०. (अ) हुगळी नदीच्या किनाऱ्यावरील औद्योगिक विभाग जो पूर्वी समृद्ध होता, तो आता ऱ्हासाच्या मार्गावर आहे.

(क) या ऱ्हासाचे मुख्य कारण हुगळी नदीत साचलेला गाळ आहे.

८१. (अ) ज्वालामुखीमुळे तयार झालेली मृदा सुपीक असते.

(क) लाव्हारसात खडकातील खनिजांचे अंश असल्याने ती मृदा सुपीक बनते.

८२. शेजारी दिलेल्या आलेखात जन्मदर (१) व मृत्युदर (२) दाखवले आहेत, त्याशिवाय तिसरा (३) आलेख काय दर्शवतो?

(अ) लोकसंख्येचा घनता दर

(ब) लोकसंख्यावाढीचा दर

(क) आयुर्मान

(ड) एकूण लोकसंख्या

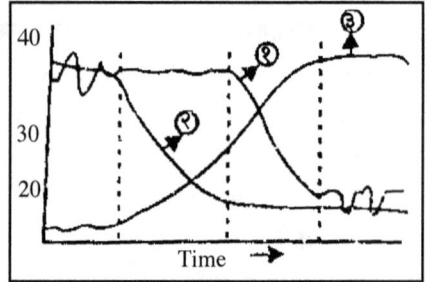

८३. स्तंभ १ (खनिज) व स्तंभ २ (त्यापासून होणारी उत्पादने) यांमधील योग्य शब्द निवडून, खाली दिलेल्या जोड्यांमधील योग्य जोडी निवडा.

स्तंभ १	**स्तंभ २**
खनिज	त्यापासून होणारे उत्पादन
(प) हेमेटाइट	(१) वीज
(फ) तांबे	(२) पोलाद
(भ) युरेनियम	(३) विद्युत् उपकरणे
(न) मँगेनीज	(४) मिश्रधातू व बॅटऱ्या

जोड्या	प	फ	भ	न
(अ)	३	१	२	४
(ब)	२	३	४	१
(क)	२	३	१	४
(ड)	३	४	१	२

८४. स्तंभ १ व स्तंभ २ यांमधील योग्य शब्द निवडून जोड्या लावा व खाली दिलेल्या जोड्यांमधील योग्य जोडी निवडा.

स्तंभ १	स्तंभ २
(प) लेंबेसरॉम	(१) ला ब्लाश
(फ) पेज	(२) सोलिनस
(भ) ऑर्विस टेरारम	(३) टॉल्मी
(न) टेरा इन्कॉग्निटा	(४) रॅटझेल

जोड्या	प	फ	भ	न
(अ)	२	३	१	४
(ब)	१	४	२	३
(क)	४	१	३	२
(ड)	४	१	२	३

८५. जगातील सर्वांत मोठे तेलशोधक केन्द्र कोणत्या देशात आहे?

(अ) इरान　　　　　　　　　(ब) सौदी अरब
(क) यु. ए. इ.　　　　　　　(ड) इराक

८६. खालीलपैकी कोणते प्रक्षेपण ट्रान्स सैबेरिन रेल्वेमार्ग दाखवण्यासाठी सर्वाधिक योग्य प्रक्षेपण आहे?

(अ) एक प्रमाण अक्षवृत्त शंकू प्रक्षेपण　(ब) दंडगोल समक्षेत्र प्रक्षेपण
(क) मर्केटरचे प्रक्षेपण　　　　　　(ड) बहुअक्षवृत्तीय प्रक्षेपण

८७. भूपृष्ठापासून सुमारे ६००० मीटर उंचीपलीकडच्या वातावरणात अतिवेगाने वाहणाऱ्या अरुंद अशा हवेच्या झोताला म्हणतात.

(अ) झंझावात　(ब) आवर्त　(क) प्रत्यावर्त　(ड) जेट स्ट्रीम

८८. खालील विधानांवर विचार करा.

(१) महोगनी वृक्ष विषुववृत्तीय सदाहरित जंगलात आढळतात.
(२) निवडुंगाची झाडे अतिपावसाच्या प्रदेशात वाढतात.
(३) फरची झाडे ॲमेझॉनच्या खोऱ्यात मोठ्या संख्येने आढळतात.
(४) सागवानाची झाडे तैगा जंगलात आढळतात.

खालीलपैकी कोणते उत्तर बरोबर आहे?

(अ) फक्त १ बरोबर आहे. (ब) १, २ आणि ३ बरोबर आहे.

(क) १, ३ आणि ४ बरोबर आहे (ड) २ आणि ४ बरोबर आहे.

८९. ॲमेझॉनचे खोरे हा मागासलेला विभाग असल्याचे कारण

(अ) नैसर्गिक साधनांचा अभाव (ब) दुर्गम भाग (Inaccessbility)

(क) आदिवासींची जीवनपद्धती (ड) नैसर्गिक आपत्ती

९०. खालील विधानांवर विचार करा.

(१) लोकसंख्येच्या 'अनुकूलता सिद्धान्तानुसार' कमी लोकसंख्या असलेल्या प्रदेशात लोकसंख्यावाढीबरोबर लोकांच्या आयुर्मानातही वाढ होते.

(२) माल्थसच्या विचारानुसार दर २५ वर्षांत लोकसंख्या दुप्पट होते.

(३) माल्थसने ब्रह्मचर्य, आत्मसंयम व उशिरा लग्न हे सर्व कृत्रिम निरोध मानले आहेत.

(४) माल्थसच्या विचारानुसार युद्ध, दुष्काळ, भूकंप आणि पूर या सर्व नैसर्गिक आपत्ती लोकसंख्यावाढीला आळा घालणारे नैसर्गिक अवरोध आहेत.

खालीलपैकी कोणते उत्तर बरोबर आहे?

(अ) १, २, ३, आणि ४ बरोबर आहे.

(ब) १, २ आणि ४ बरोबर आहे.

(क) २, ३ आणि ४ बरोबर आहे.

(ड) १, २ आणि ३ बरोबर आहे.

९१. 'जॅन्थोडेरॅस' हा शब्द खालीलपैकी कोणत्या जमातीच्या लोकांच्या त्वचेसाठी योग्य आहे.

(अ) कॉकेशस जमात (ब) निग्रो जमात

(क) मंगोलियन जमात (ड) ऑस्ट्रेलियन जमात

९२. खालीलपैकी कोणती जोडी योग्य नाही?

(अ) बुशमेन अमेझॉन बेसिन

(ब) बहू अरेबिया

(क) एस्किमो ग्रीनलँड

(ड) सेमाँग मलेशिया

९३. जगात द्राक्षाचे उत्पादन, उद्यान-शेती आणि रेशीमकीडेपालन सर्वांत जास्त कोणत्या प्रदेशात विकसित झाले आहे?

(अ) मॉन्सून प्रदेश (ब) उष्णकटिबंधीय प्रदेश

(क) भूमध्यसागरीय हवामानाचा प्रदेश

(ड) पश्चिम किनारपट्टीचा प्रदेश

९४. खालील विधानांवर विचार करा.
   (१) बरीचशी मासेमारीची क्षेत्रे रुंद अशा सागरीय भूखंड मंचावर आहेत.
   (२) माशांचा विकास उष्णकटिबंधीय प्रदेशातील गरम पाणी असलेल्या समुद्रात होतो.
   (३) उष्ण आणि शीत सागरी प्रवाह एकत्र आल्यामुळे माशांना पोषक खाद्य जमा होते.
   (४) भारतात अंतर्गत भागात विकसित झालेला मासेमारीचा उद्योग इतर सर्व उद्योगांच्या तुलनेत महत्त्वाचा आहे.
   खालीलपैकी कोणते उत्तर बरोबर आहे?
   (अ) १ आणि ४ बरोबर आहे   (ब) १ आणि ३ बरोबर आहे.
   (क) २, ३, आणि ४ बरोबर आहे. (ड) १, २ आणि ३ बरोबर आहे.
९५. जगातील ऊर्जेच्या वापराची घटत्या क्रमाने बरोबर क्रमवारी कोणती?
   (अ) कोळसा - खनिज तेल - नैसर्गिक वायू - जलविद्युत
   (ब) खनिज तेल - कोळसा - जलविद्युत - नैसर्गिक वायू
   (क) खनिज तेल - कोळसा - नैसर्गिक वायू - जलविद्युत
   (ड) कोळसा - खनिज तेल - जलविद्युत - नैसर्गिक वायू
९६. खालील विधानांवर विचार करा.
   वायव्य संयुक्त संस्थानांत सुतीवस्त्र उद्योग आजही अस्तित्वात आहे. कारण –
   (१) खूप प्राचीन काळापासून चालू असल्याने फायदा
   (२) कच्च्या मालाची उपलब्धता
   (३) कुशल कामगारांची उपलब्धता
   (४) विशाल स्थानिक बाजार
   खालीलपैकी कोणते उत्तर बरोबर आहे?
   (अ) १, २ आणि ३ बरोबर आहे. (ब) १, २ आणि ४ बरोबर आहे.
   (क) १ आणि ३ बरोबर आहे.   (ड) २, ३ आणि ४ बरोबर आहे.
९७. शेजारील दिलेल्या नकाशातील 'अ'
   काय दर्शवतो?
   (अ) सिकंदरिया
   (ब) पोर्ट सैद
   (क) सुएझ
   (ड) काहिरा

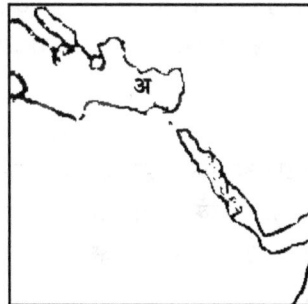

९८. स्तंभ १ (देश) व स्तंभ २ (नदी) यांमधील योग्य शब्द निवडून जोड्या लावा व खाली दिलेल्या जोड्यांमधील योग्य जोडी निवडा.

स्तंभ १	**स्तंभ २**
देश	नदी
(प) उत्तर व्हिएतनाम	(१) सिकियांग
(फ) दक्षिण व्हिएतनाम	(२) साल्वीन
(भ) चीन	(३) रेड
(न) म्यानमार	(४) मेकाँग

जोड्या	प	फ	भ	न
(अ)	३	१	४	२
(ब)	२	१	३	४
(क)	३	४	१	२
(ड)	४	२	१	३

९९. खालीलपैकी कोणती विधाने नैर्ऋत्य आशियाबाबत योग्य आहेत.

(१) या प्रदेशात जगातील खनिज तेलाच्या एकूण उत्पादनापैकी ३५ टक्के उत्पादन होते.

(२) खनिज तेल प्रामुख्याने आबादान आणि किरकुक येथे सापडते.

(३) या तेलाची अधिकतम निर्यात पूर्व आशियाई देशात होते.

(४) पाईपलाइन हे वाहतुकीचे प्रमुख साधन आहे.

खालीलपैकी कोणते उत्तर बरोबर आहे?

(अ) १, २ आणि ४ (ब) १, २ आणि ३

(क) १ आणि २ (ड) २, ३ आणि ४

१००. शेजारी दिलेल्या ट्रान्स-सैबेरियन लोहमार्गाच्या नकाशात १, २, ३, ४ या अंकांनी रेल्वे स्टेशन्स दाखवली आहेत, त्यांची पश्चिमेकडून पूर्वेकडे योग्य क्रमवारी कोणती?

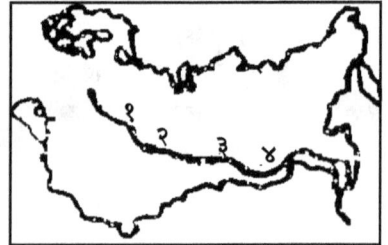

(अ) ओम्स्क - इर्स्कुटस्क - टोम्स्क - क्रास्नोयार्स्क

(ब) ओम्स्क - टोम्स्क - इरकुटस्क - क्रास्नोयार्स्क

(क) टोम्स्क - ओम्स्क - क्रास्नोयार्स्क - इर्कुटस्क

(ड) ओम्स्क - टोम्स्क - क्रास्नोयार्स्क - इर्कुटस्क

१०१. कोणत्या भूगोलतज्ज्ञाला समुद्रविज्ञानाचा पितामह म्हणून संबोधिले जाते?
(अ) पायथागोरस   (ब) स्ट्रेबो
(क) पोसिडोनियस   (ड) टॉलेमी

१०२.

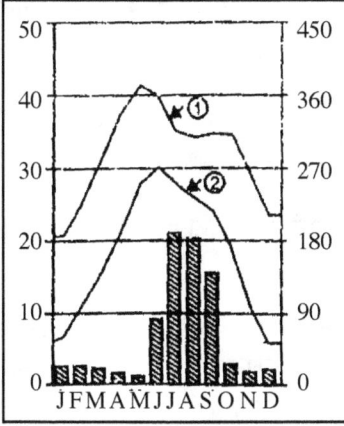

शेजारी दिलेल्या हवामानाच्या रेषा स्तंभालेख क्रमांक १ ने दाखवलेला रेषालेख सरासरी अधिक तापमान दाखवतो, तर क्रमांक २ चा रेषालेख सरासरी कमीत कमी तापमान दाखवतो. व स्तंभालेख सरासरी पाऊस दाखवतो. हा हवामानाचा रेषा स्तंभालेख खालीलपैकी कोणत्या शहराचा आहे?

(अ) चंडीगड   (ब) दिल्ली
(क) जयपूर   (ड) लखनौ

१०३. स्तंभ १ (मृदा) व स्तंभ २ (प्रदेश) यांमधील योग्य शब्दांच्या जोड्या लावून, खाली दिलेल्या जोड्यांमधील योग्य जोडी निवडा.

स्तंभ १	स्तंभ २
मृदा	प्रदेश
(प) लॅटेराइट	(१) राहर मैदान
(फ) लवणयुक्त मृदा	(२) महाराष्ट्राचे मैदान
(भ) काळी माती	(३) राजमहालच्या पर्वतावर
(न) लाल माती	(४) कच्छ प्रदेश

जोड्या	प	फ	भ	न
(अ)	४	३	२	१
(ब)	४	३	१	२
(क)	३	४	२	१
(ड)	३	४	१	२

१०४. जलसिंचनासाठी वापरण्यात येणाऱ्या अनेक प्रकारांचे (कालवा, तळी, विहिरी इ.) खालीलपैकी कोणत्या राज्यात योग्य संतुलन आहे?
(अ) उत्तर प्रदेश   (ब) आंध्र प्रदेश
(क) तमिळनाडू   (ड) कर्नाटक

१०५. हिंदू कालगणनेसंदर्भात खालीलपैकी कोणते विधान चूक आहे?
(अ) हिंदू पंचांगात एकूण २७ योग आहेत.
(ब) हिंदू पंचागात १२ नक्षत्रे आहेत.
(क) हिंदू पंचागात सूर्य व चंद्र या दोघांच्याही गतींचा वापर केला गेला आहे.
(ड) हिंदू पंचांगात एकूण ११ करण आहेत.

१०६. राखीव जंगलक्षेत्र त्याला म्हणतात की जे
(अ) पूर्णपणे सरकारच्या नियंत्रणाखाली आहे.
(ब) प्रामुख्याने आदिवासी जमातीसाठी आहे.
(क) मर्यादित चराईव्यतिरिक्त व्यापारी उपयोगाचा हेतू आहे.
(ड) आर्थिक क्रियाविरहित आहे.

१०७. भारतात एकूण किनारपट्टीचा विचार करता गुजरातच्या किनारपट्टीवर इतर किनारपट्टींच्या तुलनेत मासेमारीचा विकास झाला नाही कारण –
(अ) येथे मासेमारीस आवश्यक दंतुर किनारा नाही.
(ब) येथे शेती व पशुपालन व्यवसायाचा अधिक विकास झाला आहे.
(क) येथील समुद्राचे पाणी अपेक्षेपेक्षा जास्त खारे आहे.
(ड) औद्योगिक विकासामुळे किनाऱ्याजवळील पाण्याचे मोठ्या प्रमाणावर प्रदूषण होते.

१०८. शिलाँगच्या पठारी प्रदेशाला 'मेघालय' असे म्हणतात. त्याचा अर्थ 'मेघांचे घर' असा होतो. 'मेघालय' हे नाव खालीलपैकी कोणी सुचवले?
(अ) ओ. एच. के. स्पेट
(ब) एस. पी. चॅटर्जी
(क) डी. एन. वाडिया
(ड) आर. एल. सिंह

१०९. भारतातील लोह नसलेल्या खनिजांच्या उत्पादनानुसार घटत्या क्रमाने क्रमवारी कोणती?
(अ) शिसे, जस्त, तांबे, ॲल्युमिनियम
(ब) जस्त, शिसे, ॲल्युमिनियम, तांबे
(क) ॲल्युमिनियम, जस्त, तांबे, शिसे
(ड) ॲल्युमिनियम, तांबे, जस्त, शिसे

११०. स्तंभ १ (सममूल्य रेषा) आणि स्तंभ २ (वैशिष्ट्ये) यांच्या योग्य जोड्या लावून खाली दिलेल्या जोड्यांमधील योग्य जोडी निवडा.

स्तंभ १	स्तंभ २		
सममूल्य रेषा	वैशिष्ट्ये		
(प) आयसोबाथ	(१) समसूर्यप्रकाश ठिकाणे जोडणाऱ्या रेषा		
(फ) आयसोब्रान्ट	(२) समसमुद्रखोली ठिकाणे जोडणाऱ्या रेषा		
(भ) आयसोकेम	(३) हिवाळ्यातील समतापमान ठिकाणे जोडणाऱ्या रेषा		
(न) आयसोबेल	(४) एकाच वेळी होणाऱ्या झंझावाताची ठिकाणे जोडणाऱ्या रेषा.		

जोड्या	प	फ	भ	न
(अ)	२	४	३	१
(ब)	४	२	१	३
(क)	४	२	३	१
(ड)	२	३	१	४

उत्तरे

१. ड	२. क	३. ब	४. क	५. क	६. ब	७. अ
८. क	९. ब	१०. ब	११. अ	१२. ब	१३. क	१४. क
१५. क	१६. ब	१७. ड	१८. ब	१९. अ	२०. अ	२१. ब
२२. अ	२३. क	२४. अ	२५. ड	२६. ड	२७. ब	२८. ड
२९. ब	३०. क	३१. क	३२. क	३३. क	३४. ब	३५. क
३६. ड	३७. ड	३८. ड	३९. अ	४०. क	४१. ब	४२. अ
४३. ड	४४. ड	४५. क	४६. क	४७. ड	४८. क	४९. ब
५०. क	५१. ड	५२. ड	५३. अ	५४. ड	५५. क	५६. ब
५७. क	५८. क	५९. अ	६०. क	६१. ब	६२. क	६३. ड
६४. अ	६५. अ	६६. क	६७. अ	६८. क	६९. ब	७०. क
७१. अ	७२. ड	७३. अ	७४. अ	७५. क	७६. अ	७७. क
७८. क	७९. अ	८०. क	८१. अ	८२. ब	८३. क	८४. ड
८५. अ	८६. अ	८७. ड	८८. अ	८९. ब	९०. अ	९१. क
९२. अ	९३. क	९४. ब	९५. क	९६. ड	९७. ब	९८. क
९९. क	१००. ड	१०१. क	१०२. ब	१०३. क	१०४. ड	१०५. ब
१०६. ड	१०७. अ	१०८. अ	१०९. क	११०. अ		

◆◆◆

प्रश्नसंच ९

खालील प्रश्नात दोन वाक्ये दिली आहेत. त्यांतील एक 'अ' वाक्य विधान आहे. दुसरे 'क' वाक्य त्याचे कारण आहे. दोन्ही वाक्यांचा काळजीपूर्वक अभ्यास करून 'अ' आणि 'क' बरोबर आहे का चूक आहे ते ठरवा, तसेच 'क' हे 'अ' चे कारण किंवा स्पष्टीकरण आहे, ते ठरवून खाली दिलेल्या उत्तरांमधील योग्य उत्तर निवडा.

(अ) 'अ' आणि 'क' दोन्ही बरोबर आहे आणि 'क' 'अ' चे स्पष्टीकरण आहे.
(ब) 'अ' आणि 'क' दोन्ही बरोबर आहे; परंतु 'क' हे 'अ' चे योग्य स्पष्टीकरण नाही.
(क) 'अ' योग्य आहे; पण 'क' चूक आहे.
(ड) 'अ' चूक आहे; पण 'क' बरोबर आहे.

१. (अ) जगाच्या नकाशात समुद्रप्रवाह दाखवण्यासाठी मर्केटरच्या प्रक्षेपणाचा उपयोग केला जातो.
(क) मर्केटरच्या प्रक्षेपणात दिशा बरोबर दाखवल्या जातात. त्यामुळे त्याचा उपयोग समुद्रप्रवाह दाखवण्यासाठी होतो.

२. (अ) छायापद्धती नकाशात तुलनात्मक वितरण दाखवता येत असले तरी गुणात्मक वितरण दाखवता येत नाही.
(क) छायापद्धती नकाशात संपूर्ण राजकीय विभागात वितरण सारख्याच प्रमाणात दाखवले जाते. त्यामुळे भौगोलिक घटनांचे गुणात्मक वितरण व्यवस्थित दाखवता येत नाही.

३. (अ) उष्ण वाळवंटी प्रदेशात फार कमी लोक औद्योगिक कामकाज करतात.
(क) तेथे खनिजे व ऊर्जासाधने कमी असतात.

४. (अ) भारतात जेव्हा ब्रिटिश राज्य संपुष्टात आले तेव्हा बरेच अँग्लोइंडियन ऑस्ट्रेलियात गेले.
(ब) काही देशांतरेही धार्मिक आकर्षणामुळे होत असतात.

५. (अ) नकाशात महासागर हे नेहमी निळ्या रंगाने दाखवले जातात.
(क) निळा रंग महासागराचा मूळ रंग सूचित करतो.

६. (अ) भारताच्या पश्चिम किनाऱ्यापेक्षा पूर्व किनाऱ्यावर चक्रीवादळाचा त्रास जास्त होतो.

(क) भारताचा पूर्व किनारा ईशान्य व्यापारी वाऱ्यांच्या मार्गावर आहे.

७. (अ) ग्रेट ब्रिटन व लॅब्रेडॉर एकाच अक्षांशावर आहेत; परंतु ग्रेट ब्रिटनजवळून गरम मतलई वारे वाहतात, तर लॅब्रेडॉरजवळ शीत मतलई वारे वाहतात.

(क) ग्रेट ब्रिटनच्या किनाऱ्यावर गरम पाण्याचा सागरी प्रवाह वाहतो, तर लॅब्रेडॉरजवळ थंड पाण्याचा सागरी प्रवाह वाहतो.

८. (अ) आफ्रिकेमध्ये समुद्रकिनाऱ्यावरील मैदाने छोटी आहेत.

(क) आफ्रिकेचे द्वीपकल्प पठारी प्रदेश आहे. कारण जवळजवळ संपूर्ण द्वीपकल्प ३०० मीटरपेक्षा अधिक उंचीवर आहे.

९. (अ) संयुक्त संस्थानांतील इंडियाना - केंटुकी - टेनेसी प्रदेशात कार्स्ट प्रदेशातील भूआकारांचा चांगल्या तऱ्हेने विकास झाला आहे.

(क) या प्रदेशात चुनखडी, जिप्सम, डोलोमाइट व रॉकसॉल्ट हे खडक अस्तित्वात असल्याने भूमिगत पाण्याने या खडकावर रासायनिक क्रिया होऊन भूआकार तयार झाले आहेत.

१०. (अ) भारतात आसाममध्ये सर्वांत जास्त जागेत कालव्यामुळे जलसिंचन केले जाते.

(क) ब्रह्मपुत्रा नदीला भरपूर पाणी असते.

११. (अ) वृक्ष वाढवण्याच्या अंतिम मर्यादेला काष्ठरेषा म्हणतात.

(क) काष्ठरेषा पावसाचे प्रमाण, तापमान, बाष्पीभवन, हिमवृष्टी इ. वर अवलंबून असते.

१२. (अ) भारतीय शेती आता पावसावर पूर्णपणे अवलंबून नाही.

(क) भारताच्या कोरडवाहू शेतीत सध्या वाढ होत आहे.

१३. (अ) वायव्य भारतात पश्चिमी मोसमी वाऱ्यांमुळे हिवाळ्यात पाऊस पडतो.

(क) हिवाळ्यात नैर्ऋत्य मोसमी वारे भारताच्या वायव्य भागातून परत जातात.

१४. (अ) मागच्या काही वर्षांत भारतात नैसर्गिक उत्पादन वाढले आहे.

(क) भारतात नैसर्गिक वायूचा भरपूर साठा आहे.

१५. खालीलपैकी कोणत्या विचारवंताने उद्योगाच्या स्थानिकीकरणाचा सिद्धान्त मांडताना जमिनीच्या घटत्या मूल्यावर भर दिला आहे?

(अ) वेबर   (ब) स्मिथ   (क) आइजार्ड   (ड) फॅटर

१६. खाली दिलेल्या उष्णकटिबंधीय आवर्ताच्या आकृतीमध्ये 'X' हे चिन्ह काय दर्शवते?

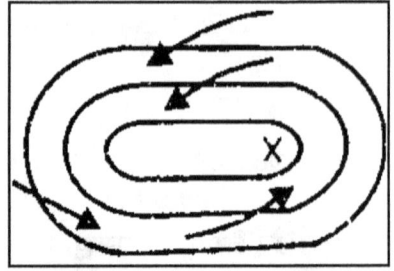

(अ) पाऊस
(ब) स्वच्छ आकाश
(क) ढग
(ड) ढगाळलेले आकाश

१७. स्तंभ १ (प्रक्रिया) व स्तंभ २ (हवेची स्थिती) यांमधील योग्य शब्द निवडून जोड्या लावा व खाली दिलेल्या जोड्यांमधील योग्य जोडी निवडा.

	स्तंभ १ प्रक्रिया	**स्तंभ २** हवेची स्थिती
(प)	बाष्पीभवन	(१) उंचीवर तापमान कमी
(फ)	सांद्रीभवन	(२) गरम व थंड हवा मिसळणे
(भ)	हिमवृष्टी	(३) बाष्पाचे जलात रूपांतर
(न)	आवर्त	(४) तापमान वाढणे

जोड्या	प	फ	भ	न
(अ)	४	३	१	२
(ब)	४	१	२	३
(क)	२	४	३	१
(ड)	४	३	१	२

१८. स्तंभ १ (यंत्र / उपकरण) व स्तंभ २ (त्याचा उपयोग) यांमधील योग्य शब्द निवडून जोड्या लावा व खाली दिलेल्या जोड्यांमधील योग्य जोडी निवडा.

	स्तंभ १ यंत्र/उपकरण	**स्तंभ २** उपयोग
(प)	प्लॅनीमीटर	(१) भूपृष्ठावरील कोन किंवा जमिनीचा उतार मोजण्यासाठी
(फ)	पेंटोग्राफ	(२) नकाशावरील क्षेत्रफळ मोजण्यासाठी
(भ)	पॅरेलक्स बार	(३) नकाशा छोटा करण्यासाठी
(न)	क्लायनो मीटर	(४) फोटोग्राफीच्या साहाय्याने उंची मोजण्यासाठी

जोड्या	प	फ	भ	न
(अ)	४	२	३	१
(ब)	२	१	३	४
(क)	२	३	४	१
(ड)	१	३	४	२

१९. स्तंभ १ (वैशिष्ट्ये) व स्तंभ २ (प्रदेश) यांमधील योग्य शब्द निवडून जोड्या लावा आणि खाली दिलेल्या जोड्यांमधील योग्य जोडी निवडा.

	स्तंभ १ वैशिष्ट्ये	स्तंभ २ प्रदेश
(प)	पूर्वारोश्रित नदीप्रणाली	(१) भारतीय द्वीपकल्प
(फ)	पूर्वोत्पन्न नदीप्रणाली	(२) हिमालय
(भ)	जेट स्ट्रीम	(३) वाळवंटी प्रदेश
(न)	लुप्त नद्या	(४) बर्फाच्छादित प्रदेश
		(५) वातावरणातील अतिउंचीवरील स्तर

जोड्या	प	फ	भ	न
(अ)	१	२	५	३
(ब)	१	२	३	४
(क)	४	५	२	३
(ड)	३	१	५	२

२०. स्तंभ १ (लेखक) व स्तंभ २ (स्थान सिद्धान्त) यांमधील योग्य शब्द निवडून जोड्या लावा आणि खाली दिलेल्या जोड्यांमधील योग्य जोडी निवडा.

	स्तंभ १ लेखक	स्तंभ २ स्थान सिद्धान्त
(प)	पी. हॅगट	(१) सीमा आणि कक्षा सिद्धान्त (Thershold and range theory)
(फ)	बी. जे. एल. बेरी	(२) गुरुत्वाकर्षणाचा नियम
(भ)	डब्ल्यू. जे. रॅली	(३) स्थान वाटप सिद्धान्त (Location allocation model)

जोड्या	प	फ	भ
(अ)	१	२	३
(ब)	३	२	१
(क)	३	१	२
(ड)	१	२	३

२१. जगातील सर्व उदरनिर्वाहासाठी केल्या जाणाऱ्या शेतीच्या प्रकारांत बागायती शेती फारच वेगळी आहे. कारण –

(अ) बागायती शेतीत उत्तम बी बियाणे, आधुनिक तंत्रज्ञान व यंत्रे यांचा वापर करून केली जाते.

(ब) ही शेती संपूर्णपणे वेगळ्या पर्यावरणात केली जाते.
(क) ही शेती पृथ्वीवर फार मोठ्या प्रमाणावर केली जात नाही.
(ड) ही शेती विस्तृत क्षेत्रात पसरलेल्या माणसांना उदरनिर्वाह प्राप्त करून देते.

२२. स्तंभ १ (सिद्धान्त मांडणारे) व स्तंभ २ (सिद्धान्त) यांमधील योग्य शब्द निवडून जोड्या लावा आणि खाली दिलेल्या जोड्यांमधील योग्य जोडी निवडा.

स्तंभ १	**स्तंभ २**
सिद्धान्त मांडणारे	सिद्धान्त
(प) माल्थस	(१) सकेंद्रित वृत्त सिद्धान्त
(फ) बरगेस	(२) जमिनीचा सदुपयोग किंवा दुरुपयोग
(भ) स्टॅम्प	(३) तंत्रविश्लेषण
	(४) लोकसंख्येची वाढ

जोड्या	प	फ	भ
(अ)	१	२	३
(ब)	१	४	३
(क)	४	३	२
(ड)	४	१	२

२३. खालील देशांवर विचार करा.
(१) बांगला देश (२) ब्राझील
(३) इंडोनेशिया (४) जपान
लोकसंख्येच्या उतरत्या क्रमानुसार या देशांची योग्य क्रमवारी लावा.
(अ) १, २, ३, ४ (ब) २, १, ४, ३
(क) ३, २, ४, १ (ड) ४, ३, २, १

२४. 'थांबा आणि जा' या निश्चयवादाचे प्रतिपादन कोणी दिले?
(अ) ग्रिफिथ टेलरने (ब) जीन ब्रुन्शने
(क) जे. ई. स्पेन्सरने (ड) विडाल डी ला ब्लाशने

२५. नागरी आणि ग्रामीण वस्तीमध्ये मुख्य फरक कशात आहे?
(अ) लोकसंख्येचे परिमाण (ब) लोकसंख्येची घनता
(क) व्यवसाय (ड) स्थान

२६. स्तंभ १ (खनिज) व स्तंभ २ (देश) यांमधील योग्य शब्द निवडून जोड्या लावा आणि खाली दिलेल्या जोड्यांमधील योग्य जोडी निवडा.

	स्तंभ १		**स्तंभ २**
	खनिज		देश
(प)	खनिजतेलाचे उत्पादन		(१) भारत
(फ)	अभ्रकाचे उत्पादन		(२) रशिया
(भ)	तेलशुद्धीकरण क्षमता		(३) मलेशिया
(न)	टिनचे उत्पादन		(४) संयुक्त संस्थाने
			(५) सौदी अरब

जोड्या	प	फ	भ	न
(अ)	२	१	४	३
(ब)	४	१	५	३
(क)	५	२	४	१
(ड)	२	३	१	४

२७. सेंट लॉरेन्स ग्रेट लेक जलमार्गावर असलेल्या खालील पाच सरोवरांवर विचार करा.

(१) ह्युरॉन (२) ओन्टॅरिओ (३) एरी

(४) सुपिरिअर (५) मिशिगन

सेंट लॉरेन्सकडून पुढे पश्चिमेकडे जाताना या सरोवरांचा योग्य क्रम कोणता?

(अ) २, ३, ५, १, ४ (ब) २, ३, १, ५, ४

(क) २, ३, ४, ५, १ (ड) ३, २, ५, १, ४

२८. खालील विधानांवर विचार करा.

क्लायमोग्राफ कशाच्या आधारावर तयार करतात?

(१) वार्षिक पावसाच्या आकडेवारीच्या आधारावर

(२) सापेक्ष आर्द्रतेचे दर महिन्याच्या आकड्याच्या आधारावर

(३) ओल्या आणि सुक्या फुग्याच्या तापमापकांतील (Dry and Wet Bulb Thermometer) आकड्यांच्या आधारावर

वरीलपैकी योग्य विधाने कोणती? खालीलपैकी योग्य उत्तर निवडा.

(अ) १, २ आणि ३ (ब) १ आणि २

(क) २ आणि ३ (ड) १ आणि ३

२९. खालील बंदरांवर विचार करा.

(१) जिब्राल्टर (२) कोलंबो

(३) सिंगापूर (४) अदन

लंडन ते योकोहामा हा प्रवास भूमध्य समुद्र - तांबडा समुद्रमार्गे करताना वरील चार बंदरांची स्थानानुसार योग्य क्रमवारी कोणती?

(अ) १, २, ३, ४　　(ब) १, ४, २, ३

(क) ४, १, ३, २　　(ड) ३, १, ४, २

३०. अतिशय भिन्न भिन्न आकाराच्या ग्रामीण वस्ती असलेल्या प्रदेशातील ग्रामीण लोकसंख्येचे वितरण दाखवण्यासाठी खालीलपैकी कोणत्या पद्धतीचा अवलंब करावा?

(अ) गुणात्मक नकाशा　　(ब) सममूल्य रेषा नकाशा पद्धत

(क) टिंब पद्धतीचा नकाशा　　(ड) छायापद्धती नकाशा

३१. "ज्याचे मर्मभूमीवर प्रभुत्व असेल तो युरोपवर राज्य करेल व जो युरोपवर प्रभुत्व गाजवेल तो साऱ्या विश्वावर राज्य करेल."
वर दिलेले विधान कोणी मांडले आहे?

(अ) मॅकिन्डर　　(ब) स्पिकमॅन

(क) एलफ्रॅड माहन　　(ड) व्हिटलसी

३२. स्तंभ १ (भारतीय स्थलनिर्देशांक नकाशा) व स्तंभ २ (समोच्च रेषांमधील अंतर) यांमधील योग्य शब्द निवडून जोड्या लावा आणि खालीलपैकी योग्य जोडी निवडा.

स्तंभ १ स्थलनिर्देशांक नकाशा	**स्तंभ २** समोच्च रेषांमधील अंतर
(प) दशलक्षी नकाशा	(१) ५० फूट
(फ) एक इंच नकाशा	(२) ५०० फूट
(भ) पाव इंच नकाशा	(३) १०० फूट
(न) अर्धा इंच नकाशा	(४) २५० फूट

जोड्या	प	फ	भ	न
(अ)	२	४	३	१
(ब)	४	१	२	३
(क)	२	१	४	३
(ड)	१	३	४	२

३३. क्रिस्टलर केंद्रीय स्थान सिद्धांतानुसार मानवी वस्त्यांचे संगठणासाठी K = r दर्शवतो.

(अ) परिवहन सिद्धान्त　　(ब) बाजार सिद्धान्त

(क) प्रशासकीय सिद्धान्त　　(ड) आर्थिक सिद्धान्त

३४. स्तंभ १ (भू आकार) व स्तंभ २ (त्यांची वैशिष्ट्ये) यांमधील योग्य शब्द निवडून जोड्या लावा व खाली दिलेल्या जोड्यांमधील योग्य जोडी निवडा.

	स्तंभ १	**स्तंभ २**
	भूआकार	वैशिष्ट्ये
(प)	त्र्यनीक	(१) चौकोनी आकाराच्या टेकड्या
(फ)	खडक द्वीपगिरी	(२) छत्रीच्या आकाराचा खडक
(भ)	मेसा किंवा बुटेज	(३) घुमटाकार वाळूच्या टेकड्या
(न)	भूछत्र खडक	(४) त्रिकोणी आकाराचा खडक

जोड्या	प	फ	भ	न
(अ)	३	४	१	२
(ब)	४	३	१	२
(क)	४	३	२	१
(ड)	२	३	४	१

३५. खालीलपैकी कोणती जोडी बरोबर आहे?

(१) ई. सी. सॅम्पल - इन्फ्लुअन्स ऑफ जॉग्रफिक एनव्हायर्न्मेंट

(२) सी. ओ. सॉयर - द मॉर्फालॉजी ऑफ लॅन्डस्केप

(३) आर. ई. डिकिन्सन - द नेचर ऑफ जॉग्रफी

(४) ई. हटिंगटन - सिव्हिलायझेशन ॲण्ड क्लायमेट

खालीलपैकी कोणते उत्तर बरोबर आहे?

(अ) १ आणि ३ (ब) २ आणि ३

(क) १, २ आणि ४ (ड) १ आणि ४

३६. स्तंभ १ (वातावरणाचे थर) आणि स्तंभ २ (वैशिष्ट्ये) यांमधील योग्य शब्द निवडून जोड्या लावा आणि खाली दिलेल्या जोड्यांमधील योग्य जोडी निवडा.

	स्तंभ १	**स्तंभ २**
	वातावरणाचे थर	वैशिष्ट्ये
(प)	तपांबर	(१) उंचीनुसार तापमानात घट
(फ)	तपस्तब्धी	(२) अतिनील किरणे शोषली जातात.
(भ)	आयनांबर	(३) अरोरा नावाचा प्रकाशचमत्कार येथे दिसतो.
(न)	ओझोन स्फिअर	(४) तापमान सर्वत्र कायम

जोड्या	प	फ	भ	न
(अ)	१	४	३	२
(ब)	१	४	२	३
(क)	४	१	३	२
(ड)	१	२	३	४

३७. खालीलपैकी कोणते भूस्वरूप हिमनदीच्या निक्षेपकार्यामुळे तयार होते?

(अ) मेषशील
(ब) उत्क्षालित मैदाने
(क) एस्कर
(ड) यू आकाराच्या दऱ्या

३८. स्तंभ १ (भूस्वरूपे) आणि स्तंभ २ (सागर / महासागर) यांमधील योग्य शब्दांच्या जोड्या लावून, खाली दिलेल्या जोड्यांमधील योग्य जोडी निवडा.

स्तंभ १	स्तंभ २
भूस्वरूपे	सागर / महासागर
(प) मरियाना गर्ता	(१) हिंदी महासागर
(फ) सुंदा गर्ता	(२) पॅसिफिक महासागर
(भ) पोर्टेरिको गर्ता	(३) अरबी समुद्र
(न) कार्लस्बर्ग श्रेणी	(४) अंध महासागर

जोड्या	प	फ	भ	न
(अ)	२	१	४	३
(ब)	२	३	१	४
(क)	४	१	२	३
(ड)	३	१	४	२

३९. स्तंभ १ (खंड) आणि स्तंभ २ (वाळवंट) यांमधील योग्य शब्द निवडून जोड्या लावा व खाली दिलेल्या जोड्यांमधील योग्य जोडी निवडा.

स्तंभ १	स्तंभ २
(प) आशिया	(१) आटाकामा
(फ) आफ्रिका	(२) कोलोरॉडो
(भ) उत्तर अमेरिका	(३) कलाहारी
(न) दक्षिण अमेरिका	(४) गोबी

जोड्या	प	फ	भ	न
(अ)	३	१	२	४
(ब)	४	३	१	२
(क)	४	३	२	१
(ड)	२	४	३	१

४०. यारदांग भूमी स्वरूप खालीलपैकी कशामुळे बनते?

(अ) वाऱ्याच्या वहनकार्यामुळे
(ब) हिमनदीच्या खननकार्यामुळे
(क) नदीच्या खननकार्यामुळे
(ड) समुद्राच्या खननकार्यामुळे

४१. खालीलपैकी भारतातील कोणती शहरे रेशीम कापडनिर्मितीसाठी प्रसिद्ध नाहीत?

(१) मुर्शिदाबाद (२) लुधियाना

(३) बडोदा (४) अम्बाला

खालीलपैकी कोणते उत्तर बरोबर आहे?

(अ) २, ३ आणि ४ (ब) १, २ आणि ४

(क) १, २ आणि ३ (ड) १, ३ आणि ४

४२. स्तंभ १ (लोखंड व पोलाद कारखाना) आणि स्तंभ २ (संबंधित देश / कंपनी) यांमधील योग्य शब्द निवडून जोड्या लावा व खाली दिलेल्या जोड्यांमधील योग्य जोडी निवडा.

स्तंभ १ लोखंड व पोलाद कारखाना	**स्तंभ २** संबंधित देश / कंपनी
(प) भिलाई	(१) इंडियन आयर्न ॲण्ड स्टील कंपनी
(फ) रूरकेला	(२) रशिया
(भ) दुर्गापूर	(३) जर्मनी
(न) बरनपूर	(४) ग्रेट ब्रिटन

जोड्या	प	फ	भ	न
(अ)	३	१	४	२
(ब)	४	३	२	१
(क)	२	३	४	१
(ड)	२	४	१	३

४३. खाली दिलेल्या शहरांवर विचार करा.

(१) गाझियाबाद (२) सिलिगुडी (३) पुणे (४) रूरकेला

सिमेंट कारखान्यासाठी वरीलपैकी कोणते शहर प्रसिद्ध आहे? खालीलपैकी योग्य उत्तर निवडा.

(अ) १ आणि ४ (ब) ३ आणि ४

(क) फक्त ३ (ड) फक्त ४

४४. खालील राज्यांवर विचार करा.

(१) उत्तर प्रदेश (२) बिहार

(३) केरळ (४) पश्चिम बंगाल

२००१ च्या जनगणनेनुसार वरील शहरांचा विचार करता लोकसंख्येच्या घनतेची चढत्या क्रमाने योग्य क्रमवारी कोणती?

(अ) १, २, ३, ४ (ब) १, ३, २, ४

(क) २, १, ३, ४ (ड) २, १, ४, ३

४५. खालीलपैकी कोणते विधान भारतातील जांभा मृदेबाबत योग्य आहे?
   (१) जांभा मृदेचा रंग लाल असतो.
   (२) जांभा मृदेत नायट्रोजन व पोटॅशचे प्रमाण भरपूर असते.
   (३) ही मृदा राजस्थान व उत्तर प्रदेशात तयार होते.
   (४) या मृदेत साबुदाणा व काजू चांगल्या प्रकारे वाढतात.
   खालीलपैकी कोणते उत्तर बरोबर आहे?
   (अ) १, २ आणि ३   (ब) २, ३ आणि ४
   (क) १ आणि ४   (ड) २ आणि ३

४६. अनुसूचित जातीचे एकूण लोकसंख्येत सर्वांत जास्त प्रमाण खालीलपैकी कोणत्या राज्यात आहे?
   (अ) मणिपूरमध्ये   (ब) मेघालयात
   (क) मध्य प्रदेशात   (ड) नागालँडमध्ये

४७. खालीलपैकी कोणत्या जनगणनेच्या दशकात भारताची लोकसंख्यावाढ ऋणात्मक होती?
   (अ) १९०१ ते १९११   (ब) १९११ ते १९२१
   (क) १९७१ ते १९८१   (ड) वरीलपैकी कोणतेच नाही.

४८. स्तंभ १ (शहरे) व स्तंभ २ (वर्गीकरण) यांमधील योग्य शब्द निवडून जोड्या लावा व खाली दिलेल्या जोड्यांमधून योग्य जोडी निवडा.

	स्तंभ १	स्तंभ २
	शहर	वर्गीकरण
(प)	दिल्ली	(१) सांस्कृतिक नगर
(फ)	डेहराडून	(२) पर्यटन नगर
(भ)	बनारस	(३) प्रशासकीय नगर
(न)	श्रीनगर	(४) लष्करी नगर

जोड्या	प	फ	भ	न
(अ)	३	२	४	१
(ब)	२	४	१	३
(क)	३	४	१	२
(ड)	४	१	३	२

४९. भारतात सार्वजनिक क्षेत्रातील उद्योगविकासात खालीलपैकी कोणत्या योजनेत महत्त्व दिले गेले?
   (अ) प्रथम पंचवार्षिक योजना   (ब) तृतीय पंचवार्षिक योजना
   (क) पाचवी पंचवार्षिक योजना   (ड) सातवी पंचवार्षिक योजना

५०. स्तंभ १ (मृदा प्रकार) व स्तंभ २ (हवामानाचा प्रकार) यांमधील योग्य शब्द निवडून जोड्या लावा व खाली दिलेल्या जोड्यांमधील योग्य जोडी निवडा.

स्तंभ १	स्तंभ २
मृदा प्रकार	हवामानाचा प्रकार
(प) पडझॉल	(१) समशीतोष्ण कटिबंधीय गवताळ प्रदेश
(फ) टेराकोटा	(२) उष्ण वाळवंटी प्रदेश
(भ) चर्नोझम	(३) थंड समशीतोष्ण प्रदेश
(न) सेरोझम	(४) भूमध्यसागरीय प्रदेश

जोड्या	प	फ	भ	न
(अ)	२	३	१	४
(ब)	३	४	१	२
(क)	३	४	२	१
(ड)	४	१	३	२

५१. स्तंभ १ (स्थानिक वारे) व स्तंभ २ (प्रदेश) यांमधील योग्य शब्द निवडून जोड्या लावा व खाली दिलेल्या जोड्यांमधील योग्य जोड्या निवडा.

स्तंभ १	स्तंभ २
स्थानिक वारे	प्रदेश
(प) झोंडा	(१) न्यूझीलंड
(फ) बुस्टर	(२) सहारा वाळवंट
(भ) खामसिन	(३) अर्जेंटिना
(न) पॉपरास	(४) ब्राझील

जोड्या	प	फ	भ	न
(अ)	३	१	४	२
(ब)	३	१	२	४
(क)	१	३	४	२
(ड)	१	३	२	४

५२. स्तंभ १ (मैदानाचे नाव) व स्तंभ २ (निर्मितीचे कारण) यांमधील योग्य शब्द निवडून जोड्या लावा आणि खाली दिलेल्या जोड्यांमधील योग्य जोडी निवडा.

स्तंभ १	स्तंभ २
(प) चिली बेसिन	(१) खननकार्यामुळे
(फ) गिनी मैदान	(२) हिमनदीच्या निक्षेपणामुळे
(भ) रशियन वेदी	(३) पर्वतप्राय मैदान
(न) पश्चिमी युरोपीय मैदान	(४) रचनात्मक मैदान

जोड्या	प	फ	भ	न
(अ)	३	१	४	२
(ब)	३	२	१	४
(क)	२	३	४	१
(ड)	४	१	३	२

५३. खालील विधानावर विचार करा.

आशिया खंडातील बहुतांश देशांत जास्त लोकसंख्येची समस्या आहे. कारण –

(१) आर्थिक जन्मदर व अधिक मृत्युदर असल्यामुळे

(२) अमर्यादित कृषी औद्योगिक विकासामुळे

(३) लोकसंख्येच्या स्थिरतेमुळे (अचलता)

(४) या खंडातील मानवजातींचे मूळक्षेत्र असल्यामुळे

खालीलपैकी कोणते विधान योग्य आहे.

(अ) १ आणि ४ योग्य (ब) फक्त २ योग्य

(क) २, ३ योग्य (ड) १, २, ३ आणि ४ योग्य

५४. स्तंभ १ (वनस्पतीचे प्रकार) आणि स्तंभ २ (देश) यांमधील योग्य शब्द निवडून जोड्या लावा व खालीलपैकी योग्य जोडी निवडा.

स्तंभ १ वनस्पतीचे प्रकार	**स्तंभ २** देश
(प) केटिंगा	(१) अल्जेरिया
(फ) डाउन्स	(२) ऑस्ट्रेलिया
(भ) माकी	(३) पूर्व ब्राझील
(न) वेल्ड	(४) दक्षिण आफ्रिका

जोड्या	प	फ	भ	न
(अ)	३	१	२	४
(ब)	२	४	१	३
(क)	३	२	१	४
(ड)	४	२	३	१

५५. मार्क्सचा लोकसंख्यासिद्धान्त प्रतिपादन करतो, की

(अ) लोकसंख्येची वाढ समाज थांबवू शकत नाही.

(ब) लोकसंख्येची समस्या भांडवलशाहीचा एक परिणाम आहे.

(क) नैसर्गिक लोकसंख्येची वाढ युद्ध, रोगराई, दुष्काळ व इतर आपत्तींमुळे कमी होते.

(ड) माणसाची वृत्ती जास्तीत जास्त लोकसंख्या निर्माण करण्याची आहे.

५६. खालीलपैकी कोणत्या जोड्या योग्य नाहीत?

(१)	इंडोनेशिया	ऑस्ट्रेलॉयड
(२)	उत्तर आफ्रिका	कॉकेशाइड
(३)	पश्चिम युरोपीय	मंगोलॉयड
(४)	दक्षिण अमेरिका	नीग्रॉयड

खालीलपैकी योग्य उत्तर निवडा.

(अ) १ आणि २ (ब) १, ३ आणि ४
(क) २ आणि ३ (ड) २ आणि ४

५७. स्तंभ १ (हवामानाचा प्रदेश) व स्तंभ २ (त्याचे स्थान) यांमधील योग्य शब्द निवडून जोड्या लावा व खाली दिलेल्या जोड्यांमधील योग्य जोडी निवडा.

स्तंभ १	**स्तंभ २**
(प) टुंड्रा	(१) ३०° ते ४०° उत्तर व दक्षिण अक्षांशांतील खंडाच्या पश्चिमेला
(फ) मान्सून	(२) उच्च अक्षांशात
(भ) भूमध्यसागरीय (उपउष्णकटिबंधीय)	(३) उष्णकटिबंधातील मोठा प्रदेश
(न) भूमध्यरेखीय	(४) विषुववृत्तीय प्रदेशात कमी उंची ते मध्यम उंचीवाले प्रदेश

जोड्या	प	फ	भ	न
(अ)	२	३	१	४
(ब)	३	१	२	४
(क)	४	३	१	२
(ड)	२	४	३	१

५८. जगाची सांस्कृतिक प्रदेशात विभागणी करण्याची योजना कोणी मांडली?

(अ) स्पेन आणि थॉमसने (ब) ब्रुक आणि वेबने
(क) हॅगेट आणि चॉरलेने (ड) डिंकने आणि पिट्सने

५९. स्तंभ १ (जमाती) व स्तंभ २ (प्रदेश) यांमधील योग्य शब्द निवडून जोड्या लावा व खाली दिलेल्या जोड्यांमधील योग्य जोडी निवडा.

स्तंभ १ : जमाती	**स्तंभ २ : प्रदेश**
(प) सेमांग	(१) भारतातील उत्तरेकडील मैदान
(फ) होटनटॉट	(२) मलेशिया
(भ) फोलीनेशियन	(३) कलाहारी वाळवंट
(न) नॉर्डिक	(४) हवाई बेटे

जोड्या	प	फ	भ	न
(अ)	४	२	३	१
(ब)	१	३	२	४
(क)	२	३	४	१
(ड)	२	१	४	३

६०. स्तंभ १ (जमाती) व स्तंभ २ (प्रदेश) यांमधील योग्य शब्द निवडून जोड्या लावा व खाली दिलेल्या जोड्यांमधील योग्य जोडी निवडा.

स्तंभ १	स्तंभ २
जमाती	प्रदेश
(प) मसाई	(१) उत्तर अमेरिका
(फ) बरबर	(२) पूर्व आफ्रिका
(भ) रेड इंडियन	(३) आशिया
(न) किरगीझ	(४) वायव्य आफ्रिका

जोड्या	प	फ	भ	न
(अ)	३	२	१	४
(ब)	२	३	४	१
(क)	२	४	१	३
(ड)	१	४	२	३

६१. फॉन किंवा चिनूक वारे खालीलपैकी कोणत्या डोंगरावर आढळतात?
(अ) स्वित्झर्लंडमधील उत्तरेकडील आल्प्सच्या दरीत आणि उत्तर अमेरिकेच्या रॉकी पर्वताच्या पूर्व उतारावर.
(ब) स्वित्झर्लंडमधील दक्षिणेकडील आल्प्स पर्वताच्या पूर्व उतारावर व दक्षिण अमेरिकेच्या ॲन्डीज पर्वताच्या पश्चिम उतारावर.
(क) फ्रान्समधील पो नदीच्या दरीत आणि न्यूफाउंडलंडमध्ये
(ड) नेदरलँड आणि न्यूझिलंडमध्ये

६२. इ. स. १९९३ मध्ये इथोओपियापासून स्वतंत्र झालेला देश आहे-
(अ) एस्टोनिया
(ब) सोमालिया
(क) एरिट्रिया
(ड) कॅमरून

६३. स्तंभ १ (तांदळाबाबत माहिती) आणि स्तंभ २ (देश) यांमधील जोड्या शब्द निवडून जोड्या लावा व खाली दिलेल्या जोड्यांमधील योग्य जोडी निवडा.

स्तंभ १		स्तंभ २	
	तांदुळाबाबत माहिती		देश
(प)	सर्वांत जास्त क्षेत्रफळात लागवड	(१)	संयुक्त संस्थाने
(फ)	सर्वांत जास्त उत्पादन	(२)	जपान
(भ)	सर्वांत जास्त दर हेक्टरी उत्पादन	(३)	भारत
(न)	सर्वांत जास्त निर्यात	(४)	चीन

जोड्या	प	फ	भ	न
(अ)	३	२	१	४
(ब)	३	४	२	१
(क)	४	१	२	३
(ड)	२	४	३	१

६४. मृदेच्या संरक्षणासाठी सर्वांत उपयुक्त पद्धत कोणती?

(अ) वृक्षारोपण (ब) जलसिंचन

(क) स्थलांतरित शेती (ड) पायऱ्यापायऱ्याची शेती.

६५. भविष्यात घरगुती किंवा औद्योगिक उत्पादनासाठी नैसर्गिक रबराची जागा कृत्रिम रबर घेईल. कारण-

(अ) नैसर्गिक रबर उष्णकटिबंधीय देशात गोळा केले जाते; पण त्याचा उपयोग शीतकटिबंधीय श्रीमंत व औद्योगिकदृष्ट्या पुढारलेल्या देशांत होतो.

(ब) नैसर्गिक रबर वेगवेगळ्या कारखान्यांसाठी असलेली वाढती मागणी पुरी करू शकत नाही.

(क) कृत्रिम रबर तयार करण्यासाठी लागणारा कच्चा माल जगात विविध देशांत मिळतो.

(ड) जगात कृत्रिम रबराचा खप दिवसेंदिवस वाढत आहे.

६६. 'स्थानिक वितरण प्रक्रिया' च्या अभ्यासात सर्वांत महत्त्वपूर्ण योगदान खालीलपैकी कोणाचे आहे?

(अ) हेगर स्ट्रान्ड (ब) हैगट

(क) हार्टशोर्न (ड) हिटस्मान

६७. संयुक्त संस्थानांच्या पूर्व भागातील खालीलपैकी कोणत्या प्रदेशात अजूनही अतिशय दाट जंगल आढळते?

(अ) बाजारकेंद्रापासून दूर

(ब) पर्वतीय प्रदेशात

(क) चांगल्या मृदेच्या प्रदेशात

(ड) अधिक पाऊस व अधिक तापमानाच्या प्रदेशात

६८. मंगोल सभ्यतेचे उगमस्थान खालीलपैकी कोणते?
(अ) दक्षिण चीन (ब) उत्तर मांचुरियन
(क) पूर्व चीन (ड) मंगोलियात

६९. देशांतर्गत जलाशयात मासेमारी प्रामुख्याने खालीलपैकी कोणत्या प्रदेशात चालते?
(अ) रशिया (ब) अँग्लो-अमेरिकेत
(क) मान्सून आशियात (ड) मध्य आफ्रिका

७०. जांभा मृदा खालीलपैकी कशापासून बनते?
(अ) वाळू, चुना व सेंद्रिय पदार्थ वाहून गेल्यामुळे
(ब) विनाश पावलेल्या सेंद्रिय द्रव्यांमुळे
(क) ज्वालामुखीच्या पदार्थाच्या विघटनामुळे
(ड) चुन्याच्या दगडाच्या निक्षेपणामुळे

७१. स्तंभ १ (कारखाने) व स्तंभ २ (शहरे) यांमधील योग्य शब्दांच्या जोड्या लावून, खाली दिलेल्या जोड्यांमधील योग्य जोडी निवडा.

स्तंभ १ (कारखाने)	**स्तंभ २ (अमेरिकेतील शहरे)**
(प) लोखंड व पोलाद	(१) डार्टमुन्ड
(फ) मोटारगाड्या	(२) सिॲटल
(भ) जहाज	(३) डेट्रॉयट
(न) विमान	(४) पोर्ट्समाउथ

जोड्या	प	फ	भ	न
(अ)	२	१	४	३
(ब)	२	३	१	४
(क)	१	३	४	२
(ड)	१	४	३	२

७२. स्तंभ १ (ऊर्जा साधने) व स्तंभ २ (जगातील प्रथम स्थान) यांमधील योग्य शब्द निवडून जोड्या लावा व खाली दिलेल्या जोड्यांमधील योग्य जोडी निवडा.

स्तंभ १ ऊर्जा साधने	**स्तंभ २** जगातील प्रमुख स्थान
(प) कोळशाचे उत्पादन	(१) संयुक्त संस्थाने
(फ) पेट्रोलियम उत्पादन	(२) सौदी अरेबिया
(भ) पेट्रोलियमचा साठा	(३) आफ्रिका
(न) पाण्यापासून वीजनिर्मिती	(४) रशिया

जोड्या	प	फ	भ	न
(अ)	४	१	२	३
(ब)	४	२	३	१
(क)	१	४	२	३
(ड)	३	१	४	२

७३. निळा व्हेल मासा प्रामुख्याने कोणत्या किनारपट्टीवर सापडतो?
   (अ) आर्क्टिक प्रदेश   (ब) अंटार्क्टिक प्रदेश
   (क) पश्चिम प्रशान्त महासागर   (ड) दक्षिण प्रशान्त महासागर

७४. आफ्रिकेत जलविद्युत् केंद्राचा विकास होण्यास भरपूर वाव आहे; पण जलविद्युत्
   विकासात तो मागासलेला आहे. खालीलपैकी कोणत्या घटकाच्या अभावी विकास
   झाला नाही?
   (अ) चांगली यंत्रसामग्री   (ब) काम करण्यासाठी आवश्यक हवामान
   (क) विकासासाठी मानवाचे प्रयत्न   (ड) उद्योगव्यवसायासाठी कच्चा माल

७५. दैनिक तसेच वार्षिक तापमानकक्षा सर्वाधिक कोठे असते?
   (अ) सॅव्हाना गवताळ प्रदेशात
   (ब) समशीतोष्ण कटिबंधीय गवताळ प्रदेशात
   (क) उष्ण वाळवंटी प्रदेशात   (ड) विषुववृत्तीय प्रदेशात

७६. विषुववृत्तीय प्रदेशात जास्त विस्तार असलेले खंड कोणते?
   (अ) दक्षिण अमेरिका   (ब) आफ्रिका
   (क) ऑस्ट्रेलिया   (ड) आशिया

७७. खालीलपैकी कोणत्या ऊर्जासाधनाचे उद्योगधंद्याच्या स्थानिकीकरणात महत्त्वाचे
   स्थान आहे?
   (अ) जल   (ब) खनिज तेल   (क) कोळसा   (ड) नैसर्गिक वायू

७८. जगात कागदाचे सर्वांत जास्त उत्पादन करणारा देश कोणता?
   (अ) कॅनडा   (ब) जपान   (क) स्वीडन   (ड) संयुक्त संस्थाने

७९. जगाच्या एकूण लोकसंख्येत खालीलपैकी कोणत्या वंशाचे लोक जास्त आहेत?
   (अ) ऑस्ट्रेलाइड (ब) निग्रो   (क) मंगोलियन (ड) कॉकेशियन

८०. बालमृत्युदर व जन्मदर एकमेकांबरोबरच बदलत असतील तर ते काय सूचित
   करतात?
   (अ) एक कमी झाला की दुसरा कमी होतो.
   (ब) एक कमी झाला की दुसरा वाढत जातो.
   (क) एक वाढला की दुसरा कमी होतो.
   (ड) एक वाढला की दुसरा वाढतच जातो.

८१. आग्नेय आशियातील खालील प्रमुख रबरउत्पादक देशांवर विचार करा.

(१) इंडोनेशिया (२) मलेशिया

(३) श्रीलंका (४) व्हिएतनाम

रबरउत्पादनानुसार वरील देशांची उतरत्या क्रमाने क्रमवारी कोणती?

(अ) १, २, ३, ४ (ब) २, १, ३, ४

(क) १, २, ४, ३ (ड) २, १, ४, ३

८२. बागायती शेती खालीलपैकी कोणत्या प्रदेशात मोठ्या प्रमाणावर केली जाते?

(अ) भूमध्यसागरीय प्रदेशात (ब) समशीतोष्ण कटिबंधीय प्रदेशात

(क) शीत प्रदेशात (ड) विषुववृत्तीय प्रदेशात

८३. नायट्रेटचे अवशेष खालीलपैकी कोणत्या देशाच्या उत्तरेकडील प्रदेशात मिळतात?

(अ) इक्वेडॉर (ब) चिली (क) ब्राझील (ड) कोलंबिया

८४. इराकमधील खनिज तेलाचे सर्वांत मोठे क्षेत्र कोणते?

(अ) अल-फॉ (ब) हाफ सुलेमान

(क) किरकुक (ड) खोर-अल-अमाया

८५.चीनमध्ये सर्वांत जास्त नागरी लोकसंख्या खालीलपैकी कोणत्या शहरात आहे?

(अ) शांघाय (ब) कँटन (क) बीजिंग (ड) यू-हान

८६. ब्राझीलमध्ये विस्तृत प्रमाणावर असलेल्या कॉफीच्या बागांना काय म्हणतात?

(अ) फजेण्डा (ब) त्रासिल

(क) कोरल्स (ड) एस्टाशियास

८७. स्तंभ १ (देश) आणि स्तंभ २ (पिके) यांमधील योग्य शब्द निवडून जोड्या लावा व खाली दिलेल्या जोड्यांमधील योग्य जोडी निवडा.

स्तंभ १ देश	**स्तंभ २** पिके
(प) चीन	(१) गहू
(फ) रशिया	(२) रबर
(भ) ब्राझील	(३) कॉफी
(न) इंडोनेशिया	(४) तांदूळ

जोड्या	प	फ	भ	न
(अ)	४	३	२	१
(ब)	१	३	४	२
(क)	४	१	३	२
(ड)	२	१	३	४

८८. चीनमध्ये खालील कोणत्या प्रदेशात कोळशाच्या भरपूर खाणी आहेत?

(अ) शान्सी आणि शेन्सीमध्ये (ब) शांटुगमध्ये

(क) ह्युनॉनमध्ये (ड) क्वांगटुंगा किंवा क्वांगसीमध्ये

८९. स्तंभ १ (शहराचे वर्गीकरण) व स्तंभ २ (त्याचे उदाहरण) यांमधील योग्य शब्द निवडून जोड्या लावा व खालील जोड्यांमधील योग्य जोडी निवडा.

	स्तंभ १	**स्तंभ २**
	शहरांचे वर्गीकरण	त्याचे उदाहरण
(प)	संगमावर वसलेले शहर	(१) पंचमढी
(फ)	बंदर असलेले शहर	(२) तूतीकोरीन
(भ)	धार्मिक शहर	(३) सारनाथ
(न)	पर्यटन शहर	(४) अलाहाबाद

जोड्या	प	फ	भ	न
(अ)	१	२	३	४
(ब)	३	४	२	१
(क)	४	२	३	१
(ड)	४	३	१	२

९०.स्तंभ १ (देश) आणि स्तंभ २ (मुख्य नदीचे नाव) यांमधील योग्य शब्द निवडून जोड्या लावा व खाली दिलेल्या जोड्यांमधील योग्य जोडी निवडा.

	स्तंभ १	**स्तंभ २**
	देश	मुख्य नदीचे नाव
(प)	म्यानमार	(१) मीनाम चाऊ फ्राया
(फ)	थायलंड	(२) मेकाँग
(भ)	कंबोडिया	(३) इरावती
(न)	व्हिएतनाम	(४) लाल नदी

जोड्या	प	फ	भ	न
(अ)	१	४	२	३
(ब)	३	१	२	४
(क)	३	२	१	४
(ड)	४	१	३	२

९१. सैबेरियाचे प्रमुख लोखंडाचे खाणक्षेत्र कोणते आहे?

(अ) क्रिव्हॉय रॉग (ब) कुर्सक

(क) मॅग्निटोगॉरस्क (ड) कुझनेटस्क

९२. भारतात उजाड भूमीचा सर्वांत मोठा भाग कोठे आहे?

(अ) वृक्षतोड केलेले डोंगर

(ब) पाण्याने व्यापलेले किंवा दलदलीचा भाग

(क) कुरणांसाठी असलेली जमीन

(ड) स्थलांतरित शेतीमुळे बनलेली पडीक जमीन

९३. खाली दिलेल्या जोड्यांमधील कोणती जोडी बरोबर नाही?

	स्तंभ १ औद्योगिक प्रदेश	**स्तंभ २** प्रमुख औद्योगिक केंद्र
(१)	युक्रेन	क्रिव्हाय रॉग
(२)	कुझबास	नोव्होसिब्रिस्क
(३)	मध्य-अशिया	कारागंडा
(४)	व्होल्गा	मॉस्को

खाली दिलेल्या उत्तरातील योग्य उत्तर निवडा.

(अ) १ आणि ३ (ब) १ आणि २

(क) २ आणि ३ (ड) १, २ आणि ३

९४. चीनमधील सर्वांत मोठे औद्योगिक क्षेत्र कोणते?

(अ) मुकदन (ब) बीजिंग (क) शांघाय (ड) दक्षिण मांचुरिया

९५. स्तंभ १ (प्रकल्प) आणि स्तंभ २ (राज्य) यांमधील योग्य शब्द निवडून जोड्या लावा व खाली दिलेल्या जोड्यांमधील योग्य जोडी निवडा.

	स्तंभ १ प्रकल्प	**स्तंभ २** राज्य
(प)	सरदार सरोवर	(१) आंध्र प्रदेश
(फ)	दुलहस्ती	(२) कर्नाटक
(भ)	कदम	(३) गुजरात
(न)	गिरसप्पा	(४) जम्मू आणि काश्मीर

जोड्या	प	फ	भ	न
(अ)	३	४	१	२
(ब)	३	१	२	४
(क)	१	४	३	२
(ड)	४	२	१	३

९६. भारतात जलसिंचनाच्याखाली असलेल्या प्रदेशाची टक्केवारी किती आहे?

(अ) ४५ (ब) ६५ (क) ३५ (ड) २५

९७. खालील विधानांवर विचार करा.

भारतात मृदेचा ऱ्हास कशाशी संबंधित आहे?

(१) अतिशय पाऊस (२) वृक्षतोड

(३) अतिशेतीचा विकास (४) अतिचराई

खालीलपैकी कोणते उत्तर बरोबर आहे?

(अ) १ आणि २ बरोबर आहे. (ब) १, २ आणि ३

(क) २, ३ आणि ४ बरोबर आहे (ड) २ आणि ४ बरोबर आहे.

९८. शेजारी दिलेल्या भारताच्या नकाशातील छायांकित प्रदेश काय दर्शवतो?

(अ) दुष्काळग्रस्त प्रदेश

(ब) उसाच्या शेतीचा प्रदेश

(क) सधन शहरी प्रदेश

(ड) ज्यूटच्या शेतीचा प्रदेश

९९. 'करेवास' हिमाच्छादित वेदिकांए कोठे आढळतात?

(अ) तिस्ताच्या खोऱ्यात (ब) रावीच्या खोऱ्यात

(क) झेलमच्या खोऱ्यात (ड) अलकनंदाच्या खोऱ्यात

१००. खालील विधानांवर विचार करा.

भारतातील नैसर्गिक वनस्पती प्रकार खालीलपैकी कोणत्या घटकांबरोबर बदलतो?

(१) पावसाचे प्रमाण (२) मृदेचा प्रकार

(३) वार्षिक सरासरी तापमान (४) उंची

खालीलपैकी कोणते उत्तर बरोबर आहे?

(अ) १ आणि २ बरोबर आहे. (ब) १, २, ३ बरोबर आहे.

(क) २, ३ आणि ४ बरोबर आहे. (ड) १, ३ आणि ४ बरोबर आहे.

१०१. स्तंभ १ (जंगल) व स्तंभ २ (राज्य) यांमधील योग्य शब्द निवडून जोड्या लावा व खाली दिलेल्या जोड्यांमधील योग्य जोडी निवडा.

स्तंभ १	स्तंभ २
जंगल	राज्य
(प) मानस	(१) पश्चिम बंगाल
(फ) बेतला	(२) आसाम
(भ) गोरूमारा	(३) बिहार
(न) मधुमलाई	(४) तमिळनाडू

जोड्या	प	फ	भ	न
(अ)	२	३	१	४
(ब)	१	२	३	४
(क)	४	३	१	२
(ड)	२	१	४	३

१०२. भारतात मासेमारीची सर्वांत जास्त शक्यता कोठे आहे?

(अ) अंतर्गत पाण्याच्या साठ्यात   (ब) उथळ महासागराच्या किनाऱ्यावर

(क) खोल समुद्रामध्ये   (ड) खाऱ्या पाण्याच्या सरोवरात

१०३. खालील राज्यांच्या जंगलाखाली असलेल्या प्रदेशाचा विचार करा.

(१) पंजाब   (२) हरियाणा   (३) गुजरात   (४) राजस्थान

वरील राज्यांच्या जंगलांनी व्यापलेल्या क्षेत्रफळानुसार योग्य क्रम कोणता?

(अ) ३, ४, २, १   (ब) ४, ३, २, १

(क) ३, ४, १, २   (ड) ४, ३, १, २

१०४. शेजारी दिलेल्या भारताच्या नकाशात छायांकित केलेल्या प्रदेशात खालीलपैकी कोणत्या प्रकारचे जंगल आढळते?

(अ) विषुववृत्तीय सदाहरित जंगले

(ब) उष्णकटिबंधीय पानझडी जंगले

(क) कोरड्या हवामानातील जंगले

(ड) खारफुटीची जंगले

१०५. उपग्रहावरून मिळालेल्या सांख्यिकी माहितीनुसार भारतात वनक्षेत्र

(अ) वाढत आहे.   (ब) घटत आहे.

(क) स्थिर आहे.

(ड) विस्तृत वनक्षेत्र घटत आहे; पण मर्यादित वनक्षेत्र वाढत आहे.

१०६. स्तंभ १ (धरण) आणि स्तंभ २ (नदी) यांमधील योग्य शब्द निवडून जोड्या लावा व खाली दिलेल्या जोड्यांमधील योग्य जोडी निवडा.

स्तंभ १	स्तंभ २
धरण	नदी
(प) नागार्जुन सागर	(१) महानदी
(फ) माताटीला	(२) बाराकर
(भ) मायथॉन	(३) कृष्णा
(न) हिराकुड	(४) बेतवा

जोड्या	प	फ	भ	न
(अ)	३	१	२	४
(ब)	१	४	३	२
(क)	३	४	२	१
(ड)	४	२	३	१

१०७. खालीलपैकी कोणती संस्था शेतीशी संबंधित आहे?

(अ) आय. सी. ए. आर (ब) आय. सी. सी. आर.

(क) आय. सी. एम. आर (ड) आय. सी. डब्ल्यू. ए

१०८. स्तंभ १ (शहराचे नाव) आणि स्तंभ २ (वैशिष्ट्ये) यांमधील योग्य शब्द निवडून जोड्या लावा आणि खाली दिलेल्या जोड्यांमधील योग्य जोडी निवडा.

स्तंभ १	स्तंभ २
शहर	वैशिष्ट्ये
(प) फिरोजाबाद	(१) मातीची भांडी
(फ) मिर्झापूर	(२) काचेच्या बांगड्या
(भ) जयपूर	(३) लाकडावर कोरीवकाम
(न) तिरुअनंतपुरम् (त्रिवेन्द्रम)	(४) रत्न व मणि दागिने

जोड्या	प	फ	भ	न
(अ)	२	१	४	३
(ब)	४	२	१	३
(क)	३	१	२	४
(ड)	२	३	४	१

१०९. कच्चे खनिज तेल शुद्धीकरणाची सर्वांत जास्त क्षमता कोणाची आहे?

(अ) हल्दिया तेल शुद्धीकरण कारखाना

(ब) मथुरा तेल शुद्धीकरण कारखाना

(क) गुजरात तेल शुद्धीकरण कारखाना

(ड) विशाखापट्टणम् तेल शुद्धीकरण कारखाना

११०. शेजारी दिलेल्या भारताच्या नकाशातील छायांकित प्रदेश काय दाखवतो?

(अ) कोळशाच्या खाणी

(ब) जलविद्युत् केंद्र

(क) खनिज तेलाच्या खाणी

(ड) लोखंडाच्या खाणी

१११. एकूण भौगोलिक क्षेत्राच्या ७५ टक्केपेक्षा जास्त क्षेत्रफळ जंगलांनी व्यापले आहे, अशी राज्ये कोणती?

(अ) आसाम, मेघालय, नागालँड

(ब) आसाम, अरुणाचल प्रदेश, नागालँड

(क) अरुणाचल प्रदेश, मणिपूर, नागालँड

(ड) अरुणाचल प्रदेश, मध्य प्रदेश, नागालँड

११२. खालीलपैकी कोणते जम्मू आणि काश्मीरमध्ये जंगलाचा विस्तार कमी असण्याचे कारण नाही?

(अ) कमी पाऊस (ब) शेतीखाली अधिक क्षेत्र

(क) तीव्र उतार (ड) हिमाच्छादित शिखरे

११३. कारागंडा ही कोळशाची खाण खालीलपैकी कोठे आहे?

(अ) कझागस्तान (ब) अजरबैझान

(क) उझबेकिस्तान (ड) जॉर्जिया

११४. स्तंभ १ (कारखाना) व स्तंभ २ (शहर) यांमधील योग्य शब्द निवडून जोड्या लावा व खाली दिलेल्या जोड्यांमधील योग्य जोडी निवडा.

स्तंभ १	**स्तंभ २**
कारखाना	शहर
(प) लाख	(१) झालदा
(फ) खनिज तेल	(२) रांची
(भ) इंजिनिअरिंग वस्तू	(३) काडी
(न) रेल्वे वॅगन	(४) पिंपरी
	(५) पेराम्बूर

जोड्या	प	फ	भ	न
(अ)	१	३	२	५
(ब)	४	३	१	२
(क)	२	४	३	५
(ड)	१	४	२	३

उत्तरे

१. अ	२. अ	३. क	४. ड	५. अ	६. ब	७. अ
८. अ	९. अ	१०. ड	११. क	१२. ब	१३. क	१४. क
१५. अ	१६. ब	१७. ड	१८. क	१९. अ	२०. क	२१. अ

२२. ड	२३. क	२४. अ	२५. क	२६. अ	२७. ब	२८. क
२९. ब	३०. क	३१. अ	३२. क	३३. अ	३४. अ	३५. क
३६. अ	३७. ब	३८. अ	३९. क	४०. अ	४१. अ	४२. क
४३. ड	४४. अ	४५. क	४६. ड	४७. ब	४८. क	४९. ब
५०. ब	५१. ब	५२. अ	५३. ब	५४. क	५५. ब	५६. ब
५७. अ	५८. ब	५९. क	६०. क	६१. अ	६२. क	६३. ब
६४. अ	६५. ब	६६. अ	६७. अ	६८. ब	६९. ब	७०. अ
७१. क	७२. अ	७३. ब	७४. क	७५. क	७६. ब	७७. क
७८. अ	७९. क	८०. ब	८१. अ	८२. अ	८३. ब	८४. क
८५. अ	८६. अ	८७. क	८८. अ	८९. क	९०. ब	९१. ड
९२. क	९३. ब	९४. क	९५. अ	९६. क	९७. ड	९८. ब
९९. क	१००. ड	१०१. अ	१०२. क	१०३. क	१०४. ड	१०५. ब
१०६. क	१०७. अ	१०८. अ	१०९. क	११०. ब	१११. क	११२. ड
११३. अ	११४. अ					

◆◆◆

प्रश्नसंच १०

१. जागतिक वनदिन साजरा केला जातो-

(अ) १० जानेवारीला (ब) २१ मार्चला

(क) २३ मेला (ड) ७ डिसेंबरला

२. संयुक्त संस्थानाच्या कोणत्या राज्याला 'ब्लू ग्रास' 'राज्य' म्हणतात?

(अ) कॅलिफोर्निआ (ब) केन्टुकी (क) मेन्टाना (ड) टेक्सास

३. प्राचीन काळी जगाचा पहिला नकाशा कोणी बनवला?

(अ) टॉलेमी (ब) हिरोडेट्स (क) ॲनक्सीमॅन्डर (ड) अरस्तू

४. खालीलपैकी कोणत्या सममूल्यरेषेचा उपयोग एखाद्या देशाच्या लोकसंख्येच्या घनतेचे वितरण दाखवण्यासाठी केला जातो?

(अ) कोरोक्रोमैटिक (ब) कोरोप्लेथ (क) कोरोस्केमैटिक (ड) आयसोप्लेथ

५. जर एखाद्या पृथ्वीगोलाची त्रिज्या ७ से. मी. असेल तर गाल्सच्या प्रक्षेपणात विषुववृत्ताची लांबी काय असेल?

(अ) ३१.१ से. मी. (ब) ४४ से. मी.

(क) २२ से. मी. (ड) ३५.३ से. मी.

६. स्तंभ १ (प्रक्षेपणाचा प्रकार) आणि स्तंभ २ (प्रक्षेपणाचे नाव) यामधील योग्य शब्द निवडून जोड्या लावा आणि खाली दिलेल्या जोड्यांमधील योग्य जोडी निवडा.

स्तंभ १ प्रक्षेपणाचा प्रकार	**स्तंभ २** प्रक्षेपणाचे नाव
(प) शंक्वाकार	(१) बॉन
(फ) बेलनाकार	(२) नूमोनिक
(भ) रुढ	(३) मर्केटर
(न) खमध्य	(४) मॉलवीड

जोड्या	प	फ	भ	न
(अ)	१	२	३	४
(ब)	३	१	४	२
(क)	१	३	४	२
(ड)	४	३	२	१

७. $६३\frac{N}{१२}$ या स्थलदर्जक नकाशाच्या संदर्भात खालीलपैकी कोणते विधान सत्य नाही?

(अ) याचे प्रमाण १:५०००० असते.

(ब) याचा विस्तार ४° × ४° इतका असतो.

(क) यातील समोच्च रेषांमधील अंतर २० मीटर असते.

(ड) हा नकाशा ६३ अंकाच्या शीटवरील २५६ वा भाग दाखवतो.

८. खालीलपैकी कोणी नकाशावरील उंचीची ठिकाणे दाखवण्यासाठी बिंदूचा उपयोग केला?

(अ) ए. एच. रॉबिन्सन (ब) इ. रेज

(क) जी. एच. स्मिथ (ड) एस. डब्ल्यू. वूल-रिज

९. खालीलपैकी कोणते विधान द्विप्रमाण अक्षवृत्त शंकू प्रक्षेपणाच्या बाबतीत सत्य आहे?

(अ) हे एक समक्षेत्र प्रक्षेपण आहे.

(ब) दोन प्रमाण अक्षवृत्तावर प्रमाण अचूक असते.

(क) या प्रक्षेपणात ध्रुव एका बिंदूने दर्शवला जातो.

(ड) या प्रक्षेपणाचा उपयोग जगाचा नकाशा काढण्यासाठी होतो.

१०. स्तंभ १ (सिद्धान्त) आणि स्तंभ २ (विचारवंत) यामधील योग्य शब्द निवडून जोड्या लावा व खाली दिलेल्या जोड्यांमधील योग्य जोडी निवडा.

स्तंभ १ सिद्धान्त	**स्तंभ २** विचारवंत
(प) पार्थिव एकता	(१) ग्रिफिथ टेलर
(फ) संभववाद	(२) रॅटझेल
(भ) नव-निश्चयवाद	(३) विडाल-डी-ला-ब्लाश
(न) संभववाद	(४) ओ. एच. के. स्पेट

जोड्या	प	फ	भ	न
(अ)	२	३	४	१
(ब)	२	३	१	४
(क)	३	२	१	४
(ड)	४	३	२	१

११. 'भूगोल पृथ्वीच्या अंतरंगाचा अभ्यास करणारे शास्त्र आहे,' असे कोणी म्हटले आहे?

(अ) कार्ल रिटर (ब) ॲलेक्झांडर व्हॉन ह्युम्बोल्ट
(क) अल्फ्रेड हेटनर (ड) फर्डिनण्ड वान रिचथोफेन

१२. स्तंभ (ग्रंथ) आणि स्तंभ (विचारवंत) यांमधील योग्य शब्दांची निवड करून जोड्या लावा व खाली दिलेल्या जोड्यांमधील योग्य जोडी निवडा.

स्तंभ १	**स्तंभ २**
ग्रंथ	विचारवंत
(प) कॉसमॉस	(१) रॅटझेल
(फ) व्हेल्कर कुंडे	(२) हेटनर
(भ) नवा ॲटलास	(३) हंबोल्ट
(न) फॉर फोरसे	(४) व्हॉन रिचथोपेन

जोड्या	प	फ	भ	न
(अ)	३	१	२	४
(ब)	१	२	३	४
(क)	३	१	४	२
(ड)	४	३	२	१

१३. खालीलपैकी कोणत्या विद्वानाने 'जिओमॉर्फालॉजी' या शब्दाचा वापर सर्वप्रथम केला होता?
(अ) अल्फ्रेड हेटनर (ब) वाल्थर पेंक
(क) डब्ल्यू. एम. डेव्हिस (ड) अल्ब्रेट पेंक

१४. 'विशिष्ट जीवनपद्धती'ची संकल्पना कोणी मांडली?
(अ) कार्ल पीटरने (ब) विडाल-डी-ब्लाशने (क) पीटर गोल्डने

१५. भूगोलात 'व्यावहारिक सिद्धान्त' कोणी मांडला?
(अ) ए. शुट्जने (ब) पीटर गोल्डने
(क) विल्यम कर्कने (ड) आर. जे. जॉन्सनने

१६. स्तंभ १ (लेखक) व स्तंभ २ (पुस्तक) यांमधील योग्य शब्दांची निवड करून जोड्या लावा व खाली दिलेल्या जोड्यांमधील योग्य जोडी निवडा.

स्तंभ १	**स्तंभ २**
लेखक	पुस्तक
(प) डी. हार्वे	(१) ए हन्ड्रेड इयर्स ऑफ जॉग्रफी
(फ) डी. एम. स्मिथ	(२) जॉग्रफी ॲण्ड सोशल जस्टिस
(भ) ई. हटिंग्टन	(३) सोशल जस्टिस ॲण्ड द सिटी
(न) टी. डब्ल्यू. फ्रीमॅन	(४) दि पल्स ऑफ एशिया

जोड्या	प	फ	भ	न
(अ)	४	२	३	१
(ब)	३	२	४	१
(क)	३	१	२	४
(ड)	१	३	४	२

१७. खालीलपैकी कोणती जोडी बरोबर नाही?

(अ) कलाहारी - बांटू निग्रो (ब) कांगो बेसिन - निग्रेटो

(क) स्कँडिनेव्हिया - नॉर्डिक (ड) सैबेरिया - अल्पाइन

१८. मानवी भूगोलात मानव परिस्थितीची संकल्पना कोणी मांडली होती?

(अ) हॅरोल्ड बॅरोज (ब) रिचार्ड हार्टशोन

(क) डी. स्टोडार्ट (ड) जी टॉसले

१९. स्तंभ १ (जमाती) आणि स्तंभ २ (देश) यामधील योग्य शब्द निवडून जोड्या लावा आणि खाली दिलेल्या जोड्यांमधील योग्य जोडी निवडा.

स्तंभ १	**स्तंभ २**
जमात	देश
(प) मूर	(१) सूदान
(फ) हेमाइट	(२) युगांडा
(भ) सेमाइट	(३) श्रीलंका
(न) पिग्मी	(४) पूर्व अफ्रिका

जोड्या	प	फ	भ	न
(अ)	१	४	३	२
(ब)	२	३	१	४
(क)	४	२	३	१
(ड)	३	१	४	२

२०. 'अॅन्थ्रोपोजॉग्राफी' हे पुस्तक कोणी लिहिले?

(अ) कार्ल रिटरने (ब) ई. सी. सॅम्युलने

(क) एफ. रॅटझेलने (ड) जे. ब्रूंशने

२१. 'ग्रामीण-शहरी सातत्य' ही संकल्पना प्रथम कोणी मांडली?

(अ) आर. फ्रॅन्केनबर्गने (ब) एल. वर्थने

(क) जे. कोनेलने (ड) आर. डीवीने

२२. एन. ई. ई. आर. आय. चा शोधनिबंध खालीलपैकी कशाशी संबंधित आहे?

(अ) पर्यावरण (ब) ऊर्जा

(क) आर्थिक बाब (ड) शैक्षणिक बाब

२३. खालीलपैकी कशाचा पर्यावरणाच्या मूळ संघटकामध्ये समावेश होत नाही?
(अ) अजैविक (ब) जैविक (क) ऊर्जा (ड) स्थानिक

२४. खाली दिलेल्या विधानांचा अभ्यास करून खाली दिलेल्या उत्तरांमधील योग्य उत्तर निवडा.

विधान (अ) पर्यावरणाची अधोगती होत आहे.
(क) लोकसंख्येची भरमसाट वाढ होत आहे.

(अ) विधान 'अ' व 'क' दोन्ही बरोबर आहेत व 'क' हे 'अ' चे प्रमुख कारण आहे.
(ब) 'अ' आणि 'क' दोन्ही बरोबर आहेत. परंतु 'क' हे 'अ' चे कारण नाही.
(क) 'अ' बरोबर आहे; परंतु 'क' चूक आहे.
(ड) 'अ' चूक आहे परंतु; 'क' बरोबर आहे.

२५. गोंडवाना लॅण्डच्या तुटण्यास कोणत्या काळात सुरवात झाली?
(अ) पर्मियन काळ (ब) जुरॉसिक काळ
(क) क्रेटॅरिस काळ (ड) ट्रिॲसिक काळ

२६. भारतातील गोंडवाना पर्वतांसंबधी दिलेल्या खालील विधानांचा अभ्यास करून खाली दिलेल्या उत्तरांमधील योग्य उत्तर निवडा.

विधाने
(१) गोंडवाना पर्वतांची निर्मिती विंध्य पर्वतानंतर झाली.
(२) हे प्राचीन अवशिष्ट पर्वत आहेत.
(३) या पर्वतात भरपूर धातू खनिजे आहेत.
(४) या पर्वतात कोळसा सापडतो.

(अ) १ व ४ (ब) १ व ३ (क) २ व ४ (ड) ३ व ४

२७. स्तंभ १ (पर्वत) आणि स्तंभ २ (प्रकार) यांमधील योग्य शब्द निवडून जोड्या लावा व खाली दिलेल्या जोड्यांमधील योग्य जोडी निवडा.

स्तंभ १ पर्वत	**स्तंभ २** प्रकार
(प) हिमालय	(१) भूपटलभ्रंश
(फ) सह्याद्री	(२) वली पर्वत
(भ) राजमहल	(३) अवशिष्ट पर्वत
(न) निलगिरी	(४) ज्वालामुखी पर्वत

जोड्या	प	फ	भ	न
(अ)	२	४	१	३
(ब)	४	३	२	१

(क)	२	१	४	३
(ड)	४	२	३	१

२८. जम्मू-श्रीनगर राजमार्गावरील जवाहर सुरुंग कशाशी संबंधित आहे?

(अ) पीर पंजाल पर्वतरांगांशी (ब) काराकोरम पर्वतरांगांशी

(क) आस्कर पर्वतरांगांशी (ड) त्रिकूट पर्वतरागांशी

२९. 'कायल' काय आहे?

(अ) तराई मैदान (ब) गंगेचा त्रिभुज प्रदेश

(क) दख्खनच्या पठारावरील दलदल

(ड) केरळमधील खाऱ्या पाण्याचे सरोवर (लगून)

३०. स्तंभ १ (सरोवर) आणि स्तंभ २ (राज्य) यांमधील योग्य शब्दांच्या जोड्या लावून खाली दिलेल्या जोड्यांमधील योग्य जोडी निवडा.

स्तंभ १	**स्तंभ २**
सरोवर	राज्य
(प) पुलिकत	(१) महाराष्ट्र
(फ) लोणार	(२) उत्तरांचल
(भ) सांबर	(३) तमिळनाडू
(न) नौकुचिया	(४) राजस्थान

जोड्या	प	फ	भ	न
(अ)	१	२	३	४
(ब)	४	३	२	१
(क)	२	१	४	३
(ड)	३	१	४	२

३१. खालीलपैकी कोणती नदी लडाख व झास्कर पर्वतांच्या मध्य भागातून वाहते?

(अ) चिनाब (ब) सिंधू (क) झेलम (ड) सतलज

३२. खाली दिलेल्या नद्यांमधील खचदरीतून वाहणारी नदी कोणती?

(अ) महानदी (ब) कावेरी (क) नर्मदा (ड) सुर्वणरेखा

३३. वार्षिक कमीत कमी तापमान खालीलपैकी कोणत्या शहरात आढळते?

(अ) तिरुअनंतपुरम (ब) कोचिन

(क) पणजी (ड) मुंबई

३४. भूकंपाची तीव्रता मोजण्यासाठी ही आधुनिक पद्धत आहे.

(अ) रिश्टर स्केल (ब) सिस्मो स्केल

(क) मर्काली स्केल (ड) बॅरोस्केल

३५. खाली दिलेल्या जोड्यांमधील कोणती जोडी योग्य नाही?

स्तंभ १	स्तंभ २
मृदा	राज्य
(अ) गाळाची	उत्तर प्रदेश
(ब) रेगूर	महाराष्ट्र
(क) लाल आणि पिवळी	छत्तीसगड
(ड) जांभा	पंजाब

३६. भारतातील काळ्या मृदेबाबत खालीलपैकी कोणते विधान योग्य नाही?

(अ) सेंद्रिय पदार्थ भरपूर असतात; पण लोह कमी असते.

(ब) बेसॉल्टच्या पठारावर ही मृदा तयार झाली आहे.

(क) महाराष्ट्रातील बराचसा भाग या मृदेने व्यापला आहे.

(ड) ही शेतीसाठी अत्यंत उपयुक्त मृदा आहे.

३७. भारतातील डाळीचे सर्वाधिक उत्पादन कोणत्या राज्यात होते?

(अ) उत्तर प्रदेश (ब) राजस्थान

(क) मध्य प्रदेश (३) महाराष्ट्र

३८. स्तंभ १ (पिके) आणि स्तंभ २ (राज्य) यांमधील योग्य शब्द निवडून जोड्या लावा व खाली दिलेल्या जोड्यांमधील योग्य जोडी निवडा.

स्तंभ १	स्तंभ २
पिके	राज्य
(प) भुईमूग	(१) आंध्र प्रदेश
(फ) मोहरी (सरसो)	(२) राजस्थान
(भ) सोयाबीन	(३) मध्य प्रदेश
(न) नारळ	(४) केरळ

जोड्या	प	फ	भ	न
(अ)	१	३	२	४
(ब)	१	२	३	४
(क)	२	१	३	४
(ड)	४	३	२	१

३९. भारतात खालीलपैकी कोणत्या वृक्षाने अधिक क्षेत्रफळ व्यापले आहे?

(अ) साल (ब) शिसम (क) साग (ड) देवदार

४०. उदयपूरमधील जावर खाणी कशासाठी प्रसिद्ध आहेत?

(अ) लोखंड (ब) अभ्रक (क) मँगेनीज (ड) जस्त

४१. खाली दिलेल्या जोड्यांपैकी कोणती जोडी बरोबर नाही?

(अ) पतरातू - झारखंड (ब) तलचर - ओरिसा

(क) रामगुंडम - तमिळनाडू (ड) सिंगशैली - उत्तर प्रदेश

४२. खालीलपैकी कोणते विधान योग्य नाही?

(अ) भारतात आंध्र प्रदेश अभ्रकाचे अग्रणी उत्पादक राज्य आहे.

(ब) भारतात झारखंड लोखंडाचे अग्रणी उत्पादक राज्य आहे.

(क) भारतात गुजरात बॉक्साइटचे अग्रणी उत्पादक राज्य आहे.

(ड) भारतात ओरिसा मँगेनीजचे अग्रणी उत्पादक राज्य आहे.

४३. स्तंभ १ (ऊर्जाकेंद्र) आणि स्तंभ २ (ऊर्जाप्रकार) यांमधील योग्य शब्द निवडून जोड्या लावा आणि खाली दिलेल्या जोड्यांमधील योग्य जोडी निवडा.

	स्तंभ १ ऊर्जाकेंद्र	**स्तंभ २** ऊर्जाप्रकार
(प)	कालगड	(१) आण्विक
(फ)	ग्वाल पहाडी	(२) भूऔष्णिक
(भ)	तारापूर	(३) जलविद्युत
(न)	पथरी	(४) सौर

जोड्या	प	फ	भ	न
(अ)	१	२	३	४
(ब)	२	४	३	१
(क)	४	३	२	१
(ड)	३	४	१	२

४४. स्तंभ (पोलाद उत्पादनकेंद्र) आणि स्तंभ (लोखंडाचे खाणकेंद्र) यांमधील योग्य शब्द निवडून जोड्या लावा व खाली दिलेल्या जोड्यांमधील योग्य जोडी निवडा.

	स्तंभ १ पोलाद उत्पादनकेंद्र	**स्तंभ २** लोखंड खाणकेंद्र
(प)	भद्रावती	(१) केमेनगुंडी
(फ)	भिलाई	(२) गुरू महिषानी
(भ)	जमशेदपूर	(३) गुवा
(न)	आसनसोल	(४) राजहरा

जोड्या	प	फ	भ	न
(अ)	१	४	२	३
(ब)	१	२	३	४

(क)	१	३	४	२
(ड)	२	३	४	१

४५. खालीलपैकी कोणती जोडी योग्य नाही?
(अ) सतलज - गोविंद वल्लभ पंतसागर
(ब) चंबळ - गांधीसागर
(क) रिहंद - गोविंद सागर
(ड) कृष्णा - राणा प्रतापसागर

४६. 'तुलबुल' प्रकल्प कोणत्या नदीवर आहे.
(अ) व्यास (ब) रावी (क) झेलम (ड) सतलज

४७. टिहरी धरण खालीलपैकी कोणत्या नद्यांच्या संगमावर आहे?
(अ) गंगा आणि यमुना (ब) अलकनंदा आणि मंदाकिनी
(क) अलकनंदा आणि भागीरथी (ड) भागीरथी आणि भिलांगना

४८. सुवर्णचतुर्भुज प्रकल्प म्हणजे काय?
(अ) छोट्या रेल्वे लाइनचे मोठ्या रेल्वे लाइनमध्ये रूपांतर
(ब) देशातील चार महानगरांना जोडणारे चारपदरी राजमार्ग
(क) उत्तर भारत व दक्षिण भारतातील चार प्रमुख नद्या एकत्र जोडणे
(ड) भारतातील चार महानगरांना विमानसेवेने जोडणे.

४९. भारतातील सर्वात खोल बंदर कोणते?
(अ) कोलकाता (ब) कोचिन (क) विशाखपटणम् (ड) कांडला

५०. खाली दिलेल्या विधानांचा अभ्यास करा आणि त्याखाली दिलेल्या उत्तरांमधील योग्य उत्तर निवडा.
विधान : (अ) हल्ली भारताच्या लोकसंख्येची वाढ कमी होत आहे.
(क) २००१ च्या जनगणनेनुसार भारतातील दोनतृतीयांश लोक शिक्षित आहेत.
(अ) 'अ' आणि 'क' विधाने योग्य आहेत व 'क' 'अ' ची योग्य व्याख्या
(ब) 'अ' आणि 'क' विधाने योग्य आहेत पण 'क' 'अ' ची योग्य व्याख्या नाही.
(क) 'अ' योग्य आहे व 'क' चूक आहे.
(ड) 'अ' चूक आहे व 'क' योग्य आहे.

५१. २००१ च्या जनगणनेनुसार भारताचे कमीत कमी नागरीकरण झालेले राज्य कोणते?
(अ) अरुणाचल प्रदेश (ब) बिहार
(क) हिमाचल प्रदेश (ड) उत्तर प्रदेश

५२. स्तंभ १ (जमात) आणि स्तंभ २ (राज्य) यांमधील योग्य शब्द निवडून जोड्या लावा व खाली दिलेल्या जोड्यांमधील योग्य जोडी निवडा.

	स्तंभ १		स्तंभ २	
	जमात		राज्य	
(प)	लेपचा		(१)	मध्य प्रदेश
(फ)	मालपहाडी		(२)	राजस्थान
(भ)	गोंड		(३)	सिक्कीम
(न)	भिल्ल		(४)	झारखंड

जोड्या	प	फ	भ	न
(अ)	३	४	१	२
(ब)	३	२	४	१
(क)	४	१	३	२
(ड)	१	३	४	२

५३. २००१ च्या जनगणनेनुसार भारतातील खाली दिलेल्या राज्यांच्या साक्षरता- दरानुसार उतरत्या क्रमाने योग्य क्रमवारी कोणती?

(अ) केरळ, मिझोराम, महाराष्ट्र, तमिळनाडू

(ब) केरळ, तमिळनाडू, महाराष्ट्र, मिझोराम

(क) मिझोराम, केरळ, तमिळनाडू, महाराष्ट्र

(ड) मिझोराम, महाराष्ट्र, केरळ, तमिळनाडू

५४. स्तंभ १ (फळ) आणि स्तंभ २ (अग्रणी उत्पादक राज्य) यांमधील योग्य शब्द निवडून जोड्या लावा आणि खाली दिलेल्या जोड्यांमधील योग्य जोडी निवडा.

	स्तंभ १		स्तंभ २	
	फळे		अग्रणी उत्पादक राज्य	
(प)	अननस		(१)	महाराष्ट्र
(फ)	केळी		(२)	जम्मू आणि काश्मीर
(भ)	सफरचंद		(३)	हिमाचल प्रदेश
(न)	अक्रोड		(४)	आसाम

जोड्या	प	फ	भ	न
(अ)	३	४	२	१
(ब)	१	४	३	२
(क)	४	१	२	३
(ड)	४	१	३	२

५५. खालीलपैकी कोणती नदी ॲक्शन प्लॅनशी संबंधित नाही?

    (अ) गोमती   (ब) दामोदर   (क) कोसी   (ड) यमुना

५६. स्तंभ १ (शहर) व स्तंभ २ (नदी) यांमधील योग्य शब्द निवडून जोड्या लावा आणि खाली दिलेल्या जोड्यांमधील योग्य जोडी निवडा.

स्तंभ १	स्तंभ २
शहर	नदी
(प) गोरखपूर	(१) गंगा
(फ) फैजाबाद	(२) शरयू
(भ) कानपूर	(३) यमुना
(न) आग्रा	(४) राप्ती

जोड्या	प	फ	भ	न
(अ)	१	२	३	४
(ब)	४	२	१	३
(क)	२	३	४	१
(ड)	३	१	२	४

५७. दक्षिण मध्य रेल्वेचे मुख्यालय कोठे आहे?

    (अ) रायपूर   (ब) जबलपूर   (क) हैदराबाद   (ड) सिकंदराबाद

५८. स्तंभ १ (उद्योग / कारखाना) आणि स्तंभ २ (उत्पादन केंद्र) यांमधील योग्य शब्दांच्या जोड्या लावून खाली दिलेल्या जोड्यांमधील योग्य जोडी निवडा.

स्तंभ १	स्तंभ २
(प) ॲल्युमिनियम	(१) बंगळुरू
(फ) सिमेंट	(२) बोंगाई गाव
(भ) इलेक्ट्रॉनिक्स	(३) दालमियानगर
(न) पेट्रोकेमिकल	(४) कोरबा

जोड्या	प	फ	भ	न
(अ)	४	३	१	२
(ब)	३	४	१	२
(क)	४	३	२	१
(ड)	२	४	१	३

५९. २००१ च्या जनगणनेनुसार भारतात दहा लाखांपेक्षा जास्त लोकसंख्या असलेल्या शहरांची संख्या किती आहे?

    (अ) ३०   (ब) ३५   (क) २५   (ड) ४०

६०. खालीलपैकी कोणत्या कारणामुळे मृदाऱ्हासाची प्रक्रिया जलद होते?

(अ) पायऱ्यापायऱ्याची शेती (ब) आलटून पालटून पिके घेणे

(क) मिश्र शेती (ड) उतारावरची शेती

६१. 'हम्स' हा भूप्रकार खालीलपैकी कोणत्या कारणामुळे तयार होतो?

(अ) नदी (ब) हिमनदी

(क) भूमिगत पाणी (ड) सागरी लाटा

६२. खालीलपैकी कोणता खडक रूपांतरित खडक नाही?

(अ) संगमरवर (ब) क्वार्टझाइट (क) ग्रॅनाइट (ड) शिस्ट

६३. खालील भौगोलिक कालखंडाचा योग्य क्रम कोणता?

(अ) प्लीस्टोसीन, प्लायोसीन, हालोसीन, मायोसीन

(ब) मायोसीन, प्लायोसीन, प्लीस्टोसीन, हालोसीन

(क) हालोसीन, मायोसीन, प्लीस्टोसीन, प्लायोसीन

(ड) प्लायोसीन, प्लीस्टोसीन, हालोसीन, मायोसीन

६४. 'मोहो थर' (Mohorovicic Discontinuity) कोठे आढळतो?

(अ) पृथ्वीचे कवच व पृथ्वीचा गाभा यांच्यामध्ये

(ब) सियाल व सायमाच्या मध्ये

(क) सायमा व निफेच्या मध्ये

(ड) पृथ्वीचे कवच व सायमा यांच्यामध्ये

६५. खालीलपैकी कोणती जोडी योग्य नाही?

(अ) डाइक : भूकवचाखाली काळ्या स्तंभासारखे अग्निजन्य खडक

(ब) फॅकोलिथ : अवाढव्य घुमटाकार अग्निजन्य खडक

(क) लॅपोलिथ : बशीच्या आकाराचे अग्निजन्य खडक

(ड) सिल : दोन खडकांच्या आडव्या भेगेत तयार झालेले अग्निजन्य खडक

६६. स्तंभ १ (पर्वताचा प्रकार) आणि स्तंभ २ (त्याचे उदाहरण) यांमधील योग्य शब्द निवडून जोड्या लावा व खाली दिलेल्या जोड्यांमधील योग्य जोडी निवडा.

स्तंभ १	**स्तंभ २**
(प) घडीचे पर्वत	(१) व्हॉसजेस
(फ) गट पर्वत	(२) ॲपलेशियन
(भ) घुमटाकार पर्वत	(३) व्हिटा
(न) अवशिष्ट पर्वत	(४) ॲनीज

	प	फ	भ	न
(अ)	४	१	२	३
(ब)	४	१	३	२

(क)	१	४	३	२
(ड)	१	२	३	४

६७. स्तंभ १ (कारक) आणि स्तंभ २ (भूस्वरूपे) यांमधील योग्य शब्द निवडून जोड्या लावा व खाली दिलेल्या जोड्यांमधील योग्य जोड्या निवडा.

स्तंभ १	**स्तंभ २**
कारक	भूस्वरूप
(प) नदी	(१) शृकुकूट / फणीकटक
(फ) वारा	(२) स्टॅक
(भ) हिमनदी	(३) हम्मादा
(न) सागरी लाटा	(४) खाचबिंदू

जोड्या	प	फ	भ	न
(अ)	४	३	१	२
(ब)	४	३	२	१
(क)	३	४	१	२
(ड)	३	२	४	१

६८. खालीलपैकी कोणता शील्ड ज्वालामुखी आहे?
(अ) व्हेसुव्हिअस (ब) फ्युजियामा (क) मोना-लोआ (ड) कोटोपॅक्सी

६९. खालीलपैकी कोणती जोडी योग्य नाही?
(अ) जपान - टायफून
(ब) वेस्ट इंडीज - हरिकेन
(क) संयुक्त संस्थाने - विली विली
(ड) बंगालची खाडी - चक्रवात

७०. खालीलपैकी कोणते हवामान भुपृष्ठावरील दाबाच्या पट्ट्याच्या सरकण्यामुळे बनते?
(अ) विषुववृत्तीय (ब) पश्चिम युरोपीय
(क) उष्ण वाळवंटी (ड) भूमध्यसागरीय

७१. खालीलपैकी कोणत्या महासागरातील समुद्रप्रवाहात बदलत्या मोसमाप्रमाणे बदल होतात?
(अ) उत्तर अटलांटिक महासागर (ब) दक्षिण अटलांटिक महासागर
(क) उत्तर हिंदी महासागर (ड) दक्षिण हिंदी महासागर

७२. मध्य अटलांटिकचा एक भाग डॉल्फिन पठार कोठे आहे?
(अ) विषुववृत्ताच्या उत्तरेला (ब) विषुववृत्ताच्या दक्षिणेला
(क) आइसलंड व स्कॉटलंडमध्ये (ड) ग्रीनलंड व आइसलंडच्या मध्ये

७३. स्तंभ १ (संकल्पना) व स्तंभ २ (संकल्पना मांडणारे भूगोलतज्ज्ञ) यांमधील योग्य शब्दांच्या जोड्या लावून खाली दिलेल्या जोड्यांमधील योग्य जोडी निवडा.

	स्तंभ १ संकल्पना	**स्तंभ २** भूगोलतज्ज्ञ
(प)	खंडवहन	(१) जोली
(फ)	तेज सक्रिय	(२) नेउटन
(भ)	संतुलन	(३) जे. क. ई. हाम
(न)	तबकडी भूविवर्तनिकी	(४) वेगनर

जोड्या	प	फ	भ	न
(अ)	१	४	२	३
(ब)	४	१	२	३
(क)	२	१	३	४
(ड)	४	२	१	३

७४. खाली दिलेल्या वातावरणातील थरांचा खालून वरपर्यंत योग्य क्रम लावा आणि खाली दिलेल्या उत्तरांमधील योग्य उत्तर निवडा.

(१) बाह्यावरण (२) आयनांबर
(३) ओझोनांबर (४) तपस्तब्धी
(५) तपांबर

(अ)	५	४	२	३	१
(ब)	१	२	३	५	४
(क)	५	३	४	२	१
(ड)	५	४	३	२	१

७५. खालीलपैकी कोणता शीतप्रवाह नाही?

(अ) ब्राझील प्रवाह (ब) पेरू प्रवाह
(क) लॅब्रेडॉर प्रवाह (ड) फॉकलंड प्रवाह

७६. वातावरणात खालीलपैकी कोणता वायू सर्वांत कमी प्रमाणात मिळतो?

(अ) हायड्रोजन (ब) ओझोन (क) हेलियम (ड) निऑन

७७. नदीचौर्याची जास्त शक्यता केव्हा असते?

(अ) जास्त पाऊस पडल्यामुळे
(ब) कमी पावसाच्या प्रदेशात
(क) जलविभाजकाच्या दोन्ही बाजूंना समान उतार असतो.
(ड) जलविभाजकाच्या दोन्ही बाजूंच्या उतारात फरक असतो.

७८.खालीलपैकी कोणी जगाची प्रमुख हवामानाच्या प्रदेशात विभागणी केलेली नाही?

(अ) कोपेन (ब) वीवर (क) स्टॅम्प (ड) थार्न्थवेट

७९. खालील विधानांवर विचार करा व खाली दिलेल्या उत्तरांमधील योग्य उत्तर निवडा.

विधान (अ) कॅन्टनला कोलकातापेक्षा जास्त थंडी असते.

विधान (क) कॅन्टन आणि कोलकाता एकाच अक्षांशावर आहेत.

उत्तरे (अ) 'अ' आणि 'क' बरोबर आहेत आणि 'क' हे 'अ' चे स्पष्टीकरण आहे.

(ब) 'अ' आणि 'क' बरोबर आहेत पण 'क' हे 'अ' चे स्पष्टीकरण नाही.

(क) 'अ' बरोबर आहे पण 'क' चूक आहे.

(ड) 'अ' चूक आहे पण 'क' बरोबर आहे.

८०. समुद्रकिनाऱ्यापासून ते सागराच्या आत खोलवर भागापर्यंत जे भूमिनिक्षेप असतात त्यांचा योग्य क्रम कोणता?

(१) चिकण माती (२) चिखल (३) रेती (४) गाळ

खाली दिलेल्या उत्तरांमधील योग्य उत्तर निवडा.

(अ)	४	२	१	३
(ब)	३	२	४	१
(क)	१	४	३	२
(ड)	३	४	१	२

८१. खाली उल्लेखिलेल्या भूप्रकारांतील कोणत्या भूप्रकाराचा संबंध कार्स्ट टोपोग्राफीशी नाही?

(अ) अंध दरी (ब) डोलाइन्स

(क) लटकती दरी (ड) लॅप्पीज

८२. पेस्टरनाक सरोवर कोठे असतात?

(अ) हिमनदीने खनन झालेल्या प्रदेशात

(ब) वाऱ्याने खनन झालेल्या प्रदेशात

(क) कार्स्ट प्रदेशात

(ड) समुद्राच्या लाटांमुळे झीज झालेल्या किनाऱ्यावर

८३. प्रवाळ कशामुळे कमी होतात?

(अ) समुद्रातील उष्ण प्रवाहामुळे

(ब) पृथ्वीवरील उष्णतेमुळे

(क) समुद्राच्या पाण्याच्या प्रदूषणामुळे

(ड) समुद्राच्या पाण्यातील क्षारता वाढल्याने

८४. जगातील सर्वांत मोठे खारे पाण्याचे सरोवर कोणते?
(अ) सुपिरिअर (ब) व्हिक्टोरिया (क) मिशिगन (ड) बैकल

८५. बरमुडा त्रिकोण कोठे आहे?
(अ) उत्तर पॅसिफिक महासागरात (ब) दक्षिण पॅसिफिक महासागरात
(क) उत्तर अटलांटिक महासागरात (ड) दक्षिण अटलांटिक महासागरात

८६. खालीलपैकी कोणत्या देशाचा बोर्निओ बेटात सहभाग नाही?
(अ) ब्रूने (ब) हिन्देशिया (क) मलेशिया (ड) फिलिपाईन्स

८७. स्तंभ १ (शहर) व स्तंभ २ (नदी) यांमधील योग्य शब्द निवडून जोड्या लावा व खाली दिलेल्या जोड्यांमधील योग्य जोडी निवडा.

स्तंभ १	स्तंभ २
(प) सेंट पॉल मिनीओपोलिस	(१) डॅन्युब
(फ) खारतूम	(२) मकाँग
(भ) बडापेस्ट	(३) मिस्सिसिपी
(न) बुडापेस्ट	(४) नील

जोड्या	प	फ	भ	न
(अ)	३	२	१	४
(ब)	२	४	३	१
(क)	४	२	३	१
(ड)	३	४	१	२

८८. संयुक्त संस्थानांतील खालील शहरांपैकी कोणते शहर मोठ्या सरोवराच्या किनाऱ्यावर नाही?
(अ) डुलुथ (ब) पिट्सबर्ग (क) शिकागो (ड) डेट्रायट

८९. खालीलपैकी कोणत्या देशाची सीमा कास्पिअन समुद्राच्या किनाऱ्याने बनत नाही?
(अ) अजरबैजान (ब) इराण (क) इराक (ड) कझागस्तान

९०. शंक्वाकृती किंवा तैगा जंगलात खालीलपैकी कोणती मृदा आढळते?
(अ) पडझॉल (ब) चेस्टनट (क) चेर्नोझम (ड) रेगूर

९१. खालीलपैकी कोणता समुद्र सर्वांत कमी खोल आहे?
(अ) बाल्टिक समुद्र (ब) काळा समुद्र
(क) पिवळा समुद्र (ड) उत्तर समुद्र (North Sea)

९२. स्तंभ १ (पीक) आणि स्तंभ २ (उत्पादक देश) यांमधील योग्य शब्द निवडून जोड्या लावा व खाली दिलेल्या जोड्यांमधील योग्य जोडी निवडा.

	स्तंभ १	स्तंभ २		
	पीक	उत्पादक देश		
(प)	नारळ	(१) केनिया		
(फ)	केळी	(२) पापुआ न्युगिनी		
(भ)	भुईमूग	(३) इक्वेडोर		
(न)	चहा	(४) सेनेगल		

जोड्या	प	फ	भ	न
(अ)	२	३	४	१
(ब)	१	४	३	२
(क)	३	२	१	४
(ड)	४	१	२	३

९३. स्तंभ १ (खनिज) आणि स्तंभ २ (प्रमुख उत्पादक देश) यांमधील योग्य शब्द निवडून जोड्या लावा आणि खाली दिलेल्या जोड्यांमधील योग्य जोडी निवडा

	स्तंभ १	स्तंभ २		
	खनिज	प्रमुख उत्पादक देश		
(प)	टिन	(१) झाम्बिया		
(फ)	थोरियम	(२) भारत		
(भ)	युरेनियम	(३) मलेशिया		
(न)	तांबे	(४) कॅनडा		

जोड्या	प	फ	भ	न
(अ)	३	४	२	१
(ब)	३	२	४	१
(क)	१	२	४	३
(ड)	४	३	२	१

९४. संयुक्त संस्थानांतील सर्वांत मोठे लोखंडउत्पादक क्षेत्र कोणते?

(अ) उत्तर-पूर्व ॲपलेशियन   (ब) अलाबामा राज्य

(क) पश्चिमेकडचा प्रदेश   (ड) सुपिरिअर सरोवराचा प्रदेश

९५. जपानमध्ये जलविद्युत्निर्मितीचे .... हे प्रमुख केंद्र आहे.

(अ) नागासाकी आणि यवाता   (ब) योकोहामा आणि वाकोहामा

(क) ओसाका आणि क्योटो   (ड) नगीता आणि इसीकारी

९६. चीनमधील खालील दिलेल्या शहरांचा विचार करा.

(१) शांघाय   (२) टिंटसिन   (३) कॅन्टन   (४) सिंगटाओ

वरील शहरांची उत्तरेकडून दक्षिणेकडे योग्य क्रमवारी कोणती?

(अ) २, १, ४, ३   (ब) २, ४, १, ३

(क) ४, १, ३, २   (ड) ४, ३, २, १

९७. खालीलपैकी कोणत्या भूगोलतत्त्ववेत्त्याने 'गतिशीलता संक्रमण'ही संकल्पना मांडली?

(अ) ए. एल. कोसिंस्की   (ब) ई. एस. ली

(क) विल्बर गेलिन्स्की   (ड) ई. जी. रॅवेन्स्टीन

९८. खालीलपैकी कोणता सागरी मार्ग जगातील सर्वांत व्यस्त जलमार्ग आहे?

(अ) भूमध्य सागरीय सुएझ मार्ग   (ब) दक्षिण अमेरिका मार्ग

(क) उत्तर अटलांटिक मार्ग   (ड) पॅसिफिक महासागर मार्ग

९९. खालीलपैकी कोणती जोडी बरोबर नाही?

(अ) दक्षिण अफ्रिका : वेल्स   (ब) ऑस्ट्रेलिया : डाऊन्स

(क) अर्जेंटिना : पाम्पास   (ड) ब्राझील : स्टेप्स

१००. खालील विधानांवर विचार करा व खाली दिलेल्या उत्तरांमधील योग्य उत्तर निवडा.

विधान अ : नैर्ऋत्य, आशियाई देशांत मोठ्या प्रमाणावर इमारती लाकूड सापडते.

विधान क : या देशात खूप मोठी बंदरे आहेत.

उत्तरे : (अ) 'अ' आणि 'क' विधाने बरोबर आहेत आणि 'क' हे 'अ' चे स्पष्टीकरण आहे.

(ब) 'अ' आणि 'क' दोन्ही विधाने बरोबर आहेत; पण 'क' हे 'अ' चे स्पष्टीकरण नाही.

(क) 'अ' बरोबर आहे पण 'क' चूक आहे.

(ड) 'अ' चूक आहे; पण 'क' बरोबर आहे.

१०१. येलोस्टोन नॅशनल पार्क कोणत्या देशात आहे?

(अ) संयुक्त संस्थाने   (ब) कॅनडा

(क) ब्राझील   (ड) फ्रान्स

१०२. खाली दिलेल्या विधानांवर विचार करा.

विधान अ : चीनची लोकसंख्या भारतापेक्षा जास्त आहे; परंतु लोकसंख्येची घनता कमी आहे.

विधान क : चीनचे जवळजवळ $\frac{२}{३}$ क्षेत्र निवासासाठी योग्य नाही.

खाली दिलेल्या उत्तरातून योग्य उत्तर निवडा.

(अ) विधान 'अ' आणि 'क' बरोबर आहेत. 'क' 'अ' चे स्पष्टीकरण/कारण आहे.

(ब) विधान 'अ' आणि 'क' बरोबर आहेत; पण 'क' हे 'अ' चे स्पष्टीकरण / कारण नाही.

(क) 'अ' बरोबर आहे; परंतु 'क' चूक आहे.

(ड) 'अ' चूक आहे; पण 'क' बरोबर आहे.

१०३. सिंगापूर बेट मलायाच्या द्वीपकल्पापासून कोणत्या सामुद्रधुनीने वेगळे होते?

(अ) मालुक्का   (ब) जोहार   (क) सुन्दा   (ड) मल्लाका

१०४. खालीलपैकी कोणत्या कालव्यातून मोठ्या जहाजांची वाहतूक होते?

(अ) पनामा   (ब) कियाल

(क) सुएझ   (ड) वोल्गा - बाल्टिक

१०५. खालीलपैकी कोणती स्थिती चहाच्या शेतीसाठी आवश्यक आहे?

(अ) अधिक पावसाबरोबर उतारावर पाण्याचा प्रवाह

(ब) स्वस्तात पुरुष कामगार

(क) मध्यम तापमान

(ड) धुके नसलेले दिवस

१०६. ए वेबरच्या उद्योगधंद्याच्या स्थानिकीकरणाच्या सिद्धान्ताचा मुख्य आधार कोणता?

(अ) कच्च्या मालाचे स्थान   (ब) सरकारी धोरण

(क) वाहतुकीचा खर्च   (ड) कामगारांवर होणारा खर्च

१०७. संयुक्त राष्ट्राने वर्ष २००४ आंतरराष्ट्रीय वर्ष घोषित केले होते.

(अ) गव्हाचे   (ब) उसाचे   (क) चहाचे   (ड) तांदळाचे

१०८. जगात लोकरीचे सर्वात जास्त उत्पादन कोणत्या देशात होते?

(अ) न्यूझीलंड   (ब) ऑस्ट्रेलिया

(क) कॅनडा   (ड) अर्जेंटिना

१०९. खालीलपैकी कोणत्या पिकाचा उत्पादनाशी तुलना करता आंतरराष्ट्रीय व्यापार कमी होतो?

(अ) तांदूळ   (ब) कॉफी   (क) रबर   (ड) गहू

११०. खालीलपैकी कोणती जोडी योग्य नाही?

(अ) दण्डी : ज्यूट उद्योग   (ब) लेनिनग्राड : जहाज निर्माण

(क) हल्दिया : पेट्रोकेमिकल   (ड) पीटर्सबर्ग : मोटार कारखाना

उत्तरे

१. ब	२. क	३. क	४. ब	५. अ	६. क	७. ब
८. अ	९. ब	१०. ब	११. क	१२. अ	१३. ड	१४. ब
१५. क	१६. ब	१७. ड	१८. अ	१९. ड	२०. क	२१. ब
२२. अ	२३. ड	२४. अ	२५. क	२६. क	२७. क	२८. अ
२९. ड	३०. ड	३१. ब	३२. क	३३. अ	३४. क	३५. ड
३६. अ	३७. क	३८. ब	३९. अ	४०. ड	४१. क	४२. ब
४३. ड	४४. अ	४५. ब	४६. क	४७. ड	४८. ब	४९. क
५०. ब	५१. क	५२. अ	५३. अ	५४. ड	५५. क	५६. ब
५७. ड	५८. अ	५९. ब	६०. ड	६१. क	६२. क	६३. ब
६४. अ	६५. ब	६६. अ	६७. अ	६८. क	६९. क	७०. क
७१. क	७२. क	७३. ब	७४. ड	७५. अ	७६. क	७७. ड
७८. ब	७९. ब	८०. ड	८१. क	८२. अ	८३. क	८४. अ
८५. क	८६. ड	८७. ड	८८. ब	८९. क	९०. अ	९१. क
९२. अ	९३. ब	९४. ड	९५. ब	९६. ब	९७. क	९८. क
९९. ड	१००. क	१०१. अ	१०२. अ	१०३. ब	१०४. क	१०५. अ
१०६. क	१०७. ड	१०८. ब	१०९. अ	११०. ड		

◆◆◆

प्रश्नसंच ११

१. भारतातील खालीलपैकी कोणत्या प्रदेशात सर्वांत जास्त मृदेचा ऱ्हास झाला आहे?

(अ) माळवा पठार (ब) तराई प्रदेश

(क) आंध्रचा किनारा (ड) चम्बळचे खोरे.

२. खालीलपैकी कोणत्या नदीमुळे विहंगपर (Bird's foot type) त्रिभुज प्रदेश तयार होतो?

(अ) पो (ब) मिसिसिपी (क) नाइल (ड) ऱ्होन

३. खाली दिलेल्या कोणत्या नद्यांच्या खोऱ्यात पाणी कमी आहे?

(१) कावेरी (२) कृष्णा (३) महानदी (४) तापी

खाली दिलेल्या उत्तरांतून योग्य उत्तर निवडा.

(अ) १ आणि २ (ब) २ आणि ३ (क) ३ आणि ४ (ड) १ आणि ४

४. खालीलपैकी कोणती जोडी बरोबर नाही?

(अ) बॅलाडिला मध्य प्रदेश

(ब) चिकमंगळूर कर्नाटक

(क) मयूरभंज ओरिसा

(ड) सिंहभूमी झारखंड

५. स्तंभ १ (खनिज) आणि स्तंभ २ (खाणक्षेत्र) यांमधील योग्य शब्द निवडून जोड्या लावा आणि खाली दिलेल्या जोड्यांमधील योग्य जोडी निवडा.

	स्तंभ १ खनिज	**स्तंभ २** खाणक्षेत्र
(प)	तांबे	(१) कुद्रेमुख
(फ)	लोखंड	(२) बालाघाट
(भ)	मँगेनीज	(३) कोडरमा
(न)	अभ्रक	(४) खेतडी

जोड्या	प	फ	भ	न
(अ)	१	२	४	३
(ब)	३	१	२	४

(क)	४	१	३	२
(ड)	४	१	२	३

६. भारतात सर्वांत जास्त कोळशाचा साठा कोठे आहे?

(अ) झारिया खाणक्षेत्र (ब) राणीगंज खाणक्षेत्र

(क) बोकारो खाणक्षेत्र (ड) सिंगरोली खाणक्षेत्र

७. भारतातील खालीलपैकी कोणते राज्य कापसापासून सूत बनवण्यात अग्रेसर आहे?

(अ) गुजरात (ब) मध्य प्रदेश (क) महाराष्ट्र (ड) तमिळनाडू

८. स्तंभ १ (केंद्र) आणि स्तंभ २ (उद्योग / कारखाना) यांमधील योग्य शब्द निवडून जोड्या लावा व खाली दिलेल्या जोड्यांमधील योग्य जोडी निवडा.

स्तंभ १ केंद्र	**स्तंभ २** उद्योग / कारखाना
(प) अलीगड	(१) पितळ व तांब्याची भांडी
(फ) फिरोझाबाद	(२) डिझेलचे रेल्वे इंजिन
(भ) मंडुआडीह	(३) काच उद्योग
(न) मुरादाबाद	(४) कुलूप उत्पादन

जोड्या	प	फ	भ	न
(अ)	४	३	१	२
(ब)	४	३	२	१
(क)	१	४	२	३
(ड)	२	४	३	१

९. भारतातील कोणते बंदर लोखंडनिर्यातीत अग्रेसर आहे?

(अ) कोचीन (ब) मार्मागोवा

(क) पारादीप (ड) विशाखापट्टणम्

१०. भारतातील खालीलपैकी कोणते यार्ड जहाजनिर्मितीत अग्रेसर आहे?

(अ) कोचिन जहाज निर्माण यार्ड (ब) हिंदुस्तान जहाज निर्माण यार्ड

(क) माझगाव जहाज निर्माण यार्ड (ड) गार्डन रिच कार्यशाळा

११. खाली दिलेल्या दोन विधानांचा अभ्यास करा व खाली दिलेल्या उत्तरांमधील योग्य उत्तर निवडा.

विधान अ : केरळ राज्यात साक्षरतादर सर्वांत जास्त आहे.

विधान क : भारतात सर्वांत कमी शिशुमृत्युदर केरळात आहे.

(अ) विधान 'अ' आणि 'क' दोन्ही बरोबर आहेत आणि 'क' हे 'अ' चे कारण / स्पष्टीकरण आहे.

(ब) विधान 'अ' आणि 'ब' दोन्ही बरोबर आहेत आणि 'क' हे 'अ' चे कारण / स्पष्टीकरण नाही.

(क) विधान 'अ' बरोबर आहे; पण विधान 'क' चूक आहे.

(ड) विधान 'अ' चूक आहे पण विधान 'क' बरोबर आहे.

१२. भारतातील कोणत्या केंद्रशासित प्रदेशात कमीत कमी लोकसंख्येची घनता आहे?

(अ) अंदमान आणि निकोबार (ब) दादरा आणि नगर हवेली

(क) दमण आणि दीव (ड) लक्षद्वीप

१३. स्तंभ १ (पीक) आणि स्तंभ २ (उत्पादक राज्य) यांमधील योग्य शब्द निवडून जोड्या लावा व खाली दिलेल्या जोड्यांमधील योग्य जोडी निवडा.

स्तंभ १ पीक	**स्तंभ २** उत्पादक राज्य
(प) ज्यूट	(१) आसाम
(फ) चहा	(२) पश्चिम बंगाल
(भ) रबर	(३) केरळ
(न) ऊस	(४) उत्तर प्रदेश

जोड्या	प	फ	भ	न
(अ)	१	२	३	४
(ब)	२	३	४	१
(क)	२	१	३	४
(ड)	३	१	४	२

१४. २००१ च्या आधारावर भारतातील शेतीच्या दृष्टीने सर्वाधिक विकसित चार राज्ये आहेत-

(१) आंध्र प्रदेश (२) हरियाना

(३) पंजाब (४) तमिळनाडू

वरील राज्यांची उतरत्या क्रमाने योग्य क्रमवारी निवडा.

(अ) १, २, ३, ४ (ब) ४, ३, २, १

(क) ३, २, ४, १ (ड) २, ३, १, ४

१५. खालीलपैकी कोणते विधान उत्तर प्रदेशाबाबत योग्य आहे?

(१) हे भारताचे सर्वाधिक लोकसंख्येचे राज्य आहे.

(२) येथील लोकसंख्येची घनता देशाच्या सरासरी लोकसंख्येच्या घनतेपेक्षा जास्त आहे.

(३) येथील महिला साक्षरतादर उत्तरांचलपेक्षा जास्त अहे.

(४) भारतातील एकूण लोकसंख्येत अनूसूचित जातीचे दर शंभरी प्रमाण जास्त आहे.

खाली दिलेल्या उत्तरांमधून योग्य उत्तर निवडा.

(अ) १ आणि २ बरोबर आहे. (ब) २ आणि ३ बरोबर आहे.

(क) १, ३ आणि ४ बरोबर आहे. (ड) १, २ आणि ४ बरोबर आहे.

१६. भूमिगत पाण्याच्या उपयोगाची सर्वांत जास्त टक्केवारी खालीलपैकी कोणत्या राज्यात आढळते?

(अ) उत्तर प्रदेश (ब) हरियाना (क) गुजरात (ड) पंजाब

१७. भारतात अनूसूचित जाती-जमातींची सर्वांत जास्त टक्केवारी खालीलपैकी कोणत्या राज्यात आहे?

(अ) मेघालय (ब) मिझोराम

(क) अरुणाचल प्रदेश (ड) नागालँड

१८. आंतरराज्यीय स्थलांतर करताना महिलांचे प्राधान्य कशाला असते?

(अ) ग्रामीण भागाकडून शहरी भागाकडे

(ब) शहरी भागाकडून ग्रामीण भागाकडे

(क) ग्रामीण भागाकडून ग्रामीण भागाकडे

(ड) शहरी भागाकडून शहरी भागाकडे

१९. खाली दिलेल्या राज्यांपैकी सर्वांत जास्त शहरीकरण कोणत्या राज्यात आहे?

(अ) पंजाब (ब) मध्य प्रदेश (क) हरियाना (ड) उत्तर प्रदेश

२०. एकूण लोकसंख्येत अनुसूचित जातीच्या लोकसंख्येची टक्केवारी सर्वांत जास्त कोणत्या राज्यात आहे?

(अ) हिमाचल प्रदेश (ब) पंजाब

(क) उत्तर प्रदेश (ड) पश्चिम बंगाल

२१. २००१ च्या शिरगणतीनुसार भारताचे सर्वांत जास्त घनता असलेले राज्य कोणते?

(अ) बिहार (ब) केरळ (क) उत्तर प्रदेश (ड) पश्चिम बंगाल

२२. भारतातील जवळजवळ दोनतृतीयांश कोळसा कोठे सापडतो?

(अ) ब्रह्मपुत्रेच्या खोऱ्यात (ब) दामोदरच्या खोऱ्यात

(क) गोदावरीच्या खोऱ्यात (ड) महानदीच्या खोऱ्यात

२३. स्तंभ १ (धरण) आणि स्तंभ २ (नदी) यांमधील योग्य शब्द निवडून जोड्या लावा आणि खाली दिलेल्या जोड्यांमधील योग्य जोडी निवडा.

	स्तंभ १		स्तंभ २	
	धरण		नदी	
(प)	हिराकूड		(१) बराकर	
(फ)	तिल्लैया		(२) नर्मदा	
(भ)	सरदार सरोवर		(३) कृष्णा	
(न)	नागार्जुन सागर		(४) महानदी	

जोड्या	प	फ	भ	न
(अ)	३	२	४	१
(ब)	४	१	२	३
(क)	२	४	१	३
(ड)	१	३	४	२

२४. भारतातील खालीलपैकी कोणते राज्य देशातील चारही नैसर्गिक प्रदेशांचे प्रतिनिधित्व करते?

(अ) ओरिसा (ब) हिमाचल प्रदेश

(क) पश्चिम बंगाल (ड) कर्नाटक

२५. स्तंभ १ (खाणक्षेत्र) व स्तंभ २ (खनिज) यांमधील योग्य शब्द निवडून जोड्या लावा आणि खाली दिलेल्या जोड्यांमधील योग्य जोडी निवडा.

	स्तंभ १		स्तंभ २	
	खाणक्षेत्र		खनिज	
(प)	रामकोला		(१) अभ्रक	
(फ)	जादुगुडा		(२) खनिज तेल	
(भ)	लुनेज		(३) कोळसा	
(न)	कोडरमा		(४) युरेनियम	

जोड्या	प	फ	भ	न
(अ)	३	४	२	१
(ब)	३	४	१	२
(क)	४	२	२	१
(ड)	२	४	३	१

२६. खालीलपैकी थार्नथ्वेटने वर्गीकरण केलेल्या कोणत्या हवामानाचा प्रकार गंगेच्या मैदानी प्रदेशात आढळतो ?

(अ) BB'w (ब) CA'w (क) CB'w (ड) DA'w

२७. खालीलपैकी कोणती जोडी बरोबर नाही?

(अ) गाळाची मृदा : नायट्रोजन आणि ह्युमसची कमतरता

(ब)   लाल मृदा : पाण्याचा निचरा लवकर होतो.

(क)   लॅटेराइट मृदा : पोटॅश आणि सेंद्रिय पदार्थांचे प्रमाण जास्त

(ड)   काळी मृदा : लोहाचे प्रमाण कमी

२८.   खालीलपैकी कोणत्या केंद्रशासित प्रदेशात मुसलमान बहुसंख्येने आहेत?

(अ)   अंदमान आणि निकोबार   (ब)   दादरा आणि नगर हवेली

(क)   लक्षद्वीप   (ड)   पाँडेचेरी

२९.   स्तंभ १ (आदिवासी जमात) आणि स्तंभ २ (राज्य) यांमधील योग्य शब्द निवडून जोड्या लावा आणि खाली दिलेल्या जोड्यांमधील योग्य जोडी निवडा.

स्तंभ १		स्तंभ २
आदिवासी जमात		राज्य
(प) अंगामी		(१) मेघालय
(फ) टोडा		(२) तमिळनाडू
(भ) मोपला		(३) केरळ
(न) खासी		(४) नागालँड

जोड्या	प	फ	भ	न
(अ)	४	२	३	१
(ब)	४	२	१	३
(क)	१	२	३	४
(ड)	३	४	२	१

३०.   खालीलपैकी कोणते शहर रासायनिक उत्पादन निर्यात व आयात याचे प्रमुख केंद्र म्हणून विकसित होत आहे?

(अ) दहेज   (ब) कोच्ची   (क) मुंबई   (ड) विशाखापट्टणम

३१.   शेलचा रूपांतरित खडक कोणता?

(अ) नीस   (ब) संगमरवर   (क) शिस्ट   (ड) स्लेट

३२.   स्तंभ १ (कारक) आणि स्तंभ २ (भूस्वरूपे) यांमधील योग्य शब्दांच्या जोड्या लावून, खाली दिलेल्या जोड्यांमधील योग्य जोडी निवडा.

स्तंभ १		स्तंभ २
कारक		भूस्वरूप
(प) नदी		(१) दैत्यसोपान
(फ) वारा		(२) सोंड
(भ) हिमनदी		(३) स्टॅक
(न) सागरी लाटा		(४) बारखन

जोड्या	प	फ	भ	न
(अ)	२	४	१	३
(ब)	४	२	१	३
(क)	२	४	१	३
(ड)	४	३	२	१

३३. कोपनेच्या हवामानाच्या वर्गीकरणानुसार 'Am' कोणते हवामान दर्शवते?

    (अ) उष्णकटिबंधीय मॉन्सून हवामान   (ब) उष्णकटिबंधीय सॅव्हाना हवामान

    (क) स्टेप हवामान   (ड) उष्णकटिबंधीय पावसाळी हवामान

३४. खालीलपैकी कोणते शीत सागरी प्रवाह आहेत?

    (१) ब्राझील   (२) कॅलिफोर्निआ

    (३) फॉकलंड   (४) गल्फ स्ट्रीम

    खालीलपैकी योग्य उत्तर निवडा.

    (अ) १ आणि २   (ब) २ आणि ३   (क) ३ आणि ४   (ड) १ आणि ४

३५. खालीलपैकी कोणती जोडी योग्य नाही?

    (अ) संतुलन सिद्धान्त   आयझॅक न्यूटन

    (ब) प्रगामी तरंग सिद्धान्त   विलियम व्हेवेल

    (क) स्थावर तरंग सिद्धान्त   आर. ए. हॅरिस

    (ड) गतिक सिद्धान्त   जी. बी. बेरी

३६. खालीलपैकी कोणते दैनिक वारे आहेत?

    (अ) मॉन्सून वारे   (ब) खारे व मतलई वारे

    (क) ध्रुवीय वारे   (ड) व्यापारी वारे

३७. खालील विधानांवर विचार करा.

विधान अ : मॉन्सून वारे भारताच्या हवामानावर परिणाम करतात.

विधान क : मॉन्सून वारे हे गृहीत वारे आहेत.

उत्तरे : (अ) विधान 'अ' आणि 'क' दोन्ही बरोबर आहेत आणि विधान 'क' हे 'अ' चे स्पष्टीकरण / कारण आहे.

    (ब) विधान 'अ' आणि 'क' दोन्ही बरोबर आहेत; परंतु विधान 'क' हे 'अ' चे स्पष्टीकरण / कारण नाही.

    (क) विधान 'अ' बरोबर आहे; पण 'क' चूक आहे.

    (ड) विधान 'अ' चूक आहे; पण 'क' बरोबर आहे.

३८. खालीलपैकी कोणती परिकल्पना अद्वैतवादी संकल्पनेशी संबंधित आहे?

    (अ) तेजोमेघ परिकल्पना   (ब) निहारिका परिकल्पना

    (क) ग्रहकण परिकल्पना   (ड) भरती परिकल्पना

३९. खालीलपैकी कोणती जोडी योग्य आहे?

(अ) लेथियन ग्रीन — खंडाची हालचाल

(ब) एफ. बी. टेलर — चतुष्फलक सिद्धान्त

(क) अल्फ्रेड वेगनर — विस्थापन परिकल्पना

(ड) हॅरी हेस — पुराचुंबकत्व परिकल्पना

४०. खालीलपैकी कोणता भूप्रकार वळीकरणामुळे निर्माण होत नाही?

(अ) अपनती (ब) ग्रीवाखंड (क) समनत वळ्या (ड) गट पर्वत

४१. खालीलपैकी कोणती जोडी योग्य नाही?

(अ) बेसिक अग्निजन्य खडक — जास्त वाळूचे प्रमाण असलेला

(ब) अफॅनिटिक अग्निजन्य खडक — मोठ्या तुकड्यांचा बनलेला

(क) फॅनिरिटिक अग्निजन्य खडक — सूक्ष्म कणांचा बनलेला

(ड) ग्लासी अग्निजन्य खडक — कण नसलेला

४२. खालीलपैकी कोणत्या ज्वालामुखीचे नाव त्याच्या निर्मितीच्या स्थानावरून पडलेले नाही?

(अ) प्लिनीयन प्रकार (ब) पिलियन

(क) स्ट्राम्बोली (ड) व्हल्कॅनियन

४३. खालीलपैकी कोणत्या तत्त्ववेत्त्यांचा भूसन्मती सिद्धांताशी संबंध नाही?

(अ) डाना (ब) हॉग (क) जेफ्रीज (ड) कोबर

४४. खालीलपैकी कोणती क्रिया कायिक विदारणाची आहे?

(अ) सोल्यूशन (ब) एक्स्फोलिएशन

(क) हायड्रोजन (ड) ऑक्सिडेशन

४५. खालीलपैकी कोणत्या जोड्या योग्य आहेत?

(१) एस्किमो — कॅनडा

(२) ओरान — नॉर्वे

(३) लॅप्स — दक्षिण अफ्रिका

(४) गोंड — श्रीलंका

खालीलपैकी योग्य उत्तर निवडा.

(अ) १ आणि २ (ब) २ आणि ३

(क) ३ आणि ४ (ड) १ आणि ४

४६. मानवी भूगोलात व्यावहारिक सिद्धान्त कोणी मांडला?

(अ) ऐलन फिलब्रिक (ब) पीटर हॅगेट

(क) विल्यिम किर्क (ड) ब्रायन बेरी

४७. ग्रामीण-नागरी सातत्य ही संकल्पना कोणी मांडली?

(अ) आर. ई. मर्फीने (ब) आर. ई. पहलने

(क) पी. स्कॉटने (ड) आर. ई. डिकिन्सनने

४८. खालीलपैकी कोणती जोडी योग्य नाही?

(अ) भिल्ल - मध्य प्रदेश (ब) संथाल - झारखंड

(क) भोटिया - उत्तर प्रदेश (ड) तोडा - तमिळनाडू

४९. खाली दिलेल्या विधानांचा विचार करा.

विधान अ : उत्तर औद्योगिक नगर मुळात बहुकेंद्रीय होते.

विधान क : आता केंद्रीय व्यापार क्षेत्र एवढेच एकमेव आकर्षण राहिले नाही.

खालीलपैकी योग्य उत्तर निवडा.

(अ) विधान 'अ' आणि 'क' दोन्ही बरोबर आहेत आणि विधान 'क' हे 'अ' चे कारण / स्पष्टीकरण आहे.

(ब) विधान 'अ' आणि 'क' दोन्ही बरोबर आहेत; परंतु विधान 'क' हे 'अ' चे स्पष्टीकरण / कारण नाही.

(क) विधान 'अ' बरोबर आहे; पण 'क' चूक आहे.

(ड) विधान 'अ' चूक आहे; पण 'क' बरोबर आहे.

५०. संकलित नगराची संकल्पना कोणी मांडली?

(अ) सी. बी. फासेटने (ब) पॅट्रिक गेडीजने

(क) जीन गॉटमॅनने (ड) आर. ई. डिकिन्सनने

५१. लॅण्ड शाफ्ट ही विचारधारा खालीलपैकी कोणाशी संबंधित आहे?

(अ) ग्रेट ब्रिटन (ब) फ्रान्स (क) जर्मनी (ड) संयुक्त संस्थाने

५२. खालीलपैकी कोणत्या प्रवाशाने उत्तमाशा भूशिराजवळून प्रवास नाही केला?

(अ) कोलंबस (ब) कुक (क) मॅगलन (ड) वास्को-दी-गामा

५३. 'ज्यॉग्राफी अॅण्ड मॉडर्न सन्यासिस'चे लेखक कोण आहेत?

(अ) ए. शुट्ज (ब) पी. हॅगेट

(क) डी. एम. स्मिथ (ड) ई. ए. एकरमॅन

५४. खालीलपैकी कोणत्या कालावधीला भूगोलात पुनर्जागरण काल म्हणतात?

(अ) ४०० ई ते १००० ई (ब) ७०० ई ते ११०० ई

(क) ८०० ई ते १६०० ई (ड) ११०० ई ते १७०० ई

५५. पार्थिव एकता समस्त भौगोलिक प्रगतीमध्ये सर्वांत प्रभावी विचार खालीलपैकी कोणाचे होते?

(अ) विदाल दि ला ब्लास (ब) जीन ब्रूश

(क) फ्रेडरिक रॅटझेल (ड) रिचर्ड हार्टशोन

५६. सर्वांत प्रथम भूगोल हा विशिष्ट विषय आहे, हा विचार कोणी मांडला?

(अ) ॲलेक्झांडर व्हॉन हुम्बोल्ट (ब) इमानुएल कान्ट

(क) डेव्हिड हार्वे (ड) रिचर्ड हार्टशोर्न

५७. क्षेत्रीय विभेदशीलता संकल्पना कोणी मांडली?

(अ) अल्फ्रेड हेटनर (ब) कार्ल सॉयर

(क) फर्डिनाद फान रिचटोफेन (ड) रिचर्ड हार्टशोन

५८. खालीलपैकी कोणी पृथ्वीवरील नैसर्गिक विभागांची सर्वप्रथम कल्पना मांडली?

(अ) ए. जे. हर्बर्टसन (ब) डी. व्हिप्तिसी

(क) जे. एन. एल. बेकर (ड) एच. के. फ्ल्योर

५९. भारताच्या नकाशाप्रक्षेपणासाठी योग्य प्रक्षेपण आहे–

(अ) मर्केटरचे प्रक्षेपण

(ब) दंडगोलीय समक्षेत्र प्रक्षेपण

(क) बोनचे प्रक्षेपण

(ड) यांपैकी कोणतेही नाही.

६०. स्वच्छ जल अभियान संदर्भात खालील विधानांवर विचार करा.

(१) जगातील लोकसंख्या सतत वाढत असल्याने तसेच हवामानात सतत बदल होत असल्याने स्वच्छ पाण्याचे साठे कमी होत आहेत.

(२) संयुक्त राष्ट्रसंघाच्या रिपोर्टनुसार जर लोकसंख्येची वाढ रोखण्याचे उपाय केले नाहीत तर २०५० सालापर्यंत देशातील जवळजवळ ७०० कोटी लोकांना भीषण जलसंकटाला सामोरे जावे लागेल.

(३) दूषित पाणी प्याल्याने रोगराई वाढते.

खालीलपैकी योग्य उत्तर निवडा.

(अ) १ बरोबर आहे (ब) १ आणि २ बरोबर आहेत.

(क) २ आणि ३ बरोबर आहेत (ड) १, २ आणि ३ बरोबर आहेत.

६१. खालील विधानांवर विचार करा.

विधान अ : हिमाचल प्रदेशातील लाहौरच्या खोऱ्यात विलोचे वृक्ष सुकत आहेत.

विधान क : या वृक्षाचे वय जास्त झालेले असल्याने ते एफिड किड्यांपासून स्वत:चे संरक्षण करू शकत नाहीत.

खालीलपैकी योग्य उत्तर निवडा.

(अ) विधान ‘अ’ आणि ‘क’ दोन्ही बरोबर आहेत आणि विधान ‘क’ हे ‘अ’ चे स्पष्टीकरण / कारण आहे.

(ब) विधान ‘अ’ आणि ‘क’ दोन्ही बरोबर आहेत; परंतु विधान ‘क’ हे ‘अ’ चे स्पष्टीकरण नाही.

(क) विधान 'अ' बरोबर आहे; परंतु 'क' चूक आहे.

(ड) विधान 'अ' चूक आहे; परंतु 'क' बरोबर आहे.

६२. गातसच्या प्रक्षेपणाच्या बाबतीत खालीलपैकी कोणते विधान योग्य नाही?

(अ) रेखावृत्ते अक्षवृत्तांना काटकोनात छेदतात.

(ब) ४५° उ. व. द. अक्षवृत्तांचे प्रमाण बरोबर असते.

(क) रेखावृत्त प्रमाण विषुववृत्ताकडून ध्रुवाकडे सारखेच असते.

(ड) हे प्रक्षेपण समक्षेत्र नाही व योग्य आकारही दर्शवत नाही.

६३. खालीलपैकी कोणती जोडी योग्य नाही ?

(अ) = धुके (ब) • पाऊस

(क) ○ शांत (ड) × अस्पष्ट आकाश

६४. ऋतू, हवामान, पिकांखालील क्षेत्र हे सर्व खालीलपैकी कोणत्या आकृतींनी दाखवले जाते?

(अ) तापमान - पर्जन्यदर्शक आलेख (ब) एरगोग्राफ

(क) तापमान - आर्द्रतादर्शक आलेख (ड) बॅण्ड ग्राफ

६५. विषुववृत्त खालीलपैकी कोणत्या प्रक्षेपणावर योग्य प्रमाणात दाखवले जाते?

(१) गॉल प्रक्षेपणावर (२) मर्केटर प्रक्षेपणावर

(३) मॉलवीडच्या प्रक्षेपणावर (४) सिन्युसाडल प्रक्षेपणावर

खालीलपैकी योग्य उत्तर निवडा.

(अ) १ आणि २ (ब) २ आणि ३

(क) २ आणि ४ (ड) ३ आणि ४

६६. भारतातील ऋतू दर्शवणारा नकाशा खालीलपैकी कोणत्या प्रक्षेपणात तयार करतात?

(अ) बॉनचे प्रक्षेपण (ब) बहुशंकू प्रक्षेपण

(क) मर्केटरचे प्रक्षेपण (ड) मॉलवीडचे प्रक्षेपण

६७. खालीलपैकी कोणती जोडी योग्य नाही?

(अ) ५४ - १ : १०,००,०००

(ब) ५४ A - १ : २,५०,०००

(क) ५४ A/NE - १ : १,००,०००

(ड) ५४ A/२ - १ : ५०,०००

६८. खालीलपैकी कोणता व्यवसाय प्राथमिक स्वरूपाचा नाही?

(अ) कृषी (ब) खनन

(क) मासेमारी (ड) वाहतूक

६९. कारखान्याच्या स्थाननिश्चितीकरणासाठी 'आयसोडोपन'चा उपयोग कोणी केला?

(अ) ए. लॉशने (ब) ए. वेबरने (क) डब्ल्यू. इजार्डने (ड) ई. हुवरने

७०. खालीलपैकी कोणता स्वच्छंद उद्योग आहे?

(अ) कागद (ब) सिमेंट

(क) इलेक्ट्रॉनिक (ड) लोखंड आणि पोलाद

७१. खालीलपैकी कोणती जोडी बरोबर आहे?

(अ) प्रेअरीज - सॅव्हाना (ब) स्टेपीज - सॅव्हाना

(क) सॅव्हाना - कम्पोज (ड) कम्पोज - डाऊन्स

७२. स्तंभ १ (शहर) आणि स्तंभ २ (कारखाने) यांमधील योग्य शब्द निवडून जोड्या लावा आणि खाली दिलेल्या जोड्यांमधील योग्य जोडी निवडा.

स्तंभ १	स्तंभ २
शहर	कारखाना
(प) ओसाका	(१) जहाज उद्योग
(फ) हॅम्बर्ग	(२) कापड उद्योग
(भ) डेट्रॉयट	(३) लोखंड व पोलाद
(न) पिटस्बर्ग	(४) मोटरगाड्या

जोड्या	प	फ	भ	न
(अ)	२	१	४	३
(ब)	१	२	३	४
(क)	२	१	३	४
(ड)	१	२	४	३

७३. जगातील सोन्याचा सर्वांत मोठा उत्पादक देश कोणता आहे?

(अ) चीन (ब) दक्षिण अफ्रिका

(क) अर्जेंटिना (ड) अमेरिका

७४. स्तंभ १ (देश) व स्तंभ २ (राजधानी) यांमधील योग्य शब्द निवडून जोड्या लावा आणि खाली दिलेल्या जोड्यांमधील योग्य जोडी निवडा.

स्तंभ १	स्तंभ २
देश	राजधानी
(प) बोलिव्हिया	(१) ब्यूनोज आयर्स
(फ) अर्जेंटिना	(२) लापाज
(भ) चिली	(३) लीमा
(न) पेरू	(४) सॅन दियागो

जोड्या	प	फ	भ	न
(अ)	३	१	४	२
(ब)	२	१	४	३
(क)	२	३	१	४
(ड)	४	२	१	३

७५. खालीलपैकी कोणते शहर 'जपानचे पिट्सबर्ग' म्हणून प्रसिद्ध आहे?
(अ) कोबे (ब) यावता (क) टोकियो (ड) ओसाका

७६. उष्णकटिबंधीय प्रदेशातील डोंगराळ भागातील ॲण्डीज खाणक्षेत्रात खालीलपैकी कोणते खनिज सापडते?
(अ) तांबे (ब) लोखंड (क) सोने (ड) कोळसा

७७. स्तंभ १ (केंद्र) आणि स्तंभ २ (उद्योग) यांमधील योग्य शब्द निवडून जोड्या लावा आणि खाली दिलेल्या जोड्यांमधील योग्य जोडी निवडा.

स्तंभ १ केंद्र	**स्तंभ २** उद्योग
(प) अंशन	(१) सिगारेट
(फ) डेट्रॉयट	(२) लोखंड पोलाद
(भ) हवाना	(३) जहाजनिर्मिती
(न) व्हलिडीवोस्टाक	(४) मोटारगाड्या

जोड्या	प	फ	भ	न
(अ)	२	३	४	१
(ब)	१	४	३	२
(क)	४	२	१	३
(ड)	२	४	१	३

७८. खालीलैकी कोणता देश त्याच्यासमोर उल्लेखिलेल्या खनिजाचा प्रमुख उत्पादक नाही?
(अ) चीन - टंगस्टन (ब) भारत - अभ्रक
(क) इंडोनेशिया - टिन (ड) झैरे - हिरा

७९. २००१ च्या जनगणनेनुसार उत्तर प्रदेशची लोकसंख्या खालील कोणत्या देशापेक्षा जास्त आहे?
(१) इंडोनेशिया (२) जपान (३) पाकिस्तान (४) संयुक्त संस्थान
खालीलपैकी योग्य उत्तर निवडा.
(अ) १ आणि २ (ब) २ आणि ३ (क) ३ आणि ४ (ड) १ आणि ४.

८०. जगात कृत्रिम रेशीम उत्पादनात खालीलपैकी कोणता देश अग्रणी आहे ?

(अ) चीन (ब) भारत (क) जपान (ड) इटली

८१. खालीलपैकी कोणी जगातील लोकसंख्या आणि नैसर्गिक प्रदेश निश्चित करण्याचा सर्वप्रथम प्रयत्न केला होता?

(अ) ए. ई. एकरमॅन (ब) जे. आय. क्लार्क

(क) जी. टी. ट्रिवार्था (ड) डब्ल्यू. जेलिस्की

८२. स्तंभ १ (देश) आणि स्तंभ २ (पिके) यांमधील योग्य शब्द निवडून जोड्या लावा आणि खाली दिलेल्या जोड्यांमधील योग्य जोडी निवडा.

स्तंभ १	**स्तंभ २**
देश	पिके
(प) क्युबा	(१) कापूस
(फ) रशिया	(२) ज्यूट
(भ) इजिप्त	(३) गहू
(न) बांगलादेश	(४) ऊस

जोड्या	प	फ	भ	न
(अ)	३	२	१	४
(ब)	४	३	२	१
(क)	४	३	१	२
(ड)	१	३	४	२

८३. खालीलपैकी कोणते खाणक्षेत्र कोळसा उत्पादनासाठी प्रसिद्ध आहे?

(अ) केपयार्क (ब) कारागांडा (क) किरकुक (ड) ट्रान्सवाल

८४. व्हँगहो नदी कोठे मिळते?

(अ) टोंगकिंग खाडीत (ब) पिवळ्या समुद्रात

(क) जपानच्या समुद्रात (ड) दक्षिण चीन समुद्रात

८५. खालीलपैकी कोणता देश तांबे निर्यात करणारा प्रमुख देश आहे?

(अ) घाना (ब) मोरोक्को (क) झाम्बिया (ड) बेल्जियम

८६. खालीलपैकी द. आफ्रिकेचे कोणते शहर बंदर नाही?

(अ) डरबन (ब) जोहान्सबर्ग

(क) पोर्ट एलिझाबेथ (ड) केप टाउन

८७. खालील विधानांवर विचार करा.

विधान अ : जर्मनीतील ऱ्हूर प्रदेशात लोखंड पोलाद कारखाने मोठ्या प्रमाणात विकसित झाले आहेत.

विधान क : वेस्टफेलिया खाणक्षेत्रात बिटुमिनस कोळसा सापडतो.

(अ) विधान 'अ' आणि 'क' दोन्ही बरोबर आहेत आणि विधान 'क' 'अ' चे स्पष्टीकरण / कारण आहे.

(ब) विधान 'अ' आणि 'क' दोन्ही बरोबर आहेत; परंतु विधान 'क' 'अ' चे स्पष्टीकरण / कारण नाही.

(क) विधान 'अ' बरोबर आहे; पण 'क' चूक आहे.

(ड) विधान 'अ' चूक आहे; पण 'क' बरोबर आहे.

८८. खालीलपैकी कोणते विधान योग्य नाही?

(अ) जगात चीनची लोकसंख्या सर्वांत जास्त आहे.

(ब) जगात चीन लोखंडाचा सर्वांत मोठा उत्पादक देश आहे.

(क) जगात चीन कोळशाचा सर्वांत मोठा उत्पादक देश आहे.

(ड) जगात चीन तांब्याचा सर्वांत मोठा उत्पादक देश आहे.

८९. खालीलपैकी कोणती जोडी योग्य नाही?

(अ) डुलुथ — सुपिरिअर सरोवर

(ब) शिकागो — मिशिगन सरोवर

(क) डेट्रायट — ह्युरॉन सरोवर

(ड) टोरंटो — ओन्टॅरिओ सरोवर

९०. मध्यपूर्वेकडील देशात खनिज तेलाचे सर्वांत जास्त उत्पादन कोठे होते?

(अ) इराण (ब) इराक

(क) कुवेत (ड) सौदी अरेबिया

९१. स्तंभ १ (देश) आणि स्तंभ २ (कोळसा खाणक्षेत्र) यांमधील योग्य शब्द निवडून जोड्या लावा आणि खाली दिलेल्या जोड्यांमधील योग्य जोडी निवडा.

स्तंभ १ देश	**स्तंभ २** कोळसा खाणक्षेत्र
(प) चीन	(१) पेन्सिल्व्हानिया
(फ) जर्मनी	(२) सार
(भ) युक्रेन	(३) शेन्सी
(न) संयुक्त संस्थान	(४) डोनेटस् बेसिन

जोड्या	प	फ	भ	न
(अ)	१	३	४	२
(ब)	३	२	१	४
(क)	३	२	४	१
(ड)	४	३	२	१

९२. दक्षिण आफ्रिकेतील खालीलपैकी कोणते शहर सोन्याच्या खाणींशी संबंधित आहे?

(अ) पोस्टमासबर्ग (ब) जोहान्सबर्ग (क) क्लर्क्सडॉप (ड) निगेल

९३. सिंगापूरबाबत खालील विधानांवर विचार करा.

(१) इथे मिश्र लोकसंख्या आहे.

(२) सिंगापूर स्थान व्यापारीदृष्ट्या लाभप्रद आहे.

(३) येथे व्यापारी शेतीचा विकास झाला आहे.

(४) या देशाला मोठ्या प्रमाणावर परदेशी चलन मिळते.

खालीलपैकी योग्य उत्तर निवडा.

(अ) १, २, ३ बरोबर आहे. (ब) १, ३, ४ बरोबर आहे

(क) २, ३, ४ बरोबर आहे. (ड) १, २, ४ बरोबर आहे.

९४. खालीलपैकी कोणते विधान ऑस्ट्रेलियाबाबत योग्य नाही?

(अ) हे जगातील सर्वांत छोटे खंड आहे.

(ब) हे एकच खंड असे आहे की जे एक देश आहे.

(क) याच्या उत्तरेकडील भागात विषुववृत्तीय हवामान आढळते.

(ड) याच्या दक्षिणेकडील भागात भूमध्य सामुद्रीक हवामान आढळते.

९५. वृक्षांची विविधता, कमीत कमी गवत, मांसाहारी प्राणी आणि जलचर प्राणी यांचे साम्राज्य खालीलपैकी कोणत्या प्रदेशात आहे?

(अ) भूमध्य सामुद्रिक हवामानाचा प्रदेश

(ब) विषुववृत्तीय हवामानाचा प्रदेश

(क) मॉन्सून हवामानाचा प्रदेश

(क) उष्णकटिबंधीय वाळवंटी प्रदेश

९६. जगातील कापूसउत्पादनात अग्रेसर असलेल्या तीन देशांची उतरत्या क्रमाने क्रमवारी कोणती?

(अ) चीन, संयुक्त संस्थाने, भारत

(ब) चीन, संयुक्त संस्थाने, पाकिस्तान

(क) संयुक्त संस्थाने, भारत, चीन

(ड) भारत, संयुक्त संस्थाने, चीन

९७. थंड व दमट हवामानाच्या प्रदेशात खालीलपैकी कोणती मृदा आढळते?

(अ) जांभा (ब) पडझॉल (क) चेर्नोझम (ड) गाळाची

९८. सर्वोत्तम अंतर्गत जलमार्ग कोठे आहेत?

(अ) आफ्रिका (ब) ऑस्ट्रेलिया (क) युरोप (ड) उत्तर अमेरिका

९९. खालीलपैकी कोणती विधाने योग्य आहेत?

(१) ऱ्हाइन जलवाहतुकीसाठी सर्वांत व्यस्त अशी जगातील नदी आहे.

(२) ऱ्हाइन युरोपातील सर्वांत जास्त प्रगत विभाग आहे.

(३) ऱ्हाइन नदीवरील सर्व बंदरे आंतरराष्ट्रीय वाहतुकीसाठी वापरली जातात.

खालीलपैकी योग्य उत्तर निवडा.

(अ) १ आणि २ बरोबर आहे. (ब) १ आणि ३ बरोबर आहे.

(क) २ आणि ३ बरोबर आहे. (ड) १, २ आणि ३ बरोबर आहे.

१००. खालीलपैकी कोणता देश रबर उत्पादनात महत्त्वपूर्ण आहे?

(अ) इंडोनेशिया (ब) चीन (क) इजिप्त (ड) अर्जेंटिना

१०१. पशुपालन हा व्यवसाय खालीलपैकी कोणत्या प्रदेशात विकसित झाला आहे?

(अ) दक्षिण आफ्रिका (ब) पूर्व आफ्रिका

(क) गिनीचा किनारा (ड) नील बेसिन

१०२. खालीलपैकी कोणती जोडी योग्य नाही?

(अ) जोहार सामुद्रधुनी - सिंगापूर व सुमात्राच्या मध्ये

(ब) मल्लाकाची सामुद्रधुनी - मलेशिया व सुमात्राच्या मध्ये

(क) सुंदाची सामुद्रधुनी - सुमात्रा व जावाच्या मध्ये

(ड) मकस्सर सामुद्रधुनी - काळीमातन व सुलेवासीच्या मध्ये

१०३. खालीलपैकी कोणती जोडी योग्य नाही?

(अ) आयसोबेल - समसूर्यप्रकाश जोडणाऱ्या रेषा

(ब) आयसोकेम - हिवाळ्यातील सम तापमान ठिकाणे जोडणाऱ्या रेषा

(क) आयसोब्रांन्ट - एकाच वेळी सम वादळाची ठिकाणे जोडणाऱ्या रेषा

(ड) आयसोनिक - सममेघ जोडणाऱ्या रेषा

१०४. विविध सजीवांचे परस्परसंबंध व त्यांचे नैसर्गिक पर्यावरणाशी असलेले संबंध यांच्या अभ्यासाला काय म्हणतात?

(अ) ऋतुजैविकी (ब) परिस्थितिकी (क) जैविकी (ड) प्राणिशास्त्र

१०५. खालीलपैकी कोणते ओझोनच्या ऱ्हासाचे कारण आहे?

(अ) क्लोरिन (ब) फ्लोरिन

(क) कार्बन (ड) मिथेन

१०६. खालीलपैकी कोणते जलप्रदूषणाशी संबंधित नाही?

(अ) युट्रिफिकेशन (ब) नायट्रीफिकेशन

(क) सजीवांची ऑक्सिजनची मागणी

(ड) तेलगळती

१०७. भारतातील सर्वांत जास्त खनिजतेलाचा साठा असलेल्या खडकांचा प्रकार कोणता?

    (अ) कडप्पा   (ब) धारवाड   (क) गोंडवाना   (ड) विंध्य

१०८. खालीलपैकी कोणत्या नदीचा उगम मैकल पर्वतरांगांत नाही?

    (अ) नर्मदा   (ब) तापी   (क) सोन   (ड) महानदी

१०९. खालील राज्यांपैकी सर्वांत जास्त किनारपट्टी कोणत्या राज्याची आहे?

    (अ) तमिळनाडू   (ब) आंध्र प्रदेश   (क) महाराष्ट्र   (ड) कर्नाटक

११०. गंगेच्या खोऱ्यात भाबर माती कोठे सापडते?

    (अ) नदीच्या प्रवाहात   (ब) पुराने प्रभावित क्षेत्रात

    (क) पुराच्या सीमारेषेच्या वर   (ड) गोखूर सरोवराच्या किनारी

उत्तरे

१. ड	२. ब	३. ड	४. अ	५. ड	६. अ	७. क
८. ब	९. क	१०. अ	११. ब	१२. अ	१३. क	१४. क
१५. ड	१६. अ	१७. ब	१८. अ	१९. अ	२०. ब	२१. ड
२२. ब	२३. ब	२४. ड	२५. अ	२६. क	२७. अ	२८. क
२९. अ	३०. अ	३१. क	३२. अ	३३. अ	३४. ब	३५. ड
३६. ब	३७. क	३८. क	३९. क	४०. ड	४१. ड	४२. अ
४३. क	४४. ब	४५. अ	४६. अ	४७. ड	४८. क	४९. अ
५०. ब	५१. क	५२. अ	५३. ब	५४. ड	५५. अ	५६. अ
५७. अ	५८. अ	५९. क	६०. ड	६१. क	६२. ड	६३. अ
६४. ब	६५. क	६६. अ	६७. ड	६८. ड	६९. ब	७०. क
७१. क	७२. अ	७३. ब	७४. ब	७५. ब	७६. अ	७७. ड
७८. अ	७९. ब	८०. अ	८१. ड	८२. क	८३. ब	८४. ब
८५. क	८६. ब	८७. अ	८८. ड	८९. क	९०. ड	९१. क
९२. ब	९३. ड	९४. क	९५. ब	९६. अ	९७. ब	९८. क
९९. ड	१००. अ	१०१. ब	१०२. अ	१०३. ड	१०४. ब	१०५ अ
१०६. ब	१०७. ब	१०८. ब	१०९. ब	११०. क		

◆◆◆

प्रश्नसंच १२

१. खालील भूगर्भीय युगांचा कालानुसार क्रम लावून खाली दिलेल्या जोड्यांमधील योग्य जोडी निवडा.

(प) इयोसिन (फ) मायोसिन (भ) ओलिगोसिन (न) प्लायोसिन

जोड्या

(अ)	प	फ	भ	न
(ब)	प	न	फ	भ
(क)	प	भ	फ	न
(ड)	न	भ	फ	प

२. खालील विधानांवर विचार करा.

विधान अ : वारा नेहमी उच्च दाबाच्या प्रदेशाकडून कमी दाबाच्या प्रदेशाकडे वाहतो.

विधान क : वाऱ्याच्या दिशेला कोरिओलिस प्रभावीत करतात. खाली दिलेल्या उत्तरांपैकी योग्य उत्तर निवडा.

(अ) विधान 'अ' आणि 'क' बरोबर आहेत आणि विधान 'क' हे 'अ' चे स्पष्टीकरण / कारण आहे.

(ब) विधान 'अ' आणि 'क' बरोबर आहेत परंतु विधान 'क' हे 'अ' चे स्पष्टीकरण / कारण नाही.

(क) विधान 'अ' बरोबर आहे परंतु विधान 'क' चूक आहे.

(ड) विधान 'क' चूक आहे परंतु विधान 'अ' बरोबर आहे.

३. नदीच्या पुनरुज्जीवनामुळे खालीलपैकी कोणता भूप्रकार तयार होतो?

(अ) एन्ट्रेंच्ड मीएन्डर्स (कार्तिक नागमोड) (ब) पूरमैदान

(क) अरुंद दरी (ड) घळई

४. खालीलपैकी कोणत्या ढगांना 'वादळी ढग' म्हणतात?

(अ) सिरस (ब) निंबस (क) क्युमुलस (ड) स्ट्रेटस

५. खालील समुद्रप्रवाहातील कोणता समुद्रप्रवाह ऋतूनुसार उलटा वाहतो?

(अ) सोमाली प्रवाह (ब) कॅनरी प्रवाह

(क) गिनीचा प्रवाह (क) पेरू प्रवाह

६. खालीलपैकी कोणती मृदा तैगा अरण्यात आढळते?
   (अ) पडझोल   (ब) जांभा   (क) चेस्टनट   (ड) चेर्नोझम

७. खालीलपैकी कोणती जोडी योग्य नाही?
   (अ) लासेन शिखर - संयुक्त संस्थाने
   (ब) मोना लोवा - हवाई
   (क) कोटोपॅक्सी - बोलिविया
   (ड) व्हेसुव्हिअस - इटली

८. खालीलपैकी कोणत्या प्रदेशात मंगोलियन जमातीचे लोक आहेत?
   (अ) पूर्व आशिया   (ब) पूर्व युरोप
   (क) उत्तर अमेरिका   (ड) उत्तर आशिया

९. खालीलपैकी कोणती जोडी योग्य नाही?
   (अ) आयसोबार - वायुदाब   (ब) आयसोहाइट - पाऊस
   (क) आयसोहेलाइन - हिमवर्षा   (ड) आयसोबाथ - खोली

१०. विलीविली काय आहे?
   (अ) ऑस्ट्रेलियावर येणारे उष्णकटिबंधीय चक्रीवादळ
   (ब) टायफून
   (क) खूप उंच लाटा
   (ड) भारतावर येणारे उष्णकटिबंधीय चक्रीवादळ

११. पंजशीर खोरे कोठे आहे?
   (अ) अफगाणिस्तानात   (ब) इजिप्तमध्ये
   (क) इराणमध्ये   (ड) तुर्कस्तानात

१२. भारतातील तीन अग्रणी कापूसउत्पादक राज्ये कोणती?
   (अ) गुजरात, महाराष्ट्र आणि मध्य प्रदेश
   (ब) गुजरात, महाराष्ट्र आणि आंध्र प्रदेश
   (क) महाराष्ट्र, गुजरात, आणि कर्नाटक
   (ड) महाराष्ट्र, गुजरात आणि तमिळनाडू

१३. खालीलपैकी कोणती जोडी योग्य नाही?
   (अ) ऐनू - जपान   (ब) मसाई - केनिया
   (क) बुशमेन - द. अफ्रिका   (ड) पापुअन्स - न्यू गिनी

१४. खालीलपैकी कोणते शहर कार्यात्मक वर्गीकरणानुसार इतर तीन शहरांपेक्षा वेगळे आहे?
   (अ) आग्रा   (ब) कानपूर   (क) अलाहाबाद   (ड) बनारस

१५. स्तंभ १ (भूगोलतत्त्ववेत्ता) आणि स्तंभ २ (सिद्धान्त) यांमधील योग्य शब्द निवडून जोड्या लावा आणि खाली दिलेल्या जोड्यांमधील योग्य जोडी निवडा.

	स्तंभ १	**स्तंभ २**
	भूगोलतत्त्ववेत्ता	सिद्धान्त
(प)	जीन ब्रूंश	(१) निश्चयवाद
(फ)	ओ.एच.के.स्पेट	(२) नव-निश्चयवाद
(भ)	ग्रिफिथ टेलर	(३) संभववाद
(न)	फ्रेडरिक रॅटझेल	(४) संभाव्यवाद

जोड्या	प	फ	भ	न
(अ)	१	२	३	४
(ब)	१	३	२	४
(क)	३	४	२	१
(ड)	४	३	२	१

१६. उपनगराची कल्पना खालीलपैकी कोणी मांडली?
(अ) आर. ई. डिकिन्सनने (ब) आर. ई. मर्फीने
(क) ए.ई. स्नेक्सने (ड) पी. गेडीजने

१७. नागरी लोकसंख्येच्या घनतेचे मॉडेल सर्वांत प्रथम कोणी विकसित केले?
(अ) ब्रायन जे. एल. बेरीने (ब) कोलिन क्लार्कने
(क) पी. एम. हौसरने (ड) पी. गेडीजने

१८. गड्डी जमातीचा मुख्य व्यवसाय काय आहे?
(अ) कृषी (ब) शिकार
(क) शिकार आणि पशुपालन (ड) स्थलांतरित पशुपालन

१९. खालीलपैकी कोणती जोडी योग्य नाही?
(प) एन्थ्रोपोज्यॉग्राफी - एफ. रॅटझेल
(फ) प्रॉब्लेम्स ऑफ ह्युमन जिऑग्रफी - ए. देमांजो
(भ) इनफ्लुअन्सेस ऑफ जिऑग्राफी एन्व्हायर्नमेंट - ई.सी. सेम्पुल
(न) ॲनलिटिकल ह्युमन जिऑग्राफी - पी. हॅगेट

२०. खालील महासागरातील कोणता समुद्रप्रवाह इतर तीन समुद्रप्रवाहांपेक्षा वेगळा आहे?
(अ) ब्राझील प्रवाह (ब) पेरू प्रवाह
(क) बेंग्वेला प्रवाह (ड) लॅब्रेडॉर प्रवाह

२१. 'विश्वविकास'च्या २००० च्या रिपोर्टनुसार सर्वाधिक गरीब लोकांची टक्केवारी खालीलपैकी कोणत्या प्रदेशात आहे?

(अ) पूर्व आशिया (ब) दक्षिण आशिया

(क) सब-सहारा आफ्रिका (ड) लॅटिन अमेरिका

२२. भारताचा दैनिक हवामानाचा नकाशा काय दर्शवत नाही?

(अ) वायुदाबाचे वितरण (ब) वाऱ्याची दिशा

(क) पावसाचे प्रमाण (ड) तापमान

२३. खालीलपैकी कोणती जोडी योग्य नाही?

(अ) बॉन : समदुरी प्रक्षेपण (ब) मर्केटर : अनुरूप प्रक्षेपण

(क) सिन्युसायडल : समक्षेत्र प्रक्षेपण

(ड) ध्रुवीय न्युमोनिक : दिगंशी प्रक्षेपण

२४. आंतरराष्ट्रीय नकाशा प्रक्षेपणाचे संशोधित रूप आहे :

(अ) बॉनचे प्रक्षेपण (ब) बहुशंकू प्रक्षेपण

(क) साधारण शंकू प्रक्षेपण (ड) सिन्युसायडल प्रक्षेपण

२५. खालीलपैकी कोणती जोडी योग्य नाही?

(अ) मधून मधून झिमझिम पाऊस ,

(ब) सर्वसाधारण पावसाच्या सरी

(क) दाट धुके =

(ड) मोठ्या प्रमाणात गारांसह व विजांसह वादळ

२६. स्तंभ १ (क्लाइमोग्राफची स्थिती) आणि स्तंभ. २ (हवेची स्थिती) यांमधील योग्य शब्द निवडून जोड्या लावा आणि खाली दिलेल्या जोड्यांमधून योग्य जोडी निवडा.

	स्तंभ १ क्लायमोग्राफची स्थिती	**स्तंभ २** हवेची स्थिती
(प)	वायव्य कोपरा	(१) उष्ण व आर्द्र
(फ)	ईशान्य कोपरा	(२) उष्ण व दमट
(भ)	नैर्ऋत्य कोपरा	(३) थंड आर्द्र
(न)	आग्नेय कोपरा	(४) उष्ण कोरडे

जोड्या	प	फ	भ	न
(अ)	१	२	३	४
(ब)	४	३	२	१
(क)	४	१	२	३
(ड)	२	३	१	४

२७. गोकुळ ग्राम योजनेची सुरुवात कुठे झाली?

(अ) उत्तर प्रदेशमध्ये (ब) गुजरातमध्ये

(क) मध्यप्रदेशामध्ये (ड) हरियाणामध्ये

२८. खालील विधानांवर विचार करा.

विधान अ : भारतात नागरी लोकसंख्या संयुक्त संस्थानांच्या एकूण लोकसंख्येपेक्षा जास्त आहे.

विधान क : भारतात नागरीकरणात अभूतपूर्ण वाढ झाली आहे.

खालीलपैकी कोणते उत्तर बरोबर आहे?

(अ) विधान 'अ' आणि 'क' दोन्ही बरोबर आहेत आणि 'क' हे 'अ' चे कारण / स्पष्टीकरण आहे.

(ब) विधान 'अ' आणि 'क' दोन्ही बरोबर आहेत परंतु 'क' हे 'अ' चे कारण / स्पष्टीकरण नाही.

(क) विधान 'अ' बरोबर आहे आणि 'क' चूक आहे.

(ड) विधान 'अ' चूक आहे परंतु 'क' बरोबर आहे.

२९. स्तंभ १ (प्रकल्प) आणि स्तंभ २ (राज्य) यांमधील खाली दिलेल्या जोड्यांमधील चुकीची जोडी निवडा.

स्तंभ १ प्रकल्प	**स्तंभ २** राज्य
(अ) नागार्जुन सागर	(१) आंध्र प्रदेश
(ब) इंदिरा सागर	(२) मध्य प्रदेश
(क) मयूराक्षी	(३) पश्चिम बंगाल
(ड) माताटीला	(४) उत्तरांचल

३०. हरिकेन खालीलपैकी कोणत्या समुद्रावर येत नाहीत?

(अ) अरबी समुद्र (ब) कॅरेबियन समुद्र

(क) चीनचा समुद्र (ड) उत्तर समुद्र

३१. खालीलपैकी कोणती जोडी योग्य नाही?

(अ) ऐक्रान - कृत्रिम रबर

(ब) ओसाका - जहाजनिर्मिती

(क) मॅग्निटोगॉर्स्क - लोखंड व पोलाद

(ड) बाकू - तेलशुद्धीकरण कारखाना

३२. खालीलपैकी कोणते सर्वांत मोठे मासेमारीचे क्षेत्र आहे?

(अ) कॅरेबियन समुद्र (ब) चेसापिक खाडी

(क) ग्रॅन्ड बॅंक (ड) नोवास्कोशिया

३३. खालील शहरांच्या लोकसंख्येनुसार उतरत्या क्रमाने योग्य क्रमवारी कोणती?
(अ) टोकिओ, मुंबई, बीजिंग, सेऊल
(ब) टोकिओ, बीजिंग, मुंबई, सेऊल
(क) बीजिंग, मुंबई, सेऊल, टोकियो
(ड) सेऊल, टोकिओ, बीजिंग, मुंबई

३४. खालीलपैकी कोणत्या प्रदेशात / देशात भूमध्यसामुद्रिक हवामान आढळत नाही?
(अ) कॅलिफोर्निया (ब) सायप्रस
(क) बोलिव्हिया (ड) चिली

३५. खालीलपैकी कोणत्या प्रदेशात अभिसरणपर्जन्य पडतो?
(अ) विषुववृत्तीय हवामानाचा प्रदेश
(ब) भूमध्यसामुद्रिक हवामानाचा प्रदेश
(क) मान्सून हवामानाचा
(ड) पश्चिम युरोपीय

३६. कलहारी वाळवंट कोठे आहे?
(अ) अंगोला (ब) बोत्सवाना (क) झांबिया (ड) झैरे

३७. स्तंभ १ (नदी) आणि स्तंभ २ (धरण) यांमधील योग्य शब्द निवडून जोड्या लावा आणि खाली दिलेल्या जोड्यांधील योग्य जोडी निवडा.

स्तंभ १ नदी	**स्तंभ २** धरण
(प) कोलोरॅडो	(१) अम्बान
(फ) दामोदर	(२) कॅरिबा
(भ) नाईल	(३) पंचेत हिल
(न) झाम्बेझी	(४) हूवर

जोड्या	प	फ	भ	न
(अ)	१	२	३	४
(ब)	४	३	२	१
(क)	३	४	१	२
(ड)	४	३	१	२

३८. आफ्रिकेबाबतची खालील कोणती विधाने बरोबर आहेत?
(१) मध्य आफ्रिकेत बराचसा पाऊस हिवाळ्यात होतो.
(२) विषुववृत्तामुळे आफ्रिकेचे बरोबर दोन भाग होतात.
(३) मकरवृत्तामुळे सहारा वाळवंटाचे बरोबर दोन भाग होतात.
(४) एटलस हा नवीन वलीपर्वत आहे.

खालीलपैकी योग्य उत्तरे निवडा.

(अ) २ आणि ३   (ब) ३ आणि ४   (क) १ आणि २   (ड) २ आणि ४

३९. पृथ्वीच्या परिघावरील सर्वांत लांब खचदरी कोणती?

(अ) पूर्व आफ्रिकेची खचदरी   (ब) ऱ्हाइनची खचदरी

(क) स्कॉटिश खचदरी   (ड) उत्तर एडनची खचदरी

४०. खालीलपैकी कोणत्या देशात फिओर्ड किनारा आढळत नाही?

(अ) ऑस्ट्रेलिया   (ब) कॅनडा   (क) नॉर्वे   (ड) चिली

४१. हिंदुस्तान केबल्स कारखाना कोठे आहे?

(अ) बंगळूरू   (ब) हटिया   (क) राणीबाग   (ड) रूपनारायणपूर

४२. धौलाधर आणि पीर पंजाल रांगा कोठे आहेत?

(अ) ट्रान्स हिमालय   (ब) महान हिमालय

(क) लघू हिमालय   (ड) बाह्य हिमालय

४३. भारतातील काळ्या मृदेबाबत (रेगूर मृदा) खालीलपैकी कोणती विधाने बरोबर आहेत?

(१) ती मुख्यत: दख्खनच्या पठारावर आढळते.

(२) ती जवळजवळ ५ लाख चौ. कि. मी. क्षेत्रफळावर पसरलेली आहे.

(३) त्यात मृदेस आवश्यक पौष्टिक घटक असतात.

(४) ती मृदा कापसाच्या शेतीसाठी अत्यंत उपयोगी आहे.

खालीलपैकी योग्य उत्तर निवडा.

(अ) १ आणि २   (ब) १, २ आणि ३

(क) २, ३ आणि ४   (ड) १, २, ३ आणि ४

४४. खालीलपैकी कोणते विधान बरोबर नाही?

(अ) मुंबई नैसर्गिक गोदी असलेले बंदर आहे.

(ब) कांडला खंबाटकच्या आखातात आहे.

(क) कोलकाता हुगळी नदीवरचे अंतर्गत बंदर आहे.

(ड) चेन्नईची गोदी कृत्रिम आहे.

४५. तेलुगू गंगा प्रकल्पात खालीलपैकी कोणत्या राज्यांचा सहभाग आहे?

(अ) आंध्र प्रदेश, तमिळनाडू व केरळ

(ब) आंध्र प्रदेश, कर्नाटक व महाराष्ट्र

(क) मध्यप्रदेश, महाराष्ट्र व कर्नाटक

(ड) आंध्रप्रदेश, मध्यप्रदेश व महाराष्ट्र

४६. खालीलपैकी कोणत्या जमातीचे लोक स्थलांतरित शेती करतात?

(अ) मध्य आशियाचे किरगीज (ब) भारतातील भिल्ल

(क) मलेशियाचे सिमांग (ड) पश्चिम आफ्रिकेचे हौसा

४७. कोपनच्या वर्गीकरणानुसार जम्मू आणि काश्मीर आणि हिमाचल प्रदेशातील पर्वतमय प्रदेशात कोणते हवामान आढळते?

(अ) Amw (ब) Dfc (क) ET (ड) Bwhw

४८. खाली दिलेल्या पर्वतांची उत्तर-दक्षिण या क्रमाने क्रमवारी लावा.

१. अनाईमलाई पर्वत २. पालनी पर्वत ३. इलायची पर्वत

खालीलपैकी योग्य उत्तर निवडा.

(अ) १, ३, २ (ब) ३, १, २ (क) १, २, ३ (३) २, १, ३

४९. २००१ च्या जनगणनेनुसार कोणत्या राज्यात शहरांची घनता जास्त आहे पण शहरीकरणाचा वेग कमी आहे?

(अ) आंध्र प्रदेश (ब) गुजरात (क) महाराष्ट्र (ड) उत्तर प्रदेश

५०. खालीलपैकी कोणत्या प्रदेशात सखोल शेती होते?

(अ) नेदरलँडमध्ये भाजीपाल्याची शेती

(ब) आग्नेय आशियात तांदळाची शेती

(क) कॅनडामध्ये गव्हाची शेती

(ड) कॅलिफोर्नियात फळाची शेती

५१. खालीलपैकी कोणत्या राज्याची किनारपट्टी सर्वांत लांब आहे?

(अ) गुजरात (ब) महाराष्ट्र (क) केरळ (ड) तमिळनाडू

५२. खालीलपैकी कोणती हवामानाची स्थिती कापसाच्या शेतीस अनुकूल आहे?

(अ) थंड, दमट आणि अल्पकाळ उन्हाळा

(ब) गरम, दमट आणि दीर्घकाळ उन्हाळा

(क) गरम, कोरडा आणि दीर्घकाळ उन्हाळा

(ड) कोरडा, उष्ण आणि दीर्घकाळ उन्हाळा

५३. खालील कोणत्या स्थलनिर्देशक नकाशाचे प्रमाण १:५०,००० असेल?

(अ) ६३ (ब) ६३G (क) ६३G / NE (ड) ६३G/१०

५४. बकिंगहॅम कालव्याचे प्रमुख कार्य काय आहे?

(अ) सिंचन (ब) जलवाहतूक

(क) पर्यटनविकास (ड) सिंचन आणि जलवाहतूक

५५. आंतरराष्ट्रीय दिनांकरेषेच्या पश्चिमेस खालील पैकी कोणता देश नाही–

(अ) न्यूझीलंड (ब) तुवालू (क) किरबाती (ड) टोंगा

५६. खालीलपैकी कोणती जोडी योग्य नाही?

(अ) अंकारा : तुर्कस्तान (ब) हवाना : क्यूबा

(क) अकरा : घाना (ड) म्युनिच : स्वित्झर्लंड

५७. उत्तर प्रदेशात खालीलपैकी कोणत्या दशकात लोकसंख्यावृद्धी अधिक झाली?

(अ) १९६१-७१ (ब) १९७१-८१

(क) १९८१-९१ (ड) १९९१-२००१

५८. खालील विधानांवर विचार करा.

विधान अ : चहा आणि कॉफी दोन्ही निलगिरी पर्वतावर वाढतात.

विधान क : दोन्ही पिकांच्या वाढीस समान परिस्थिती आवश्यक असते.

खालीलपैकी योग्य उत्तर निवडा.

(अ) विधान 'अ' आणि 'क' बरोबर आहेत आणि 'क' हे 'अ' चे योग्य स्पष्टीकरण / कारण आहे.

(ब) विधान 'अ' आणि 'क' दोन्ही बरोबर आहेत परंतु 'क' हे 'अ' चे योग्य स्पष्टीकरण / कारण नाही.

(क) विधान 'अ' बरोबर आहे. परंतु विधान 'क' चूक आहे.

(ड) विधान 'अ' चूक आहे परंतु विधान 'क' बरोबर आहे.

५९. खालीलपैकी कोणती जोडी योग्य नाही?

(अ) पीट : कमी प्रतीचा कोळसा

(ब) कॅम्पाज : उष्णकटिबंधीय गवताळ प्रदेश

(क) क्रोमियम : खनिज इंधन

(ड) फाजेण्डा : कॉफीची शेती

६०. ऑस्ट्रेलियाच्या आंतरराष्ट्रीय व्यापारात खालीलपैकी कोणत्या वस्तूचे जास्त योगदान आहे.

(अ) दुधाचे पदार्थ (ब) मांस (क) गहू (ड) लोकर

६१. भारतात सर्वांत जास्त साखरेचे उत्पादन करणारी राज्ये कोणती?

(अ) बिहार, उत्तरप्रदेश, महाराष्ट्र

(ब) उत्तर प्रदेश, महाराष्ट्र, तमिळनाडू

(क) उत्तर प्रदेश, महाराष्ट्र, आंध्रप्रदेश

(ड) बिहार, उत्तर प्रदेश, आंध्रप्रदेश

६२. नऊ डिग्री चॅनेल कोठे आहे?

(अ) कावारत्ती आणि मिनीकॉयच्या मधे

(ब) अमीनदावी आणि कावारत्तीच्या मधे

(क) कारनिकोबार आणि ग्रेट निकोबारच्या मधे

(ड) अंदमान आणि निकोबार बेटांच्या मधे

६३. सर्वांत जास्त क्षारता खालीलपैकी कोणत्या समुद्रात आहे?

(अ) अरबी समुद्र   (ब) कास्पियन समुद्र

(क) मृत समुद्र   (ड) लाल समुद्र

६४. रेडिओ लहरी खालीलपैकी कोणत्या वातावरणाच्या थरातून परावर्तित होतात?

(अ) आयनांबर   (ब) स्थितांबर   (क) तपांबर   (ड) बाह्यावरण

६५. खालीलपैकी कोणती जोडी योग्य नाही?

(अ) बॉक्साइट : बांदा   (ब) कोळसा : मिर्जापूर

(क) चुनखडक : सोनभद्र   (ड) वाळू : अलाहाबाद

६६. पंपाज आणि स्टेपीज काय आहेत?

(अ) मध्य अक्षवृत्तीय गवताची मैदाने

(ब) कमी अक्षांशावरील गवताची मैदाने

(क) उच्च अक्षांशातील गवताची मैदाने

(ड) उष्णकटिबंधीय गवताची मैदाने

६७. महाराष्ट्रातील तीन वेगवेगळ्या वर्षांतील मुख्य पिकाखालील क्षेत्र दाखवण्यासाठी कोणत्या आलेखाचा उपयोग करतात?

(अ) बॅन्डग्राफ   (ब) बारग्राफ   (क) हैदरग्राफ   (ड) पॉलीग्राफ

६८. मध्यपूर्वेतील देशांमध्ये खनिजतेल उत्पादनात अग्रणी असणाऱ्या देशांची क्रमवारी कोणती?

(अ) इराण, इराक, कुवेत, सौदी अरेबिया

(ब) सौदी अरेबिया, इराक, इराण, कुवेत

(क) सौदी अरेबिया, कुवेत, इराक, इराण

(ड) सौदी अरेबिया, इराक, कुवेत, इराण

६९. विधान अ : ग्रामीण शहरी स्थलांतर हे भारताच्या लोकांचे वैशिष्ट्य आहे.

विधान क : ग्रामीण भागातून स्थलांतराचे मुख्य कारण गरिबी आहे.

खालीलपैकी योग्य उत्तर निवडा.

(अ) विधान 'अ' आणि 'क' बरोबर आहेत आणि विधान 'क' हे 'अ' चे योग्य स्पष्टीकरण / कारण आहे.

(ब) विधान 'अ' आणि 'क' बरोबर आहेत परंतु विधान 'क' हे 'अ' चे स्पष्टीकरण / कारण नाही.

(क) विधान 'अ' बरोबर आहे व विधान 'क' चूक आहे.

(ड) विधान 'अ' चूक आहे व विधान 'क' बरोबर आहे.

७०. खालीलपैकी कोणती कोळसाक्षेत्रे दामोदर नदीच्या खोऱ्यात आहेत?

(१) झरिया (२) राणीगंज (३) सिंगरोली (४) सोहागपूर

खालीलपैकी योग्य उत्तर निवडा-

(अ) १ आणि २ (ब) २ आणि ३

(क) १, २, आणि ३ (ड) २, ३ आणि ४

७१. लोखंडाचे सर्वांत जास्त साठे खालीलपैकी कोणत्या देशात आहेत?

(अ) ब्राझील (ब) भारत (क) रशिया (ड) संयुक्त संस्थाने

७२. भारतात खालीलपैकी कोणत्या पिकाच्या उत्पादनासाठी उत्तर प्रदेशाचा पहिला क्रमांक लागतो?

(अ) तांदूळ आणि गहू (ब) गहू आणि ऊस

(क) तांदूळ आणि ऊस (ड) गहू आणि डाळ

७३. जगात कागदाचे सर्वांत जास्त उत्पादन कोणत्या देशात होते?

(अ) चीन (ब) जपान (क) कॅनडा (ड) संयुक्त संस्थाने

७४. स्तंभ १ (राष्ट्रीय उद्यान) आणि स्तंभ २ (राज्य) यांमधील योग्य शब्द निवडून जोड्या लावा आणि खाली दिलेल्या जोड्यांमधील योग्य जोडी निवडा.

	स्तंभ १ राष्ट्रीय उद्यान	**स्तंभ २** राज्य
(प)	बंदीपूर	(१) राजस्थान
(फ)	दूधवा	(२) ओरिसा
(भ)	सिमलीपाल	(३) कर्नाटक
(न)	सरिस्का	(४) उत्तरप्रदेश

जोड्या	प	फ	भ	न
(अ)	१	२	३	४
(ब)	३	४	२	१
(क)	४	३	२	१
(ड)	२	३	१	४

७५. खालीलपैकी कोणती जोडी योग्य नाही?

(अ) संयुक्त संस्थाने : तांबे (ब) चीन : टिन

(क) रशिया : कोळसा (ड) दक्षिण आफ्रिका : क्रोमियम

७६. एखाद्या प्रदेशाची एकूण लोकसंख्या आणि शेतीखालील जमीन यांचे प्रमाण काय दर्शवते?

(अ) कायिक घनता (ब) कृषी घनता

(क) आर्थिक घनता (ड) गणिती घनता

७७. नर्मदा आणि तापी नद्यांनी कोणत्या पर्वतांना विळखा घातला आहे?
   (अ) विंध्य पर्वत
   (ब) सातपुडा पर्वत
   (क) राजमहाल पर्वत
   (ड) अरवली पर्वत

७८. खालीलपैकी कोणत्या राज्यात मागणीपेक्षा जास्त तांदूळ पिकतो?
   (अ) आसाम
   (ब) पंजाब
   (क) तमिळनाडू
   (ड) प. बंगाल

७९. खालीलपैकी कोणत्या देशात निकेलचे ९० टक्के उत्पादन होते?
   (अ) ऑस्ट्रेलिया   (ब) कॅनडा   (क) रशिया   (ड) संयुक्त संस्थाने

८०. खालीलपैकी कोणती जोडी योग्य नाही?
   (अ) हरित क्रांती : कृषी
   (ब) श्वेत क्रांती : दुग्धउद्योग
   (क) निळी क्रांती : मत्स्यपालन
   (ड) पीत क्रांती : लोकर

८१. गिरिशृंग (Horn) खालीलपैकी कोणत्या कारकामुळे होते?
   (अ) हिमनदी   (ब) नदी   (क) वारा   (ड) सागरी लाटा

८२. भू-सत्तावादी सिद्धांताचा स्वीकार कोणी केला नव्हता?
   (अ) कार्ल रिटर
   (ब) फ्रेडरिक रॅटझेल
   (क) जी. टेलर
   (ड) कार्ल. ओ. सावर

८३. स्तंभ १ (लेखक) आणि स्तंभ २ (पुस्तक) यांमधील योग्य शब्द निवडून जोड्या लावा आणि खाली दिलेल्या जोड्यांमधील योग्य जोडी निवडा.

स्तंभ १	स्तंभ २
लेखक	पुस्तक
(प) पीटर एम्ब्रोज	(१) ह्युमन जिऑग्रफी
(फ) आर ई. डिकिन्सन	(२) एक्स्प्लनेशन इन जिऑग्रफी
(भ) डेव्हिड हार्वे	(३) ॲनालिटिकल ह्युमन जिऑग्रफी
(न) जे ब्रुंश	(४) दि मेकर्स ऑफ मॉडर्न जिऑग्रफी

जोड्या	प	फ	भ	न
(अ)	१	२	३	४
(ब)	३	४	२	१
(क)	४	३	२	१
(ड)	२	४	१	३

८४. मानवी भूगोलात क्रियाशीलतेचा सिद्धान्त सविस्तरपणे कोणी मांडला?
   (अ) जे. ब्रुंश
   (ब) पी. विदाल डी ला ब्लाश
   (क) मॅक्स सारे
   (ड) ई. ए. एकरमॅन

८५. भुदृश्य संकल्पनेच्या सर्वांत जास्त क्रमबद्ध विकासाचे श्रेय कोणाला दिले जाते?

(अ) जे ब्रुंश (ब) लियो वायबेल

(क) ओटो श्लूटर (ड) पी. डब्ल्यू ब्रायन

८६. कोणत्याही परिस्थितिकी तंत्राचे आधारभूत तत्त्व कोणते?

(अ) जैवभार (ब) जैव वैविधता

(क) ऊर्जा प्रवाह (ड) जंगल

८७. खालील विधानांवर विचार करा.

विधान (अ) प्रत्येक वृक्ष प्रकाशसंश्लेषणासाठी (Photosynthesis) कार्बन-डाय-ऑक्साइड वापरतो.

विधान (क) जमिनीवर तापमान वाढण्याचे कारण निर्वनीकरण आहे.

खालीलपैकी कोणते उत्तर बरोबर आहे?

(अ) विधान 'अ' आणि 'क' बरोबर आहेत आणि विधान 'क' हे 'अ' चे योग्य स्पष्टीकरण / कारण आहे.

(ब) विधान 'अ' आणि 'क' बरोबर आहेत परंतु विधान 'क' हे 'अ' चे योग्य स्पष्टीकरण / कारण नाही.

(क) विधान 'अ' योग्य आहे पण विधान 'क' चूक आहे.

(ड) विधान 'अ' चूक आहे पण विधान 'क' बरोबर आहे.

८८. जैव मंडळाची संकल्पना कोणी मांडली?

(अ) अॅलेक्झांडर बॉन हम्बोल्ट (ब) एड्वर्ड स्नॅस

(क) जी. टेलर (ड) ई. सी. सॅम्पल

८९. खालीलपैकी कोणती जोडी योग्य आहे ?

(अ) पम्पास : पेराग्वे (ब) प्रेयरीज : कॅनडा

(क) स्टेपीज : पोलंड (ड) डाउन्स : दक्षिण अफ्रिका

९०. 'विकास ध्रुव' ही संकल्पना कोणी मांडली?

(अ) जे. आर. लासेन (ब) जी. मिरडाल

(क) ए. आर. कुकलिंस्की (ड) एफ. पेरॉक्स

९१. जगातील शेतकी प्रदेशांचे सर्वांना मान्य होणारे वर्गीकरण कोणी सुचवले?

(अ) डी. व्हिटलसी (ब) एल. डी. स्टॅम्प

(क) ओ. ई. बेकर (ड) ओ. जोनासन

९२. खालील बंदरांपैकी कोणत्या बंदराला प्रमुख गोदी आहे?

(अ) कोलंबो (ब) लंडन (क) सिंगापूर (ड) सिडनी

९३. खालील विधानांवर विचार करा.

विधान (अ) : आर्थिक विकास पर्यावरणाचा समतोल घालवतो.

विधान (क) : पर्यावरणाचे संरक्षण करण्यासाठी नैसर्गिक साधनसंपत्तीचा योग्य उपयोग करणे आवश्यक आहे.

खालीलपैकी योग्य उत्तर निवडा.

(अ) विधान 'अ' आणि 'क' बरोबर आहेत आणि विधान 'क' हे 'अ' चे योग्य स्पष्टीकरण / कारण आहे.

(ब) विधान 'अ' आणि 'क' बरोबर आहेत परंतु विधान 'क' हे 'अ' चे योग्य स्पष्टीकरण / कारण नाही.

(क) विधान 'अ' बरोबर आहे पण विधान 'क' चूक आहे.

(ड) विधान 'अ' चूक आहे पण विधान 'क' बरोबर आहे.

९४. खालीलपैकी कोणत्या नदीला जास्त प्रदूषणामुळे 'जैविक वाळवंट' म्हणतात.

(अ) दामोदर (ब) घाघरा (क) पेरियार (ड) यमुना

९५. खालीलपैकी कोणत्या शास्त्रज्ञाने सर्वप्रथम अंटार्क्टिकावर ओझोनचा क्षय होत आहे असे विचार मांडले?

(अ) एम. मोलिना (ब) एस. रोलँड

(क) जे. फरमान (ड) एम. एल. पॅरी

९६. खालीलपैकी कोणते आम्लवर्षाचे कारण आहे?

(अ) कार्बन मोनोक्साइड (ब) कार्बन डायऑक्साइड

(क) सल्फर डायऑक्साइड (ड) नायट्रोजन डायऑक्साइड

९७. तापीय संकुचन सिद्धान्त कोणी मांडला?

(अ) डॅलीने (ब) जॉलीने (क) जेफ्रीजने (ड) होम्सने

९८. विसाव्या शतकाच्या शेवटच्या चतुर्थांशात लोकसंख्येची वाढ सर्वांत अधिक कोणत्या देशात होती?

(अ) केनिया (ब) भारत (क) मलेशिया (ड) ब्राझील

९९. स्तंभ १ (पर्वत) आणि स्तंभ २ (प्रकार) यांमधील योग्य शब्द निवडून जोड्या लावा आणि खाली दिलेल्या जोड्यांमधील योग्य जोडी निवडा.

स्तंभ १	**स्तंभ २**
पर्वत	प्रकार
(प) आल्पस्	(१) गटपर्वत
(फ) व्हासजेस	(२) ज्वालामुखी पर्वत
(भ) अरवली	(३) वली पर्वत
(न) फ्युजियामा	(४) अवशिष्ट

जोड्या	प	फ	भ	न
(अ)	१	२	३	४
(ब)	३	१	४	२
(क)	१	३	२	४
(ड)	४	३	२	१

१००. खालीलपैकी कोणता 'मध्य अटलांटिक रिज'चा भाग नाही?

(अ) चॅलेंजर राईज (ब) डॉल्फिन राईज

(क) करगुलेन गॉसबर्ग राईज (ड) विव्हिले थॉमसन राईज

१०१. खालीलपैकी कोणती जोडी योग्य नाही?

(अ) लॅपीज : कार्स्ट प्रदेश

(ब) झुझेन : वाळवंटी प्रदेश

(क) लोंबत्या दऱ्या : हिमनदीचा प्रदेश

(ड) टॅफोनी भूस्वरूप : ज्वालामुखीचा प्रदेश

१०२. खालीलपैकी कोणता सिद्धान्त इतर तीन सिद्धान्तांपेक्षा वेगळा आहे?

(अ) संतुलन सिद्धान्त (ब) प्रगतिशील तरंग सिद्धान्त

(क) स्थिर तरंग सिद्धान्त (ड) तापीय संकुचन सिद्धान्त

१०३. खालील विधानांवर विचार करा.

विधान (अ) : वाळवंटीय प्रदेशातील झाडांची मुळे खूप लांब असतात.

विधान (क) : मृदेच्या जास्त तापमानामुळे मुळांची वाढ चांगली होते.

खालीलपैकी योग्य उत्तर निवडा.

(अ) विधान 'अ' आणि 'क' बरोबर आहेत आणि विधान 'क' हे 'अ' चे योग्य स्पष्टीकरण / कारण आहे.

(ब) विधान 'अ' आणि 'क' बरोबर आहेत परंतु विधान 'क' हे 'अ' चे योग्य स्पष्टीकरण / कारण नाही.

(क) विधान 'अ' बरोबर आहे आणि विधान 'क' चूक आहे.

(ड) विधान 'अ' चूक आहे आणि विधान 'क' बरोबर आहे.

१०४. खालीलपैकी कोणता यांत्रिकरीत्या तयार झालेल्या अवसादांपासून तयार झालेला स्तरित खडक नाही?

(अ) चुनखडक (ब) पिंडाश्म

(क) वालुकाश्म (ड) खंडाश्म

उत्तरे

१. क	२. ब	३. अ	४. क	५. अ	६. अ	७. क
८. अ	९. क	१०. अ	११. अ	१२. ड	१३. क	१४. ड
१५. क	१६. ड	१७. क	१८. ड	१९. ड	२०. अ	२१. ब
२२. ड	२३. अ	२४. ब	२५. क	२६. क	२७. ब	२८. अ
२९. ड	३०. ड	३१. ब	३२. क	३३. अ	३४. क	३५. क
३६. ब	३७. ब	३८. ड	३९. अ	४०. अ	४१. ड	४२. क
४३. ड	४४. ब	४५. ड	४६. ड	४७. क	४८. क	४९. ड
५०. क	५१. अ	५२. क	५३. ड	५४. ब	५५. क	५६. ड
५७. ड	५८. अ	५९. क	६०. अ	६१. ब	६२. अ	६३. क
६४. अ	६५. अ	६६. अ	६७. अ	६८. ड	६९. ड	७०. अ
७१. ब	७२. ब	७३. ड	७४. ब	७५. क	७६. अ	७७. ब
७८. ब	७९. ब	८०. ड	८१. अ	८२. ड	८३. ब	८४. अ
८५. क	८६. क	८७. ब	८८. ब	८९. ब	९०. ड	९१. अ
९२. क	९३. ब	९४. अ	९५. क	९६. क	९७. क	९८. अ
९९. ब	१००. क	१०१. ड	१०२. ड	१०३. क	१०४. अ	

◆◆◆

प्रश्नसंच १३

१. खालीलपैकी कोणते विधान विषुववृत्तीय जंगलांचे वैशिष्ट्य सूचित करते?
   (अ) येथील जंगलात उंच झाडे, त्या झाडांवर वाढणारी बांडगुळे, वेली तसेच छोटी छोटी झाडे वाढतात.
   (ब) या जंगलात पानझडी वृक्ष आढळतात.
   (क) येथील झाडांची पाने छोटी छोटी असतात.
   (ड) येथील जंगलात जास्त गवतच असते.

२. १९९२ मध्ये पृथ्वी शिखर संमेलन कोठे झाले होते?
   (अ) क्योटो (ब) द हेग (क) स्टॉकहोम (ड) रियो द जानेरो

३. खालीलपैकी कोणता वायू ओझोनच्या क्षयास कारणीभूत आहे?
   (अ) कार्बन-डाय-ऑक्साइड (ब) क्लोरिन
   (क) नायट्रोजन डाय-ऑक्साइड (ड) मिथेन

४. पृथ्वीवरील सरासरी तपमान किती आहे?
   (अ) ८° सेल्सियस (ब) १०° सेल्सियस
   (क) १५° सेल्सियस (ड) २०° सेल्सियस

५. इको डेव्हलपमेंट म्हणजे काय?
   (अ) जलद गतीने आर्थिक विकास करणे
   (ब) नैसर्गिक साधनांचा अधिक वापर करून विकास करणे
   (क) पर्यावरणाचे संतुलन कायम ठेवून आर्थिक विकास करणे
   (ड) नैसर्गिक प्रक्रियांमध्ये कोणताही बदल न करता पर्यावरणाचे संरक्षण

६. UNEP चे मुख्य ऑफिस कोठे आहे?
   (अ) न्यूयॉर्क (ब) जिनेव्हा (क) रोम (ड) नैरोबी

७. भारतात भूमिगत पाण्यात विषारी धातूचे सर्वांत जास्त प्रमाण कोणत्या राज्यात आढळते?
   (अ) प. बंगाल (ब) गुजरात (क) पंजाब (ड) महाराष्ट्र

८. खालीलपैकी कोणत्या जंगलांना 'जगाचे फुफ्फुस' म्हटले जाते?
   (अ) विषुववृत्तीय जंगले (ब) तैगा जंगले
   (क) भूमध्यसागरीय जंगले (क) खारफुटीची जंगले

९. खालील विधानांवर विचार करा.

विधान (अ) सरोवर एक परिसंस्था आहे.

विधान (क) सरोवर एक मर्यादित आकाराचा जलाशय आहे.

खालीलपैकी योग्य उत्तर निवडा.

 (अ) विधान 'अ' आणि विधान 'क' बरोबर आहेत आणि विधान 'क' हे विधान 'अ' चे योग्य स्पष्टीकरण / कारण आहे.

 (ब) विधान 'अ' आणि विधान 'क' बरोबर आहेत परंतु विधान 'क' हे विधान 'अ' चे योग्य स्पष्टीकरण / कारण नाही.

 (क) विधान 'अ' बरोबर आहे पण विधान 'क' चूक आहे.

 (ड) विधान 'अ' चूक आहे पण विधान 'क' बरोबर आहे.

१०. 'ट्रक फार्मिंग' म्हणजे काय?

 (अ) रेशीम किडे पालन   (ब) द्राक्षाची शेती

 (क) बागायती शेती   (ड) मिश्र शेती

११. ओपोसोमीटरचा उपयोग कशासाठी केला जातो?

 (अ) क्षेत्रफळ मोजण्यासाठी   (ब) दिशा मोजण्यासाठी

 (क) अंतर मोजण्यासाठी   (ड) क्षारता मोजण्यासाठी

१२. खालीलपैकी कोणती सेवा चतुर्थश्रेणी सेवेत मोडत नाही?

 (अ) कायद्याची सेवा   (ब) वित्तीय सेवा

 (क) आरोग्य सेवा   (ड) शिक्षण

१३. २००० साली जगात ऊर्जेचे संकट निर्माण झाले कारण

 (अ) भूऔष्णिक ऊर्जा फार विकसित झाली नाही.

 (ब) मोठ्या प्रमाणावर वृक्षतोड झाली.

 (क) ग्लोबल वॉर्मिंगमुळे पृथ्वीच्या तापमानात वाढ झाली.

 (ड) तेलाच्या किमती वाढल्या.

१४. अंतर्गत जलमार्ग सर्वांत चांगल्या प्रकारे खालीलपैकी कोणत्या प्रदेशात विकसित झाले आहेत?

 (अ) संयुक्त संस्थाने (ब) इंडोनेशिया   (क) पश्चिम युरोप (ड) द. पूर्व आशिया

१५. 'लडांग' खालीलपैकी कोणत्या शेतीच्या प्रकाराशी संबंधित आहे?

 (अ) बागायती शेती   (ब) पशुपालन

 (क) स्थलांतरित कृषी   (ड) दुग्धपशुपालन

१६. वेबरच्या कारखान्याच्या स्थाननिश्चितीच्या सिद्धांतात खालीलपैकी कोणता विचार मांडला आहे?

(अ) वाढते अंतर व वजनानुसार वाहतुकीचा खर्च घटतो
(ब) वाहतुकीचा खर्च अंतर व वजनानुसार वाढत जातो
(क) कामगार सर्वत्र भरपूर उपलब्ध आहेत.
(ड) बाजार कुठेही उपलब्ध आहे.

१७. जगात कॉफीचे उत्पादन करणाऱ्या देशांची चढत्या क्रमाने क्रमवारी लावा?
(अ) ब्राझील, इंडोनेशिया, इथिओपिया, कोलंबिया
(ब) ब्राझील, इथिओपिया, इंडोनेशिया, कोलंबिया
(क) ब्राझील, इंडोनेशिया, कोलंबिया, मेक्सिको
(ड) ब्राझील, कोलंबिया, इंडोनेशिया, मेक्सिको

१८. युरोपीय समुदायात खालीलपैकी कोणता देश येत नाही?
(अ) स्वित्झर्लंड (ब) स्वीडन (क) ऑस्ट्रिया (ड) फिनलँड

१९. भारतीय हवामानाच्या नकाशात खालीलपैकी काय दर्शवले जाते?
(अ) मेघाच्छादित प्रदेश (ब) वाऱ्याची गती
(क) पाऊस (ड) तापमान

२०. खालीलपैकी कोणत्या प्रक्षेपणावर विषुववृत्ताची लांबी बरोबर नसते.
(अ) दंडगोल समक्षेत्र प्रक्षेपण (ब) मर्केटरचे प्रक्षेपण
(क) मॉलवार्डचे प्रक्षेपण (ड) सिन्युसायडल प्रक्षेपण

२१. स्तंभ १ (प्रक्षेपण) आणि स्तंभ २ (वैशिष्ट्य) यांमधील योग्य शब्द निवडून जोड्या लावा व खाली दिलेल्या जोड्यांमधील योग्य जोडी निवडा.

स्तंभ १ प्रक्षेपण	**स्तंभ २** वैशिष्ट्य
(प) बॉनचे प्रक्षेपण	(१) क्षेत्रफळ बरोबर दर्शविते.
(फ) बहुशंकू प्रक्षेपण	(२) आकृती बरोबर दर्शविते.
(भ) ध्रुवीय न्युमोनिक प्रक्षेपण	(३) क्षेत्रफळ व आकृती दोन्ही बरोबर नसतात.
(न) मर्केटरचे प्रक्षेपण	(४) दिशा बरोबर दर्शविते

जोड्या	प	फ	भ	न
(अ)	१	२	३	४
(ब)	१	३	४	२
(क)	२	३	४	१
(ड)	४	३	२	१

२२. खालीलपैकी कोणती हवामान दर्शवणारी चिन्हे समुद्राच्या हवामानाशी संबंधित आहेत?

(१) ≡ (२)  ∿⟶ (३)  ⊙⌐ (४) sm

खालीलपैकी योग्य उत्तर निवडा.

(अ) १ आणि ३ योग्य आहे   (ब) १ आणि २ योग्य आहे

(क) २ आणि ४ योग्य आहे   (ड) ३ आणि ४ योग्य आहे

२३. एखाद्या नकाशाचे प्रमाण १ : ३,२५,००० असेल आणि दोन स्थानांमधील नकाशांवरील अंतर ७ सें. मी. असेल तर त्यांच्यातील प्रत्यक्ष अंतर किती असेल?

(अ) १७.७५ कि.मी.   (ब) २२.७५ कि.मी.

(क) २९. ६५ कि.मी.   (ड) २०.५० कि.मी.

२४. खालीलपैकी कोणत्या प्रकारच्या साखळीमध्ये (chain) प्रत्येक २० से. मी. च्या १०० कड्या असतात?

(अ) इंजिनिअर साखळी   (ब) मीटर साखळी

(क) गुंटूर साखळी   (क) महसूल साखळी

२५. 'इर्गोग्राफ' ची कल्पना कोणी मांडली?

(अ) ए. गिडीजने   (ब) ए. जी. ओगिल्वीने

(क) ए. के. लोबेकने   (ड) ए. एच. रॉबिन्सनने

२६. खालीलपैकी कोणती लोखंडाची खाण आहे?

(अ) कोरबा   (ब) चिरमिरी   (क) कुद्रेमुख   (ड) करनपुरा

२७. खालीलपैकी कोणती जोडी योग्य नाही?

(अ) ॲल्युमिनियम : रुरकेला   (ब) तांबे : नामरूप

(क) मशीन / अवजारे : पिंजोर   (ड) विद्युत् उपकरणे : राणीपूर

२८. भारतातील लोकांच्या वयाच्या संरचनेनुसार खालीलपैकी कोणते विधान चूक आहे?

(अ) ०-५ या वयोगटातील लोकसंख्येची टक्केवारी कमी होत आहे.

(ब) ५-१५ या वयोगटातील लोकांची टक्केवारी घटत आहे.

(क) १५-६० या वयोगटातील लोकांची टक्केवारी घटत आहे.

(ड) ६० वर्षाहून अधिक वयोगटातील लोकांची टक्केवारी वाढत आहे

२९. भारतात खालीलपैकी कोणत्या शहरात सर्वांत अधिक होजिअरीचे उत्पादन होते.

(अ) तिरपूर   (ब) कानपूर   (क) लुधियाना   (ड) कोलकाता

३०. २००१ च्या जनगणनेनुसार भारतातील खालीलपैकी कोणत्या शहरात युवकांची लोकसंख्येची टक्केवारी कमी आहे.

(अ) कोलकाता   (ब) चेन्नई   (क) दिल्ली   (ड) मुंबई

३१. कानपूर शहराबाबत खाली दिलेल्या विधानांवर विचार करा.

(१) हे गंगा नदीच्या डाव्या किनाऱ्यावर वसलेले आहे.

(२) हे शहर एक 'मेगासिटी' आहे.

(३) येथे चामड्याच्या वस्तू बनवण्याचे कारखाने केंद्रित झाले आहेत.

(४) येथे उत्तर प्रदेशातील गलिच्छ वस्तीचे प्रमाण जास्त आहे.

खालीलपैकी योग्य उत्तर निवडा.

(अ) १ आणि २ बरोबर आहे (ब) २ आणि ३ बरोबर आहे.

(ब) १ आणि ३ बरोबर आहे (क) १, २ आणि ४ बरोबर आहे

३२. 'नाफ्था झाकडी' जलविद्युत् प्रकल्प खालीलपैकी कोणत्या नदीवर आहे?

(अ) झेलम (ब) रावी (क) सतलज (ड) ब्यास

३३. दाभोळ मेगा विद्युत् प्रकल्पाबाबत खालील विधानांवर विचार करा.

(१) हा महत्त्वाच्या विद्युत् प्रकल्पांपैकी एक प्रकल्प आहे.

(२) याला राष्ट्रीय काउण्टर गॅरंटी दिली आहे.

(३) हा एक उत्तम औष्णिक विद्युत् प्रकल्प आहे.

(४) याचे दरडोई उत्पादन कमी आहे.

खालीललपैकी योग्य उत्तर निवडा.

(अ) १, २ आणि ३ बरोबर आहे (ब) २, ३ आणि ४ बरोबर आहे.

(क) ३ आणि ४ बरोबर आहे. (ड) १ आणि २ बरोबर आहे.

३४. युरोपातील सर्वांत लांब नदी आहे–

(अ) डॉन (ब) लेना

(क) व्होल्गा (ड) अमूर

३५. खालीलपैकी कोणत्या बंदरातून केवळ रसायन आणि रासायनिक पदार्थांचा व्यापार होतो?

(अ) कोचीन (ब) तुतीकोरीन

(क) दाहेज (ड) विशाखापट्टणम

३६. भारतात सर्वांत जास्त पेट्रो-रसायन कारखाने कोठे आहेत?

(अ) कोची (ब) हल्दिया

(क) जामनगर (ड) विशाखापट्टणम

३७. 'फरक्का बराज'ची निर्मिती कशासाठी झाली?

(अ) प. बंगालमध्ये जलसिंचाई होण्यासाठी

(ब) प. बंगालमध्ये जलसिंचाईची क्षमता वाढवण्यासाठी

(क) हुगळीमध्ये पर्यायी जलप्रवाह बनवण्यासाठी

(ड) जलविद्युत् उत्पादनासाठी

३८. खालील विधानांचा अभ्यास करा.

विधान अ : गंगा नदी जलवाहतुकीस उपयुक्त नाही.

विधान क : गंगा नदीच्या पाण्यात घट होत आहे.

खालीलपैकी योग्य उत्तर निवडा.

(अ) विधान 'अ' आणि 'क' बरोबर आहेत आणि विधान 'क' हे 'अ' चे योग्य स्पष्टीकरण / व्याख्या आहे.

(ब) विधान 'अ' आणि 'क' बरोबर आहेत परंतु विधान 'क' हे 'अ' चे योग्य स्पष्टीकरण / व्याख्या नाही.

(क) विधान 'अ' बरोबर आहे पण विधान 'क' चूक आहे.

(ड) विधान 'अ' चूक आहे पण विधान 'क' बरोबर आहे.

३९. खालीलपैकी कोणती नदी भारत व नेपाळ यांच्यातील सीमारेषा आहे.

(अ) गंडक (ब) काली (क) कोसी (ड) तिस्ता

४०. खालील राज्यांपैकी कोणते राज्य रेशीम उत्पादनात अग्रेसर आहे.

(अ) कर्नाटक (ब) महाराष्ट्र (क) मणिपूर (ड) आसाम

४१. स्तंभ १ (पर्वताचा प्रकार) आणि स्तंभ २ (पर्वताचे नाव) यांमधील योग्य शब्द निवडून जोड्या लावा आणि खाली दिलेल्या जोड्यांमधील योग्य जोडी निवडा.

स्तंभ १ पर्वताचा प्रकार	**स्तंभ २** पर्वताचे नाव
(प) गटपर्वत	(१) अरवली
(फ) वलीपर्वत	(२) विंध्य
(भ) अवशिष्ट पर्वत	(३) राजमहल
(न) ज्वालामुखी पर्वत	(४) निलगिरी

जोड्या	प	फ	भ	न
(अ)	२	४	१	३
(ब)	४	३	२	१
(क)	४	१	२	३
(ड)	४	२	३	१

४२. खालीलपैकी कशाची निर्मिती प्राचीन अवशिष्ट खडकांपासून झाली आहे.

(अ) कडप्पा (ब) धारवाड (क) गोंडवाना (क) विंध्य

४३. भारतातील खालीलपैकी कोणत्या प्रदेशात खनिजतेल सापडण्याची शक्यता कमी आहे?

(अ) छत्तीसगड   (ब) मध्य गंगा मैदान

(क) कोरोमंडल किनारा   (ड) तेलंगणा

४४. खालील विधानांवर विचार करा.

विधान अ : यमुना नदी दिल्ली आणि आग्रा यांच्यामध्ये मृत-नदी आहे.

विधान क : यमुना नदीला बारमाही पाणी नसते.

खालीलपैकी योग्य उत्तर निवडा.

(अ) विधान 'अ' आणि 'क' बरोबर आहेत आणि विधान 'क' हे 'अ' चे स्पष्टीकरण / व्याख्या आहे.

(ब) विधान 'अ' आणि 'क' बरोबर आहेत परंतु विधान 'क' हे 'अ' चे स्पष्टीकरण / व्याख्या नाही.

(क) विधान 'अ' बरोबर आहे परंतु विधान 'क' चूक आहे.

(ड) विधान 'अ' चूक आहे परंतु विधान 'क' बरोबर आहे.

४५. खालीलपैकी कोणती जोडी योग्य नाही?

(अ) कन्याकुमारी : तमिळनाडू   (ब) उटी : कर्नाटक

(क) काझीरंगा : आसाम   (ड) सिमलीपाल : ओरिसा

४६. २००१ च्या जनगणनेनुसार भारतातील चार मेट्रोपोलिटन शहरांची उतरत्या क्रमाने योग्य क्रमवारी कोणती?

(अ) कोलकाता, मुंबई, चेन्नई, दिल्ली   (ब) मुंबई, कोलकाता, चेन्नई, दिल्ली

(क) मुंबई, दिल्ली, कोलकाता, चेन्नई   (ड) कोलकाता, दिल्ली, मुंबई, चेन्नई

४७. खालीलपैकी कोणत्या बंदरात जहाज बनवण्याचा व्यवसाय विकसित झाला आहे?

(अ) अलंग   (ब) मार्मागोवा   (क) काकीनाडा   (ड) विशाखापट्टणम्

४८. खालीलपैकी कोणत्या प्रदेशात एप्रिल - मे महिन्यात 'नॉर्वेस्टरमुळे' पाऊस पडतो?

(अ) तमिळनाडू   (ब) हिमाचल प्रदेश

(क) प.बंगाल   (ड) गोवा

४९. खालीलपैकी कोणत्या पर्वतात अमरकंटक पर्वताप्रमाणे जलप्रणाली विकसित झाली आहे?

(अ) सातमाला   (ब) मैकल   (क) मिझो   (ड) सातपुडा

५०. 'जिप्सम' भरपूर प्रमाणात कोठे उपलब्ध होते?

(अ) बिहार   (ब) गुजरात   (क) मध्य प्रदेश   (ड) राजस्थान

५१. स्तंभ १ (खाणक्षेत्र / केंद्र) आणि स्तंभ २ (खनिज / ऊर्जा) यांमधील योग्य शब्द निवडून जोड्या लावा आणि खाली दिलेल्या जोड्यांमधील योग्य जोडी निवडा.

स्तंभ १		स्तंभ २	
खाणक्षेत्र / केंद्र		खनिज / ऊर्जा	
(प) नुमालीगढ		(१) कोळसा	
(फ) कहलगाव		(२) खनिज तेल	
(भ) जादूगुडा		(३) औष्णिक विद्युत	
(न) कोरबा		(४) युरेनियम	

जोड्या	प	फ	भ	न
(अ)	४	३	२	१
(ब)	२	३	४	१
(क)	१	२	४	३
(ड)	२	१	३	४

५२. खालीलपैकी कोणती विधाने योग्य आहेत?

(१) रेगूर मृदा ग्रॅनाइट खडकाच्या विदारणामुळे निर्माण होते.

(२) जांभा मृदा भरपूर पावसाच्या उष्णकटिबंधीय प्रदेशातील विशिष्ट मृदा आहे.

(३) लाल मृदेत लोह ऑक्साइड जास्त असते.

(४) पर्वतमय प्रदेशातील मृदा परिपक्व असते.

खालीलपैकी योग्य उत्तर निवडा.

(अ) १ आणि २   (ब) २ आणि ३

(क) ३ आणि ४   (ड) १ आणि ४

५३. भारतात सोयाबीनचे सर्वांत जास्त उत्पादन खालीलपैकी कोणत्या राज्यात होते?

(अ) मध्य प्रदेश   (ब) तमिळनाडू   (क) महाराष्ट्र   (ड) पंजाब

५४. भारतात तिळाचे उत्पादन किती (अंदाजे) आहे?

(अ) ११ दशलक्ष टन   (ब) २१ दशलक्ष टन

(क) ३१ दशलक्ष टन   (क) ४१ दशलक्ष टन

५५. भारताने खालीलपैकी कोणत्या परदेशी उद्योगाला १०० टक्के मालकी हक्क मिळवून देण्यास परवानगी दिली आहे.

(अ) लोखंड व पोलाद   (ब) सिमेंट

(क) पेट्रो-रसायन   (ड) वस्त्र उद्योग

५६. खालीलपैकी कोणती जोडी योग्य नाही?

(अ) ऐक्रॉन : कृत्रिम रबर   (ब) ओसाका : जहाजनिर्मिती

(क) मॅग्निटोगॉर्स्क : लोखंड पोलाद   (ड) बाकू : खनिज तेल

५७. कील शहरात खालीलपैकी कोणता व्यवसाय सर्वांत महत्त्वाचा आहे?

(अ) मोटारगाडी (ब) लोखंड पोलाद

(क) जहाजनिर्माण (ड) कापड

५८. खालीलपैकी कोणत्या प्रदेशात सर्वांत जास्त जल-विद्युत् निर्मितीस वाव आहे?

(अ) युरोपीय देश (ब) मध्य चीन

(क) रॉकी पर्वत (ड) मध्य अफ्रिका

५९. मृदेचा ऱ्हास ही खालीलपैकी कोणत्या प्रदेशात महत्त्वाची समस्या आहे?

(अ) इंडोनेशिया (ब) सूदान (क) इलिनॉय (ड) होन्शू बेट

६०. स्तंभ १ (देश) आणि स्तंभ २ (उत्पादन) यांमधील योग्य शब्द निवडून जोड्या लावा आणि खालीलपैकी योग्य जोडी निवडा.

	स्तंभ १	**स्तंभ २**
	देश	उत्पादन
(प)	इजिप्त	(१) कॉफी
(फ)	श्रीलंका	(२) कापूस
(भ)	अजरबैजान	(३) हिरा
(न)	दक्षिण अफिका	(४) खनिज तेल
		(५) चहा

जोड्या	प	फ	भ	न
(अ)	२	५	४	३
(ब)	४	१	२	३
(क)	१	२	३	४
(ड)	२	३	४	५

६१. लोकसंख्येच्या घनतेनुसार उतरत्या क्रमाने योग्य क्रमवारी कोणती?

(अ) द. आशिया, आग्नेय आशिया, पूर्व आशिया, मध्य आशिया

(ब) पू. आशिया, दक्षिण आशिया, आग्नेय आशिया, मध्य आशिया

(क) आग्नेय आशिया, दक्षिण आशिया, मध्य आशिया, पूर्व आशिया

(ड) पूर्व आशिया, आग्नेय आशिया, दक्षिण आशिया, मध्य आशिया

६२. खालीलपैकी कोणती लोखंडाची खाण सुपिरिअर सरोवराच्या प्रदेशात आहे?

(अ) गोझेंबिक (ब) क्रिव्हायरॉग

(क) मेसाबी (ड) व्हर्मिलियन

६३. स्तंभ १ (जंगलाचा प्रकार) आणि स्तंभ २ (प्रदेश) यांमधील योग्य शब्द निवडून जोड्या लावा व खाली दिलेल्या जोड्यांमधील योग्य जोडी निवडा.

	स्तंभ १		**स्तंभ २**	
	जंगलाचा प्रकार		प्रदेश	
(प)	तैगा जंगले		(१) ब्राझीलचे पठार	
(फ)	सॅव्हाना		(२) मालागासी	
(भ)	मान्सून		(३) साखालिन बेटे	
(न)	समशीतोष्ण कटिबंधीय जंगले		(४) कॅलिफोर्निया	

जोड्या	प	फ	भ	न
(अ)	३	४	१	२
(ब)	१	४	२	३
(क)	३	१	२	४
(ड)	२	१	३	४

६४. खालीलपैकी कशाला 'युरोपोर्ट' म्हणतात?

(अ) लंडन (ब) ॲमस्टरडॅम (क) हॅम्बर्ग (ड) रोटरडॅम

६५. सूर्यमालेतील खालीलपैकी कोणता ग्रह हा लघू ग्रह (Dwarf planet) नाही–

(अ) सिरस (ब) नेपच्यून (क) प्लूटो (ड) इरिस

६६. स्तंभ १ (नदी) आणि स्तंभ २ (शहर) यांमधील योग्य शब्द निवडून जोड्या लावा आणि खाली दिलेल्या जोड्यांमधील योग्य जोडी निवडा.

	स्तंभ १	**स्तंभ २**
	नदी	शहर
(प)	इरावती	(१) बँकॉक
(फ)	लाल नदी	(२) हनोई
(भ)	मेनाम	(३) यांगून
(न)	मेकाँग	(४) व्हिएनटिएन

जोड्या	प	फ	भ	न
(अ)	४	३	२	१
(ब)	३	२	१	४
(क)	२	१	३	४
(ड)	१	२	३	४

६७. खालील विधानांचा अभ्यास करा.

(१) मेसापोटिया एक सांस्कृतिक केंद्र आहे.

(२) मेसापोटिया दजला आणि फरात या नद्यांच्या संगमावर वसलेले आहे.

(३) मेसोपोटिया इराणचाच भाग आहे.

खालीलपैकी योग्य उत्तर निवडा.

(अ) १, २ आणि ३   (ब) १ आणि ३

(क) २ आणि ३   (ड) १ आणि २

६८. स्तंभ १ (राजधानी) आणि स्तंभ २ (देश) यांमधील योग्य शब्द निवडून जोड्या लावा आणि खाली दिलेल्या जोड्यांमधील योग्य जोडी निवडा.

स्तंभ १		स्तंभ २	
राजधानी		देश	
(प) क्वालालंपूर		(१) लाओस	
(फ) हनोई		(२) कंबोडिया	
(भ) नामपेन्ह		(३) मलेशिया	
(न) व्हिएनटिएन		(४) व्हिएतनाम	

जोड्या	प	फ	भ	न
(अ)	१	२	३	४
(ब)	२	३	४	१
(क)	३	२	१	४
(ड)	४	३	२	१

६९. खाली दिलेल्या शहरांच्या लोकसंख्येनुसार उतरत्या क्रमाने कोणती क्रमवारी योग्य आहे?

(अ) टोकिओ, मुंबई, बीजिंग, सेऊल

(ब) टोकिओ, बीजिंग, मुंबई, सेऊल

(क) बीजिंग, मुंबई, सेऊल, टोकिओ

(ड) सेऊल, टोकिओ, बीजिंग, मुंबई

७०. खालीलपैकी कोणता देश साखरउत्पादनात अग्रेसर आहे?

(अ) क्यूबा   (ब) इंडोनेशिया

(क) भारत   (ड) मॉरिशस

७१. खालीलपैकी कोणत्या देशात / प्रदेशात भूमध्यसामुद्रिक हवामान आढळत नाही?

(अ) कॅलिफोर्निया   (ब) अल्जेरिया

(क) सायप्रस   (ड) मादागास्कर

७२. लोकसंख्येनुसार चीनमधील सर्वांत मोठे शहर कोणते?

(अ) बीजिंग   (ब) कॅन्टन

(क) शांघाय   (ड) शेनयांग

७३. स्तंभ १ (शहर) आणि स्तंभ २ (देश) यांमधील योग्य शब्द निवडून जोड्या लावा आणि खाली दिलेल्या जोड्यांमधील योग्य जोडी निवडा.

	स्तंभ १	**स्तंभ २**
	शहर	देश
(प)	उलनबटोर	(१) व्हिएतनाम
(फ)	कीव	(२) थायलंड
(भ)	हो-चि मिन्ह	(३) मंगोलिया
(न)	चियांगमाई	(४) युक्रेन

जोड्या	प	फ	भ	न
(अ)	२	३	४	१
(ब)	४	३	२	१
(क)	१	२	३	४
(ड)	३	४	१	२

७४. संयुक्त संस्थानांतील ग्रेट प्लेनच्या बाबतीत खालीलपैकी कोणते विधान योग्य नाही.

(अ) हे छोट्या गवतानी व्यापलेले आहे.

(ब) इथे विशाल कुरणे आहेत.

(क) पावसाचे प्रमाण कमी असल्याने हे मैदान शेतीस उपयुक्त नाही.

(ड) हे ऑस्ट्रेलियाच्या मोठ्या वाळवंटासमान आहे.

७५. खालीलपैकी कोणत्या देशातील प्रवाळ बेटे पर्यटकांना आकर्षित करतात?

(अ) इंडोनेशिया (ब) मालदीव

(क) श्रीलंका (ड) त्रिनिनाद

७६. जगात खालीलपैकी कोणता मासेमारीसाठी महत्त्वाचा किनारा आहे.

(अ) कॅरेबियन समुद्र (ब) चेसापिक खाडी

(क) ग्रॅण्ड बँक (ड) नोवास्कोशिया

७७. कोणत्या देशाच्या आर्थिक विकासासाठी 'एक देश, दोन पद्धती' हा सिद्धान्त वापरला गेला?

(अ) चीन (ब) जपान

(क) द. कोरिया (ड) फिलिपाइन्स

७८. खालील विधानांवर विचार करा.

विधान अ : जपानमध्ये मासेमारीचा भरपूर विकास झाला आहे.

विधान क : जपानमध्ये एकूण क्षेत्रफळाच्या १२ टक्के प्रदेश कृषीस योग्य आहे.

खालीलपैकी योग्य उत्तर निवडा.

(अ) विधान 'अ' आणि 'क' दोन्ही बरोबर आहेत आणि विधान 'क' हे 'अ' चे योग्य स्पष्टीकरण / कारण आहे.

(ब) विधान 'अ' आणि 'ब' दोन्ही बरोबर आहेत परंतु विधान 'क' 'अ' चे योग्य स्पष्टीकरण / कारण नाही.

(क) विधान 'अ' बरोबर आहे परंतु 'क' चूक आहे.

(ड) विधान 'अ' चूक आहे. परंतु 'क' बरोबर आहे.

७९. खालील विधानांवर विचार करा.

विधान अ : जपानमध्ये लोकसंख्यावाढीचा सर्वांत अधिक दर १९५५-७५ या काळात होता.

विधान क : जपानमध्ये १९५५-७५ या काळात मोठ्या संख्येने परदेशी लोक आले.

खालीलपैकी योग्य उत्तर निवडा.

(अ) विधान 'अ' आणि 'क' दोन्ही बरोबर आहेत आणि विधान 'क' हे विधान 'अ' चे स्पष्टीकरण / कारण आहे.

(ब) विधान 'अ' आणि 'क' दोन्ही बरोबर आहेत परंतु विधान 'क' हे 'अ' चे स्पष्टीकरण / कारण नाही.

(क) विधान 'अ' बरोबर आहे. परंतु विधान 'क' चूक आहे.

(ड) विधान 'अ' चूक आहे परंतु विधान 'क' बरोबर आहे

८०. स्तंभ १ (देश) आणि स्तंभ २ (शहर) यांमधील योग्य शब्द निवडून जोड्या लावा आणि खाली दिलेल्या जोड्यांमधील योग्य जोडी निवडा.

स्तंभ १ देश	**स्तंभ २** शहर
(प) इस्राएल	(१) बेरूत
(फ) लेबनान	(२) दमास्कस
(भ) सिरिया	(३) ओमान
(न) जॉर्डन	(४) तेल अवीव

जोड्या	प	फ	भ	न
(अ)	४	१	२	३
(ब)	४	२	३	१
(क)	३	४	१	२
(ड)	२	३	४	१

८१. स्तंभ १ (नदी) आणि स्तंभ (धरण) यांमधील योग्य शब्द निवडून जोड्या लावा आणि खाली दिलेल्या जोड्यांमधील योग्य जोडी निवडा.

	स्तंभ १		स्तंभ २	
	नदी		धरण	
(प)	यांगत्से		(१) आस्वान	
(फ)	दामोदर		(२) करिबा	
(भ)	नील		(३) पंचेत हिल	
(न)	झाम्बेझी		(४) श्री गार्झेझ	

जोड्या	प	फ	भ	न
(अ)	१	२	३	४
(ब)	२	३	४	१
(क)	३	४	१	२
(ड)	४	३	१	२

८२. खालील विधानांवर विचार करा.

विधान अ : इंडोनिशियात विमानवाहतूक लोकप्रिय आहे.

विधान क : इंडोनेशियात दरडोई उत्पन्न जास्त आहे.

खालीलपैकी योग्य उत्तर निवडा.

(अ) विधान 'अ' आणि 'क' दोन्ही बरोबर आहेत आणि विधान 'क' हे विधान 'अ' चे योग्य कारण / स्पष्टीकरण आहे.

(ब) विधान 'अ' आणि 'क' दोन्ही बरोबर आहेत परंतु विधान 'क' हे विधान 'अ' चे योग्य कारण / स्पष्टीकरण नाही.

(क) विधान 'अ' बरोबर आहे परंतु विधान 'क' चूक आहे.

(ड) विधान 'अ' चूक आहे परंतु विधान 'क' बरोबर आहे.

८३. 'सार्क' चे मुख्यालय कुठे आहे?

(अ) नवी दिल्ली (ब) इस्लामाबाद (क) कोलंबो (ड) काठमांडू

८४. स्थान - कार्य - समाज यांतील घनिष्ठ संबंधाची संकल्पना कोणी मांडला?

(अ) फ्रेडरिक रॅटझेलने (ब) विडाल - दि - ला - ब्लाशने

(क) पॅट्रिक गिड्डीजने (ड) हरलान बॅरोजने

८५. पीटर हॅगेट खालीलपैकी कोणत्या सिद्धांताशी संबंधित आहे?

(अ) पर्यावरणीय (ब) निश्चयवादी

(क) स्थाननिश्चिती (ड) सामाजिक

८६. 'भूगोल हा क्षेत्रीय आंतरक्रियांचा अभ्यास आहे.' असा विचार कोणी मांडला?

(अ) एलिस्वर्थ हटिंग्टनने (ब) एडवार्ड उलमानने

(क) डब्ल्यू एम डेव्हिसने (ड) एलेन चार्चेल सॅम्पलने

८७. ‘प्रदेश’ म्हणजेच ‘भू-दृश्य’ ही संकल्पना कोणी मांडली?

(अ) जर्मन भूगोलतत्त्ववेत्त्याने

(ब) फ्रेंच भूगोलतत्त्वेत्त्याने

(क) इंग्रजी भूगोलतत्त्वेत्त्याने

(क) अमेरिकी भूगोलतत्त्वेत्त्याने

८८. उंचसखलपणा आणि हवामान यांमधील संबंधाबाबत प्रथम कोणी विचार मांडले?

(अ) बुइशिंगने (ब) कांटने (क) हम्बोल्टने (ड) रिटरने

८९. ‘लोकसंख्या भूगोल’ या पुस्तकाचे लेखक कोण आहेत?

(अ) जगदीश सिंह (ब) रमेशचंद्र

(क) आर. एस. दुबे (ड) हिरालाल

९०. ‘वर्तमान भूतकाळाची पुंजी आहे’ हे विधान कोणी केले?

(अ) जेम्स हट्टन (ब) जे.डी.डाना

(क) एल. अगासीज (ड) आर.ए.डैली

९१. खालील विधानांवर विचार करा.

विधान अ : मध्यभागामध्ये नदीचे पात्र रुंद होते.

विधान क : मध्यभागामध्ये सपाट जमीन असते आणि नदीची गती तुलनात्मकदृष्ट्या मंद असते.

खालीलपैकी योग्य उत्तर निवडा.

(अ) विधान ‘अ’ आणि विधान ‘क’ बरोबर आहेत आणि विधान ‘क’ हे ‘अ’ चे योग्य स्पष्टीकरण / कारण आहे.

(ब) विधान ‘अ’ आणि ‘क’ बरोबर आहेत परंतु विधान ‘क’ हे ‘अ’ चे योग्य कारण स्पष्टीकरण नाही.

(क) विधान ‘अ’ बरोबर आहे परंतु विधान ‘क’ चूक आहे.

(ड) विधान ‘अ’ चूक आहे परंतु विधान ‘क’ बरोबर आहे.

९२. खालील विधानांवर विचार करा.

विधान अ : प्रवाळ अधिक क्षारता असलेल्या समुद्रात वाढतात.

विधान क : क्षारता असलेल्या पाण्यात कॅल्शियम कमी असते.

खालीलपैकी योग्य उत्तर निवडा.

(अ) विधान ‘अ’ आणि विधान ‘क’ बरोबर आहेत आणि विधान ‘क’ हे ‘अ’ चे योग्य स्पष्टीकरण / कारण आहे.

(ब) विधान ‘अ’ आणि ‘क’ बरोबर आहेत परंतु विधान ‘क’ हे विधान ‘अ’ चे योग्य स्पष्टीकरण / कारण नाही.

(क) विधान 'अ' बरोबर आहे पण विधान 'क' चूक आहे.

(ड) विधान 'अ' चूक आहे पण विधान 'क' बरोबर आहे.

९३. खालील विधानांवर विचार करा.

विधान अ : ग्रीष्म ऋतूच्या तुलनेत थंड ऋतूमध्ये सापेक्ष आर्द्रता खूप जास्त असते.

विधान क : तापमान जसजसे वाढत जाते तसतशी हवेतील बाष्पधारणक्षमता वाढत जाते.

खालीलपैकी योग्य उत्तर निवडा.

(अ) विधान 'अ' आणि विधान 'क' बरोबर आहेत आणि विधान 'क' हे विधान 'अ' चे योग्य कारण / स्पष्टीकरण.

(ब) विधान 'अ' आणि 'क' बरोबर आहेत परंतु विधान 'क' हे विधान 'अ' चे योग्य कारण / स्पष्टीकरण नाही.

(क) विधान 'अ' बरोबर आहे परंतु विधान 'क' चूक आहे.

(ड) विधान 'अ' बरोबर आहे परंतु विधान 'क' चूक आहे.

९४. स्तंभ १ (कारण) आणि स्तंभ २ (भूमिस्वरूपे) यांमधील योग्य शब्द निवडून जोड्या लावा आणि खाली दिलेल्या जोड्यांमधील योग्य जोडी निवडा.

स्तंभ १	स्तंभ २
कारक	भूमिस्वरूप
(प) वारा	(१) अंध दरी
(फ) हिमनदी	(२) बारखण
(भ) भूमिगत पाणी	(३) पिटर मास्टर लेक
(न) सागरी लाटा	(४) तरंगघर्षित चबुतरा

जोड्या	प	फ	भ	न
(अ)	१	२	३	४
(ब)	२	१	४	३
(क)	१	४	२	३
(ड)	२	३	१	४

९५. खालीलपैकी कोणती प्रक्रिया रासायनिक अपक्षयामुळे होत नाही?

(अ) ऑक्सिडेशन   (ब) हायड्रेशन

(क) एक्फोलिएशन   (ड) सोल्युशन

९६. खालीलपैकी कोणती हवामानाची स्थिती तापमानाच्या विपरीततेस अनुकूल नसते-

(अ) मोठ्या शीत रात्री   (ब) हिमाच्छादित प्रदेश

(क) शांत वारा   (ड) मेघाच्छादित आकाश

९७. खालीलपैकी कोणता एक घटक सागरातील क्षारतेवर परिणाम करत नाही.

(अ) बाष्पीभवनाचा वेग (ब) वाऱ्याचा वेग

(क) पावसाचे प्रमाण (ड) शुद्ध पाण्याची भर

९८. खालीलपैकी कोणत्या पट्ट्यातून वारे जोराने बाहेर वाहतात.

(अ) विषुववृत्तीय कमी दाबाचा पट्टा

(ब) समशीतोष्ण कटिबंधीय उच्च दाबाचा पट्टा

(क) ध्रुवीय उच्च दाबाचा पट्टा

(ड) वरील कोणताच नाही.

९९. खालील विधानांवर विचार करा.

विधान अ : B प्रकारच्या हवामानाच्या प्रदेशात विरळ वनस्पती असते.

विधान क : या हवामानाच्या प्रदेशात जास्त पाऊस आणि भरपूर बाष्पीभवन होते.

खालीलपैकी योग्य उत्तर निवडा.

(अ) विधान 'अ' आणि 'क' दोन्ही बरोबर आहेत आणि विधान 'क' हे विधान 'अ' चे स्पष्टीकरण / कारण आहे.

(ब) विधान 'अ' आणि 'क' दोन्ही बरोबर आहेत परंतु विधान 'क' हे विधान 'अ' चे स्पष्टीकरण / कारण नाही.

(क) विधान 'अ' बरोबर आहे पण विधान 'क' चूक आहे.

(ड) विधान 'अ' चूक आहे पण विधान 'क' बरोबर आहे.

१००. स्तंभ १ (लेखक) आणि स्तंभ २ (पुस्तक) यांमधील योग्य शब्द निवडून जोड्या लावा आणि खाली दिलेल्या जोड्यांमधील योग्य जोडी निवडा.

स्तंभ १ लेखक	**स्तंभ २** पुस्तक
(प) ई.हंटिंग्टन	(१) ह्युमन जिऑग्रफी
(फ) डी. एच. डेविस	(२) ए वेल्फेअर अप्रोच
(भ) जे. ब्रूश	(३) दि अर्थ ॲण्ड मॅन
(न) डी.एम.स्मिथ	(४) क्लायमेट ॲण्ड सिव्हिलायझेशन

जोड्या	प	फ	भ	न
(अ)	१	२	३	४
(ब)	२	१	४	३
(क)	४	३	२	१
(ड)	३	४	१	२

१०१. ''कुठेच काही अनिवार्यता नाही, सर्वत्र संभावना आहे.'' हे विधान कोणाचे?

(अ) जीन ब्रूंसचे (ब) सी.डी.फोर्डचे

(क) एल. फ्रेब्रेचे (ड) जी. टेलरचे

१०२. लोकसंख्यासंक्रमण सिद्धान्त कोणी मांडला?

(अ) जे. क्लार्क (ब) जी. टी. त्रिवार्था

(क) एफ.डब्ल्यू. नोटेस्टिन (ड) एच. लाल

१०३. स्तंभ १ (जमाती) आणि स्तंभ २ (देश / प्रदेश) यांमधील योग्य शब्द निवडून जोड्या लावा आणि खाली दिलेल्या जोड्यांमधील योग्य जोडी निवडा.

स्तंभ १	**स्तंभ २**
जमात	देश / प्रदेश
(प) बुशमेन	(१) होकैडो
(फ) ऐनू	(२) मध्य आशिया
(भ) किरगीझ	(३) केनिया
(न) मसाई	(४) कलाहारी

जोड्या	प	फ	भ	न
(अ)	४	१	२	३
(ब)	१	२	३	४
(क)	४	२	३	१
(ड)	३	४	१	२

१०४. खालीलपैकी कोणी 'लेबेन्सराउम' ची संकल्पना मांडली?

(अ) एफ. रॅटझेल (ब) ए. हेटनर

(क) ई. हटिंग्टन (ड) ए.डे. मान्जिया

१०५. खालीलपैकी कोणी क्षेत्रीय कार्यात्मक संगठन ही संकल्पना मांडली?

(अ) ई.सी.सॅम्पल (ब) ए.के. किलब्रिक

(क) जे. ब्रूंस (ड) डी. एम.स्मिथ

उत्तरे

१. अ	२. ड	३. ब	४. क	५. क	६. ड	७. अ
८. अ	९. ब	१०. क	११. क	१२. क	१३. अ	१४. क
१५. क	१६. ब	१७. ड	१८. अ	१९. ड	२०. क	२१. अ
२२. क	२३. ब	२४. ब	२५. अ	२६. क	२७. अ	२८. अ
२९. अ	३०. अ	३१. ब	३२. ड	३३. अ	३४. क	३५. क

३६. क	३७. क	३८. ड	३९. ब	४०. अ	४१. अ	४२. ब
४३. अ	४४. क	४५. ब	४६. ब	४७. अ	४८. क	४९. ब
५०. ड	५१. क	५२. ब	५३. अ	५४. ब	५५. क	५६. ब
५७. क	५८. ड	५९. अ	६०. अ	६१. ड	६२. ब	६३. क
६४. ब	६५. ब	६६. ब	६७. ड	६८. क	६९. अ	७०. क
७१. ड	७२. अ	७३. ड	७४. क	७५. ब	७६. क	७७. अ
७८. ब	७९. क	८०. अ	८१. ड	८२. ब	८३. ड	८४. क
८५. क	८६. क	८७. अ	८८. क	८९. क	९०. अ	९१. अ
९२. ड	९३. ड	९४. ड	९५. क	९६. अ	९७. ब	९८. ब
९९. क	१००. क	१०१. क	१०२. क	१०३. अ	१०४. अ	१०५. ब

◆◆◆

प्रश्नसंच १४

१. नदीच्या क्षरणचक्राची संकल्पना खालीलपैकी कोणी मांडली?

(अ) जी. के. गिलबर्ट (ब) जेम्स हट्टन

(क) डब्ल्यू. एम. डेव्हिस (ड) एल.सी.किंग

२. खालीलपैकी कोणते विधान बरोबर आहे?

(अ) नदीच्या युवावस्थेत पाण्याचे प्रमाण जास्त व वेगही जास्त असतो.

(ब) प्रौढावस्थेत नदीच्या पाण्याचे प्रमाण कमी व वेगही कमी असतो.

(क) प्रौढावस्थेत उभे क्षरण कमी होऊन नदीचे पात्र रुंद होत जाते.

(ड) वृद्धावस्थेत पाण्याचे प्रमाण वाढून क्षरणकार्य चालू राहते.

३. खालीलपैकी कोणती एक संकल्पना डब्ल्यू पेंकशी संबंधित नाही?

(अ) बासचुन्जेन (ब) पेडीप्लेन (क) पीडमॉंट ट्रेपेन (ड) हाल्डेनहँग

४. स्तंभ १ (समुद्रकिनाऱ्याचा प्रकार) आणि स्तंभ २ (किनाऱ्याचे नाव) यांमधील योग्य शब्द निवडून जोड्या लावा व खाली दिलेल्या जोड्यांमधील योग्य जोडी निवडा.

	स्तंभ १	**स्तंभ २**
	समुद्रकिनाऱ्याचा प्रकार	किनाऱ्याचे नाव
(प)	रिया किनारा	(१) आयर्लंडचा उत्तर किनारा
(फ)	फिर्याड किनारा	(२) मेक्सिकोच्या आखाताचा किनारा
(भ)	डाल्मेशियन किनारा	(३) नॉर्वेचा किनारा
(न)	उन्मग्न किनारा	(४) आयर्लंडचा नैर्ऋत्य किनारा

जोड्या	प	फ	भ	न
(अ)	२	३	१	४
(ब)	३	४	२	१
(क)	४	३	१	२
(ड)	४	३	२	१

५. स्तंभ १ (पठारांचा प्रकार) व स्तंभ २ (त्याचे उदाहरण) यांमधील योग्य शब्द निवडून जोड्या लावा व खाली दिलेल्या जोड्यांमधील जोडी निवडा.

	स्तंभ १		स्तंभ २	
	पठाराचा प्रकार		त्याचे उदाहरण	
(प)	पर्वतांतर्गत		(१) अरेबियाचे पठार	
(फ)	पर्वतपदीय		(२) कोलोरॅडोचे पठार	
(भ)	विदीर्ण		(३) तिबेटचे पठार	
(न)	उष्ण व कोरड्या हवामानातील		(४) स्कॉटलंडचे पठार	
जोड्या	प	फ	भ	न
(अ)	४	३	२	१
(ब)	३	२	१	४
(क)	२	३	४	१
(ड)	३	२	४	१

६. खालीलपैकी कोणते अग्निजन्य खडकाचे उदाहरण नाही?

(अ) डाइक (ब) कॅकोलिथ

(क) सिल (ड) जिप्सम

७. हवेचा दाब खालीलपैकी कोणत्या स्थितीत जास्त असतो?

(अ) थंड व कोरडी हवा (ब) थंड व दमट हवा

(क) उष्ण व कोरडी हवा (क) उष्ण व दमट हवा

८. पृथ्वीच्या अंतरंगासंबंधीत विधानांचा अभ्यास करा.

(१) पृथ्वीच्या पृष्ठभागापासून गाभ्याकडे जाताना दर ३२ मीटरला १° सें.ने. तापमान वाढते.

(२) पृथ्वीच्या बाह्यावरणात सिलिका व ॲल्युमिनियमचे प्रमाण जास्त असते.

(३) भूगर्भाचे सरासरी घनत्व १० ते १२ असते.

(४) भूगर्भात भूकंपलहरी समान गतीने प्रवास करतात.

खालीलपैकी योग्य उत्तराची निवड करा.

(अ) १ आणि २ बरोबर आहे. (ब) १, २, ३ आणि ४ बरोबर आहे.

(क) २, ३ आणि ४ बरोबर आहे. (ड) १, २, ३ आणि ४ बरोबर आहे.

९. भारताचा सर्वभागाचा नकाशा आपण कोणत्या प्रक्षेपणात व्यवस्थितपणे दाखवू शकतो?

(अ) द्विप्रमाण अक्षवृत्त शंकू प्रक्षेपण (ब) एकप्रमाण अक्षवृत्त शंकू प्रक्षेपण

(क) दंडगोल समक्षेत्र प्रक्षेपण (ड) अर्धशंकू प्रक्षेपण

१०. स्तंभ १ (खडकांचा प्रकार) व स्तंभ २ (खडकाचे नाव) यांमधील योग्य शब्द निवडून जोड्या लावा व खाली दिलेल्या जोड्यांमधील योग्य जोडी निवडा.

	स्तंभ १ : खडकाचा प्रकार	स्तंभ २ : खडकाचे नाव
(प)	अंतर्निर्मित अग्निजन्य	(१) पिट
(फ)	बहिर्निर्मित अग्निजन्य	(२) क्वार्टझाइट
(भ)	स्तरित / गाळाचे	(३) डोलेराइट
(न)	रुपांतरित	(४) बेसॉल्ट

जोड्या	प	फ	भ	न
(अ)	३	४	१	२
(ब)	४	३	२	१
(क)	३	१	४	२
(ड)	२	४	३	१

११. २२ डिसेंबरला सूर्याच्या किरणांचा कर्करेषेशी किती अंशाचा कोन तयार होतो?

(अ) $२३\frac{१}{२}^{\circ}$ (ब) ४३° (क) ४७° (ड) $६६\frac{१}{२}^{\circ}$

१२. खालीलपैकी कोणते लाव्हारसाने बनलेले पठार नाही?

(अ) आर्मिनिया (ब) कोलंबिया (क) ड्रकेन्सबर्ग (ड) पराना

१३. खालीलपैकी कोणता भूप्रकार नदीच्या शेवटच्या टप्प्यात तयार होतो?

(अ) कुंडलाकासार (ब) व्ही आकाराची दरी

(क) सोंड (ड) घळई

१४. स्तंभ १ (दाबाच्या पट्ट्याचा विस्तार) आणि स्तंभ २ (दाबाच्या पट्ट्याचे विशिष्ट नाव) यांमधील योग्य शब्द निवडून जोड्या लावा आणि खाली दिलेल्या जोड्यांमधील योग्य जोडी निवडा.

	स्तंभ १ दाबाच्या पट्ट्याचा विस्तार	**स्तंभ २** दाबाच्या पट्ट्याचे विशिष्ट नाव
(प)	५° उ ते ५° द अक्षांशाचा पट्टा	(१) शांत पट्टा किंवा डोलड्रम
(फ)	कर्क व मकर वृत्ताजवळचा जास्त दाबाचा पट्टा	(२) गरजणारे चाळीस
(भ)	५०° द. अक्षांशाचा पट्टा	(३) खवळलेले पन्नास
(न)	४०° द. अक्षांशाचा पट्टा	(४) अश्व अक्षांश

जोड्या	प	फ	भ	न
(अ)	२	१	४	३
(ब)	२	३	१	४
(क)	१	४	३	२
(ड)	४	१	३	२

१५.स्तंभ १ (भूगोलतज्ज्ञ) आणि स्तंभ २ (भूप्रकार) यांमधील योग्य शब्द निवडून जोड्या लावा आणि खाली दिलेल्या जोड्यांमधील योग्य जोडी निवडा.

	स्तंभ १	स्तंभ २
	भूगोलतज्ज्ञ	भूप्रकार
(प)	सी. एच. क्रिकमे	(१) एचप्लेन
(फ)	एल. सी. किंग	(२) पेनीप्लेन
(भ)	एम. एफ. थॉमस	(३) पॅनप्लेन
(न)	डब्ल्यू, एम. डेविस	(४) पेडीप्लेन

जोड्या	प	फ	भ	न
(अ)	२	४	३	१
(ब)	३	४	१	२
(क)	४	१	२	३
(ड)	१	३	२	४

१६. दक्षिण अटलांटिक महासागरातील सर्वांत खोल गर्ता कोणती?

(अ) पोर्टोरिको गर्ता (ब) सॅन्डविच गर्ता

(क) रोमान्शी गर्ता (ड) टोंगा गर्ता

१७. खालीलपैकी कोणती जोडी बरोबर नाही?

(अ) शूककूट - हिमनदी (ब) हम्मादा - वारा

(क) कुंडलाकासार - नदी (ड) टोम्बोलो - भूमिगत पाणी

१८. खालीलपैकी कोणी हवामानाचे वर्गीकरण करताना पाऊस आणि बाष्पीभवनाचा विचार केला?

(अ) कोपेन (ब) थार्नवेट (क) क्रिचफील्ड (ड) स्ट्रॅहलर

१९. खालीलपैकी कोणती जोडी बरोबर नाही?

(अ) अल्युशियन गर्ता : उत्तर पॅसिफिक महासागर

(ब) टोंगा गर्ता : दक्षिण पॅसिफिक महासागर

(क) पोर्टोरिको गर्ता : दक्षिण अटलांटिक महासागर

(ड) सुन्दा गर्ता : हिंदी महासागर

२०. खालीलपैकी कोणती जोडी योग्य नाही?

(१) ओयाशिओ प्रवाह : दक्षिण पॅसिफिक महासागर

(२) फॉकलंड प्रवाह : दक्षिण अटलांटिक महासागर

(३) मोझॅम्बिक प्रवाह : हिंदी महासागर

(४) लॅम्ब्रेडॉर प्रवाह : उत्तर पॅसिफिक महासागर

उत्तरे : (अ) १ आणि २ (२) २ आणि ३ (क) ३ आणि ४ (ड) १ आणि ४

२१. खालीलपैकी कोणत्या दोन कारणांमुळे पृथ्वीवरील महासागराच्या किनाऱ्यावर येणाऱ्या भरतीच्या लाटांच्यामध्ये ५२ मिनिटांचे अंतर असते?

(१) पृथ्वीचे परिवलन (२) पृथ्वीचे परिभ्रमण

(३) चंद्राचे परिवलन (४) चंद्राचे परिभ्रमण

पर्याय (अ) १ आणि २ (ब) २ आणि ३

(क) ३ आणि ४ (ड) १ आणि ४

२२. वातावरणाच्या खालीलपैकी कोणत्या थरात बाष्प आणि धुळीचे कण आढळतात?

(अ) स्थितांबर (ब) तपांबर (क) आयनांबर (ड) ॲपॅलटन थर

२३. सारगासो समुद्र कशासाठी प्रसिद्ध आहे?

(अ) अतिशय कमी तापमानासाठी

(ब) अधिक खोलीसाठी

(क) समुद्री शेवाळामुळे भरलेल्या पाण्यामुळे

(ड) उष्ण सागरी प्रवाहामुळे

२४. ब्रिटिश द्वीपसमूहात सम हवामान असते. कारण-

(अ) लॅब्रेडॉर शीत प्रवाह तेथून वाहतो.

(ब) क्युरेशिओ प्रवाह तेथून वाहतो.

(क) गल्फ स्ट्रीफ तेथून वाहतो.

(ड) उत्तर अटलांटिक ड्रिफ्ट तेथून जाते.

२५. खालीलपैकी भारतातील सर्वांत प्राचीन पर्वत कोणता?

(अ) हिमालय (ब) विंध्य (क) अरवली (ड) सातपुडा

२६. जगातील सर्वाधिक लोकसंख्या असलेले शहर आहे–

(अ) शांघाय (ब) टोकियो (क) मुंबई (ड) मॉस्को

२७. तुलबुल प्रकल्प खालीलपैकी कोणत्या नदीशी संबंधित आहे?

(अ) व्यास (ब) रावी (क) झेलम (ड) सतलज

२८. स्तंभ १ (केंद्र) व स्तंभ २ (वैशिष्ट्य) यांमधील योग्य शब्द निवडून जोड्या लावा आणि खाली दिलेल्या जोड्यांमधील योग्य जोडी निवडा.

स्तंभ १ केंद्र	स्तंभ २ वैशिष्ट्य
(प) नेपानगर	(१) तेलशुद्धीकरण
(फ) झारिया	(२) वृत्तपत्र कागद
(भ) मथुरा	(३) अणुऊर्जाकेंद्र
(न) कल्पक्कम	(४) कोळश्याची खाण

जोड्या	प	फ	भ	न
(अ)	१	२	३	४
(ब)	२	४	१	३
(क)	४	२	३	१
(ड)	२	३	४	१

२९. स्तंभ १ (राज्य) व स्तंभ २ (लोकसंख्येची घनता) यांमधील योग्य शब्द / आकडे निवडून जोड्या लावा आणि खाली दिलेल्या जोड्यांमधील योग्य जोडी निवडा.

स्तंभ १	स्तंभ २
राज्य	लोकसंख्येची घनता
(प) बिहार	(१) ७६६
(फ) केरळ	(२) ४९७
(भ) उत्तर प्रदेश	(३) ७४७
(न) पश्चिम बंगाल	(४) ४७१

जोड्या	प	फ	भ	न
(अ)	१	२	३	४
(ब)	२	३	४	१
(क)	३	४	१	२
(ड)	४	१	२	३

३०. सद्य:स्थितीत भारतात जन्मदर व मृत्युदर यांबाबत खालीलपैकी कोणते विधान योग्य आहे?
   (अ) जन्मदर वाढत आहे व मृत्युदर कमी होत आहे.
   (ब) जन्मदर कमी होत आहे व मृत्युदर वाढत आहे.
   (क) जन्मदर आणि मृत्युदर दोन्ही घटत आहेत.
   (ड) जन्मदर आणि मृत्युदर दोन्ही वाढत आहेत.

३१. भारतात अधिकतर तेलशुद्धीकरणाचे कारखाने बंदराजवळ स्थापित झाले आहेत. कारण-
   (अ) तेलाच्या खाणी समुद्रकिनाऱ्याजवळ आहेत.
   (ब) हे कारखाने आयात केलेल्या कच्च्या खनिजतेलावर अवलंबून आहेत.
   (क) हे कारखाने वाहतुकीच्या सोयीने जोडलेले आहेत.
   (ड) कारखान्याला लागणारी यंत्रसामग्री आयात करणे सोपे जाते.

३२. खालीलपैकी कोणत्या राज्यात इदुक्की जलविद्युत प्रकल्प आहे?

(अ) केरळ (ब) हिमाचल प्रदेश

(क) अरुणाचल प्रदेश (ड) जम्मू आणि काश्मीर

३३. रांचीचे पठार खालीलपैकी कशाचे उदाहरण आहे?

(अ) पेनिप्लेन (ब) प्रारंभी पेनीप्लेन

(क) फॅसिल पेनिप्लेन (ड) उत्थित पेनीप्लेन

३४. स्तंभ (खननक्षेत्र) आणि स्तंभ (खनिजे) यांमधील योग्य शब्द निवडून जोड्या लावा व खाली दिलेल्या जोड्यांमधील योग्य जोडी निवडा.

स्तंभ १ खननक्षेत्र	स्तंभ २ खनिज
(प) मालजखंड	(१) कोळसा
(फ) कुद्रेमुख	(२) तांबे
(भ) कोरबा	(३) लोखंड
(न) जादूगुडा	(४) युरेनियम

जोड्या	प	फ	भ	न
(अ)	१	२	३	४
(ब)	२	३	४	१
(क)	२	३	१	४
(ड)	४	३	१	२

३५. खालीलपैकी कोणत्या नदीचा उगम मैकल पर्वतरांगांत नाही?

(अ) नर्मदा (ब) तापी (क) सोन (ड) महानदी

३६. भारतातील खालील महानगरांपैकी कोणत्या महानगरात लोकसंख्येची घनता सर्वांत कमी आहे?

(अ) मुंबई (ब) कोलकाता (क) दिल्ली (ड) चेन्नई

३७. भारतातील तीन गहू उत्पादन प्रदेशांचा उतरता योग्य क्रम कोणता?

(अ) पंजाब, हरियाना, उत्तर प्रदेश

(ब) पंजाब, उत्तर प्रदेश, मध्यप्रदेश

(क) उत्तर प्रदेश, पंजाब, मध्यप्रदेश

(ड) उत्तर प्रदेश, पंजाब, हरियाणा

३८. भारतात सर्वांत उत्तम प्रतीचा संगमरवर खालीलपैकी कोणत्या ठिकाणी सापडतो?

(अ) जबलपूर (ब) भरतपूर

(क) मकराना (ड) जैसलमेर

३९. खालीलपैकी कोणता धूमकेतू ६.६ वर्षांनंतर दिसतो?

(प) एनकेचा धूमकेतू (फ) हॉलीचा धूमकेतू

(भ) बिएलचा धूमकेतू (न) स्विफ्ट टटल

४०. खालीलपैकी कोणता नदीप्रकल्प आंध्रप्रदेश व ओरिसा राज्यांचा संयुक्त प्रकल्प आहे?

(अ) माचकुंड (ब) मयूराक्षी

(क) नार्गार्जुन सागर (ड) पोचम्पाद

४१. स्तंभ १ (प्रदेश) आणि स्तंभ २ (मृदेचा प्रकार) यांमधील योग्य जोड्या लावून, खाली दिलेल्या जोड्यांमधील योग्य जोडी निवडा.

स्तंभ १ प्रदेश	**स्तंभ २** मृदेचा प्रकार
(प) कर्नाटकाचे पठार	(१) रेगूर
(फ) पतचे पठार	(२) लाल मृदा
(भ) माळवा पठार	(३) जांभा मृदा
(न) उत्तर सरकार पठार	(४) गाळाची मृदा

जोड्या	प	फ	भ	न
(अ)	४	३	२	१
(ब)	१	२	३	४
(क)	२	१	४	३
(ड)	४	३	१	२

४२. सी. डब्ल्यू. थॉर्नवेटने दक्षिण गंगा मैदानाच्या हवामानाचे वर्णन करण्यासाठी खालीलपैकी कोणता हवामानाचा प्रकार सांगितला आहे?

(अ) AA'r (ब) BA'w (क) CA'w (ड) CB'w

४३. खालीलपैकी कोणती जोडी योग्य नाही?

(अ) पादपानुरूप प्रवाहप्रणाली : आयताकार जोड असलेल्या खडकावरील प्रवाहप्रणाली

(ब) जाळीसदृश्य प्रवाहप्रणाली : भिन्न घनतेच्या खडकावरील प्रवाहप्रणाली

(क) केंद्रत्यागी प्रवाहप्रणाली : ज्वालामुखी बेट किंवा मध्यवर्ती पर्वतीय भागातील प्रवाहप्रणाली

(ड) केंद्रोन्मुख प्रवाहप्रणाली : मध्यभाग खोल व सभोवतालचा भाग उंच अशी भूरचना असलेल्या प्रदेशातील प्रवाह-प्रणाली

४४. F.A.O. या संस्थेतर्फे करण्यात आलेल्या सर्वेक्षणानुसार जगातील निर्वनीकरण झालेल्या जागेचे क्षेत्रफळ किती?

(अ) ३० ते ५० लाख हेक्टर (ब) ७० ते १०० लाख हेक्टर

(क) १०० ते १२० लाख हेक्टर (ड) १५० लाख हेक्टर

४५. नैसर्गिक साधनसंपत्तीचे संरक्षण करण्याचा मुख्य उद्देश काय आहे?

(अ) थोड्या काळाकरता नैसर्गिक साधनसामग्रीचा उपयोग करण्यास संपूर्ण मनाई करणे

(ब) अनेक नैसर्गिक साधनसंपत्तीच्या उपयोगांवर निर्बंध आणणे

(क) नैसर्गिक साधनसामग्रीचा विचारपूर्वक व योग्य तेवढाच उपयोग करणे

(ड) नैसर्गिक साधनसामग्रीचा नफा होत असेल तेथेच उपयोग करणे

४६. खालीलपैकी कोणता फूट-लूज (foot loose) उद्योग आहे?

(अ) सिमेंट (ब) होजिअरी

(क) साखर (ड) ज्यूट

४७. कारखान्याच्या स्थनिकीकरणाचा त्रिकोण ही कल्पना खालीलपैकी कोणी मांडली?

(अ) वॉल्टर क्रिस्टलर (ब) अल्फ्रेड वेबर

(क) आगस्ट लाश्च (क) मॅक्स वेबर

४८. बागायती शेतीचे प्रमुख वैशिष्ट्य काय आहे?

(अ) केवळ एकाच प्रकारच्या पिकाचे उत्पादन

(ब) निरनिराळ्या मोसमांत निरनिराळ्या पिकांचे उत्पादन

(क) शेती व पशुपालन

(ड) फळाच्या पिकांची शेती

४९. स्तंभ १ (प्रदेश) आणि स्तंभ २ (व्यवसाय) यांमधील योग्य शब्द निवडून जोड्या लावा आणि खाली दिलेल्या जोड्यांमधील योग्य जोडी निवडा.

स्तंभ १	स्तंभ २
प्रदेश	व्यवसाय
(प) ध्रुवीय	(१) कुरण
(फ) पर्वतीय	(२) कृषी
(भ) वाळवंटी किंवा सेमी वाळवंटी	(३) लाकूड उद्योग
(न) मैदान किंवा नदीचे खोरे	(४) व्हेलची शिकार

जोड्या	प	फ	भ	न
(अ)	१	२	३	४
(ब)	४	३	१	२

(क)	२	३	१	४
(ड)	३	४	१	२

५०. उष्णकटिबंधीय जंगलापेक्षा समशीतोष्ण कटिबंधीय प्रदेशातील जंगलात लाकूडतोडीचा व्यवसाय व्यावसायिक प्रमाणावर अधिक विकसित झाला आहे. कारण-

(अ) येथील वृक्षांची वाढ झपाट्याने होते.

(ब) वाहतुकीच्या सहज सोयी उपलब्ध असतात.

(क) एकाच प्रकारचे वृक्ष दूरवर उपलब्ध असतात.

(ड) येथे कठोर लाकूड देणारे वृक्ष आहेत.

५१. मिश्र शेतीशी खालीलपैकी कोणते विधान संबंधित आहे?

(अ) एकाच शेतात दोन किंवा अधिक पिके घेणे

(ब) शेतीच्या आधुनिक तंत्राचा वापर

(क) शेती व पशुपालन एकत्र

(ड) एकाच शेतात धान्यं व भाज्या उत्पादन

५२. जगाचे कृषीनुसार प्रादेशिक विभाग सर्वप्रथम कोणी केले?

(अ) डी. व्हिटलसी (ब) एल डी स्टॅम्प

(क) ग्रिफिथ टेलर (ड) कार्ल रिटर

५३. स्तंभ १ (देश) व स्तंभ २ (राजधानी) यांमधील योग्य शब्द निवडून जोड्या लावा आणि खाली दिलेल्या जोड्यांमधील योग्य जोडी निवडा.

स्तंभ १ देश	**स्तंभ २** राजधानी
(प) ब्राझील	(१) कॅराकस
(फ) चिली	(२) ब्राझिलिया
(भ) व्हेनेझ्युएला	(३) सँटिआगो
(न) बोलिव्हिया	(४) लापाझ

जोड्या	प	फ	भ	न
(अ)	२	३	१	४
(ब)	२	१	३	४
(क)	४	३	१	२
(ड)	३	४	१	२

५४. विस्तृत व्यापारी अन्नधान्य शेती हे खालीलपैकी कोणत्या प्रदेशाचे वैशिष्ट्य आहे?

(अ) पश्चिम युरोप (ब) संयुक्त संस्थानातील विस्तृत मैदान

(क) मान्सून प्रदेश (ड) भूमध्यसागरीय प्रदेश

५५. 'सीमान' सिंचाई पद्धत कुठे प्रचलित आहे?
(अ) मध्यपूर्व देशात (ब) उत्तर आफ्रिकेत
(क) पश्चिम ऑस्ट्रेलियात (ड) मध्य अशियात

५६. खालीलपैकी कोणत्या भूगोलतत्त्ववेत्त्याने सर्वप्रथम 'व्यावहारिक संभववाद' मांडला?
(अ) के. रिटर (ब) जी. टॅथम (क) जे. ब्रून्स (ड) जी. टेलर

५७. भारतात प्रथम विस्तृत नकाशाची रचना कोणी केली?
(अ) डी. ऐनविले (ब) इरैटोस्थनीज (क) टॉलेमी (ड) जेम्स रेनेल

५८. जर एखाद्या नकाशाचे प्रमाण १ सें. मी. ला २ कि. मी. असेल तर त्याचे प्रमाण किती असेल?
(अ) १/२०,००० (ब) १/४०,०००
(क) १/८०,००० (ड) १/२००,०००

५९. खालील सम्मोच्चतारेषा काय दर्शवतात?
(अ) अंतर्वक्र उतार
(ब) समान उतार
(क) बहिर्वक्र उतार
(ड) असमान उतार

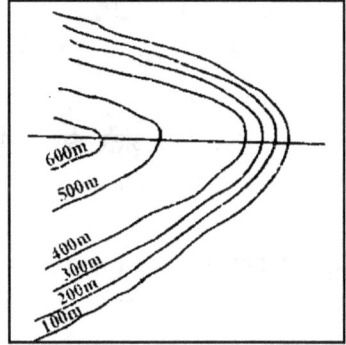

६०. 'पृथ्वीच्या एखाद्या पृष्ठभागाचे सपाट पृष्ठभागावर काढलेल्या संकेतात्मक चित्राला नकाशा म्हणतात.' असे कोणी म्हटले आहे?
(अ) रॉबिन्सन (ब) रेज
(क) जे एफ. जे. मॉंकहाऊस (ड) केलावे

६१. स्तंभ १ (पुस्तक) व स्तंभ २ (लेखक) यांमधील योग्य शब्द निवडून जोड्या लावा आणि खाली दिलेल्या जोड्यांमधील योग्य जोडी निवडा.

स्तंभ १ पुस्तक	**स्तंभ २** लेखक
(प) एलिमेंट्स ऑफ कर्टोग्राफी	(१) बीगॉट
(फ) इन्ट्रोडक्शन टु द स्टडी ऑफ मॅप प्रोजेक्शन	(२) बोयेर
(भ) द गाइड टु मॅप प्रोजेक्शन	(३) स्टीअर्स
(न) ॲन इंट्रोडक्शन टु मॅप वर्क ॲण्ड प्रॅक्टिकल जिऑग्रफी	(४) रॉबिनसन्

जोड्या	प	फ	भ	न
(अ)	४	३	२	१
(ब)	१	२	३	४
(क)	४	१	२	३
(ड)	१	३	४	२

६२. लोकसंख्येतील वय आणि लिंगगुणोत्तर दाखवण्यासाठी खालीलपैकी सर्वांत उत्तम पद्धत कोणती?

(अ) साधा स्तंभालेख (ब) संयुक्त स्तंभालेख

(क) शंकू आकृती (ड) बहुरेषालेख

६३. खालीलपैकी कोणती जोडी योग्य नाही?

(अ) ▽ पावसाच्या सरी (ब) ∞ विरळ धुके

(क) हिमवृष्टी (ड) ≡ दाट धुके

६४. खालीलपैकी कोणते बेट हे हिंदी महासागरातील नाही?

(अ) लखदीव (ब) केरग्युलेन (क) गिलबर्ट (ड) रियुनियन

६५. १° अक्षांशाचे अंतर काय दर्शविते?

(अ) २११ कि.मी. (ब) १११ कि.मी.

(क) ९१ कि.मी. (ड) २४१ कि.मी.

६६. जगातील भातशेती दाखवण्यासाठी सर्वांत उपयुक्त प्रक्षेपण कोणते?

(अ) बॉनचे प्रक्षेपण (ब) दंडगोल समक्षेत्र प्रक्षेपण

(क) मर्केटरचे प्रक्षेपण (ड) मॉलवीडचे प्रक्षेपण

६७. भारतातील ऋतू नकाशात दाखवण्यासाठी कोणते प्रक्षेपण वापरले जाते?

(अ) बॉनचे प्रक्षेपण (ब) अर्धशंकू / बहु अक्षवृत्तीय प्रक्षेपण

(क) मर्केटरचे प्रक्षेपण (ड) मॉलवीडचे प्रक्षेपण

६८. स्तंभ १ (नकाशाचा प्रकार) आणि स्तंभ २ (वैशिष्ट्य) यांमधील योग्य शब्द निवडून जोड्या लावा आणि खाली दिलेल्या जोड्यांमधील योग्य जोडी निवडा.

	स्तंभ १ नकाशाचा प्रकार	स्तंभ २ वैशिष्ट्य
(प)	कोरोक्रोमॅटिक नकाशा	(१) छोट्या प्रमाणावर ॲटलास नकाशा
(फ)	कोरो स्किमॅटिक नकाशा	(२) विविध रंगांचा वापर
(भ)	कोरोप्लिथ नकाशा	(३) विविध चिन्हांद्वारे वितरण
(न)	कोरोग्राफिकल नकाशा	(४) आकडेवारी छाया किंवा छटांनी दाखवली जाते.

जोड्या	प	फ	भ	न
(अ)	१	२	३	४
(ब)	२	३	४	१
(क)	४	३	२	१
(ड)	४	२	३	१

६९. 'द स्टोरी ऑफ इंटिग्रेशन ऑफ इंडियन स्टेट्स' यांचे लेखक कोण?
(अ) के. एम. पणिकर (ब) के. एम. मुन्शी
(क) जी. मिर्डल (ड) बी. पी. मेनन

७०. खाली दिलेल्या विधानांचा अभ्यास करून त्याखाली दिलेल्या उत्तरांमधील उत्तर निवडा.

विधान (अ) : मोठ्या नगरामध्ये शहरांचा अवाढव्य विस्तार होऊ नये म्हणून हरित पट्टा राखून ठेवला जातो.

विधान (क) : हरित पट्टा हा शहराचा अनिवार्य घटक आहे.

उत्तर (अ) विधान 'अ' आणि 'क' बरोबर आहेत आणि 'क' हे 'अ' चे स्पष्टीकरण आहे.
(ब) विधान 'अ' आणि 'क' बरोबर आहेत परंतु 'क' हे 'अ' चे स्पष्टीकरण नाही.
(क) 'अ' बरोबर आहे परंतु 'क' चुकीचे आहे.
(ड) 'अ' चूक आहे परंतु 'क' बरोबर आहे.

७१. खाली दिलेल्यांपैकी 'थांबा आणि जा निश्चयवाद' कोणी मांडला?
(अ) अल्फ्रेड हेटनर (ब) ग्रिफिथ टेलर
(क) एल. डी. स्टॅम्प (ड) जीन ब्रून्स

७२. खाली दिलेल्यापैकी मानवाच्या कोणत्या इंद्रियाच्या भागाचा उपयोग मानवी जमातीचे वर्गीकरण करण्यासाठी केला जात नाही?
(अ) डोळे (ब) नाक (क) कान (ड) केस

७३. 'वर्तमान भूतकाळाची पुंजी आहे?' हे कोणी म्हटले आहे?
(अ) सी. एम. किंग (ब) डब्ल्यू एम डेव्हिस
(क) जेम्स हट्टन (ड) वाल्थर पेंक

७४. संभववादाची संकल्पना कुणी मांडली?
(अ) स्टॅझेल (ब) हेटनर
(क) सॅम्पुल (ड) विदाल-दि-ला-ब्लाश

७५. खालील प्रदेशांपैकी कोणत्या प्रदेशात अधिक शहरीकरण झाले आहे?

(अ) पूर्व आशिया

(ब) दक्षिण आशिया

(क) युरोप

(ड) ऑस्ट्रेलिया-न्युझीलंड

७६. शहरांची क्रमवारी खालीलपैकी कोणत्या घटकाचा विचार करून लावली जाते?

(अ) लोकसंख्या

(ब) क्षेत्रफळ

(क) व्यवसाय

(ड) लोकसंख्यावाढीचा दर

७७. स्तंभ १ (जमाती) व स्तंभ २ (देश / प्रदेश) यांमधील योग्य शब्द निवडून जोड्या लावा व खाली दिलेल्या जोड्यांमधील योग्य जोडी निवडा.

स्तंभ १	स्तंभ २
जमाती	देश / प्रदेश
(प) मुलातो	(१) जपान
(फ) आयनू	(२) स्कँडेनिव्हिया
(भ) लॅप्स	(३) ब्राझील
(न) मेस्टिजो	(४) मेक्सिको

जोड्या	प	फ	भ	न
(अ)	४	३	१	२
(ब)	३	१	२	४
(क)	२	४	१	३
(ड)	१	२	४	३

७८. एखाद्या नकाशाचे शब्दप्रमाण ७ इंचास २ मैल असेल तर त्या नकाशाचे संख्या-प्रमाण / अंकप्रमाण किती असेल?

(अ) १:३१६८०

(ब) १:१५८४०

(क) १:१८१०३

(ड) १:१२६७२०

७९. खालीलपैकी कोणत्या देशात किंवा प्रदेशात मृत्युदर वाढत आहे?

(अ) अफ्रिका

(ब) युरोप

(क) द. अमेरिका

(ड) आसेनिया

८०. कोणत्या सिद्धान्तामध्ये नैसर्गिक पर्यावरण मानवापेक्षा प्रभावी आहे असे मानले जाते?

(अ) नियतिवाद

(ब) संभववाद

(क) नवनियतिवाद

(ड) संभाव्यवाद

८१. स्तंभ १ (स्थळनिर्देशक नकाशाचे नाव) आणि स्तंभ २ (त्याचे प्रमाण) यांतील योग्य शब्द निवडून जोड्या लावा आणि खाली दिलेल्या जोड्यांमधील योग्य जोडी निवडा.

स्तंभ १	**स्तंभ २**
स्थलनिर्देशक नकाशा	प्रमाण
(प) दशलक्षी नकाशे	(१) १ इंचास २ मैल
(फ) पावइंची नकाशा	(२) १ इंचास १ मैल
(भ) अर्धाइंची नकाशा	(३) १ इंचास ४ मैल
(न) एकइंची नकाशा	(४) १ इंचास १६ मैल

जोड्या	प	फ	भ	न
(अ)	१	२	३	४
(ब)	४	३	२	१
(क)	३	४	१	२
(ड)	४	३	१	२

८२. स्तंभ १ (जमात) आणि स्तंभ २ (प्रदेश) यांमधील योग्य शब्द निवडून जोड्या लावा व खाली दिलेल्या जोड्यांमधील योग्य जोडी निवडा.

स्तंभ १	**स्तंभ २**
जमात	प्रदेश
(प) बुशमेन	(१) ग्रीनलंड
(फ) बोरो	(२) कांगो बेसिन
(भ) पिग्मी	(३) ॲमेझॉन बेसिन
(न) एस्किमो	(४) कलहारी

जोड्या	प	फ	भ	न
(अ)	१	२	३	४
(ब)	४	३	२	१
(क)	२	३	४	१
(ड)	४	२	३	१

८३. एखाद्या ठिकाणाचे सरासरी तापमान व पाऊस दाखवणाऱ्या बारा बाजू असलेल्या आकृतीला काय म्हणतात?

(अ) थर्मोग्राफ (ब) हीदरग्राफ
(क) क्लायमोग्राफ (ड) अगोंग्राफ

८४. खालीलपैकी कोणते प्रक्षेपण केप-काहिश रेल्वेमार्ग दाखवण्यास उपयुक्त आहे?

(अ) मर्केटर (ब) बहुशंकू (क) बॉनचे (ड) सिन्युसायडल

८५. खालीलपैकी कोणती जोडी बरोबर नाही?

(अ) कबरस्तान ⌒⌒   (ब) कायम झोपडी ■■

(ब) किल्ला ⋈   (ड) खाण ✕

८६. खालीलपैकी कोणत्या प्रदेशात यमुना नदीचे पाणी अत्यंत प्रदूषित झाल्याने त्याला 'हिरवे सूप' म्हटले जाते?

(अ) दिल्ली - आग्रा   (ब) आग्रा - यमुनाचंबळ संगम

(क) ताजेवाला - वजिराबाद   (ड) वजिराबाद - ओखला बांध

८७. खालीलपैकी कोणत्या नदीला अत्यंत प्रदूषित झाल्यामुळे 'जैविक वाळवंट' म्हटले जाते?

(अ) घाघरा   (ब) दामोदर   (क) पेरियार   (ड) ब्रह्मपुत्रा

८८. खालीलपैकी कोणती जागतिक परिषद ओझोनच्या ऱ्हासाशी संबंधित आहे?

(अ) टोरंटो परिषद   (ब) रिया परिषद

(क) मॉट्रियल प्रोटोकॉल   (ड) क्योटो प्रोटोकॉल

८९. खाली दिलेल्या गवत परिसंस्थेतील योग्य क्रम कोणता?

(अ) गवत - टोळ - बेडूक - ससाणा - साप

(ब) टोळ - गवत - बेडूक - साप - ससाणा

(क) गवत - टोळ - बेडूक - साप - ससाणा

(ड) ससाणा - साप - बेडूक - टोळ - गवत

९०. स्तंभ १ आणि स्तंभ २ मधील योग्य शब्द निवडून जोड्या लावा व खाली दिलेल्या जोड्यांमधील योग्य जोडी निवडा.

स्तंभ १	स्तंभ २
(प) पोषणस्तर १	(१) मांसाहारी
(फ) पोषणस्तर २	(२) स्वपोषित
(भ) पोषणस्तर ३	(३) प्राथमिक भक्षक
(न) पोषणस्तर ४	(४) विघटक

जोड्या	प	फ	भ	न
(अ)	४	२	३	१
(ब)	३	१	४	२
(क)	२	३	१	४
(ड)	३	२	४	१

९१. स्तंभ १ (मृदेचा प्रकार) आणि स्तंभ २ (प्रदेश) यांमधील योग्य शब्द निवडून जोड्या लावा व खाली दिलेल्या जोड्यांमधील योग्य जोडी निवडा.

	स्तंभ १ मृदा	**स्तंभ २** प्रदेश
(प)	तांबडी मृदा	(१) प्रेअरी प्रदेश
(फ)	जांभा मृदा	(२) कांगोचे खोरे
(भ)	काळी मृदा	(३) ब्राझील
(न)	राखाडी मृदा	(४) कॅनडा

जोड्या	प	फ	भ	न
(अ)	२	३	१	४
(ब)	३	२	१	४
(क)	३	२	४	१
(ड)	२	३	१	४

९२. स्तंभ १ (जंगलाचा प्रकार) व स्तंभ २ (वृक्ष) यांमधील योग्य शब्द निवडून जोड्या लावा आणि खाली दिलेल्या जोड्यांमधील योग्य जोडी निवडा.

	स्तंभ १ जंगलाचा प्रकार	**स्तंभ २** वृक्ष
(प)	विषुववृत्तीय सदाहरित	(१) ऑलिव्ह
(फ)	मान्सून	(२) लार्च
(भ)	सूचिपर्णी	(३) चंदन
(न)	समशीतोष्ण कटिबंधीय पानझडी	(४) एबोनी

जोड्या	प	फ	भ	न
(अ)	३	४	२	१
(ब)	४	३	२	१
(क)	४	३	१	२
(ड)	२	३	४	१

९३. विविध जीवांचे एकमेकांमधील संबंध आणि नैसर्गिक वातावरणाचा परस्परसंबंध याच्या अभ्यासाला काय म्हणतात?

(अ) फेनॉलॉजी (ब) परिस्थितिकी (क) जैविकी (ड) प्राणिविज्ञान

९४. प्रवाळांच्या नाशाचे प्रमुख कारण कोणते?

(अ) जमिनीवरील वाढलेले तापमान

(ब) जमिनीवरील कमी झालेले तापमान

(क) ज्वालामुखीचा उद्रेक

(ड) रासायनिक प्रदूषण

९५. खालील विधानांचा विचार करा आणि खाली दिलेल्या उत्तरांमधील योग्य उत्तर निवडा.

विधान (अ) : एका सजीवाकडून दुसऱ्या सजीवाकडे ऊर्जा जाताना पोषणपातळीतील मूळ ऊर्जा कमी होत जाते.

विधान (क) : जसजशी एकेक पोषणपातळी येते तसतशी सजीवांची संख्या कमी होत जाते.

(अ) विधान 'अ' आणि 'क' दोन्ही बरोबर आहेत आणि 'क' हे 'अ' चे स्पष्टीकरण आहे.

(ब) विधान 'अ' आणि 'क' दोन्ही बरोबर आहेत पण 'क' 'अ' चे स्पष्टीकरण नाही.

(क) विधान 'अ' बरोबर आहे आणि 'क' चूक आहे.

(ड) विधान 'अ' चूक आहे आणि 'क' बरोबर आहे.

९६. खालीलपैकी कोण संभववादाचे प्रतिनिधित्व करतात?

(अ) एलवर्थ हटिंग्टन, पी ब्लॉश आणि जे ब्रून्स

(ब) पी. ब्लाश, जे ब्रून्स आणि आय बोत्रेन

(क) जे ब्रून्स, ओ एच के स्पेट, आणि पी ब्लाश

(ड) ओ एच के स्पेट, जे ब्रून्स आणि जी. टेलर

९७. 'भूगोल हा पृथ्वीवरील विभिन्न स्वरूपांचे यथार्थ, क्रमबद्ध आणि तर्कशुद्ध विवेचन करतो' हे वाक्य खालीलपैकी कोणत्या पुस्तकातील आहे?

(अ) 'मॉरफॉलॉजी ऑफ लॅण्डस्केप'

(ब) 'नेचर ऑफ जिऑग्राफी'

(क) 'पर्सपेक्टिव्ह ऑन द नेचर ऑफ जिऑग्रफी'

(ड) 'थिअरॉकिल जिऑग्रफी'

९८. खाली दिलेल्या अमेरिकन भूगोलतत्त्ववेत्त्यांच्या कालानुसार योग्य क्रमवारी कोणती? खाली दिलेल्या उत्तरांतील योग्य उत्तर निवडा-

(प) सॉयर

(फ) हटिंग्टन

(भ) सेम्पुल

(न) बोमॅन

	प	फ	भ	न
(अ)	१	४	३	२
(ब)	३	२	४	१
(क)	२	३	४	१
(ड)	३	४	१	२

९९. आफ्रिकेच्या खाली दिलेल्या सरोवरांची दक्षिणेकडून उत्तरेकडे योग्य क्रमवारी कोणती?

(अ) टेंगानिका, न्यासा, रुडोल्फ, व्हिक्टोरिया

(ब) रुडोल्फ, न्यासा, टेंगानिका, व्हिक्टोरिया

(क) न्यासा, टेंगानिका, व्हिक्टोरिया, रुडोल्फ

(ड) व्हिक्टोरिया, रुडोल्फ, टेंगानिका, न्यासा

१००. खालीलपैकी कोणत्या देशात पोर्तुगीज प्रमुख भाषा आहे?

(अ) ब्राझील (ब) कोलंबिया (क) पेरू (ड) चिली

१०१. खालीलपैकी कोणते विधान म्यानमार संदर्भात बरोबर आहे.

(अ) नोव्हेंबर ते एप्रिल कोरडा उन्हाळा असतो.

(ब) देशाच्या नैर्ऋत्य भागात खूप पाऊस पडतो.

(क) इरावती नदीच्या खोऱ्याचा मध्यभाग आराकायोमान पर्वताच्या पर्जन्यच्छायेत येतो.

(ड) मंडाले शहर छिंदवीन नदीच्या किनाऱ्यावर आहे.

१०२. खालीलपैकी कोणते विधान योग्य आहे. खाली दिलेल्या उत्तरामधील योग्य उत्तर निवडा.

(१) ऱ्हाइन नदी संपूर्ण जगात व्यापारी वाहतुकीसाठी सर्वांत महत्त्वाची आहे.

(२) ऱ्हाइन प्रदेश युरोपातील सर्वांत दाट आबाद क्षेत्र आहे.

(३) ऱ्हाईनवरची सर्व बंदरे कृत्रिम बंदरे आहेत.

(अ) १ आणि २ (ब) १ आणि ३

(क) २ आणि ३ (ड) १, २ आणि ३

१०३. उत्तर अमेरिकेतील खाली उल्लेखलेल्या भूस्वरूपांचा पूर्वेकडून पश्चिमेकडे योग्य क्रम कोणता?

(अ) किनाऱ्याच्या पर्वतरांगा, ग्रेट बेसिन, रॉकी पर्वत आणि ग्रेट प्लेन

(ब) ग्रेट प्लेन, ग्रेट बेसिन, रॉकी पर्वत आणि किनाऱ्याच्या पर्वतरांगा

(क) किनाऱ्याच्या पर्वतरांगा, ग्रेट प्लेन, ग्रेट बेसिन आणि रॉकी पर्वत

(ड) ग्रेट प्लेन, रॉकी, ग्रेट बेसिन आणि किनाऱ्याच्या पर्वतरांगा

१०४. खालीलपैकी कोणती जोडी बरोबर नाही.

(अ) जोहारची सामुद्रधुनी : सिंगापूर व सुमात्राच्या मध्ये

(ब) मलाक्काची सामुद्रधुनी : मलेशिया आणि सुमात्राच्या मध्ये

(क) सुंदाची सामुद्रधुनी : सुमात्रा आणि जावा बेटाच्या मध्ये

(ड) मलासर सामुद्रधुनी : कालीमंटन आणि सुलेवसीच्या मध्ये

१०५. यरबा माटे काय आहे?

(अ) मेक्सिकोची खाद्य वस्तू

(ब) ब्राझीलमध्ये एक गवत प्रकार

(क) पेराग्वेमध्ये चहासारखे एक झाड

(ड) अर्जेंटिनामधील एक वृक्ष

१०६. खालील विधानांवर विचार करा व खाली दिलेल्या उत्तरांतील योग्य उत्तर निवडा.

विधान (अ) : ऑस्ट्रेलिया गहू निर्यात करणारा एक महत्त्वाचा देश आहे.

विधान (क) : ऑस्ट्रेलिया उरलेल्या प्रमुख उत्पादक देशांपैकी एक आहे.

(अ) विधान 'अ' आणि 'क' बरोबर आणि 'क' हे 'अ' चे स्पष्टीकरण किंवा कारण आहे.

(ब) विधान 'अ' आणि 'क' बरोबर आहेत परंतु 'क' हे 'अ' चे स्पष्टीकरण किंवा कारण नाही.

(क) 'अ' बरोबर आहे पण 'क' चूक आहे.

(ड) 'अ' चूक आहे पण 'क' बरोबर आहे.

१०७. स्तंभ १ आणि स्तंभ २ मधील योग्य शब्द निवडून जोड्या लावा आणि खाली दिलेल्या जोड्यांमधील योग्य जोडी निवडा.

स्तंभ १	स्तंभ २
शहर	उद्योग / कारखाना
(प) डेट्रॉयट	(१) लोखंड पोलाद
(फ) हॅमबर्ग	(२) वस्त्र उद्योग
(भ) पिट्सबर्ग	(३) मोटारगाड्या
(न) ओसाका	(४) जहाजनिर्माण

जोड्या	प	फ	भ	न
(अ)	२	३	१	४
(ब)	३	४	१	२
(क)	४	३	२	१
(ड)	३	४	२	१

१०८. आंतरराष्ट्रीय व्यापाराच्या दृष्टीने जगातील सर्वांत महत्त्वपूर्ण सागरी मार्ग कोणता?
(अ) सुएझ कालवा ते अटलांटिक महासागर-भूमध्यसमुद्र-हिंदी महासागर मार्ग
(ब) केप ऑफ गुडहोप मार्ग
(क) युरोप आणि उत्तर अमेरिकेचा मध्य उत्तरी अटलांटिक महासागरीय मार्ग
(ड) उत्तर अमेरिकेचा पश्चिम किनारा-युरोप मार्ग (पनामा कालव्यातून)

उत्तरे

१. क	२. क	३. ब	४. क	५. ड	६. ड	७. ब
८. ब	९. अ	१०. अ	११. ब	१२. ड	१३. अ	१४. क
१५. ब	१६. ब	१७. ड	१८. ब	१९. क	२०. ड	२१. ड
२२. ब	२३. क	२४. ड	२५. क	२६. ब	२७. क	२८. ब
२९. ब	३०. क	३१. ब	३२. अ	३३. ड	३४. क	३५. ब
३६. ड	३७. ड	३८. क	३९. क	४०. अ	४१. ड	४२. ड
४३. ड	४४. ब	४५. क	४६. ब	४७. ब	४८. अ	४९. ब
५०. क	५१. क	५२. अ	५३. अ	५४. ब	५५. ड	५६. ब
५७. ड	५८. ड	५९. क	६०. क	६१. अ	६२. क	६३. क
६४. क	६५. ब	६६. ब	६७. क	६८. ब	६९. अ	७०. ब
७१. ब	७२. क	७३. क	७४. ड	७५. ड	७६. अ	७७. ब
७८. क	७९. अ	८०. अ	८१. ड	८२. ब	८३. ब	८४. ड
८५. ड	८६. ड	८७. ब	८८. ड	८९. क	९०. क	९१. ब
९२. क	९३. ब	९४. ड	९५. अ	९६. ब	९७. क	९८. ब
९९. क	१००. अ	१०१. ड	१०२. अ	१०३. ड	१०४. अ	१०५. क
१०६. क	१०७. ब	१०८. क				

◆◆◆

प्रश्नसंच - १५

१. जगात नैसर्गिक रबराच्या उत्पादनात कोण अग्रेसर आहे?

(अ) ब्राझील (ब) इंडोनेशिया

(क) मलेशिया (ड) थायलंड

२. खालील विधानांवर विचार करा.

विधान (अ) : शेतीच्या प्रकारांत शेतीचे वर्गीकरण ही सर्वोत्तम कल्पना आहे.

विधान (क) : हे समान कृषी पद्धतीचे सार आहे.

खालीलपैकी योग्य उत्तर निवडा.

(अ) विधान 'अ' आणि विधान 'क' बरोबर आहेत आणि विधान 'क' हे विधान 'अ' चे योग्य स्पष्टीकरण / कारण आहे.

(ब) विधान 'अ' आणि विधान 'क' बरोबर आहेत परंतु विधान 'क' हे विधान 'अ' चे योग्य स्पष्टीकरण / कारण नाही.

(क) विधान 'अ' बरोबर आहे आणि विधान 'क' चूक आहे.

(ड) विधान 'अ' चूक आहे परंतु विधान 'क' बरोबर आहे.

३. खालील विधानांवर विचार करा.

विधान (अ) : जगातील सर्वांत मोठे मानवनिर्मित सरोवर व्होल्टा सरोवर आहे.

विधान (क) : हे सरोवर घाना देशात आहे.

खालीलपैकी योग्य उत्तर निवडा.

(अ) विधान 'अ' आणि 'क' बरोबर आहेत आणि विधान 'क' हे विधान 'अ' चे योग्य स्पष्टीकरण / कारण नाही.

(ब) विधान 'अ' आणि 'क' बरोबर आहेत परंतु विधान 'क' हे 'अ' चे योग्य स्पष्टीकरण / कारण नाही.

(क) विधान 'अ' बरोबर आहे परंतु विधान 'क' चूक आहे.

(ड) विधान 'अ' चूक आहे परंतु विधान 'क' बरोबर आहे.

४. जैविक संस्कृतीच्या संकल्पनेशी संबंधित कोण आहे?

(अ) ए. वॉन. हम्बोल्ट (ब) एफ. रॅटझेल

(क) सी. रिटर (ड) आर. हार्टशॉर्न

५. स्तंभ १ (पुस्तक) आणि स्तंभ २ (लेखक) यांमधील योग्य शब्द निवडून जोड्या लावा आणि खाली दिलेल्या जोड्यांमधील योग्य जोडी निवडा.

	स्तंभ १	**स्तंभ २**
	पुस्तक	लेखक
(प)	मेन स्प्रिंग्स ऑफ सिव्हिलायझेशन	(१) कार्ल ओ सॉयर
(फ)	इन्फ्लूयन्सेस ऑफ जॉग्रफिक एन्व्हायर्नमेंट	(२) डी.एम.स्मिथ
(भ)	मॉरफोलॉजी ऑफ लॅन्डस्केप	(३) ई. हटिंग्टन
(न)	व्हेअर द ग्रास इज ग्रीनर	(४) ई. सी. सेम्पुल

	प	फ	भ	न
(अ)	३	४	१	२
(ब)	३	२	१	४
(क)	१	४	२	३
(ड)	४	३	१	२

६. 'विशिष्ट जीवनपद्धती' ही संकल्पना कोणी मांडली?
(अ) सी. डी. फोर्डने (ब) ई. रेक्ल्यूने
(क) विदाल-दि-ला ब्लाशने (ड) जीन ब्रून्सने

७. 'भूगोल मानव व परिस्थितीचे रूप' ही संकल्पना कोणी मांडली?
(अ) जे. क्लार्कने (ब) एच. एच. बॅरोजने
(क) रिचर्ड हार्टशॉनने (ड) डेव्हिड स्मिथने

८. 'भूगोलाला मानवकल्याणाचा मार्ग प्रशस्त करायला हवा' हा विचार कोणी मांडला?
(अ) परिस्थितिक संप्रदाय (ब) अवस्थितिक संप्रदाय
(क) परंपरागत संप्रदाय (ड) क्रांतिकारी संप्रदाय

९. 'नेचर ऑफ जिऑग्रफी' हे पुस्तक कोणी लिहिले?
(अ) डब्ल्यू. एम. डेव्हिस (ब) बी. जे. एल. बेरी
(क) रिचर्ड पिट (ड) रिचर्ड हार्टशॉर्न

१०. 'एक्स्पेशनलिझ्म इन जिऑग्रफी' हा लेख खूप प्रसिद्ध झाला होता, तो खालीलपैकी कोणी लिहिला होता?
(अ) जेड. के. जिफ (ब) सी. डी. हॅरिस
(क) डब्ल्यू शेफर (ड) डब्ल्यू क्रिस्टलर

११. १९ व्या शतकाच्या उत्तरार्धात खालीलपैकी कोणत्या विद्वानाने भूगोलात केवळ नैसर्गिक तत्त्वांचाच अभ्यास केला होता?
(अ) झरलॅण्ड (ब) रिचूथोफेन (क) ई. सी. सॅम्पल (ड) रेक्ल्यूस

१२. स्तंभ १ (भूगोलतत्त्ववेत्ता) आणि स्तंभ २ (देश) यांमधील योग्य शब्द निवडून जोड्या लावा आणि खाली दिलेल्या जोड्यांमधील योग्य जोडी निवडा.

	स्तंभ १	**स्तंभ २**
	भूगोलतत्त्ववेत्ता	देश
(प)	मॅकिंडर	१) फ्रांस
(फ)	ब्लॉश	२) ग्रेट ब्रिटन
(भ)	रॅटझेल	३) संयुक्त संस्थाने
(न)	डेव्हिस	४) जर्मनी

जोड्या	प	फ	भ	न
(अ)	३	१	४	२
(ब)	२	१	४	३
(क)	२	३	१	४
(ड)	१	४	२	३

१३. खालीलपैकी कोणते 'अजंण्डा २१' शी संबंधित आहे?

(अ) मॉन्ट्रिअल करार (ब) रिया परिषद

(क) क्वेटो करार (ड) प्लस-५ संमेलन

१४. खालील विधानांवर विचार करा.

विधान (अ) : वाढत्या पोषणस्तराबरोबर ऊर्जेचा क्षय होत जातो.

विधान (क) : वाढत्या पोषणस्तराबरोबर जीवाणूंना आपला आहार प्राप्त करण्यासाठी अधिक हालचाल किंवा कार्य करावे लागते.

खालीलपैकी योग्य उत्तर निवडा.

(अ) विधान 'अ' आणि 'क' दोन्ही बरोबर आहेत आणि विधान 'क' हे विधान 'अ' चे योग्य स्पष्टीकरण / कारण आहे.

(ब) विधान 'अ' आणि 'क' दोन्ही बरोबर आहेत परंतु विधान 'क' हे विधान 'अ' चे योग्य स्पष्टीकरण / कारण नाही.

(क) विधान 'अ' बरोबर आहे आणि विधान 'क' चूक आहे.

(ड) विधान 'अ' चूक आहे आणि विधान 'क' बरोबर आहे.

१५. खालीलपैकी कोणती प्रक्रिया ओझोनच्या निर्मितीशी संबंधित आहे?

(अ) प्रकाशसंश्लेषण प्रक्रिया (ब) प्रकाश रासायनिक प्रक्रिया

(क) रसायनसंश्लेषण प्रक्रिया (ड) हायड्रोलिसिस प्रक्रिया

१६. खालील विधानांवर विचार करा.

विधान (अ) : जंगलाचा नाश झाल्यास मोठ्या प्रमाणावर मृदेची धूप होते.

विधान (क) : मोठ्या प्रमाणात मृदेची धूप झाल्यास नदीला पूर येतो.

खालीलपैकी योग्य जोडी निवडा.

(अ) विधान 'अ' आणि 'क' बरोबर आहेत आणि विधान 'क' हे 'अ' चे योग्य स्पष्टीकरण / कारण आहे.

(ब) विधान 'अ' आणि 'क' बरोबर आहेत परंतु विधान 'क' हे 'अ' चे योग्य स्पष्टीकरण / कारण नाही.

(क) विधान 'अ' बरोबर आहे परंतु विधान 'क' चूक आहे.

(ड) विधान 'अ' चूक आहे परंतु विधान 'क' बरोबर आहे.

१७. खालीलपैकी कोणते एक हवेचे प्रदूषण नियंत्रित करणारे यंत्र नाही?

(अ) सिंडर ब्लॉक   (ब) बॅग फिल्टर

(क) वेट स्क्रबर   (ड) सायक्लोन सेपरेटर

१८. खालीलपैकी कोणते एक जल-प्रदूषणाशी संबंधित नाही?

(अ) युट्रोफिकेशन   (ब) नायट्रोफिकेशन

(क) BOD   (ड) तेलगळती

१९. खालीलपैकी कोणत्या प्रक्षेपणावर विषुववृत्त साध्या रेषेने दाखवले जाते?

(अ) दंडगोल समक्षेत्र प्रक्षेपण   (ब) बॉनचे प्रक्षेपण

(क) मर्केटरचे प्रक्षेपण   (ड) खमध्य ध्रुवीय केंद्रीय प्रक्षेपण

२०. मर्केटरच्या प्रक्षेपणाच्या खाली दिलेल्या गुणधर्मांचा अभ्यास करा व योग्य गुणधर्म निवडा आणि खालीलपैकी कोणते उत्तर बरोबर आहे ते सांगा.

(१) ध्रुव बिंदूने दाखवतात.

(२) दिशा बरोबर दाखवता येते.

(३) दोन अक्षवृत्तांमधील अंतर विषुववृत्ताकडून ध्रुवीय भागाकडे वाढत जाते.

(४) रेखावृत्तांमधील अंतर समान नसते.

(अ) १, २ आणि ३   (ब) २, ३ आणि ४

(क) २ आणि ३   (ड) १ आणि ४

२१. उंचीवर आढळणाऱ्या ढगांनी आकाश व्यापलेले असल्यास ते दाखवण्यासाठी खालीलपैकी कोणत्या चिन्हाचा वापर केला जातो?

(अ) 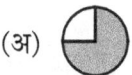   (ब) 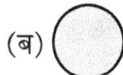   (क)    (ड)

२२. मृदेचे वर्गीकरण दाखवण्यासाठी खालीलपैकी कोणता आलेख उपयुक्त आहे?

(अ) स्तंभालेख   (ब) वृत्त आलेख

(क) त्रिभुजाकार आलेख   (क) वृत्तीय आलेख

२३. खालील विधानांवर विचार करा.

विधान (अ) : नकाशा हा पृथ्वीचे प्रतिरूप दाखवतो.

विधान (क) : नकाशाची रचना प्रमाणाच्या आधारावर केली जाते.

खालीलपैकी योग्य उत्तर निवडा.

(अ) विधान 'अ' आणि 'क' बरोबर आहेत आणि विधान 'क' हे 'अ' चे कारण / स्पष्टीकरण आहे.

(ब) विधान 'अ' आणि 'क' बरोबर आहेत परंतु विधान 'क' हे 'अ' चे स्पष्टीकरण / कारण नाही.

(क) विधान 'अ' बरोबर आहे परंतु विधान 'क' चूक आहे.

(ड) विधान 'अ' चूक आहे परंतु विधान 'क' बरोबर आहे.

२४. नकाशाप्रक्षेपणाचा प्रयोग सर्वप्रथम कोणी केला?

(अ) कॅसिनी (ब) इद्रिसी (क) मर्केटर (ड) टॉलेमी

२५. जेव्हा संख्यात्मक प्रमाण १:१,८०,००० असते तेव्हा १ सें.मी. बरोबर किती मीटर असतात?

(अ) ८० मीटर (ब) ८०० मीटर

(क) ४००० मीटर (ड) ८००० मीटर

२६. खालीलपैकी कोणती जोडी योग्य नाही?

(अ) दाट धुके ≡ (ब) धुके = (क) पाऊस ▽ (ड) हिमवृष्टी ▽→

२७. भारतातील ऋतूंच्या नकाशासाठी कोणते प्रक्षेपण वापरतात?

(अ) बॉनचे प्रक्षेपण (ब) अर्धशंकू प्रक्षेपण

(क) मर्केटरचे प्रक्षेपण (ड) मॉलवीडचे प्रक्षेपण

२८. खालीलपैकी कोणता भूप्रकार हिमनदीमुळे बनलेला नसतो?

(अ) ड्रमलीन (ब) एस्कर (क) टिलप्लेन (ड) खाजण

२९. स्तंभ १ (पुस्तके) आणि स्तंभ २ (लेखक) यांमधील योग्य शब्द निवडून जोड्या लावा आणि खाली दिलेल्या जोड्यांमधील योग्य जोडी निवडा.

स्तंभ १ पुस्तके	**स्तंभ २** लेखक
(प) ब्लाक डायग्रॅम्स	(१) मांक हाउस आणि विल्किन्सन
(फ) मॅप् प्रोजेक्शन	(२) रॉबिन्सन
(भ) एलिमेंट्स ऑफ फोटॉग्राफी	(३) केलावे
(न) मॅप अ‍ॅण्ड डायग्रॅम्स	(४) लेबेक

जोड्या	प	फ	भ	न
(अ)	४	३	१	२
(ब)	४	३	२	१
(क)	१	४	२	३
(ड)	४	२	३	१

३०. खाली दिलेल्या शहरांची लोकसंख्येनुसार उतरत्या क्रमाने योग्य क्रमवारी कोणती?

   (अ) टोकिओ, मुंबई, बीजिंग, सेऊल

   (ब) टोकिओ, बीजिंग, मुंबई, सेऊल

   (क) बीजिंग, मुंबई, सेऊल, टोकिओ

   (ड) सेऊल, टोकिओ, बीजिंग, मुंबई

३१. खाली दिलेल्या विधानांवर विचार करा.

विधान (अ) : युरोपात र्‍हाइन नदी एका खचदरीतून वाहते.

विधान (क) : ब्लॅक फॉरेस्ट आणि व्हास्जेस यांच्यामध्ये खचलेला भाग आहे.

   खालीलपैकी योग्य उत्तर निवडा.

   (अ) विधान 'अ' आणि 'क' बरोबर आहेत, आणि विधान 'क' हे 'अ' चे योग्य स्पष्टीकरण / कारण आहे.

   (ब) विधान 'अ' आणि 'क' बरोबर आहेत परंतु विधान 'क' हे 'अ' चे योग्य कारण / स्पष्टीकरण नाही.

   (क) विधान 'अ' बरोबर आहे परंतु विधान 'क' चूक आहे.

   (ड) विधान 'अ' चूक आहे परंतु विधान 'क' बरोबर आहे.

३२. जगप्रसिद्ध ग्रॅण्ड कुली धरण कोठे आहे?

   (अ) कोलंबिया नदीवर   (ब) नीपर नदीवर

   (क) टेनेसी नदीवर   (ड) मिसीसिपी नदीवर

३३. जगातील सर्वांत मोठे प्रमहानगर कोठे आहे?

   (अ) बोस्टन - न्यू यॉर्क - वॉशिंग्टनच्या मध्ये

   (ब) टोकियो - योकोहामा - नगोयाच्या मध्ये

   (क) लेनिनग्राड - मॉस्को - गोर्कीच्या मध्ये

   (ड) शिकागो - गॅरी - बफेलोच्या मध्ये

३४. खालीलपैकी कोणते राजधानीचे शहर सुरुवातीला एका बॉक्सच्या आकाराचे बनवले होते?

   (अ) बीजिंग   (ब) रोम   (क) टोकियो   (ड) व्हॅटिकन सिटी

३५. स्तंभ १ (नदी) आणि स्तंभ २ (शहर) यांमधील योग्य शब्द निवडून जोड्या लावा आणि खाली दिलेल्या जोड्यांमधील योग्य जोडी निवडा.

	स्तंभ १		**स्तंभ २**	
	नदी		शहर	
(प)	इरावती		(१) बँकॉक	
(फ)	रेड		(२) हॅनोई	
(भ)	मेनाम		(३) यांगून	
(न)	मेकाँग		(४) व्हिएनटिएन	

जोड्या	प	फ	भ	न
(अ)	३	४	१	२
(ब)	३	२	१	४
(क)	१	२	४	३
(ड)	२	३	१	४

३६. खालील विधानांवर विचार करा.

(१) मेसापोटिया एक सांस्कृतिक केंद्र आहे.

(२) मेसापोटिया दराज आणि फरात नद्यांच्या संगमावर आहे.

(३) मेसापोटिया इराणचे अविभाज्य अंग आहे.

खालीलपैकी योग्य उत्तर निवडा.

(अ) १, २, ३ बरोबर आहे. (ब) १ आणि ३ बरोबर आहे.

(क) २ आणि ३ बरोबर आहे. (ड) १ आणि २ बरोबर आहे.

३७. तुर्कस्थानमध्ये असलेले अनातोलिया पर्वतांतर्गत पठार खालीलपैकी कोणत्या पर्वतरांगांमध्ये आहे?

(अ) पोन्टिक आणि टॉरस (ब) एलबुर्ज आणि जाग्रस

(क) कॉकेशस आणि एलबुर्ज (ड) कॉकेशस आणि कार्पेथिअन

३८. खालीलपैकी कोणाला 'युरोपोर्ट' म्हणतात?

(अ) ॲम्स्टर्डॅम (ब) हॅम्बर्ग (क) लंडन (ड) रोटरडॅम

३९. स्तंभ १ (देश) आणि स्तंभ २ (राजधानी) यांमधील योग्य शब्द निवडून जोड्या लावा आणि खाली दिलेल्या जोड्यांमधून योग्य जोडी निवडा.

	स्तंभ १	स्तंभ २
	देश	राजधानी
(प)	बेलारूस	(१) पोर्टो नोव्हो
(फ)	बेनिन	(२) भुजुंबुरा
(भ)	बुरुंडी	(३) मोरोनी
(न)	कोमोरोस	(४) मिन्स्क

जोड्या	प	फ	भ	न
(अ)	४	१	२	३
(ब)	४	२	३	५
(क)	३	१	२	४
(ड)	१	५	४	३

४०. खालीलपैकी कोणता नैसर्गिक विभाग केवळ उत्तर गोलार्धात आढळतो?
(अ) भूमध्यसामुद्रिक
(ब) स्टेप
(क) तैगा
(ड) उष्णकटिबंधीय वाळवंटी

४१. खालीलपैकी कोणत्या पर्वतावरील जलप्रणाली अमरकंटक पर्वतावरील जलप्रणालीसारखी आहे?
(अ) सातमाळा पर्वत
(ब) मिकिर पर्वत
(क) मिझो पर्वत
(ड) सातपुडा पर्वत

४२. खालीलपैकी कोणत्या नदीने भारतात सर्वांत अधिक क्षेत्र व्यापले आहे?
(अ) ब्रह्मपुत्रा
(ब) गोदावरी
(क) कृष्णा
(ड) महानदी

४३. भारतातील खालीलपैकी कोणत्या राज्यात मक्याच्या पिकाखाली सर्वांत जास्त शेतजमीन आहे?
(अ) बिहार
(ब) मध्य प्रदेश
(क) राजस्थान
(ड) महानदी

४४. खालील विधानांवर विचार करा.
विधान (अ) : चंद्राला कंकणाकृती ग्रहण कधीही लागू शकत नाही.
विधान (क) : चंद्रापेक्षा पृथ्वीचा आकार मोठा आहे व त्यांच्यातील अंतर जास्त आहे.
खाली दिलेल्या उत्तरांतील योग्य उत्तर निवडा.
(अ) विधान 'अ' आणि 'क' दोन्ही बरोबर आहेत आणि विधान 'क' हे 'अ' चे योग्य स्पष्टीकरण / कारण आहे.
(ब) विधान 'अ' आणि 'क' दोन्ही बरोबर आहेत परंतु विधान 'क' हे 'अ' चे योग्य स्पष्टीकरण / कारण नाही.
(क) विधान 'अ' बरोबर आहे परंतु 'क' चूक आहे.
(ड) विधान 'अ' चूक आहे परंतु 'क' बरोबर आहे.

४५. खालील विधानांवर विचार करा.
विधान (अ) : कालवा सिंचनाच्या क्षेत्रात हरित क्रांतीला उत्तम यश मिळेल.
विधान (क) : कालवा सिंचन हे सर्वांत स्वस्त आणि सुरक्षित आहे.
खाली दिलेल्या उत्तरांतील योग्य उत्तर निवडा.

(अ) विधान 'अ' आणि 'क' दोन्ही बरोबर आहेत आणि विधान 'क' हे 'अ' चे योग्य स्पष्टीकरण / कारण आहे.

(ब) विधान 'अ' आणि 'क' दोन्ही बरोबर आहेत परंतु विधान 'क' हे 'अ' चे योग्य स्पष्टीकरण / कारण नाही.

(क) विधान 'अ' बरोबर आहे परंतु 'क' चूक आहे.

(ड) विधान 'अ' चूक आहे परंतु 'क' बरोबर आहे.

४६. भारतीय नौदलाचा वैशिष्ट्यपूर्ण असा 'सी-बर्ड' प्रकल्प कोठे उभारला गेला आहे?

(अ) कोचीन (ब) विशाखापट्टणम

(क) पाराद्वीप (ड) कारवार

४७. खालील आकृतीमध्ये उष्ण हवा कोठे आहे?

(अ) अ - ठिकाणी

(ब) ब - ठिकाणी

(क) क - ठिकाणी

(ड) ड - ठिकाणी

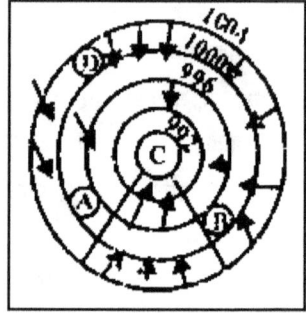

४८. भारतातील १९९१ च्या शिरगणतीनुसर भारतातील चार महानगरांची उतरत्या क्रमाने योग्य क्रमवारी कोणती?

(अ) कोलकाता, मुंबई, चेन्नई, दिल्ली

(ब) मुंबई, कोलकाता, दिल्ली, चेन्नई

(क) मुंबई, दिल्ली, कोलकाता, चेन्नई

(ड) कोलकाता, दिल्ली, मुंबई, चेन्नई

४९. स्तंभ १ (खनिज) आणि स्तंभ २ (खाणक्षेत्र) यांमधील योग्य शब्द निवडून जोड्या लावा आणि खाली दिलेल्या जोड्यांमधील योग्य जोडी निवडा.

	स्तंभ १ खनिज	**स्तंभ २** खाणक्षेत्र
प)	तांबे	(१) पन्ना
फ)	सोने	(२) घाटशिला
भ)	लोखंड	(३) हुट्टी
न)	हिरा	(४) कुद्रेमुख

जोड्या	प	फ	भ	न
(अ)	२	३	४	१
(ब)	१	३	४	२
(क)	२	१	३	४
(ड)	४	२	३	१

५०. १९८१-९१ च्या काळात सर्वांत अधिक लोकसंख्येची वाढ कोठे झाली?

    (अ) केरळात   (ब) मेघालयात

    (क) नागालँडमध्ये   (ड) मध्य प्रदेशात

५१. खालीलपैकी कोणत्या देशाचे स्थान हे मध्यगत स्थान (Buffer state) आहे?

    (अ) नेपाळ   (ब) फ्रान्स

    (क) जर्मनी   (ड) इटली

५२. कुलूची दरी खालीलपैकी कोणत्या पर्वतरांगांच्यामध्ये आहे?

    (अ) धौलाधर आणि पीर पंजालच्या मध्ये

    (ब) रणजोती आणि नाग टिब्बाच्या मध्ये

    (क) लडाख आणि पीर पंजालच्या मध्ये

    (ड) मध्य हिमालय आणि शिवालीकच्या मध्ये

५३. २००१ च्या जनगणनेनुसार प्रथमश्रेणी शहरांतील लोकसंख्या भारताच्या एकूण लोकसंख्येच्या तुलनेत किती होती?

    (अ) ७.७७ टक्के   (ब) १०.९५ टक्के

    (क) २५.५० टक्के   (ड) ६५.२० टक्के

५४. खालीलपैकी कोणती जोडी योग्य नाही?

    (अ) कन्याकुमारी - तमिळनाडू   (ब) उटी - कर्नाटक

    (क) मानस - आसाम   (ड) सिमलीपाल - ओरिसा

५५. २००१ च्या जनगणनेनुसार अनुसूचित जातीची सर्वांत जास्त लोकसंख्या खालीलपैकी कोणत्या राज्यात होती?

    (अ) बिहार   (ब) मध्यप्रदेश   (क) राजस्थान   (ड) उत्तर प्रदेश

५६. २००१ च्या जनगणनेनुसार भारतातील कमीतकमी लोकसंख्येची घनता असलेल्या चार राज्यांची उतरत्या क्रमाने योग्य क्रमवारी कोणती?

    (अ) अरुणाचल प्रदेश, मिझोराम, नागालँड, सिक्कीम

    (ब) अरुणाचल प्रदेश, नागालँड, मिझोराम, सिक्कीम

    (क) अरुणाचल प्रदेश, मिझोराम, सिक्कीम, नागालँड

    (ड) सिक्कीम, अरुणाचल प्रदेश, मिझोराम, नागालँड

५७. स्तंभ १ (उद्योग केंद्र) आणि स्तंभ २ (उद्योग / कारखाना) यांमधील योग्य शब्द निवडून जोड्या लावा आणि खाली दिलेल्या जोड्यांमधील योग्य जोडी निवडा.

	स्तंभ १	**स्तंभ २**
	उद्योगकेंद्र	उद्योग/कारखाना
(प)	बंगळूरू	(१) खत
(फ)	चित्तरंजन	(२) विद्युत् रेल्वे इंजिन
(भ)	कपूरथला	(३) विमान
(न)	सिंद्री	(४) रेल्वेचा डबा

जोड्या	प	फ	भ	न
(अ)	३	१	२	४
(ब)	४	२	३	१
(क)	३	२	४	१
(ड)	१	३	४	२

५८. भारतात सर्वांत जास्त लोकसंख्येच्या वाढीचा दर कोणत्या दशकात होता?

(अ) १९५१-६१ मध्ये (ब) १९६१-७१ मध्ये
(क) १९७१-८१ मध्ये (ड) १९८१-९१ मध्ये

५९. खालील पर्वतापैकी कोणता तरुण पर्वत आहे?

(अ) अनाईमलाई (ब) अरवली (क) शिवालिक (ड) विंध्य

६०. खालील राज्यांपैकी कोणते राज्य हल्लीच रेल्वेने जोडले गेले आहे?

(अ) अरुणाचल प्रदेश (ब) गोवा
(क) मेघालय (ड) मिझोराम

६१. ब्राझीलच्या सॅव्हाना गवताळ प्रदेशाला काय म्हणतात?

(अ) कंपोझ (ब) डाऊन्स (क) पाम्पास (ड) प्रेअरीज

६२. सुएझ कालव्याच्या दोन्ही टोकांना कोणती दोन बंदरे आहेत?

(अ) अॅलेक्झांड्रिया (ब) काहिरा (क) पोर्ट सईद (ड) सुएझ
खालील योग्य उत्तर निवडा.

(अ) अ आणि ब (ब) क आणि ड (क) ब आणि क (ड) ब आणि ड

६३. आफ्रिकेतील खालीलपैकी कोणता देश तांब्याचा सर्वांत मोठा उत्पादक आहे.

(अ) दक्षिण आफ्रिका (ब) झाम्बिया
(क) केनिया (ड) टांझानिया

६४. भारतातील अति प्राचीन अवशिष्ट खडकांच्या समूहाला काय म्हणतात?

(अ) कडप्पा (ब) धारवाड (क) गोंडवाना (ड) विंध्य

६५. केरळ राज्यात सर्वांत जास्त साक्षरतेचे प्रमाण असण्याचे कारण काय?
(अ) सुदृढ अर्थव्यवस्था (ब) मागासलेल्या जातींची अनुपस्थिती
(क) सुविकसित सामाजिक रचना (ड) उच्च शहरी समाज

६६. भारतात सर्वांत जास्त बाल मृत्युदर कोठे आढळतो?
(अ) बिहार (ब) अरुणाचल प्रदेश
(क) ओरिसा (ड) मध्य प्रदेश

६७. खालीलपैकी कोणते विधान संयुक्त संस्थानांतील मोठ्या मैदानासाठी योग्य नाही?
(अ) हे मैदान छोट्या गवतांनी भरलेले आहे.
(ब) हे मैदान गुरांना चरण्यासाठी वापरतात.
(क) हे मैदान कमी व अनिश्चित पावसामुळे शेतीस उपयुक्त नाही.
(ड) हे मैदान ग्रेट ऑस्ट्रेलियन वाळवंटाप्रमाणे आहे.

६८. विषुववृत्तापासून ध्रुवाकडे जाताना वनस्पतीच्या प्रकारानुसार खालीलपैकी कोणता क्रम आढळतो?
(अ) सदाहरित, पानझडी, प्रेअरी, शंक्वाकृती
(ब) पानझडी, सदाबहार, शंक्वाकृती, प्रेअरी
(क) प्रेअरी, सदाबहार, पानझडी, शंक्वाकृती
(ड) शंक्वाकृती, पानझडी, प्रेअरी, सदाबहार

६९. जगातील सर्वांत मोठा समुद्रातील बोगदा कोणाला जोडतो?
(अ) चीन आणि हॅनन बेटाला (ब) चीन आणि हाँगकाँगला
(क) होकँडो आणि होन्शू बेटांना (ड) मलेशिया आणि सुमात्राला

७०. भारतातील खालीलपैकी कोणत्या केंद्रशासित प्रदेशाची सीमारेषा तीन राज्यांच्या सीमारेषेने बनली आहे?
(अ) दादरा आणि नगर हवेली (ब) दमण आणि दीव
(क) लक्षद्वीप (ड) पाँडेचरी

७१. खालीलपैकी कोणत्या प्रदेशात कोपेनच्या वर्गीकरणानुसार As हवामान आढळते?
(अ) आसामातील हिमालय (ब) केरळचा किनारा
(क) राजस्थानचे वाळवंट (ड) तमिळनाडूचा किनारा

७२. भारताच्या सध्याच्या निर्यातव्यापारात किमतीच्या दृष्टीने विचार करता खालीलपैकी कोणत्या पदार्थांचे योगदान सर्वांत जास्त आहे?
(अ) कापड, रत्न, दागिने, मशिनरी, चामड्याच्या वस्तू
(ब) चहा, मसाले, ज्यूटच्या वस्तू, लोखंड
(क) मँगेनीज, कोळसा, तंबाखू, लोखंड
(ड) चहा, साखर, मसाला, इंजिनिअरिंग वस्तू

७३. पश्चिम घाट खालीलपैकी कोणत्या प्रकारात मोडतो?

(अ) गट पर्वत (ब) वळी पर्वत

(क) अवशिष्ट पर्वत (ड) ज्वालामुखी पर्वत

७४. खालीलपैकी कोणती जोडी योग्य नाही?

(अ) कंसेप्शन - व्हेनिझुएला (ब) टेक्सास - संयुक्त संस्थाने

(क) हाफ टकल - इराक (ड) कातिफ - सौदी अरेबिया

७५. स्तंभ १ (नैसर्गिक विभाग) आणि स्तंभ २ (प्रदेश / देश) यांमधील योग्य शब्द निवडून जोड्या लावा व खाली दिलेल्या जोड्यांतून योग्य जोडी निवडा.

	स्तंभ १ नैसर्गिक विभाग	**स्तंभ २** प्रदेश / देश
(प)	शंक्वाकृती अरण्ये	१) ब्राझीलचा उंच प्रदेश
(फ)	सॅव्हॉना वनस्पती	२) मालागासी
(भ)	उष्णकटिबंधीय मान्सून अरण्ये	३) सखालीन बेटे
(न)	पश्चिम युरोपिय	४) टस्मानिया

जोड्या	प	फ	भ	न
(अ)	३	४	१	२
(ब)	१	४	२	३
(क)	३	१	२	४
(ड)	२	१	३	४

७६. स्तंभ १ (माहिती) आणि स्तंभ २ (योग्य प्रक्षेपण) यांमधील योग्य शब्द निवडून जोड्या लावा आणि खाली दिलेल्या जोड्यांमधून योग्य जोडी निवडा.

	स्तंभ १ माहिती	**स्तंभ २** योग्य प्रक्षेपण
(प)	तांदूळ उत्पादक क्षेत्र	१) दंडगोलीय समक्षेत्र प्रक्षेपण
(फ)	गहू उत्पादक क्षेत्र	२) मर्केटरचे प्रक्षेपण
(भ)	जलमार्ग	३) दूवि प्रमाण अक्षवृत्तीय शंकू प्रक्षेपण
(न)	ट्रान्स-सैबेरियन रेल्वे	४) बोनचे प्रक्षेपण

जोड्या	प	फ	भ	न
(अ)	१	२	३	४
(ब)	१	४	२	३
(क)	२	४	३	१
(ड)	४	१	२	३

७७. खालीलपैकी कोणते लोखंडाच्या खाणीचे क्षेत्र सुपिरिअर सरोवर प्रदेशाशी संबंधित नाही?

(अ) गोजविक (ब) क्रिव्हायरॉग (क) मेसाबी (ड) वार्मेलियन

७८. निद्रारोग साधारणपणे खालीलपैकी कोणत्या देशात आढळतो?

(अ) अल्जिरिया (ब) घाना (क) मोरोक्को (ड) सूदान

७९. जगातील खालीलपैकी कोणता देश प्रमुख रेशीम आयात करणारा देश आहे?

(अ) ब्राझील (ब) चीन (क) इटली (ड) जपान

८०. खालीलपैकी कोणता भूपट्टा दक्षिण अमेरिकेतील अँडीज पर्वताच्या निर्मितीस कारणीभूत ठरला?

(अ) कॅरेबियन भूपट्टा (ब) कोकोस भूपट्टा

(क) नज्का भूपट्टा (ड) स्कोशिया भूपट्टा

८१. लॉरेंशियन शिल्ड खालीलपैकी कोणत्या प्रदेशात मोठ्या प्रमाणावर आढळते?

(अ) उत्तर आशिया (ब) उत्तर कॅनडा आणि ग्रीनलंड

(क) दक्षिण अमेरिका (ड) दक्षिण ऑस्ट्रेलिया आणि न्यूझीलंड

८२. खालीलपैकी कोणती जोडी योग्य नाही?

(अ) वारा : चबुतरे

(ब) सागरी लाटा : उभयाग्रभूमी

(क) हिमनदी : ऋतुस्तर

(ड) नदी : बोगाझ

८३. स्तंभ १ (पृथ्वीच्य उत्पत्तीसंबंधी सिद्धान्त) आणि स्तंभ २ (सिद्धान्त मांडणारे भूगोलतत्त्ववेत्ते) यांमधील योग्य शब्दांच्या जोड्या लावा आणि खाली दिलेल्या जोड्यांमधील योग्य जोडी निवडा.

स्तंभ १ पृथ्वीच्या उत्पत्तीसंबंधी सिद्धान्त	**स्तंभ २** सिद्धान्त मांडणारे भूगोल तत्त्ववेत्ते
(प) आंतरविश्व धूलिसिद्धान्त	(१) जीन्स अ‍ॅण्ड जेफरीज
(फ) जोडतारा सिद्धान्त	(२) चेंबरलेन आणि मुल्टन
(भ) ग्रहकण परिकल्पना	(३) आर. ए. लीट्ल्टन
(न) भरती परिकल्पना	(४) ऑटो श्मीड

जोड्या	प	फ	भ	न
(अ)	२	४	३	१
(ब)	१	३	४	२
(क)	४	३	२	१
(ड)	४	१	२	३

८४. खालीलपैकी कोणते भूहालचालीमुळे निर्माण झालेले नाही?
(अ) भूपटलभ्रंशाने निर्माण झालेले (ब) भूकंपामुळे निर्माण झालेले
(क) कुली सरोवर (ड) खचदरीमुळे निर्माण झालेले

८५. समशीतोष्ण कटिबंधीय आर्वताच्या उत्पत्तीबद्दल सिद्धान्त कोणी मांडला होता?
(अ) लेम्पर्ट (ब) जर्कनीज (क) त्रिवार्था (ड) डाना

८६. ग्रीनलंड व अंटार्क्टिकासारख्या बर्फाच्छादित भूमिखंडावरून समुद्रकिनाऱ्याकडे वाहणाऱ्या वाऱ्यांना काय म्हणतात?
(अ) ग्रॅव्हेटी वारे (Gravity wind)
(ब) अनाबाटिक वारे (Anabatic wind)
(क) कॅटाबाटिक वारे (Katabatic wind)
(ड) डाउन स्लोप वारे (Down slope wind)

८७. १८ व्या शतकाच्या सुरुवातीलाच सर्वांत प्रथम मेघांचे वर्गीकरण करण्याचा प्रयत्न खालीलपैकी कोणी केला?
(अ) हॉवर्ड (ब) ब्रॅण्डसन (क) लेमार्क (ड) ॲबर क्रॉम्बी

८८. खाली दिलेल्या कालखंडाच्या प्लीस्टोसीन हिमयुगाच्या संदर्भात योग्य क्रम लावा.
(अ) उर्म (ब) मिंडल (क) गुंज (ड) रीस
(अ) अ, ब, क, ड (ब) ब, ड, क, अ
(क) अ, ड, ब, क (ड) ड, अ, ब, क

८९. खालीलपैकी कोणते खनिज अवशिष्ट पर्वतात आढळत नाही?
(अ) कोळसा (ब) हेमेटाइट (क) अभ्रक (ड) खनिज तेल

९०. खालीलपैकी कोण 'फाउंडेशन ऑफ ह्युमन जिऑग्रफी' चा लेखक आहे?
(अ) सी. सावर (ब) जी. टेलर (क) जे. ब्रूश (ड) एम. सॉरे

९१. पॅसिफिक महासागरातील रॅम्पो गर्ता कुठे आहे?
(अ) चीनच्या किनाऱ्याजवळ (ब) कोरियाच्या किनाऱ्याजवळ
(क) जपानच्या बेटांजवळ (ड) हाँगकाँगच्या किनाऱ्याजवळ

९२. समुद्राच्या पाण्यात असलेल्या खाली दिलेल्या खनिजाच्या प्रमाणानुसार उतरत्या क्रमाने क्रमवारी लावा.
(अ) मॅग्नेशियम क्लोराइड (ब) सोडियम क्लोराइड
(क) मॅग्नेशियम सल्फेट (ड) कॅल्शियम सल्फेट

९३. भुपृष्ठाखालील थरांबाबत खालील विधानांचा अभ्यास करा आणि खाली दिलेल्या उत्तरांमधून योग्य उत्तर निवडा.

(१) पृथ्वीच्या पृष्ठभागाखाली तापमान दर ३२ मीटरला १° सेल्सिअसने वाढते.
(२) पृथ्वीच्या वरच्या थरात वाळू आणि अल्युमिनियमचे प्रमाण जास्त आहे.
(३) पृथ्वीच्या कवचाची घनता १० ते १२ आहे.
(४) भूगर्भातील भूकंपलहरी समान वेगाने प्रवास करतात.
(अ) १ आणि २ बरोबर आहे (ब) १, २ आणि ३ बरोबर आहे.
(क) २, ३ आणि ४ बरोबर आहे. (ड) १, २ आणि ४ बरोबर आहे.

९४. स्तंभ १ (लेखक) आणि स्तंभ २ (पुस्तक) यांमधील योग्य शब्द निवडून जोड्या लावा आणि खाली दिलेल्या जोड्यांमधील योग्य जोडी निवडा.

स्तंभ १	**स्तंभ २**
लेखक	पुस्तक
(प) ए. के. फिलब्रिक	१) अॅन्थ्रोपोज्याग्रॅफी
(फ) एफ. रॅटझेल	२) धिस ह्युमन वर्ल्ड
(भ) आय. बोमॅन	३) जॉग्रफिकल इंट्रोडक्शन टु हिस्ट्री
(न) एल. फेब्वरे	४) जॉग्रफी अॅण्ड सोशल सायन्सेस

जोड्या	प	फ	भ	न
(अ)	२	१	४	३
(ब)	१	२	४	३
(क)	२	३	१	४
(ड)	३	१	२	४

९५. भारतीय जनगणनेनुसार शहरांचा अभ्यास करताना खालीलपैकी कोणत्या मुद्द्याचा विचार केला जात नाही?
(अ) लोकसंख्येचा आकार (ब) लोकसंख्या कार्य
(क) लोकसंख्येची घनता (ड) लोकसंख्या व्यवहार

९६. खालीलपैकी कोणत्या भारतीय स्थलनिर्देशांक नकाशातील समोच्च रेषांमधील अंतर ४० मीटर असते?
(अ) अर्ध इंची नकाशा (ब) पाव इंची नकाशा
(क) एक इंची नकाशा (ड) दशलक्षी नकाशा

९७. खालीलपैकी कोणती जोडी योग्य नाही?
(अ) परिस्थितिक सिद्धान्त : एच. एच. बैरो
(ब) कल्याणपूरक सिद्धान्त : डी. आर. स्टोडार्ट
(क) परिमाणात्मक सिद्धान्त : डी. एफ. मार्बल
(ड) कार्यात्मक सिद्धान्त : डब्ल्यू क्रिस्टलर

९८. ''कोणतीच अनिवार्यता नाही परंतु सर्वत्र सम्भावनाच आहे'' हे विधान कोणी केले आहे?

(अ) जीन ब्रुंश (ब) सी. डी. फोर्ड

(क) एल. फेब्वरे (ड) जी. टेलर

९९. खालीलपैकी कोणती विधाने बरोबर आहेत? खाली दिलेल्या उत्तरांतील योग्य उत्तर निवडा.

(१) चीन आशिया खंडातील सर्वांत जास्त लोकसंख्येची घनता असलेला देश आहे.

(२) लाल बेसिन हा चीनमधील सर्वांत जास्त लोकसंख्या असलेला प्रदेश आहे.

(३) शांघाय चीनमधील सर्वांत मोठा शहरी भाग आहे.

(अ) १ आणि २ बरोबर आहे. (ब) २ आणि ३ बरोबर आहे.

(क) १ आणि ३ बरोबर आहे. (ड) १, २, ३ आणि ४ बरोबर आहे.

१००. मूलस्थान (core area) ही संकल्पना सर्वप्रथम कोणी मांडली?

(अ) जी. ईस्ट (ब) म्यूर

(क) डी. व्हिटलेसी (ड) एच्. हॉल

१०१. खालीलपैकी कोणत्या देशात सर्वांत जास्त लोकसंख्येची घनता आहे?

(अ) बांगलादेशात (ब) भारतात

(क) पाकिस्तानात (ड) श्रीलंकेत

१०२. खालीलपैकी कोणती जोडी योग्य नाही?

(अ) जे. ए. गार्निअर : जिऑग्रफी ऑफ पॉप्युलेशन

(ब) आर. वुडस : पॉप्युलेशन जिऑग्रफी ॲण्ड दि डेव्हलपिंग कंट्रीज

(क) जी. टी. त्रिवार्था : दि मोर डेव्हलपड रीम : एक जिऑग्रफी ऑफ इट्स पॉप्युलेशन

(ड) डब्ल्यु जेलिंस्कि : ए प्रोलॉग टु पॉप्युलेशन जिऑग्रफी

१०३. खालील विधानांवर विचार करा.

विधान (अ) : जगातील दोन टक्के लोक आपल्या मातृभूमीच्या बाहेर राहतात.

विधान (क) : ग्रामीण-शहरी प्रवास आर्थिक उद्देशाने केला जातो.

खालीलपैकी योग्य जोडी निवडा.

(अ) विधान 'अ' आणि 'क' दोन्ही बरोबर आहेत आणि विधान 'क' हे विधान 'अ' चे स्पष्टीकरण / कारण आहे.

(ब) विधान 'अ' आणि विधान 'क' दोन्ही बरोबर आहेत परंतु विधान 'क' हे 'अ' चे योग्य स्पष्टीकरण / कारण नाही.

(क) विधान 'अ' बरोबर आहे परंतु विधान 'क' चूक आहे.

(ड) विधान 'अ' चूक आहे परंतु विधान 'क' बरोबर आहे.

१०४. कापसाचे उत्पादन आर्थिकदृष्ट्या महत्त्वाचे कोणत्या देशासाठी आहे?

(अ) जॉर्जिया   (ब) किरगिझस्तान

(क) ताजिकीस्तान   (ड) युक्रेन

१०५. संयुक्त संस्थानांतील सर्वांत महत्त्वाच्या अँथ्रेसाइट कोळशाचे उत्पादन करणारा प्रदेश कोणता?

(अ) खाडीचा किनारा   (ब) रॉकी पर्वत

(क) पॅसिफिक महासागराचा किनारा   (ड) पेन्सिल्वानिया

१०६. खालील विधानांवर विचार करा.

विधान (अ) : मान्सून आशियामध्ये मत्स्यपालनात खूप वाढ झाली आहे.

विधान (क) : मान्सून अशियातील देश माशांच्या निर्यातीत अग्रणी आहेत.

खालीलपैकी योग्य उत्तर निवडा.

उत्तर : (अ) विधान 'अ' आणि विधान 'क' बरोबर आहेत आणि विधान 'क' हे विधान 'अ' चे योग्य स्पष्टीकरण / कारण आहे.

(ब) विधान 'अ' आणि 'क' बरोबर आहेत परंतु विधान 'क' हे विधान 'अ' चे योग्य स्पष्टीकरण / कारण नाही.

(क) विधान 'अ' बरोबर आहे परंतु विधान 'क' चूक आहे.

(ड) विधान 'अ' चूक आहे परंतु विधान 'क' बरोबर आहे.

१०७. खालीलपैकी कोणती विधाने बरोबर आहेत? खालील उत्तरांमधील योग्य उत्तर निवडा.

(१) इंडोनेशियाच्या एकूण क्षेत्रफळाच्या ६० टक्के भाग जंगलाने व्यापलेला आहे.

(२) इंडोनेशियात दाट लोकवस्ती नाही.

(३) इंडोनेशियाच्या बऱ्याचशा भागात जमिनीवरची वाहतूक होत नाही.

(४) इंडोनेशियात मोठ्या प्रमाणावर स्थलांतरित शेती केली जाते.

उत्तर : (अ) १, २ आणि ३ योग्य आहे.   (ब) १, २ आणि ४ योग्य आहे.

(क) १, ३ आणि ४ योग्य आहे.   (ड) १, २, ३ आणि ४ योग्य आहे.

१०८. खालीलपैकी कोणत्या देशात दरडोई शेतीची जमीन सर्वांत जास्त आहे?

(अ) इंडोनेशिया   (ब) थायलंड   (क) फिलिपाइन्स   (ड) म्यानमार

१०९. खालील विधानांवर विचार करा.

विधान (अ) : विषुववृत्तीय हवामानाच्या प्रदेशात सर्वांत जास्त जैवविविधता आढळते.

विधान (क) : विषुववृत्तीय प्रदेशात बहुतेक ठिकाणी सुपीक जमीन आढळते.

खाली दिलेल्या उत्तरांतील योग्य उत्तर निवडा.

उत्तर : (अ) विधान 'अ' आणि विधान 'क' बरोबर आहेत आणि विधान 'क' हे विधान 'अ' चे योग्य कारण / स्पष्टीकरण आहे.

(ब) विधान 'अ' आणि विधान 'क' बरोबर आहेत परंतु विधान 'क' हे विधान 'अ' चे योग्य स्पष्टीकरण / कारण नाही.

(क) विधान 'अ' बरोबर आहे परंतु विधान 'क' चूक आहे.

(ड) विधान 'अ' चूक आहे परंतु विधान 'क' बरोबर आहे.

११०. खालीलपैकी कोणत्या सांख्यिकी आकृतीत वाऱ्याच्या दिशेबरोबर वाऱ्याचा वेगही दाखवला जातो?

(अ) संयुक्त वातपुष्पाकृती (ब) अष्टभुजावात पुष्प

(क) वारा व दृश्यता पुष्पाकृती (ड) वात ताराकृती

उत्तरे

१. क	२. अ	३. अ	४. ड	५. अ	६. ड	७. ब
८. ड	९. ड	१०. क	११. ड	१२. ब	१३. ब	१४. अ
१५. क	१६. अ	१७. ड	१८. ब	१९. क	२०. क	२१. ड
२२. अ	२३. अ	२४. ड	२५. ब	२६. ड	२७. क	२८. ड
२९. ब	३०. अ	३१. अ	३२. अ	३३. अ	३४. ड	३५. ब
३६. ड	३७. अ	३८. अ	३९. अ	४०. क	४१. अ	४२. ब
४३. क	४४. अ	४५. क	४६. ड	४७. ब	४८. ब	४९. अ
५०. क	५१. अ	५२. अ	५३. ड	५४. ब	५५. ड	५६. क
५७. क	५८. ब	५९. क	६०. ड	६१. अ	६२. ब	६३. ब
६४. अ	६५. क	६६. क	६७. क	६८. अ	६९. क	७०. ड
७१. ड	७२. अ	७३. अ	७४. अ	७५. क	७६. ब	७७. ब
७८. ब	७९. क	८०. क	८१. ब	८२. ड	८३. क	८४. क
८५. ब	८६. अ	८७. क	८८. ड	८९. ब	९०. ड	९१. क
९२. ड	९३. ब	९४. अ	९५. ड	९६. अ	९७. क	९८. अ
९९. ब	१००. क	१०१. अ	१०२. क	१०३. ब	१०४. क	१०५. क
१०६. क	१०७. अ	१०८. अ	१०९. क	११०. अ		

◆◆◆

प्रश्नसंच १६

१. रुब-अल-खाली काय आहे?
   (अ) सौदी अरेबियाचे एक वाळवंट   (ब) इराणचे पठार
   (क) इराकचे वाळवंट   (ड) ओमानचे तेलक्षेत्र

२. खाली दिलेल्या चित्रात आदिवासी जमातीच्या सामूहिक वस्तीचे मॉडेल दाखवले आहे? ते कोणाचे आहे?

खालीलपैकी योग्य उत्तर निवडा.
   (अ) बोरो जमातीचे   (ब) बादविन जमातीचे
   (क) मसाई जमातीचे   (ड) नागा जमातीचे

३. आफ्रिकेच्या संदर्भात खाली दिलेल्या विधानांवर विचार करा.
   (१) मध्य आफ्रिकेमध्ये सर्वांत जास्त पाऊस हिवाळ्यात पडतो.
   (२) विषुववृत्तामुळे आफ्रिकेचे जवळजवळ सारखेच दोन भाग होतात.
   (३) मकरवृत्तामुळे सहारा वाळवंटाचे दोन सारखे भाग होतात.
   (४) अॅटलस हा एक तरुण वलीपर्वत आहे.
   खालीलपैकी योग्य उत्तर निवडा.
   (अ) २ व ३ बरोबर आहे.   (ब) ३ व ४ बरोबर आहे.
   (क) १ व २ बरोबर आहे.   (ड) २ व ४ बरोबर आहे.

४. खालील विधानांवर विचार करा.
विधान (अ) संयुक्त संस्थानांतील मनुकांचे सर्वांत जास्त उत्पादन कॅलिफोर्निया राज्यातील फ्रेजनो प्रदेशात होते.

विधान (क) कॅलिफोर्निआतील जवळजवळ ८० टक्के द्राक्षाच्या बागांना सिंचनाचा लाभ मिळतो.

खाली दिलेल्या उत्तरांतील योग्य उत्तर निवडा-

(अ) विधान 'अ' आणि विधान 'क' बरोबर आहेत आणि विधान 'क' हे विधान 'अ' चे योग्य स्पष्टीकरण / कारण आहे.

(ब) विधान 'अ' आणि विधान 'क' बरोबर आहेत परंतु विधान 'क' हे विधान 'अ' चे योग्य कारण / स्पष्टीकरण नाही.

(क) विधान 'अ' बरोबर आहे आणि विधान 'क' चूक आहे.

(ड) विधान 'अ' चूक आहे आणि विधान 'क' बरोबर आहे.

५. खालीलपैकी कोणती जोडी योग्य नाही?

(अ) एक्रान : कृत्रिम रबर

(ब) ओसाका : जहाज निर्मिती

(क) मॅग्निटोगॉर्स्क : लोखंड आणि पोलाद

(ड) बाकू : तेलशुद्धीकरण

६. कलहारी वाळवंटातील बुशमन जमातीच्या लोकांशी संबंधित खालील विधानांचा विचार करा.

(१) ते फळं जमा करतात.

(२) ते जनावरांना कधी मारत नाहीत.

(३) ते आपल्या शरीरावर कापड आणि कागदाचा जाड थर देतात.

(४) आपल्या शरीराचा किड्यांपासून बचाव करण्यासाठी ते असे करतात.

खालीलपैकी योग्य उत्तर निवडा.

(अ) १ आणि ३ बरोबर आहे. (ब) २ आणि ४ बरोबर आहे.

(क) ३ आणि ४ बरोबर आहे. (ड) १ आणि २ बरोबर आहे.

७. आर्टेशियन विहिरीसंबंधित वैशिष्ट्यांबद्दल खालील विधानांवर विचार करा.

(१) उत्तर पूर्व फ्रान्समध्ये आरटोस प्रदेशावरून आर्टेशियन नाव पडले.

(२) ऑस्ट्रियामध्ये सर्वात जास्त आर्टेशियन विहिरी आहेत.

(३) ऑस्ट्रेलियाच्या बाहेर आर्टेशियन विहिरी आढळत नाहीत.

(४) जर पंप न वापरता एखाद्या विहिरीतील पाणी अत्यंत दाबामुळे बाहेर पडून सतत वाहत असेल तर त्याला आर्टेशियन विहीर म्हणतात.

खालीलपैकी योग्य उत्तर निवडा.

(अ) १ आणि ४ बरोबर आहे. (ब) १ आणि ३ बरोबर आहे.

(क) २ आणि ४ बरोबर आहे. (ड) ३ आणि ४ बरोबर आहे.

८. खालीलपैकी कोणत्या देशात कमीत कमी जन्मदर आहे?

    (अ) फ्रान्स   (ब) जर्मनी   (क) जपान   (ड) संयुक्त संस्थान

९. खालीलपैकी कोणत्या देशात तरुण वयातील लोकांचा अभ्यास करताना दर १०० स्त्रियांमागे असलेल्या पुरुषांची संख्या लक्षात घेतली जाते?

    (अ) भारत   (ब) न्यूझीलंड   (क) रशिया   (ड) संयुक्त संस्थाने

१०. संयुक्त राष्ट्रसंघाच्या लोकसंख्याविभागानुसार कमीत कमी जन्मदर कोणत्या देशात आहे?

    (अ) ऑस्ट्रेलिया   (ब) फ्रान्स   (क) इटली   (ड) स्वीडन

११. खाली दिलेल्या देशांच्या एकूण लोकसंख्येच्या संदर्भानुसार उतरत्या क्रमाने क्रमवारी कोणती?

    (अ) सी. आय. एस. (पूर्व सोव्हिएट संघ), जर्मनी, युनायटेड किंग्डम, फ्रान्स

    (ब) सी. आय. एस. (पूर्व सोव्हिएट संघ), युनायटेड किंग्डम, फ्रान्स, जर्मनी

    (क) फ्रान्स, युनायटेड किंग्डम, जर्मनी, सी. आय. एस. (पूर्व सोव्हिएट संघ)

    (ड) सी. आय. एस. (पूर्व सोव्हिएट संघ), फ्रान्स, युनायटेड किंग्डम, जर्मनी

१२. लॅटेराइट मृदेच्या संबंधात खालीलपैकी कोणते विधान योग्य नाही?

    (अ) त्याची निर्मिती स्थानिक खडकाच्या विदारणामुळे होते.

    (ब) बेसॉल्ट आणि इतर ॲल्युमिनियमयुक्त खडकांच्या विघटनामुळे ती तयार होते.

    (क) यात नायट्रोजन कमी असतो.

    (ड) यात फॉस्फेटचे प्रमाण खूप असते.

१३. जगातील हवामानाच्या प्रकारासंबंधात खालील विधानांचा अभ्यास करा आणि खाली दिलेल्या उत्तरांतून योग्य उत्तर निवडा.

    (१) ॲमेझॉनच्या खोऱ्यात आरोह पर्जन्य पडतो.

    (२) उत्तरेकडील खंडात मध्यवर्ती भागात भरपूर पाऊस पडतो.

    (३) विषुववृत्तीय प्रदेशात आवर्त पाऊस पडतो.

    (४) विषुववृत्तीय प्रदेशाच्या बाहेर सर्वांत जास्त दैनिक तापमान असते.

जोड्या :

    (अ) १ आणि २ बरोबर आहे   (ब) २ आणि ३ बरोबर आहे.

    (क) ३ आणि ४ बरोबर आहे   (ड) १ आणि ४ बरोबर आहे.

१४. मृदेची धूप हे फार मोठे आव्हान कोणत्या प्रदेशात आहे?

    (अ) उष्णकटिबंधीय सदाहरित अरण्याचा प्रदेश

    (ब) उष्णकटिबंधीय सॅव्हाना प्रदेश

(क) स्टेप गवताळ प्रदेश

(ड) तैगा अरण्ये

१५. स्टँपने ग्रेट ब्रिटनच्या भूमी उपयोग सर्वेक्षणात नापीक जमिनीसाठी खालीलपैकी कोणत्या अक्षराचा उपयोग केला जातो?

(अ) B (ब) R (क) U (ड) W

१६. दवविरहित २०० दिवस, ५० ते १०० सें. मी. पाऊस आणि २०°c ही हवामानाची स्थिती खालीलपैकी कोणत्या पिकाला लागू होते?

(अ) ज्यूट (ब) कापूस (क) गहू (ड) तांदूळ

१७. रासतानुरा तेलशुद्धीकरण कारखाना कोठे आहे?

(अ) सौदी अरेबियाच्या पूर्व किनाऱ्यावर

(ब) सौदी अरेबियाच्या पश्चिम किनाऱ्यावर

(क) सौदी अरेबियाच्या ईशान्य किनाऱ्यावर

(ड) सौदी अरेबियाच्या वायव्य किनाऱ्यावर

१८. जलमार्ग व हवाईमार्ग दाखवण्यासाठी खालीलपैकी कोणत्या प्रक्षेपणाचा उपयोग होतो?

(अ) मॉलविड प्रक्षेपण (ब) दंडगोल समक्षेत्र प्रक्षेपण

(क) मर्केटरचे प्रक्षेपण (ड) दंडगोल समसमानांतर प्रक्षेपण

१९. खालीलपैकी कोणत्या विद्वानाने जगातील प्रमुख शेतीचे प्रदेश ठरवले?

(अ) कॉस्ट्रोविकी (ब) व्हॉन थ्युनेन (क) वीवर (ड) व्हिटिलसी

२०. स्तंभ १ (प्रदेश) आणि स्तंभ २ (वाऱ्याचे नाव) यांमधील योग्य शब्द निवडून जोड्या लावा आणि खाली दिलेल्या जोड्यांमधील योग्य जोडी निवडा.

स्तंभ १ प्रदेश	स्तंभ २ वाऱ्याचे नाव
(प) ब्राझील व अर्जेंटिना	(१) ग्रीगेल
(फ) माल्टा	(२) बुस्टर
(भ) न्यूझीलंड	(३) पॉपरास
(न) ॲड्रियाटिक समुद्राचा पश्चिम भाग	(४) ट्रॅमान्टेना

जोड्या	प	फ	भ	न
(अ)	३	१	२	४
(ब)	३	२	१	४
(क)	२	३	१	४
(ड)	३	२	४	१

२१. प्रवाळ बेटाच्या निर्मितीविषयी 'हिमनियंत्रण सिद्धान्त' कोणी मांडला?

(अ) मरे (ब) डार्विन

(क) अलेक्झांडर ॲगासिस (ड) डॅली

२२. खालीलपैकी कोणते देश ओरिएंटल रेल्वेमार्गाने जोडले गेले आहेत?

(अ) चीन आणि मंगोलिया (ब) फ्रांस आणि टर्की

(क) म्यानमार आणि थायलंड (ड) पोलंड आणि युक्रेन

२३. खालील विधानांवर विचार करा.

विधान अ : मिकिर जमातीचे लोक आसाममधील मिकिर पर्वतावर राहतात.

विधान क : मिकिर लोकांचा प्रमुख व्यवसाय शिकार आहे.

खालीलपैकी योग्य उत्तर निवडा.

(अ) विधान 'अ' आणि विधान 'क' बरोबर आहेत आणि विधान 'क' हे 'अ' चे योग्य स्पष्टीकरण / कारण आहे.

(ब) विधान 'अ' आणि विधान 'क' बरोबर आहेत परंतु विधान 'क' हे 'अ' चे योग्य स्पष्टीकरण / कारण नाही.

(क) विधान 'अ' बरोबर आहे परंतु विधान 'क' चूक आहे.

(ड) विधान 'अ' चूक आहे परंतु विधान 'क' चूक आहे.

२४. भारतात ग्रामीण भागात खूप गरिबी आढळते कारण :

(अ) लोक शेतीव्यवसायात गुंतलेले आहेत.

(ब) लोक खूप मेहनत करीत नाहीत.

(क) ग्रामीण बेरोजगारी आहे.

(ड) वाहतुकीच्या साधनांचा अभाव आहे.

२५. स्तंभ १ (प्रवाहप्रणाली) आणि स्तंभ २ (खडकाचा प्रकार) यांमधील योग्य शब्द निवडून जोड्या लावा आणि खाली दिलेल्या जोड्यांमधील योग्य जोडी निवडा.

	स्तंभ १	**स्तंभ २**
	प्रवाहप्रणाली	खडकाचा प्रकार
(प)	पादपानुरूप	(१) भिन्न घनतेचे खडक
(फ)	जाळीसदृश	(२) चुनखडक
(भ)	आयताकार	(३) समान घनतेचे खडक
(न)	भूमिगत	(४) आयताकार जोडाचे खडक

जोड्या	प	फ	भ	न
(अ)	३	१	४	२
(ब)	३	१	२	४

(क)	१	३	२	४
(ड)	३	४	१	२

२६. उत्तर प्रदेशात हिवाळ्यात पडणाऱ्या पावसाचा कशाशी संबंध आहे?
(अ) परतणाऱ्या मोसमी वाऱ्याशी
(ब) वादळी वाऱ्याशी
(क) समशीतोष्ण कटिबंधीय आर्वताशी
(ड) स्थानिक वाऱ्याशी

२७. आयोडिन आणि पोटॅश समुद्रातील कोणत्या वनस्पतीतून मिळतात?
(अ) हिरवे शेवाळे (ब) लाल शेवाळे
(क) भुरे शेवाळे (ड) निळे - हिरवे शेवाळे

२८. लडांग जमातीचे स्थलांतरित शेती करणारे लोक कोठे आहेत?
(अ) अफ्रिका (ब) मलेशिया
(क) मध्य भारत (ड) दक्षिण अमेरिका

२९. खालीलपैकी कोणत्या देशात 'फेनलॅन्ड्स' आढळतात?
(अ) संयुक्त संस्थाने (ब) फ्रान्स (क) न्यूझीलंड (ड) इंग्लंड

३०. खालीलपैकी कोणते प्रमाण गाइड नकाशासाठी (Guide map) वापरतात?
(अ) १ : २०,००० (ब) १ : ५०,०००
(क) १ : ६३,३६० (ड) १ : १०,००,०००

३१. एकरूपतावाद सिद्धान्त कोणी मांडला?
(अ) आर्थर होम्सने (ब) चार्ल्स लायलने
(क) मारकस रीनरने (ड) एस. डब्ल्यू. कॅरीने

३२. भारताच्या (मुख्य भूमीचे) दक्षिण टोकाचे अक्षांश किती?
(अ) ६° ४' उत्तर अक्षांश (ब) ७° ४' उत्तर अक्षांश
(क) ८° ४' उत्तर अक्षांश (ड) ६° ८' उत्तर अक्षांश

३३. युरोपातील खालील भूप्रकाराची त्यांच्या वयानुसार उतरत्या क्रमाने क्रमवारी कोणती?
(१) आल्प्स (२) उत्तरेकडचे मैदान
(३) स्कॅन्डेनेव्हियन हायलँड (४) स्पॅनिश मेसेटा
खालीलपैकी योग्य उत्तर निवडा.
(अ) ४, ३, १, २ (ब) ३, ४, १, २
(क) ३, १, ४, २ (ड) १, ३, ४, २

३४. खालीलपैकी कोणते जपानचे आदिवासी आहेत?
(अ) ऐनू (ब) बंटू (क) सकाई (ड) वेद्दा

३५. जगातील नैसर्गिक प्रदेशाची विभागणी सर्वांत प्रथम कोणी केली?

(अ) डडले स्टाम्पने (ब) हर्बर्टसनने

(क) विदाल डि-ला ब्लाशने (ड) हेटनरने

३६. ओपीसोमीटरचा उपयोग कशासाठी करतात?

(अ) क्षेत्रफळ मोजण्यासाठी (ब) दिशा मोजण्यासाठी

(क) अंतर मोजण्यासाठी (ड) उंची मोजण्यासाठी

३७. लघू हिमालयात खालीलपैकी कोणती खिंड आहे?

(अ) बुर्जिल (ब) बारामुल्ला (क) जोजिला (ड) शिपकिला

३८. खालीलपैकी कोणता शीत समुद्रप्रवाह आहे?

(अ) गल्फ स्ट्रीम (ब) क्युराईल प्रवाह

(क) अलास्का प्रवाह (ड) ब्राझील प्रवाह

३९. हडसन - मोहाक दरी कोठे आहे?

(अ) फ्रान्स (ब) युनायटेड किंग्डम

(क) संयुक्त संस्थाने (ड) कॅनडा

४०. स्तंभ १ (ढगाचा प्रकार) आणि स्तंभ २ (त्याचे वैशिष्ट्य) यांमधील योग्य शब्द निवडून जोड्या लावा आणि खाली दिलेल्या जोड्यांमधील योग्य जोडी निवडा.

स्तंभ १ ढगाचा प्रकार	**स्तंभ २** त्याचे वैशिष्ट्य
(प) सिरस	(१) पट्ट्याच्या स्वरूपात पसरलेले
(फ) क्युमुलस	(२) काळ्या रंगाचे
(भ) निम्बस	(३) पांढऱ्या पिसासारखे
(न) स्ट्रेटस	(४) कापसाच्या प्रचंड ढिगासारखे

जोड्या	प	फ	भ	न
(अ)	३	४	१	२
(ब)	४	३	२	१
(क)	३	४	२	१
(ड)	१	४	२	३

४१. लोएसची मैदाने सर्वांत मोठ्या प्रमाणावर कोठे आढळतात?

(अ) उत्तर चीन (ब) उत्तर अफ्रिका

(क) प. ऑस्ट्रेलिया (ड) पॅन्टागोनिया

४२. सात इंचास १ मैल या शब्दप्रमाणाचे अंकप्रमाणात रूपांतर किती होते?

(अ) १ : १८१०३ (ब) १ : १८०००

(क) १ : ३१६८० (ड) १ : १०८००

४३. खालीलपैकी कोणती जोडी बरोबर आहे.

(अ) हिडलबर्ग मानव - दक्षिण अफ्रिका

(ब) सोलो मानव - जर्मनी

(क) क्रोमेग्नन मानव - फ्रान्स

(ड) ऱ्होडेशियन मानव - जावा

४४. समतल फलक सर्वेक्षणाच्या (Plain Table Survey) संदर्भात पुढील विधानांवर विचार करा आणि खाली दिलेल्या उत्तरांमधील योग्य उत्तर निवडा.

(१) यात नकाशा काढण्याचे काम त्या क्षेत्रातच होते.

(२) याचा उपयोग जंगलाचे सर्वेक्षण करण्यास केला जातो.

(३) या पद्धतीने लहान प्रमाणावरील नकाशे तयार करता येतात.

(४) या पद्धतीने सूक्ष्म किंवा अचूक प्रकारचे सर्वेक्षण करता येते.

उत्तरे :

(अ) १ आणि ३ बरोबर आहे. (ब) १ आणि ४ बरोबर आहे.

(क) ३ आणि २ बरोबर आहे. (ड) २ आणि ४ बरोबर आहे.

४५. अग्रोंग्राफची कल्पना कोणी मांडली?

(अ) जी. पी. केलावे (ब) के. पी. धुरंधर

(क) ई. रेज (ड) ए. गेडीज

४६. खालीलपैकी कोणते सरोवर खचदरीत तयार झाले आहे.

(अ) व्हिक्टोरिया (ब) चाड

(क) टिटिकाका (ड) बैकल

४७. जर भारतात जेथे कर्कवृत्त आहे त्या स्थानावर विषुववृत्त असते तर तेथील हवामान कोणते झाले असते?

(अ) अधिक तापमान आणि कमी पाऊस

(ब) कमी तापमान आणि अधिक पाऊस

(क) अधिक तापमान आणि अधिक पाऊस

(ड) कमी तापमान आणि कमी पाऊस

४८. आफ्रिकेच्या 'केप हॉर्न' मध्ये कोणते देश आहेत?

(अ) नाम्बिया आणि बोत्सवाना (ब) इथिओपिया आणि झीबोटी

(क) सेनेगल आणि गिनी (ड) मिस्त्र आणि सुदान

४९. समकेंद्र वर्तुळ सिद्धांतात द्वितीय वर्तुळाला काय म्हणतात?

(अ) संक्रमण वर्तुळ (ब) श्रमिक वर्तुळ

(क) कम्प्युटर वर्तुळ (क) व्यापारिक वर्तुळ

५०. स्तंभ १ (देश) आणि स्तंभ २ (राजधानी) यांमधील योग्य शब्द निवडून जोड्या लावा आणि खाली दिलेल्या जोड्यांमधील योग्य जोडी निवडा.

	स्तंभ १ देश		**स्तंभ २** राजधानी
(प)	घाना	(१)	कम्पाला
(फ)	झैरे	(२)	आकरा
(भ)	युगांडा	(३)	किंशासा
(न)	झिंबाब्वे	(४)	हरारे

जोड्या	प	फ	भ	न
(अ)	४	३	२	१
(ब)	३	१	२	४
(क)	२	३	१	४
(ड)	१	३	२	४

५१. खालीलपैकी कोणते भारताचे दक्षिण टोक सूचित करते?
(अ) इंदिरा बिंदू (ब) कन्याकुमारी (क) नागरकोविल (ड) रामेश्वर

५२. ऋतू प्रवास कोणत्या जमातीत प्रचलित आहे?
(अ) भिल्ल (ब) भूटिया (क) कुकी (ड) नागा

५३. खालीलपैकी कोणते समुद्रावरचे बंदर नाही?
(अ) ओखला (व) त्रिचूर (क) क्विलॉन (ड) नागरकोविल

५४. खालीलपैकी कोणती जोडी बरोबर नाही?
(अ) चंद्रप्रभा अभयारण्य - उत्तर प्रदेश
(ब) बांदीपूर अभयारण्य - कर्नाटक
(क) काझीरंगा अभयारण्य - आसाम
(ड) कान्हा अभयारण्य - महाराष्ट्र

५५. 'पाट' भूमी कोठे आहे?
(अ) छोटा नागपूर (ब) विदर्भाचे मैदान
(क) दंडकारण्य (ड) विंध्य पर्वत

५६. २००१च्या जनगणनेनुसार दहा लाख लोकवस्ती असलेल्या शहरांची संख्या किती होती?
(अ) २१ (ब) २५ (क) २३ (ड) २७

५७. खालीलपैकी कोणत्या उपकरणाद्वारे हवेची सापेक्ष आर्द्रता टक्केवारीत समजते?
(अ) आर्द्रतामापक
(ब) कोरड्या व ओल्या फुग्याचा तपमापक

(क) स्टीव्हन्सची संरक्षकपेटी

(ड) सिक्सचा जोड तपमापक

५८. खालीलपैकी कोणती जोडी योग्य नाही?

(अ) ∞ विरळ धुके   (ब) ▽ हिमवर्षाव

(क) ☰ दाट धुके

(ड)  ⇜ मोठ्या प्रमाणात गारांसह व विजांच्या कडकडाटासह वादळ

५९. खालीलपैकी कोणत्या राज्यात किंवा केंद्रशासित प्रदेशात सुनियोजित शहर आहे?

(अ) चंदीगड   (ब) अरुणाचल प्रदेश

(क) दादरा - नगर हवेली   (ड) हिमाचल प्रदेश

६०. जेव्हा कमी उंचीच्या प्रदेशाकडून जास्त उंचीच्या प्रदेशाकडे समोच्चरेषांमधील अंतर कमी होत जाते तेव्हा त्याला कोणता उतार म्हणतात?

(अ) बहिर्वक्र उतार   (ब) अंतर्वक्र उतार

(क) पायऱ्या पायऱ्यांचा उतार   (ड) तीव्र उतार

६१. भारताचा नकाशा काढण्यासाठी आपण खालीलपैकी कोणत्या नकाशाचा वापर करू शकतो?

(अ) एकप्रमाण अक्षवृत्त शंकू प्रक्षेपण (ब) बॉनचे प्रक्षेपण

(क) द्विप्रमाण अक्षवृत्त शंकू प्रक्षेपण (ड) अर्धशंकू प्रक्षेपण

६२. भारतातील सर्वांत जास्त खनिजक्षेत्र कोणत्या खडकांच्या समूहात आहे?

(अ) कडप्पा   (ब) धारवाड   (क) गोंडवाना   (ड) विंध्य

६३. खालीलपैकी कोणी भारताच्या नियोजनप्रदेशाचा प्रस्ताव मांडला होता?

(अ) एस.सी.चॅटर्जी   (ब) एस.एम.अली

(क) बी. नाथ   (ड) जॉर्ज कुरियन

६४. भारतातील गोंडवाना खडकांबद्दल खाली दिलेल्या विधानांचा अभ्यास करा आणि खाली दिलेल्या उत्तरांमधून योग्य उत्तर निवडा.

(१) गोंडवाना खडकांची निर्मिती विंध्ययुगात झाली होती.

(२) हे देशातील सर्वांत जुने खडक आहेत.

(३) या खडकांमध्ये भरपूर धातुखनिजे आहेत.

(४) या खडकांमध्ये कोळशाचे साठे आहेत.

(अ) १ आणि ४ बरोबर आहे.   (ब) १ आणि ३ बरोबर आहे.

(क) ३ आणि ४ बरोबर आहे.   (ड) २ आणि ४ बरोबर आहे.

६५. खालीलपैकी कोणती जोडी योग्य नाही?

(अ) पीर पंजाल - लघु हिमालय (ब) K२ - काराकोरम

(क) करेवाज - काश्मीरचे खोरे (ड) पोटवार - कुमाऊं हिमालय

६६. जलविद्युत् उर्जा विकासात कोणते राज्य अग्रणी होते?

(अ) कर्नाटक (ब) हिमाचल प्रदेश

(क) तमिळनाडू (ड) उत्तर प्रदेश

६७. उत्तर प्रदेशात लोकसंख्येची सर्वांत जास्त वाढ कोणत्या दशकात झाली?

(अ) १९५१ - ६१ मध्ये (ब) १९६१ - ७१ मध्ये

(क) १९७१ - ८१ मध्ये (ड) १९८१ - ९१ मध्ये

६८. कोकण रेल्वेसंबंधी खालील विधानांवर विचार करा आणि खाली दिलेल्या उत्तरांमधून योग्य उत्तर निवडा.

(१) चिपळूण, रत्नागिरी, मडगाव, कारवार ही महत्त्वाची स्थानके या मार्गावर आहेत.

(२) जागतिक बँकेने कोकण रेल्वेसाठी अर्थिक मदत दिली होती.

(३) या रेल्वे लाइनची लांबी ७६० कि.मी. आहे.

(४) रेल्वे लाइन महाराष्ट्र, गोवा, कर्नाटक आणि केरळ राज्यांतून जाते.

(अ) १ आणि ४ बरोबर आहे. (ब) १ आणि ३ बरोबर आहे.

(क) २ आणि ४ बरोबर आहे. (ड) ३ आणि ४ बरोबर आहे.

६९. २००१ च्या जनगणनेनुसार विजेची सुविधा असलेल्या सर्वांत जास्त ग्रामीण कुटुंबांची टक्केवारी कोणत्या राज्यात आहे?

(अ) गोवा (ब) हरियाणा (क) हिमाचल प्रदेश (ड) पंजाब

७०. स्तंभ १ (खनिज) आणि स्तंभ २ (प्रमुख खाणक्षेत्र) यांमधील योग्य शब्द निवडून जोड्या लावा आणि खाली दिलेल्या जोड्यांमधील योग्य जोडी निवडा.

स्तंभ १	**स्तंभ २**
खनिज	प्रमुख खाणक्षेत्र
(प) लोखंड	(१) जावर
(फ) अभ्रक	(२) बेलाडिला
(भ) चांदी	(३) बाबूपली
(न) ग्रॅफाइट	(४) कोडरमा

जोड्या	प	फ	भ	न
(अ)	१	२	३	४
(ब)	४	३	२	१

(क)	२	४	१	३
(ड)	१	३	२	४

७१. २००१ च्या जनगणनेनुसार कोणत्या केंद्रशासित प्रदेशात स्त्रियांची साक्षरता सर्वांत जास्त आहे?

(अ) दिल्ली (ब) पाँडिचेरी

(क) लक्षद्वीप (ड) दमण आणि दीव

७२. बाल्टिक समुद्रात क्षारता सर्वांत कमी असण्याची कारणे खाली दिली आहेत, त्यांपैकी कोणते कारण बरोबर नाही?

(अ) हिमनद्या वितळून या समुद्राला येऊन मिळतात.

(ब) या समुद्रावरून वारे वाहतात.

(क) बाष्पीभवनाचा वेगही खूपच कमी आहे.

(ड) अनेक नद्या या समुद्राला येऊन मिळतात.

७३. विषुववृत्तीय हवामानाच्या प्रदेशात कोणत्या प्रकाराची वृष्टी आढळते?

(अ) हिमवृष्टी (ब) आवर्त पर्जन्य

(क) अभिसरण किंवा आरोह पर्जन्य (ड) प्रतिरोध पर्जन्य

७४. खालीलपैकी कोणी केशरचनेच्या आधारावर जगातील जमातींचे पाच प्रमुख प्रकारांत वर्गीकरण केले आहे?

(अ) ए. एल. क्रोयबर (१) ब्ल्युमॅन बास्व

(क) टी. हक्स्ले (ड) वॉन एक्स्टेड

७५. खालीलपैकी कोणी मानवी भूगोलात नवनिश्चयवाद मांडला?

(अ) ई.सी. सॅम्पल (ब) एफ रॅटझेल

(क) जे. ब्रून्स (ड) आर. स्मिथ

७६. खालीलपैकी कोणत्या विद्वानाने 'क्षेत्रीय कार्यात्मक संगठन' ही संकल्पना मांडली?

(अ) ए. के. फिलब्रिक (ब) एफ. के. सेफर

(क) ई. डब्ल्यू. झिमरमॅन (ड) आर. ओ. बुकानन

७७. स्तंभ १ (फ्रान्सचे भूगोलतत्त्ववेत्ते) आणि स्तंभ २ (पुस्तक) यांमधील योग्य शब्द निवडून जोड्या लावा आणि खाली दिलेल्या जोड्यांमधील योग्य जोडी निवडा.

स्तंभ १	स्तंभ २
फ्रान्सचे भूगोलतत्त्ववेत्ते	पुस्तक
(प) डिमांजिया	(१) लेस पेरिनीज
(फ) सोरे	(२) लेस आल्प्स
(भ) दि मर्तोन	(३) फ्रेंच आल्प्स
(न) ब्लेंचार्ड	(४) पिकार्डी

जोड्या	प	फ	भ	न
(अ)	४	३	२	१
(ब)	४	१	२	३
(क)	२	१	४	३
(ड)	३	४	२	१

७८. स्तंभ १ (सागरीय निक्षेप) आणि स्तंभ २ (त्याची वैशिष्ट्ये) यांमधील योग्य शब्द निवडून जोड्या लावा आणि खाली दिलेल्या जोड्यांमधील योग्य जोडी निवडा.

स्तंभ १ सागरीय निक्षेप	स्तंभ २ वैशिष्ट्ये
(प) टेरोपॉड सिंधुपंक	(१) छिद्रमय शरीराच्या प्राण्याच्या कवचापासून
(फ) ग्लोबिजेरिना सिंधुपंक	(२) रेडिओलॅरियन प्राण्याच्या अवशिष्ट भागापासून
(भ) डायटॉम सिंधुपंक	(३) मऊ शरीराच्या प्राण्यापासून
(न) रेडिओ-लॅरियन सिंधुपंक	(४) वनस्पतीच्या अवशिष्ट भागापासून

जोड्या :	प	फ	भ	न
(अ)	१	२	३	४
(ब)	१	३	२	४
(क)	३	१	२	४
(ड)	३	१	४	२

७९. मध्यकटिबंधीय आवर्ताच्या निर्मितीविषयी 'ध्रुवीय सीमा सिद्धान्त' कोणी मांडला?

(अ) होल्मेहोटझ (ब) हेन्जलीक
(क) नेपिअर शॉ (ड) बजरकनीज

८०. खालीलपैकी कोणते नकाशे अतिशय छोट्या प्रमाणावर काढले जातात?

(अ) स्थावर मालकी दर्शक नकाशे (ब) स्थलदर्शक नकाशे
(क) भिंतीवरील नकाशे (ड) ॲटलास नकाशे

८१. गुंटूरच्या साखळीतील एक कडीची लांबी किती असते?

(अ) १ फूट (ब) २ $\frac{१}{१६}$ फूट (क) ७.९२ इंच (ड) २० सें.मी.

८२. खालीलपैकी कोणता टेप पोलाद व निकेल या धातूंच्या मिश्रणातून तयार केलेला असतो?

(अ) पोलादी (ब) इन्वार (क) धातुतारा (ड) कापडी

८३. स्तंभ १ (सरोवर) आणि स्तंभ २ (निर्मितीचे कारण) यांमधील योग्य शब्द निवडून जोड्या लावा आणि खाली दिलेल्या जोड्यांमधील योग्य जोडी निवडा.

	स्तंभ १ सरोवर		**स्तंभ २** निर्मितीचे कारण
(प)	रीलफूट	(१)	ज्वालामुखी
(फ)	सॉल्टलेक	(२)	भूपटलभ्रंश
(भ)	कॅलडेरा	(३)	भूकंप
(न)	वॉर्मलेक	(४)	खचदरी

जोड्या	प	फ	भ	न
(अ)	४	३	१	२
(ब)	३	४	२	१
(क)	३	४	१	२
(ड)	४	३	२	१

८४. 'ॲपलटन थर' वातावरणाच्या कोणत्या भागात आढळतो?

(अ) स्थितांबर (ब) तपांबर (क) तपस्तब्धी (३) आयनांबर

८५. स्तंभ १ (वाऱ्याचे स्थानिक नाव) आणि स्तंभ २ (प्रदेश) यांमधील योग्य शब्द निवडून जोड्या लावा आणि खाली दिलेल्या जोड्यांमधील योग्य जोडी निवडा.

	स्तंभ १ वाऱ्याचे स्थानिक नाव		**स्तंभ २** प्रदेश
(प)	सेमुन	(१)	कॅलिफोर्निया
(फ)	नॉर वेस्टर्स	(२)	इराण
(भ)	बर्ग	(३)	दक्षिण अफ्रिका
(न)	सँटा-ॲनास	(४)	न्यूझीलंड

जोड्या	प	फ	भ	न
(अ)	४	२	३	१
(ब)	२	४	३	१
(क)	२	४	१	३
(ड)	३	४	२	१

८६. खालील विधानांवर विचार करा.

विधान अ : प्रत्येक नैसर्गिक विभागातील हवामान हे तेथील स्थानिक वैशिष्ट्यावर अवलंबून असते.

विधान क : एका प्रदेशातील हवामान दुसऱ्या प्रदेशातील हवामानापेक्षा वेगळेच असते.

खालीलपैकी योग्य उत्तर निवडा.

(अ) विधान 'अ' आणि 'क' बरोबर आहेत आणि विधान 'क' हे 'अ' चे योग्य स्पष्टीकरण / कारण आहे.

(ब) विधान 'अ' आणि 'क' बरोबर आहेत परंतु विधान 'क' हे 'अ' चे योग्य स्पष्टीकरण / कारण नाही.

(क) विधान 'अ' बरोबर आहे परंतु विधान 'क' चूक आहे.

(ड) विधान 'अ' चूक आहे परंतु विधान 'क' बरोबर आहे.

८७. 'परिहिमानी' ही शब्दप्रयोग कोणी वापरला?

(अ) लॉजिन्स्की (ब) डी टेरा (क) पेल्टियर (ड) मनीमेकर

८८. खालीलपैकी कोणत्या भूगोलतत्त्ववेत्याने प्रथम जाहीर केले की पृथ्वी गोल आहे?

(अ) सी. टॉलेमी (ब) एस. सुन्स्टर

(क) आय. कान्ट (ड) पी. एबियन

८९. खालीलपैकी कोणत्या भूगोलतत्त्ववेत्याने हवामानाच्या प्रकाराचे वर्गीकरण करताना बाष्प आणि बाष्पीभवन यांचा विचार केला?

(अ) कोपेन (ब) त्रिवार्था (क) थार्नथ्वेट (ड) केण्डू

९०. खाली दिलेल्या विद्वानांनी भूगोलविषयाच्या विकासात भरपूर योगदान दिले आहे त्यांची त्याच्या कार्यकालानुसार मांडणी करा.

(१) फ्रेड्रिक रॅटझेल (२) अलेक्झांडर वॉन हम्बोल्ट

(३) अल्फ्रेड हेटनर (४) विडाल डी-ला-ब्लाश

खालीलपैकी योग्य उत्तर निवडा.

(अ) १, २, ३, ४ (ब) २, १, ४, ३

(क) ४, २, १, ३ (ड) ३, १, २, ४

९१. खालीलपैकी कोणत्या विद्वानाने सर्वप्रथम 'ज्यॉग्राफिक' या शब्दाचा वापर केला?

(अ) टॉलेमी (ब) कांट (क) इरेटेस्थिनीज (ड) रॅटझेल

९२. खालीलपैकी कोणते घनत्व लोकसंख्या आणि शेतीची जमीन यांचा संबंध स्पष्ट करते?

(अ) कृषि घनत्व (ब) भौगोलिक घनत्व

(क) आर्थिक घनत्व (ड) कायिक घनत्व

९३. ग्रामीण लोकसंख्येचे वितरण नकाशात दर्शवण्यासाठी खालीलपैकी कोणत्या पद्धतीचा वापर उपयुक्त आहे?

(अ) टिंब पद्धती (ब) छाया पद्धती

(क) स्तंभालेख (ड) प्रमाणबद्ध गोल

९४. उत्तर प्रदेशाचा नकाशा तयार करण्यासाठी सर्वांत उत्तम प्रक्षेपण कोणते?

    (अ) बॉनचे प्रक्षेपण

    (ब) सुधारित अर्धशंकू किंवा आंतरराष्ट्रीय प्रक्षेपण

    (क) ज्यावक्रीय प्रक्षेपण   (ड) मॉलवीडचे प्रक्षेपण

९५. भारताच्या हवामानाच्या नकाशात खालीलपैकी काय दाखवले जात नाही?

    (अ) ढगांचे आवरण   (ब) वाऱ्यांची दिशा

    (क) समदाब रेषा   (ड) समताप रेषा

९६. गव्हाचे जागतिक उत्पादन दाखवण्यासाठी कोणते प्रक्षेपण योग्य आहे?

    (अ) अर्धशंकू प्रक्षेपण   (ब) एक प्रमाण अक्षवृत्त प्रक्षेपण

    (क) मॉलवीडचे प्रक्षेपण   (ड) बॉनचे प्रक्षेपण

९७. खालीलपैकी कोणाच्या प्रक्षेपणात ध्रुव, बिंदूने न दाखवता रेषेने दर्शवला जातो?

    (अ) खमध्य प्रक्षेपण   (ब) दंडगोलीय प्रक्षेपण

    (क) शंकू प्रक्षेपण   (ड) सांकेतिक प्रक्षेपण

९८. युनेस्कोच्या प्राणी आणि जीव संवर्धन कार्यक्रमाच्या मुख्य उद्देशात खालीलपैकी कशाचा समावेश नाही?

    (अ) संरक्षण भूमिका   (ब) विकास भूमिका

    (क) वृद्धीघात भूमिका   (ड) पुनर्जनन भूमिका

९९. खालीलपैकी कोणती जोडी योग्य नाही?

    (अ) प्रेअरी मृदा - संयुक्त संस्थाने   (ब) तांबडी मृदा - रशिया

    (क) काळी मृदा - भारत   (ड) लॅटेराइट मृदा - ब्राझील

१००. स्तंभ १ (वनाचा प्रकार) आणि स्तंभ २ (वनस्पती प्रकार) यांमधील योग्य शब्द निवडून जोड्या लावा आणि खाली दिलेल्या जोड्यांमधील योग्य जोडी निवडा.

स्तंभ १	स्तंभ २
वनाचा प्रकार	वनस्पती प्रकार
(प) उष्णकटिबंधीय गवताळ प्रदेश	(१) सेल्व्हाज
(फ) समशीतोष्ण वन	(२) तैगा
(भ) उष्णकटिबंधीय वन	(३) सॅव्हाना
(न) समशीतोष्ण गवताळ प्रदेश	(४) पाम्पास

जोड्या	प	फ	भ	न
(अ)	३	२	१	४
(ब)	१	२	३	४
(क)	४	३	२	१
(ब)	२	१	४	३

१०१. खालीलपैकी कोणत्या शास्त्रज्ञाने सर्वप्रथम अंटार्क्टिकावर ओझोनचा क्षय होत आहे हा विचार मांडला?

(अ) एम. मोलिना (ब) एस. रोलेण्ड

(क) जे. फोरमॅन (ड) एम. एल. पॅरी

१०२. खालील विधानांवर विचार करा.

विधान अ : जैविक समुदाय आणि जैविक व अजैविक घटक यांच्यातील परस्परसंबंधाचा अभ्यास पर्यावरणात केला जातो.

विधान क : पर्यावरणाचा अभ्यास आजच्या काळात महत्त्वाचा आहे.

खालीलपैकी योग्य उत्तर निवडा.

(अ) विधान 'अ' आणि 'क' बरोबर आहेत आणि विधान 'क' हे 'अ' चे योग्य स्पष्टीकरण / कारण आहे.

(ब) विधान 'अ' आणि 'क' बरोबर आहेत परंतु विधान 'क' हे 'अ' चे योग्य स्पष्टीकरण / कारण नाही.

(क) विधान 'अ' बरोबर आहे परंतु विधान 'क' चूक आहे.

(ड) विधान 'अ' चूक आहे परंतु विधान 'क' बरोबर आहे.

१०३. खालीलपैकी कोणता पातालिक खडक नाही?

(अ) बायोटाइट (ब) डायोराइट

(क) पेराडोटाइट (ड) सायनाइट

१०४. स्तंभ १ (देशाचा आकार) आणि स्तंभ २ (देशाचे नाव) यांमधील योग्य शब्द निवडून जोड्या लावा आणि खाली दिलेल्या जोड्यांमधील योग्य जोड्या निवडा.

स्तंभ १ देशाचा आकार	**स्तंभ २** देशाचे नाव
(प) सलग	(१) चिली
(फ) लांबट	(२) संयुक्त संस्थाने
(भ) आयताकार	(३) हंगेरी
(न) तुकड्या तुकड्यांचा	(४) इंडोनेशिया

जोड्या	प	फ	भ	न
(अ)	३	१	२	४
(ब)	१	३	२	४
(क)	३	१	४	२
(ड)	१	२	३	४

१०५. येरबा माटे हे एक स्फूर्ती देणारे पेय कोणत्या देशात वापरतात?

(अ) पनामा (ब) सौदी अरेबिया

(क) ब्राझील (ड) न्यूगिनी

१०६. हिमालयातील खालील धरणांपैकी कोणते धरण पाकिस्तानात आहे?

(अ) भाक्रा नांगल (ब) मंगला (क) कालागढ़ (ड) सलाल

१०७. पॅलॉझॉइक युगातील खालील चार कालखंडांची चढत्या क्रमाने योग्य क्रमवारी कोणती? खाली दिलेल्या उत्तरांतील योग्य उत्तर निवडा.

(१) सिलुरियन (२) क्रम्ब्रियन (३) डेवोनियन (४) ऑर्डोव्हिसियन

उत्तरे :

(अ) २, ४, १, ३ (ब) २, ४, ३, १

(क) ४, २, ३, १ (ड) १, २, ३, ४

१०८. खालील विधानांचा अभ्यास करा.

विधान अ : तुर्कस्तानात किरगीज लोकांचे राष्ट्रीय पेय 'काऊमिस' गाईच्या दूधापासून बनवतात.

विधान क : किरगीज लोक स्टेप किंवा पर्वतमय प्रदेशात राहतात.

खालीलपैकी योग्य उत्तर निवडा.

(अ) विधान 'अ' आणि 'क' बरोबर आहेत आणि विधान 'क' हे 'अ' चे योग्य स्पष्टीकरण / कारण आहे.

(ब) विधान 'अ' आणि विधान 'क' बरोबर आहेत परंतु विधान 'क' हे विधान 'अ' चे योग्य स्पष्टीकरण / कारण नाही.

(क) विधान 'अ' बरोबर आहे परंतु विधान 'क' चूक आहे.

(ड) विधान 'अ' चूक आहे परंतु विधान 'क' बरोबर आहे.

१०९. 'फजेण्डा' कशाशी संबंधित आहे?

(अ) पशुपालन (ब) रबराच्या बागा

(क) दुग्ध उत्पादन (ड) व्यापारी शेती

११०. स्तंभ १ (उद्योगकेंद्र) आणि स्तंभ २ (उद्योग / कारखाना) यांमधील योग्य शब्द निवडून जोड्या लावा आणि खाली दिलेल्या जोड्यांमधील योग्य जोडी निवडा.

स्तंभ १	**स्तंभ २**
उद्योगकेंद्र	उद्योग / कारखाना
(प) बंगळूरू	(१) वस्त्र
(फ) लुधियाना	(२) ज्यूट
(भ) कटक	(३) इलेक्ट्रॉनिक्स
(न) सूरत	(४) सायकल

जोड्या	प	फ	भ	न
(अ)	१	२	३	४
(ब)	३	४	१	२
(क)	३	४	२	१
(ड)	४	३	२	१

उत्तरे

१. अ	२. ड	३. ड	४. ब	५. ब	६. क	७. अ
८. ब	९. ड	१०. ड	११. अ	१२. ड	१३. ड	१४. अ
१५. ड	१६. ब	१७. अ	१८. क	१९. ड	२०. अ	२१. ड
२२. ब	२३. ब	२४. क	२५. अ	२६. क	२७. ड	२८. ब
२९. ड	३०. अ	३१. ब	३२. क	३३. ब	३४. अ	३५. ब
३६. क	३७. ब	३८. ब	३९. क	४०. क	४१. अ	४२. अ
४३. क	४४. अ	४५. ड	४६. अ	४७. क	४८. ब	४९. अ
५०. क	५१. अ	५२. ब	५३. अ	५४. ड	५५. अ	५६. क
५७. अ	५८. ब	५९. अ	६०. ब	६१. क	६२. ब	६३. क
६४. क	६५. ड	६६. अ	६७. क	६८. ब	६९. ब	७०. क
७१. क	७२. ब	७३. क	७४. क	७५. ड	७६. अ	७७. ब
७८. ड	७९. ड	८०. ड	८१. ब	८२. अ	८३. ब	८४. ड
८५. ब	८६. ब	८७. अ	८८. अ	८९. क	९०. ब	९१. क
९२. ड	९३. अ	९४. ब	९५. ड	९६. क	९७. ब	९८. क
९९. ब	१००. अ	१०१. ब	१०२. ब	१०३. अ	१०४. अ	१०५. क
१०६. ब	१०७. क	१०८. ब	१०९. ब	११०. ड		

♦♦♦

प्रश्नसंच - १७

१. स्वातंत्र्यानंतर भारतात नवीन औद्योगिक केंद्रे विकसित झाली कारण :

(१) कच्च्या मालाचा सदुपयोग व्हावा म्हणून

(२) उद्योगांचे विकेंद्रीकरण करण्यासाठी

(३) लोकसंख्येच्या केंद्रीकरणाची वाढ रोखण्यासाठी

(४) अविकसित क्षेत्रांचा विकास करण्यासाठी

खालील उत्तरातून योग्य उत्तर निवडा.

(अ) १ आणि ३ बरोबर आहे. (ब) १, ३, ४ बरोबर आहे.

(क) १, ३ आणि ४ बरोबर आहे. (ड) २ आणि ३ बरोबर आहे.

२. खालील विधानांवर विचार करा.

विधान अ : अहमदाबाद सुती वस्त्र उद्योगाचे मोठे केंद्र आहे.

विधान क : सुती वस्त्र उद्योगासाठी लागणारा कापूस त्याच्या चारही बाजूंना असलेल्या काळ्या मातीच्या प्रदेशात मोठ्या प्रमाणावर होतो.

खालीलपैकी योग्य उत्तर निवडा.

(अ) विधान 'अ' आणि 'क' बरोबर आहेत आणि विधान 'क' हे विधान 'अ' चे योग्य स्पष्टीकरण / कारण आहे.

(ब) विधान 'अ' आणि 'क' बरोबर आहेत परंतु विधान 'क' हे 'अ' चे योग्य स्पष्टीकरण / कारण नाही.

(क) विधान 'अ' बरोबर आहे पण विधान 'क' चूक आहे.

(ड) विधान 'अ' चूक आहे पण विधान 'क' बरोबर आहे.

३. भारतात कोळशाचे उत्पादन खालीलपैकी कोणत्या खडकांच्या समूहात मिळते?

(अ) धारवाड (ब) विंध्य (क) कडप्पा (ड) गोंडवाना

४. खालीलपैकी कोणत्या प्रदेशात प्रामुख्याने सीमाभ्रंश आढळतो?

(अ) दख्खनचे पठार (ब) पश्चिम घाट

(क) पूर्वेकडील घाट (ड) हिमालय

५. लोकसंख्यासंक्रमण सिद्धान्ताच्या तिसऱ्या अवस्थेचे वैशिष्ट्य काय?

(अ) उच्च जन्मदर व उच्च मृत्युदर

(ब) उच्च जन्मदर आणि जलद गतीने घटणारा मृत्युदर

(क) कमी मृत्युदर आणि जलद गतीने घटणारा जन्मदर

(ड) कमी जन्मदर आणि कमी मृत्युदर

६. भारताचा लोकसंख्यावाढीचा वार्षिक दर किती टक्के आहे?

(अ) ०.५ ते १% (ब) १.० ते १.५%

(क) १.५ ते २% (ड) २% पेक्षा जास्त

७. खालील राज्यांच्या लोकसंख्येच्या घनतेनुसार चढत्या क्रमाणे क्रमवारी कोणती?

(१) आसाम (२) महाराष्ट्र (३) ओरिसा (४) तमिळनाडू

(अ) १, २, ३, ४ (ब) १, ४, ३, २

(क) ४, १, २, ३ (ड) २, ४, ३, १

८. खालीलपैकी कोणते विधान योग्य नाही?

(अ) हल्दिया पश्चिम बंगालमध्ये आहे.

(ब) पारादीप आसाममध्ये आहे.

(क) कांडला गुजरातमध्ये आहे.

(ड) मार्मागोवा गोव्यात आहे.

९. तेलुगू-गंगा प्रकल्प खालीलपैकी कोणत्या हेतूने योजला आहे?

(अ) तमिळनाडूमध्ये जलसिंचन करण्यासाठी

(ब) आंध्र प्रदेशातील कोरड्या क्षेत्राचे जलसिंचन करण्यासाठी

(क) चेन्नई शहराला पिण्याचे पाणी पुरवण्यासाठी

(ड) त्रिभुज प्रदेशातील कालव्याला पाणी पुरवण्यासाठी

१०. माताटीला बहुउद्देशीय प्रकल्प कुठे आहे?

(अ) सोन नदीवर (ब) केन नदीवर

(क) बेतवा नदीवर (ड) यमुना नदीवर

११. भारतात कच्छ वनस्पती कोठे मिळते?

(अ) गंगेच्या त्रिभुज प्रदेशात (ब) पूर्व हिमालयात

(क) पश्चिम घाटात (ड) पूर्व घाटात

१२. सदाबहार अरण्ये खालीलपैकी कोठे आढळतात?

(अ) छोट्या नागपूरच्या पठारावर (ब) ईशान्येकडील राज्यात

(क) पूर्व घाटाच्या पूर्व उतारावर (ड) सह्याद्रीच्या पूर्व उतारावर

१३. सर्वांत जास्त लांबीचे कालवे खालीलपैकी कोणत्या राज्यात आढळतात?

(अ) आंध्र प्रदेश (ब) हरियाणा (क) पंजाब (ड) उत्तर प्रदेश

१४. खालीलपैकी कोणत्या शहराची पोलादाचा कारखाना स्थापित करण्यासाठी निवड झाली आहे?

(अ) दाभोळ (ब) गोपालपूर (क) कोचीन (ड) पारादीप

१५. खालीलपैकी कोणी तापमान व पावसाचे प्रमाण यांचा विचार करून भारताची हवामानाच्या प्रकारानुसार विभागणी केली आहे?

(अ) कोपेन (ब) स्टाम्प आणि केण्ड्रयू

(क) त्रिवार्था (ड) थॉर्नथ्वेट

१६. स्तंभ १ (पर्वताचा प्रकार) आणि स्तंभ २ (पर्वताचे नाव) यांमधील योग्य शब्द निवडून जोड्या लावा आणि खाली दिलेल्या जोड्यांमधील योग्य जोडी निवडा.

	स्तंभ १	**स्तंभ २**
	पर्वताचा प्रकार	पर्वताचे नाव
(प)	भूपटलभ्रंश-निर्मित	(१) हिमालय
(फ)	वलीपर्वत	(२) सह्याद्री
(भ)	अवशिष्ट पर्वत	(३) राजमहल
(न)	ज्वालामुखी पर्वत	(४) निलगिरी

जोड्या	प	फ	भ	न
(अ)	२	४	१	३
(ब)	४	३	२	१
(क)	२	१	४	३
(ड)	४	२	३	१

१७. टोड्डा जमातीचे लोक कुठे राहतात?

(अ) मैदान (ब) पहाड

(क) पठार (ड) उंच पर्वतातील दरी

१८. गंगेच्या मैदानात पूर्वेकडून पश्चिमेकडे पावसाचे प्रमाण घटत जाते. कारण-

(अ) गंगेच्या मैदानात उंचसखलपणात पश्चिमेकडे वाढ होत जाते.

(ब) वाऱ्यातील बाष्पाचे प्रमाण पश्चिमेकडे कमी होत जाते.

(क) तापमान वाढत जाते.

(ड) पश्चिमेकडे आवर्ताचे प्रमाण कमी असते.

१९. खालीलपैकी कोणते विधान योग्य नाही?

(अ) आसाममध्ये ज्यूट पिकतो.

(ब) महाराष्ट्रात कापूस मोठ्या प्रमाणावर पिकवला जातो.

(क) गुजरात भुईमुगाच्या शेंगाचे मुख्य क्षेत्र आहे.

(ड) मक्याचे सर्वांत जास्त उत्पादन मध्यप्रदेशात होते.

२०. कोणत्या भूगर्भीय युगाचा शिवालीक पर्वताच्या उत्पत्तीशी संबंध आहे?

(अ) ओलिगोसीन (ब) इओसीन (क) प्लीस्टोसीन (ड) प्लायोसीन

२१. खालीलपैकी कोणती नदी घळईतून जाते?

(अ) गोदावरी   (ब) कृष्णा   (क) तापी   (ड) महानदी

२२. संयुक्त संस्थानांतील शेतकऱ्यांना मक्याच्या पट्ट्यात (Cornbelt) खूप उत्पन्न मिळते ते खालीलपैकी कोणत्या कारणामुळे?

(अ) मक्याच्या उत्पादनामुळे

(ब) गहू आणि मक्याच्या उत्पादनामुळे

(क) पशुपालनातून मिळणाऱ्या मांसामुळे

(ड) ताजी फळे व भाज्यांमुळे

२३. भारतात सरासरी वार्षिक पावसाचे प्रमाण किती आहे?

(अ) २०० सें.मी   (ब) ३०० सें. मी

(क) ४०० सें. मी.   (ड) ५०० सें. मी.

२४. भारताच्या किनाऱ्याजवळील राज्यांमध्ये जी झिंग्याची शेती होते त्याला पर्यावरणाचा खूप धोका आहे. कारण-

(अ) झिंग्याची दुर्गंधी सर्वत्र पसरते.

(ब) झिंगाचे खाद्य पाणी प्रदूषित करते.

(क) शेतात खाऱ्या व गोड्या पाण्याचे मिश्रण हेते.

(ड) झिंग्यामुळे महामारीचा प्रसार होतो.

२५. २००१च्या जनगणनेनुसार १०,००० पेक्षा जास्त लोकसंख्या असलेली जास्त गावे कोणत्या राज्यात आहेत?

(अ) बिहार   (ब) केरळ   (क) तमिळनाडू   (ड) उत्तर प्रदेश

२६. २००१ च्या जनगणनेनुसार खालीलपैकी कोणत्या राज्यात सर्वांत जास्त प्रतिकूल लिंगगुणोत्तर प्रमाण आहे?

(अ) दिल्ली   (ब) कोलकाता   (क) बंगळूरू   (ड) चेन्नई

२७. सध्या भारतातून सर्वांत जास्त निर्यात (डॉलरमध्ये) कशाची होते?

(अ) इलेक्ट्रॉनिक्स आणि कम्प्युटर सॉफ्टवेअर

(ब) इंजिनिअरिंगचे सामान

(क) मौल्यवान खडे आणि दागिने   (ड) चहा

२८. खालीलपैकी कोणता हवामानघटक दैनिक हवामानाच्या नकाशात दाखवला जात नाही?

(अ) तापमान   (ब) ढग   (क) पाऊस   (ड) वारा

२९. स्तंभ १ (स्थलनिर्देशक नकाशाचा निर्देशांक) आणि स्तंभ २ (स्थल निर्देशक नकाशाचे प्रमाण) यांमधील योग्य शब्द निवडून जोड्या लावा आणि खाली दिलेल्या जोड्यांमधील योग्य जोडी निवडा.

	स्तंभ १		**स्तंभ २**	
	निर्देशांक		प्रमाण	
(प)	६३		(१) एका इंचाला १ मैल	
(फ)	६३ k		(२) एका इंचाला १६ मैल	
(भ)	६३ k/१५		(३) अर्ध्या इंचाला १ मैल	
(न)	६३ k/NE		(४) एकचतुर्थांश इंचाला १ मैल	

जोड्या	प	फ	भ	न
(अ)	१	२	३	४
(ब)	२	४	१	३
(क)	३	४	२	१
(ड)	४	३	१	२

३०. खालीलपैकी कोणत्या नकाशाचे मोठे प्रमाण असते?

(अ) ॲटलास नकाशा (ब) भित्ती नकाशा

(क) स्थलनिर्देशक नकाशा (ड) शेताचा नकाशा

३१. खालीलपैकी कोणते प्रक्षेपण आंतरराष्ट्रीय भूगोल परिषदेत सर्व जगाच्या भूभागासाठी वापरण्याचे ठरले आहे?

(अ) सुधारित अर्धशंकू प्रक्षेपण (ब) बॉनचे प्रक्षेपण

(क) सिन्युसायडल प्रक्षेपण (ड) द्विप्रमाण अक्षवृत्त शंकू प्रक्षेपण

३२. ट्रान्स सैबेरियन रेल्वे लाइन दाखवण्यासाठी सर्वांत उपयुक्त प्रक्षेपण कोणते?

(अ) मर्केटरचे प्रक्षेपण (ब) द्विप्रमाण अक्षवृत्त शंकू प्रक्षेपण

(क) दंडगोल समक्षेत्र प्रक्षेपण (ड) खमध्य ध्रुवीय गोमुखी प्रक्षेपण

३३. 'ड्रिफ्ट' मैदान कसे निर्माण होते?

(अ) हिमनदीच्या निक्षेपकार्यामुळे

(ब) वाऱ्याने वाहून आणलेल्या धुळीच्या कणांमुळे

(क) नदीने वाहून आणलेल्या गाळामुळे

(ड) समुद्रलाटांनी आणलेल्या निक्षेपामुळे

३४. विशिष्ट जीवनपद्धती सिद्धान्त कोणी मांडला?

(अ) जीन ब्रून्स (ब) विदाल-डी-ला-ब्लाश

(क) डिमांजिया (ड) कार्ल सावर

३५. जमिनीवरील निरनिराळ्या उंचीवरील प्रदेशाचे क्षेत्रफळ व सागरतळावरील निरनिराळ्या खोलींवर असलेल्या प्रदेशाचे क्षेत्रफळ ज्या आलेखाच्या साहाय्याने दाखवलेले असते त्याला काय म्हणतात?

(अ) हिप्सोमेट्रिक वक्र (ब) लॉरेन्ज वक्र

(क) एस वक्र (क) वारम्वारता वक्र

३६. भारतातील सर्वांत उंच पर्वतशिखर आहे–

(अ) गशेरब्रूम

(ब) नंदादेवी

(क) के –२

(ड) कांचनगंगा

३७. 'डेटम' रेषा काय आहे?

(अ) भारत आणि चीन यांची सीमारेषा

(ब) एक काल्पनिक शून्य अंश रेखावृत्त

(क) एक काल्पनिक क्षितिजरेषा येथून उंची किंवा खोली मोजतात.

(ड) एक रेषा ज्याच्या आर-पार तिथी बदलते.

३८. खालील विधानांवर विचार करा.

विधान अ : चंद्रावर वातावरण नाही.

विधान क : पृथ्वीवरून चंद्राचा केवळ एकच भाग दिसतो.

खाली दिलेल्या उत्तरांतून योग्य उत्तर निवडा.

(अ) विधान 'अ' आणि 'क' दोन्ही बरोबर आहेत आणि विधान 'क' हे विधान 'अ' चे स्पष्टीकरण / कारण आहे.

(ब) विधान 'अ' आणि विधान 'क' दोन्ही बरोबर आहेत; परंतु विधान 'क' हे विधान 'अ' चे स्पष्टीकरण / कारण नाही.

(क) विधान 'अ' बरोबर आहे परंतु विधान 'क' चूक आहे.

(ड) विधान 'अ' चूक आहे परंतु विधान 'क' बरोबर आहे.

३९. आम्लधर्मी अग्निजन्य खडकामध्ये कशाचे प्रमाण जास्त असते?

(अ) लोह (ब) सिलिका

(क) गारगोटी (क्वार्ट्झ) (ड) तिन्हींपैकी कशाचेच नाही.

४०. खालीलपैकी कोणती जोडी चुकीची आहे?

(अ) स्टॉक - समुद्राच्या लाटांच्या आघातामुळे झीज होऊन तयार झालेला भूप्रकार

(ब) ब्लोआउट - वाळवंटी प्रदेशात तयार होणारा मोठा खड्डा

(क) अपक्षय - रासायनिक विदारणाशी संबंधित प्रक्रिया

(ड) पिडमाँट मैदाने - पर्वताच्या पायथ्याशी तयार होणारी मैदाने

४१. खालील विधानांवर विचार करा.

विधान अ : उष्ण वाळवंटे खंडाच्या पश्चिम भागात आढळतात.

विधान क : अश्वअक्षांशामध्ये पाऊस देणाऱ्या वाऱ्यांची दिशा ऋतुमानानुसार बदलते.

खालीलपैकी योग्य उत्तर निवडा.

(अ) विधान 'अ' आणि 'क' दोन्ही बरोबर आहेत आणि विधान 'क' हे 'अ' चे योग्य स्पष्टीकरण / कारण आहे.

(ब) विधान 'अ' आणि 'क' दोन्ही बरोबर आहेत परंतु विधान 'क' हे 'अ' चे योग्य कारण / स्पष्टीकरण नाही.

(क) विधान 'अ' बरोबर आहे परंतु विधान 'क' चूक आहे.

(ड) विधान 'अ' चूक आहे परंतु विधान 'क' बरोबर आहे.

४२. खाली दिलेल्या भूगोलतत्त्ववेत्त्यांची कालक्रमानुसार योग्य क्रमवारी कोणती?

(१) ब्लाश (२) कांट (३) रॅटझेल (४) रिटर

खालीलपैकी योग्य उत्तर निवडा.

(अ) १, २, ३, ४ (ब) २, १, ३, ४

(क) २, ४, ३, १ (ड) ४, ३, २, १

४३. वेगवेगळ्या कालखंडांतील भौगोलिक उपघटकांची आकडेवारी दाखवण्यासाठी कोणत्या आलेखाचा उपयोग करतात?

(अ) साधा स्तंभालेख (ब) संयुक्त स्तंभालेख

(क) जोडस्तंभ (ड) रेषा व स्तंभालेख

४४. खालीलपैकी कोणती जोडी बरोबर नाही?

(अ) हेटनर - प्रत्यक्षवाद (क) हर्बटसन - नैसर्गिक विभाग

(ब) मॅकिंडर - हृदयस्थळ सिद्धान्त (ड) सॉयर - क्रमिक आधिपत्य

४५. स्तंभ १ (भूगोलतत्त्ववेत्ता) आणि स्तंभ २ (देश) यांमधील योग्य शब्द निवडून जोड्या लावा आणि खाली दिलेल्या जोड्यांमधील योग्य जोडी निवडा

स्तंभ १ भूगोलतत्त्ववेत्ता	स्तंभ २ देश
(अ) मॅकिंडर	(१) फ्रान्स
(ब) डेमान्जिया	(२) युनायटेड किंग्डम
(क) कान्ट	(३) संयुक्त संस्थाने
(ड) त्रिवार्था	(४) जर्मनी

४६. खालीलपैकी कोण सामाजिक डार्विनवादाचा प्रवर्तक आहे?

(अ) सॅम्पल (ब) हटिंग्टन (क) टेलर (ड) स्पेन्सर

४७. पर्यावरणाची संकल्पना सर्वप्रथम कोणी मांडली?

(अ) टान्स्ले (ब) हार्वे (क) हार्टशोन (ड) टेलर

४८. खालीलपैकी कोणती जोडी बरोबर नाही?

(अ) मर्केटर - समुद्रप्रवाह

(ब) मॉलविड - जागतिक वितरण

(क) खमध्य ध्रुवीय गोमुखी - विषुववृत्तीय प्रदेशाचा नकाशा तयार करण्यासाठी

(ड) सुधारित अर्धशंकू आंतरराष्ट्रीय - स्वतंत्रपणे जगाचा नकाशा तयार करण्यासाठी

४९. 'अर्गोग्राफ' ची कल्पना कोणी मांडली?

(अ) गेडीज   (ब) केलावे   (क) मर्केटर   (ड) रेज

५०. शेजारील आकृती काय प्रदर्शित करते?

(अ) पर्वत

(ब) आवर्त

(क) गोलाकार टेकडी

(ड) प्रत्यावर्त

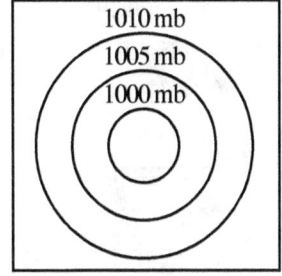

1010 mb
1005 mb
1000 mb

५१. पृथ्वीचा योग्य आकार कोणता?

(अ) लंबगोलाकार   (ब) जिऑयड

(क) स्फिअर   (ड) यांपैकी कोणताच नाही.

५२. भूकंपाची तीव्रता रिक्टर मापकात खालीलपैकी कोणत्या नोंदीला सर्वांत जास्त असते?

(अ) ० ते ६   (ब) ० ते ९   (क) ० ते १२   (ड) ० ते १५

५३. कठीण खडकाचे वलीकरण झालेल्या भूभागावर क्षरणक्रिया झाल्याने खालीलपैकी कोणता भूप्रकार तयार होतो?

(अ) मेसा   (ब) बूटे   (क) क्वेस्टा   (ड) हॉगबॅक

५४. थॉर्नवेटच्या हवामानाच्या वर्गीकरणात पावसाचा विचार करताना खालीलपैकी कोणते सूत्र वापरले जाते?

(अ) $(100s - 60D)\ PE$ (ब) $(T - 32)/4$

(क) $11.5 \left[\dfrac{P}{T-10} \right] \dfrac{10}{9}$ (ड) $1.6\ (10t/I)^2$

५५. 'औद्योगिक स्थानिकीकरण सिद्धान्तात त्रिकोणाचा वापर कोणी केला?

(अ) स्मिथ   (ब) वेबर   (क) पालाण्डर   (ड) हूवर

५६. शेतीच्या स्थानिकीकरण सिद्धान्तात 'एकाकी स्टेट' ही संकल्पना कोणी मांडली.

(अ) व्हिटलसी   (ब) फार्मर   (क) स्मिथ   (ड) व्हॉन थ्युनेन

५७. खाली दिलेल्या परिस्थितीत कोणते भूस्वरूप तयार होईल?
पृथ्वीच्या पृष्ठभागाला भेगा पडून, दोन भेगांमधील भूपृष्ठाचा भाग वर उचलला गेला तर
(अ) गट पर्वत (ब) वली पर्वत
(क) अवशिष्ट पर्वत (ड) ज्वालामुखी पर्वत

५८. खालीलपैकी कोणता मृदेचा प्रकार नाही?
(अ) पेडॅलफर (ब) पडझोल
(क) चेर्नोझम (ड) लेमोनाइट्स

५९. कोपेनच्या हवामानाच्या वर्गीकरणानुसार 'Cs' हा हवामानाचा प्रकार कोठे आढळतो?
(अ) भूमध्य सामुद्रिक प्रदेश
(ब) मध्य अक्षांशातील वाळवंट
(क) समशीतोष्ण कटिबंधातील तैगा वने
(ड) उष्ण कटिबंधातील वाळवंट

६०. खालीलपैकी कोणत्या नैसर्गिक प्रदेशात दक्षिणेकडून येणाऱ्या वाऱ्यांमुळे पाऊस पडतो?
(अ) सूदान (ब) मान्सून (क) पश्चिम युरोपीय (ड) विषुववृत्तीय

६१. स्तंभ १ नद्या आणि स्तंभ २ शहरे यांमधील खाली दिलेल्या जोड्यांपैकी कोणती जोडी चुकीची आहे?

	स्तंभ १	**स्तंभ २**
	नद्या	शहरे
(अ)	टिग्रीस	बगदाद
(ब)	तागुस	बर्लिन
(क)	डार्लिंग	सिडनी
(ड)	डॅन्यूब	बुडापेस्ट

६२. खालीलपैकी कोणती जोडी बरोबर नाही?
(अ) मेक्सिको - चांदी (ब) रशिया - बॉक्साइट
(क) बोलिव्हिया - टिन (ड) संयुक्त संस्थाने - तांबे

६३. खालीलपैकी कोणता देश लोकसंख्या व क्षेत्रफळ दोन्हींचा विचार करता सर्वांत छोटा आहे?
(अ) भूतान (ब) नेपाळ (क) मालदीव (ड) श्रीलंका

६४. 'पश्चिमेकडून वर्षभर वाहणारे वारे, कधीतरी हिमवर्षा, रात्रीचे कमी तापमान परंतु बंदराजवळचे किंवा किनाऱ्याचे पाणी गोठत नाही, एकुणात जवळजवळ वर्षभर सुखद हवामान असते' हे खालीलपैकी कोणत्या प्रदेशाचे वर्णन आहे?

(अ) पश्चिमी युरोपीय (ब) आग्नेय आशिया
(क) लॅटिन अमेरिकेचा उत्तरेचा प्रदेश (ड) आग्नेय ऑस्ट्रेलिया

६५. सर्वांत छोटे दात कोणत्या जमातीच्या लोकांचे असतात?
(अ) निग्रो (ब) मंगोलियन (क) कॉकेसाइड (ड) ऑस्ट्रेलाइड

६६. संपूर्ण जगात सर्वांत जास्त व्यापारी ऊर्जेची पूर्तता खालीलपैकी कोणत्या ऊर्जा करू शकतात?
(अ) सौर ऊर्जा, भूऔष्णिक ऊर्जा, पवन ऊर्जा
(ब) गोबर गॅस आणि वनस्पतींचे अवशेष
(क) जैविक ऊर्जा (ड) जलविद्युत

६७. क्रोएशिया हा नवा देश मूळ कोणत्या देशापासून निर्माण झाला?
(अ) पूर्व सोविएत संघ (ब) इथिओपिया
(क) मलेशिया (ड) पूर्व युगोस्लाविया

६८. खालीलपैकी कोणती जोडी बरोबर आहे?
(अ) धारू - तुर्कस्थान (ब) सेमाँग - यमन
(क) मसाई - पूर्व आफ्रिकेचे पठार (ड) बद्दू - मलाया

६९. कॅनडात प्रामुख्याने वसंत ऋतूतील गहू पिकवला जातो. कारण
(१) इथे काळी 'रेगूर' माती आहे.
(२) उन्हाळ्यात बर्फ वितळल्यावर मातीला ओलावा मिळतो.
(३) वसंत ऋतूच्या उन्हात गहू चांगला पिकतो.
(४) येथील जमीन ओबडधोबड आहे.
खालीलपैकी योग्य उत्तर निवडा.
(अ) १ आणि २ बरोबर आहे. (ब) २ आणि ३ बरोबर आहे.
(क) क आणि ड बरोबर आहे. (ड) अ आणि ड बरोबर आहे.

७०. खालीलपैकी कोणता देश नवीनच तयार झालेल्या हिंदी महासागर परिघ क्षेत्रीय संघटनेचा सदस्य नाही?
(अ) दक्षिण अफ्रिका (ब) झिम्बाब्वे (क) यमन (ड) मादागास्कर

७१. जगात कोकोचे सर्वांत जास्त उत्पादन कोणत्या देशात होते?
(अ) ब्राझीलचे पठार (ब) गिनीचा किनारा
(क) मलबार किनारा (ड) पूर्व अफ्रिकेचे पठार

७२. 'कनात' सिंचन पद्धती कुठे प्रचलित आहे?
(अ) संयुक्त संस्थाने (ब) पश्चिम युरोप
(क) मध्यपूर्व (ड) चीन

७३. आफ्रिकेतील सर्वांत जास्त लोकसंख्या असलेला देश कोणता?

(अ) इजिप्त (ब) इथिओपिया (क) नायजेरिया (ड) दक्षिण अफ्रिका

७४. स्तंभ १ मंदिर आणि स्तंभ २ राज्य यांमधील योग्य शब्द निवडून जोड्या लावा आणि खाली दिलेल्या जोड्यांमधील चुकीची जोडी कोणती?

	स्तंभ १ मंदिर	**स्तंभ २** राज्य
(अ)	शांतादुर्गा	गोवा
(ब)	अक्षरधाम	गुजरात
(क)	गोमटेश्वर	कर्नाटक
(ड)	अय्यप्पा	तमिळनाडू

७५. ॲन्डीज पर्वत खालीलपैकी कशाचे उदाहरण आहे?

(अ) अवशिष्ट पर्वत (ब) गटपर्वत

(क) वलीपर्वत (ड) ज्वालामुखी पर्वत

७६. युरोपातील खालील भूप्रदेशाची त्यांच्या वयानुसार चढत्या क्रमाने योग्य क्रमवारी लावा.

(१) आल्प्स (२) उत्तरेकडचा मैदानी प्रदेश

(३) स्कॅंडिनेव्हियाचे हायलँड (४) स्पॅनिश मेसाटा

खालीलपैकी योग्य उत्तर निवडा.

(अ) ४, ३, १, २ (ब) ३, ४, १, २

(क) ३, १, ४, २ (ड) १, ३, ४, २

७७. खालीलपैकी कोणत्या देशाला सागरीय हवामानाचा फायदा मिळत नाही?

(अ) कॅलिफोर्निया (ब) सायप्रस (क) बोलिव्हिया (ड) अल्जेरिया

७८. 'भूछत्र खडक' हा भूप्रकार खालीलपैकी कोणत्या प्रदेशात आढळतो?

(अ) दख्खनचे पठार (ब) सहारा वाळवंट

(क) उत्तर अमेरिकेचे मैदान (ड) अफ्रिकेतील सॅव्हना

७९. 'पशुपालन' खालीलपैकी कोणत्या शेतीच्या प्रकारात महत्त्वाचे आहे?

(अ) मिश्रशेती (ब) निर्वाहापुरती मर्यादित शेती

(क) बागायती शेती (ड) स्थलांतर शेती

८०. कॅलिफोर्नियातील फलोत्पादनासंदर्भात खाली दिलेल्या कारणांपैकी सर्वांत कमी महत्त्वाचे कारण कोणते?

(अ) शेतकरी साक्षर आहेत (ब) भूमध्य सामुद्रिक हवामान आहे.

(क) विमानसेवा उपलब्ध आहे (ड) वाळूयुक्त जमिनीची उलपब्धता

८१. खालील विधानांवर विचार करा.

विधान (अ) ऑस्ट्रेलियात पशुपालनाचा व्यवसाय दुधापेक्षासुद्धा मांसाचे उत्पादन करण्यासाठी केला जातो.

विधान (क) ऑस्ट्रेलियातील लोक परंपरागत मांसाहारी आहेत.

खालीलपैकी योग्य उत्तर निवडा

(अ) विधान 'अ' आणि 'क' बरोबर आहेत, आणि विधान 'क' हे 'अ' चे योग्य स्पष्टीकरण / कारण आहे.

(ब) विधान 'अ' आणि 'क' बरोबर आहेत, आणि विधान 'क' हे 'अ' चे योग्य स्पष्टीकरण / कारण नाही.

(क) विधान 'अ' बरोबर आहे आणि विधान 'क' चूक आहे.

(ड) विधान 'अ' चूक आहे आणि विधान 'क' बरोबर आहे.

८२. कारागांडा बेसिन खालीलपैकी कशाच्या उत्पादनासाठी प्रसिद्ध आहे?

(अ) खनिजतेल (ब) कोळसा (क) मँगेनीज (ड) लोह

८३. आर्थिक दृष्ट्या सर्वात उपयुक्त जंगल कोणते?

(अ) विषुववृत्तीय (ब) मान्सून

(क) समशीतोष्ण कटिबंधीय पानझडी (ड) तैगा

८४. तीन सागरांचे किनारे असलेला पश्चिम युरोपातील देश कोणता?

(अ) पोर्तुगाल (ब) बेल्जियम (क) स्पेन (ड) फ्रान्स

८५. खालीलपैकी कोणते राजधानीचे शहर नाही?

(अ) क्वालालांपूर (ब) जकार्ता (क) मंडाले (ड) नाम पेन्ह

८६. खालीलपैकी कोणाचा समुद्रकिनाऱ्याजवळील पाण्याच्या पृष्ठभागाजवळ राहणाऱ्या लहान प्राणी वा वनस्पतींशी (coastal plankton) संबंध आहे?

(अ) खडक फुटून तयार झालेले बारीक तुकडे.

(ब) ज्वालामुखीच्या स्फोटात बाहेर पडणारे पदार्थ.

(क) समुद्रातील जीवांच्या सांगाड्याचे विघटन होऊन तयार झालेले तुकडे.

(ड) नदीने गाळाबरोबर वाहून आलेले अकार्बनिक पदार्थ.

८७. खालीलपैकी कोणती जोडी बरोबर आहे?

(अ) खडकातील खिडकी - उष्ण वाळवंटी प्रदेश

(ब) हमादा - भरपूर पावसाचा प्रदेश

(क) कोरडी दरी - चुनखडकाचा प्रदेश

(ड) नैसर्गिक तट - समुद्रकिनाऱ्याचा प्रदेश

८८. खालील विधानांवर विचार करा.

विधान (अ) : जर्मनीच्या ऱ्हूर प्रदेशात विशिष्ट प्रकारचे पोलाद तयार केले जाते.

विधान (क) : वेस्टफालिया प्रदेशात लोह धातू मिळतो.

खालील योग्य उत्तर निवडा

(अ) विधान 'अ' आणि 'क' बरोबर आहेत आणि विधान 'क' हे 'अ' चे योग्य स्पष्टीकरण / कारण आहे.

(ब) विधान 'अ' आणि 'क' बरोबर आहेत आणि विधान 'क' हे 'अ' चे योग्य स्पष्टीकरण / कारण नाही.

(क) विधान 'अ' बरोबर आहे आणि विधान 'क' चूक आहे.

(ड) विधान 'अ' चूक आहे आणि विधान 'क' बरोबर आहे.

८९. प्रवाळभिंती आणि अॅटालच्या निर्मितीबाबत खालीलपैकी कोणता सिद्धान्त डार्विनने मांडला होता?

(अ) हिम नियंत्रण सिद्धान्त (ब) अवतलन सिद्धान्त

(क) स्थिर स्थळ सिद्धान्त (ड) संयुक्त सिद्धान्त

९०. पिडमाँट मैदाने कोणत्या कारकामुळे निर्माण होतात?

(अ) नदी (ब) वारा

(क) सागरी लाटा (ड) भूमिगत पाणी

९१. खालीलपैकी कोणते वारे स्वित्झर्लंडमधील उत्तर आल्प्स पर्वताच्या विरुद्ध उतारावरून वाहतात?

(अ) फॉन (ब) सिरोक्को

(क) मिस्ट्राल (ड) चिनूक

९२. 'आयसोडेपान' शब्द कशाच्या संदर्भात वापरतात?

(अ) औद्योगिक स्थानिकीकरण (ब) शेतीच्या प्रदेशाची सीमारेषा ठरवण्यास

(क) हवामानाच्या प्रदेशाची विभागणी (ड) वनस्पतीच्या प्रदेशांची विभागणी

९३. खालीलपैकी कोणती शेती मोठ्या प्रमाणात केली जाणारी शेती नाही?

(अ) नेदरलँडमधील भाजीची शेती (ब) आग्नेय आशियातील भातशेती

(क) कॅनडातील गव्हाची शेती (ड) कॅलिफोर्नियातील फळांची शेती

९४. खाली दिलेल्या नैसर्गिक विभागांपैकी कोणत्या नैसर्गिक विभागात दुधाचा व्यवसाय अधिक विकसित झाला आहे?

(अ) मान्सून प्रदेश (ब) वायव्य प्रेअरी प्रदेश

(क) भूमध्यसागरीय प्रदेश (ड) सॅव्हना प्रदेश

९५. भारतात कालव्याच्या सिंचनाचा झालेला विकास आणि सिंचनाची क्षमता यांत भरपूर तफावत आहे. कारण-
(अ) शेतकरी उदासीन आहेत.
(ब) मोठ्या प्रमाणावर पाणी वाया जाते.
(क) कालव्यातून मोठ्या प्रमाणावर पाण्याचे बाष्पीभवन होते.
(ड) ट्युबवेल सिंचनाशी स्पर्धा आहे.

९६. स्तंभ (वाऱ्याचे नाव) आणि स्तंभ २ (प्रदेश) यांमधील योग्य शब्द निवडून जोड्या लावा आणि खाली दिलेल्या जोड्यांमधील योग्य जोडी निवडा.

स्तंभ १	स्तंभ २
वाऱ्याचे नाव	प्रदेश
(प) झोंडा	(१) गिनीचे आखात
(फ) खामसिन	(२) पॅलेस्टाइन सिरिया
(भ) हरमॅटन	(३) अर्जेंटिना
(न) सिभूम	(४) सहारा वाळवंट

जोड्या	प	फ	भ	न
(अ)	४	३	१	२
(ब)	३	४	१	२
(क)	४	३	२	१
(ड)	१	२	३	४

९७. खालीलपैकी कोणते वैशिष्ट्य विस्तारित शेतीला लागू नाही?
(अ) प्रति हेक्टर अधिक उत्पादन   (ब) प्रति व्यक्ती अधिक उत्पादन
(क) शेताचा मोठा आकार   (ड) प्रति शेत अधिक उत्पन्न

९८. खालीलपैकी कोणत्या शेतीचे नाव 'ट्रक फार्मिंग' आहे?
(अ) रेशीम उत्पादन शेती   (ब) द्राक्षाची शेती
(क) फलोत्पादन   (ड) भाजीचे बगिचे

९९. खालीलपैकी कोणते पीक विस्तृत शेतांवर घेऊन ते जनावरांचे खाद्य म्हणून वापरले जाते?
(अ) जव   (ब) जिरे   (क) मोहरी   (ड) मका

१००. खालीलपैकी कोणते आफ्रिकेच्या लोकांचे प्रमुख खाद्यान्न आहे.
(अ) तांदूळ   (ब) ज्वारी   (क) गहू   (ड) जव

१०१. समहिम प्रमाण असलेली ठिकाणे जोडणाऱ्या रेषांना काय म्हणतात?
(अ) आयसोबेल   (ब) आयसोब्रान्ट
(क) आयसोनिफ   (ड) आयसोगॉन

१०२. भारतात सर्वांत प्रथम खनिजतेल कुठे सापडले?
(अ) नहारकटिया (ब) बॉम्बे हाय (क) अंकलेश्वर (ड) दिग्बोई

१०३. भारतात खनिजतेल सापडण्याची सर्वांत जास्त शक्यता कोठे आहे?
(अ) छत्तीसगड (ब) विदर्भ
(क) तेलंगाणा (ड) कोरोमंडळ किनारी प्रदेशात

१०४. भारतातील सदाहरित वृक्षांसाठी किती पाऊस आवश्यक आहे?
(अ) २०० सें. मी. पेक्षा जास्त (ब) १०० ते २०० सें. मी.
(क) ५० ते १०० सें. मी. (ड) ५० सें. मी. पेक्षा कमी

१०५. भारतातील खालीलपैकी कोणते नैसर्गिक बंदर नाही?
(अ) मुंबई (ब) कोलकाता (क) मार्मागोवा (ड) कोचिन

१०६. चुनार येथे सिंमेटचा कारखाना खालीलपैकी कोणत्या कारणामुळे स्थापित झाला आहे?
(अ) चुन्याचे खडक असल्याने (ब) बाजारपेठ जवळ असल्यामुळे
(क) जिप्समचे साठे असल्यामुळे (ड) मजूर स्वस्तात उपलब्ध असल्यामुळे

१०७. उत्तर भारतात उसाची शेती मोठ्या प्रमाणात होते पण साखरेचे उत्पादन दक्षिण भारतात जास्त होते त्याचे मुख्य कारण काय?
(अ) उसाचे मळे साखर कारखान्याच्याजवळ आहेत.
(ब) येथील मजूर खूप कष्टाळू आहेत, त्यामुळे उत्पादन जास्त आहे.
(क) दर हेक्टरी उसाचे उत्पादन जास्त आहे आणि सुक्रोजचे प्रमाण जास्त आहे.
(ड) येथे भरपूर विद्युत्‌ऊर्जा उपलब्ध आहे.

१०८. गारो, खाशी आणि जयंती या टेकड्या खालीलपैकी कशाचा भाग आहेत?
(अ) दख्खनचे पठार
(ब) हिमालय पर्वत
(क) भारतातील मध्यवर्ती भागातील पर्वत
(ड) वरील तिन्हींशी संबंधित नसून संपूर्णपणे वेगळ्या

१०९. पृथ्वीच्या अंतर्गत भागात एकाखाली एक असे एकूण तीन थर आहेत असे मत खालीलपैकी कोणी मांडले?
(अ) प्रो. स्वेस (ब) प्रो. ग्राक्ट (क) प्रो. जेफरी (ड) प्रो. होम्स

११०. भारतात सर्वाधिक चहा उत्पादन करणाऱ्या प्रदेशांचा समूह कोणता?
(अ) आसाम, बिहार, उत्तर प्रदेश (ब) महाराष्ट्र, कर्नाटक, केरळ
(क) तमिळनाडू, केरळ, प. बंगाल
(ड) आसाम, पं. बंगाल, तमिळनाडू

उत्तरे

१. ब	२. ड	३. ड	४. ड	५. ड	६. क	७. क
८. ब	९. अ	१०. क	११. अ	१२. ब	१३. ड	१४. ड
१५. ब	१६. क	१७. ब	१८. ब	१९. ड	२०. क	२१. क
२२. क	२३. अ	२४. क	२५. ब	२६. अ	२७. क	२८. अ
२९. ब	३०. ड	३१. अ	३२. ब	३३. अ	३४. ब	३५. अ
३६. क	३७. क	३८. ब	३९. ब	४०. क	४१. ब	४२. क
४३. ब	४४. अ	४५. ब	४६. अ	४७. अ	४८. क	४९. अ
५०. ब	५१. ब	५२. ब	५३. ड	५४. क	५५. ब	५६. ड
५७. अ	५८. ड	५९. अ	६०. ब	६१. ब	६२. ब	६३. क
६४. अ	६५. ब	६६. क	६७. ड	६८. क	६९. ब	७०. ब
७१. ब	७२. क	७३. क	७४. ड	७५. क	७६. ब	७७. क
७८. ब	७९. अ	८०. अ	८१. अ	८२. ब	८३. ड	८४. ड
८५. क	८६. क	८७. ब	८८. ड	८९. ब	९०. ब	९१. अ
९२. अ	९३. क	९४. अ	९५. ड	९६. ब	९७. अ	९८. ड
९९. ड	१००. ब	१०१. क	१०२. ड	१०३. ड	१०४. अ	१०५. ब
१०६. अ	१०७. क	१०८. अ	१०९. अ	११०. ड		

◆◆◆

प्रश्नसंच - १८

१. खालील नावांवर विचार करा.

(१) फिजी बेटे　　(२) समोआ

(३) सोलोमन बेटे　　(४) गुआम

वरीलपैकी कोण मॅलेनेशियाशी संबंधित आहे?

(अ) १ आणि ४　(ब) ३ आणि ४　(क) १ आणि २　(ड) १ आणि ३

२. खालीलपैकी कोणत्या जोडीतील देशांची सीमा एक आहे?

(अ) फ्रांस - स्पेन　　(ब) बेल्जियम - नेदर्लँड

(क) संयुक्त संस्थाने - मेक्सिको　　(ड) उत्तर कोरिया - दक्षिण कोरिया

३. पृथ्वी कोणत्या महिन्यात सूर्याच्या अगदी जवळ असते?

(अ) जानेवारी　(ब) एप्रिल　(क) जुलै　(ड) सप्टेंबर

४. पिरॅनीज, डिनॅरिक आल्प्स, रॉकी आणि ॲन्डीज पर्वतांत काय समानता आहे?

(अ) हे सर्व पर्वत युरोप खंडात आहेत.

(ब) हे सर्व पर्वत लॅरेमाइट पर्वताच्या निर्मितीच्या अवस्थेशी संबंधित आहेत.

(क) या सर्व पर्वतरांगांची निर्मिती क्रिटेशियस युगात झाली.

(ड) या सर्व पर्वतरांगा खंडाच्या पूर्वभागावर आहेत.

खालीलपैकी योग्य उत्तर निवडा.

(अ) १ आणि ४　　(ब) १, ३ आणि ४

(क) २ आणि ३　　(ड) फक्त २

५. 'Morphology of landscape' हा शब्दप्रयोग खालीलपैकी कोणी केला?

(अ) डब्ल्यू. एम. डेव्हिस　　(ब) कार्ल सॉयर

(क) पीटर हॅगेट　　(ड) रिचूथोफेन

६. कोणत्या जंगलात झाडे आणि झुडुपांच्या सर्वांत जास्त जाती आहेत?

(अ) सॅव्हाना　　(ब) तैगा जंगले

(क) पानझडी जंगले　　(ड) विषुववृत्तीय जंगले

७. उष्णकटिबंधीय सदाहरित जंगले व उष्ण वाळवंटी प्रदेशातील वनस्पती यांच्यामध्ये कोणती वनस्पती आढळते?

(अ) सॅव्हाना (ब) भूमध्यसागरीय

(क) तैगा (ड) टुंड्रा

८. 'मोहो' थर कोठे आढळतो?

(अ) पृथ्वीच्या गाभ्यात (ब) भूकवचात

(क) गाभा व कवच यांच्यामध्ये (ड) सियालमध्ये

९. खालीलपैकी कोणता खंड लोरेशिया भूखंडाशी संबंधित नाही?

(अ) आशिया (ब) युरोप (क) ग्रीनलँड (ड) मादागास्कर

१०. भूपट्ट सांरचनिकीमुळे निर्माण होणाऱ्या भूकंपात भूपट्ट्याच्या कोणत्या भागावर दाब पडल्याने भूकंप होतात?

(अ) भूपट्ट्याच्या कड्यावर असलेल्या खडकांवर

(ब) भूपट्ट्याच्या मध्यभागात

(क) भूपट्ट्याच्या मध्यभागातील ग्रामीण भागात

(ड) भूपट्ट्याच्या मध्यभागातील शहरी भागात

११. भूपट्ट्याच्या कोणत्या किनाऱ्याच्या आधारे इंडोनेशियातील क्राकाटोआ ज्वालामुखीचा स्फोट झाला होता?

(अ) समाघात किनाऱ्याच्या आधारे (ब) रचनात्मक किनाऱ्याच्या आधारे

(क) विनाशात्मक किनाऱ्याच्या आधारे (ड) संरक्षी किनाऱ्याच्या आधारे

१२. दक्षिण अमेरिका आणि पॅसिफिक भूपट्ट यांच्यामध्ये कोणता पट्टा आहे?

(अ) फिलिपीन (ब) नज्का (क) इंडो-ऑस्ट्रेलियन (ड) आफ्रिकन

१३. खालीलपैकी कोणते विधान असत्य आहे?

(अ) भूकंपामध्ये मुक्त झालेल्या ऊर्जेचे मापन रिश्टर स्केलवर करतात.

(ब) रिश्टर स्केलवर भूकंपाच्या तीव्रतेचे मापन १ ते ९ मध्ये करतात.

(क) एक तीव्रता असलेला भूकंप २ तीव्रता असलेल्या भूकंपापेक्षा दहापट मोठा असतो.

(ड) मर्काली स्केलवर भूकंपाची तीव्रता १ ते १५ मध्ये मोजतात.

१४. खालीलपैकी कोणत्या खंडात ज्वालामुखी आणि भूकंप आढळत नाहीत?

(अ) दक्षिण अमेरिका (ब) आफ्रिका

(क) युरोप (ड) ऑस्ट्रेलिया

१५. पाणी जमा होऊन त्याचे बर्फात रूपांतर होणे व परत त्याचे पाण्यात रूपांतर होणे या क्रियेमुळे खडक फुटण्याच्या विदारणाला कोणते विदारण म्हणतात?

(अ) भौतिक (ब) रासायनिक (क) जैविक (ड) ऑक्सीकरण

१६. खडकांचे तुकडे दूरवर वाहून नेण्यापूर्वी कोणती क्रिया प्रामुख्याने होते?

(अ) वहन (ब) क्षरण (क) निक्षेपण (ड) विदारण

१७. स्तंभ १ आणि स्तंभ २ मधील योग्य शब्द निवडून जोड्या लावा आणि खाली दिलेल्या जोड्यांमधील योग्य जोडी निवडा.

	स्तंभ १	**स्तंभ २**
(प)	केंद्रोन्मुख प्रवाहप्रणाली	(१) भिन्न घनतेचे खडक
(फ)	जाळीसदृश प्रवाहप्रणाली	२) समान खडकांची रचना
(भ)	केंद्रत्यागी प्रवाहप्रणाली	३) सरोवर
(न)	पादपानुरूप प्रवाहप्रणाली	४) ज्वालामुखी

जोड्या	प	फ	भ	न
(अ)	३	१	४	२
(ब)	३	४	१	२
(क)	४	३	२	१
(ड)	१	२	३	४

१८. शीघ्र उताराच्या कड्यावरून खाली घसरत असताना काही हिमनद्यांचा मध्येच अंत होतो अशा हिमनदीला काय म्हणतात?

(अ) कॉर्निस (Cornice) हिमनदी (ब)पुनर्निर्मित (Reconstructed) हिमनदी

(क) रॉक (Rock) हिमनदी (ड) कॅसकेड (Cascade) हिमनदी

१९. श्रीलंकेतील बहुतांश नद्यांची प्रवाहप्रणाली खालीलपैकी कोणती आहे.

(अ) पादपानुरूप (ब) जाळीसदृश (क) केंद्रत्यागी (ड) आयताकार

२०. खालीलपैकी कोणता भूप्रकार नदीच्या पुनरुज्जीवनामुळे तयार होत नाही?

(अ) कुंडलाकासार (ब) खाचबिंदू (क) तटमंच (ड) कार्तिक नागमोड

२१. हिमनदीच्या मार्गात एखादी टेकडी किंवा मोठा कठीण खडक आल्यास खालीलपैकी कोणता भूप्रकार तयार होतो?

(अ) मेषशीला (ब) दैत्यसोपान (क) गिरिशृंग (ड) शूककूट

२२. खालीलपैकी कोणती मृदा पेडाल्फर या प्रकारात मोडत नाही?

(अ) लॅटेराइट (ब) तांबडी (क) पिंगट (ड) चेस्टनट

२३. चेस्टनट मृदा खालीलपैकी कोणत्या नैसर्गिक प्रदेशात आढळते?

(अ) स्टेप गवताळ प्रदेश (ब) विषुववृत्तीय अरण्याचा प्रदेश

(क) तैगा अरण्याचा प्रदेश (ड) उष्णकटिबंधीय वाळवंटी प्रदेश

२४. खालीलपैकी कोणत्या आकृतीत वाऱ्याच्या दिशेबरोबर वाऱ्याचा वेगही दर्शवला जातो-

(अ) वातपुष्प (ब) वारा व दृश्यता पुष्पाकृती

(क) संयुक्त वातपुष्पाकृती (ड) अष्टभुजावातपुष्प

२५. उष्णकटिबंधीय विषुववृत्तीय जंगलातील वृक्षांची पाने कधी गळतात?
   (अ) वसंत ऋतूत   (ब) वर्षभर
   (क) कधीच नाही   (ड) उष्णकटिबंधीय आवर्त आल्यावर

२६. खालीलपैकी कोणती वायुराशी सर्वांत अस्थिर आहे?
   (अ) cTW   (ब) mPW   (क) mTK   (ड) cPK

२७. उष्ण बाष्पयुक्त हवा थंड भूभागाकडे वाहत गेल्यास भुपृष्ठाजवळील थंड हवेमुळे
   बाष्पाचे सांद्रीभवन होऊन जे धुके निर्माण होते त्याला .... म्हणतात.
   (अ) बाष्पयुक्त धुके (Steam fog)   (ब) फ्रंटल धुके (frontal fog)
   (क) रेडिएशन धुके (Radiation fog) (ड) ॲडव्हेक्शन धुके (Advection fog)

२८. समशीतोष्ण कटिबंधीय प्रदेशात कधी कधी भरपूर पाऊस पडतो तो कशामुळे?
   (अ) तुफानी वादळामुळे   (ब) मध्य अक्षांशातील आवर्तामुळे
   (क) अ आणि ब दोन्हींमुळे   (ड) वरीलपैकी कोणत्याच कारणाने नाही.

२९. खालीलपैकी कोणत्या प्रदेशात दैनिक किंवा वार्षिक तापमानकक्षा सर्वांत कमी
   असते?
   (अ) किनाऱ्याच्या प्रदेशात   (ब) वाळवंटी प्रदेशात
   (क) खंडांतर्गत प्रदेशात   (ड) उंच पर्वतमय प्रदेशात

३०. समशीतोष्ण कटिबंधीय प्रदेशातील उष्ण समुद्रप्रवाहाबाबत खालीलपैकी कोणती
   विधाने सत्य आहेत?
   (अ) हे समुद्रप्रवाह खंडाच्या पूर्व किनाऱ्याजवळून वाहतात.
   (ब) हे समुद्रप्रवाह खंडाच्या पश्चिम किनाऱ्याजवळून वाहतात.
   (क) हे समुद्रप्रवाह उत्तर गोलार्धात पूर्व किनाऱ्याजवळून व दक्षिण गोलार्धात पश्चिम
        किनाऱ्याजवळून वाहतात.
   (ड) हे समुद्रप्रवाह उत्तर गोलार्धात पश्चिम किनाऱ्याजवळून व दक्षिण गोलार्धात पूर्व
        किनाऱ्याजवळून वाहतात.

३१. जलचक्रासंबंधी खालीलपैकी कोणते विधान सत्य आहे?
   (अ) महासागरातील पावसाच्या पाण्याच्या तुलनेत अधिक पाण्याचे बाष्पीभवन
        होते.
   (ब) महासागरातील बाष्पीभवनाच्या तुलनेत पावसाचे पाणी जास्त आहे.
   (क) वाढत्या लोकसंख्येमुळे पाण्याचा अत्यधिक उपयोग होत असल्याने महासागरातील
        पाण्याची पातळी कमी होत आहे.
   (ड) वनस्पतींची संख्या कमी झाल्याने पूर येऊन महासागरातील पाण्याची पातळी
        वाढत आहे.

३२. आधुनिक मानवाच्या पूर्वजांचा कालक्रमानुसार योग्य क्रम लावा.

    (१) रामपिथेकस   (२) ऑस्ट्रेलोपिथेकस अफ्रेनसिस

    (३) होमोसेपिन्स   (४) होमे इरेक्टस

    खालीलपैकी योग्य उत्तर निवडा.

    (अ) १, २, ३, ४   (ब) १, २, ४, ३

    (क) १, ३, २, ४   (ड) १, ४, २, ३

३३. पर्यटन उद्योग कोणत्या प्रकारचा व्यवसाय आहे?

    (अ) प्राथमिक   (ब) द्वितीय

    (क) तृतीय   (ड) चतुर्थक

३४. खालील देशांवर विचार करा.

    (१) फ्रान्स   (२) भारत   (३) जपान   (४) कॅनडा

    वरीलपैकी कोणत्या देशात अन्नधान्याचे प्रति हेक्टर उत्पादन जगात सर्वांत जास्त आहे?

    (अ) २ आणि ४   (ब) १, २ आणि ४

    (क) १ आणि ३   (ड) २ आणि ३

३५. वनस्पतीमध्ये तयार होणाऱ्या अन्नामुळे निर्माण होणारी ऊर्जा एका सजीवाकडून दुसऱ्या सजीवाकडे जाते त्याला काय म्हणतात?

    (अ) ऊर्जावहन   (ब) अन्नसाखळी

    (क) अन्नजाळी   (ड) ऊर्जाप्रवाह

३६. जगात दुग्धव्यवसायासंबंधी खालीलपैकी कोणते विधान चुकीचे आहे?

    (अ) हा व्यवसाय मंद उताराच्या प्रदेशात विकसित होतो.

    (ब) हा व्यवसाय समशीतोष्ण कटिबंधीय प्रदेशात विकसित झाला आहे कारण तेथे या व्यवसायास उपयुक्त हवामान आहे.

    (क) हा व्यवसाय बाजारपेठेजवळ विकसित होतो.

    (ड) हा व्यवसाय सुपीक जमीन असलेल्या प्रदेशात विकसित होतो.

३७. खालीलपैकी कोणते विधान इंजिनियरच्या साखळीबाबत योग्य आहे?

    (अ) याची लांबी ३० मीटर असते व प्रत्येकी २० सें.मी. लांबीच्या १०० कड्या असतात.

    (ब) याची लांबी ६६ फूट असते व प्रत्येकी ७.९२ इंच लांबीच्या १०० कड्या असतात.

    (क) याची लांबी १०० फूट असते व प्रत्येकी १ फूट लांबीच्या १०० कड्या असतात.

(ड) याची लांबी ३३ फूट असते व प्रत्येकी $२\frac{१}{१६}$ फुटाच्या १६ कड्या असतात.

३८. भारतीय दैनिक हवामान रिपोर्टच्या नकाशात समदाब रेषांमधील दाबाचे अंतर किती असते?

(अ) १ मिलीबार (ब) ५ मिलिबार

(क) २ मिलिबार (ड) ४ मिलीबार

३९. ४५ H/१० या स्थल निर्देशक नकाशाचे प्रमाण काय असते?

(अ) १ : १०,००,००० (ब) १ : ५०,०००

(क) १ : २,५०,००० (ड) १ : २५,०००

४०. १ : १०,००,००० या प्रमाणावर तयार केलेल्या स्थलनिर्देशक नकाशात समोच्च रेषांमधील अंतर किती असते?

(अ) १५० मीटर (ब) ५० मीटर

(क) १०० मीटर (ड) २०० मीटर

४१. जेव्हा नकाशात विशिष्ट घटकाचे वितरण दाखवण्यासाठी वेगवेगळ्या रंगांचा वापर केला जातो तेव्हा त्याला काय म्हणतात?

(अ) कोरोस्किमेटिक नकाशा (ब) कोरोक्रोमेटिक नकाशा

(क) कोरोप्लीथ नकाशा (ड) आयसोप्लिथ नकाशा

४२. युरोप खंडात सामान्यपणे बहुतांशी नद्यांची कोणती प्रवाहप्रणाली आढळते?

(अ) केंद्रोन्मुख (ब) जाळीसदृश (क) पादपानुरूप (ड) आयताकार

४३. खालीलपैकी कोणत्या कारणांमुळे पश्चिम युरोपीय प्रदेशातील एटना पर्वताच्या उतारावर मानवी वस्ती आहे?

(१) सुपीक मृदा (२) पर्यटन

(३) भूऔष्णिक ऊर्जा (४) गरम हवामान

खालीलपैकी योग्य उत्तर निवडा.

(अ) २ आणि ३ (ब) केवळ ४

(क) केवळ १ (ड) २, ३ आणि ४

४४. खालीलपैकी कोणता देश आफ्रिका एकता संघटनेचा सदस्य नाही?

(अ) नायजेरिया (ब) सूदान (क) इजिप्त (ड) नामिबिया

४५. प्रवाळ बेटांच्या निर्मितीविषयी डार्विन-डानाचा सिद्धान्त कोणी मांडला?

(अ) मरे (ब) अलेक्झांडर ॲगासिस

(क) डॅली (ड) डाना

४६. केनियामध्ये चहाची शेती प्रामुख्याने का केली जाते?
(अ) स्थानिक मागणी पूर्ण करण्यासाठी
(ब) शेतकऱ्यांच्या कुटुंबांची मागणी पूर्ण करण्यासाठी
(क) विकसित देशांना निर्यात करण्यासाठी
(ड) वरीलपैकी कोणत्याही कारणाने नाही.

४७. नैर्ऋत्य अशियामध्ये पाण्याचे प्रमाण कमी आहे परंतु तेथेसुद्धा अधिक पाणी (Surplus water) असलेला देश कोणता?
(अ) तुर्कस्थान (ब) लेबनान (क) यमन (ड) इस्त्राएल

४८. खालीलपैकी कोणते भूवैज्ञानिक युग दक्षिण भारताशी संबंधित नाही?
(अ) इझॉइक (ब) पॅलॉझॅइक
(क) सीनोझॉइक (ड) फॅनरॉझॉइक

४९. खालीलपैकी कोणत्या राज्याचे भूखंडीय (Continental) स्थान आहे?
(अ) उत्तर प्रदेश (ब) कर्नाटक (क) ओरिसा (ड) आंध्रप्रदेश

५०. खालीलपैकी कोणता पर्वत पश्चिम घाटाशी संबधित नाही?
(अ) पालकोण्डा (ब) निलगिरी (क) अन्नामलाई (इ) इलामलाई

५१. खालीलपैकी कोणती नदी अरवली पर्वतातून उगम पावत नाही?
(अ) लुनी (ब) बनास (क) साबरमती (ड) चंबळ

५२. मोसमी पावसाचे खालीलपैकी कोणते वैशिष्ट्य नाही?
(अ) संपूर्ण वर्षभर पाऊस पडतो. (ब) विशिष्ट ऋतूत पाऊस पडतो.
(क) पावसाचे असमान वितरण (ड) अनिश्चित व अनियमित पाऊस

५३. भारतीय द्वीपकल्पात फार मोठ्या प्रमाणावर खालीलपैकी कोणती मृदा आढळते?
(अ) काळी (ब) जांभा
(क) लाल (ड) गाळाची

५४. भारतातील खालील कोणत्या नैसर्गिक प्रदेशात उष्ण कटिबंधीय वनस्पतीपासून ते समशीतोष्ण कटिबंधीय वनस्पती आढळतात?
(अ) दक्षिणेकडचे पठार (ब) हिमालयपर्वतीय प्रदेश
(क) उत्तरेकडचा मैदानी प्रदेश (ड) किनाऱ्याचे मैदान

५५. बुलबुल प्रकल्प कोणत्या नदीशी संबंधित आहे?
(अ) व्यास (ब) झेलम (क) सतलज (ड) रावी

५६. भारतात सोनेरी क्रांती कशाशी संबंधित आहे?
(अ) लोकर उत्पादन (ब) बागायती शेती
(क) पर्यटन विकास (ड) तिळाचे उत्पादन

५७. भारतात कृत्रिम मोती खालीलपैकी कोठे निर्माण करतात?
(अ) कच्छच्या खाडीजवळ (ब) रामेश्वर किनाऱ्याजवळ
(क) खंबायतच्या खाडीजवळ (ड) चिल्का सरोवराजवळ

५८. पिकांच्या घनतेचा विचार करता भारतातील सर्वांत समृद्ध राज्य कोणते?
(अ) उत्तर प्रदेश (ब) पंजाब
(क) पश्चिम बंगाल (ड) हरियाना

५९. भारतातील सर्वांत जास्त लोह कुठे सापडते?
(अ) धारवाडच्या खडकांमध्ये (ब) कडप्पा खडकांमध्ये
(क) विंध्यच्या खडकांमध्ये (ड) टर्शरी युगातील खडकांमध्ये

६०. भारतात कडधान्यांचे सर्वांत जास्त उत्पादन कोणत्या प्रदेशात होते?
(अ) उत्तर प्रदेश (ब) राजस्थान (क) महाराष्ट्र (ड) मध्य प्रदेश

६१. खालीलपैकी कोणत्या थरात हवा स्थिर राहून सर्वत्र तापमान कायम असते?
(अ) तपांबर (ब) स्थितांबर (क) आयनांबर (ड) ओझोनस्फियर

६२. खालीलपैकी कोणता अंतर्निर्मित अग्निजन्य खडकाचा प्रकार नाही?
(अ) बॅथोलिथ (ब) ब्रेसिया (क) डाइक (ड) लॅकोलिथ

६३. भारतात दहा लाखापेक्षा अधिक लोकसंख्या असलेल्या शहरांची संख्या किती आहे?
(अ) २३ (ब) ३५ (क) २० (ड) ११

६४. १९९१-२००१ या काळात खालीलपैकी कोणत्या राज्यात लोकसंख्येची सर्वांत जास्त वाढ झाली?
(अ) मणिपुर (ब) नागालँड (क) मेघालय (ड) राजस्थान

६५. क्षेत्रफळानुसार महाराष्ट्रातील सर्वांत मोठा जिल्हा कोणता आहे?
(अ) पुणे (ब) अहमदनगर (क) गडचिरोली (ड) सोलापूर

६६. खालीलपैकी कोणते शहर राष्ट्रीय महामार्ग ७ वर आहे?
(अ) वाराणसी (ब) कन्याकुमारी (क) कोइमतूर (ड) नागपूर

६७. खालीलपैकी कोणते बंदर रसायनाची निर्यात करण्यासाठी स्थापित केले गेले आहे?
(अ) दाहेज (ब) एन्नोर (क) पारादीप (ड) कांडला

६८. खालीलपैकी कोणती जोडी योग्य नाही?
(अ) व्यावहारिक संभववाद - जॉर्ज टॅथम
(ब) वैज्ञानिक निश्चयवाद - ग्रिफिथ टेलर
(क) निश्चयवाद - फॅबरे
(ड) संभववाद - विडाल - डी - ला - ब्लाश

६९. उत्तर अमेरिकेत लोकसंख्येची सर्वांत जास्त घनता कोठे आहे?

(अ) पूर्व किनाऱ्यावर (ब) पश्चिम किनाऱ्यावर

(क) उत्तरेकडील प्रदेशात (ड) अंतर्गत भागात

७०. भारतातील बऱ्याचश्या ग्रामीण वसाहती कोणत्या प्रकारात मोडतात?

(अ) गोलाकार (ब) त्रिकोणाकृती (क) रेषानुगामी (ड) आयताकार

७१. जगात बागायती शेतीचा सर्वांत जास्त विकास कोठे झाला आहे?

(अ) ॲमेझॉन बेसिन (ब) आग्नेय अशिया

(क) कांगो बेसिन (ड) मध्य अमेरिका

७२. भारतात पश्चिमी सभ्यतेचा प्रसार कोठे झाला आहे?

(अ) मध्य अक्षांशात (ब) कमी अक्षांशात (low latitudes)

(क) मध्य आणि कमी अक्षांशात (ड) उच्च अक्षांशात

७३. खालीलपैकी कोणत्या जमातीचे लोक कॉकेशायड्स वर्गात सामील नाहीत?

(अ) नोर्डिक (ब) अल्पाइन

(ड) भूमध्यसागरीय (ड) मलेशियन

७४. खालीलपैकी कोणत्या जमातीचे लोक उष्ण कटिबंधीय गवताळ प्रदेशात राहतात?

(अ) मसाई (ब) पिग्मी (क) बुशमन (ड) सेमांग

७५. सन्थाल जमातीचे लोक खालीलपैकी कोणत्या राज्यात आहेत?

(१) झारखंड (२) राजस्थान (३) ओरिसा (४) पश्चिम बंगाल

खालीलपैकी योग्य उत्तर निवडा.

(अ) १ आणि २ (ब) २ आणि ३ (क) २ आणि ४ (ड) १, ३ आणि ४

७६. खालीलपैकी हवामानाच्या कोणत्या घटकामुळे गहू व तांदूळ यांचे उत्पादक प्रदेश विभागले जातात?

(अ) ३५° समतापरेषा (ब) १०० सें.मी. समवर्षा रेषा

(क) २०० दवविरहित दिवस (ड) २०० सूर्यप्रकाशाचे दिवस

७७. मसाई लोकांची अर्थव्यवस्था कशावर आधारित आहे?

(अ) शेतीवर (ब) खनिज संपत्तीवर

(क) पशुपालनावर (ड) मासेमारीवर

७८. पुस्झता नावाचे समशीतोष्ण कटिबंधीय गवताचे मैदान कोठे आहे?

(अ) हंगेरी (ब) स्पेन (क) युक्रेन (ड) मध्य कॅनडा

७९. भूगोलात खालील वैज्ञानिक शब्दांचा उपयोग कोणत्या क्रमाने केला जातो?

(१) सिद्धान्त (२) परिकल्पना (३) नियम

उत्तर : (अ) १, ३ आणि २ (ब) २, १ आणि ३

(क) ३, २ आणि १ (ड) २, ३ आणि १

८०. हवेत बाष्पाचे प्रमाण कशावर अवलंबून असते?
   (अ) तापमान
   (ब) हवेचा दाब
   (क) हवेची दिशा
   (ड) अ आणि ब दोन्ही

८१. खालीलपैकी कोणती प्रक्रिया विदारणाशी संबंधित आहे?
   (अ) अपपर्णन (Exfolation)
   (क) उत्पादन (Plucking)
   (ब) अपघर्षण (Abrasion)
   (ड) संनिघर्षण (Attrition)

८२. खालीलपैकी कोणती प्रक्रिया रासायनिक विदारणात मोडत नाही?
   (अ) ऑक्सिडेशन
   (ब) एक्स्फोलिएशन
   (क) हायड्रेशन
   (ड) सोल्युशन

८३. भारतात सर्वांत व्यापक प्रमाणावर विकसित झालेला उद्योग कोणता?
   (अ) संगमरवर
   (ब) लोखंड व पोलाद
   (क) वस्त्र
   (ड) साखर

८४. जागतिक उत्पादनात भारताचा प्रथम क्रमांक खालीलपैकी कोणत्या उत्पादनात लागतो?
   (अ) लोह
   (ब) जस्त
   (क) युरेनियम
   (ड) अभ्रक

८५. खालीलपैकी कोणते प्रक्षेपण दंडगोलाकार प्रक्षेपणाचे संशोधन केलेले नवे रूप आहे?
   (अ) मर्केटर
   (ब) मॉलवार्ड
   (क) बॉन
   (ड) सिनुसॉयडल

८६. सह्याद्री पर्वताच्या पश्चिम उतारावर पडणारा पाऊस खालीलपैकी कोणत्या प्रकारचा असतो?
   (अ) प्रतिरोध पर्जन्य
   (ब) आवर्त पर्जन्य
   (क) अभिसरण पर्जन्य
   (ड) प्रत्यावर्त पर्जन्य

८७. खालील विधानांवर विचार करा.
   (अ) पृथ्वीतलावर पाणी तीन स्वरूपांत (घन, द्रव, वायू) आढळते.
   (ब) ऊर्जेची एक कॅलरी एक वॅटच्या बरोबर असते.
   (क) पृथ्वी आणि सूर्य यांच्यातील कमी होणारे अंतर ऋतू ठरवण्यात महत्त्वाचे ठरते.
   (ड) पृथ्वीवरील वातावरण सौर - विकिरण प्रक्रियेद्वारे गरम होते.
खालीलपैकी योग्य उत्तर निवडा.
   (अ) १, ३ आणि ४
   (ब) ३ आणि ४
   (क) २ आणि ३
   (ड) फक्त १

८८. खालीलपैकी उत्तर अटलांटिकमधील कोणता शीत प्रवाह आहे?
(अ) कॅनरी (ब) उत्तर अटलांटिक
(क) गल्फ स्ट्रीम (ड) लॅब्रेडॉर

८९. हवामानाचा परिणाम खालीलपैकी कशावर मंद गतीने होतो?
(अ) क्रॉंक्रीट (ब) लोह (क) ग्रॅनाइट (ड) संगमरवर

९०. द्विपकल्पीय भारतातील धारवाडचा भाग कशामुळे निर्माण झाला?
(अ) रुपांतरीत प्रक्रिया (ब) अति रूपांतरित
(क) अवशिष्ट खडक (ड) तिन्हीमुळे

९१. वातावरणात कार्बन-डाय-ऑक्साइडचे प्रमाण वाढल्याने त्याचा परिणाम काय होतो?
(अ) हवेतील धुलिकण व अल्ट्रा व्हायोलेट किरणांचे प्रमाण वाढते.
(ब) ऑक्सिजनचे प्रमाण कमी होणे.
(क) हरितगृह परिणाम (ड) तापमान कमी होणे

९२. खालीलपैकी कशाच्या प्रभावामुळे गल्फ स्ट्रीमचे उत्तर अटलांटिक ड्रिफ्टमध्ये रूपांतर होते?
(अ) ईशान्य व्यापारी वारे (ब) भूमध्यसागरीय आवर्त
(क) हरिकेन (ड) पश्चिमी वारे

९३. कॅलिना किंवा कॅलिमा हा एक कशाचा प्रकार आहे?
(अ) वनस्पती (ब) स्थानिक वारा
(क) धुके (ड) हिमनदीची दरी

९४. 'जी' स्केल संबंधात खालीलपैकी कोणते विधान चुकीचे आहे?
(अ) हॅगेट, शौर्ल आणि स्टोडार्टने 'जी' स्केलची कल्पना मांडली.
(ब) क्षेत्रफळ व 'जी मूल्य' यांत विपरीत संबंध असतात.
(क) क्षेत्रफळाचा ऱ्हास झाला की 'जी' मूल्य वाढते.
(ड) नकाशाच्या क्षेत्रफळात २० च्या प्रमाणात विभाजन केले जाते.

९५. खालीलपैकी कोणत्या नदीचा त्रिभुजप्रदेश धनुष्याच्या आकाराचा नाही?
(अ) नाइल (ब) गंगा
(क) इरावती (ड) हडसन

९६. मध्य आणि दक्षिण अमेरिकेत उष्ण कटिबंधीय प्रदेशात २१०० मीटर ते ३००० मीटर उंची असणाऱ्या पर्वतीय भागाला काय म्हणतात?
(अ) टिअरा फ्रिआ (ब) टिअरा हेलाडा
(क) टिअरा टेम्प्लॅडा (ड) टिअरा कॅलिन्टी

टीप : खाली दिलेल्या आठ प्रश्नांत दोन वाक्ये आहेत. त्यापैकी एक विधान आहे आणि दुसरे त्याचे कारण / स्पष्टीकरण आहे. दोन्ही वाक्यांचा नीट अभ्यास करून खाली दिलेल्या उत्तरांमधील योग्य उत्तर निवडा.

(अ) विधान 'अ' आणि 'क' दोन्ही बरोबर आहेत आणि विधान 'क' हे विधान 'अ' चे योग्य स्पष्टीकरण / कारण आहे.

(ब) विधान 'अ' आणि 'क' दोन्ही बरोबर आहेत परंतु विधान 'क' हे 'अ' चे योग्य स्पष्टीकरण / कारण नाही.

(क) विधान 'अ' बरोबर आहे आणि विधान 'क' चूक आहे.

(ड) विधान 'अ' चूक आहे आणि विधान 'क' बरोबर आहे.

९७. विधान (अ) : केंद्रत्यागी प्रवाहप्रणाली घुमटाकार पर्वत, ज्वालामुखी बेटे इ. प्रकारच्या भूप्रदेशावर विकसित होते.

विधान (क) : या प्रवाहप्रणालीत नद्या केंद्रभागात उगम पावून सभोवताली चोहोबाजूंकडे वाहत जातात.

९८. विधान (अ) : अनुतर प्रवाळ खडक ठिकठिकाणी खंडित झालेले असतात.

विधान (क) : कधी कधी खडकांचे किनारे व हे खडक यांच्यात उथळ समुद्राचा भाग असतो तेथे खाजण (lagoon) तयार होतात.

९९. विधान (अ) : समुद्राच्या तळभागावर समुद्रातील प्रवाळ कीटकांच्या अवशिष्ट भागापासून वलयाकार प्रवाळ खडकांची निर्मिती होते.

विधान (क) : कधी कधी वलयाकार प्रवाळ खडकांच्या मधोमध उथळ सरोवर असते.

१००. विधान (अ) : चुंबकीय ध्रुव स्थिर नसतात. त्यांच्या स्थानात काळानुसार परिवर्तन होते.

विधान (क) : चुंबकीय ध्रुव चुंबकीय तत्त्वाचे आकर्षण केंद्र असते.

१०१. विधान (अ) : चेस्टनट मृदेत जैविक घटक कमी असतात.

विधान (क) : चेस्टनट मृदेच्या प्रदेशात पाऊस कमी पडत असल्याने वनस्पतींचा विकास कमी होतो.

१०२. विधान (अ) : दक्षिण अमेरिकेच्या पश्चिम किनाऱ्यावरून वाहणाऱ्या प्रवाहाला 'ब्राझीलचा प्रवाह' म्हणतात.

विधान (क) : दक्षिण अफ्रिकेच्या पश्चिम किनाऱ्याजवळील प्रवाहास बेंग्वेला प्रवाह म्हणतात.

१०३. विधान (अ) : व्यापारी बगिचा शेती (Market Gardening) शहराच्या जवळच केली जाते.

विधान (क) : या शेतीत नाशवंत शेतीमालाचे उत्पादन होते.

१०४. विधान (अ) : जांभा मृदा शेतीसाठी अत्यंत उपयोगी आहे.
विधान (क) : या मृदेत लोह व ॲल्युमिनियमचे ऑक्साइड्स असतात.

१०५. प्रवाळ बेटांच्या निर्मितीविषयी 'हिमनियंत्रण सिद्धान्त' खालीलपैकी कोणत्या शास्त्रज्ञाने मांडला?
(अ) मरे (ब) अलेक्झांडर ॲगासिस
(क) डॅली (ड) डार्विन

१०६. पृथ्वीच्या पृष्ठभागापासून किती उंचीवर जेट-स्ट्रीम आढळतो?
(अ) जवळजवळ १ कि.मी. (ब) जवळजवळ १० कि.मी.
(क) जवळजवळ ५० कि.मी. (ड) ऋतुमानानुसार १ ते २० कि.मी.

१०७. जगात सर्वांत कमी क्षारता खालीलपैकी कोणत्या समुद्रात आढळते?
(अ) तांबडा समुद्र (ब) बाल्टिक समुद्र
(क) काळा समुद्र (ड) भूमध्य समुद्र

१०८. सर्क तयार होताना ज्या टप्प्यामध्ये त्याची प्रगती होते त्याची योग्य क्रमवारी लावा.
(१) हिमनदीमुळे घर्षण होऊन पूर्ण सर्क तयार होते.
(२) गुरुत्वाकर्षणामुळे उतारावर हिम वाहू लागते.
(३) छिद्र तुटून ते मोठे होते.
(४) छिद्रात बर्फ जमा होते.
खालीलपैकी योग्य उत्तर निवडा.
(अ) २, ३, ४, १ (ब) २, ४, ३, १
(क) १, २, ३, ४ (ड) ४, २, ३, १

१०९. पंजाबमध्ये शेतीचे उत्पादन जास्त असण्याचे कारण कोणते?
(अ) संकरित बियाणांचा उपयोग (ब) खतांचा वापर
(क) जलसिंचनाचा अधिक वापर (ड) विजेचा अत्यधिक वापर

११०. खालीलपैकी कोणता लोखंड व पोलाद कारखाना भारतात सर्वांत प्रथम स्थापित झाला?
(अ) जमशेटपूर (ब) दुर्गापूर (क) रुरकेला (ड) भिलाई

१११. जगात कोळशाची सर्वांत जास्त निर्यात आणि सर्वांत जास्त आयात करणाऱ्या देशांची योग्य जोडी कोणती?
(अ) ऑस्ट्रेलिया - जपान
(ब) संयुक्त संस्थाने - इटली
(क) दक्षिण आफ्रिका - दक्षिण कोरिया
(ड) पोलंड - फ्रान्स

उत्तरे

१. ड	२. ड	३. अ	४. क	५. ब	६. ड	७. अ
८. क	९. ड	१०. अ	११. क	१२. ब	१३. ड	१४. ड
१५. अ	१६. ड	१७. अ	१८. ड	१९. क	२०. अ	२१. अ
२२. ड	२३. अ	२४. क	२५. ब	२६. क	२७. ड	२८. ब
२९. अ	३०. अ	३१. अ	३२. ब	३३. क	३४. क	३५. ब
३६. ड	३७. क	३८. क	३९. ब	४०. अ	४१. ब	४२. अ
४३. क	४४. ड	४५. ड	४६. क	४७. ब	४८. ब	४९. अ
५०. अ	५१. ड	५२. अ	५३. अ	५४. ब	५५. ब	५६. ब
५७. ब	५८. ब	५९. अ	६०. ड	६१. ब	६२. ब	६३. ब
६४. ब	६५. ब	६६. क	६७. अ	६८. क	६९. अ	७०. ड
७१. ब	७२. क	७३. ड	७४. अ	७५. ड	७६. ब	७७. क
७८. अ	७९. ब	८०. ड	८१. अ	८२. ब	८३. क	८४. ड
८५. अ	८६. अ	८७. ड	८८. ड	८९. क	९०. क	९१. ड
९२. ड	९३. क	९४. ड	९५. ड	९६. अ	९७. अ	९८. ड
९९. ब	१००. ब	१०१. अ	१०२. क	१०३. ब	१०४. क	१०५. क
१०६. ब	१०७. ब	१०८. ब	१०९. क	११०. अ	१११. अ	

◆◆◆

प्रश्नसंच १९

१. खालीलपैकी कोणती ठिकाणे मायक्रोनेशियाशी संबंधित आहेत?

(१) मार्शल बेट (२) सोलोमन बेट

(३) गुआम (४) नोरन

खालीलपैकी योग्य उत्तर निवडा.

(अ) १ आणि २ (ब) २ आणि ४ (क) २ आणि ३ (ड) १, ३ आणि ४

२. २१ मार्चला खालीलपैकी कोणत्या स्थानावर सूर्यकिरण सर्वात जास्त लंबरूप असतात?

(अ) उत्तर ध्रुव (ब) विषुववृत्त

(क) दक्षिण ध्रुव (ड) पृथ्वीवर सर्वत्र दिवस व रात्र समान असतात.

३. खालीलपैकी कोणती पर्वतांची रांग नेवादन पर्वताच्या निर्मितीशी संबंधित आहे?

(अ) ॲटलस (ब) कॉकेशस (क) सिएरा - नेवाडा (ड) पिरॅनीज

४. डिएगो - गॉर्शिया खालीलपैकी कोणत्या महासागरात आहे?

(अ) प्रशांत महासागर (ब) हिंदी महासागर

(क) अटलांटिक महासागर (ड) भूमध्य महासागर

५. जगाची नैसर्गिक विभागात विभागणी खालीलपैकी कोणी केली?

(अ) कांट (ब) हर्बर्टसन (क) व्हिटलसी (ड) ग्रिफिथ टेलर

६. बायोम (Biome) म्हणजे काय?

(अ) स्थानिक वनस्पतींचा समूह

(ब) एखाद्या प्रदेशातील वनस्पती व प्राण्यांचा समूह

(क) डोंगरावरील वनस्पतींचा समूह

(ड) सजीव प्राण्यांचा समूह

७. वाळवंटीकरणाचा धोका खालीलपैकी कोणत्या खंडाला अधिक आहे?

(अ) दक्षिण अमेरिका (ब) आफ्रिका

(क) आशिया (ड) युरोप

८. खालीपैकी कोणती घटकप्रक्रिया भूगर्भीय रचनेशी संबंधित आहे?

(अ) खडकांचा प्रकार (ब) ज्वालामुखीचा स्फोट

(ब) खडकांतील थर (ड) खडकांचे विदारण

९. ऑस्ट्रेलिया, दक्षिण अमेरिका, आफ्रिका आणि भारतीय उपखंड यांत खालीलपैकी कोणती समानता आहे?
   (अ) हे सर्व दक्षिण गोलार्धात आहेत.
   (ब) या सगळ्या खंड / उपखंडांतून कर्कवृत्त जाते.
   (क) हे सर्व गोंडवाना लॅण्डचा भाग आहेत.
   (ड) या सर्व खंड / उपखंडांत भूमध्यसामुद्रिक हवामान आहे.
१०. खालीलपैकी सर्वांत मऊ खडक कोणता?
   (अ) चुनखडक   (ब) वाळूचा खडक
   (क) शेल   (ड) ग्रॅनाइट
११. भूकवचाला साध्या वळ्या कशामुळे पडतात?
   (अ) दाब   (ब) ताण
   (क) ज्वालामुखी प्रक्रिया
   (ड) ज्वालामुखी प्रक्रियेमुळे निर्माण होणारा ताण
१२. पायऱ्यांचा प्रस्तारभंग खालीलपैकी कोणत्या नदीच्या खोऱ्यात आढळतो?
   (अ) लाल   (ब) ॲमेझॉन   (क) ऱ्हाइन   (ड) नाइल
१३. भूकंपकेंद्रापासून बाहेर प्रवास करणाऱ्या लहरींना काय म्हणतात?
   (अ) दुय्यम लहरी   (ब) प्राथमिक लहरी
   (क) भुपृष्ठलहरी   (ड) सागरी लहरी
१४. खालीलपैकी कोणते ज्वालामुखी चाप (Volcanic Arc) चे उदाहरण आहे?
   (अ) ॲण्डीज   (ब) रॉकी   (क) कॅस्केड   (ड) सिएरा नेवाडा
१५. जगातील सर्वांत लांब हिमनदी कोणती?
   (अ) आलेश   (ब) सुपीत्ना   (क) सेवर्ड   (ड) फेडरोन्को
१६. पाणी गोठून बर्फ होणे व पुन्हा वितळणे यांमुळे हिमनदीत जे खडकांचे तुकडे आणि गाळ राहतो त्याला काय म्हणतात?
   (अ) हिमोढ   (ब) जलोढ़   (क) लोएस   (ड) खडकांचा ढीग
१७. तीन किंवा अधिक सर्क विकसित झाल्याने डोंगरमाथ्याचा प्रदेश निमुळता व त्रिकोणाकृती बनतो अशा सुळक्यास काय म्हणतात?
   (अ) शूककूट   (ब) गिरिशृंग   (क) शीर्षभेग   (ड) दैत्य सोपान
१८. पूरमैदाने कशामुळे निर्माण होतात?
   (अ) निक्षेपण (ब) अपघर्षण   (क) विदारण   (ड) भरपूर पावसामुळे
१९. किनाऱ्याला समांतर लाटांमुळे तयार होणाऱ्या समुद्रकिनाऱ्यावरील बांधाला काय म्हणतात?
   (अ) शिंगल   (ब) तटगार्ड   (क) ग्रोयने   (ड) हूक

२०. खालीलपैकी कोणती जोडी योग्य नाही?

(अ) वारा - लोएस (ब) हिमनदी - हिमोढ़

(क) भूमिगत पाणी - कुंड / खळगे (ड) नदी - लवण निक्षेप

२१. नदीचौर्य झाले हे कसे ओळखता येते?

(अ) नदीच्या नागमोडी वळणामुळे

(ब) नदीच्या मार्गातील 'वातखिंड' (Windgap) मुळे

(क) मुख्य नदीचा प्रवाह आत्मसात करणाऱ्या उपनदीमुळे

(ड) वरील सर्वांमुळे

२२. इंट्राझोनल मृदा आहे.

(अ) ज्याच्या विकासात हवामान व वनस्पतीचा प्रभाव जास्त आहे.

(ब) ही मृदा सुपीक असते व त्यात अनेक थर आढळतात.

(क) ही नवीन मृदा असल्याने त्यात अनेक थर विकसित होत नाहीत.

(ड) वरीलपैकी कोणतेच नाही.

२३. दीर्घ हिवाळा आणि अल्पकाळ टिकणारा उन्हाळा असलेल्या प्रदेशात खालीलपैकी कोणती मृदा आढळते?

(अ) टुंड्रा (ब) चेस्टनट (क) राखाडी (ड) पॉडझॉल

२४. खालीलपैकी कोणती मृदा समशीतोष्ण कटिबंधीय हवामानाशी संबंधित नाही?

(अ) चेर्नोझम (ब) चेस्टनट (क) पॉडझॉल (ड) लॅटेराइट

२५. खालीलपैकी कोणत्या वनात झाडे व झुडपे यांची विविधता कमी आढळते?

(अ) तैगा (ब) भूमध्यसागरीय

(क) मान्सून (ड) उष्णकटिबंधीय पर्वतावरील

२६. खालीलपैकी कोणते वैशिष्ट्य विषुववृत्तीय अरण्यांमध्ये आढळत नाही?

(अ) वृक्षांची अधिक घनता (ब) कमीतकमी फांद्या

(क) सदाहरित वृक्ष (ड) उंच उंच वृक्ष

२७. वातावरणातून सूर्यकिरणे येत असताना त्यांच्यातील पुष्कळशी उष्णता वातावरणातील निरनिराळे घटक शोषून घेतात वातावरणातील सर्वांत जास्त उष्णता कोणता घटक शोषून घेतो?

(अ) धूलिकण (ब) ओझोन

(क) बाष्प आणि कार्बन डाय ऑक्साइड (ड) ऑक्सिजन

२८. जेट स्टीम संदर्भात खालीलपैकी कोणते विधान योग्य नाही?

(अ) अति वेगाने वाहणाऱ्या अरुंद अशा हवेच्या झोताला 'जेट स्ट्रीम' म्हणतात.

(ब) जेट स्ट्रीममुळे हवाई वाहतुकीत अडथळे निर्माण होतात.

(क) भुपृष्ठावरील हवामानाची परिस्थिती जेट स्ट्रीमच्या स्वरूपावर अवलंबून असते.

(ड) उन्हाळ्यात जेट स्ट्रीमचा सरासरी वेग तासाला सुमारे १५० ते १९० कि. मी. असतो तर हिवाळ्यात ७२ ते ८० कि. मी. असतो.

२९. दोन आर्वतांच्या दरम्यान होणाऱ्या प्रत्यावर्ताच्या पूर्वभागात कोणत्या प्रकारचे मेघ असतात?

(अ) फ्रॅक्टो-क्युमुलस (ब) सिरस

(क) सिरोस्ट्रेटस (ड) निंबस

३०. स्तंभ १ (प्रदेश) आणि स्तंभ २ (वाऱ्याचे नाव) यांमधील योग्य शब्द निवडून जोड्या लावा आणि खाली दिलेल्या जोड्यांमधील योग्य जोडी निवडा.

स्तंभ १ प्रदेश	**स्तंभ २** वाऱ्याचे नाव
(प) ऑस्ट्रेलिया	(१) ब्रिकफिल्डर्स
(फ) सहारा वाळवंट	(२) झोंडा
(भ) इटली	(३) खामसिन
(न) अर्जेंटिना	(४) सिरोक्को

जोड्या	प	फ	भ	न
(अ)	३	१	४	२
(ब)	१	३	४	२
(क)	१	३	२	४
(ड)	१	२	३	४

३१. खालीलपैकी कोणत्या खंडात उष्णकटिबंधीय मान्सून हवामान आढळत नाही?

(१) अशिया (२) दक्षिण अमेरिका

(३) ऑस्ट्रेलिया (४) उत्तर अमेरिका

उत्तर : (अ) १ आणि ४ (ब) २ आणि ४

(क) ३ आणि ४ (ड) २ आणि ३

३२. पृथ्वीवर उपलब्ध असलेल्या पाण्याचा जवळजवळ किती टक्के भाग महासागरात आहे?

(अ) २८ (ब) ५० (क) ३० (ड) ७५

३३. चारी बाजूंना समुद्राच्या लाटांनी वेढलेला समुद्र कोणता?

(अ) मृत (ब) मारमारा

(क) सारगॅसो (ड) पिवळा

३४. आस्ट्रेलोपिथेकस मानवाचे अवशेष खालीलपैकी कोणत्या खंडात आहेत?
(अ) आशिया (ब) आफ्रिका
(क) ऑस्ट्रेलिया (ड) दक्षिण अमेरिका

३५. कोणत्याही देशात औद्योगिक विकास झाला की त्या देशातील रोजगाराच्या संरचनेत खालीलपैकी कोणते बदल होतात?
(अ) प्राथमिक क्षेत्रात रोजगार कमी होत जातो.
(ब) सुरवातीला द्वितीय क्षेत्रात रोजगार वाढतो आणि त्यानंतर तो कमी होत जाते.
(क) तृतीय क्षेत्रातील रोजगार वाढत जातो.
(ड) वरील सर्व प्रकारचा.

३६. खालीलपैकी कोणते अभयारण्य महाराष्ट्रात नाही?
(अ) पोचराम (ब) नागझिरा
(क) मायणी (ड) सागरेश्वर

३७. आर्थिकदृष्ट्या कमी विकसित देशात जेथे उच्च तापमान, भरपूर पाऊस, भरपूर आर्द्रता, सुपीक मृदा व शेतीस आवश्यक भांडवल असेल तर खालीलपैकी कोणती शेती करणे योग्य ठरेल?
(अ) कापूस (ब) अन्नधान्य (क) रबराचे मळे (ड) स्थलांतरित शेती

३८. प्रेअरी प्रदेशात खालीलपैकी कोणती शेती केली जाते?
(अ) मर्यादित शेती (ब) विस्तारित शेती
(क) व्यापारी मिश्र शेती (ड) उदरनिर्वाहापुरती शेती

३९. आपल्याला दिसणारा सूर्याचा प्रज्वलित भाग आहे -
(अ) कोरोना (ब) क्रोमोस्फियर
(क) फोटोस्फियर (ड) मॅग्नेटोस्फियर

४०. टुंड्रा प्रदेशाचा भाग नकाशात दाखवण्यासाठी खालीलपैकी कोणते प्रक्षेपण वापरणे योग्य आहे?
(अ) खमध्य ध्रुवीय लंबरूपी प्रक्षेपण (ब) खमध्य ध्रुवीय समक्षेत्र प्रक्षेपण
(क) खमध्य ध्रुवीय गोमुखी प्रक्षेपण (ड) खमध्य ध्रुवीय व्यासांतर प्रक्षेपण

४१. भारतीय स्थलानिर्देशक नकाशात शेतीचा प्रदेश कोणत्या रंगाने दाखवला जातो?
(अ) हिरवा (ब) गडद हिरवा (क) पिवळा (ड) लाल

४२. १:५०,००० हे प्रमाण असलेल्या भारतीय स्थलनिर्देशक नकाशात समोच्च रेषांमधील अंतर किती असते?
(अ) २०० मीटर (ब) १५० मीटर (क) २० मीटर (ड) ५० मीटर

४३. खालीलपैकी कशाच्या अभ्यासात सुदूरसंवेदनाचा (remote sensing) उपयोग होत नाही.

(अ) घराची गुणवत्ता (ब) वनांचे प्रकार
(क) मृदेचे प्रकार (ड) भूमि उपयोग

४४. आल्प्स पर्वतात सर्वांत मोठी नैसर्गिक आपत्ती कोणती आहे?
(अ) हिमप्रपात (ब) आम्लवर्षा
(क) वणवा (ड) पुरामुळे वृक्ष उन्मळून पडणे

४५. युरोप खंड खालीलपैकी कोणत्या कच्च्या मालासंदर्भात स्वयंपूर्ण आहे?
(अ) तांबे (ब) जस्त (क) निकेल (ड) टिन

४६. खालीलपैकी कोणता देश ASEAN चा सदस्य नाही?
(अ) मलेशिया (ब) इंडोनेशिया (क) थायलंड (ड) भारत

४७. खालीलपैकी कोणते विधान असत्य आहे?
(अ) अमेझॉन बेसिन ब्राझीलचे पठार आणि गयाना पठार यांच्यामध्ये आहे.
(ब) इनॅपू धरण दक्षिण अमेरिकेतील सर्वांत मोठे धरण आहे.
(क) गुईआरा धबधबा पराना नदीवर आहे.
(ड) ॲण्डीज पर्वतरांगांमध्ये सर्वांत उंच पर्वत ओजस डेल सलादो आहे.

४८. सोनेरी चाप (Golden Arc) खालीलपैकी कशाशी संबंधित आहे?
(अ) भारतीय बाजरी उत्पादन प्रदेशाशी
(ब) भारतातील सरसो उत्पादन प्रदेशाशी
(क) दक्षिण अफ्रिकेतील सोन्याच्या उत्पादन प्रदेशाशी
(ड) फ्रान्स, जर्मनी आणि स्वित्झर्लंड येथील पर्यटनाशी

४९. फारसची खाडी आणि ओमानची खाडी यांच्यामधील सामुद्रधुनी कोणती?
(अ) बाब अल मण्डब (ब) पेरीम
(क) हॉर्मुज (ड) जिब्राल्टर

५०. भारतातील खालीलपैकी कोणत्या राज्यात सर्वांत छोटे रेल्वे मार्गाचे जाळे आहे?
(अ) केरळ (ब) जम्मू आणि काश्मीर
(क) राजस्थान (ड) पंजाब

५१. क्षेत्रफळाच्या दृष्टीने भारतातील सर्वांत मोठे राज्य कोणते आहे?
(अ) मध्यप्रदेश (ब) राजस्थान (क) कर्नाटक (ड) ओरिसा

५२. अरवली पर्वतरांगा कोणत्या दोन नद्यांच्या मध्ये जलविभाजक आहेत?
(अ) सिंधू आणि गंगा नद्यांच्या मध्ये
(ब) गंगा आणि ब्रह्मपुत्रा नद्यांच्या मध्ये
(क) गंगा आणि यमुना नद्यांच्या मध्ये
(ड) गंगा आणि द्वीपकल्पावरील नद्यांच्या

५३. भारतात प्रत्यावर्त खालीलपैकी कोणत्या काळात असतात?
   (अ) मार्च महिन्याच्या मध्यापासून जूनच्या मध्यापर्यंत
   (ब) डिसेंबरपासून फेब्रुवारीच्या मध्यापर्यंत
   (क) फेब्रुवारी ते मे पर्यंत   (ड) मे ते सप्टेंबरपर्यंत

५४. भारतात दख्खनच्या पठारावर कोणती मृदा आढळत नाही?
   (अ) पॉडझॉल   (ब) काळी   (क) जांभा   (ड) लाल

५५. खालीलपैकी कोणती जोडी योग्य नाही?
   (अ) मान्सून वने - सागवान   (ब) खारफुटीची वने - सुंदरी
   (क) सवाना वने - पिंपळ   (ड) सदाहरित वने - रोझवुड

५६. भारतात सिंचनाचा खालीलपैकी कोणता प्रकार अधिक विकसित झाला आहे?
   (अ) विहिरी   (ब) कूपनलिका   (क) कालवा   (ड) अ आणि ब दोन्ही

५७. गंगेच्या खोऱ्यात भातशेती करण्यासाठी खालीलपैकी कोणता घटक पोषक नाही?
   (अ) मंद उताराची जमीन   (ब) सतत पाऊस
   (क) कुशल व भरपूर मजुरांची उपलब्धता
   (ड) वर्षभर गंगा नदीतून पाण्याची उपलब्धता

५८. भारतात अन्नधान्याच्या उत्पादनात खालीलपैकी कोणत्या राज्याचा प्रथम क्रमांक लागतो?
   (अ) पंजाब   (ब) हरियाणा
   (क) उत्तर प्रदेश   (ड) मध्य प्रदेश

५९. खालीलपैकी कोणती जोडी योग्य आहे?
   (अ) पेरियार वन्य प्राणी अभयारण्य - आसाम
   (ब) घना पक्षी अभयारण्य - ओरिसा
   (क) कॉर्बेट राष्ट्रीय उद्यान - मध्य प्रदेश
   (ड) राष्ट्रीय वाळवंटी उद्यान - राजस्थान

६०. विश्व ओझोन दिवस आहे–
   (अ) ११ जुलै   (ब) २२ मार्च   (क) १६ सप्टेंबर (ड) ५ ऑक्टोबर

६१. भारताला खालीलपैकी कोणत्या प्रकारच्या खनिजापासून सर्वांत जास्त मूल्य मिळते?
   (अ) इंधन खनिजे   (ब) धात्विक खनिजे
   (क) अधात्विक खनिजे   (ड) आण्विक खनिजे

६२. आयात केलेल्या खनिजतेलाचा वापर करणारा तेलशुद्धीकरण कारखाना खालीलपैकी कोठे आहे?
   (अ) मुंबई   (ब) नूनमती   (क) मथुरा   (ड) दिग्बोई

६३. भारतात खालीलपैकी कोणत्या राज्यात वस्त्रोद्योग विकसित झाला नाही?

(अ) जम्मू आणि काश्मीर   (ब) गोवा

(क) पंजाब   (ड) अरुणाचल प्रदेश

खालीलपैकी एक उत्तर निवडा.

(अ) १, २, आणि ४   (ब) १ आणि ४

(क) २ आणि ४   (ड) ३ आणि ४

६४. लोकसंख्येच्या खालीलपैकी कोणत्या घटकाची वाढ देशात सर्वांत जलदगतीने होत आहे.

(अ) पुरुष लोकसंख्या   (ब) महिला लोकसंख्या

(क) एकूण लोकसंख्या   (ड) महिलासाक्षरता

६५. भारतातील सर्वांत जास्त लोकसंख्येची घनता असलेले राज्य कोणते?

(अ) बिहार   (ब) केरळ   (क) पश्चिम बंगाल   (ड) उत्तर प्रदेश

६६. भारतातील सर्वांत मोठा आदिवासी जमातीचा समूह कोणता?

(अ) भिल्ल   (ब) नागा   (क) संथाल   (ड) मुंडा

६७. एन्नोर बंदराचा विकास कोणत्या बंदरावरचा वाढता ताण कमी करण्यासाठी केला आहे?

(अ) चेन्नई   (ब) कोचीन   (क) कांडला   (ड) पारादीप

६८. कोकण रेल्वेमार्ग कोणत्या पर्वतरांगांतून जातो?

(अ) अरवली   (ब) विंध्य पर्वत   (क) सातपुडा   (ड) पश्चिम घाट

६९. खालीलपैकी कोणता सिद्धान्त मानवी भूगोलाशी संबंधित आहे?

(अ) क्रियाशीलता सिद्धान्त   (ब) सन्तुलन सिद्धान्त

(क) अवतलन सिद्धान्त   (ड) भौगोलिक चक्र सिद्धान्त

७०. मानवाच्या आर्थिक क्रिया कशावर अवलंबून असतात?

(अ) हवामानावर   (ब) लोकसंख्येच्या आधारावर

(क) प्राप्त परिस्थितीवर   (ड) नैसर्गिक साधनांवर

७१. सर्वांत प्राचीन मानवी अवशेष कोणत्या देशात सापडले?

(अ) इटली   (ब) इराक   (क) भारत   (ड) इजिप्त

७२. मानव जमातींचे वर्गीकरण खालीलपैकी कशावर अवलंबून असते?

(अ) मानसिक लक्षण   (ब) सामाजिक लक्षण

(क) शारीरिक लक्षण   (क) वरील तिन्ही

७३. खालीलपैकी कोणत्या जमातीचे लोक उष्ण - दमट हवामानाच्या प्रदेशात राहतात?

(अ) एस्किमो   (ब) किरगिझ   (क) पिग्मी   (ड) बुशमेन

७४. भारताच्या वय आणि लिंगगुणोत्तर रचना दर्शवणाऱ्या पिरॅमिडचा पाया (Base) रुंद होण्याचे कारण कोणते?
(अ) मृत्युदर कमी होणे (ब) जीवनमानात वाढ होणे
(क) एकूण लोकसंख्येत युवा वर्गाची टक्केवारी वाढणे
(ड) वरीलपैकी कोणतेच नाही.

७५. खालील नावांवर विचार करा.
(अ) फैद (ब) इस्मालिया (क) पोर्ट सईद (ड) पोर्ट स्वेज
स्वेज कालव्यावरून दक्षिणेकडून उत्तरेकडे जाताना लागणाऱ्या वरील बंदरांचा योग्य क्रम कोणता?
(अ) ४, २, १, ३ (ब) ३, २, १, ४
(ड) ३, १, २, ४ (ड) ३, ४, १, २

७६. जेव्हा कमी उंचीच्या प्रदेशाकडून जास्त उंचीच्या प्रदेशाकडे समोच्चरेषांमधील अंतर वाढत जाते तेव्हा त्याला कोणता उतार म्हणतात?
(अ) सौम्य उतार (ब) तीव्र उतार
(क) बहिर्वक्र उतार (ड) अंतर्वक्र उतार

७७. तापमान आणि आर्द्रता यांचा सहसंबंध खालीलपैकी कोणत्या आलेखात दाखवला जातो?
(अ) बॅण्ड ग्राफ (ब) हैथरग्राफ (क) अर्गोग्राफ (ड) क्लायमोग्राफ

७८. खालीलपैकी कोणती चतुर्थ आर्थिक क्रिया आहे?
(अ) विपणन (ब) शिक्षण (क) उत्पादन (ड) वाहतूक

७९. खालीलपैकी कोणता हरित-गृह गॅस आहे?
(अ) नायट्रोजन (ब) ऑक्सिजन
(क) कार्बन डाय ऑक्साइड (ड) ओझोन

८०. जगात भारत खालीलपैकी कोणत्या उत्पादनात अग्रणी आहे?
(अ) चहा आणि तीळ (ब) तांदूळ आणि ऊस
(क) कापूस आणि ऊस (ड) तांदूळ आणि मका

८१. रसदार फळे आणि दारूच्या उत्पादनासाठी खालीलपैकी कोणता नैसर्गिक प्रदेश प्रसिद्ध आहे?
(अ) भूमध्यसागरीय हवामानाचा प्रदेश
(ब) तैगा प्रदेश (क) मान्सून प्रदेश
(ड) विषुववृत्तीय हवामानाचा प्रदेश

८२. युक्रेन आणि मध्य कॅनडाच्या समशीतोष्ण गवताळ मैदानात खालीलपैकी कोणती मृदा आढळते?

(अ) चेर्नोझम (ब) चेस्टनट (क) काळी (ड) रेड

८३. भारताच्या हवामानदर्शक नकाशात खालीलपैकी काय दर्शवलेले नसते?

(अ) वायुभार (ब) सागरी लाटा

(क) वाऱ्याची दिशा व वेग (ड) ढगांचे आवरण

८४. रस्ते किंवा नद्या यांच्या मोजणीसाठी समतल फलक सर्वेक्षण यंत्राद्वारे केल्या जाणाऱ्या सर्वेक्षणाची कोणती पद्धत वापरतात?

(अ) प्रतिच्छेदन पद्धती (ब) रेखांकत / वेढा पद्धत

(क) विकिरण पद्धत (ड) अंतर्छेदन पद्धत

८५. गुंटूर साखळीतील प्रत्येक कडीची लांबी किती असते?

(अ) ०.६६ फूट (ब) ०.४४ फूट (क) ०.३३ फूट (ड) ०.७६ फूट

८६. दख्खनच्या पठारावरील पर्वतरांगा खालीलपैकी कोणत्या पर्वतप्रकारात मोडतात?

(अ) घडीचे पर्वत (ब) अवशिष्ट पर्वत

(क) गटपर्वत (ड) घुमटाकार पर्वत

८७. मेक्सिकोचे पठार हे खालीलपैकी कोणत्या पठाराच्या प्रकाराचे उदाहरण आहे?

(अ) पर्वतपदीय पठार (ब) पर्वतांतर्गत पठार

(क) विदीर्ण पठार

(ड) उष्ण व कोरड्या हवामानातील पठार

८८. सतत पूर येणाऱ्या प्रदेशात वृक्षारोपणाला अधिक महत्त्व द्यायला हवे. कारण-

(अ) वृक्षांमुळे नदीचा प्रवाह संतुलित राहतो.

(ब) वृक्षांपासून मिळणाऱ्या कच्च्या मालावर आधारित उद्योग सुरू करता येतात.

(क) अभयारण्ये विकसित करता येतात.

(ड) मासेमारीचा विकास करता येतो.

८९. स्तंभ १ (मूळ खडक) आणि स्तंभ २ (रूपांतरित खडक) यांमधील योग्य शब्द निवडून जोड्या लावा आणि खाली दिलेल्या जोड्यांमधील योग्य जोडी निवडा.

स्तंभ १	**स्तंभ २**
मूळ खडक	रूपांतरित खडक
(प) बेसॉल्ट	(१) नीस
(फ) कोळसा	(२) ग्रॅफाइट
(भ) दगडी कोळसा	(३) हॉर्नब्लेड शिष्ट
(न) ग्रॅनाइट	(४) ॲन्थ्रासाईट

जोड्या	प	फ	भ	न
(अ)	३	२	१	४
(ब)	२	३	४	१
(क)	३	२	४	१
(ड)	१	२	३	४

९०. ला-नीना (La-Nina) काय आहे?
(अ) नैसर्गिक आपत्ती (ब) हवामानाचा प्रकार
(क) स्थानिक हवा (ड) सागरी लाटा

९१. पृथ्वीवरील वारे खालीलपैकी कोणत्या कारणामुळे मूळ दिशेपासून थोडे विचलित होताना आढळतात?
(अ) गुरुत्वाकर्षण शक्ती (ब) कोरिओलिस शक्ती
(क) परिवलन (ड) परिभ्रमण

९२. काम्पाँग (kampong) हा भूमी उपयोगाचा मुख्य प्रकार खालीलपैकी कोणत्या देशात आढळतो?
(अ) मलेशिया आणि सिंगापूरमध्ये
(ब) फिलिपाईन्स आणि न्यूगिनी पापुआमध्ये
(क) ऑस्ट्रेलिया आणि न्यूझीलंडमध्ये
(ड) उत्तर कोरिया व दक्षिण कोरियामध्ये

९३. खालील विधानांवर विचार करा.
विधान अ : पेडाल्कर मृदेत ॲल्युमिनियम आणि लोहाचे प्रमाण जास्त असते.
विधान क : ही मृदा वाळवंटी प्रदेशात विकसित होते.
खालीलपैकी योग्य उत्तर निवडा.
(अ) विधान 'अ' आणि 'क' बरोबर आहेत आणि विधान 'क' हे विधान 'अ' चे योग्य स्पष्टीकरण / कारण आहे.
(ब) विधान 'अ' आणि 'क' बरोबर आहेत परंतु विधान 'क' हे 'अ' चे योग्य स्पष्टीकरण / कारण नाही.
(क) विधान 'अ' बरोबर आहे पण विधान 'क' चूक आहे.
(ड) विधान 'अ' चूक आहे पण विधान 'क' बरोबर आहे.

९४. विधान अ : विषुववृत्तापासून ध्रुवाकडे जाताना जैवविविधता कमी होत जाते.
विधान क : विषुववृत्ताकडून ध्रुवाकडे जाताना वनस्पतींची घनता कमी होत जाते.
खालीलपैकी योग्य उत्तर निवडा.

(अ) विधान 'अ' आणि 'क' बरोबर आहेत आणि विधान 'क' हे 'अ' चे योग्य कारण / स्पष्टीकरण आहे.

(ब) विधान 'अ' आणि 'क' बरोबर आहेत परंतु विधान 'क' हे 'अ' चे योग्य कारण / स्पष्टीकरण नाही.

(क) विधान 'अ' बरोबर आहे आणि विधान 'क' चूक आहे.

(ड) विधान 'अ' चूक आहे आणि विधान 'क' बरोबर आहे.

९५. खालीलपैकी कोणत्या खंडात सर्वात जास्त क्षेत्रावर चराईचा विस्तार आहे?

(अ) आशिया (ब) युरोप

(क) ऑस्ट्रेलिया (ड) दक्षिण अमेरिका

९६. खालीलपैकी कोणते विधान चूक आहे?

(अ) भुपृष्ठाच्या हालचालीमुळे अनेक पर्वतांची निर्मिती झालेली आहे

(ब) जेव्हा पाणी थंड असते तेव्हा त्यातील बाष्पाची गुप्त उष्णता सर्वात जास्त असते.

(क) समुद्रतळावर सामान्यपणे हवेचा दाब १००० मिलीबार असतो.

(ड) एक कॅलरी ऊर्जा एक वॅटच्या बरोबर असते.

९७. खाली दिलेल्यांचा योग्य क्रम लावा.

(प) वृक्षतोड (फ) लोकसंख्यावाढ

(भ) उत्तम वैद्यकीय सुविधांची उपलब्धता

(न) मृदेची धूप

उत्तरे : (अ) भ, फ, प, न (ब) फ, प, भ, न

(क) भ, न, प, फ (ड) भ, प, फ, न

९८. जगात युरेनियमचे सर्वाधिक उत्पादन कोणत्या देशात होते?

(अ) दक्षिण आफ्रिका (ब) चीन

(क) कॅनडा (ड) रशिया

९९. उष्णकटिबंधीय सदाहरित अरण्यातील वृक्ष खूप उंच व सरळ वाढतात. कारण-

(अ) त्यांच्यामध्ये सूर्यप्रकाश प्राप्त करण्यासाठी चढाओढ लागते?

(ब) ते उष्णकटिबंधीय आवर्तांना सामना देण्यास समर्थ असतात.

(क) एक वृक्ष दुसऱ्या वृक्षाला आधार देतो.

(ड) वरीलपैकी कोणतेच नाही.

१००. खालीलपैकी कोणते भूस्वरूप दुसऱ्या गटात मोडते?

(अ) आशिया खंड (ब) जोग धबधबा

(क) गंगेची दरी (ड) वरील कोणतेच नाही.

उत्तरे

१. ड	२. ड	३. ड	४. ब	५. ब	६. ब	७. ब
८. ब	९. क	१०. क	११. अ	१२. क	१३. अ	१४. अ
१५. ड	१६. अ	१७. ब	१८. अ	१९. क	२०. ड	२१. ड
२२. अ	२३. ड	२४. ड	२५. अ	२६. ब	२७. क	२८. ड
२९. अ	३०. ब	३१. क	३२. अ	३३. क	३४. ब	३५. ड
३६. अ	३७. क	३८. ब	३९. क	४०. ब	४१. क	४२. क
४३. अ	४४. अ	४५. ब	४६. ड	४७. ड	४८. क	४९. क
५०. ब	५१. ब	५२. अ	५३. ब	५४. अ	५५. क	५६. ड
५७. ब	५८. क	५९. ड	६०. क	६१. अ	६२. क	६३. अ
६४. ड	६५. क	६६. क	६७. अ	६८. ड	६९. अ	७०. ड
७१. ड	७२. क	७३. क	७४. क	७५. ब	७६. क	७७. ड
७८. ब	७९. क	८०. अ	८१. अ	८२. क	८३. ब	८४. ब
८५. अ	८६. ब	८७. ब	८८. अ	८९. क	९०. ड	९१. क
९२. अ	९३. क	९४. अ	९५. क	९६. ड	९७. अ	९८. क
९९. अ	१००. क					

◆◆◆

प्रश्नसंच - २०

१. खालीलपैकी कोणत्या देशावरून विषुववृत्त आणि मकरवृत्त दोन्ही जातात?
(अ) अर्जेंटिना (ब) झैरे (क) नायजेरिया (ड) ब्राझील

२. खालीलपैकी कोणते बेट पोलीनेशियाशी संबंधित आहे?
(१) कुक बेट (२) फिजी बेट (३) टोंगा बेट (४) त्वालू बेट
खालीलपैकी योग्य उत्तर निवडा.
(अ) १ आणि ४ (ब) २ आणि ४
(क) २ आणि ३ (ड) १, ३ आणि ४

३. खालीलपैकी कोणता प्रवासी अंटार्क्टिकाच्या शोधाशी संबंधित नाही?
(अ) रॉस (ब) स्कोट (क) अमण्डसन (ड) स्टेन-ली

४. खालीलपैकी कोणता एक बाह्यग्रह आहे?
(अ) बुध (ब) मंगळ (क) गुरू (ड) शुक्र

५. स्थितांबर भूपृष्ठापासून किती कि.मी. उंचीवर असते?
(अ) ३२० कि.मी. (ब) ९० ते १०० कि.मी.
(क) १५० कि.मी. (ड) २०० कि.मी.

६. ऋतू, हवामान व पिके यांचा संबंध दाखवण्यासाठी कोणत्या ग्राफचा उपयोग करतात?
(अ) क्लायमेटॉग्राफ (ब) क्लायमोग्राफ
(क) रेषा व स्तंभालेख (ड) अर्‌गोग्राफ

७. पानझडी वृक्षाची अरण्ये खालीलपैकी कोणत्या हवामानाच्या प्रदेशात आढळतात?
(अ) मोसमी हवामानाचा प्रदेश
(ब) भूमध्यसागरीय हवामानाचा प्रदेश
(क) विषुववृत्तीय अरण्याचा प्रदेश
(ड) समशीतोष्ण कटिबंधीय वाळवंटी प्रदेश

८. तृतीय गटाची भूस्वरूपे खालीलपैकी कशामुळे निर्माण होतात?
(अ) खनन व भरण या क्रियांमुळे (ब) भुपृष्ठाच्या हालचालीमुळे
(क) ज्वालामुखीमुळे (ड) वरील तिन्ही कारणांमुळे नाही.

९. खालीलपैकी कोणत्या खडकात लोहाचे प्रमाण जास्त असते?
(अ) ग्रॅनाइट (ब) पेग्मेटाइट (क) हेमेटाइट (ड) अॅथ्रेसाइट

१०. खालीलपैकी कोणते खंड किंवा प्रदेश गोंडवानाचा भाग नाही?
(अ) भारतीय उपखंड (ब) मादागास्कर
(क) अंटार्क्टिका (ड) ग्रीनलंड

११. आर्टेशियन विहिरीसाठी खालीलपैकी कोणता घटक / परिस्थिती योग्य नसते?
(अ) जलभेद्य खडकाचा भाग भूपृष्ठावर उघडा नसावा.
(ब) खडकांच्या थरांची रचना बशीसारखी असावी.
(क) जलाभेद्य खडकांच्या दोन थरांमध्ये जलभेद्य खडक असावा.
(ड) त्या प्रदेशात भरपूर पाऊस असावा.

१२. उत्तर अमेरिकेतील अॅपलेशियन पर्वत खालीलपैकी कोणत्या प्रकारात मोडतात?
(अ) अवशिष्ट पर्वत (ब) गट पर्वत
(क) वली पर्वत (ड) वलयाकार पर्वत

१३. खालीलपैकी कोणती रचनात्मक दरी (Structual valley) आहे?
(अ) यू आकाराची दरी (ब) व्ही आकाराची दरी
(क) लोंबती दरी (ड) अभिनेती दरी

१४. स्तंभ १ (भूपट्टीचे नाव) आणि स्तंभ २ (भूपट्टीची दिशा) यांमधील योग्य शब्दांच्या जोड्या लावा आणि खाली दिलेल्या जोड्यांमधील योग्य जोडी निवडा.

	स्तंभ १	**स्तंभ २**
	भूपट्टीचे नाव	भूपट्टीची दिशा
(प)	इंडो - ऑस्ट्रेलियन	(१) पश्चिम
(फ)	दक्षिण - अमेरिकन	(२) वायव्य
(भ)	उत्तर - अमेरिकन	(३) ईशान्य
(न)	आफ्रिकन	(४) पूर्व

जोड्या	प	फ	भ	न
(अ)	३	२	१	४
(ब)	३	४	१	२
(क)	३	१	२	४
(ड)	४	३	१	२

१५. रिश्टर स्केलवर ५ तीव्रता दाखवणारा भूकंप १ तीव्रता दाखवणाऱ्या भूकंपापेक्षा किती पटीने तीव्र असतो?
(अ) ५०० (ब) ५० (क) १०,००० (ड) ५,०००

१६. नुई अर्डेन्टी (Nuee Ardenty) म्हणजे काय?

(अ) ज्वालामुखीच्या उद्रेकातून आम्लयुक्त लाव्हारसाबरोबर बाहेर पडणारी राख आणि उष्ण गॅस

(ब) मंद गतीने वाहणारा लाव्हा रस

(क) कमी तीव्रतेचा भूकंप

(ड) सर्वांत ऊंच वलीपर्वतांची रांग

१७. कार्स्ट प्रदेशात चुनखडी नाहीशी होऊन त्या ठिकाणी सिलिका आणि आयर्न सल्फाइड तयार होते त्या रासायनिक क्रियेला काय म्हणतात?

(अ) अश्मीकरण (Peteification)   (ब) द्रावणीकरण (Solution)

(क) संचयन (Deposition)   (ड) कार्बनीकरण (carbonation)

१८. खडकांचे तुकडे कशामुळे वाहून नेले जातात?

(१) गुरुत्वाकर्षण   (२) पावसामुळे   (३) भूकंपामुळे   (४) त्सुनामीमुळे

खालीलपैकी योग्य उत्तर निवडा.

(अ) १ आणि २   (ब) १ आणि ३   (क) ३ आणि ४   (ड) १, २ आणि ४

१९. मुख्य हिमनदीला उपहिमनदी मिळते तेथे काय निर्माण होते?

(अ) लोंबती दरी   (ब) यू आकाराची दरी

(क) हिमगव्हर   (ड) गिरिशृंग

२०. शूककूट (Arete) कोठे निर्माण होते?

(अ) दोन सर्कच्या मध्ये   (ब) लोंबत्या दरीच्या खाली

(क) अंतहिमोढच्या जवळ   (ड) यू आकाराच्या दरीच्या तळाला

२१. नदीच्या मुखाशी खालीलपैकी कोणता भूप्रकार तयार होतो?

(अ) कुंडलाकासार   (ब) त्रिभुज प्रदेश   (क) घळई   (ड) धबधबा

२२. नदीच्या मुखाजवळचा भूभाग खचल्याने निर्माण होणाऱ्या समुद्रकिनाऱ्याला काय म्हणतात?

(अ) रिया किनारा   (ब) फियॉर्ड किनारा

(ड) डाल्मेशियन किनारा   (ड) उन्मग्न किनारा

२३. खालीलपैकी कोणता भूप्रकार समुद्राच्या लाटांच्या निक्षेपणकार्यामुळे तयार होत नाही?

(अ) टोम्बोलो   (ब) स्पिट   (क) लगून   (ह) स्टेक

२४. 'टील प्लेन' खालीलपैकी कोणत्या कारकाच्या निक्षेपणकार्यामुळे बनते?

(अ) हिमनदी   (ब) वारा   (क) भूमिगत पाणी   (ड) नदी

२५. खालीलपैकी कोणती मृदाप्रक्रिया शीत आर्द्र, हवामानाशी संबंधित आहे?
(अ) लॅटरायझेशन (ब) कार्बोनेशन
(क) लवणीकरण (क) पडझोलायझेशन

२६. खालीलपैकी कोणती जोडी योग्य नाही.
(अ) हिमनदी - मेषशीला
(ब) सागरी लाटा - अर्धवर्तुळाकार खळगे
(क) नदी - नालाकृती सरोवर
(ड) वारा - कोरडी दरी (blind valley)

२७. साल आणि सागवान वृक्ष खालीलपैकी कोणत्या वनात आढळतात?
(अ) विषुववृत्तीय वनात (ब) सव्हाना वनात
(क) मान्सून वनात (ड) खारफुटीच्या वनात

२८. तपांबर, स्थितांबर, तपस्तब्धी, इ. वातावरणातील थरांच्या सीमारेषा ठरवण्यासाठी खालीलपैकी कोणता घटक महत्त्वाचा ठरतो?
(अ) आर्द्रता (ब) वायुदाब (क) तापमान (ड) उंची

२९. तापमानाची विपरीतता होण्यासाठी कोणता घटक अनुकूल नसतो?
(अ) डोंगराळ प्रदेश (ब) दिनमानापेक्षा रात्रिमान मोठे
(क) निरभ्र आकाश (ड) अस्थिर हवा

३०. कोपेनने केलेल्या हवामानाच्या वर्गीकरणानुसार Cfa हवामानाचा प्रदेश कोठे आढळतो?
(अ) ३०° आणि ४०° अक्षांशांच्या मध्य पश्चिमी किनाऱ्यावर
(ब) ३०° आणि ४०° अक्षांशांच्या मध्य पूर्व किनाऱ्यावर
(क) ३०° आणि ५०° अक्षांशांच्या मध्य पूर्व किनाऱ्यावर
(ड) विषववृत्ताच्या जवळच्या प्रदेशात

३१. खालीलपैकी कोणत्या प्रदेशात भूमध्यसागरीय हवामान आढळत नाही?
(अ) दक्षिण अफ्रिका (ब) नैर्ऋत्य ऑस्ट्रेलिया
(क) नैर्ऋत्य संयुक्त संस्थान (ड) वायव्य युरोप

३२. गल्फ स्ट्रीम, उत्तर अटलांटिक प्रवाह, कॅनरी प्रवाह आणि उत्तर विषुववृत्तीय प्रवाह ज्याच्याभोवती घड्याळ्याच्या काट्याच्या दिशेत फिरतात त्या सागराचे नाव काय?
(अ) लाल सागर (ब) मेक्सिकोची खाडी
(क) बॅफिनची खाडी (ड) सारगोसा समुद्र

३३. होमोसेपिन्स मानवाचे अवशेष ज्या खंडात मिळाले त्या खंडाचे नाव काय आहे?
   (अ) दक्षिण अमेरिका
   (ब) आफ्रिका
   (क) आशिया
   (ड) युरोप

३४. खालीलपैकी जगातील कोणता किनारा मुख्य मासेमारीचा किनारा म्हणून गणला जात नाही?
   (अ) ईशान्य प्रशांत महासागराचा ईशान्य किनारा
   (ब) पश्चिम बंगालचा किनारा
   (क) पेरूचा किनारा
   (ड) अटलांटिक समुद्राचा ईशान्य किनारा

३५. विधान अ : विकसित देशात विकसनशील देशाच्या तुलनेत कमी मजुरांचा वापर केला जातो.
   विधान क : विकसित देशात यंत्रांच्या साहाय्याने शेती केली जाते.
   खालीलपैकी योग्य उत्तर निवडा.
   (अ) विधान 'अ' आणि 'क' बरोबर आहेत आणि विधान 'अ' हे 'क' चे योग्य स्पष्टीकरण / कारण आहे.
   (ब) विधान 'अ' आणि विधान 'क' बरोबर आहेत परंतु विधान 'क' हे 'अ' चे योग्य स्पष्टीकरण / कारण नाही.
   (क) विधान 'अ' बरोबर आहे परंतु विधान 'क' चूक आहे.
   (ड) विधान 'अ' चूक आहे परंतु विधान 'क' चूक आहे.

३६. जगातील सर्वात मोठा दुग्धउत्पादक देश कोणता आहे?
   (अ) न्यूझीलंड
   (ब) डेन्मार्क
   (क) भारत
   (ड) ऑस्ट्रेलिया

३७. कॅलिफोर्नियात फळे आणि भाजी यांचे उत्पादन फार मोठ्या प्रमाणावर होण्याचे कारण कोणते?
   (अ) शासा धरण बांधल्यामुळे शेतीला वर्षभर पाणी असते.
   (ब) उष्ण व कोरडे उन्हाळे
   (क) भरपूर सुपीक जमीन
   (ड) हिवाळी पाऊस

३८. एखाद्या व्हर्निअर स्केलचा छोटा भाग १/४० सें. मी. असेल तर त्याच्या साहाय्याने कमीतकमी किती अंतर मोजता येईल?
   (अ) ०.०५ सें.मी.
   (ब) ०.०२५ सें.मी.
   (क) ०.२५ सें.मी.
   (ड) ०.५० सें.मी.

३९. भारतीय निर्देशक नकाशात चिन्हांचा वापर करताना खालीलपैकी कोणता रंग वापरत नाहीत.
   (अ) हिरवा
   (ब) लाल
   (क) भुरा
   (ड) नारंगी

४०. खालीलपैकी कोणती जोडी योग्य नाही?
(अ) मिलियन शीट - १ : १०,००,०००
(ब) डिग्री शीट / पावइंची नकाशा - २,५०,०००
(क) एकइंची नकाशा - १ : ५०,०००
(ड) अर्धाइंची नकाशा - १ : २५,०००

४१. युरोपातील खालीलपैकी कोणते बंदर व्यस्त बंदर आहे?
(अ) हॅम्बर्ग (ब) अॅन्टवर्प (क) रोटरडॅम (ड) लंडन

४२. जगातील देशांची उत्तर व दक्षिण अशी विभागणी खालीलपैकी कशाच्या आधारावर केली जाते?
(अ) अक्षांशांच्या आधारावर
(ब) संस्कृतीच्या आधारावर
(क) लोकसंख्येच्या वाढीच्या दराच्या आधारावर
(ड) आर्थिक विकासाच्या आधारावर

४३. कोलंबो योजनेत कोणता देश सामील नाही?
(अ) म्यानमार (ब) व्हिएतनाम (क) भारत (ड) श्रीलंका

४४. एखाद्या भारतीय स्थलनिर्देशांक नकाशाचा निर्देशांक ७२ आहे, तर त्याचे प्रमाण काय असेल?
(अ) १ : १०,००,००० (ब) १ : २,५०,०००
(क) १ : ५०,००० (ड) १ : २५,०००

४५. इंडोनेशियाची राजधानी जकार्ता कोणत्या बेटावर आहे?
(अ) सुमात्रा (ब) जावा
(क) कालीमत्तन (ड) बोर्निओ

४६. आइसलंडमध्ये खालीलपैकी कोणत्या ऊर्जेचा सर्वांत जास्त उपयोग होतो?
(अ) जलविद्युत (ब) भरती ऊर्जा
(क) भूऔष्णिक ऊर्जा (ड) पवन ऊर्जा

४७. बाव-अल-मंडळ ही सामुद्रधुनी कोणते जलाशय जोडते?
(अ) लाल समुद्र आणि एडनची खाडी
(ब) फारसची खाडी आणि ओमानची खाडी
(क) लाल समुद्र व भूमध्य समुद्र
(ड) वरील तिन्हींपैकी कोणतेच नाही.

४८. खालीलपैकी कोणती नदी गंगा नदीशी संबंधित नाही?
(अ) चंबळ (ब) सोन (क) वैतरणा (ड) बेतवा

४९. कन्याकुमारी खालीलपैकी कोणत्या भारतीय राज्यात आहे?

(अ) केरळ (ब) तमिळनाडू

(क) कर्नाटक (ड) अंदमान आणि निकोबार बेटे

५०. खालीलपैकी कोणती नदी पंजाबशी संबंधित नाही?

(अ) चंबळ (ब) रावी (क) व्यास (ड) सतलज

५१. कोलकाता, मुंबई, दिल्ली आणि चेन्नई या चार शहरांमध्ये सर्वांत जास्त वार्षिक तापमानकक्षा कोणत्या शहरात आहे?

(अ) दिल्ली (ब) कोलकाता (क) चेन्नई (ड) मुंबई

५२. गंगेच्या मैदानात मृदेची धूप होण्याचे कारण काय?

(अ) सतत जलसिंचन (ब) मान्सून पाऊस

(क) क्षरणक्रिया (ड) दरवर्षी येणारा पूर

५३. भारतातील सर्वांत जास्त क्षेत्रफळ खालीलपैकी कोणत्या प्रकारच्या वनस्पतीने व्यापले आहे?

(अ) कठीण लाकूड देणारे वृक्ष (ब) सव्हाना वनस्पती

(क) प्रेअरी वनस्पती (ड) मऊ लाकूड देणारे वृक्ष

५४. खालीलपैकी कोणते विधान चूक आहे?

(अ) कालव्याद्वारे सर्वांत जास्त जलसिंचनक्षेत्र उत्तर प्रदेशात आहे.

(ब) तलावाद्वारे सर्वांत जास्त जलसिंचनक्षेत्र तमिळनाडूत आहे.

(क) भारतात सर्वांत जास्त सिंचनक्षेत्र पंजाबमध्ये आहे.

(ड) विहिरीद्वारा सर्वांत जास्त जलसिंचनक्षेत्र गुजरातमध्ये आहे.

५५. खालीलपैकी कशाचे उत्पादन कर्कवृत्ताच्या दक्षिणेला होते?

(१) नारळ (२) कॉफी (३) चहा (४) रबर

खालीलपैकी योग्य उत्तर निवडा.

(अ) १, २ आणि ४ (ब) १ आणि ३

(क) २ आणि ३ (ड) ३ आणि ४

५६. बागायती शेतीत खालीलपैकी कशाचा समावेश होतो?

(१) मसाले (२) काजू

(३) अन्नधान्य (४) फळे आणि भाज्या

खालीलपैकी योग्य उत्तर निवडा-

(अ) १ आणि ४ (ब) २ आणि ३

(क) १, २ आणि ३ (ड) १, २ आणि ४

५७. देशातील एकूण वनक्षेत्रापैकी सर्वाधिक वनक्षेत्राचा भाग खालीलपैकी कोणत्या वर्गात मोडतो?

(अ) आरक्षित   (ब) सुरक्षित   (क) अवर्गीकृत   (ड) राष्ट्रीय

५८. खालीलपैकी कोणती जोडी योग्य नाही?

(अ) कॉर्बेट : उत्तरांचल   (ब) दचीगाम : जम्मू आणि काश्मीर

(क) मानस : मध्यप्रदेश   (ड) पेरियार : केरळ

५९. खनिज पदार्थाच्या दृष्टीने विचार करता कोणते भारतीय क्षेत्र अधिक समृद्ध आहे?

(अ) हाडौतीचे पठार   (ब) दख्खनचे पठार

(क) छोटा नागपूरचे पठार   (ड) माळव्याचे पठार

६०. भारतातील सर्वांत जास्त जलविद्युत् प्रकल्प कोणत्या नदीवर आहेत?

(अ) गंगा-यमुना   (ब) सिंधू   (क) ब्रह्मपुत्रा   (ड) कावेरी

६१. खालीलपैकी कोणती जोडी चूक आहे?

(अ) भद्रावती : केमेनगुंडी   (ब) भिलाई : गुसमहिसानी

(क) जमशेदपूर : गुआ   (ड) कुलती असनसोल : राजहरा

६२. सद्यःस्थितीत भारतात जन्मदर व मृत्युदराबाबत खालीलपैकी कोणते विधान योग्य आहे?

(अ) जन्मदर वाढत आहे आणि मृत्युदर कमी होत आहे.

(ब) जन्मदर कमी होत आहे आणि मृत्युदर वाढत आहे.

(क) जन्मदर आणि मृत्युदर दोन्ही कमी होत आहेत.

(ड) जन्मदर आणि मृत्युदर दोन्ही वाढत आहेत.

६३. १९९१-२००१ च्या दरम्यान भारतात लोकसंख्येत किती टक्के वाढ झाली?

(अ) २३.८६ टक्के   (ब) २३.४४ टक्के

(क) २१.३४ टक्के   (क) २८.३३ टक्के

६४. मध्य आणि दक्षिण भारतातील आदिवासी जमातींचे लोक कोणत्या समूहाशी संबंधित आहेत?

(अ) मंगोलियन   (ब) निग्रो

(क) प्रोटो-ऑस्ट्रेलॉयड   (ड) ऑस्ट्रेलॉयड

६५. राष्ट्रीय महामार्ग क्र. ७ चे सुरवातीचे व शेवटचे शहर कोणते?

(अ) पालयन कोटे - तुतीकोरीन

(ब) वाराणसी - कन्याकुमारी

(क) दिल्ली - मुंबई

(ड) दिल्ली - अमृतसर

६६. भारतीय रेल्वेला किती विभागांत विभागले आहे?

(अ) ४ (ब) ६ (क) १५ (ड) १६

६७. "इतिहास वेळेशी संबंधित आहे आणि भूगोल स्थानाशी" असे कोणी म्हटले आहे?

(अ) हम्बोल्ट (ब) रिटर (क) वारेनियस (ड) इमेन्युअल कांट

६८. जगात सर्वांत जास्त लोकसंख्या असलेले शहर कोणते?

(अ) टोकिओ (ब) लंडन (क) शांघाय (ड) मेक्सिको सिटी

६९. नदीच्या त्रिभुजप्रदेशात असलेल्या वस्तीचा आकार कसा असतो?

(अ) चौकोनी (ब) गोलाकार (क) पंखासारखा (ड) तारकेसारखा

७०. खालीलपैकी कोणत्या कटिबंधात मासेमारीचा व्यवसाय जोरात चालतो?

(अ) उष्ण (ब) शीत

(क) समशीतोष्ण (ड) अ आणि ब दोन्हींमध्ये

७१. खालीलपैकी कोणता होमो सेपियन्स मानव नाही आहे?

(अ) ग्रीमाल्डी मानव (ब) क्रो मेगनन मानव

(क) पिथेकेन्थ्रोपस मानव (ड) ऱ्होडेशिआई मानव

७२. विषुववृत्ताकडून ध्रुवाकडे जाताना माणसाच्या त्वचेचा रंग कसा होतो?

(अ) काळ्याचा गोरा (ब) सावळ्याचा काळा

(क) पांढुरक्याचा पिवळा (ड) पिवळ्याचा गोरा

७३. किरगीज लोकांचा प्रमुख व्यवसाय काय आहे?

(अ) पशुचारण (ब) मत्स्यशेती (क) शेती (ड) लाकूडतोडी

७४. गद्दी जमातीचे लोक खालीलपैकी कोणत्या राज्यात राहतात?

(अ) जम्मू-काश्मीर (ब) हिमाचल प्रदेश

(क) आंध्र प्रदेश (ड) बिहार

७५. खालीलपैकी कोणत्या वर्षात भारतात लोकसंख्यावाढीचा दर जास्त होता?

(अ) १९०२ मध्ये (ब) २००१ मध्ये

(क) १९२१ मध्ये (ड) १९४१ मध्ये

७६. खालीलपैकी कोणते स्थळ पनामा कालव्यावर नाही?

(अ) कोलोन (ब) बहिया लोमोन

(क) लागो-गटून (क) अरिबा

७७. जगात सर्वांत जास्त ॲटाल (Atoll) कुठे आढळतात?

(अ) मध्य आणि पश्चिम प्रशांत महासागरात

(ब) उत्तर अटलांटिक महासागरात

(क) हिंदी महासागरात (ड) तस्मानच्या सागरात

७८. ॲनारॉइड बॅरोमीटरचा उपयोग कशासाठी केला जातो?

(अ) वायुदाब मोजण्यासाठी (ब) उंची मोजण्यासाठी

(क) सापेक्ष आर्द्रता मोजण्यासाठी (ड) अ आणि ब दोन्ही मोजण्यासाठी

७९. उत्तरेकडील विकसित देशांच्या यादीत दक्षिण गोलार्धातील कोणता देश आहे?

(अ) दक्षिण आफ्रिका (ब) अर्जेंटिना

(क) ऑस्ट्रेलिया (ड) लिसोथो

८०. मर्काली स्केलवर भूकंपाची तीव्रता कोणत्या मर्यादेत मोजतात?

(अ) १ ते ९ च्या मध्ये (ब) १ ते १२ च्या मध्ये

(क) शून्य ते ९ च्या मध्ये (ड) १ ते १० च्या मध्ये

८१. ब्युकोर्ट - परिमाणानुसार ताशी १२१ कि.मी. वेगाने वाहणारे वारे काय सूचित करतात?

(अ) मंद वारे (ब) सामान्य वारे

(क) तीव्र वादळी वारे (ड) हरिकेन

८२. नद्यांच्या खोऱ्यातील शेती खालीलपैकी कोणत्या देशात प्रामुख्याने विकसित झाली आहे?

(अ) नायजेरिया (ब) ब्राझील (क) दक्षिण अफ्रिका (ड) इजिप्त

८३. आकाशात अधिक उंचीवर आढळणारे ढग (High Clouds) समुद्रसपाटीपासून किती उंचीवर आढळतात?

(अ) २४०० मीटर उंचीवर

(ब) २४०० ते ६००० मीटर उंचीवर

(क) ६००० ते १२००० मीटर उंचीवर

(ड) ६०० ते १२०० कि.मी. उंचीवर

८४. हे भूमिस्वरूप कोणत्या कारकामुळे तयार होते?

(अ) वारा (ब) नदी (क) भूमिगत पाणी (ड) हिमनदी

८५. समतल पटल सर्वेक्षणाला सामान्यपणे खालीलपैकी कोणत्या पद्धतीचा उपयोग केला जात नाही?

(अ) विकिरण पद्धत (ब) त्रिभुजन पद्धत

(क) प्रतिच्छेदन पद्धत (ड) वेढा पद्धत

८६. सापेक्ष आर्द्रता खालीलपैकी कोणत्या उपकरणाने मोजतात?

(अ) ॲनोमोमीटर (ब) कोरड्या व ओल्या फुग्याचा तापमापक

(क) बॅरोमीटर (ड) रेनगेज

८७. दक्षिण अमेरिकेतील पॅटागोनिया पठार खालीलपैकी कोणत्या पठाराचे उदाहरण आहे?

(अ) पर्वतपदीय पठार (ब) पर्वतांतर्गत पठार

(क) विदीर्ण पठार (ड) उष्ण व कोरड्या हवामानातील पठार

८८. खालीलपैकी कोणत्या प्रकारचे मैदान क्षरणकार्यामुळे निर्माण होत नाही?

(अ) समतलप्राय मैदान (Penelplain) (ब) कुएस्टा मैदान (Cuesta Plain)

(क) हिमघर्षित मैदान (ड) पर्वतपदीय मैदान

८९. वेगनरच्या सिद्धान्तानुसार खंडाची हालचाल कोणत्या दिशांमध्ये झाली?

(अ) विषुववृत्त व उत्तर ध्रुव (ब) विषुववृत्त व दक्षिण ध्रुव

(क) विषुववृत्त व पूर्व दिशा (ड) विषुववृत्त व पश्चिम दिशा

९०. हडसन आणि मॅकेन्झी नद्यांचे त्रिभुज प्रदेश कोणत्या प्रकारचे आहेत?

(अ) विहंगपद (ब) धनुष्याकृती

(क) एकमुखी (Cuspate) (ड) खाडीचा

९१. उष्णकटिबंधीय आवर्ताबाबत खालीलपैकी कोणते विधान चूक आहे?

(अ) आवर्ताच्या मध्यभागी कमी दाब असतो आणि समदाबरेषा गोलाकार असतात.

(ब) हे व्यापारी वाऱ्यांच्या दिशेने पूर्वेकडून पश्चिमेकडे सरकतात.

(क) हे आवर्त बरेचवेळा थंड प्रदेशात उत्पन्न होतात.

(ड) महासागरातील बेटांवर आणि महासागराच्या किनाऱ्यावर याचा सर्वांत जास्त विनाशकारी परिणाम होतो.

९२. सममेघ रेषा जोडणाऱ्या रेषांना काय म्हणतात?

(अ) आइसोनेफ (ब) आइसोहेलाइन

(क) आइसोनिफ (ड) आयसोहेतस

९३. महासागरात खालीलपैकी कोणत्या प्रकारचा गाळ मोठ्या प्रमाणात असतो?

(अ) तांबडी मृदा (ब) रेडिओलॅरियन सिंधुपंक

(क) डायटॉम सिंधुपंक (ड) टेरोपॉड सिंधुपंक

९४. नागरी वस्त्यांचा वर्तुळ विभाग सिद्धान्त कोणी मांडला?

(अ) बर्गेस (ब) होमर हॉइट (क) लॉश (ड) रेवेस्टीन

९५. नायट्रोजन आणि फॉस्फरसचे प्रमाण जास्त असलेले निक्षेप कोठे आढळतात?

(अ) ऑस्ट्रेलियाच्या किनाऱ्याजवळ

(ब) दक्षिण अफ्रिकेच्या किनाऱ्याजवळ

(क) चिली-पेरूच्या किनाऱ्याजवळ

(ड) जपानच्या किनाऱ्याजवळ

९६. 'जलगोलार्ध' कोठे आहे?

(अ) दक्षिण अफ्रिकेजवळ   (ब) अर्जेंटिनाजवळ

(क) भारताच्या दक्षिण टोकाजवळ   (ड) न्यूझीलंडजवळ

९७. उत्तर दिशा खालीलपैकी कशाच्या साहाय्याने ठरवता येते?

(अ) झैरो कंपास   (ब) ट्रफ कंपास

(क) प्रिझ्मॅटिक कंपास   (ड) मॅग्नेटिक कंपास

९८. विधान अ : दोन सरळ रेषा एका बिंदूत मिळाल्यावर अंतर्गत कोन निर्माण होतो.

विधान क : कोणत्या एका बिंदूत बनलेला अन्त:कोन आणि बाह्यकोन ३६०° असतो?

खालीलपैकी योग्य उत्तर निवडा.

(अ) विधान 'अ' आणि विधान 'क' बरोबर आहेत आणि विधान 'क' हे 'अ' चे योग्य उत्तर / स्पष्टीकरण आहे.

(ब) विधान 'अ' आणि विधान 'क' बरोबर आहेत परंतु विधान 'क' हे 'अ' चे योग्य उत्तर / स्पष्टीकरण नाही.

(क) विधान 'अ' बरोबर आहे परंतु विधान 'क' चूक आहे.

(ड) विधान 'अ' चूक आहे परंतु विधान 'क' बरोबर आहे.

९९. खालीलपैकी कोणते वाळवंट हे थंड किनारी वाळवंट आहे?

(अ) गिब्सन   (ब) अटाकामा   (क) गोबी   (ह) मोहावे

१००. स्तंभ १ (उत्पादन) आणि स्तंभ २ / (सर्वांत जास्त निर्यात करणारे खंड) यांमधील योग्य शब्द निवडून जोड्या लावा आणि खाली दिलेल्या जोड्यांमधील योग्य जोडी निवडा.

स्तंभ १	स्तंभ २
उत्पादन	सर्वांत जास्त निर्यात करणारे खंड
(प) साखर	(१) आफ्रिका
(फ) कॉफी	(२) उत्तर अमेरिका
(भ) गहू	(३) दक्षिण अमेरिका
(न) रबर	(४) आशिया

जोड्या	प	फ	भ	न
(अ)	३	२	१	४
(ब)	३	१	२	४
(क)	१	२	३	४
(ड)	२	३	४	१

उत्तरे

१. ड	२. ड	३. ड	४. क	५. ब	६. ड	७. क
८. अ	९. ड	१०. क	११. अ	१२. अ	१३. ड	१४. क
१५. क	१६. अ	१७. अ	१८. ब	१९. अ	२०. अ	२१. ब
२२. अ	२३. ड	२४. अ	२५. ड	२६. ब	२७. क	२८. क
२९. अ	३०. ब	३१. ब	३२. ड	३३. अ	३४. ब	३५. अ
३६. क	३७. अ	३८. ब	३९. ड	४०. ड	४१. क	४२. ड
४३. ब	४४. अ	४५. ब	४६. क	४७. अ	४८. क	४९. ब
५०. अ	५१. अ	५२. ड	५३. अ	५४. अ	५५. अ	५६. ड
५७. अ	५८. क	५९. क	६०. अ	६१. ड	६२. क	६३. क
६४. क	६५. ब	६६. ड	६७. ड	६८. अ	६९. क	७०. क
७१. क	७२. अ	७३. अ	७४. ब	७५. क	७६. ड	७७. अ
७८. ड	७९. क	८०. ब	८१. ड	८२. अ	८३. क	८४. अ
८५. ब	८६. ब	८७. अ	८८. ड	८९. ड	९०. क	९१. क
९२. अ	९३. अ	९४. ब	९५. क	९६. ड	९७. अ	९८. ब
९९. ब	१००. ब					

◆◆◆

प्रश्नसंच - २१

१. खालीलपैकी कोणती पर्वतांची रांग अल्पाइन पर्वताच्या निर्मितीशी संबंधित आहे?
   (अ) आल्प्स   (ब) हिमालय   (क) कारपेथिअन   (ड) डिनेरिक आल्प्स

२. २१ मार्चला कोणत्या अक्षांशावर सूर्यकिरणे सरळ पडतात?
   (अ) आर्क्टिक अक्षांश   (ब) कर्कवृत्त
   (क) मकरवृत्त   (ड) वरीलपैकी कोणतेच नाही.

३. स्तंभ १ (पर्वताचे नाव) आणि स्तंभ २ (पर्वताचे प्रकार) यांमधील योग्य शब्द निवडून जोड्या लावा आणि खाली दिलेल्या जोड्यांमधील योग्य जोडी निवडा.

स्तंभ १	स्तंभ २
(प) एव्हरेस्ट	(१) अवशिष्ट पर्वत
(फ) ब्लॅक फॉरेस्ट	(२) घडीचे पर्वत
(भ) सह्याद्री	(३) घुमटाकार पर्वत
(न) व्हिटा	(४) गटपर्वत

जोड्या	प	फ	भ	न
(अ)	२	४	१	३
(ब)	४	२	१	३
(क)	२	४	३	१
(ड)	२	३	४	१

४. खालीलपैकी कोणते बेटाचा चाप (Island arc) याचे उदाहरण आहे?
   (अ) अल्युशियन बेट   (ब) लक्षद्वीप
   (क) अंदमान आणि निकोबार   (ड) मालदीव

५. खालीलपैकी कोणत्या गोलार्धाला जलगोलार्ध (water hemisphere) म्हणतात?
   (अ) उत्तर   (ब) पूर्व   (क) पश्चिम   (ड) दक्षिण

६. सियाल थराबाबत खालीलपैकी कोणते विधान सत्य आहे?
   (अ) सियालची घनता सायमापेक्षा अधिक असते.
   (ब) सियालचा विस्तार सामान्यतः महासागरीय भागात होतो.
   (क) सायमाच्या तुलनेत सियालमध्ये वाळूचे प्रमाण कमी असते.
   (ड) वरील सर्व विधाने सत्य आहेत.

७. आशिया, युरोप, ग्रीनलंड आणि उत्तर अमेरिका या चार खंडांत कोणती समानता आहे?

   (अ) वरील सर्व खंडे उत्तर गोलार्धात आहेत.

   (ब) वरील सर्व खंडे लोरेशिया भूखंडाचे भाग आहेत.

   (क) वरील सर्व खंडांतून मकरवृत्त जाते.

   (ड) वरील सर्व खंडांत उष्णकटिबंधीय हवामानाचे सर्व प्रकार आहेत.

८. द्रव पदार्थापासून खालीलपैकी कोणते खडक तयार होतात?

   (अ) अग्निजन्य   (ब) रूपांतरित   (क) स्तरित   (ड) ज्वालामुखी

९. सिमेंट निर्मितीसाठी खालीलपैकी कोणत्या खडकाचा उपयोग करतात?

   (अ) ग्रॅनाइट   (ब) चुनखडक   (क) बेसाल्ट   (ड) स्लेट

१०. खालीलपैकी कोणता पर्वत गटपर्वत नाही?

   (अ) एलबुर्स   (ब) हॉसजेस   (क) हॅर्झ   (ड) ब्लॅक फॉरेस्ट

११. हिमालय पर्वताची निर्मिती खालीलपैकी कोणत्या भूतबकडीच्या कडा प्रकारामुळे झाली आहे?

   (अ) समआघाती   (ब) विनाशीकड   (क) सृजनकड   (ड) अविकारी

१२. भूकंप होण्याची शक्यता सर्वांत कमी कोठे असते?

   (अ) तबकड्यांच्या मध्यवर्ती भागात   (ब) उंच पर्वतीय भागात

   (क) समुद्रतळाच्या खाली   (ड) संयुक्त संस्थानांत

१३. मिश्र ज्वालामुखी कधी निर्माण होतो?

   (अ) ज्वालामुखीचे मुख्य छिद्र बंद झाल्यावर.

   (ब) ग्रॅनाइटच्या खडकाला भेगा पडल्यावर.

   (क) भूपृष्ठाला अनेक भेगा पडल्यावर.

   (ड) भूकंपामुळे खडकाला भेगा पडून फुटल्यामुळे.

१४. जास्त दैनिक आणि वार्षिक तापमानकक्षा असणाऱ्या प्रदेशात खालीलपैकी कोणता विदारणाचा प्रकार आढळतो?

   (अ) एक्स्फोलिएशन   (ब) ऑक्सिडेशन

   (क) जैविक   (ड) कार्बनीकरण

१५. खालील शब्दांच्या योग्य जोड्या लावा.

   (प) घुमटाकार ज्वालामुखी   (१) पेरिक्युटिन (मेक्सिको)

   (फ) सिंडर शंकु ज्वालामुखी   (२) फ्युनिसान (जपान)

   (भ) मिश्र शंकु ज्वालामुखी   (३) मोनालोआ (हवाई)

   (न) शिण्ड ज्वालामुखी   (४) लेसन पीक (संयुक्त संस्थाने)

जोड्या	प	फ	भ	न
(अ)	२	१	४	३
(ब)	४	२	३	१
(क)	४	१	२	३
(ड)	२	३	४	१

१६. हिमनदीतील बर्फ वितळल्यावर गर्तामध्ये पाणी साचून जी सरोवरे निर्माण होतात त्यांना काय म्हणतात?

   (अ) कोल्क सरोवर   (ब) रिबन सरोवर

   (क) लगून   (ड) कुंडलाकासार

१७. खालीलपैकी नदीमुळे तयार झालेले कोणते भूस्वरूप आर्थिकदृष्ट्या फायदेशीर आहे?

   (अ) कार्तिक नागमोड   (ब) त्रिभुज प्रदेश

   (क) घळई   (ड) पूरतट

१८. भूमिगत पाण्याचे कार्य खालीलपैकी कोणत्या प्रदेशात आढळते?

   (अ) कार्स्ट   (ब) हिमनदीच्या

   (क) नदीच्या दरीत   (ड) समुद्रकिनाऱ्याच्या

१९. 'टेरारोसा' (Tera Rosa) भूमिस्वरूप कोणत्या कारकामुळे तयार होते?

   (अ) वारा   (ब) भूमिगत जल   (क) नदी   (ड) हिमनदी

२०. 'एक्स्फोलिएशन' हा प्रकार कोणत्या हवामानाच्या प्रदेशात आढळतो?

   (अ) उष्णकटिबंधीय वाळवंट   (ब) विषुववृत्तीय प्रदेशात

   (क) उष्णकटिबंधीय दमट हवामानाच्या प्रदेशात

   (ड) ध्रुवीय प्रदेशात

२१. उष्णकटिबंधीय पावसाच्या प्रदेशात तयार होणाऱ्या मृदेबाबत खालीलपैकी कोणते विधान सत्य आहे?

   (अ) ही मृदा अधिक खोल असते

   (ब) ही मृदा सुपीक असते

   (ब) या मृदेत वाळूचे प्रमाण जास्त असते

   (ड) या प्रदेशातील मूळ खडकांचे रासायनिक विदारण जलद होते.

२२. जर एखाद्या प्रदेशातील मृदेत पी. एच. प्रमाण ३ असेल तर ते काय सूचित करते?

   (अ) मृदेत दर ३ घन सें. मी. ला हायड्रोजन आयनचे प्रमाण १० ग्रॅम आहे.

   (ब) मृदा आम्लयुक्त आहे.

(क) मृदेत हायड्रोजन आयनचे प्रमाण अपेक्षेपेक्षा कमी आहे.
(ड) वरील सर्व काही.

२३. पडझॉल आणि जांभा मृदा यांच्या बाबतीत खालीलपैकी कोणते विधान असत्य आहे?
(अ) पडझॉल मृदेचा वरचा थर काळा असतो तर जांभा मृदेचा वरचा थर लाल असतो.
(ब) जांभा मृदेची धूप पडझॉल मृदेपेक्षा अधिक वेगाने होते.
(क) जांभा मृदा पडझॉल मृदेपेक्षा जास्त खोल असते.
(ड) जांभा मृदेच्या तुलनेत पडझॉल मृदा अधिक सुपीक असते.

२४. खालीलपैकी कोणत्या खंडात वनाने व्यापलेले क्षेत्र जास्त आहे?
(अ) आशिया (ब) युरोप (क) दक्षिण अमेरिका (ड) आफ्रिका

२५. शंक्वाकृती वृक्षाच्या पानांची टोके सुईच्या अग्रासारखी टोकदार असतात.
(अ) जनावरांनी या झाडाची पाने खाऊ नये म्हणून
(ब) बाष्पोत्सर्जन कमीतकमी व्हावे म्हणून
(क) बाष्पीभवन कमीतकमी व्हावे म्हणून
(ड) बाष्पीभवन जास्तीतजास्त व्हावे म्हणून

२६. खालीलपैकी कोणता वातावरणाचा सर्वात वरचा थर आहे?
(अ) तपांबर (ब) तपस्तब्धी (क) स्थितांबर (ड) दलांबर

२७. आवर्ताबद्दलचा 'ध्रुवीय सीमा सिद्धान्त' खालीलपैकी कोणी मांडला?
(अ) बजकरतीस (ब) होल्महोटझ्
(क) नेपियर शॉ (ड) एकनजर

२८. हवेच्या अभिसरणप्रवाहाशी खालीलपैकी कोणते मेघ संबंधित आहेत?
(अ) क्युमुलस (ब) सिरस (क) निम्बस (ड) स्ट्रेटस

२९. उष्ण व गरम हवा कोणत्या अक्षांशांच्यामध्ये एकत्र येतात?
(अ) ३०° आणि ४०° अक्षांशांच्या मध्ये पश्चिम किनाऱ्यावर
(ब) १०° आणि २०° अक्षांशांच्या मध्ये पश्चिम किनाऱ्यावर
(क) ३०° आणि ४०° अक्षांशांच्या मध्ये पूर्व किनाऱ्यावर
(ड) १०° आणि २०° अक्षांशांच्या मध्ये पूर्व किनाऱ्यावर

३०. महासागराच्या कोणत्या भागाचा उपयोग पाणबुडे अधिक प्रमाणात करतात?
(अ) खंडान्त उतार (ब) सागरीय मैदाने
(क) समुद्रबूड जमीन (ड) सागरी गर्ता

३१. पृथ्वीवरील सर्वात जास्त ताजे पाणी (fresh water) खालीलपैकी कशात आहे?

(अ) वातावरण (ब) नद्या आणि सरोवरे

(क) भूमिगत जल (ड) हिमनदी

३२. रामपिथेकस मानवाचे अवशेष खालीलपैकी कोणत्या खंडात मिळाले नाहीत?

(अ) दक्षिण अमेरिका (ब) उत्तर अमेरिका

(क) आफ्रिका (ड) ऑस्ट्रेलिया

खालीलपैकी योग्य उत्तर निवडा.

(अ) १ आणि २ मध्ये (ब) १ आणि ४ मध्ये

(क) १, २ आणि ४ मध्ये (ड) ३ आणि ४ मध्ये

३३. खालीलपैकी कोणता चतुर्थक उद्योग आहे?

(अ) जो उद्योग संशोधनाच्या कार्याशी संबंधित आहे व ज्या उद्योगात विज्ञान व तंत्रज्ञानाचा वापर केला आहे.

(ब) ज्या उद्योगात कच्चा माल पुरवला जातो.

(क) ज्या उद्योगात कच्च्या मालावर प्रक्रिया केली जाते.

(ड) जे उद्योग दुसरे उद्योग निर्माण करतात.

३४. खालीलपैकी कोणत्या खंडात शेतीस योग्य जमिनीचे क्षेत्र सर्वाधिक आहे?

(अ) युरोप (ब) उत्तर अमेरिका

(क) आशिया (ड) आफ्रिका

३५. विकसित आणि विकसनशील देशांतील शेतीमध्ये खालीलपैकी कोणता फरक नाही?

(अ) शेतकऱ्यांच्या शिक्षणाची पातळी (ब) पाऊस आणि खतांचा वापर

(क) नफ्याचे प्रमाण (ड) तंत्रज्ञानाचा वापर

३६. कोणत्याही व्हर्निअर स्केलवर वाचता येणारी मापनाची उतरत्या क्रमाने क्रमवारी कोणती?

(अ) किलोमीटर - हेक्टामीटर - डेसीमीटर

(ब) डेकामीटर - डेसीमीटर - सेंटीमीटर

(क) मीटर - डेसीमीटर - सेंटीमीटर

(ड) मैल - गज - फूट

३७. भारतीय दैनिक हवामानाच्या रिपोर्टमध्ये वापरण्यात येणाऱ्या नकाशाचे प्रमाण काय असते?

(अ) १:१५,०००,००० (ब) १:३०,०००,०००

(क) १:१०,००,००० (ड) १:१०,०००,०००

३८. भारतील स्थलनिर्देशांक नकाशात सर्व वृक्षांना कोणत्या रंगाने दर्शवले जाते?
(अ) हिरवा (ब) पिवळा (क) राखडी (ड) काळा

३९. १:२,५०,००० या प्रमाणावर बनवलेल्या स्थलनिर्देशांक नकाशाचा निर्देशांक खालीलपैकी कोणता असेल?
(अ) ५३A (ब) ५३
(क) ५३A / १० / NE (ड) ५३A/१०

४०. युरोपातील खालीलपैकी कोणत्या देशात भूमध्यसागरीय हवामान नाही?
(अ) स्पेन (ब) ग्रीस (क) स्वीडन (ड) इटली

४१. जपान औद्योगिकदृष्ट्या पुढारलेला देश आहे. तेथील औद्योगिक उत्पादनाचा समूह कोणता?
(अ) कम्प्यूटर, नैसर्गिक वायू आणि बॉक्साईट
(ब) वस्त्र, पोलाद आणि रबर
(क) लोह, बॉक्साइट व इतर खनिजे
(ड) वाहन, पोलाद, कम्प्यूटर, इलेक्ट्रॉनिक उपभोग्य वस्तू

४२. जगातील पन्नास टक्केपेक्षा जास्त लोक खालीलपैकी कोणत्या खंडात निवास करतात?
(अ) पूर्ण आशिया (ब) दक्षिण आशिया
(क) युरोप (ड) अ आणि ब दोन्हीमध्ये

४३. नेपाळमध्ये होणारी मृदेची धूप वाढणे हे बांगलादेशासाठी चिंतेचे कारण का आहे?
(अ) नद्या प्रदूषित होतात म्हणून (ब) पूर येण्याचे प्रमाण वाढते म्हणून
(क) नद्या सुकून जातात म्हणून (ड) नदीचे पाणी पोहचत नाही म्हणून

४४. शत-अल-अरब ची निर्मिती खालीलपैकी कोणत्या दोन नद्यांच्या संगमावर झालेली आहे?
(१) युफ्रेटस (२) तैग्रीस (३) सरदरिया (४) अमूर दरिया
खालीलपैकी योग्य उत्तर निवडा-
(१) १ आणि ३ (ब) १ आणि ४
(क) १ आणि २ (ड) ३ आणि ४

४५. काळानुसार खालील पर्वत / पठारांचा योग्य क्रम कोणता?
(१) अरवली (२) पूर्व घाट
(३) दखखनचे पठार (४) हिमालय
(अ) १, २, ३ आणि ४ (ब) ४, २, ३ आणि १
(क) ३, १, २ आणि ४ (ड) २, १, ३ आणि ४

४६. हिंदी महासागराच्या किनाऱ्यावर असलेल्या देशांमध्ये सर्वात जास्त किनारपट्टीची लांबी असलेला देश कोणता?

(अ) पाकिस्तान (ब) भारत (क) म्यानमार (ड) श्रीलंका

४७. पंख्याच्या आकाराच्या मैदानाची सर्वांत उत्तम उदाहरणे खालीलपैकी कोणत्या राज्यात बघायला मिळतात?

(अ) पंजाब (ब) उत्तरांचल (क) बिहार (ड) झारखंड

४८. खालीलपैकी कोणत्या नदीचा उगम मैकल पर्वतरांगेत नाही?

(अ) तापी (ब) नर्मदा (क) सोन (ड) महानदी

४९. खालीलपैकी कशाचा भारतीय पावसावर परिणाम होत नाही?

(अ) ला नीना (ब) अल निनो (क) जेट स्ट्रीम (ड) गल्फ स्ट्रीम

५०. मुंबई शहराचा आकृतिबंध कोणत्या प्रकारचा आहे?

(अ) तारकाकृती (ब) रेषीय

(क) आयताकृती (ड) त्रिकोणी

५१. भारतातील खालीलपैकी कोणत्या पिकाच्या क्षेत्रात जलसिंचन जास्त होते?

(अ) तीळ (ब) गहू (क) तांदूळ (ड) बाजरी

५२. सध्या भारतातील कोणत्या राज्याच्या शेतीसाठी यंत्रसामग्रीचा वापर वाढला आहे?

(अ) तांदूळ उत्पादक राज्यात (ब) कापूस उत्पादक राज्यात

(क) बागायती शेतीच्या राज्यात (ड) चहा उत्पादक राज्यात

५३. आंतरराष्ट्रीय मासे उत्पादनात भारताचे जगात कितवे स्थान आहे?

(अ) पहिले (ब) दुसरे (क) तिसरे (ड) चौथे

५४. खालीलपैकी कोणती जोडी योग्य नाही?

(अ) Af - उष्णकटिबंधीय पावसाळी प्रदेश

(ब) Am - मान्सून हवामानाचा प्रदेश

(क) Ca - समशीतोष्ण कटिबंधीय दमट हवामानाचा प्रदेश

(ड) BWL - भूमध्यसागरीय हवामानाचा प्रदेश

५५. खालीलपैकी कोणती जोडी योग्य नाही?

(अ) गुरुमहिसानी : लोह (ब) तालचर : कोळसा

(क) जादुगुडा : युरेनियम (ड) जावर : तांबे

५६. खालीलपैकी कोणती जोडी योग्य नाही?

(अ) कोयना : जलविद्युत् प्रकल्प (ब) कल्पक्कम : अणुशक्ती केंद्र

(क) सूरतगढ : पवन ऊर्जा प्रकल्प (ड) भावनगर : भारतीऊर्जा प्रकल्प

५७. खालीलपैकी कोणती जोडी योग्य नाही?

(अ) खेतडी : तांबे उद्योग (ब) कोरापुत : ॲल्युमिनियम उद्योग

(क) रांची : जड यंत्रसामग्री उद्योग (ड) माझगाव : सिमेंट उद्योग

५८. खालील राज्यांच्या एकूण लोकसंख्येत शहरी लोकसंख्येची सर्वाधिक टक्केवारी कोणत्या राज्यात आहे?

(अ) महाराष्ट्र (ब) गोवा (क) उत्तर प्रदेश (ड) राजस्थान

५९. भारतात सर्वांत जास्त लिंगगुणोत्तर प्रमाण असलेले राज्य कोणते?

(अ) तमिळनाडू (ब) छत्तीसगड़ (क) केरळ (ड) राजस्थान

६०. खालीलपैकी कोणती जोडी योग्य नाही?

(अ) आओ : नागालॅण्ड (ब) टोडा : तमिळनाडू

(क) थारू : उत्तर प्रदेश (ड) कोन्याक : केरळ

६१. खालीलपैकी कोणती जोडी योग्य नाही?

(अ) कृत्रिम बंदर : चेन्नई (ब) सर्वांत मोठे बंदर : मुंबई

(क) भरतीचे बंदर : कांडला (ड) सर्वांत खोल बंदर : कोलकाता

६२. परकीय चलनाचा विचार करता भारत सर्वांत जास्त आयात कशाची करतो?

(अ) अधातू खनिज (ब) इलेक्ट्रॉनिक वस्तू किंवा सामान

(क) पेट्रोलियम (ड) अन्नधान्य

६३. भूगोलात 'पार्थिव एकता सिद्धान्त' कोणी मांडला होता?

(अ) जीन ब्रून्स (ब) ब्लाश (क) रॅटझेल (ड) हटिंग्टन

६४. उताराचे छप्पर असलेली घरे कुठे बांधतात?

(अ) मैदानी प्रदेशात (ब) वाळवंटात

(क) पर्वतीय प्रदेशात (ड) अधिक पावसाच्या प्रदेशात

६५. खालीलपैकी कोणते पीक बागायती शेतीत घेत नाहीत?

(अ) तंबाखू (ब) चहा (क) कॉफी (ड) रबर

६६. मानवी जमातीच्या सर्वप्रथम वर्गीकरणाचे श्रेय खालीलपैकी कोणाला जाते?

(अ) लिनायस (ब) हॅडन (क) वर्नियर (ड) हक्स्ले

६७. खालीलपैकी कोणत्या आदिवासी जमातीचा संबंध विषुववृत्तीय प्रदेशाशी नाही?

(अ) किरगीझ (ब) सेमांग (क) सकाई (ड) पिग्मी

६८. गोंड ही आदिवासी जमात कोणत्या राज्यात आहे?

(अ) झारखंड बिहारमध्ये (ब) मध्यप्रदेश छत्तीसगडमध्ये

(क) उत्तरांचल उत्तरप्रदेशमध्ये (ड) राजस्थानात

६९. भारतातील जास्तीतजास्त लोक खालीलपैकी कोणत्या जमातीशी संबंधित आहेत?

(अ) निग्रोटो (ब) प्रोटो - ऑस्ट्रेलॉइड

(क) निग्रोइड (ड) मंगोलियन

७०. खालीलपैकी कोणती जोडी योग्य नाही?

भौगोलिक प्रदेश	जैववैविधता संरक्षित क्षेत्र
(अ) पश्चिम हिमालय	नंदादेवी
(ब) ईशान्य भारत	चेरापुंजी
(क) पश्चिम घाट	निलगिरी
(ड) गंगेचे मैदान	सुंदरबन

७१. खालीलपैकी कोणत्या विकसित देशाने सर्वप्रथम लोकसंख्यानियंत्रण कार्यक्रमास सुरुवात केली ?

(अ) इटली (ब) फ्रान्स (क) जपान (ड) ग्रेट ब्रिटन

७२. जेट स्ट्रीमच्या संदर्भात कोणती विधाने सत्य आहेत?

(१) जेट स्ट्रीम भुपृष्ठापासून सुमारे ६००० मीटर उंचीपलीकडील वातावरणाच्या भागात आढळतात.

(२) यांचा वेग ६०° उत्तर व दक्षिण अक्षवृत्ताजवळच्या वातावरणाच्या भागात जास्त असतो.

(३) ऋतुपरत्वे हे आपल्या मूळ स्थितीपासून थोडे वरखाली होत असतात.

(४) हे ईशान्य दिशेकडून नैर्ऋत्य दिशेकडे वाहतात.

खालीलपैकी योग्य उत्तर निवडा.

(अ) १ आणि २ बरोबर आहे. (ब) १ आणि ३ बरोबर आहे.

(क) २ आणि ४ बरोबर आहे. (ड) १, २ आणि ३ बरोबर आहे.

७३. खालीलपैकी कोणता समुद्रप्रवाह दक्षिण गोलार्धाशी संबंधित आहे?

(अ) कॅनरी (ब) गल्फ स्ट्रीम

(क) अगुल्हास (ड) क्युरोशिओ

७४. वातावरणातून सूर्यकिरणे येत असताना त्यांच्यातील उष्णता म्हणजेच सौरशक्ती खालीलपैकी कोणत्या प्रक्रियेने नष्ट होत नाही?

(अ) विकिरण (ब) परावर्तन (क) बाष्पीभवन (ड) शोषण

७५. कॅन्टनबरी मैदान खालीलपैकी कोणत्या देशात आहे?

(अ) जपान (ब) इटली (क) न्यूझीलंड (ड) अर्जेंटिना

७६. खालीलपैकी कोणते बंदर हिंदी महासागरीय जलमार्गावर नाही?

(अ) डरबन (ब) कराची (क) यांगून (ड) सिडनी

७७. कंपासची सुई कोणती उत्तर दिशा सूचित करते?
   (अ) ग्रीड उत्तर   (ब) चुंबकीय उत्तर
   (क) वास्तविक उत्तर   (ड) भौगोलिक उत्तर

७८. पम्पासचे मैदान खालीलपैकी कोणत्या देशात आहे?
   (अ) अर्जेंटिना   (ब) ब्राझील
   (क) पेन्टागोनिया   (ड) बोलिव्हिया

७९. खालीलपैकी कोणता धबधबा इंद्रावती नदीशी संबंधित नाही?
   (अ) धुंआधार   (ब) कपिलधारा
   (क) चचाई   (ड) चित्रकूट

८०. दामोदर नदीची प्रवाहप्रणाली कोणती आहे?
   (अ) जाळीसदृश   (ब) वृक्षसदृश (dendritic)
   (क) आयताकार   (ड) केंद्रत्यागी

८१. 'नर्मदा सागर' प्रकल्पाला विरोध कशासाठी होता?
   (अ) छोटे जलग्रहणक्षेत्र आहे म्हणून   (ब) भूकंपाची भीती म्हणून
   (क) पुनर्वसनाचा प्रश्न म्हणून   (ड) पर्यावरणाचा ऱ्हास म्हणून

८२. खालीलपैकी कोणती जोडी योग्य नाही?
   (अ) आयसोडेसिबल : समलवणता असलेली ठिकाणे जोडणाऱ्या रेषा
   (ब) आयसोबाथ : समुद्रखोली ठिकाणे जोडणाऱ्या रेषा
   (क) आयसोबेल : समसूर्यप्रकाश ठिकाणे जोडणाऱ्या रेषा
   (ड) आयसोनिक : समबर्फ प्रमाण असलेली ठिकाणे जोडणाऱ्या रेषा

८३. खालीलपैकी कोणती जोडी योग्य नाही?
   (अ) हार (Harr) : समुद्रावरचे धुके
   (ब) अल निनो : पेरूच्या किनाऱ्याजवळील समुद्रप्रवाह
   (क) पम्पेरी : शीत सागरी प्रवाह
   (ड) ला निनो : चिनी सागर प्रवाह

८४. खालीलपैकी कोणती जोडी योग्य नाही?
   (अ) कॅसिम्बो : दाट धुके   (ब) कोइमबांग : वादळ
   (क) कोपी : पर्वत   (ड) खरिया : कठीण खडक

८५. १ सें. मी. ला ५ कि. मी. या नकाशा प्रमाणाचे ब्रिटिश पद्धतीनुसार रूपांतर किती होईल?
   (अ) १ इंचाला ८ मैल   (ब) १ इंचाला १० मैल
   (क) १ इंचाला ७.९ मैल   (ड) १ इंचाला ७.५ मैल

८६. गाल्सचे प्रक्षेपण कशाचे संशोधित रूप आहे?

    (अ) दंडगोलाकार प्रक्षेपण   (ब) शंकु प्रक्षेपण

    (क) ध्रुवीय खमध्य प्रक्षेपण   (ड) बहुअक्षवृत्तीय प्रक्षेपण

८७. खालील विधानांवर विचार करा.

विधान (अ) : अल्निनो पेरूच्या किनाऱ्याजवळून वाहणारा उष्ण समुद्रप्रवाह आहे.

विधान (क) : हा प्रवाह पेरूच्या किनाऱ्यावरील मासेमारीच्या उद्योगास पोषक आहे.

    खालीलपैकी योग्य उत्तर निवडा.

    (अ) 'अ' आणि 'क' बरोबर आहेत आणि 'क' हे 'अ' चे योग्य स्पष्टीकरण / कारण आहे.

    (ब) विधान 'अ' आणि 'क' बरोबर आहेत परंतु 'क' हे 'अ' चे योग्य स्पष्टीकरण / कारण नाही.

    (क) विधान 'अ' बरोबर आहे परंतु 'क' चूक आहे.

    (ड) विधान 'अ' चूक आहे परंतु 'क' बरोबर आहे.

८८. खालील विधानांवर विचार करा.

विधान (अ) २९०० कि.मी. खोलीवर भूकंपाच्या प्राथमिक लहरीची गती मंद होत जाते.

विधान (क) वरील खोलीवर घनतेत खूप बदल होत जातो.

    खालीलपैकी योग्य उत्तर निवडा.

    (अ) विधान 'अ' आणि विधान 'क' बरोबर आहेत आणि विधान 'क' हे 'अ' चे योग्य कारण स्पष्टीकरण आहे.

    (ब) विधान 'अ' आणि विधान 'क' बरोबर आहेत परंतु विधान 'क' हे 'अ' चे योग्य कारण / स्पष्टीकरण नाही.

    (क) विधान 'अ' बरोबर आहे परंतु विधान 'क' चूक आहे.

    (ड) विधान 'अ' चूक आहे परंतु विधान 'क' बरोबर आहे.

८९. खाणीतून कोळसा, लोखंड किंवा स्लेटचा दगड काढणे, लाकूडतोडी इ. कोणत्या प्रकारच्या व्यवसायात मोडतात?

    (अ) प्राथमिक   (ब) द्वितीय   (क) तृतीय   (ड) चतुर्थ

९०. वस्तीच्या खालील प्रकारांची त्यांच्या महत्त्वानुसार योग्य क्रमवारी कोणती?

    (१) राजधानी शहर   (२) हेल्मेट (लहान खेडे)

    (३) गाव   (४) उपनगर

    (अ) १, ४, ३, २   (ब) ४, १, ३, २

    (क) १, ४, २, ३   (ड) १, २, ३, ४

९१. जैविक नैसर्गिक संपत्तीचे संरक्षण करण्याच्या हेतूने जी आरक्षित क्षेत्रे आहेत त्यांत सर्वाधिक भौगोलिक क्षेत्रफळ कोणाचे आहे?

(अ) राष्ट्रीय उद्यान (ब) अभयारण्य

(क) राखीव जंगल (ड) जैववैविधता आरक्षणक्षेत्र

९२. ॲल्युमिनियम कारखान्याचे स्थान निश्चित करताना खालीलपैकी कोणता घटक महत्त्वाचा असतो?

(अ) कच्चा माल (ब) मजूर

(क) ऊर्जास्रोत (ड) वाहतुकीच्या सोयी

९३. फूटलूज (footloose) कारखान्याबाबत खालीलपैकी कोणते विधान चूक आहे?

(अ) या उद्योगात असा कच्चा माल वापरतात जो हलका असतो व वाहतूक करण्यास सोपा असतो.

(ब) हे उद्योग अनेक उद्योगांवर अवलबूंन असतात.

(क) हे उद्योग कच्च्या मालाच्या उपलब्धतेच्या ठिकाणी विकसित होतात.

(ड) या उद्योगाचे स्थान निश्‍चित करताना कोणताच घटक महत्त्वाचा नसतो.

९४. जगात नैसर्गिक वायूची सर्वांत जास्त निर्यात व सर्वांत जास्त आयात करणाऱ्या देशांची जोडी कोणती?

(अ) नेदरलॅण्ड - जर्मनी (ब) नॉर्वे - फ्रान्स

(क) राष्ट्रकुल देश - दक्षिण कोरिया (ड) इंडोनेशिया - संयुक्त संस्थाने

९५. खालील देशांवर विचार करा.

(१) संयुक्त संस्थाने (२) जर्मनी

(३) इटली (४) जपान

तेल आयात करणाऱ्या या देशांचा योग्य उतरता क्रम कोणता?

(अ) १, ४, ३, २ (ब) १, ३, ४, २

(क) १, २, ३, ४ (ड) १, २, ४, ३

९६. लॅब्रेडोर समुद्रप्रवाह उत्पन्न होण्यामागचे कारण आहे–

(अ) दाबामध्ये वृद्धी (ब) क्षारतेमध्ये भिन्नता

(क) तापमानामध्ये विषमता (ड) समुद्रावरील वारे

९७. खालीलपैकी कोणती जोडी बरोबर नाही?

(अ) तारापूर - महाराष्ट्र

(ब) रावतभाटा - राजस्थान

(क) नरोरा - पंजाब

(ड) कल्पकम - तमिळनाडू

९८. वाहतूक कोणत्या प्रकारची क्रिया / सेवा आहे?

(अ) प्राथमिक   (ब) द्वितीय

(क) तृतीय   (ड) चतुर्थक

९९. मडगाव हे शहर कोणत्या राष्ट्रीय महामार्गावर आहे?

(अ) १७   (ब) ४   (क) ९   (ड) ११

१००. नारळाच्या काथ्याचा उद्योग प्रामुख्याने स्थित आहे–

(अ) आसाममध्ये   (ब) केरळमध्ये

(क) गोव्यामध्ये   (ड) कर्नाटकमध्ये

उत्तरे

१. ड	२. ड	३. अ	४. क	५. ड	६. क	७. ब
८. अ	९. ब	१०. अ	११. क	१२. अ	१३. अ	१४. अ
१५. क	१६. ब	१७. ब	१८. अ	१९. ब	२०. अ	२१. ब
२२. ब	२३. ड	२४. क	२५. ब	२६. ड	२७. अ	२८. अ
२९. अ	३०. ब	३१. ड	३२. क	३३. अ	३४. क	३५. ब
३६. क	३७. अ	३८. ड	३९. अ	४०. क	४१. ड	४२. ड
४३. ब	४४. क	४५. अ	४६. ब	४७. क	४८. अ	४९. ड
५०. ब	५१. ब	५२. अ	५३. ब	५४. ड	५५. ड	५६. क
५७. ड	५८. ब	५९. क	६०. ड	६१. ड	६२. क	६३. क
६४. ड	६५. अ	६६. क	६७. ब	६८. ब	६९. ब	७०. ब
७१. क	७२. ब	७३. क	७४. क	७५. क	७६. ड	७७. ब
७८. अ	७९. ड	८०. अ	८१. क	८२. अ	८३. क	८४. ड
८५. क	८६. अ	८७. क	८८. अ	८९. अ	९०. ड	९१. क
९२. क	९३. क	९४. क	९५. अ	९६. ब	९७. क	९८. क
९९. अ	१००. ब					

◆◆◆